· 云南省社会科学院习近平新时代中国特色社会主义思想研究创新团队项目
· 云南省社会科学院习近平新时代中国特色社会主义思想研究中心成果

生态文明与
云南绿色发展的实践

黄小军　贾卫列◎编著

云南出版集团
云南人民出版社

图书在版编目（CIP）数据

生态文明与云南绿色发展的实践 / 黄小军, 贾卫列
编著. -- 昆明 : 云南人民出版社, 2020.10
ISBN 978-7-222-19744-2

Ⅰ. ①生… Ⅱ. ①黄… ②贾… Ⅲ. ①生态环境建设
—研究—云南 Ⅳ. ①X321.274

中国版本图书馆CIP数据核字(2020)第193712号

责任编辑：周　颖
助理编辑：任建红
装帧设计：刘光火
责任校对：严　玲
责任印制：窦雪松

生态文明与云南绿色发展的实践
SHENGTAI WENMING YU YUNNAN LÜSE FAZHAN DE SHIJIAN

黄小军　　贾卫列◎编著

出　版	云南出版集团　云南人民出版社
发　行	云南人民出版社
社　址	昆明市环城西路609号
邮　编	650034
网　址	www.ynpph.com.cn
E-mail	ynrms@sina.com
开　本	787mm×1092mm　1/16
印　张	29
字　数	637千
版　次	2020年10月第1版第1次印刷
印　刷	昆明美林彩印包装有限公司
书　号	ISBN 978-7-222-19744-2
定　价	64.00元

云南人民出版社公众微信号

如有图书质量及相关问题请与我社联系
审校部电话：0871-64164626
印制科电话：0871-64191534

前　言

前　言

习近平同志指出："建设生态文明，关系人民福祉，关乎民族未来。"自古以来，人类一直追求健康优美的生存环境。进入工业文明阶段后，工业化和城市化作为推动经济和社会发展的两大支柱，在带来生产方式巨大变革的同时，也带来了环境污染、生态破坏的灾难性后果。传统工业化以大量消耗资源、排放大量废弃物为特征，以人为万物的主宰，以征服和掠夺自然为生存发展理念，导致了日趋严重的全球资源危机和生态环境危机，人类的生存与发展面临着严重挑战。

20世纪70年代以后，全球逐渐认识到人类所面临的发展同环境与资源的冲突。1987年，联合国发布了题为《我们共同的未来》的著名报告，以"可持续发展"为基本纲领，把环境与发展这两个紧密相连的问题作为一个整体加以考虑，"可持续发展"成为修正工业文明的发展模式而风靡全球。由于可持续发展仍然是建立在工业文明价值观的基础上，没有脱离工业文明的框架，造成了在可持续发展大旗下人类对自然环境展开的大规模开发和利用强度有增无减，寻找一条适合人类持续生存和持续发展的道路就成为当代人类的第一要务。在此背景下，产生了"生态文明"的发展理念。

"生态文明"一词首现于德国法兰克福大学政治学系教授伊林·费切尔（Iring Fetscher）的《论人类的生存环境》（1978年）一文中，该文用生态文明表达对工业文明和技术进步主义的批判。《读书》1983年第4期发表了赵鑫珊的《生态学与文学艺术》，文中论及人与自然之间的关系时提出："只有当人与自然处在和平共生状态时，人类的持久幸福才有可能。没有生态文明，物质文明和精神文明就不会是完善的。"《莫斯科大学学报·科学共产主义》1984年第2期刊发了《在成熟社会主义条件下培养个人生态文明的途径》一文，张捷在《光明日报》1985年2月18日的"国外研究动态"中对该文进行了简短介绍，文中认为"生态文明是社会对个人进行一定影响的结果，是从现代生态要求的角度看社会与自然相互作用的特性。它不仅包括自然资源的利用方法及其物质基础、工艺以及社会同自然相互作用的思想，而且包括这些问题与一般生态学、社会生态学、社会与自然相互作用的马列主义理论的科学规范和要求的一致程度"。1995年出版的美国北卡罗来纳大学教授罗伊·莫里森（Roy Morrison）的《生态民主》明确提出生态文明是工业文明之后的文明形式。

中国的传统文化推崇"天人合一"，加上对世界其他文化体系智慧的吸收，结合现代文明成果，在20世纪90年代的中国产生了系统的生态文明思想。1996年，全国哲学社会科学规划办公室将"生态文明与生态伦理的信息增殖基础"课题正式列入国家哲学社会科学"九五"规划重点项目，首开世界系统研究生态文明理论的先河。1997年5月，"生态文明丛书"第一册《生态文明观与中国可持续发展走向》提出，"21世纪是生态文明时代，生态文明是继农业文明、工业文明之后的一种先进的社会文明形态"。

2007年，党的十七大报告提出要"建设生态文明，基本形成节约资源能源和保护生态环境的产业结构、增长方式、消费方式"。

生态文明发展观是自然环境发展与人类发展相协调的发展观，是对工业文明的超越，它跨越自然地理区域、社会文化模式，从现代科技的整体性出发，以人类与生物圈的共存为价值取向发展生产力，从人类自我中心转向人类社会与自然界相互作用为中心，最终建立生态化的生产关系。在这种全新发展理念的指导下，绿色发展成为全球生态文明建设的新的模式和新的路径。

联合国开发计划署的《中国人类发展报告2002：绿色发展 必选之路》最早明确提出了绿色发展是一种发展之路。《中华人民共和国国民经济和社会发展第十二个五年规划纲要》是中国第一个国家级绿色发展规划。党的十八大报告也把绿色发展作为生态文明建设的基本途径，《中共中央 国务院关于加快推进生态文明建设的意见》提出要大力推进绿色发展，十八届五中全会提出要坚持绿色发展，推进美丽中国建设。"绿色发展"也贯穿于《中华人民共和国国民经济和社会发展第十三个五年规划纲要》的始终。《"十三五"生态环境保护规划》强调，"绿色发展是从源头破解我国资源环境约束瓶颈、提高发展质量的关键"，要"强化源头防控，夯实绿色发展基础"。根据《生态文明建设目标评价考核办法》的要求，国家发展改革委、国家统计局、环境保护部、中央组织部制定了《绿色发展指标体系》和《生态文明建设考核目标体系》，将其作为生态文明建设评价考核的依据。党的十九大报告提出，推进绿色发展，加快建立绿色生产和消费的法律制度和政策导向，建立健全绿色低碳循环发展的经济体系。党的十八大以来，中央全面深化改革领导小组审议通过了一系列生态文明和生态环境保护具体改革方案。

云南省实行生态文明建设发展战略以来，牢固树立尊重自然、顺应自然、保护自然的生态文明理念，坚定不移走绿色发展之路，实施"生态立省、环境优先"战略，加强生态文明建设整体设计，先后成立了省生态文明建设排头兵工作领导小组和省委生态文明体制改革专项小组，先后出台了《七彩云南生态文明建设规划纲要（2009—2020年）》《关于争当全国生态文明建设排头兵的决定》《云南省全面深化生态文明体制改革总体实施方案》《关于努力成为生态文明建设排头兵的实施意见》和《云南省生态文明建设排头兵规划（2016—2020年）》《云南省生态文明建设目标评价考核办法》《云南省绿色发展指标体系》《云南省生态文明建设考核目标体系》《生态文明建设目标评价考核实施办法》《云南省创建生态文明建设排头兵促进条例》等，《云南省国民经济和社会发展第十三个五年规划纲要》也对云南生态文明建设做出了规划。

习近平同志对云南生态文明建设非常重视。2015年1月在云南考察时要求云南"努力成为我国生态文明建设排头兵"；2020年1月在云南考察时再次强调云南要"努力在建设我国生态文明建设排头兵上不断取得新进展"。同时，要求云南要树牢"绿水青山就是金山银山"的理念，驰而不息打好蓝天、碧水、净土三大保卫战，守护好七彩云南的蓝天白云、绿水青山、良田沃土。在建设生态文明过程中，加快推进全国生态文明排头兵和中国最美丽省份建设，就成为云南当前的重要工作。

近年来，云南省生态文明制度改革不断深化，国土空间开发格局进一步优化，生态保护与建设成效显著，资源节约利用水平不断提高，环境保护治理工作扎实推进，重点领域污染防治全面加强，对外交流合作广泛开，全社会生态文明意识显著增强。国家统计局、国家发改委、环境保护部、中央组织部发布的《2016年生态文明建设年度评价结果公报》显示，2016年云南绿色发展指数在全国位列第10位，其中生态保护指数位列第2位，环境治理指数和增长质量指数位列第25位，绿色生活指数位列第28位。

党的十九大报告指出，人与自然是生命共同体，人类必须尊重自然、顺应自然、保护自然。人类只有遵循自然规律才能有效防止在开发利用自然上走弯路，人类对大自然的伤害最终会伤及人类自身，这是无法抗拒的规律。

我们生活在一个面临巨大机遇与挑战并存的时代。如何在习近平生态文明思想的指导下，通过生态文明建设的实践，走出一条云南的绿色发展之路，是摆在云南各族人民面前的大课题。以中国最美省份建设为目标，推进云南绿色发展、建设美丽云南，必须解放思想、打破成见，不断质疑、务实创新、放眼未来，以开放的心态，发扬科学精神和不断质疑、探索、求真的勇气，才能够打造云南的"天蓝、地绿、水清"的良好工作和生活环境，推动健全全民行动的现代环境治理体系，为建设美丽中国贡献力量。

目　录
CONTENTS

上　篇　生态文明及建设路径

第一章　可持续发展的兴起和困境 ························· 2

　　第一节　资源和生态环境危机 ························· 2

　　第二节　可持续发展的兴起 ························· 10

　　第三节　可持续发展的困境 ························· 12

第二章　生态文明的含义 ························· 15

　　第一节　生态文明是人类文明发展的新时代 ························· 15

　　第二节　生态文明观 ························· 16

　　第三节　生态文明建设 ························· 21

第三章　生态文明建设的国家战略 ························· 35

　　第一节　生态文明从理论到国家层面的升华 ························· 35

　　第二节　走向生态文明新时代 ························· 36

　　第三节　建设生态文明推动人类进步 ························· 44

第四章　生态文明理念的思想渊源 ························· 47

　　第一节　中国传统文化中的生态意识 ························· 47

　　第二节　世界文化体系的优秀智慧 ························· 51

　　第三节　现代可持续发展思想 ························· 52

第五章　环境持续发展 ························· 56

　　第一节　加强环境治理 ························· 56

　　第二节　加强生态保护修复 ························· 64

　　第三节　维护生态安全 ························· 67

第六章　经济绿色发展 ·· 75

　第一节　规划绿色化 ·· 75

　第二节　发展绿色经济 ·· 82

　第三节　发展新型绿色经济产业 ···································· 87

第七章　政治法治发展 ·· 108

　第一节　依法治理环境和管理资源 ································· 108

　第二节　促进公众参与 ·· 114

　第三节　参与全球环境治理 ·· 116

第八章　文化生态发展 ·· 128

　第一节　开启生态文化新时代 ····································· 128

　第二节　全民生态文明意识的培育 ································· 130

　第三节　生态文化的全球化趋势 ···································· 133

第九章　科技创新发展 ·· 135

　第一节　科学技术及其影响 ·· 135

　第二节　现代科学技术进步及生态特征 ····························· 137

　第三节　现代科学技术的生态价值取向 ····························· 141

第十章　社会和谐发展 ·· 144

　第一节　构建资源节约型、环境友好型社会 ························· 144

　第二节　创新社会管理 ·· 147

　第三节　建立绿色生活方式 ·· 150

下　篇　云南绿色发展

第十一章　云南生态文明建设总体概况 ·································· 154

　第一节　云南生态文明建设的目标和任务 ··························· 154

　第二节　云南生态文明建设的成就 ································· 157

　第三节　争当全国生态文明建设排头兵 ····························· 168

第十二章　云南生态环境保护 ·· 176

　第一节　云南自然资源与生态环境现状 ····························· 176

　第二节　加强云南生态环境保护 ···································· 180

第三节 云南环境治理与生态恢复 …… 186

第十三章 云南国土空间开发格局 …… 215
第一节 云南优化国土空间开发格局的战略和目标 …… 215
第二节 优化云南国土空间格局 …… 217
第三节 实施云南国土综合整治 …… 235

第十四章 云南区域协调发展 …… 242
第一节 发展中心城市作用推动区域协调发展 …… 242
第二节 经济走廊和经济带建设 …… 248
第三节 建设面向南亚东南亚辐射中心 …… 251

第十五章 云南低碳循环发展 …… 258
第一节 促进云南低碳循环发展和工业转型升级 …… 258
第二节 建立云南低碳经济体系 …… 260
第三节 云南工业绿色发展 …… 264

第十六章 云南高原农业特色发展 …… 280
第一节 云南高原特色农业的发展现状 …… 280
第二节 云南高原特色农业的发展目标、重点和措施 …… 285
第三节 云南高原特色农业的主要内容 …… 295

第十七章 云南林业绿色发展 …… 308
第一节 云南林业发展的现状 …… 308
第二节 推进"森林云南"建设 …… 311
第三节 云南湿地保护与修复 …… 325

第十八章 云南科技创新发展 …… 332
第一节 促进云南科技创新发展 …… 332
第二节 加快发展云南信息产业 …… 342
第三节 发展云南新一代人工智能 …… 349

第十九章 云南基础设施网络发展 …… 359
第一节 构建云南内外畅通的路网 …… 359
第二节 建设云南区域性国际化能源保障网 …… 360
第三节 建设云南共享互联网 …… 361

第二十章 云南水生态文明建设 ···364

   第一节 云南水生态环境的现状 ···364

   第二节 加快云南水生态文明建设 ···367

   第三节 云南省九大高原湖泊保护治理 ·······································379

第二十一章 云南旅游绿色发展 ··384

   第一节 云南旅游发展现状 ···384

   第二节 云南旅游绿色发展的内容 ···387

   第三节 发展云南全域旅游 ···402

第二十二章 云南体制跨越发展 ··407

   第一节 深化云南省域改革步伐 ···407

   第二节 建设云南现代产权制度和培育市场体系 ·······························408

   第三节 深化云南财税和投融资改革 ···411

第二十三章 云南文化繁荣发展 ··414

   第一节 云南文化发展的方向 ···414

   第二节 促进云南文化繁荣发展 ···417

   第三节 加快云南文化发展的步伐 ···420

第二十四章 云南社会和谐发展 ··435

   第一节 提高云南社会治理水平 ···435

   第二节 推进"幸福云南"建设 ···438

   第三节 创建全国民族团结进步示范区 ·······································443

主要参考文献 ··448

后 记 ··454

上 篇
生态文明及建设路径

第一章　可持续发展的兴起和困境

工业革命开创了人类文明的新时代，大大加快了人类文明发展的进程，但传统工业化以大量消耗资源、排放大量废弃物为特征，以人为万物的主宰，以征服和掠夺自然为生存发展理念，导致了全球能源危机、资源危机和生态危机。20世纪70年代以后，人们逐渐认识到人类所面临的发展同物理极限、社会极限的冲突，《我们共同的未来》（1987年）提出了可持续发展模式，一度给全球经济和社会的发展注入了新的活力，但人类的发展并没有像期望的那样步入可持续发展的大道，其理论缺陷使可持续发展面临困境。

第一节　资源和生态环境危机

一、资源危机

1. 水资源短缺

地球上的水资源总量约13.86亿立方千米，海洋占据绝大部分，淡水仅占水资源总量的2.5%，约3500万立方千米，真正能够供人类利用的江河湖泊以及地下水中的一部分仅占地球总水量的约0.25%，而且水资源分布在全球严重不均。统计显示，不到10个国家集中了全球约65%的淡水资源，严重缺水的国家和地区有80个，约占世界人口总数的40%。目前，全球有11亿人生活缺水，26亿人缺乏基本的卫生设施。

中国的水资源严重短缺。《中华人民共和国2019年国民经济和社会发展统计公报》显示，2019年全年水资源总量为28670亿立方米，人均占有量约2048立方米。中国的人均占有量约为世界人均占有量的1/4。水资源的分布也极不平均，80%的水资源集中在长江以南，16个省份重度缺水，有6个省份处于极度缺水状态；600个城市中缺水的有近400个，严重缺水的有108个。

水资源短缺严重影响了人类的生存和发展，关系到一个国家经济和社会的持续发展和长治久安。世界银行指出，目前水资源丰沛的地区可能会面临缺水，已经缺水的地区缺水状况会进一步恶化，到2050年可能会使城市可用水资源比2015年减少2/3，淡水资源减少和水资源的不安全会增加发生冲突的风险，干旱引起的粮价暴涨有可能激发潜在的冲突。1977年，联合国发出警告："水不久将成为一项严重的社会危机，石油危机之后的下一个危机是水！"

2. 能源和矿产资源濒临枯竭

能源和矿产资源是人类社会存在和发展的物质基础，人类所需能源的97%来自不可再生的矿物能源。20世纪以来，人类对矿物能源的消耗一直呈指数增长，油气储量日趋枯竭，一些重要矿产资源严重短缺。

据2018年6月发布的《BP世界能源统计年鉴》显示，截至2017年年底，全球煤炭探明储量约10350.12亿吨，可开采约134年；石油探明储量约16971亿桶，可开采约50.2年；天然气探明储量约193.5万亿立方米，可开采52.6年；钴储量约710万吨，可开采52年；天然石墨储量约2.7亿吨，可开采261年；锂储量约1600万吨，可开采358年；稀土金属储量1.2亿吨，可开采920年……

截至2017年年底，中国煤炭探明储量1388.19亿吨，可开采39年；石油探明储量257亿桶，可开采18.3年；天然气探明储量5.5万亿立方米，可开采36.7年。据估算，中国40多种主要矿产探明储量人均只有世界人均占有量的40%。许多矿产品位低，大宗重要矿产贫矿多、富矿少，在45种主要矿产中已有10多种探明储量不能满足经济发展的需求，其中15种支柱性矿产有6种（石油、天然气、铜、钾盐、煤、铁）后备探明储量不足。

由于全球经济的发展严重依赖能源和矿产资源的支撑，资源濒临枯竭的状况已难以继续支持经济和社会的持续发展，对全球能源安全、资源安全提出了前所未有的挑战。

3. 森林锐减

在人类历史发展初期，全球森林总面积达76亿公顷，占陆地面积的1/2。10000年前，森林面积减少到62亿公顷，19世纪减少到55亿公顷。科技部发布的《全球生态环境遥感监测2019年度报告》显示，到2018年年底，全球森林总面积为38.15亿公顷，约占全球陆地总面积的25.6%。联合国粮食及农业组织的《全球森林资源评估》显示，5个森林资源最丰富的国家（俄罗斯、巴西、加拿大、美国和中国）占森林总面积50%以上，10个国家或地区已经完全没有森林，54个国家的森林面积不到其国土总面积的10%。无节制的砍伐和自然灾害正在导致全球森林面积逐年减少，每年有近1300万公顷的森林被砍伐，每年约有730万公顷热带密闭林被开垦作农田，约有380万公顷稀疏林被用作耕地或作为薪柴砍伐，热带雨林有70%被毁掉。

4000年前，中国的森林覆盖率高达60%以上，战国末期森林覆盖率为46%，唐代约为33%，明初为26%，1840年前后约降为17%，20世纪初期降为8.6%。《中国森林资源报告（2014—2018）》显示，2018年，全国森林覆盖率为22.96%，森林面积2.2亿公顷，森林蓄积量175.6亿立方米。中国的森林面积虽占世界第5位，但人均森林面积仅相当于世界人均水平的约12%，居世界第119位，为世界人均占有森林资源最低的国家之一，森林蓄积量仅为世界人均水平的12.6%，居世界第104位，属于森林资源贫乏的国家之一。森林系统低质化、森林结构纯林化、生态功能低效化、自然景观人工化趋势加剧，每年违法违规侵占林地约13万公顷，全国森林单位面积蓄积量只有全球平均水平的78%。

森林破坏带来了生物多样性的减少，导致水土流失从而改变地貌；加剧温室效应，造成气候失调；加剧自然灾害的发生频率，破坏经济和社会的持续发展。

4. 草地退化

全球草地总面积约为32亿公顷，约占世界陆地面积的20%，草地上生产了11.5%的人类食物量以及大量的皮、毛等畜产品，还提供许多药用植物、纤维植物和油料植物，并栖息着大量的野生动物，还是人类宝贵的生物基因库，对人类的物质、文化生活和生存环境都具有十分重要的地位和作用。

国家林业和草原局2018年7月公布的数据显示，中国有天然草原3.928亿公顷，约占全球草原面积的12%。尽管中国草原面积居世界第1，但90%以上天然草原退化、生物多样性减少。20世纪50年代以来，中国累计开垦了1334万公顷草原。中国草原生态总体恶化局面尚未根本扭转，中度和重度退化草原面积仍占1/3以上，已恢复的草原生态系统较为脆弱。

草地退化使草地生产能力明显下降，导致经济结构的畸形化，影响生态环境；导致各种自然灾害发生，生物多样性遭到严重破坏，畜牧业生产受到影响。

5. 湿地减少

湿地是"地球之肾"、天然水库和天然物种库，拥有全球价值最高的生态系统。全球湿地总面积约为5.7亿公顷，占全球陆地面积的6%。经济合作与发展组织估算，20世纪全球失去了约50%的湿地。

2014年1月公布的第二次全国湿地资源调查结果显示，全国湿地总面积5360.26万公顷，占国土面积的比率为5.58%，2003—2013年湿地面积减少了339.63万公顷。20世纪50年代以来，沿海滩涂湿地面积已减少50%。全国湿地面积近年来每年减少约34万公顷，900多种脊椎动物、3700多种高等植物生存受到威胁。

环境污染的加剧，使湿地净化水源的作用几乎丧失殆尽。农药及化肥的大量使用，破坏了湿地生态系统丰富的生物资源和生物生产力，使得湿地生态环境恶化、生物多样性受损。

6. 土地荒漠化

据联合国统计，占全球1/4的土地严重荒漠化，全球每分钟会增加11公顷荒漠，每年变为荒漠的土地约600万公顷，50亿公顷的干旱、半干旱土地中遭到荒漠化威胁的有33亿公顷。受土地荒漠化威胁的有110多个国家、10亿多人，其中1.35亿人面临流离失所的危险，全球每年因土地荒漠化造成的经济损失超过420亿美元。沙漠化土地以每年5—7平方千米的速度扩展，非洲撒哈拉沙漠每年南侵30—50千米。

第五次全国荒漠化和沙化监测结果显示，截至2014年，中国荒漠化土地面积261.16万平方千米，约占国土面积的27.20%；沙化土地面积172.12万平方千米，约占国土面积的17.93%；有明显沙化趋势的土地面积30.03万平方千米，约占国土面积的3.12%。

荒漠化使土地生物和经济生产潜力减少和丧失，意味着土地退化、生态恶化、经济衰退和人们生活质量的倒退，造成了可利用土地被蚕食、土壤贫瘠、生产力下降等，进而加深贫困程度，加剧自然灾害发生，制约经济发展和影响社会稳定。

7. 水土流失

全球水土流失面积高达30%，每年损失的耕地达500万—700万公顷，每年流失有生产力的表土达250亿—400亿吨，每年损失谷物约760万吨。

欧洲约1.15亿公顷的土地受到水蚀的影响，约4200万公顷的土地受到风蚀的影响；北美约9500万公顷的土地受到土壤侵蚀的影响；非洲有约5亿公顷的土地（包括65%的耕地）受到土地退化的影响；日本每年的土壤流失约为2亿立方米。纵观全球，占陆地总面积23%的耕地缺乏养分，地力衰退。

2018年水土流失动态监测成果显示，全国水土流失面积273.69万平方千米，其中水力侵蚀面积115.09万平方千米，风力侵蚀面积158.60万平方千米。我国现有严重水土流失县646个，每年水土流失给中国带来的经济损失相当于GDP的2.25%左右。土壤流失经济损失每年达24亿元，流失的氮、磷、钾肥约4000万吨，相当于上一年全国化肥施用量。

水土流失极大地破坏农业生产条件，导致生态环境恶化，加剧洪涝和干旱灾害，污染水质，影响生态平衡，严重影响交通、电力、水利等基础设施的运行安全，加剧贫困。

二、生态危机

1. 全球气候变暖

全球气候变化主要是温室气体增加导致的全球变暖。全球变暖是指由于人类活动，温室气体大量排放，全球大气二氧化碳、甲烷等温室气体浓度显著增加，使全球气温升高。主张全球会变暖的科学家指出，20世纪后半叶北半球平均气温是过去1300年中最为暖和的50年；过去100年间，世界平均气温上升了0.74℃；全球范围冰川大幅度消融；世界各地暴雨、洪水、干旱、台风、酷热等气象异常事件频发；20世纪中期，全球海平面平均上升了17厘米。

中国《第三次气候变化国家评估报告》指出，1909—2011年，中国陆地区域平均增温0.9—1.5℃，略高于同期全球增温平均值，近60年来变暖尤其明显，地表温度平均气温升高1.38℃，平均每10年升高0.23℃，几乎为全球的两倍。近50年中国西北冰川面积减少了21%，西藏冻土最大减薄了4—5米。据预测，未来50—80年中国平均气温可能上升2—3℃。

全球性的气候变暖不仅会造成自然环境和生物区系的变化，对生态系统、经济和社会发展以及人类健康都将产生重大的有害影响。但也有科学家对全球变暖提出疑问，认为全球温室效应和人类工业活动没有必然联系。

2. 臭氧层耗损与破坏

臭氧层能吸收太阳辐射出的99%的紫外线，使地球万物免遭紫外线的伤害，被誉为地球的"保护伞"。

1974年，美国化学家首先发现臭氧层遭到人类使用的制冷剂的破坏。1985年，英国科学家在南极哈雷湾观测站发现，在过去10—15年，每到春天南极上空的臭氧浓度就会减少约30%，有近95%的臭氧被破坏。1998年，臭氧"空洞"面积比1997年增大约15%。日本环境厅发布的一项报告称，1998年南极上空臭氧"空洞"面积已达2720万平方千米，比南极大陆还大1倍。美、日、英、俄等国家联合观测发现，近年来北极上空臭氧层也减少了20%。观测发现，青藏高原上空的臭氧正在以每10年2.7%的速度减少。除赤道外，1978—1991年全球总臭氧每10年就减少1%—5%。

臭氧层遭到破坏，使地面受到紫外线辐射的强度增加，给地球上的生命带来很大的危害。美国环境学家预测，如果不对损耗和破坏臭氧层采取措施，到2075年全球将有1.5

亿人得皮肤癌，1800多万人患白内障，300多万人会死亡，农作物和水产品将分别减产7.5%和25%，光化学烟雾的发生率将增加30%。

3. 生物多样性减少

被科学家正式命名和描述过的地球物种约140万种。近百年来，由于人口的急剧增加和人类对资源的不合理开发，地球上大约有11046种动植物面临永久性从地球上消失的危险。物种的丧失速度由大致每天1个种加快到每小时1个种，如果以现在这个速率消失，2200年就会再度出现生物大灭绝。1970—2000年，物种的平均数量丰富性持续降低了约40%。在今后二三十年内，地球上将有1/4的生物物种陷入绝境；到2050年，约有半数动植物将从地球上消失。

《世界自然保护联盟濒危物种红色名录（2016）》显示，名录中收录的82954个物种中，有23928个正遭受灭绝的威胁，占比28.9%。2019年3月，国际自然保护联合会指出，在生物学家深入研究的近10万种物种中，有27159种野生物种处于受威胁、濒危或灭绝状态，其中包括1223种哺乳动物、1492种鸟类和2341种鱼类。发表在美国《科学》周刊上的一项研究指出，主要关注物种丰富程度变化的"生物完整性指标"的安全范围是100%—90%，但全球生物多样性已降至这个阈值以下，仅为84.6%。

中国是世界上生物多样性丧失最严重的地区之一。《中国生物多样性红色名录》评估结果显示：我国34450种高等植物中，受威胁物种（极危、濒危和易危物种）3767种，加上灭绝的共约占植物总数的10.9%；4357种脊椎动物中，受威胁脊椎动物共计932种，加上灭绝的共占被评估物种总数的21.4%。

生物多样性减少将严重破坏人类社会赖以生存和发展的环境基础，影响生态系统的功能、气候、土壤肥力、空气、水和人类社会的经济活动及其他活动，直接影响人类的文化多样性。

4. 酸雨蔓延

酸雨是快速工业化的产物，开始发生在北美和欧洲工业发达国家。随着经济全球化，也向发展中国家蔓延。印度、东南亚、中国等地尤为明显。目前世界上主要有三大酸雨区：欧洲（以德、法、英等国为中心）、北美（包括美国和加拿大在内）和中国。

欧洲、北美这两个酸雨区的总面积为1000多万平方千米。欧洲大气化学监测网近20年的连续监测结果显示，欧洲雨水的酸度增加了10%。美国15个州的酸雨pH<4.8，瑞典、丹麦、波兰、德国、加拿大等国的酸雨pH值为4.0—4.5。欧洲30%的林区因酸雨的影响而退化，酸雨造成美国75%的湖泊和大约一半的河流酸化，加拿大43%的土地和1.4万个湖泊呈酸性。

在中国，大面积的国土正面临着酸雨污染袭击。《2019中国生态环境状况公报》显示，全国酸雨区面积约47.4万平方千米，占国土面积的5%，主要分布在长江以南—云贵高原以东地区。469个监测降水的城市，出现酸雨的比例为33.3%。全国降水pH年均值范围为4.22—8.56，平均为5.58。酸雨、较重酸雨和重酸雨城市比例，分别为16.8%、4.5%和0.4%。

酸雨会使土壤酸性增强，导致大量农作物与牧草枯死，破坏森林生态系统，使河水、湖水酸化成为"死河""死湖",渗入地下使地下水长时期不能利用;严重侵蚀桥梁楼屋、船舶车辆,对人体健康造成严重危害……

5. 城市热岛效应

城市热岛效应主要是由于城市化进程的加快,城市下垫面、人工热源、水气影响、空气污染、绿地减少、人口迁徙等多种因素的叠加产生的。

世界上1000多个不同规模的城市中出现了城市热岛现象。为了降低室内气温和使室内空气流通,人们使用空调、电扇等电器。2012年美国1/6的电力消费用于降温,仅此一项每年的电费高达400亿美元。近几十年来,由于城市化进程的加快,我国大中城市均出现了不同程度的城市热岛现象。

长期生活在热岛中心区的人们,会出现情绪烦躁不安、精神萎靡、忧郁压抑、记忆力下降、失眠、食欲减退、消化不良、溃疡增多、胃肠疾病复发等状况。高温天气对人体健康也有不利影响,容易导致烦躁、中暑、精神紊乱等症状,特别是使心脏、脑血管和呼吸系统疾病的发病率上升,死亡率明显增加。

三、环境危机

1. 重金属污染

全世界平均每年排入土壤中的铅约为500万吨、汞约为1.5万吨、铜约为340万吨、锰约为1500万吨、镍约为100万吨。澳大利亚的土壤中镉的含量达0.11—6.37毫克/千克。据对美国部分公路及城市的土壤监测,仅铅的含量就达到最大允许量的几十倍甚至几百倍。20世纪"八大公害"中的日本水俣病事件、富山骨痛病事件就是重金属污染引起的恶性事件。

环保部门的统计显示,中国1/6的耕地受到重金属污染,重金属污染土壤面积至少有2000万公顷。《中国耕地地球化学调查报告(2015)》显示,中国重金属中—重度污染达到3488万亩,轻微—轻度污染达到7899万亩。中国环境监测总站资料显示,重金属污染中最严重的是镉污染、汞污染、铅污染和砷污染。一项研究指出,在全国多个县级以上市场随机采购的样品中,发现10%左右的市售大米镉超标。

重金属污染对环境破坏很大,严重污染土壤和水体。土壤或水体中含有的重金属引起的污染又通过食物链进入生态系统,进而对人体造成危害,容易在生态系统或生命体中富集。汞、镉、铅、钴、铊、锰、砷都可能引发癌症、结石、关节疼痛、神经错乱、健忘、失眠、头晕和头痛。

2. 环境痕量污染物污染

环境痕量污染物是相对于常见的常量污染物的新型污染物总称,包括持久性有机污染物、内分泌干扰物、持久性毒害(有毒化学)污染物等,它通过食物链累积诱发生物突变或引起生态失衡构成对人类的健康风险。

20世纪80年代,德国每天从空气中沉积落地的颗粒物中的PCDD/Fs质量浓度在5—36皮克/立方米(36皮克/立方米为毒性当量),希腊北部地区每天从空气中沉积落地的颗粒物中的PCDD/Fs和PCBs的平均值为0.52皮克/立方米和0.59皮克/立方米……

在我国经济最发达的京津地区、长江三角洲、珠江三角洲等地区，"三致"（致癌、致畸、致突变）有机污染物在地下水中有一定程度的检出，其中农药类的六六六、滴滴涕等有机污染指标检出率一般为10%—20%，部分地区为30%—40%，有的甚至在80%以上。

持久性有机污染物在自然环境中滞留时间长，极难降解，毒性极强，能导致全球性的传播，被生物体摄入后不易分解，并沿着食物链浓缩放大，不仅具有致癌、致畸、致突变性，而且还具有内分泌干扰作用。

3. 土壤污染

土壤污染出现于发达工业国家。高速发展的工业化过程中的日本就发生了很多的土壤污染事件，富山骨痛病事件是由于矿山开发导致含镉废水、废渣污染土壤，使生产的农产品含有毒素危害人体健康；美国在2009年时仅需要治理和必须治理的土壤污染地区就有1300处；欧洲有350万块土地受到污染威胁，严重污染需要治理的有50万块土地。欧盟因农药导致的损失每年至少1250亿欧元（约合1410亿美元）。

环境保护部和国土资源部的调查结果表明，中国土壤总的点位超标率为16.1%，有100多万平方千米土地受到污染，有近20万平方千米耕地被污染，超出林地、草地被污染面积的一半，经济发达地区的污染问题尤为突出，长三角地区至少10%的土壤丧失生产力。中国农村每年产生90亿吨污水、2.8亿吨垃圾，绝大部分没有处理。中国年化肥施用量约6000万吨、农药用量达337万吨，90%进入生态环境。

土壤保存了至少1/4的全球生物多样性，为生态系统和人类提供多种服务，帮助抵御和适应气候变化。土壤污染导致生产能力退化，影响到食品安全，对人类生命健康构成威胁；可引起大气、水的污染和生物多样性破坏，从而使整体环境污染加剧，对全球生态安全构成威胁。

4. 固体废物污染

全世界每年产生各种废料约100亿吨，具有放射性等的危险废料有4亿吨左右。2014年，全球丢弃的电子垃圾总量达4180万吨，只有650万吨垃圾被正规渠道回收。美国的电子垃圾为707.2万吨，中国为603.3万吨，两国总额占到了全球总量的32%；非洲为190万吨。美国安大略省大学和加拿大多伦多大学的研究报告称，人类产生的固体废物总量将于2100年达到顶峰，每天产出1100万吨左右，接近今天的3倍。

世界银行的《垃圾何其多2.0》报告显示，2016年全球产生的塑料垃圾2.42亿吨，占固体垃圾总量的12%。现在全球每年生产的塑料超过50%是一次性塑料制品，大部分不能有效处理，巨量的废弃垃圾制品进入了海洋，占海洋垃圾的90%，严重污染海洋生态环境。联合国发布的《全球环境展望6》显示，每年流入海洋的塑料垃圾高达800万吨。

2015年，中国一般工业固体废物产生量为32.7亿吨，工业危险废物产生量3976.1万吨。城市生活垃圾从1979年的2508万吨增加到2012年的17081万吨，大部分不能得到有效的处理。目前垃圾堆存量已达80亿吨，占用和损毁土地14万公顷以上，有250多个城市陷入垃圾包围之中。

固体废物污染和垃圾泛滥带来了严重的影响。固体废物中有害气体和粉尘会污染大气；固体废物中的有害成分会向土壤迁移，污染土壤，对植物产生了间接污染；固体废物还会使水体遭受污染，富营养化进一步加剧；通过大气、土壤、水的污染，严重影响人们的身体健康。

5. 大气污染

全世界每年排入大气的有害气体总量为5.6亿吨，其中一氧化碳2.7亿吨、二氧化碳1.46亿吨、碳氢化合物0.88亿吨、二氧化氮0.53亿吨。2012年，全球约有1260万人因在不健康环境中生活或工作而死亡，约占全球死亡总数的1/4。在全球103个国家和地区的3000多个监测空气质量的城市中，80%以上城市的空气质量超过世卫组织的建议标准，美国每年因大气污染死亡人数达5.3万多人，全世界超过80%的人口正在呼吸着颗粒物污染严重的空气。欧洲环境局2016年11月发布的报告称，欧洲空气污染每年导致46.7万人过早死亡，每10个城市中就有9个城市的居民呼吸着有害气体。

2015年，中国废气中二氧化硫排放量1859.1万吨，氮氧化物排放量1851.9万吨，烟（粉）尘排放量1538.0万吨，全国机动车排气排放一氧化碳3462.1万吨、碳氢化合物429.4万吨、氮氧化物585.9万吨、颗粒物55.6万吨。2002—2010年，华北地区发生近百次大气重污染过程，部分监测点的PM10的浓度超标几倍至十几倍。

现代城市家庭的室内空气污染远比室外严重。装修后的室内空气中可检测出500多种挥发性有机物，其中20多种是致癌物。"室内空气污染"列为继"煤烟型""光化学烟雾型"污染后的第三代空气污染问题，已被列为影响公众健康的世界最大危害之一。

大气污染既危害人体健康，又影响动植物生长，而且破坏经济资源，会改变地球的气候，造成全球变暖、臭氧层耗损、酸雨等全球环境问题。大气污染物主要通过呼吸道进入人体，还会通过接触和刺激体表进入人体。

6. 水污染

全世界每年向江河湖泊排放的各类污水约4260亿吨，造成径流总量的14%被污染，污染5.5万亿立方米的淡水。在发展中国家，有超过200万人（其中大多数是儿童）每年死于饮水不洁引发的疾病。在全世界的自来水中，测出的化学污染物有2221种之多，其中有些确认为致癌物或促癌物。

2015年，中国的废水排放总量为735.3亿吨。全国约有7亿人口饮用大肠杆菌超标水，约有1.7亿人饮用受有机物污染的水。90%的城市地下水不同程度遭到有机和无机有毒有害污染物的污染，江河水系有70%受到污染，流经城市90%以上的河段严重污染。在118个大中城市中，较重污染的城市占64%，较轻污染的城市占33%。全国25%的地下水体遭到污染，地表水中有68种抗生素、90种非抗生素医药成分。

水污染危害极大，污染物通过饮水和食物进入人体，影响人类的身体健康；水污染破坏水体中的生态平衡，影响水生动植物，进一步影响人类的生存；水污染破坏工农业生产，严重阻碍经济的持续增长。

7. 噪声污染

1996年，20%的欧盟人口生活在环境噪声大于65分贝的严重干扰区域，40%的人口生活在55—65分贝之间的中等干扰区域。2002年，美国生活在85分贝以上噪声环境中的居民数量急剧增加。其他发达国家的一些城市部分地区全天噪声达到75—85分贝。在中国城市噪声中，城市交通干线噪声平均值超过70分贝的城市超过3/4。20世纪末，中国曾对每年因道路交通噪声污染导致的经济损失进行过统计，损失高达人民币216亿元。

《2019年全国生态环境质量简况》显示，开展昼间区域声环境监测的321个地级及以上城市的平均等效声级为54.3分贝。昼间区域声环境质量为一级的城市占2.5%，二级占67.0%，三级占28.7%，四级占1.9%。开展昼间道路交通声环境监测的322个地级及以上城市的平均等效声级为66.8分贝。昼间道路交通声环境质量为一级的城市占68.6%，二级占26.1%，三级占4.7%，四级占0.6%。开展功能区声环境监测的311个地级及以上城市各类功能区昼间达标率平均为92.4%，夜间达标率平均为74.4%。

噪声对人的危害是多方面的，对人的心理、生理都有影响。长期在噪声环境中工作的人，听力会下降，甚至产生噪声性耳聋。人们在高噪声环境下工作，高血压、动脉硬化和冠心病的发病率要高出低噪声环境下2—3倍。噪声使劳动生产率降低10%—50%。特强噪声会损伤仪器设备，严重的可使仪器设备失效。

8. 辐射污染

我们生存的空间充斥着大量微观粒子的运动，它们从各种发射体出发，向各个方向传播，形成了辐射流。现代科技在生产、生活的各个领域广泛运用各种辐射为人类谋福利，对人类的生存不可或缺，但如果处置不当，对人体和设施造成危害时，就形成辐射污染。

当前，光污染问题随着经济的发展越来越突出。灯火通明的地区比夜晚保持黑暗的地区的乳腺癌发病率高出近两倍，人造光源不仅造成"昼夜不分"，更重要的是危及公共健康和野生动植物的生长，甚至导致安全问题的出现。电磁辐射是指能量在空间以电磁波的形式由辐射源发射到空间的现象，危害主要表现为对通信、电子设备的干扰，电磁污染会与正常通信信号发生冲突，形成电磁噪声，甚至造成通信中断。放射性是自然界存在的一种自然现象，当人受到大量射线照射时，射线可以破坏细胞组织，对人体造成伤害，严重时会导致机体损伤，甚至可能导致死亡。如核电站发生事故，造成的核污染会严重破坏生态环境和影响人体健康。

第二节　可持续发展的兴起

一、可持续发展的提出

20世纪70年代以后，人们逐渐认识到人类所面临的发展同物理极限的冲突，事实上在远未达到物理极限（如资源枯竭）之前就可能会遇到社会极限。在这种大背景下，1987年，联合国委托以布伦特兰夫人为主席的世界环境与发展委员会提交了一篇著名的报告——《我们共同的未来》（又叫作《布伦特兰报告》）。

报告以"可持续发展"为基本纲领，从保护和发展环境资源、满足当代和后代的需要出发，提出了一系列政策目标和行动建议。报告把环境与发展这两个紧密相连的问题作为一个整体加以考虑，指出人类社会的可持续发展只能以生态环境和自然资源的持久、稳定的支撑能力为基础，而环境问题也只有在经济的可持续发展中才能够得到解决。因此，只有正确处理眼前利益与长远利益、局部利益与整体利益的关系，掌握经济发展与环境保护的关系，才能使这一涉及国计民生和社会长远发展的重大问题得到满意解决。世界各国政府和人民必须从现在起对经济发展和环境保护这两个重大问题负起自己的历史责任，制定正确的政策并付诸实施，错误的政策和漫不经心都会对人类的生存造成威胁。

报告对"可持续发展"所下的定义是"既满足当代人的需要，又不损害子孙后代满足其需求能力的发展"。明确提出了可持续发展比较具体的目标：消除贫困和实现适度的经济增长；控制人口和开发人力资源；合理开发和利用自然资源，尽量延长资源的可供给年限，不断开辟新的能源和其他资源；保护环境和维护生态平衡；满足就业和生活的基本需求，建立公平的分配原则；推动技术进步和对于危险的有效控制。报告阐述的指导思想，对世界各国的经济发展与环境保护的政策制定产生了积极、巨大的影响。

二、可持续发展的原则和内容

1. 可持续发展的原则

公平性原则 可持续发展要求做到同代平等和世代平等。在人类赖以生存的自然资源有限的背景下，本代人不能因为自己的发展与需求而损害人类世世代代满足需求的条件——自然资源与环境，要给世界以公平的分配和公平的发展权，要给世世代代以公平利用自然资源的权利。

持续性原则 可持续发展要求人类的经济建设和社会发展不能超越自然资源与生态环境的承载能力。人类要根据持续性原则，调整自己的生活方式，确定自己的消耗标准，而不是过度生产和过度消费。人类发展一旦破坏了人类生存的物质基础和前提条件，其发展本身也就衰退了。

共同性原则 可持续发展要求人们认识到地球的整体性和相互依赖性，认识到可持续发展的公平性原则和持续性原则，全球采取共同一致的联合行动，利用和保护好共同的家园，促进人类的可持续发展。

2. 可持续发展的内容

资源与环境可持续发展 自然资源的可持续利用和良好的生态环境是可持续发展的基础，没有这个基础，人类就不可能生存，更谈不上发展。资源的合理分配是可持续发展的根本，这种分配包括代际分配和地区分配。经济发展必须与自然承载能力相一致，保持以可持续方式使用自然资源和环境成本，全球要采取一致行动降低自然资源的消耗速度，加速开发替代资源，尽量降低经济活动产生的废物量。

经济可持续发展 经济可持续发展是可持续发展的前提和中心，要改变传统的以"高投入、高消耗、高污染"为特征的生产模式和消费模式，发展低碳经济和循环经济，实行清洁生产，稳定全球人口数量和满足人的基本需求，在经济活动中保护环境和加强生态建设，发展适宜技术，在决策中协调经济同生态环境的关系、改善经济增长的质量等。

社会可持续发展　社会的全面进步是可持续发展的最终目标，其中人的发展是核心，强调普遍改善人类生活质量，提高人类健康水平，创造一个保障人们平等、自由、教育、人权和免受暴力的和谐全球社会环境。

三、可持续发展的时代作用

可持续发展是人类深刻反思工业革命以来人与自然的关系，力图转换思维，寻找新的发展模式的一个新的尝试，它对保护和发展环境资源、满足当代和后代的需要提供了一个新的路径，有利于在工业文明的框架内调节人与自然的关系，使经济发展与人口、资源、环境在一定程度上相协调。

第一，可持续发展模式保证了资源在特定状况下对人类经济和社会发展的支持。经济和社会的发展需要自然资源作为支撑，资源在很大程度上制约着人类社会发展的步伐。虽然在全球化时代，资源贫乏的国家和地区可以通过市场从资源丰富的国家和地区获得自然资源以推动本区域经济的发展，但在资源环境问题全球化的今天，对资源的消耗意味着地球上不可再生资源的减少，可持续发展要求合理分配资源，维持资源的持续供给能力，对人类的延续有积极的作用。

第二，可持续发展模式为人类的生存和发展提供了一个更好的环境和生态基础。良好的生态环境是资源的承载体，是维护生物多样性的空间，天蓝、地绿、水净是人类生存的最基本条件。为了经济增长而破坏生态环境，摧毁了人类生存的基础，发展就成为毫无意义的数字游戏。可持续发展要求防止人类活动破坏自然环境，加强环境治理力度，加快生态恢复步伐，依法治理环境，促进人类与环境的协调发展。

第三，可持续发展模式促进了工业文明时代经济增长方式的转变。坚持经济发展与环境保护协调、经济资本与生态资本并重，从粗放型经济向集约型经济转变，经济的发展不再走大量消耗自然资源的老路，避免"先污染后治理、先开发后保护、先破坏后恢复"，使原来主要依靠资源、物质的投入转向依靠知识、技术、信息、教育的投入，第一、二、三产业形成合理高效的比例关系，使经济发展与资源、环境相协调，使经济效益和环境效益相统一，兼顾了近期目标和长远目标、近期利益和长远利益。

第四，可持续发展模式以谋求社会全面进步为目标，为公众提供一个可持续生存的社会条件。可持续发展强调社会公平，在承认发展差别的前提下，追求全人类生活质量的改善和健康水平的提高，保障人的自由、平等，人人享有受教育和劳动的权利，打造一个免受暴力的社会环境，实现人口综合治理、全民文化素质全面提高、人居环境不断改善。

第三节　可持续发展的困境

一、可持续发展的伦理基础

代际生态伦理构建了可持续发展的理论基础。代际生态公正是指当代人与后代人之间的生态公正，既不能为了当代人利益而过度开发自然资源使子孙后代无自然资源可用，也不能为了子孙后代的利益而使当代人不能使用现有的自然资源。合理的状态应该是，自然资源的使用既满足当代人生存发展的需要，又不会对子孙后代生存与发展构成威胁，为子孙后代留下可资利用的生态资源和发展条件。

当代人所处的生态环境并不完全属于当代人，可以说一方面是从前代人那里继承而来的，另一方面又是从后代人那里借用过来的，生态资源属于所有的人，包括子孙后代。从这个基本观念出发，就要求当代人所有的生态足迹其效益计算不仅要计算当代的生态效益的损益，还要计算子孙后代生态效益的损益。竭泽而渔、杀鸡取卵式开发自然生态资源是当代人极端自私心理在经济上的表现，是一种断子孙后代生存之路的行为，必须以可持续发展取而代之。

二、可持续发展面临的困境

工业革命以来，人类对自然环境展开了前所未有的大规模开发和利用，环境问题有增无减。20世纪90年代以来，全球经济的增长方式仍未见改变，可持续发展战略的推进在全球面临困境。要真正构建一个人类未来发展的全新模式，必须转变发展模式。

1. 全球资源紧缺在国家赶超战略面前的困境

目前世界上大多数国家的发展战略过于强调经济的绝对发展，基本上是以美国、欧盟和日本等发达国家为目标进行追赶，但是往往忘记了地球上的资源是有限的，发达国家总是坚信随着科学技术的发展总能开拓出无限的资源，技术至上掩盖了以贸易和金融等手段对现有资源的持续掠夺，发达国家力图维持现有的优势地位，而发展中国家则力图缩小与发达国家的差距。世界贸易组织（WTO）似乎为公平地享受全球性资源提供了合理的框架，然而，现实是马太效应正在继续拉大世界各国的贫富差距。

2. "可持续发展"在"可持续生存"面前的困境

众所周知，人类必须生活在生态系统之中，依赖生态系统的能流和物流而存在。生态系统的能流决定生物数量、繁殖速度、群落结构等，生态系统的物流决定生物物质反复循环供给的数量和质量。自然生态系统是在"生产—消费—分解"过程中保持动态平衡的，一旦这种平衡遭到难以恢复的破坏，将引起物种消失，如果持续下去，人类就会有消亡的危险。

即使温室气体浓度稳定在目前的水平上，全球平均表面温度升高并进而引起海平面升高预计要持续相当长的一段时间；冰盖将继续对气候变化做出反应，并对海平面产生影响，即使气候稳定后也要持续几千年。生存是在极少消耗资源的前提下延长存活时间，发展是在以资源为动力的前提下对昨天的超越，人类究竟是"可持续生存"还是"可持续发展"尚需"风物长宜放眼量"。

3. 全球意志在国家意志、"类生存"在"国生存"面前的困境

目前，地球上国家意志张扬，尤其超级大国的强权意志犹如一群马朝不同的方向拉同一辆车，虽然暂时还没有被五马分尸，但终究拉向何方，却不得而知。这种国家意志的随机性令人类迷茫，所以才导致目前后现代主义盛行。在地球上"类生存"受到挑战、尚有亿万人口食不果腹的情况下，每年仍然发生天文数字的军费支出，这与可持续

发展格格不入。在"国生存"占绝对态势的情况下，已失去了谈可持续发展的意义。美国、欧盟和日本等发达国家很想充当世界警察，但他们并未站在全球立场上主持公道、"引领进化"，其行为大有监守自盗之嫌，所以才惹得人心不服，硝烟四起。"9·11"事件宣布了国家意志和"国生存"的终结，自此无论是资本主义还是社会主义都回到了"类生存"的逻辑起点。

全球意志尚未出现，谁来掌管地球不得而知！建立在"国家意志"上的可持续发展能否担此重任，端倪未现！可以预见，在今后很长一段时间里，地球上还会处于"国家意志"的纷争之中。市场经济掩盖了人类生存的生态价值，市场经济的无形之手正一步步把人类引向迷茫。生存危机出现，地球公民在盼望那只引领人类朝可持续生存方向进化的"无形之手"。

4. 人类终极文明在阶段愚昧的面前的困境

文明是人类远离愚昧的程度，愚昧是距离文明的远近。人类经历采猎文明、游牧文明、农业文明，正在经历工业文明，甚至认为已经到了后工业文明和信息文明。文明进化的初衷总是使人类今天比昨天强、明天比今天强。但是随着文明的不断升级，人类生存的可持续性受到了前所未有的挑战。随着物种多样性的消失，人类是否紧随其后而消失的担忧并非杞人忧天。如今，文明异化了人类，在走过了漫长的进化征途后，异化的圆圈似乎使人类又走向了愚昧。城市化催生了高楼大厦，消耗了大量的能源；石油提高了人类的速度，但却带来了绵延不断的中东战火；化肥农药提高了产量，有毒物质却进入了人类的血液；化学药品的滥用，降低了人类的繁衍能力。人类做到了其他物种无法做到的对人类的伤害，愚昧者自取灭亡倒成了文明人类的不断实践。因此文明需要重新定义，价值需要重新选择，社会需要重新构建。

第二章 生态文明的含义

生态文明是人类在适应自然、利用自然过程中建立的一种以人与自然共生和谐为基础的生存和发展方式。它包括三层含义：一是人类文明发展的新时代。生态文明就是在农业文明和工业文明的基础上人类（地球）文明的新形态，生态文明作为一种地球上的新文明范型和向星际文明转化的形态，它把人类带出了"蒙昧时代"而进入真正意义上的"文明时代"，一个结构复杂、秩序优良的社会制度将在全球建立。二是社会进步的新的发展观——生态文明观。三是一场席卷全球的生态现代化运动——生态文明建设，其中的核心问题是全球生态文明观的确立。

第一节 生态文明是人类文明发展的新时代

人类文明在走过了采猎文明、游牧文明、农业文明、工业文明之后，正在迈向一个崭新的文明时代，学术界把这一时代称为后工业文明、信息文明、生态文明等。回眸工业文明及以前人类所走过的文明历程，在处理人类与自然界的关系时，人类始终是处于中心地位的，强调的是人类去征服自然、改造自然，人与自然始终处于对立状态。而生态文明将使人类文明或地球文明进入真正意义上的文明时代。

一、采猎文明时代

在采猎文明阶段，生产力水平低下，人们对自然环境被动适应。人类生存的物质基础是天然动植物资源，采猎人群征服和改造自然的能力十分低下，采猎的动植物完全是依靠自然界发育、生长的结果，所以人类崇拜和畏惧自然并祈求大自然的恩赐。环境对人类的制约作用较强，人类对环境的改造作用微弱。

二、游牧文明时代

在游牧文明阶段，因为受自然环境的影响，人类形成了逐水草而居的生产方式，没有固定住所，哪里有丰美的水草，就在哪里安家。在近乎原始的游牧生活中，没有哪一个牧人敢把某一片草场当成自己的家。因为受载畜量的影响，牧人们必须不断地迁徙才能保持草原的自然再生产，才能保证牲畜能吃到源源不断的新草，这其实正暗合了草原生长的生态规律。

三、农业文明时代

在农业文明阶段，随着生产力水平的提高，人类对自然有了一定的了解和认识，在开始利用自然并改造自然的过程中，逐步减弱了对自然的依赖，同时与前者的对抗性增强。农业文明带来了种植业的创立及农业生产工具的发明和不断改进，带来了固定居所的形成和人口的迅速增长，带来了纺织等手工业和集市贸易的诞生，带来了农业历法等科学技术，也带来了"人定胜天"的精神和信念。由于大规模地改造自然，生态环境遭到了一定程度的破坏，如局部地区水土流失、土地荒漠化，生物多样性减少，生态系统变得日益简单和脆弱。

四、工业文明时代

在工业文明阶段，生产力水平空前提高，人类对自然环境展开了前所未有的大规模的开发和利用。人口的激增、资源的透支，一切社会活动趋向物质利益和经济效益的最大化，人类试图征服自然，成为自然的主宰。由于人类自身需要和欲望急剧膨胀，人类对自然的尊重被对自然的占有和征服所代替。发达国家的经济、社会制度又促使少数人以占有和剥削他人更多的物质财富为根本动力和目的，这一价值观进一步扩展到整个民族、国家和社会层面，更加剧了人们对自然资源的掠夺和对生态环境的破坏。当前，人类面临着由于现代工业的发展带来的一系列严重的环境和生态问题，这些问题已经从根本上影响到人类的生存和发展，"天人"关系全面不协调，"人地"矛盾迅速激化。

五、生态文明时代

在工业文明及其以前的文明体系中，人类强调的是对自然无条件的索取，一切以人为中心，由此酿成了当今世界环境危机四伏的局面。人类必须转换思维，寻找新的发展模式，用一种新的价值观去指导经济社会未来的发展之路。

生态文明是人类在尊重生态规律的前提下，有计划地对生态环境进行有效的公共管理，进行地区、国家乃至全球意义上的制度建设，协调人类与自然的关系，形成自然、社会、经济复合系统的持续发展。

生态文明把人类与自然环境的共同发展摆在首位，合理地调节人类与自然之间的物质循环、能量变换与信息交换和生物圈的生态平衡，按照生态规律进行生产，在维持自然界再生产的基础上考虑经济的再生产，是人与自然和谐的、同步的发展。

生态文明就是在农业文明和工业文明的基础上，人类（地球）文明的新形态。有一种观点认为生态文明是人类文明发展的终极形态，这不符合人类历史发展和星球演化的客观规律。但生态文明作为地球上的一种新文明范式和向星际文明转化的形态，它把人类带出了"蒙昧时代"而进入真正意义上的"文明时代"。

第二节　生态文明观

工业文明以前的文明形态割裂了人与自然的天然关系。在新的时代，人类必须摒弃"以人为中心"的发展观，而提倡"人与自然和谐发展"的生态文明发展观，重建环境、经济、政治、文化、科技和社会发展的伦理和哲学基础，这样才能将人类推向文明进步的更高阶段。

一、生态文明观的含义

生态文明观是指人类处理人与自然关系以及由此引发的人与人的关系、自然界生物之间的关系、人与人工自然的关系以及人的身与心（我与非我、心灵与宇宙）的关系的基本立场、观点和方法，是在这种立场、观点和方法指导下人类取得的积极成果的总和。它是一种超越工业文明观、具有建设性的人类生存与发展意识的理念和发展观，它跨越自然地理区域、社会文化模式，从现代科技的整体性出发，以人类与生物圈的共存为价值取向发展生产力，从人类自我中心转向人类社会与自然界相互作用为中心建立生态化的生产关系。生态文明观的核心内容是"共生和谐"。

全球生态文明观追求人与自然共生和谐、物质与精神相统一、当代进步与未来发展和谐统一。人类的行为应始终秉承"天地一体，万物同源""生态文明，道法自然"的宇宙观；保持心态、生态相宜，营造全球和谐、持续发展的生态环境；厚德载物，惠及子孙，衍渡冰河，生生不息。人类社会应是生态文明社会，人应是生态人，居应是生态居，生活应是生态生活，产业应是生态产业，经济应是生态经济，环境应是天地和谐、生克平衡的秀丽生境。全球生态文明观以人类与自然和谐永续为宗旨，以实现生态文明社会为目标，期盼人类未来能跨过大生态期——天文地质周期性出现的大冰期——而永远繁茂。

中国倡导的生态文明理念正逐步走向世界。2013年2月，联合国环境规划署第二十七次理事会通过了推广中国生态文明理念的决定草案；2016年5月，联合国环境规划署发布《绿水青山就是金山银山：中国生态文明战略与行动》报告，向国际社会展示了中国建设生态文明、推动绿色发展的决心和成效。

二、生态文明观要处理的五大关系

1. 正确处理人与自然的关系

人与自然（天然自然）的和谐是人类生存和发展的基础。由于自然界提供了人类生存和发展所需的资源，人与自然的不和谐必将损害人类本身。生态危机自古有之。在农业文明时期，这种危机产生的生态环境的破坏虽然湮灭了历史上曾经辉煌一度的几大古代文明，但其影响总体上说还是区域性和小时空的，因此即使提出人与自然的和谐的观点也不能引起主流社会的足够重视。工业化运动以来，人类的生态意识还未做出适应性调整，区域性的生态灾难就已经酿成，进而发展为全球性的生态危机。只有重新定义生产力的内涵，重建生态意识，普及生态伦理，建立和谐的"自然—人—经济"复合系统，才能化解全球性的生态危机，实现经济社会的持续发展。

2. 正确处理人与人的关系

正确处理人与人之间的关系包括正确处理当代人与人之间的关系以维护代内生态公正和个体间生态公正、正确处理当代人与后代人之间的关系以维护代际生态公正。人类社会的生产关系构成和谐社会的一个重要内容，不合理的生产关系结构一方面会造成人类社会本身的畸形发展，另一方面这种畸形效应会延伸到人与自然的关系以及相应的其他关系上。最典型的是工业化时代对资源的占有和污染的转移。由于不能正确处理人与人、国家与国家的关系，建立在资本原始积累基础上的国际经济旧秩序使得发达国家利用发展中国家的资源和输出污染，造成发展中国家严重的生态灾难和环境污染，这种污染通过全球性循环反过来又影响发达国家的环境。这也是生态文化被颠覆而危及人类自身在当代的一个重要表现。只有重建全球生态文化，才能给科学技术重新定向，才能发展生态化的生产力、生产关系。

3. 正确处理自然界生物之间的关系

自然界有数百万种植物、动物、微生物，各物种所拥有的基因和各种生物与环境相互作用形成生态系统。自然界生物之间的关系追求的是一种动态的平衡，正是这种动态平衡产生的生物多样性对人类生存和发展具有重要的意义。如果人类忽视自然界生物之间的关系，他们之间的动态平衡一旦被打破，人类能否延续下去就会成为人类社会面临的一个问题。

4. 正确处理人与人工自然的关系

人工自然是人利用或改造天然自然，创造天然自然中所不存在的人类文明，它分为人工生态系统和人工自然物。人工生态系统如人造森林、人造牧场、农田生态系统、水产养殖场、城市生态系统、村镇生态系统等；人工自然物是人类利用自然材料制造的各种物品。工业文明带来了科学技术的大发展，反过来现代科学技术的成就把工业文明推向一个新的阶段，如何处理与科学技术及其产品的关系成为当代人类面临的重大课题，计算机和人工智能、网络和信息高速公路、现代生物技术、核能等发展与利用将对人类的发展产生巨大影响，如果人类不能正确地利用它们，那么这些现代科学技术会危害到人类本身。

5. 正确处理人的身与心、我与非我、心灵与宇宙的关系

正确处理人与自然、人与人、自然界生物之间、人与人工自然的关系，最终归结到人怎样看待这个世界。当代世界进入危机四伏的局面，根源在于人的身与心存在严重分裂、人的心灵与宇宙存在巨大差异，来源于人类内心深处的思维指导下的行为使"天人""人地"关系全面失衡。只有弘扬中国古代崇尚治身与治心和谐统一的理念，明白人的内心比宇宙更广大，不断地开发内心的空间，开阔内心的空间，生态文明理念才会在全社会形成。

三、生态文明的多元价值观

不同文明时代有与之相应的价值观，它是物质世界长期发展的产物，也是社会不断演进的结果。在农业文明时代，价值的衡量标准是"土地是财富之母，劳动是财富之父"。到了工业文明时代，绝大多数商品价值的衡量是遵循"劳动价值论"的，商品价值量的大小取决于生产该商品的社会必要劳动时间。

生态文明时代的价值标尺是多元的，其基本准则仍然是"劳动价值论"。与工业文明时代的"劳动价值论"相比，"劳动价值"中包含着更多的"知识价值"，可以说是在传统的"劳动价值论"基础上加上"知识价值论"；特殊商品的价值，因其稀缺性和人们对其的喜好，遵循"效用价值论"；由于全球信息高速公路建成，不同的信息会产生不同的增值效应，因而极大地影响商品价格的形成，"信息价值论"随之出现；由于自然资源（包含土地资源、森林资源、水资源、矿山资源、海洋资源、环境资源等）对人类生存的决定性作用，其价值被重新定位。这些因素构成了生态文明的多元价值观。

生态文明观以生态伦理为价值取向，以工业文明为基础，以信息文明为手段，把以当代人类为中心的发展调整到以人类与自然相互作用为中心的发展上来，从根本上确保当代人类的发展及其后代持续发展的权利。

四、生态文明观是治国理念的根本转变

在工业文明的体系下，世界各国治国安邦的理念不尽相同。在当今世界主要是两种模式：一是欧美发达国家所采用的以生产力发展为主要标准的模式，二是以中国为代表的发展中国家所采用的以生产关系为主要标准的模式。在实践中，前者表现为追求生产力的绝对发展，后者表现为强调生产关系的绝对完善；与之相适应，在理论上前者根据生产工具的先进程度把人类社会分为农业文明社会、工业文明社会、信息文明社会，后者则以原始社会、奴隶社会、封建社会、资本主义社会、社会主义社会、共产主义社会总结人类文明的发展史。

当工业文明经历300年的发展历程后，由于强调人类对自然界的绝对征服，生态危机和环境灾难首先在发达国家出现，与之相对应的是对财富的贪婪追求造成了生产关系也陷入深深的危机之中。进入20世纪后，全球贫富差距的不断扩大、民族宗教问题的日益突出、经济危机的频发、绿色恐怖主义的出现、资源配置不合理现象的加剧，特别是人类迈入21世纪后全球金融危机的出现，使人类对以"生产力模式"为主的治国理念产生深刻的反思。

对以"生产关系模式"为主的国家来说，在全球经济一体化的条件下，同时随着工业化进程的加快，这些国家也开始承受工业化过程中过度消耗、破坏资源和环境导致的各种灾难，资源短缺以及科学技术在限定的时段内难以开发出足够的替代资源使得工业文明的基础在全球开始动摇。

20世纪80年代中国改革开放以来，中国的治国理念也逐渐脱离传统的模式，开始了"治国模式"创新，取得了举世瞩目的发展成就，尤其在发达国家经济低迷的情况下，中国经济仍然保持强劲发展的势头，令传统工业文明思维下的西方大为不解。究其原因，一方面是工业化进程中"工业化红利"带来的经济超常增长，另一方面也有中国特有的因素。中国经济要持续发展，必须时刻面对和防范前进道路上的"灰犀牛"，以务实创新、不断开放的方式发展新经济。有学者认为，中国当代的发展已经超出了西方的知识体系，西方世界不能解读中国的崛起非常正常。由于中国的古代学说不能解释现代，西方的现代学说也无法解释中国乃至当今世界，而中国的现代学说还没有产生，因此从理论上想阐释清楚中国及当今世界的许多问题就显得力不从心。"五星出东方利中国"，以"生态文明观"为基础的治国理念的出现，可以说已经迈出了人类建立未来发展模式的第一步。

五、生态文明的普适价值

超越宗教、民族、国家，出于人类的良知与理性的价值观念称为普世价值。不同文明时代，普世价值是不同的。市场经济、民主、自由、法治、人权这种价值观由西方提出，是一种建立在"部分人类中心主义"世界观基础上的工业文明普世价值观，它在打破封建割据和推进世界政治、经济、文化向着一体化发展方面，表现了巨大的历史进步性。

随着经济和社会的发展，西方在获得巨大成功的同时，试图向西方以外的世界推销西方的普世价值观，但以失败告终。原因是对处于同一时代但经济社会发展还处在农业文明或由农业文明向工业文明转型过程中的国家来说，这种普世价值不一定适用，而且一开始就被"部分人类中心主义"所异化。随着时代的发展，就是以"人类中心主义"为基础的普世价值观也已经落伍，更何况"部分人类中心主义"为核心的西方普世价值观。当今世界人类与自然严重对立、人类与自然关系失衡、人类文明结构失衡的根源就是所谓的西方普世价值观。长期以来，西方国家一直用他们的民主、人权来干涉世界上其他国家的发展。纵观世界发展历史，以西方为主导的模式充分反映了发源于城堡文化的西方文明带有严重的文化基因缺陷。西方发起工业革命将人类推向工业文明，但是生态灾难不断发生，地球对人类的生态服务功能破坏殆尽，东西方思想家都在寻找救世良药。西方的思想家、政治家、科学家一直陷在后现代主义的泥潭里无法自拔。历史证明，无论是古代的罗马帝国、阿拉伯帝国、奥斯曼帝国和拜占庭等帝国，还是近现代的大英帝国、美帝国等都不可能进行生态意义上的全球治理，联合国、区域合作、联盟之类的尝试效果也不佳。长此下去，地球生态服务功能丧失，人类将会自取灭亡。

因此，创造一种有利于所有民族、国家发展的普适价值，使全人类尤其是发展中国家的人民都能平等分享人类文明进步的成果，将为西方普世价值观支配下已失衡的世界提供一种新的发展之路。中国传统文化的世界精神曾得到英国著名史学大师汤因比的肯定，他认为只有中国才能有资格成为实现统一世界的新主轴。中国有着6500年文明的优秀传统，曾引领世界发展几千年，在再度领航人类发展时刻到来之际，必须对普适价值有所担当。以"儒、释、道"三家为主的中国传统文化，在传教精神和普适意识上有着极其深厚的文化积淀。传承这一优秀的智慧，结合现代文明发展的成就，才能重建人类发展的伦理和哲学基础。

中国传统文化中的生态意识，是在农业文明阶段形成的，人类由于缺乏对大自然的了解而产生对大自然的敬畏，是一种"敬畏"之下的"顺应"，渊源于此的普适价值——生态文明观，是农业文明、工业文明高度发达，科学技术日新月异，互联网、云计算、大数据时代来临的背景下，通过几千年来中国传统智慧的升华与现代文明成果相结合，并吸收世界其他文化体系的优秀智慧和现代可持续发展思想的产物。道家探寻人与自然的"和谐"，儒家推崇人与人的"和谐"，佛家提倡现世与来世的"和谐"，如果说道家和儒家是空间上的和谐，佛家是时间上的和谐，生态文明规则追求空间和时间上的"和谐统一"。

宗教的发展与人类的发展如影相随。迄今为止影响较大的宗教，在中国有佛教、道教等，在中国以外的有基督教、伊斯兰教、印度教、犹太教等，无论何种宗教，都希望人类能生活得更好，尤其是清洁健康与人类的延续是所有宗教共同的愿望。生态文明也同样将清洁健康与人类延续放在首位，力图给出如何利用和管理生态系统以实现对这一目标的持续服务与支撑，保持人类（包括个体与群体）如何与自然社会经济协调和个体如何身心协调的问题。生态文明就是如何在最小耗费物质和能量的前提下使人类切实拥有最大的归属感、安全感和幸福感！生态文明是世界各大宗教的公约数。

以"共生和谐"为核心内容的理念和发展观，无疑将成为人类未来发展的普适价值。当然，普适价值的适用也有例外，那就是普适价值遭到破坏时的"安全例外"。只有正确处理人与自然、人与人、自然界生物之间、人与人工自然、人的心灵与宇宙的关系，才能担当起重建被工业文明冲击而近乎摧毁的中国社会的重任，重建教化民众、化导功利等重要的社会文化功能，才能建立起"环境持续、经济绿色、政治民主、文化生态、科技创新、社会和谐"的世界发展新秩序。

党的十九大报告提出坚持推动构建人类命运共同体。"必须统筹国内国际两个大局，始终不渝走和平发展道路、奉行互利共赢的开放战略，坚持正确义利观，树立共同、综合、合作、可持续的新安全观，谋求开放创新、包容互惠的发展前景，促进和而不同、兼收并蓄的文明交流，构筑尊崇自然、绿色发展的生态体系，始终做世界和平的建设者、全球发展的贡献者、国际秩序的维护者""建设持久和平、普遍安全、共同繁荣、开放包容、清洁美丽的世界。要相互尊重、平等协商，坚决摒弃冷战思维和强权政治，走对话而不对抗、结伴而不结盟的国与国交往新路。要坚持以对话解决争端、以协商化解分歧，统筹应对传统和非传统安全威胁，反对一切形式的恐怖主义。要同舟共济，促进贸易和投资自由化便利化，推动经济全球化朝着更加开放、包容、普惠、平衡、共赢的方向发展。要尊重世界文明多样性，以文明交流超越文明隔阂、文明互鉴超越文明冲突、文明共存超越文明优越。要坚持环境友好，合作应对气候变化，保护好人类赖以生存的地球家园"。

第三节　生态文明建设

生态文明建设是生态文明大系统中的重要方面，它是在生态文明观指导下人类迈向生态文明社会的实践层次和活动。在今后相当长的一段时间内，生态文明建设是一场以生态公正为目标、以生态安全为基础、以新能源革命为基石、以现代生态科技为技术路线、以绿色发展为路径的全球生态现代化运动。绿色发展是建设生态文明的必由之路，是生态文明建设的发展模式和路径，它取代可持续发展引导人类真正走向持续生存和持续发展的光明大道。通过建立绿色发展指标体系和生态文明建设考核目标体系，不断推进生态文明建设的进程。

一、生态文明建设的内涵

1. 生态文明建设是生态复兴的全球生态现代化运动

在生态文明理念的指导下，人类社会的持续发展不是简单的污染治理，而是在科学技术不断发展的前提下，以新能源革命和资源的合理配置为基础，改变人的行为模式，改变经济、社会发展的模式，通过资源创新、技术创新、制度创新和结构生态化，降低人类活动对环境造成的压力，达到环境保护和经济发展双赢的目的。

从人类现代化的进程看，现代化是以资源消耗、能源投入带来粮食和工业品的产出为基础的，而资源和能源危机以及伴随产生的生态灾难、环境危机无情地斩断了现代化的发展链条。要使人类现代化进程得以延续，必须使现代化与自然环境互相耦合，在全球范围内推进生态现代化建设的进程。工业革命引发的人类社会由农业社会向工业社会、由农业经济向工业经济转变是人类社会的第一次现代化，人类正在经历着由知识革命、信息革命、生态革命引发的工业社会向生态社会、工业经济向生态经济转变的第二次现代化——生态现代化。

2. 生态文明建设的目标

生态公正对人类生存和发展具有重要意义，成为生态文明建设的目标。生态公正是指人类处理人与自然关系以及由此引发的其他相关关系方面，不同国家、地区、群体之间拥有的权利与承担的义务必须公平对等，体现了人们在适应自然、改造自然过程中，对其权利和义务、所得与投入的一种公正评价。

生态公正包括种际生态公正、群际生态公正（代内生态公正、代际生态公正）、个体间生态公正。生态公正的基本原则包括普遍共享原则、权责匹配原则、差别原则、补偿原则。实现生态公正是实现社会公正的重要内容，也是建设生态文明的重要保障，对建设公平公正、和谐富强、持续发展的社会具有重大的现实意义。

3. 生态文明建设的层面

（1）国际层面

20世纪末以来，环境问题已跨越国界，呈现出全球化的趋势，同时由于环境因素的影响而产生的问题远远超出环境领域的范畴，渗透到政治、安全、经济、社会发展等诸多层面。可以说，在空间上，环境问题无处不在；在时间上，环境问题无时不在；在程度上，特别是正在加速工业化进程地区的环境已不堪重负；在后果上，环境问题已严重影响了经济和社会的持续发展。因此，只有构建国际环境合作新平台，倡导环境国际合作与全球伙伴关系，各国政府和国际组织加强沟通和协调，把环境问题纳入多边合作计划，通过环境立法调整和规范各国的行为，才能保证世界的持续发展。

（2）政府层面

第一，要完善环境与资源保护的法律体系，制定相应的环境政策，用法律和经济手段引导整个社会的有序活动，从而保证把节约资源作为基本国策，发展循环经济，保护生态环境，加快建设资源节约型、环境友好型社会，促进经济发展与人口、资源、环境相协调；要明确划分中央政府与地方政府的环境管理权责，强化环境与发展的政府综合决策机制，逐步建立和完善政府主导和市场引导相结合的环境保护管理体制；加大环境监管力度，对违反环境与资源法律、法规的行为，依法追究法律责任。

第二，要缔造一种新型的环境文化，建立面向全民的生态文明教育体系。生态文化作为致力于人与自然的和谐关系为核心的持续发展的文化形态，是对传统文化的扬弃，它会引起人类思想观念领域的重大变革。

第三，要引导新颖的运作方式。诸如进行非石油燃料的开发，大力进行再生能源的开发。制定绿色建筑标准，将其纳入建筑管制法令，要大力推广集环保、绿化、节能等多项功能及设施于一体的公共住宅项目。大力发展低碳能源技术，转变经济发展方式等。

（3）企业层面

过去，企业一直被视为环境污染的罪魁祸首。通用电气公司首席执行官杰佛里·伊梅尔特曾说："为企业制定环保方案将成为我们这一代业界领袖要面对的重大主题之一。"面对当今席卷全球的环境保护浪潮，世界著名的大企业纷纷加入了环境保护的行列。遵守环境法规、严格执行环境标准是企业发展的大势所趋。节能降耗是企业绿色发展的关键。据估算，第三产业部门（写字楼、商贸中心等）可平均节能10%—20%，工业部门可节能5%—10%，如果一个人在离开工作岗位时完全切断电脑的电源，可节电近80%。

（4）公众层面

要使节约资源成为全民的主流意识，须发挥民间组织、媒体、居民的作用，参与政府规划、方针、政策、措施的制定和实施，参与对企业运作的监督，倡导可持续消费，参与废弃物资回收和垃圾减量等，以此实现环境保护的公众参与。例如，拒绝使用塑料袋，提倡使用再生纸、混合动力汽车并在日常使用中养成良好的习惯，在日常生活中节约电力、对废物进行再利用等。

4. 生态文明建设的内容

（1）生态文明的环境建设——环境持续化

生态文明的环境建设是在生态文明观的指导下，有意识地保护自然资源并使其得到合理的利用，防止人类赖以生存和发展的自然环境受到污染和破坏，同时对受到污染和破坏的环境必须做好综合治理，建设适合于人类生活和工作的环境，促进经济和社会的绿色发展。生态文明的环境建设包括对天然自然的保护和人工自然的合理建设。当前，要加强对生态和自然资源的保护，积极开展对非固态环境污染和固态环境污染的防治，建设美丽地球。

（2）生态文明的经济建设——经济绿色化

生态文明的经济建设是指在生态文明观的指导下，以市场为导向，通过对资源高效、有序、合理的利用，不断扩大经济总量、优化经济结构、提高经济发展质量、增加人均收入等经济活动过程。从生态文明的经济建设角度看，当前的主要任务是加快生态产业建设的步伐。生态产业是以生态经济原理为基础，按现代经济发展规律组织起来的基于生态系统承载力、具有高效的经济过程及和谐的生态功能的网络型、进化型、复合型产业。它通过两个或两个以上的生产体系或环节之间的系统耦合，使物质、能量能多次利用、高效产出，资源环境能系统开发、持续利用。生态农业、生态工业、生态服务业等构成了完整的生态产业体系。同时，要优化国土空间开发格局，建立循环经济与低碳经济发展模式，大幅度提高经济增长的质量和效益。

（3）生态文明的政治建设——政治法治化

生态文明的政治建设是以生态文明观为基础，把长期以来社会发展中的经验教训加以总结和概括，形成全体社会成员必须共同遵守的法规、条例、规则等制度，使人们的经济生活、政治生活、文化生活、社会生活逐步走向规范化、制度化，其作用在于调节社会关系，指导社会成员的生活，规范人们的行为，保证社会绿色发展。生态文明不仅是当代最大的哲学命题，也是当代最大的政治命题，需要全人类的智慧来破解，建立起一整套的制度，完成生态文明的政治转型。要使生态文明建设稳步推进，必须从制度上予以保障，要建立完善的以国家意志出现的、以国家强制力来保证实施的法律规范，同时实现法律体系的生态转型。健全完整的法律体系是生态文明建设的法制保障，也是衡量一个国家生态文明发展程度的重要标志。

（4）生态文明的文化建设——文化生态化

生态文明的文化建设是在超越传统工业文明观的基础上，使人类在经济、科技、法律、伦理以及政治等领域建立起一种追求人与自然以及人与人之间和谐的对环境友好的价值观和道德观，并以生态规律来改革人类的生产和生活方式。致力于人与自然、人与人的和谐关系与和谐发展的文化，才是有利于促进经济、社会和环境保护协调发展的文化，它是人类思想观念领域的深刻变革，是在更高层次上对自然法则的尊重与回归。在经济生活空前繁荣、科学技术高度发达的今天，我们必须加强对传统文化的保护，建立新的文化体系，通过生态文明观的艺术创作，建立新型的公共文化服务体系，发展生态文化产业，发展现代文化科技，全面建设和谐社会。

（5）生态文明的科技建设——科技创新化

生态文明的科技建设是以生态文明观为指导，重新对科学技术进行生态价值评价，大力发展生态科技，使科学技术不断开发出足够的替代资源，用以支撑人类文明这座大厦。通过对人类文明的反思，更新文明理念，使科学精神与生态理念相融合，实现科学发展的生态化转变；数字化等信息技术的广泛应用，为人们构建了虚拟的空间，人们在其中提存与转接信息不仅高效，而且不需丝毫的资源耗费或环境污染，更有效地配置资源和进行科学管理，实现应用技术的生态化转变。

（6）生态文明的社会建设——社会和谐化

生态文明的社会建设是以生态文明观为指导，对人类一切生存和发展活动赖以进行的结合体本身进行的"建设"。在迈向生态文明社会的过程中，必须根据不断发展的形势和出现的新问题，有针对性地发展各方面社会事业，建立和优化与不同时期的经济结构相适应的社会结构，通过区域协调发展，形成分工合理、特色明显、优势互补的区域产业结构，培育形成合理的社会阶层结构；以社会公平正义为基本原则，完善社会服务功能；促进社会组织的发展，加强政府与社会组织之间的分工、协作以及不同社会组织之间的相互配合，有效配置社会资源，加强社会协调，化解社会矛盾。

5. 生态文明建设的技术路线

生态文明建设的技术路线就是首先充分利用农业文明、工业文明的积极成果，尤其是要利用生物技术、生态技术和信息网络技术（包括互联网、互感网、智慧能源网）等现代科学技术在最少耗费物质、能量和人力的前提下进行资源的最优化配置。

生态文明社会要通过资源增殖和信息增殖途径来实现。资源增殖的意义在于建立生态文明的物质基础，信息增殖的意义在于建立生态文明的精神基础和管理体系。资源增殖的途径是发展生态产业并开发节约型替代产品，信息增殖的途径就是要大力发展信息产业并提高对生态环境、资源的管理能力，促进社会的全面进步。

二、绿色发展构建生态文明建设的路径

1. 绿色发展的提出和实践

（1）绿色发展的提出

1989年出版的由英国环境经济学家大卫·皮尔斯所著的《绿色经济的蓝图》一书首先提出了"绿色经济"一词。经济发展必须以人类赖以生存的生态环境为基础，破坏生态环境和超出人类自身可承受范围的经济发展无法持续，必须建立一种"可承受的经济"。在这种经济模式下，发展、推广环境友好型的技术和工艺，将创新型的技术应用到生产部门，改进工艺流程，使生态效益、经济效益和社会效益有机地结合起来，增加产品的有效供给，最终使经济得到持续进步。

2001年，世界银行发布的《中国：空气、土地和水——新千年的环境优先领域的报告》指出，绿色发展的一个重要特征就是资源与环境是生产力发展的要素，必须把自然资源（包括环境容量）的价值和污染治理、生态恢复的成本纳入GDP和国民财富的核算。

将绿色发展作为一种发展之路最早明确提出的是联合国开发计划署的《中国人类发展报告2002：绿色发展必选之路》。报告提出让绿色发展成为一种选择，中国应该抛弃走以牺牲环境为代价高速发展经济的"危险之路"，选择一条以保护环境为前提的绿色发展之路。由于中国现代化发展速度极快、规模宏大、程度复杂，必须制定一整套的政策与实践相配合，才能选择正确的绿色发展道路。

2008年10月，联合国环境规划署提出绿色经济和绿色新政倡议；12月，联合国秘书长潘基文在联合国气候变化大会上强调"绿色新政"，呼吁各国的投资要转向能够创造更多工作机会的环境项目，投资应对气候变化领域，促进绿色经济增长和就业，修复支撑全球经济的自然生态系统；2009年，联合国环境规划署在呼吁各国实施"绿色新政"时，敦促所有高收入国家将国内生产总值的1%用于实施"绿色新政"，鼓励其他发展中经济体根据自己的国情制定适宜的绿色投资目标。

在"绿色新政"的大旗下，一些国家纷纷制定绿色发展规划。2008年12月，法国公布了一揽子旨在发展可再生能源的计划，涵盖生物、风能、地热能、太阳能、水力发电等领域。2009年2月，美国公布了《美国复苏与再投资法案》，重点发展高效电池、智能电网、碳储存和碳捕获、可再生能源如风能和太阳能等，同时促进节能汽车、绿色建筑等的开发。4月，日本公布了《绿色经济与社会变革》的政策草案，通过实行削减温室气体排放等措施，强化日本的绿色经济，同时率先提出建设低碳社会。6月，德国公布了一份推动德国经济现代化的战略文件，强调德国经济的指导方针是生态工业政策。7月，英国发布了《低碳转换计划》和《可再生战略》国家战略文件；韩国公布了《绿色增长国

家战略》，确定了发展"绿色"的一系列指标。

2012年6月，联合国可持续发展大会通过了《我们憧憬的未来》的最终成果文件，围绕绿色经济和可持续发展两大主题，明确了全球向绿色转型的发展方向，全球达成了发展绿色经济的广泛共识。2015年9月，联合国可持续发展峰会通过了凝聚国际社会共识的《变革我们的世界——2030年可持续发展议程》，提出了到2030年的17项可持续发展目标和169项具体目标，将全球可持续发展提升到一个新的阶段，全球生态文明建设拉开了大幕。

（2）中国的绿色发展实践

2000年后，绿色发展逐渐成为中国经济和社会发展的模式。

2011年3月发布的《中华人民共和国国民经济和社会发展第十二个五年规划纲要》是中国第一个国家级绿色发展规划，规划以"绿色发展"为主题，通过积极应对全球气候变化、加强资源节约和管理、大力发展循环经济、加大环境保护力度、促进生态保护和修复、加强水利和防灾减灾体系建设，建设资源节约型、环境友好型社会。

党的十八大报告把"美丽中国"作为生态文明建设的目标，把绿色发展、循环发展、低碳发展作为生态文明建设的基本途径，"着力推进绿色发展、循环发展、低碳发展，形成节约资源和保护环境的空间格局、产业结构、生产方式、生活方式，从源头上扭转生态环境恶化趋势，为人民创造良好生产生活环境，为全球生态安全做出贡献"，这表明"绿色发展"已经进入执政党的视野，并以此模式实现国家治理的绿色化。

2015年4月，中共中央、国务院发布了《关于加快推进生态文明建设的意见》。提出实现我国经济社会发展全方位绿色转型。

2016年3月，《中华人民共和国国民经济和社会发展第十三个五年规划纲要》（以下简称《纲要》）正式发布，对中国未来五年经济社会的发展进行了全面的部署，"绿色发展"贯穿于《纲要》的始终，"全面推进创新发展、协调发展、绿色发展、开放发展、共享发展""牢固树立和贯彻落实创新、协调、绿色、开放、共享的发展理念"。

《纲要》发布后，行业领域"十三五"规划也陆续推出，围绕"绿色发展"进行规划是其鲜明的特点。

党的十九大报告把绿色发展作为建设美丽中国的重要路径。

2. 绿色发展的含义

对绿色发展的认识，是随着资源环境对经济和社会发展约束的不断加大而深化的。人类的可持续发展良好愿望一再被资源的浪费和环境的破坏湮灭，探索一种超越可持续发展的模式成为人类的必然选择。长期以来，人们普遍认同"绿色发展就是将绿色经济与经济发展相结合的经济发展模式，绿色经济不是经济发展的障碍、成本和负担，而是经济发展新的推动力、利润和增长点。它涵盖了环境保护、可持续发展、生态经济、循环经济、低碳经济等概念，依靠发展绿色产业、增加绿色岗位、提供绿色产品，实施绿色消费，促进经济、社会、资源与环境相互协调的发展"[1]，对中国绿色发展的实践起到

---

① 中国国际经济交流中心课题组. 中国实施绿色发展的公共政策研究 [M]. 北京：中国经济出版社，2013：13.

了巨大的推动作用。

绿色发展是在生态文明理念指导下，既满足人类生存和发展的需要又保护自然、既满足当代所有人的需要又不损害后代人生存和发展需要、既满足人的物质需要又满足人内心深处的心灵需要、满足自然界生物发展需要、满足人与人工自然协调发展需要的一种发展模式。绿色发展是生态文明建设的路径，同时也是生态文明建设的发展模式。

3. 绿色发展的原则

（1）共生性原则

"自然—社会—经济"是一个复合生态系统，共生不仅是生物演化的机制，也是社会和经济发展的机制。

在大自然中，不存在任何生物独占世界的现象，地球上生物是相互依存的，只有通过不同物种之间的互惠互利和生态位互补，才能发挥整个生态系统的效益。尽管人类是自然中的高级生物，但和其他物种一样，都是地球生态系统的一个组成部分。人类和自然是内在统一的一个整体，人类、自然和其他生物都应该得到相同的尊重和关怀；在社会系统中，社会由各个层面的共生系统所组成，人就生活在共生网络里，人人平等是社会发展的前提，要合理地在社会各利益主体之间分配环境、经济、政治、文化、科技、社会资源，改善人的共生关系就能推动社会的不断进步；在经济系统中，同样存在共生关系，经济组织之间会以同类资源共享或异类资源互补形成共生体，从而改进资源的配置效率。

人类社会的生产与生活消费所需的低熵物质和能量依赖于自然环境的供给，同时剩余高熵物质和能量又还给自然界。在自然循环中，通过各种物理、化学和生物的过程影响自然环境的变化，稳定的经济发展需要有持续的自然资源以及得到良好的社会环境和生态环境的支撑。

（2）和谐性原则

和谐是不同事物之间相同相成、相辅相成、相反相成、互助合作、互利互惠、互促互补的关系。在"自然—社会—经济"系统以及各个系统内部分系统中，有各自的结构、功能和发展规律，各自的存在和发展又受其他系统结构、功能的制约，自然系统是否合理、经济系统是否有利、社会系统是否有效是"自然—社会—经济"系统合理的目标。如果不能做到天和（人与大自然及万物的和谐）、人和（人际和谐和社会和谐）、心和（身与心、我与非我、心灵与宇宙的和谐），"自然—社会—经济"这个复合生态系统中的平衡就会被打破。

和大自然相比，人类尽管渺小，但人在生态系统中的作用不可低估。作为社会的人和作为生物的人具有二律背反性，其社会性决定了人类对自然环境的驾驭，而生物性又决定了人类必定受自然环境的约束。只有事物之间的和谐，人类才能面对日益恶化的自然环境和复杂的社会环境，通过必要的调整，使环境得到有效的恢复、经济社会得到持续的发展。

（3）发展性原则

人类是从地球表层中演化而来的，地球表层的变化直接影响人类文明的发展走向。

发展是事物由小到大、简单到复杂、低级到高级的量和质的变化，人类的进化只有依赖"自然—社会—经济"系统的持续发展。

建立一个能够持续、协调发展的生态经济系统，使其既能保护人类经济活动免受环境因素的负面影响，也要保护环境免受人类经济活动的负面影响；既妥善处理经济发展与环境质量的矛盾，又寻找相对的平衡；既保证当前的经济的增长，又为长远发展提供基础并创造一个更为美好的环境。这是发展的要义之所在。由于人类是全球系统进化的客体同时又是进化的主体，协调人与自然的机制，达成生命进化与意识进化的统一，才能保证人类社会的发展进步。

4. 绿色发展与可持续发展的区别

（1）绿色发展与可持续发展的理论渊源和基础不同

可持续发展的理论渊源和理论基础是代际生态公正理论。代际生态公正是指当代人与后代人之间的生态公正，它强调当代人与后代人在生态资源的利用上要实现动态的平衡。但在可持续发展的进程中，种际生态公正、代内生态公正和个体间生态公正不同程度地被忽视，或在实践中由于利益集团、国家至上思维的操控人为地被无情抛弃。

绿色发展从中国优秀的传统文化中汲取了生态智慧，以儒释道为主体的中国传统文化蕴含的"共生和谐"思想给陷入工业文明道路中的世界提供了继续向前的有益启示，为我们在新的历史时期在中国传统文化基础上建立空间和时间上的"共生和谐"相统一的生态文明观奠定了文化基础。现代可持续发展的思想，为绿色发展提供了一个现代化、工业化背景下人类走向未来的发展模式的有益参考。

当代生态文明观的树立，为绿色发展提供了坚实的理论基础，使绿色发展不同过去以往的发展模式，为人类重构世界政治经济格局开创了一条全新的发展道路。

（2）绿色发展与可持续发展的原则和内容不同

可持续发展的原则是公平性原则、持续性原则、共同性原则；可持续发展的内容主要包括资源与环境的可持续发展、经济可持续发展、社会可持续发展3个方面。

绿色发展的原则是共生性原则、和谐性原则、发展性原则；绿色发展的内容包括环境持续发展、经济绿色发展、政治民主发展、文化生态发展、科技创新发展、社会和谐发展6个方面。

（3）绿色发展与可持续发展是不同历史条件下的发展模式

可持续发展产生背景是快速工业化和城市化。这种发展模式曾给全球经济和社会的发展注入了新的活力，在全球大力提倡可持续发展的同时，世界各国对资源开发和利用的强度并未减弱，其根源还在于可持续发展仍然是建立在工业文明价值观的基础上的，没有脱离工业文明的框架。从可持续发展进程看，可持续发展源于西方有识之士认识到人类发展同物理极限、社会极限的冲突。在当时的历史条件下，可持续发展是一种基于"人类中心主义"世界观基础上的工业文明的新发展模式，试图对传统工业文明发展模式进行修正，在实践中甚至以"部分人类中心主义"为核心，这是可持续发展理论的重大缺陷。

20世纪90年代末以来，中国人经过不断的探索实践，首次完成了生态文明理论的创新，并在国家意义乃至全球意义上实现将生态文明的哲学命题向社会实践转折，使人类在农业文明、工业文明的基础上迈向生态文明社会的历史征程中，有了一条全新的发展道路。绿色发展取代可持续发展成为生态文明建设的发展模式。

（4）绿色发展与可持续发展的目标不同

可持续发展的目标是实现经济发展与人口、资源、环境相协调，在不同国家和地区以及不同历史时期，可持续发展都有相应的目标。

联合国千年发展目标是2000年9月在联合国千年首脑会议上191个成员国通过的一项旨在将全球贫困水平在2015年之前降低一半（以1990年的水平为标准）的行动计划，包括消灭极端贫穷和饥饿、普及小学教育、促进男女平等并赋予妇女权利、降低儿童死亡率、改善产妇保健、与艾滋病毒/艾滋病以及疟疾和其他疾病作斗争、确保环境的可持续能力、全球合作促进发展。

2015年9月25—27日召开的"联合国可持续发展峰会"通过"2030年可持续发展议程"，提出了17项可持续发展目标，分别是：在全世界消除一切形式的贫困；消除饥饿，实现粮食安全，改善营养状况和促进可持续农业；确保健康的生活方式，促进各年龄段人群的福祉；确保包容和公平的优质教育，让全民终身享有学习机会；实现性别平等，增强所有妇女和女童的权能；为所有人提供水和环境卫生并对其进行可持续管理；确保人人获得负担得起的、可靠和可持续的现代能源；促进持久、包容和可持续经济增长，促进充分的生产性就业和人人获得体面工作；建造具备抵御灾害能力的基础设施，促进具有包容性的可持续工业化，推动创新；减少国家内部和国家之间的不平等；建设包容、安全、有抵御灾害能力和可持续的城市和人类住区；采用可持续的消费和生产模式；采取紧急行动应对气候变化及其影响；保护和可持续利用海洋和海洋资源以促进可持续发展；保护、恢复和促进可持续利用陆地生态系统，可持续管理森林，防治荒漠化，制止和扭转土地退化，遏制生物多样性的丧失；创建和平、包容的社会以促进可持续发展，让所有人都能诉诸司法，在各级建立有效、负责和包容的机构；加强执行手段，重振可持续发展全球伙伴关系。

1994年发布的《中国21世纪议程》将中国可持续发展的计划目标分3个阶段：①1994—2000年重点是针对中国现存的环境与发展的突出矛盾，采取应急行动，并为长期可持续发展的重大举措打下坚实基础，使中国在保持8%左右经济增长速度的情况下，使环境质量、生活质量、资源状况不再恶化，并局部有所改善；加强可持续发展能力建设也是近期的重点目标。②2000—2010年重点是为改变发展模式和消费模式而采取的一流可持续发展行动；完善适应于可持续发展的管理体制、经济产业政策、技术体系和社会行为规范。③2010年以后重点是恢复和健全中国经济生态系统调控功能，使中国的经济、社会发展保持在环境和资源的承载能力之内，探索一条适合中国国情的高效、和谐、可持续发展的现代化道路，对全球的可持续发展进程做出应有的贡献。

中国21世纪初可持续发展的总体目标是：可持续发展能力不断增强，经济结构调整取得显著成效，人口总量得到有效控制，生态环境明显改善，资源利用率显著提高，促进人与自然的和谐，推动整个社会走上生产发展、生活富裕、生态良好的文明发展道路。

绿色发展作为生态文明建设的路径，其目标是建设一个环境优美宜人、经济稳步增长、政治民主昌明、文化繁荣昌盛、科技日新月异、社会和谐进步的"美丽地球"。在不同国家和地区以及不同的历史时期，应该有相应的阶段目标，最终是要把各个国家建设成美丽国家，打造生态文明的地球。

5. 绿色发展的时代特征

（1）人与自然的全面发展

绿色发展涉及"自然—社会—经济"系统的全面发展，环境建设、经济建设、政治建设、文化建设、科技建设、社会建设构成了一个国家建设的总体布局，其中环境建设提供人类的生存条件，经济建设提供物质基础，政治建设提供制度保障，文化建设提供精神动力和智力支持，科技建设提供发展支撑，社会建设提供有利的社会环境和条件。

（2）人口的均衡发展

人口的均衡发展是绿色发展的前提和基本要求。人口数量、质量和结构必须与经济社会发展水平相协调，要与资源、能源的储采比相适应，与环境和生态的承载能力相符合，要与城市化水平相适应。要根据不同的历史时期和国家面临的国际形势，及时调整人口政策，优化人口区域分布，不断提升人力资本实力，以适应绿色发展的要求。

（3）资源能源的节约发展

资源能源的节约发展是绿色发展的基础和重要内容。更少的资源能源消耗、更低的环境污染、更高的经济和社会及生态效益，是建设资源节约型社会的要求。要全面促进资源能源节约，坚持节约优先，尽可能提高资源能源利用效率，以较少的资源能源消耗满足人们日益增长的物质、文化生活和生态环境的需求。

（4）国家和社会的创新发展

国家和社会的创新发展是绿色发展的灵魂。以理论创新、制度创新、科技创新、文化创新为代表的各方面创新是任何时期社会发展的重要驱动力，理论创新是绿色发展和变革的先导，制度创新是绿色发展的保障，科技创新是绿色发展的核心，文化创新是绿色发展的思想基础，要通过创新破除制约绿色发展的思想障碍和制度藩篱，促进科技创新与理论创新、制度创新、文化创新等持续发展和全面融合。

（5）生态的安全发展

生态的安全发展是绿色发展的条件和载体。传统安全问题是人类始终关注的重点。当前以生态安全、网络安全等为主的非传统安全在国家安全体系中未必处于优先地位，但始终处于基础性地位，与国防安全、经济安全、社会安全等具有同等重要的战略地位，生态安全维系着生态系统的完整性、多样性和稳定性，必须将全球作为一个完整的生态系统来进行规划和管理，扩大绿色生态空间比重，筑牢生态安全屏障，有效避免生态风险。

三、生态文明建设考核与绿色发展指标体系

1. 生态文明建设目标评价考核办法

2016年12月，为加快绿色发展，推进生态文明建设，规范生态文明建设目标评价考核工作，中共中央办公厅、国务院办公厅印发了《生态文明建设目标评价考核办法》，

规定了生态文明建设目标评价考核在资源环境生态领域有关专项考核的基础上综合开展，采取评价和考核相结合的方式，实行年度评价、五年考核。

年度评价按照绿色发展指标体系实施，主要评估各地区资源利用、环境治理、环境质量、生态保护、增长质量、绿色生活、公众满意程度等方面的变化趋势和动态进展，生成各地区绿色发展指数，纳入生态文明建设目标考核，由国家统计局、国家发改委、环境保护部会同有关部门组织实施。

生态文明建设目标考核的内容主要是五年规划期的《国民经济和社会发展规划纲要》中确定的资源环境约束性指标、生态文明建设重大目标任务完成情况，突出公众的获得感，考核目标体系由国家发改委、环境保护部、中央组织部会同财政部、国土资源部、水利部、农业部、国家统计局、国家林业局、国家海洋局等部门制定并组织实施。考核结果向社会公布并作为省（区、市）党政领导班子和领导干部综合考核评价、干部奖惩任免的重要依据。

2017年3月，为做好生态文明建设目标评价考核工作，加强部门协调配合，国家发改委办公厅印发了《生态文明建设目标评价考核部际协作机制方案》和《生态文明建设目标评价考核部际协作机制组成单位成员名单》。

2017年12月，国家统计局发布了《2016年生态文明建设年度评价结果公报》，首次公布了各省份绿色发展指数：2016年度北京、福建、浙江、上海、重庆排名前5位。福建、江苏、吉林、湖北、浙江排名资源利用指数前5位，北京、河北、上海、浙江、山东排名环境治理指数前5位，海南、西藏、福建、广西、云南排名环境质量指数前5位，重庆、云南、四川、西藏、福建排名生态保护指数前5位，北京、上海、浙江、江苏、天津排名增长质量指数前5位，北京、上海、江苏、山西、浙江排名绿色生活指数前5位，西藏、贵州、海南、福建、重庆排名公众满意程度前5位。

2019年4月，中国工程院发布的"生态文明建设若干战略问题研究"（二期）项目研究成果暨生态文明发展水平评估报告指出，2017年中国生态文明指数为69.96，福建、浙江和重庆位列全国前3位，厦门、杭州、珠海、广州、长沙、三亚、惠州、海口、黄山和大连10个城市在地级及以上城市排名前10位。

2. 绿色发展指标体系

2016年12月，根据中共中央办公厅、国务院办公厅印发的《生态文明建设目标评价考核办法》的要求，国家发改委、国家统计局、环境保护部、中央组织部制定了《绿色发展指标体系》。

《绿色发展指标体系》包括资源利用、环境治理、环境质量、生态保护、增长质量、绿色生活、公众满意程度7个一级指标和56个二级指标。

资源利用　包括14个二级指标：能源消费总量、单位GDP能源消耗降低、单位GDP二氧化碳排放降低、非化石能源占一次能源消费比重4个能源消费指标；用水总量、万元GDP用水量下降、单位工业增加值用水量降低率、农田灌溉水有效利用系数4个用水指标；耕地保有量、新增建设用地规模、单位GDP建设用地面积降低率3个用地指标；资源产出率、一般工业固体废物综合利用率、农作物秸秆综合利用率3个资源循环利用指标。

环境治理　包括8个二级指标：化学需氧量排放总量减少、氨氮排放总量减少、二氧化硫排放总量减少、氮氧化物排放总量减少4个约束性指标；危险废物处置利用率、生活垃圾无害化处理率、污水集中处理率3个污染物治理指标；环境污染治理投资占GDP比重1个环境治理投入力度指标。

环境质量　包括10个二级指标：地级及以上城市空气质量优良天数比率、细颗粒物（PM2.5）未达标地级及以上城市浓度下降2个空气质量指标；地表水达到或好于Ⅲ类水体比例、地表水劣Ⅴ类水体比例2个地表水质量指标；重要江河湖泊水功能区水质达标率、地级及以上城市集中式饮用水水源水质达到或优于Ⅲ类比例、近岸海域水质优良（一、二类）比例3个水质指标；受污染耕地安全利用率、单位耕地面积化肥使用量、单位耕地面积农药使用量3个耕地质量指标。

生态保护　包括森林覆盖率、森林蓄积量、草原综合植被覆盖度、自然岸线保有率、湿地保护率、陆域自然保护区面积、海洋保护区面积、新增水土流失治理面积、可治理沙化土地治理率、新增矿山恢复治理面积10个二级指标。

增长质量　包括人均GDP增长率、居民人均可支配收入、第三产业增加值占GDP比重、战略性新兴产业增加值占GDP比重、研究与试验发展经费支出占GDP比重5个二级指标。

绿色生活　包括公共机构人均能耗降低率、绿色产品市场占有率（高效节能产品市场占有率）、新能源汽车保有量增长率、绿色出行（城镇每万人口公共交通客运量）、城镇绿色建筑占新建建筑比重、城市建成区绿地率、农村自来水普及率、农村卫生厕所普及率8个二级指标。

公众满意程度　是指公众对生态环境质量满意程度1个二级指标，涉及公众对空气质量、饮用水、公园、绿化、绿色出行、污水和危险废物和垃圾处理，以及噪声、光污染、电磁辐射等环境状况的满意度。

绿色发展指数由除"公众满意程度"之外的55个指标个体指数加权平均计算而成，计算公式为：

$$Z = \sum_{i=1}^{N} W_i Y_i \quad (N = 1, 2, \cdots, 55)$$

其中：Z为绿色发展指数，Yi为指标的个体指数，N为指标个数，Wi为指标Yi的权数。

3. 生态文明建设考核目标体系

2016年12月，根据中共中央办公厅、国务院办公厅印发的《生态文明建设目标评价考核办法》的要求，国家发改委、国家统计局、环境保护部、中央组织部等部门制定印发了《生态文明建设考核目标体系》。

生态文明建设考核目标体系包括资源利用、生态环境保护、年度评价结果、公众满意程度、生态环境事件5项目标类别和23个子目标。

资源利用　分值为30分，包括单位GDP能源消耗降低（4分）、单位GDP二氧化碳排放降低（4分）、非化石能源占一次能源消费比重（4分）、能源消费总量（3分）、万元GDP用水量下降（4分）、用水总量（3分）、耕地保有量（4分）、新增建设用地规模（4分）8个子目标。

生态环境保护　分值为40分，包括地级及以上城市空气质量优良天数比率（5分）、细颗粒物（PM2.5）未达标地级及以上城市浓度下降（5分）、地表水达到或好于Ⅲ类水体比例（天津、河北、辽宁、上海、江苏、浙江、福建、山东、广东、广西、海南等沿海省份为3分，其他省份为5分）、近岸海域水质优良（一、二类）比例（2分，为天津、河北、辽宁、上海、江苏、浙江、福建、山东、广东、广西、海南等沿海省份）、地表水劣Ⅴ类水体比例（5分）、化学需氧量排放总量减少（2分）、氨氮排放总量减少（2分）、二氧化硫排放总量减少（2分）、氮氧化物排放总量减少（2分）、森林覆盖率（4分）、森林蓄积量（5分）、草原综合植被覆盖度（3分）12个子目标。

年度评价结果　分值为20分，包括各地区生态文明建设年度评价的综合情况1个子目标，采用"十三五"期间各地区年度绿色发展指数，每年绿色发展指数最高的地区得4分，其他地区的得分按照指数排名顺序依次减少0.1分。

公众满意程度　分值为10分，包括居民对本地区生态文明建设、生态环境改善的满意程度1个子目标，通过每年调查居民对本地区生态环境质量表示满意和比较满意的人数占调查人数的比例，并将五年的年度调查结果算术平均值乘以该目标分值来计算。

生态环境事件　为扣分项，包括地区重特大突发环境事件、造成恶劣社会影响的其他环境污染责任事件、严重生态破坏责任事件的发生情况1个子目标，每发生一起扣5分，该项总扣分不超过20分。

根据各地区约束性目标完成情况，生态文明建设目标考核对有关地区进行扣分或降档处理：仅1项约束性目标未完成的地区该项考核目标不得分，考核总分不再扣分；2项约束性目标未完成的地区在相关考核目标不得分的基础上，在考核总分中再扣除2项未完成约束性目标的分值；3项（含）以上约束性目标未完成的地区考核等级直接确定为不合格。其他非约束性目标未完成的地区有关目标不得分，考核总分中不再扣分。

4. 生态文明建设标准体系

2018年6月，国家标准委发布了《生态文明建设标准体系发展行动指南（2018—2020年）》，提出到2020年，我国的生态文明建设标准体系基本建立，制定修订核心标准100项左右，生态文明建设领域国家技术标准创新基地达到3—5个；生态文明建设领域重点标准实施进一步强化，开展生态文明建设领域相关标准化试点示范80个以上，形成一批标准化支撑生态文明建设的优良实践案例；开展生态文明建设领域标准外文版翻译50项以上，与"一带一路"沿线国家生态文明建设标准化交流与合作进一步深化。

生态文明建设标准体系框架包括空间布局、生态经济、生态环境、生态文化4个标准子体系，标准体系框架根据发展需要进行动态调整。

生态文明建设标准研制重点包括陆地空间布局、海洋空间布局、生态人居、生态基础设施、能源资源节约与利用、生态农业、绿色工业、生态服务业、环境质量、污染防治、生态保护修复、应对气候变化、绿色消费、绿色出行、生态文化教育。

5. 美丽中国建设评估指标体系

2020年2月，国家发改委印发了《美丽中国建设评估指标体系及实施方案》，指标体系包括空气清新、水体洁净、土壤安全、生态良好、人居整洁5类指标，分类细化提出22

项具体指标。

空气清新　包括地级及以上城市细颗粒物（PM2.5）浓度（微克/立方米）、地级及以上城市可吸入颗粒物（PM10）浓度（微克/立方米）、地级及以上城市空气质量优良天数比例3个指标。

水体洁净　包括地表水水质优良（达到或好于Ⅲ类）比例、地表水劣Ⅴ类水体比例、地级及以上城市集中式饮用水水源地水质达标率3个指标。

土壤安全　包括受污染耕地安全利用率、污染地块安全利用率、农膜回收率、化肥利用率、农药利用率5个指标。

生态良好　包括森林覆盖率、湿地保护率、水土保持率、自然保护地面积占陆域国土面积比例、重点生物物种种数保护率5个指标。

人居整洁　包括城镇生活污水集中收集率、城镇生活垃圾无害化处理率、农村生活污水处理和综合利用率、农村生活垃圾无害化处理率、城市公园绿地500米服务半径覆盖率、农村卫生厕所普及率6个指标。

在评估实施过程中，由开展美丽中国建设进程评估的第三方机构根据有关地区的不同特点，选取各地区美丽中国建设的特征性指标进行评估，体现各地区差异化的特性。

第三章 生态文明建设的国家战略

中国首次在政党意义和国家意义上提出全面建设生态文明，不仅是处理人与自然关系的价值观转变，同时也是执政理念的转变，这极大地丰富了中国文化的代际生态伦理，是对人类文明和世界先进文化的贡献。生态文明新理念的树立，扩大了中国在国际社会的生态正义话语权。中国在生态文明建设进程中所持有的态度以及选择的发展道路，不仅对中国而且对世界和平与发展都将会起重要作用并产生深远的影响。

第一节 生态文明从理论到国家层面的升华

一、生态文明是先进的社会文明形态

1978年，德国学者伊林·费切尔（Iring Fetscher）在《论人类的生存环境》一文中，最早使用了"生态文明"一词，他用生态文明表达对工业文明和技术进步主义的批判。

1983年，赵鑫珊在1983年第4期《读书》上发表的《生态学与文学艺术》一文中，论及人与自然之间的关系时提出："只有当人与自然处在和平共生状态时，人类的持久幸福才有可能。没有生态文明，物质文明和精神文明就不会是完善的。"

1984年，苏联环境专家ицкий在《莫斯科大学学报·科学共产主义》1984年第2期上发表了"Пути формирования экологич еской культуры лич ности в условиях зрелого социализма"（《在成熟社会主义条件下培养个人生态文明的途径》）一文，张捷在《光明日报》1985年2月18日的"国外研究动态"中对该文章进行了简短介绍。文章认为，"生态文明是社会对个人进行一定影响的结果，是从现代生态要求的角度看社会与自然相互作用的特性。它不仅包括自然资源的利用方法及其物质基础、工艺以及社会同自然相互作用的思想，而且包括这些问题与一般生态学、社会生态学、社会与自然相互作用的马列主义理论的科学规范和要求的一致程度"。

1987年，叶谦吉认为生态文明是"人类既获利于自然，又还利于自然，在改造自然的同时又保护自然，人与自然之间保持和谐统一的关系"；刘思华提出"现代文明"是"物质文明、精神文明、生态文明的内在统一"的观点。

1988年，刘宗超、刘粤生在《地球表层系统的信息增殖》一文中首次从天文地质对地球表层影响的角度提出要确立"全球生态意识和全球生态文明观"。

1995年，美国学者罗伊·莫里森（Roy Morrison）在《生态民主》中明确提出生态文明是工业文明之后的文明形式。

1996年，全国哲学社会科学规划办公室将"生态文明与生态伦理的信息增殖基础"课题正式列入国家哲学社会科学"九五"规划重点项目（项目编号为96AZX022），课题的研究首开世界系统研究生态文明理论的先河。

1997年5月，中国科学技术出版社出版了"生态文明与生态伦理的信息增殖基础"课题组的研究成果、"生态文明丛书"第一册《生态文明观与中国可持续发展走向》一书，首次提出"21世纪是生态文明时代，生态文明是继农业文明、工业文明之后的一种先进的社会文明形态"。《生态文明观与中国可持续发展走向》一书奠定了当代生态文明理论的基础，基本完成了生态文明观作为哲学、世界观、方法论的建构。

二、建设山川秀美的生态文明社会

2003年6月，中共中央、国务院发布了《关于加快林业发展的决定》（以下简称《决定》），指出："加强生态建设，维护生态安全，是二十一世纪人类面临的共同主题，也是我国经济社会可持续发展的重要基础。全面建设小康社会，加快推进社会主义现代化，必须走生产发展、生活富裕、生态良好的文明发展道路，实现经济发展与人口、资源、环境的协调，实现人与自然的和谐相处。"

《决定》提出了"建设山川秀美的生态文明社会"，这是首次在国家正式文件中出现"生态文明"一词。

三、生态文明观念在全社会牢固树立

2007年10月，胡锦涛同志在中国共产党第十七次全国代表大会上所作的《高举中国特色社会主义伟大旗帜　为夺取全面建设小康社会新胜利而奋斗——在中国共产党第十七次全国代表大会上的报告》（以下简称《报告》）强调了建设生态文明的重要性。

《报告》指出："全面推进经济建设、政治建设、文化建设、社会建设，促进现代化建设各个环节、各个方面相协调，促进生产关系与生产力、上层建筑与经济基础相协调。坚持生产发展、生活富裕、生态良好的文明发展道路，建设资源节约型、环境友好型社会，实现速度和结构质量效益相统一、经济发展与人口资源环境相协调，使人民在良好生态环境中生产生活，实现经济社会永续发展。"

"建设生态文明，基本形成节约能源资源和保护生态环境的产业结构、增长方式、消费模式。循环经济形成较大规模，可再生能源比重显著上升。主要污染物排放得到有效控制，生态环境质量明显改善。生态文明观念在全社会牢固树立。"

第二节　走向生态文明新时代

一、大力推进生态文明建设

2012年11月，中国共产党第十八次全国代表大会的报告《坚定不移沿着中国特色社会主义道路前进　为全面建成小康社会而奋斗——在中国共产党第十八次全国代表大会上的报告》提出，要大力推进生态文明建设。报告还指出："建设生态文明，是关系人

民福祉、关乎民族未来的长远大计。面对资源约束趋紧、环境污染严重、生态系统退化的严峻形势，必须树立尊重自然、顺应自然、保护自然的生态文明理念，把生态文明建设放在突出地位，融入经济建设、政治建设、文化建设、社会建设各方面和全过程，努力建设美丽中国，实现中华民族永续发展。"

"坚持节约资源和保护环境的基本国策，坚持节约优先、保护优先、自然恢复为主的方针，着力推进绿色发展、循环发展、低碳发展，形成节约资源和保护环境的空间格局、产业结构、生产方式、生活方式，从源头上扭转生态环境恶化趋势，为人民创造良好生产生活环境，为全球生态安全做出贡献。"

"要按照人口资源环境相均衡、经济社会生态效益相统一的原则，控制开发强度，调整空间结构，促进生产空间集约高效、生活空间宜居适度、生态空间山清水秀，给自然留下更多修复空间，给农业留下更多良田，给子孙后代留下天蓝、地绿、水净的美好家园。加快实施主体功能区战略，推动各地区严格按照主体功能定位发展，构建科学合理的城市化格局、农业发展格局、生态安全格局。提高海洋资源开发能力，发展海洋经济，保护海洋生态环境，坚决维护国家海洋权益，建设海洋强国。"

"要节约集约利用资源，推动资源利用方式根本转变，加强全过程节约管理，大幅降低能源、水、土地消耗强度，提高利用效率和效益。推动能源生产和消费革命，控制能源消费总量，加强节能降耗，支持节能低碳产业和新能源、可再生能源发展，确保国家能源安全。加强水源地保护和用水总量管理，推进水循环利用，建设节水型社会。严守耕地保护红线，严格土地用途管制。加强矿产资源勘查、保护、合理开发。发展循环经济，促进生产、流通、消费过程的减量化、再利用、资源化。"

"要实施重大生态修复工程，增强生态产品生产能力，推进荒漠化、石漠化、水土流失综合治理，扩大森林、湖泊、湿地面积，保护生物多样性。加快水利建设，增强城乡防洪抗旱排涝能力。加强防灾减灾体系建设，提高气象、地质、地震灾害防御能力。坚持预防为主、综合治理，以解决损害群众健康突出环境问题为重点，强化水、大气、土壤等污染防治。坚持共同但有区别的责任原则、公平原则、各自能力原则，同国际社会一道积极应对全球气候变化。"

"要把资源消耗、环境损害、生态效益纳入经济社会发展评价体系，建立体现生态文明要求的目标体系、考核办法、奖惩机制。建立国土空间开发保护制度，完善最严格的耕地保护制度、水资源管理制度、环境保护制度。深化资源性产品价格和税费改革，建立反映市场供求和资源稀缺程度、体现生态价值和代际补偿的资源有偿使用制度和生态补偿制度。积极开展节能量、碳排放权、排污权、水权交易试点。加强环境监管，健全生态环境保护责任追究制度和环境损害赔偿制度。加强生态文明宣传教育，增强全民节约意识、环保意识、生态意识，形成合理消费的社会风尚，营造爱护生态环境的良好风气。"

"要更加自觉地珍爱自然，更加积极地保护生态，努力走向社会主义生态文明新时代。"

二、明确生态文明建设的战略地位

2012年11月，中国共产党第十八次全国代表大会通过了《中国共产党章程（修正案）》。

党章修正案"总纲"增写了党领导人民建设社会主义生态文明的自然段落，表述为："树立尊重自然、顺应自然、保护自然的生态文明理念，坚持节约资源和保护环境的基本国策，坚持节约优先、保护优先、自然恢复为主的方针，坚持生产发展、生活富裕、生态良好的文明发展道路。着力建设资源节约型、环境友好型社会，形成节约资源和保护环境的空间格局、产业结构、生产方式、生活方式，为人民创造良好生产生活环境，实现中华民族永续发展。"

三、加快生态文明制度建设

2013年11月，党的十八届三中全会审议通过了《中共中央关于全面深化改革若干重大问题的决定》，首次提出"用制度保护生态环境"，从责、权、利，从源头、过程、后果确立了生态文明建设的体制机制，指明了生态文明制度建设的内容构成、改革重点和难点突破，对党的十八大提出的生态文明建设进行了卓有成效的实践化和具体化。

"紧紧围绕建设美丽中国深化生态文明体制改革，加快建立生态文明制度，健全国土空间开发、资源节约利用、生态环境保护的体制机制，推动形成人与自然和谐发展现代化建设新格局。"

"建设生态文明，必须建立系统完整的生态文明制度体系，实行最严格的源头保护制度、损害赔偿制度、责任追究制度，完善环境治理和生态修复制度，用制度保护生态环境。"

健全自然资源资产产权制度和用途管制制度 对水流、森林、山岭、草原、荒地、滩涂等自然生态空间进行统一确权登记，形成归属清晰、权责明确、监管有效的自然资源资产产权制度。建立空间规划体系，划定生产、生活、生态空间开发管制界限，落实用途管制。健全能源、水、土地节约集约使用制度。健全国家自然资源资产管理体制，统一行使全民所有自然资源资产所有者职责。完善自然资源监管体制，统一行使所有国土空间用途管制职责。

划定生态保护红线 坚定不移实施主体功能区制度，建立国土空间开发保护制度，严格按照主体功能区定位推动发展，建立国家公园体制。建立资源环境承载能力监测预警机制，对水土资源、环境容量和海洋资源超载区域实行限制性措施。对限制开发区域和生态脆弱的国家扶贫开发工作重点县取消地区生产总值考核。探索编制自然资源资产负债表，对领导干部实行自然资源资产离任审计。建立生态环境损害责任终身追究制。

实行资源有偿使用制度和生态补偿制度 加快自然资源及其产品价格改革，全面反映市场供求、资源稀缺程度、生态环境损害成本和修复效益。坚持使用资源付费和谁污染环境、谁破坏生态谁付费原则，逐步将资源税扩展到占用各种自然生态空间。稳定和扩大退耕还林、退牧还草范围，调整严重污染和地下水严重超采区耕地用途，有序实现耕地、河湖休养生息。建立有效调节工业用地和居住用地合理比价机制，提高工业用地价格。坚持谁受益、谁补偿原则，完善对重点生态功能区的生态补偿机制，推动地区间建立横向生态补偿制度。发展环保市场，推行节能量、碳排放权、排污权、水权交易制度，建立吸引社会资本投入生态环境保护的市场化机制，推行环境污染第三方治理。

改革生态环境保护管理体制　建立和完善严格监管所有污染物排放的环境保护管理制度，独立进行环境监管和行政执法。建立陆海统筹的生态系统保护修复和污染防治区域联动机制。健全国有林区经营管理体制，完善集体林权制度改革。及时公布环境信息，健全举报制度，加强社会监督。完善污染物排放许可制，实行企事业单位污染物排放总量控制制度。对造成生态环境损害的责任者严格实行赔偿制度，依法追究刑事责任。

四、深入持久地推进生态文明建设

2015年4月，中共中央、国务院发布了《关于加快推进生态文明建设的意见》（以下简称《意见》），《意见》包括"生态文明建设的总体要求""强化主体功能定位，优化国土空间开发格局""推动技术创新和结构调整，提高发展质量和效益""全面促进资源节约循环高效使用，推动利用方式根本转变""健全生态文明制度体系""加强生态文明建设统计监测和执法监督""加快形成推进生态文明建设的良好社会风尚"，专门就生态文明建设做出全面部署。

五、增强生态文明体制改革的系统性、整体性、协同性

2015年9月，中共中央、国务院印发了《生态文明体制改革总体方案》（以下简称《方案》），《方案》包括生态文明体制改革的总体要求、健全自然资源资产产权制度、建立国土空间开发保护制度、建立空间规划体系、完善资源总量管理和全面节约制度、健全资源有偿使用和生态补偿制度、建立健全环境治理体系、健全环境治理和生态保护市场体系、完善生态文明绩效评价考核和责任追究制度、生态文明体制改革的实施保障10个部分，以增强生态文明体制改革的系统性、整体性、协同性。

《方案》提出了生态文明体制改革的六大理念："树立尊重自然、顺应自然、保护自然的理念""树立发展和保护相统一的理念""树立绿水青山就是金山银山的理念""树立自然价值和自然资本的理念""树立空间均衡的理念""树立山水林田湖是一个生命共同体的理念"。

《方案》明确了生态文明体制改革必须坚持正确改革方向、自然资源资产的公有性质、城乡环境治理体系统一、激励和约束并举、主动作为和国际合作相结合、鼓励试点先行和整体协调推进相结合的六大原则。

《方案》提出生态文明体制改革的目标：到2020年，建立八项制度构成的产权清晰、多元参与、激励约束并重、系统完整的生态文明制度体系，以推进生态文明领域国家治理体系和治理能力现代化。

六、将生态文明的理念具体化、规则化、操作化

2016年3月，《中华人民共和国国民经济和社会发展第十三个五年规划纲要》（以下简称《纲要》）正式发布，《纲要》分20篇80章，对未来五年经济社会的发展进行了全

面的部署。"绿色发展"贯穿于《纲要》的始终,《纲要》将生态文明建设的理念具体化、规则化、操作化。

1. 指导思想、主要目标和发展理念

在"指导思想、主要目标和发展理念"篇章中,《纲要》提出"坚持发展是第一要务,牢固树立和贯彻落实创新、协调、绿色、开放、共享的发展理念,以提高发展质量和效益为中心,以供给侧结构性改革为主线,扩大有效供给,满足有效需求,加快形成引领经济发展新常态的体制机制和发展方式"。《纲要》首次提出"生态环境质量总体改善"是今后五年经济社会发展的主要目标之一,"生产方式和生活方式绿色、低碳水平上升。能源资源开发利用效率大幅提高,能源和水资源消耗、建设用地、碳排放总量得到有效控制,主要污染物排放总量大幅减少。主体功能区布局和生态安全屏障基本形成"。《纲要》提出"必须牢固树立和贯彻落实创新、协调、绿色、开放、共享的新发展理念""绿色是永续发展的必要条件和人民对美好生活追求的重要体现。必须坚持节约资源和保护环境的基本国策,坚持可持续发展,坚定走生产发展、生活富裕、生态良好的文明发展道路,加快建设资源节约型、环境友好型社会,形成人与自然和谐发展现代化建设新格局,推进美丽中国建设,为全球生态安全作出新贡献"。

2. 实施创新驱动发展战略

在"实施创新驱动发展战略"篇章中,《纲要》提出"围绕现代农业、城镇化、环境治理、健康养老、公共服务等领域的瓶颈制约,制定系统性技术解决方案"。

3. 构建发展新体制

在"构建发展新体制"篇章中,《纲要》提出"加快构建自然资源资产产权制度,确定产权主体,创新产权实现形式。保护自然资源资产所有者权益,公平分享自然资源资产收益""建立健全生态环境性权益交易制度和平台""开征环境保护税"。

4. 推进农业现代化

在"推进农业现代化"篇章中,《纲要》提出"必须加快转变农业发展方式""走产出高效、产品安全、资源节约、环境友好的农业现代化道路""大力发展生态友好型农业"。

5. 优化现代产业体系

在"优化现代产业体系"篇章中,《纲要》提出"促进制造业朝高端、智能、绿色、服务方向发展""实施绿色制造工程,推进产品全生命周期绿色管理,构建绿色制造体系"。

6. 构筑现代基础设施网络

在"构筑现代基础设施网络"篇章中,《纲要》提出"加快完善安全高效、智能绿色、互联互通的现代基础设施网络""推进交通运输低碳发展,集约节约利用资源,加强标准化、现代化运输装备和节能环保运输工具推广应用""深入推进能源革命,着力推动能源生产利用方式变革,优化能源供给结构,提高能源利用效率,建设清洁低碳、安全高效的现代能源体系,维护国家能源安全"……

7. 推进新型城镇化

在"推进新型城镇化"篇章中，《纲要》提出"推动跨区域城市间产业分工、基础设施、生态保护、环境治理等协调联动""根据资源环境承载力调节城市规模，实行绿色规划、设计、施工标准，实施生态廊道建设和生态系统修复工程，建设绿色城市""实施农村生活垃圾治理专项行动，推进13万个行政村环境综合整治，实施农业废弃物资源化利用示范工程，建设污水垃圾收集处理设施，梯次推进农村生活污水治理，实现90%的行政村生活垃圾得到治理。推进农村河塘整治"……

8. 推动区域协调发展

在"推动区域协调发展"篇章中，《纲要》提出"塑造要素有序自由流动、主体功能约束有效、基本公共服务均等、资源环境可承载的区域协调发展新格局"，西部"大力发展绿色农产品加工、文化旅游等特色优势产业"，"依托资源环境承载力较强地区，提高资源就地加工转化比重。加强水资源科学开发和高效利用。强化生态环境保护，提升生态安全屏障功能"，东北"支持资源型城市转型发展"，中部"加强水环境保护和治理，推进鄱阳湖、洞庭湖生态经济区和汉江、淮河生态经济带建设"，东部"在公共服务均等化、社会文明程度提高、生态环境质量改善等方面走在前列"，京津冀"构建区域生态环境监测网络、预警体系和协调联动机制，削减区域污染物排放总量"，长江经济带"坚持生态优先、绿色发展的战略定位，把修复长江生态环境放在首要位置"，"建设成为我国生态文明建设的先行示范带、创新驱动带、协调发展带"，"建设沿江绿色生态廊道"，困难地区"促进资源枯竭、产业衰退、生态严重退化等困难地区发展接续替代产业，促进资源型地区转型创新"，"加大生态严重退化地区修复治理力度，有序推进生态移民"，革命老区"大力实施天然林保护、石漠化综合治理、退耕还林还草等生态工程"，生态严重退化地区"加快解决历史遗留的重点矿山地质环境治理问题"，"保护海洋生态环境，维护海洋权益，建设海洋强国"，"在胶州湾、辽东湾、渤海湾、杭州湾、厦门湾、北部湾等开展水质污染治理和环境综合整治"，"统筹规划国家海洋观（监）测网布局，推进国家海洋环境实时在线监控系统和海外观（监）测站点建设，逐步形成全球海洋立体观（监）测系统，加强对海洋生态、洋流、海洋气象等观测研究"。

9. 加快改善生态环境

在"加快改善生态环境"篇章中，《纲要》提出"以提高环境质量为核心，以解决生态环境领域突出问题为重点，加大生态环境保护力度，提高资源利用效率，为人民提供更多优质生态产品，协同推进人民富裕、国家富强、中国美丽"。

10. 构建全方位开放新格局

在"构建全方位开放新格局"篇章中，《纲要》提出，在积极承担国际责任和义务方面，"积极落实2030年可持续发展议程"。

11. 深化内地和港澳、大陆和台湾地区合作发展

在"深化内地和港澳、大陆和台湾地区合作发展"篇章中，《纲要》提出"加深内地同港澳在社会、民生、文化、教育、环保等领域交流合作"。

七、"一带一路"打造全球生态文明建设的雏形

丝绸之路是古代连接中西方的商道，分为陆上丝绸之路和海上丝绸之路。陆上丝绸之路起源于西汉，以长安为起点，往西经过中亚通往西亚以及地中海各国的陆上贸易通道；海上丝绸之路是以南海为中心，穿过马六甲海峡，经过印度洋、红海、波斯湾，通往非洲东海岸的海上贸易通道。2013年9月和10月，中国先后提出了共建"丝绸之路经济带"和"21世纪海上丝绸之路"的战略构想，这是根植于中国历史上所主导的"古代全球化和区域化"（陆上丝绸之路和海上丝绸之路）的现代版。从倡议到现在轮廓初现，其所显现出的具有中华文明特质的"和平合作、开放包容、互学互鉴、互利共赢"丝路精神已经得到国际社会和"一带一路"国家的认可。国际社会已经看到了一种与以往欧美所主导的不一样的全球化形式和"人类共同体"的全息式样。

近300年来，尤其是二战以后以美国为主导的全球经济一体化基本完成了全球范围内产业分工和梯度转移，形成了发达国家欧美日高科技主导、发展中国家生产加工、落后国家观摩的全球经济一体化格局。美元沿着"金本位—石油本位—碳本位"的路径调控着全球经济，剪全球羊毛，各种不断的货币汇率乱战互挖墙脚，竞相做着损人利己的勾当。其结果导致国家间、集团间、群体、个人极度不公平，强者占据绝大多数资源和资本，弱者的奋斗失去了意义，甚至处于极端贫困之中。这种国际社会的极度不平衡带来反抗，也带来了镇压，甚至产生局部战争。可以说恐怖主义就是这种不对称、不平衡所导致的结果，尤其是不断增长的难民问题向欧美主导的全球经济一体化敲响了警钟。出现了这些新的情况，本来应该引起国际社会进行反思，调整全球经济一体化模式，以造福全球各国和全球人民，但欧美作为主导者却分歧加剧，启动了逆全球化的进程，走进了狭隘自私的阻隔模式。正是在这种大背景下，中国在生态文明理念下，开创了不同样式全球经济一体化新模式，首先从"一带一路"区域经济一体化着手，逐步呈现出中国式全球经济一体化的雏形。

2015年3月，国家发改委、外交部、商务部联合发布了《推动共建丝绸之路经济带和21世纪海上丝绸之路的愿景与行动》，其中专门强调突出生态文明理念，加强生态环境、生物多样性和应对气候变化合作，共建"绿色丝绸之路"。2017年5月发布的《"一带一路"国际合作高峰论坛圆桌峰会联合公报》指出，"一带一路"建设将为各方带来更多福祉，为国际合作提供了新机遇、注入了新动力，有助于推动实现开放、包容和普惠的全球化。

"一带一路"沿线国家多为发展中国家和新兴经济体，普遍面临工业化和城镇化带来的环境污染、生态退化等多重挑战，加快转型、推动绿色发展就成为当前面临的最紧迫问题。开展生态环保合作有利于促进沿线国家的生态环境保护能力建设，推动沿线国家跨越传统发展路径，处理好经济发展和环境保护关系，最大限度减少生态环境影响，是实现区域经济绿色转型的重要途径。因此，"一带一路"成为全球生态文明建设重要地带和优先领域。

党的十九大报告提出，推动形成全面开放新格局，"要以'一带一路'建设为重点，坚持引进来和走出去并重，遵循共商共建共享原则，加强创新能力开放合作，形成

陆海内外联动、东西双向互济的开放格局""通过引导应对气候变化国际合作，成为全球生态文明建设的重要参与者、贡献者、引领者"。

"一带一路"建设要严防少数集团为牟取局部利益而损害整体利益，要充分考虑沿线地区人民的利益，坚持共商、共建、共享原则，相互尊重、民主协商、共同决策，使各国在开放中合作，在合作中共赢。通过全球范围内的生态合作、经济互补、政治对话、文化交流、科技共享、社会融合，推动实现开放、包容和普惠的全球化。

八、建设生态文明是中华民族永续发展的千年大计

党的十九大报告提出，建设生态文明是中华民族永续发展的千年大计。

"我国社会主要矛盾已经转化为人民日益增长的美好生活需要和不平衡不充分的发展之间的矛盾。"

党的十九大报告强调坚持人与自然和谐共生，"必须树立和践行绿水青山就是金山银山的理念，坚持节约资源和保护环境的基本国策，像对待生命一样对待生态环境，统筹山水林田湖草系统治理，实行最严格的生态环境保护制度，形成绿色发展方式和生活方式，坚定走生产发展、生活富裕、生态良好的文明发展道路，建设美丽中国，为人民创造良好生产生活环境，为全球生态安全做出贡献""牢固树立社会主义生态文明观，推动形成人与自然和谐发展现代化建设新格局"。

九、推动生态文明等五大文明协调发展

2018年3月，《中华人民共和国宪法修正案》序言中，把"推动物质文明、政治文明和精神文明协调发展"修改为"推动物质文明、政治文明、精神文明、社会文明、生态文明协调发展，把我国建设成为富强民主文明和谐美丽的社会主义现代化强国，实现中华民族伟大复兴"，第八十九条"国务院行使下列职权"中第六项"（六）领导和管理经济工作和城乡建设"修改为"（六）领导和管理经济工作和城乡建设、生态文明建设"。把生态文明写入宪法，是中国倡导的生态文明引领世界文明发展的一个重大举措，生态文明将会成为世界正义话语权的旗帜，这是中国对世界的普适价值的贡献、全球范式的贡献、思想的贡献。

2018年5月召开的全国生态环境保护大会提出，生态文明建设正处于压力叠加、负重前行的关键期，已进入提供更多优质生态产品以满足人民日益增长的优美生态环境需要的攻坚期，也到了有条件有能力解决生态环境突出问题的窗口期。要加大力度推进生态文明建设，解决生态环境问题，坚决打好污染防治攻坚战，推动中国生态文明建设迈上新台阶。

2018年6月，中共中央、国务院印发的《关于全面加强生态环境保护　坚决打好污染防治攻坚战的意见》提出，到2020年，生态环境质量总体改善，主要污染物排放总量大幅减少，环境风险得到有效管控，生态环境保护水平同全面建成小康社会目标相适应。通过加快构建生态文明体系，确保到2035年节约资源和保护生态环境的空间格局、产业结构、生产方式、生活方式总体形成，生态环境质量实现根本好转，美丽中国目标基本实现。到本世纪中叶，生态文明全面提升，实现生态环境领域国家治理体系和治理能力现代化。

第三节　建设生态文明推动人类进步

一、对发展中国家生态现代化的示范作用

到目前为止，真正分享了工业文明好处的主要是属于西方文化体系的欧美国家。而属于中国文化体系、伊斯兰文化体系和印度文化体系的国家以及横贯亚洲大陆等区域的大部分国家，仍处于现代化的初、中期阶段。20世纪60年代以来，亚洲"四小龙"的起飞，拉开了亚洲发展中国家和地区工业化的帷幕，创造了许多可资借鉴的宝贵经验，使落后于西方的亚洲发展中国家看到亚洲复兴的希望。属于儒家文化体系的中国内地和亚洲"四小龙"，格外引人注目，一些理论家甚至将"四小龙"的经济起飞概括为"亚洲之道"。但是，全面看来"四小龙"的经济起飞仍不能称之为一个完整的"亚洲之道"。因为，它们相对于整个亚洲而言，仍属于亚洲边缘地带小区域性的工业化推进阶段。在"四小龙"的工业化过程中，基本上没有遇到亚洲大陆普遍存在的人口、土地和粮食三大难题，然而这三大难题在中国现代化的进程中却处于突出地位。由于中国本身就是人均耕地面积少的国家，除了受资源与环境的困扰外，还承受着人口及其相关的土地和粮食的巨大压力。实施绿色发展战略，建立完整的生态产业体系，才是21世纪中国的立国之本。

人口以及与其相关的土地和粮食问题是中国实现绿色发展的最大障碍，正待起飞的亚洲、美洲及其他发展中国家也遇到了同样的难题。然而，这一难题在占世界人口1/4的西方国家工业化进程中没有遇到，只有6000万人口的东亚"四小龙"也没有遇到。因此，如何解决工业的持续发展与农业的有限发展之间的矛盾，构建一个工业经济与农业经济之间良性循环的生态经济模式，将是中国走向未来必须解决的现实问题。中国的成功，不仅会将中国本国推向一个全新的发展阶段，而且也会为亚洲和世界其他发展中国家起到对比强烈的示范作用。

二、促使人类文明真正走向持续发展之路

发端于西方的工业文明，虽然在推动人类的科学技术进步和物质文明发展方面，在打破封建割据和推进世界政治、经济、文化向着一体化、多元化发展方面，表现出了巨大的历史进步性，但是工业文明模式并不是人类文明进化的终极模式。工业文明虽然在西方世界获得了巨大的成功，但在西方以外世界的推进中却是失败的。正是为了掠夺资源和垄断市场，才导致了发展中国家与发达国家的发展严重失衡。一端是仍有8亿人食不果腹、文明发展明显滞后的不发达世界，另一端却是享受主义盛行的发达世界。正是这种全球发展的不均衡才是导致环境污染、资源浪费、人口膨胀的深层原因。发达国家以技术优势、市场优势在境外继续以夕阳工业模式制造污染，并以奢侈的生活方式迅速消耗着地球的资源。在不发达国家，由于贫困落后、缺乏技术、缺乏资金，在国际不平等贸易、人口膨胀的压力下以另一种方式破坏资源和环境，制造污染。在这个失衡的世界中，不仅富人制造污染，穷人也在制造污染。具有弱肉强食竞争机制的西方工业文明在

全世界推进的200多年中，为全球经济、技术与文化的发展注入了强大活力的同时，也埋下了导致全球经济、政治、文化与技术失衡、无序发展的种子。如果说在工业文明推进的初期，弱肉强食的竞争机制引起的失衡和无序是区域性、隐蔽性的，那么在全球性经济一体化的今天，这种机制必将会严重阻碍人类文明的进步。

全球经济、文化、技术的不均衡发展，是造成全球生态资源浪费、环境污染和人口膨胀的深层次原因，也是阻碍全球文明持续发展的根源。在"部分人类中心主义"世界观下出现的人类与自然对立、人类与自然关系失衡的背后，还存在着人类文明结构的失衡。建立全球性的经济、文化与技术的均衡、协调的发展模式，是人类文明走向持续发展的必由之路。要建立全球文明均衡、协调发展模式，就必须创造一个有利于发展中国家发展的国际经济新秩序，使所有发展中国家都能平等分享人类文明进步的成果，打破在传统的不平等竞争的国际秩序中形成的强权垄断。

如果说西方是在人类与自然的对立、民族与人类的对立、现在与未来的对立中完成工业化的现代化，那么时代和历史决定了中国必须在寻求既有利于本民族也有利于全人类、既有利于现在也有利于未来、既有利于生态环境保护和改善也有利于人类文明进步的新文明模式建构中完成中国的现代化。这个在人类与自然、民族与人类、现代与未来的统一中所要建构的文明模式，就是当今中国正在探求的持续发展新模式。所以，中国绿色发展文明模式的建构成功，将为在"部分人类中心主义"世界观的支配下和在西方中心论的强权政治垄断下已失衡的文明世界树立新榜样。这种代表人类未来的、不同于西方的新文明模式，对于人类文明向着生态文明、均衡有序化、持续健康地发展将起到重要作用。

三、促进世界和平

中国生态文明建设需要世界和平与发展的外部环境，世界和平与发展也离不开中国的绿色发展。

近300年来，已走向了世界的西方，为封闭、保守的东方世界强行注入了一种新文明力量。纵观世界近代史，可以说，被西方中心模式所支配下的世界是一个文明与野蛮、血腥与辉煌、发达与贫困两极对立的失衡世界。到了21世纪中叶，拥有世界1/5人口的中国强大之后，将会回赠给世界什么呢？难道强盛的中国会像当年的西方殖民者一样将野蛮回赠给世界吗？这正是西方一些带有强权意志的人，以西方行为和思维方式进行臆想所得出的荒谬结论。他们面对蓬勃发展的中国，炮制了一种所谓的"中国威胁论"。

看一个民族是否热爱和平，应该同该民族走向强盛的历史过程相联系。纵观近代人类史，可以发现西方民族走向强盛的过程，是一个技术上不断创新和殖民地不断扩张、文明发展和野蛮征服相混合的过程。20世纪80年代以来，冷战时代的结束，和平与发展新时代的到来，并不是世界霸权主义者出于和平的愿望回赠给人类的礼物，而全球恐怖主义的兴起，就是当代西方文明输出的一个结果。将近现代西方昌盛的历史与中国曾经昌盛的一段历史加以比较，就更能深刻地理解中国与西方在对待世界和平与发展问题上所持态度的根本区别。早在1500年前的中国，走向鼎盛的唐代，不仅没有像古罗马帝国那样穷兵黩武地去征服其他民族，反而推行对外怀柔政策，促使中国历史上各民族大融合盛世的出现。1000年之后，仍保持着古代强盛文明的明朝，从郑和的七下西洋以求"四夷顺则中国宁"和"同享太平之福"的目的来看，求天下万世太平、修邻邦永世之好的旷世胸怀和仁慈之德，当使15世纪后野蛮的西方殖民者相形见绌。

中华民族之所以是一个历史悠久、爱好和平、求天下太平的民族，是因为自秦始皇统一中国后，中华民族的文明史本身就是一部各民族和睦相处、共荣统一的发展史。正是长期的稳定统一、太平盛世养育了中华民族的文明和文化，才使中华民族尤其拥有珍爱和平与统一的传统美德。

和平与发展的新时代是当代中国走向未来的历史前提。人口、资源与环境的瓶颈约束决定了中国既不可能像当初西方殖民者那样在征服、掠夺世界中走向鼎盛，也不可能像古老中国那样在自我封闭系统中"实现超越"。和平与发展的新时代也同样决定了中国只能是在与世界和平共处的原则下，互利互惠地共同发展。中国的生态文明建设需要一个和平与发展的良好国际环境，一贯崇尚和平的文明中国所实施的绿色发展战略也绝不会把一个污染的地球带入未来。

第四章　生态文明理念的思想渊源

生态文明新理念是在继承传统文化的基础上结合现代文明成果而产生的。中国古代有着极其深厚的生态文化积淀，世界其他文化体系也有着博大精深的优秀智慧，为我们今天树立生态文明观、大力推进生态文明建设、走向生态文明新时代提供了丰富的精神资源。这种不同于工业文明的文化，对于建设生态文明，实现人类思想观念的深刻变革，在更高层次上对自然法则的尊重和回归有着重要的作用。

第一节　中国传统文化中的生态意识

一、传承优秀传统文化

中国传统文化有着极其深厚的生态文化积淀，为生态文明提供了丰富的精神资源。儒释道墨法是中华文明的基因，分别从不同的视角和纬度为人与自然的关系立心、立意、立法。道家、儒家、佛家、墨家、法家等传统文化中朴素的生态理念在当代极具历史继承性，"以儒做人，以道养生，以禅清心，以墨尽责，以法为基，以兵入市"[①]给了当代人类在可持续生存基础上求得绿色发展的世界观和方法论。

2017年1月，中共中央办公厅、国务院办公厅印发了《关于实施中华优秀传统文化传承发展工程的意见》，指出中华文化具有独一无二的理念、智慧、气度、神韵，对延续和发展中华文明、促进人类文明进步发挥着重要作用。到2025年，中华优秀传统文化传承发展体系基本形成，中华文化的国际影响力明显提升。

党的十九大报告提出，深入挖掘中华优秀传统文化蕴含的思想观念、人文精神、道德规范，结合时代要求继承创新，让中华文化展现出永久魅力和时代风采。

史学大师汤因比认为，中华文化保持着人类社会中可贵的天下主义精神，儒家文化的人文主义价值观使中华文明符合新时代人类社会整合的需求，儒家和佛家思想中有合理主义思想，道家对宇宙和人类之间的深刻认识为人类文明提供了节制性和合理性发展观的哲学基础。

二、道家的"道法自然"

道家文化是中国传统文化中最具生态意蕴的文化，它积极探寻人与自然之间的和谐。《老子》第二十五章中"人法地，地法天，天法道，道法自然"的表述体现了其关于人与自然关系的思想。"道法自然"是道家思想体系的核心，构成了所尊奉的中心理

---

① 赵士林. 国学六法 [M]. 南京：江苏文艺出版社，2010.

念和最高法则。

在人与自然的关系上，道家的"人法地"主张人要顺应自然，以自然为法则，尊重自然，不能违反自然的本性而强行干预自然。在道家的哲学思想中，天地万物共同构成了人的生命存在，是人类的栖息之所。如果人类按自己的意志去改变自然，就会给万物造成损失和破坏，有违于"人之道"。道家主张人顺应自然绝不是要求人们消极地不作为，而是不妄为，按照天地万物的自然本性（道）采取适当的行为。

庄子最早提出了"天人合一"思想，揭示了人与天地万物相统一的整体观念，是对人与自然关系的深刻理解。

道家文化中的大自然是人类赖以生存的环境，道家文化追求人与自然和谐相处的"天人合一"境界。道家探寻的人与自然之间的"和谐"是生态文明观正确处理人与自然之间关系的理论渊源。

三、儒家的"仁、义、礼、智、信"与"仁民爱物"

儒家的学说首先是调整人与人关系的伦理学说，"仁、义、礼、智、信"构建了人与人之间和谐的关系。

孔子思想的核心是"仁"，孟子把"仁"解释为"爱人"时说，"仁者爱人，有礼者敬人。爱人者，人恒爱之；敬人者，人恒敬之"，体现了孟子对他人的关爱与尊重的思想，实现人际和谐是这种思想的目的。人际关系和谐通过"仁、义、礼、智、信"来实现，"和谐"成为儒家调整人与人之间的权利与义务关系的途径。同时，儒家把"仁者爱人"发展到"仁民爱物"，将对人的关切由人及物，把人类的仁爱主张扩大到自然界。

荀子提出宇宙整体的运行是有规律的，人应做到"不与天争职"，顺应自然、尊重自然。在荀子之后，董仲舒发展了"天人合一"理论，认为天、地、人只有形成和谐、统一的关系，才能保证人类的生存和发展。

儒家的"中庸之道"思想也体现了人与自然和谐统一。孔子主张不要大面积捕鱼、不射杀夜宿的鸟儿。《孟子·梁惠王上》中提到，如果严格农时劳作，粮食就会大丰收；不进行过分捕捞，鱼鳖就会源源不断；有节制地砍伐林木，林木就会用之不竭。

在倡导合理利用自然资源方面，儒家的观点符合"取物不尽物""取物以顺时"的生态伦理观。

儒家推崇人与人之间的"和谐"是生态文明观正确处理人与人之间关系的理论渊源。

四、佛家的"三世"和"尊重生命"

佛家认为，今世是前世的来世，来世是今世的继续，"三世"是生命流转的全过程和整体。佛家关注的是生命流转中解脱升华的特殊过程，只看到今世的苦乐处境而不追忆过往前世的因缘，只看到今世利益而不顾及来世善恶，是用局部掩盖整体，来世是建立在今世的基础上的造福行为。这种思想有助于人类建立起一种正确处理当代社会人与人之间的关系、国家与国家之间的关系以及当代人与后代人之间的关系的正确态度。

佛家的生命观认为：郁郁黄花无非般若，清清翠竹皆是法身。大自然的一草一木都是佛性的体现，蕴含着无穷禅机；自然与人没有明显的界线，自然环境与生命主体是一个有机整体；一切众生是平等的。这是一种万物平等的价值观，在宇宙范围内把人的价值看作是自然价值平等的组成部分。

佛家的"缘起说"认为，一切事物都不是孤立存在的，一切事物之间都是互为条件、互相依存的，整个世界是一个不可分割的整体。人在与自然相处时，应尊重自然，放弃人类盲目的优越感，给予自然应有的尊重。佛家这种尊重生命、强调众生平等、反对任意伤害生命的思想，对于解决人类对生物的保护问题，无疑具有重要的价值。

佛家提倡的现世和来世之间的"和谐"、众生之间的"和谐"是生态文明观正确处理当代人与后代人之间关系、正确处理自然界生物之间的关系的理论渊源。

五、墨家的"节用"和"民本技经"

墨家代表的是手工业小生产者的思想，强调劳动特别是物质生产的劳动在社会发展中的重要地位。

墨家的"尚贤思想"指出，"尚贤"是"为政之本"，而"为政之本"的目标是服务于物质生产，同时满足人民生存需求。从这个前提出发，墨家强调"节用"。《墨子·节用（中）》提出人们满足基本的生存需要外其他都是铺张浪费的思想。《墨子·节葬（下）》还提倡"节葬"。这种限制人们除基本生存需要以外的消费，成为当代提倡"节约资源""低碳消费""光盘行动"的环保观念的一大思想来源。

墨家非常重视工具理性。墨子工匠出身，对机械制造很擅长，墨家弟子来自工商游民，非常重视工巧技艺和实践。墨家的科学精神，集中体现在《墨经》《墨辩》之中。墨家主张技术发明要以利民实用为上，节俭实用是技术活动的原则，技术行为要遵循基本规范，这种以技术经济促进民生发展、通过科技进步和广泛运用加快社会发展的思想对于解决今天的环境与发展的矛盾也有重大的启示。墨家的"民本技经"思想是生态文明建设的技术路线的理论渊源。

六、法家的法治思想

法家以提倡法治为核心思想、以富国强兵为己任，是中国历史上的一个重要学派，其最早可溯源于夏商时期的理官，成熟于战国时期。管仲、士匄、子产、李悝、吴起、商鞅、慎到、申不害、乐毅、剧辛等人对法家思想做出了巨大贡献，至战国末期，韩非成为集法家之大成者。

中国历史上第一个提出以法治国的人是战国时期的管仲，李悝收集当时诸国刑律并编成中国古代第一部较为完整的法典《法经》，荀况提出"礼法并重、邢德并举"，韩非主张"刑过不避大臣，赏善不避匹夫"……三晋法家的法治精神和法治思想，为中华法系的形成和发展做出了杰出的贡献，商鞅变法是法家的法治思想的一个重要的实践。

法家的法布于众、依法办事、刑无等级、保持法律稳定的思想，为生态文明的政治建设提供了一个思想渊源。

七、管仲的生态经济智慧

管仲是春秋时期思想家、政治家和军事家，他在施政实践中形成的思想包含了丰富的生态智慧。《管子》一书中提出了"德润万物"的生态伦理思想，主张"人与天调""时之处事"的伦理和"道为物要"的价值观。管仲学派把天、地、人看作一个有机的整体，认为天地人有共同的基本生存法则，其以"人与天调""天人相因"为基础的生态智慧，对我们今天处理人与自然关系有重要的启迪意义。

"敬顺自然"是管仲生态思想的核心。在发展生产中，管仲的"有度、有禁、有治"的伦理原则，体现了他治国理念中的生态智慧；在《管子·权修》中提出开发利用自然资源要适度；"顺天""秉时""适地""平准"是管仲生态经济智慧在农业生产中运用……

八、王阳明的心学

王阳明是明代著名思想家、哲学家，心学集大成者，立德、立功、立言于一身，其学说是以良知为德性本体、以良知为修养方法、以知行合一为实践工夫、以经世致用为为学目的的富有人文精神的道德理想主义哲学。阳明心学不止是一种道德学说，它包含了其宇宙观和世界观，是建立在对天理大道的重新认知的基础上，通过自身修心、修行来改善自己与宇宙关系的学问。作为明代影响最大的哲学思想，其深深影响了中国，后传至日本、朝鲜半岛以及东南亚，对日本的崛起发挥了巨大的作用。

"无善无恶心之体，有善有恶意之动。知善知恶是良知，为善去恶是格物"这四句教概括了阳明心学。阳明思想体系的核心是"致良知"，包括心即理、知行合一、致良知，以及万物一体之仁等。

王阳明说："夫人者，天地之心，天地万物，本吾一体者也。"提出了人就是天地之心、天地万物与我原是一体的，万物一体之仁说把致良知的哲学扩展到宇宙中的万事万物。

王阳明的心学是中国传统文化中的精华，也是增强当代中国人文化自信的切入点之一。阳明心学中的以道德良知为核心的道德理想主义、"多元和谐"、重视民生、力行实践的精神，对工业文明冲击下的当代社会也极具现实意义。

九、图腾与禁忌文化

中国有56个民族，各民族由于生活的自然环境不同，造成了文化的差异，价值观念、思维方式也不尽相同。很多少数民族都有自己的图腾和禁忌，虽然形式不同，但其中蕴含的深刻的生态伦理道德和信仰却异曲同工。

中国的很多村庄都有风水树，在当地文化中，树是有灵性的，是活的，不能砍伐，有的村庄背依森林，别说砍伐，就是进入也绝对禁止，成为当地的禁地。住宅地址的选择，要考虑地貌、水源、气候、森林等多种要素。很多少数民族的图腾崇拜与禁忌表面上看是封建迷信，实际上在不同程度上体现了这个民族对大自然的敬畏和保护。长期以来由于交通的不便和信息的阻隔，使地方文化蒙上了神秘的色彩。

从人与自然的协调看，这些图腾和禁忌文化实际上为人们的生态伦理画出了底线。树木不能砍伐是因为风水树往往是当地生态系统中的关键树种，在森林中有特殊的地位。森林保护着村庄免受自然灾害的侵袭，很多地方因砍伐森林造成村庄毁灭，出现了生态难民。有的地方还有村规民约，只能"以干枝、风倒木、水漂木做燃料"，不到万不得已不能砍伐树木；很多民族根据季节的更替和鱼类的生长规律，规定了捕鱼的原则和日期，这种行为方式使生态系统有了恢复的时间，保证了生态系统的稳定性。

少数民族对自然的敬畏和保护，是其长期以来在生产和生活实践中形成的，揭开其神秘的面纱，我们就能发现其朴素的保护自然生态平衡的思想，汲取和弘扬这些生态智慧，保护民族传统文化，对经济的绿色发展和生态文明的文化建设有重大的意义。

第二节 世界文化体系的优秀智慧

一、西方、伊斯兰和印度文化的精神资源

季羡林把人类文化划分为四大体系：中国文化体系；印度文化体系；伊斯兰文化体系；希腊、罗马西方文化体系。当今世界基本上以西方文化体系为主流，由于生产力水平的差异，使西方文化凌驾于其他文化之上。吸收不同类型文化的丰富精神资源，对生态文明的文化建设有着重要的作用。

主要发端于"两希文明"的西方文化，由于受欧洲地势平坦、三面环海的环境限制，导致了与东方文化不同的文化特性，这种特性中的三大特征无疑值得东方文化借鉴学习：鲜明的开放性特征使得资源得到比较合理的配置，海洋经济得到较快的发展；契约中诞生的公民意识和民主精神使"法律"面前人人平等的观念深入人心；空间和资源的有限性催生了科学精神和工具理性。这些特性无疑是人类文化的宝贵遗产。

形成于中世纪阿拉伯帝国的伊斯兰文化，吸收融汇了东西方古典文化，具有鲜明的特点。一是包容性，它兼收并蓄各种文化，通过加工改造赋予伊斯兰特色；二是继承性，它吸收和继承了注重经验描述的东方文化和注重逻辑推理的西方文化并使之有机结合；三是开创性，它根据发展的新情况和得到的新资料，在继承的基础上进行大量的创新；四是实践性，它善于将其研究成果广泛运用于社会实践，促进了生产的发展。

印度文化的最大特点是注重来世，这种特性使得印度文化不会刻意追求当前利益的最大化，对保障当代人的发展和后代人的持续生存和持续发展有着重要的意义。

二、对"部分人类中心论"的工业文明的反思

早在20世纪40年代，海德格尔就开始了对在工业文明中"部分人类中心"地位及在技术背景下"人工自然"的探讨。他在"论人类中心论的信"中对工业文明背景下人所处的主宰地位进行了深刻的批判，他认为"部分人类中心论"的错误在于不关心存在与人类的关系。

海德格尔发起了"对技术的追问"，他的技术异化理论可以概括为技术活动本身是一种异化的活动。20世纪70年代以来，以马尔库塞和哈贝马斯为代表的法兰克福学派，对工业文明进行了较为全面的批判。马尔库塞从技术理性的角度，哈贝马斯从工具理性的角度，认为技术生产破坏了人的生存环境。法兰克福学派把海德格尔对"技术异化"的批判推广到对"政治异化和经济异化"的批判。

技术悲观论者对工业文明的反思以及对工业文明的价值观批判，为生态文明观的提出奠定了哲学基础和价值观。

三、盖亚假说

20世纪60年代末，英国大气学家詹姆斯·洛夫洛克提出了盖亚假说。盖亚假说的核心思想是认为地球是一个生命有机体，具有自我调节的能力。詹姆斯·洛夫洛克说："地球是活着的！"

盖亚假说认为：地球上的大气温度和化学构成由各种生物有效地调节；各种生物体和生物环境共同进化，生物体影响生物环境，反过来环境又影响达尔文的生物进化过程；各种生物与自然界之间的负反馈环连接保持了地球生态的稳定状态；地球上的大气能保持在稳定状态，不仅取决于生物圈，而且在一定意义上也为了生物圈；各种生物能调节物质环境，以便创造其优化的生存条件。

盖亚假说在一定程度上回答了当今人类所面临的生态问题和世界观问题。要解决目前日趋严峻的环境问题，视角必须放到整个地球生态系统层面，需要用系统或整体的观点和方法来重新认识人类活动对生态环境的影响，人类要热爱和保护地球，并与其他生物和睦相处。

第三节　现代可持续发展思想

一、大地伦理思想

20世纪30年代，美国著名环境保护主义者、威斯康星大学的利奥波德就创立了大地伦理学，他认为人类最早的伦理观念是处理个人之间的关系，后来是处理人与社会之间的关系，这两个层次上的伦理观都是为了协调人在同一个共同体中相互竞争、合作从而达到共存目的的各种活动。但是随着人类对生存环境认识的深入，逐渐出现了第三个伦理层次：人和大地的关系。大地共同体除了包括气候、水、动物和植物，还包括人，人应当改变在大地共同体中征服者的地位。大地伦理的含义是一个事物，只有当它有助于保持生物共同体的和谐、稳定和美丽的时候才是正确的，否则它就是错误的。和谐、稳定和美丽在大地伦理中是不可分割的整体。

二、《寂静的春天》

1962年，美国生物学家蕾切尔·卡逊的《寂静的春天》出版，这是世界上第一本将环保作为主题的科普图书，它引发了旷日持久的轰轰烈烈的绿色运动。

在书中，蕾切尔·卡逊用无可辩驳的事实生动而严肃地描写了因过度使用以杀虫剂为主的化学农药而导致环境污染、生态破坏的情况，指出人类用自己制造的毒药来提高农业产量，无异于饮鸩止渴。书中指出：人类一方面在创造高度文明，另一方面又在毁灭自己的文明，环境问题如不解决，人类将"生活在幸福的坟墓之中"。当时美国的一些城市已经出现了比较严重的环境污染，但政府的公共政策中还没有关于"环境"的条款。因此，《寂静的春天》一问世，就引起了巨大的反响，在全球范围引发了一场关于发展观问题的大讨论，揭开了"生态学时代的序幕"。1992年，《寂静的春天》被推选为近50年来最具有影响力的图书之一。

三、《封闭圈》

1971年，美国生物学家、生态学家和教育家康芒纳的《封闭圈》一书面世，进一步从生态学的角度揭示了现代科学技术对人类生存环境的负面影响，对战后环境危机的根源做了审慎分析，认为战后环境危机的根源不在于经济增长本身，而在于造成这种增长的现代技术。要克服危机，就要端正这种技术的价值取向，必须确立生态学的观念。同时康芒纳还指出，生态学理论和潜在的各种环境问题之间还存在着一个尖锐矛盾，即人们对经济效益的奢望和对权力的贪欲，这是人们不能用生态学观点来对待生存环境的主要障碍。必须采取有效的、自觉的"社会行动"，才能重建自然，从根本上解决生态危机。

四、《增长的极限》

1972年，罗马俱乐部发表了《增长的极限》的研究报告，深刻阐明了环境的重要性以及资源与人口之间的基本联系，第一次系统考察了人类科学技术、生产力的增长和自然资源及其他一些要素的关系，提出了在这些条件不变的情况下，增长是有极限的。罗马俱乐部的这个结论，其意义在于一改人们惯常的思维方式，用发展的概念取代了增长的概念，用动态平衡的客观规律取代了单纯增长性的原则。

《增长的极限》所表现出的对人类前途的"严肃的忧虑"以及对发展与环境关系的论述，具有十分重大的积极意义。作为环境理论的奠基之作，它有力地促进了全球环境运动的开展。

五、《只有一个地球》

1972年6月，联合国人类环境会议在斯德哥尔摩召开，专家顾问小组为大会起草了名为《只有一个地球》的非正式报告。这是第一本关于人类环境问题的最完整的报告，报告不仅论及污染问题，而且还将污染问题与人口问题、资源问题、工艺技术影响、发展不平衡以及世界范围的城市化困境等联系起来，作为一个整体来探讨和研究。

《只有一个地球》的许多观点被联合国人类环境会议采纳，并写入大会通过的《人类环境宣言》，是世界环境运动史上一份有着重大影响的文献。

六、《太迟了吗》

美国著名思想家、建设性后现代主义的领军人物小约翰·柯布的《太迟了吗》一书写于1969年，1972年出版。在当时大多数人仍沉溺在经济增长的喜悦中时，柯布看到了生态危机的严重性，向人们及时发出了警告，呼吁人们反思人与自然的关系，反思人自身与环境之间的关系。

柯布在本书修订版中提出，今天看来20多年前的思考可能显得过于简单粗浅，但所涉及的主要问题至今仍然没有大的改观，许多事情已太晚了，臭氧层的破坏就是一例。虽然也有变化，但有着令人沮丧的一面，地球的命运仍是不确定的。本书被西方学术界誉为"环境伦理学的先驱之作"和"具有永恒价值的经典"。

七、《下一个200年》和《最后的资源》

1976年康恩和布朗发表了《下一个200年——关于美国和世界的情景描述》的报告，全面地批判了罗马俱乐部的观点，从而开始了"悲观派"与"乐观派"在全球问题上的世界性争论。面对同样的世界，乐观派从另外一个角度观察世界，得出了与悲观派完全相反的结论。他们批评《增长的极限》的观点是新马尔萨斯主义，认为人口并非按指数增长，而是按逻辑斯蒂曲线增长，人口达到一个顶点后，会趋于平稳状态，在200年内世界人口将稳定在150亿左右；并且还认为到21世纪，人类将进入后工业社会，富国资金将通过就业、旅游等渠道投资到发展中国家，南北贫富差距将缩小；同时人类将利用太阳能、核裂变、核聚变以解决能源危机，以非传统方法生产更多粮食，通过开发海洋、大陆架矿藏来保护环境。

1981年西蒙《最后的资源》一书被称为"没有极限的增长"，与《增长的极限》观点相反，他认为人类的资源没有尽头，人类的生态环境会日益好转，恶化只不过是工业化过程中的暂时现象，粮食在未来将不成问题，人口在未来会自然达到平衡，强大的经济和众多的人口必定会产生出众多的知识创造者，使人类有防止和控制威胁生活和环境的强大"武器"。

八、《生存蓝图》

在1972年斯德哥尔摩联合国人类环境会议发表《人类环境宣言》以及罗马俱乐部推出《增长的极限》的同时，持有悲观论观点的英国著名生态学家、生态经济学家戈德·史密斯的《生存蓝图》，则从生态学的理论高度对社会经济发展过程进行了探讨，他不仅提供了大量关于生态系统破坏、环境污染和能源危机的数据，而且还提出了从哲学、政治、经济、社会角度解决问题的具体措施。他认为对现存社会进行改革，不能是局部的、个别的，或是某个时期的，而是社会发展方式的战略转变，即由目前工业高度发达的经济增长型社会，转向一种持久、平衡、稳定发展的社会。

九、《人类处于转折点》

面对来自各方面的批评，悲观论者修改了最初《增长的极限》中的观点，罗马俱乐部于1976年推出了第二个报告——《人类处于转折点》，提出世界发展模式应该从《增长的极限》主张的无差异增长转移到有机增长。所谓有机增长，就是把世界系统的有机增长与有机体的有机增长相类比，对于一个世界系统，它的每一部分（国家或地区）都必须对人类的有机增长做出贡献，任何一部分的不良增长不仅危及自己，而且还会危及整体；有机的相互联系将会起遏制作用，制止系统任何部分的无差异增长，人类所真正面临的是各种选择、价值观念和管理水平。为了摆脱困境，人类要走一条有机增长的道路，世界就会成为一个和谐一致的整体。

十、《小的是美好的》

在《增长的极限》推出的第二年（1973年），与同是英国人的生态经济学家戈德·史密斯不同，另一位悲观派的英国生态经济学家舒马赫，他采用了比较中庸的观点和非常大众化的经济哲学方式再现了罗马俱乐部计算机做出的预测结果，并提出了一些解决全球危机的积极方式。舒马赫的代表作《小的是美好的》（1973年）是自20世纪70年代以来影响比较深远的发展经济学著作。舒马赫先提出了中间技术，后来又提出适宜技术等观点。他从生态学的观点出发，靠广泛的生态伦理精神，体察城市与农村之间、富人与穷人之间、工业生活和乡村生活之间的两极分化现象，以及富国与穷国、东方与西方国家的鸿沟。

十一、《生存经济学》

1980年和1984年，新经济学研究会在伦敦和波恩两次聚会，立志要创立一门新经济学（《生存经济学》，1986年），其目的是寻求个人发展和社会的公正、人类各种需要的满足、资源的持续利用和保护环境的最佳道路，将经济发展中"人的尺度"与"自然的尺度"统一起来，成为一门"健全的、人道的和生态的"新经济学。

《生存经济学》既继承了《人类处于转折点》中的有机增长的观点，又是一种可操作的实践指南。

十二、《我们共同的未来》

1987年，世界环境与发展委员会的报告《我们共同的未来》明确提出了可持续发展的概念。

报告把环境与发展这两个紧密相连的问题作为一个整体加以考虑，指出人类社会的可持续发展只能以生态环境和自然资源的持久、稳定的支撑能力为基础，而环境问题也只有在经济的可持续发展中才能够得到解决。因此，只有正确处理眼前利益与长远利益、局部利益与整体利益的关系，掌握经济发展与环境保护的关系，才能使这一涉及国计民生和社会长远发展的重大问题得到满意解决。世界各国政府和人民必须从现在起对经济发展和环境保护这两个重大问题负起自己的历史责任，制定正确的政策并付诸实施，错误的政策和漫不经心都会对人类的生存造成威胁。

《我们共同的未来》阐述的指导思想，对世界各国的经济发展与环境保护的政策制定产生了积极、巨大的影响。

第五章　环境持续发展

绿色发展在环境领域的内容就是环境的持续发展。在生态文明观的指导下，环境持续发展就是要对受到污染和破坏的环境进行综合治理，防止人类赖以生存和发展的自然环境受到污染和破坏，维护生态安全，建设适合人类生活和工作的环境。加强对现在污染的治理和对未来环境问题的防范，恢复过去对生态造成的破坏和预防未来可能出现的生态危机，才能实现天蓝、地绿、水清，保障生态文明建设的稳步推进，实现人类的永续发展。党的十九大报告提出，我们要建设的现代化是人与自然和谐共生的现代化，既要创造更多物质财富和精神财富以满足人民日益增长的美好生活需要，也要提供更多优质生态产品以满足人民日益增长的优美生态环境需要。必须坚持节约优先、保护优先、自然恢复为主的方针，形成节约资源和保护环境的空间格局、产业结构、生产方式、生活方式，还自然以宁静、和谐、美丽。

第一节　加强环境治理

一、污染治理

1. 当前污染治理的重点

污染治理是对人类生产和生活排放的各种外源性物质进入环境后超出环境本身自净作用所能承受的范围的污染物进行治理和管控。

随着工业化、城镇化进程的加快，废气、废水、固体废物大量进入环境，同时噪声和放射性辐射也会形成污染，直接或间接地对人类生产、生活和身体健康等产生了不良影响。"十三五"规划纲要、《关于培育环境治理和生态保护市场主体的意见》《"十三五"生态环境保护规划》等提出，以提高环境质量为核心，大力推进污染物达标排放和总量减排。《中共中央　国务院关于全面加强生态环境保护　坚决打好污染防治攻坚战的意见》提出，全面加强生态环境保护，打好污染防治攻坚战，提升生态文明，建设美丽中国。当前，大气、水、土壤是污染治理的三大重点。

2. 大气污染防治

大气污染日益严重，破坏了人类的生存环境，如不加控制就有进一步恶化的可能，防治大气污染就成为普遍关注的问题。

1987年8月，我国制定了《中华人民共和国大气污染防治法》，1995年8月做了修正，2000年4月、2015年8月、2018年10月分别进行了修订，着力控制大气污染，恢复良好的自然环境。新修订的《大气污染防治法》的主线更加清晰、重点更加突出、内容更加完备、监管更加严密、处罚更加有力，还规定了民事赔偿责任和刑事责任，为大气污染防治工作全面转向以质量改善为核心提供了坚实的法律保障。2002年11月，国家质量监督检验检疫总局、卫生部、国家环境保护总局联合发布《室内空气质量标准》，为室内空气质量监测评价和装修材料的管理提供了科学依据。

2013年9月，国务院印发了《大气污染防治行动计划》（"大气十条"），提出经过5年努力，全国空气质量总体改善，重污染天气较大幅度减少，京津冀、长三角、珠三角等区域空气质量明显好转，力争再用5年或更长时间，逐步消除重污染天气，全国空气质量明显改善。为了实现这一目标，"大气十条"提出了综合治理、产业转型升级、加快技术创新、调整能源结构、严格节能准入、完善环境政策、严格依法监管、统筹区域治理、建立应急体系、明确各方责任10条35项综合治理措施，重点治理PM2.5和PM10。"大气十条"实施以来，全国城市环境空气质量总体改善，PM2.5、PM10、NO_2、SO_2和CO年均浓度均逐年下降，大多数城市重污染天数减少，但空气质量面临形势依然严峻。

"十三五"规划纲要提出，制定城市空气质量达标计划，严格落实约束性指标；《"十三五"控制温室气体排放工作方案》提出，到2020年，单位国内生产总值二氧化碳排放比2015年下降18%；《"十三五"生态环境保护规划》《"十三五"挥发性有机物污染防治工作方案》强调分区施策改善大气环境质量，实施大气环境质量目标管理和限期达标规划。

党的十九大报告提出，坚持全民共治、源头防治，持续实施大气污染防治行动，打赢蓝天保卫战。

《2019年全国生态环境质量简况》显示，2019年，全国337个地级及以上城市PM2.5浓度为36微克/立方米，PM10浓度为63微克/立方米，平均优良天数比例为82.0%；环境空气质量达标的城市占全部城市数的46.6%。京津冀及周边地区"2+26"城市平均优良天数比例为53.1%，PM2.5浓度为57微克/立方米。北京优良天数比例为65.8%，PM2.5浓度为42微克/立方米。长三角地区41个城市平均优良天数比例为76.5%，PM2.5浓度为41微克/立方米。汾渭平原11个城市平均优良天数比例为61.7%，PM2.5浓度为55微克/立方米。

大气污染是工业文明的产物，源于燃煤、机动车尾气、工业废气、扬尘等污染物排放量的不断增大。对许多大中城市来说，机动车成为细颗粒物的首要来源。大气污染作为一个环境事件，反过来成为一个直接的经济问题，影响社会的安定，进而造成严重的政治问题，其深层的根源是文化问题。要解决大气污染问题，从法律层面看，必须改变中国社会自上而下的"有法不依，执法不严，违法不究"；从行政层面看，必须破除考核论产值、部门各为政、环评来做假、信息不公开、公众难参与、行政不问责所造成的治污僵局；从企业层面看，严格依据法规从事生产活动，实行清洁生产和节能减排；从公众层面看，要践行低碳生活。

3. 水污染防治

水污染造成了环境的严重透支，给社会正常的生产和生活产生了极为不利的影响，水污染防治一直是环境污染治理的重点。

1984年5月，我国制定了《中华人民共和国水污染防治法》，1996年5月修正，2008年2月修订，2017年6月修改。确定了"坚持预防为主、防治结合、综合治理"的水污染防治原则，优先保护饮用水水源，严格控制工业污染、城镇生活污染，防治农业面源污染，积极推进生态治理工程建设，预防、控制和减少水环境污染和生态破坏。为保障人体健康和水的正常使用，我国先后颁布了一系列的水环境质量标准，对水体中污染物或其他物质的最高容许浓度做了规定。2017年6月修改的《水污染防治法》，首次写入河长制以加强水环境保护。

2015年4月，国务院印发了《水污染防治行动计划》（"水十条"），提出到2020年全国水环境质量得到阶段性改善，污染严重水体较大幅度减少，饮用水安全保障水平持续提升，地下水超采得到严格控制，地下水污染加剧趋势得到初步遏制，近岸海域环境质量稳中趋好，京津冀、长三角、珠三角等区域水生态环境状况有所好转。到本世纪中叶，生态环境质量全面改善，生态系统实现良性循环。为了实现这一目标，"水十条"提出了全面控制污染物排放、推动经济结构转型升级、着力节约保护水资源、强化科技支撑、充分发挥市场机制作用、严格环境执法监管、切实加强水环境管理、全力保障水生态环境安全、明确和落实各方责任、强化公众参与和社会监督10个方面238项水污染治理措施。2016年1月，环境保护部、国家发改委、水利部等部门编制了《重点流域水污染防治"十三五"规划编制技术大纲》（以下简称"大纲"）。大纲提出，加强重点流域、海域综合治理，严格保护良好水体和饮用水水源，加强水质较差湖泊综合治理与改善；推进水功能区分区管理，主要江河湖泊水功能区水质达标率达到80%以上；开展地下水污染调查和综合防治。

《2019年全国生态环境质量简况》显示，2019年，1940个国家地表水考核断面中，Ⅰ—Ⅲ类水质断面比例为74.9%，劣Ⅴ类为3.4%，主要污染指标为化学需氧量、总磷和高锰酸盐指数。长江、黄河、珠江、松花江、淮河、海河、辽河七大流域和浙闽片河流、西北诸河、西南诸河监测的1610个水质断面中，Ⅰ—Ⅲ类水质断面比例为79.1%，劣Ⅴ类为3%。西北诸河、浙闽片河流、西南诸河和长江流域水质为优，珠江流域水质良好，黄河、松花江、淮河、辽河和海河流域为轻度污染。开展水质监测的110个重要湖泊（水库）中，Ⅰ—Ⅲ类水质湖泊（水库）比例为69.1%，劣Ⅴ类为7.3%，主要污染指标为总磷、化学需氧量和高锰酸盐指数。开展营养状态监测的107个重要湖泊（水库）中，贫营养状态湖泊（水库）占9.3%，中营养状态占62.6%，轻度富营养状态占22.4%，中度富营养状态占5.6%。太湖和巢湖为轻度污染、轻度富营养状态，主要污染指标为总磷；滇池为轻度污染、轻度富营养状态，主要污染指标为化学需氧量和总磷。336个地级及以上城市902个在用集中式生活饮用水水源断面（点位）中，有830个全年均达标，占92%。地表水水源监测断面（点位）590个，有565个全年均达标，占95.8%，主要超标指标为总磷、硫酸盐和高锰酸盐指数。地下水水源监测点位312个，265个全年均达标，占84.9%，主要超标指标为锰、铁和硫酸盐，主要是由于天然背景值较高所致。三峡库区水质为优，南水北调（东线）长江取水口水质为优，南水北调（中线）取水口及输水干线水质均为优。一类水质海域面积占97%，劣Ⅳ类水质海域面积为28340平方千米，主要污染指标为无机氮和活性磷酸盐。全国近岸海域水质总体稳中向好，水质级别为一般，主要污染指标为无机氮和活性磷酸盐。监测的190个主要入海河流水质断面中，Ⅱ类水质断面占19.5%，Ⅲ类占34.7%，Ⅳ类占32.6%，Ⅴ类占8.9%，劣Ⅴ类占4.2%，主要超标指标为化学需氧量、高锰酸盐指数、总磷、氨氮和五日生化需氧量。

《"十三五"生态环境保护规划》《关于全面推行河长制的意见》《关于在湖泊实施湖长制的指导意见》《关于支持海南全面深化改革开放的指导意见》《水利改革发展"十三五"规划》《"十三五"实行最严格水资源管理制度考核工作实施方案》《全国国土规划纲要（2016—2030年）》《重点流域水污染防治规划（2016—2020年）》等提出了加强水生态治理与保护的措施。党的十九大报告提出，加快水污染防治，实施流域环境和近岸海域综合治理。

水环境污染、水生态退化、水资源短缺问题也不是一朝一夕就能解决的，这需要全社会共同行动。我国在节约水资源、保护水环境问题上尽管有众多规章制度及部门负责管理，但效果不尽人意。要实现以水资源的持续利用来保障经济社会的持续发展，一是要在全社会形成新的水生态价值观，使全社会树立节水、爱水、护水的自觉意识，加快节水型社会建设的步伐；二是系统构建水资源管理制度体系和技术支撑体系，改变目前多部门治水的混乱格局；三是变革控制排污总量的思维，用经济手段、行政手段、法律手段引导企业改进技术，在源头上真正使污染物排放达到国家标准；四是严惩污染水环境行为，解决"违法成本低，守法成本高"问题，通过建立公益诉讼制度使公众有序参与环境保护；五是在经济和社会发展过程中，严格按生态规律进行建设，在空间格局、产业结构、生产方式、生活方式上，符合节约水资源、保护水环境的要求。

4. 土壤污染防治

土壤污染是一种"看不见的污染"，具有累计性、隐蔽性和滞后性的特点。我国在《环境保护法》《固体废物污染环境防治法》《土地管理法》《农业法》《基本农田保护条例》《土地复垦条例》等相关法律法规中涉及土壤污染防治，制定了《土壤环境质量标准》（1995年）等近50项由五大类标准组成的土壤环境质量标准体系。1999年开始，国土资源部中国地质局开展了多目标区域地球化学调查，完成调查面积150.7万平方千米，其中耕地13.86亿亩；2005—2013年，环境保护部会同国土资源部开展首次全国土壤污染状况调查，调查面积630万平方千米；2012年，农业部启动农产品产地土壤重金属污染调查，调查面积16.23亿亩；"十二五"期间，环境保护部试点研究制定全国土壤环境质量监测网建设方案。

2016年5月，国务院印发了《土壤污染防治行动计划》（"土十条"），提出到2020年全国土壤污染加重趋势得到初步遏制，土壤环境质量总体保持稳定，农用地和建设用地土壤环境安全得到基本保障，土壤环境风险得到基本管控，受污染耕地安全利用率达到90%左右，污染地块安全利用率达到90%以上。到2030年，全国土壤环境质量稳中向好，农用地和建设用地土壤环境安全得到有效保障，土壤环境风险得到全面管控，受污染耕地安全利用率达到95%以上，污染地块安全利用率达到95%以上。到21世纪中叶，土壤环境质量全面改善，生态系统实现良性循环。为了实现这一目标，"土十条"提出了开展土壤污染调查、推进土壤污染防治立法、实施农用地分类管理、实施建设用地准入管理、强化未污染土壤保护、加强污染源监管、开展污染治理与修复、加大科技研发力度、发挥政府主导作用、加强目标考核严格责任追究10条35项综合治理措施，如期实现全国土壤污染防治目标，确保生态环境质量得到改善、各类自然生态系统安全稳定。

"十三五"规划纲要、《"十三五"生态环境保护规划》《污染地块土壤环境管理办法》《农用地土壤环境管理办法（试行）》等就防治土壤环境污染提出了措施。党的十九大报告提出，强化土壤污染管控和修复。

2018年8月，十三届全国人大常委会第五次会议通过了《中华人民共和国土壤污染防治法》，预防土壤污染，保护未污染土壤和未利用地，建立农用地分类管理制度，实行建设用地土壤污染风险管控和修复名录制度，制定对违法行为详尽的处罚措施。《土壤污染防治法》的出台，填补了我国土壤污染防治法律的空白，进一步完善了环境保护法律体系，有利于将土壤污染防治工作纳入法制化轨道。

土壤污染治理牵涉面广，涉及方方面面的利益，是一项长期、综合、持久的工作。从国家环境管理的角度看，土壤污染治理必须结合大气污染、水污染防治系统地进行，用法律、行政、经济手段相结合方法。要完善土壤污染防治法规，继续完善土壤环境质量标准体系，加强监管，特别是对重点行业用地、农用地、建设用地的监管，严格执法，建立领导干部终身追责机制。

二、污染预防

环境保护的首要原则是预防，先防后治能够极大地节约资源，推进环境保护工作的顺利开展。据《新常态下环境保护对经济的影响分析报告》指出，中国每年因环境污染和生态破坏造成的经济损失约占当年GDP的6%。

1. 开展战略和规划环境影响评价

战略环境影响评价涉及面广、评价范围大、程序复杂，针对的是战略层面，其目的在于把环境保护纳入整体发展的计划、决策和执行中，最大程度减少人类活动给环境带来的消极影响。规划环境影响评价（以下简称"规划环评"）是为了有效设定区域环境容量，在开发建设活动的源头预防环境问题的产生。

2009—2013年，环境保护部对环渤海沿海地区、北部湾经济区沿海、成渝经济区、海峡西岸经济区、黄河中上游能源化工区进行了战略环评；2012—2013年，环境保护部进行了西部大开发战略环评（以下简称"战略环评"），涉及省份包括贵州、云南、甘肃、青海、新疆；2013年，环境保护部启动了中部地区发展战略环评，评价范围包括中原经济区、武汉城市圈、长株潭城市群、皖江城市带、鄱阳湖生态经济区等重点区域，涉及河南、安徽、山西、山东、河北、湖北、湖南、江西8个省的59个地市。环境保护部还制定了9个指导意见，提出资源开发与重点产业优化发展的调控方案和对策，为区域重大生产力布局和项目环境准入提供重要支撑。2015年，环境保护部启动了京津冀、长三角、珠三角三大地区战略环评项目。

2009年8月，国务院发布了《规划环境影响评价条例》，规定土地利用的有关规划和区域、流域、海域的建设、开发利用规划，以及工业、农业、畜牧业、林业、能源、水利、交通、城市建设、旅游、自然资源开发的有关专项规划，应当进行环境影响评价，并从评价的内容、依据、具体形式以及公众参与等方面进行了规范。

2015年，环境保护部建立了规划环评会商机制，加强规划环评与项目环评联动环评，规划环评为我国经济和社会的持续发展留下了丰厚的生态资源。

《"十三五"生态环境保护规划》指出，通过战略和规划环评，在空间上守住生态保护红线、行业上守住排放总量、项目上守住环境准入标准，就能从源头预防污染的产生。推进战略和规划环评，编制自然资源资产负债表，建立资源环境承载能力监测预警机制。

推进战略和规划环评，在区域层面可以统筹大气污染防治，在流域层面能够统筹生态保护，在园区层面可进一步统筹环境保护基础设施建设和环境风险防范，进而从总体上促进国土空间整体开发格局、重点产业布局和城镇化空间布局的优化，调整产业结构，淘汰落后产能，加大资源综合利用程度，减少污染物排放总量，改善环境质量。

2. 严格项目环境影响评价

项目环评包括项目地址、项目类型、生产工艺、生产管理、污染治理和施工期间的环境保护等。项目环评的对象一般是单个项目，涉及面和评价范围都较小，工作较为简单，通过分析、预测污染因子对环境可能产生的污染以及污染程度，找出防治对策，使环境可以接受。

通过预防为主的原则，项目环评从国家产业和技术政策上严格把关新建项目，严防产生新的污染源，强化建设项目的环境管理，提出新开发项目的环境保护预防对策和治理措施。

3. 注重环境标准引导

我国环境保护标准自1973年创立以来，经过40多年的发展和完善，已经形成了比较完整的环境保护标准体系，在环境保护中起到了重要的作用。

我国的环境标准由五类三级组成。"五类"指五种类型的环境标准：环境质量标准、污染物排放标准、环境基础标准、环境监测方法标准及环境标准样品标准。"三级"指环境标准的三个级别：国家环境标准、环境保护部标准（环境保护行业标准）及地方环境标准。国家环境标准和环境保护部标准包括五类，由环境保护部负责制定、审批、颁布和废止。地方环境标准只包括两类：环境质量标准和污染物排放标准。

在环境标准执行上，地方环境保护标准优先于国家环境保护标准执行。由于国家污染物排放标准分为跨行业综合性排放标准和行业性排放标准，因此有行业性排放标准的执行行业排放标准，没有行业排放标准的执行综合性排放标准。

我国的环境保护标准已覆盖空气、水、土壤、固体废物与化学品、声与振动、生态、核与电磁辐射等领域。环保标准已经成为淘汰落后产能、环评审批和日常环境监管的有力依据，注重环境标准引导可以有力地促进技术创新和推进企业的转型升级，更好地做好污染预防工作。

《"十三五"生态环境保护规划》强调完善环境标准和技术政策体系。《国家环境保护标准"十三五"发展规划》提出，"十三五"期间，我国将启动约300项环保标准制修订项目，以及20项解决环境质量标准、污染物排放（控制）标准制修订工作中有关达标判定、排放量核算等关键和共性问题项目，发布约800项环保标准。党的十九大报告提出，提高污染排放标准，强化排污者责任。

4. 推进产业结构调整

我国的产业结构一直不合理，当前产业结构的最大问题是落后产能大，过剩产能问题十分突出，主要集中在炼铁、炼钢、焦炭、铁合金、电石、电解铝、铜冶炼、铅冶炼、锌冶炼、水泥、平板玻璃、造纸、酒精、味精、柠檬酸、制革、印染、化纤、铅蓄电池等工业行业。这些行业能耗高、污染物排放量大，如果淘汰落后产能、处置僵尸企业、推动产业重组，就能推进供给侧结构改革，更好地预防污染的产生。

产业结构升级能带来单位产品主要污染物排放强度的大幅降低和资源能源效率的大幅提升。《"十三五"生态环境保护规划》《重点生态功能区产业准入负面清单编制实施办法》、《战略性新兴产业重点产品和服务目录》（2016版）等都强调，强化环境硬约束推动淘汰落后和过剩产能，降低生态环境压力。《关于加快推进环保装备制造业发展的指导意见》提出，大力发展环保装备制造业。

5. 防控环境风险

在我国快速发展的工业化和城市化进程中，产业结构和产业布局不合理、经济发展过快、监管缺位，使得环境风险问题凸显，突发性环境事件频发，往往造成严重的环境污染和生态灾难事件。因此，要建立环境风险防控体系。首先，要建立有效的环境风险防控机制，国家层面要建立环境风险防控和应急联动制度，企业层面要建立环境风险防控与应急管理制度，公众层面要建立公众环境风险知情与防范制度；其次，在防控环境风险中，政府要充分发挥主导作用，企业要充分承担风险防控的实施主体作用，同时还要充分发挥公众对环境风险防控的监督作用并使公众积极参与到这项工作中来；再次，要开展环境风险调查与评估，完善环境风险管理措施，建立环境事故处置和损害赔偿恢复机制；最后，要在有环境风险的区域建立环境风险防控设施，一旦遭遇突发性环境事件，能及时控制污染，避免造成更大的危害。

"十三五"规划纲要、《"十三五"生态环境保护规划》等提出要严密防控环境风险，实施环境风险全过程管理；《核安全与放射性污染防治"十三五"规划及2025年远景目标》提出，保持核电厂高安全水平，降低研究堆、核燃料循环设施风险；《禁止洋垃圾入境推进固体废物进口管理制度改革实施方案》提出，严格固体废物进口管理。

6. 加强环境基础设施建设

完善的环境基础设施可以保护生态环境、节约能源资源，是经济社会持续发展的重要基础。

工业化和城镇化的快速发展带来我国基础设施建设的大发展，但环境基础设施建设远远跟不上经济社会发展的步伐，我国在垃圾收集和处置、污水处理、园林绿化、生态保护区建设、湿地保护和建设等设施建设上的投入不能满足生产和生活的要求，加快环境基础设施建设成为污染预防的重要环节。

"十三五"规划纲要、《关于培育环境治理和生态保护市场主体的意见》

《"十三五"生态环境保护规划》《"十三五"全国城镇污水处理及再生利用设施建设规划》《"十三五"全国城镇生活垃圾无害化处理设施建设规划》《全国国土规划纲要（2016—2030年）》《全国城市市政基础设施建设"十三五"规划》等，就加强环境基础设施建设，加快建设城镇垃圾和污水处理设施，建成现代化城市市政基础设施体系提出了具体措施。党的十九大报告提出，加强固体废弃物和垃圾处置。

三、农村环境整治

随着工业由东部向中西部转移、由城市向农村转移，使本就不堪重负的农村环境雪上加霜，严重影响食品安全，制约农村经济社会的持续发展。近年来，国家不断加大农村环境整治力度，出台了一系列政策，采取了一系列举措，农村环境"脏乱差"现象有所改变，农村环境连片整治工作取得一定成效，区域性突出环境问题得到一定程度的缓解。截至目前，已完成农村环境综合整治的有11万多个村庄，近2亿农村人口受益。

《关于全面推进农村垃圾治理的指导意见》《"十三五"生态环境保护规划》《"十三五"卫生与健康规划》《"十三五"促进民族地区和人口较少民族发展规划》《全国国土规划纲要（2016—2030年）》《全国农村环境综合整治"十三五"规划》《农村人居环境整治三年行动方案》《关于加快推进长江经济带农业面源污染治理的指导意见》《农业农村污染治理攻坚战行动计划》都提出了加快农业农村环境综合治理，继续推进农村环境综合整治。党的十九大报告提出，加强农业面源污染防治，开展农村人居环境整治行动。

四、打击环境犯罪

环境犯罪是环境污染产生的一个重要原因，长期以来社会对于环境犯罪问题没有引起足够的重视，除非发生重大环境灾难被告人被追究刑事责任外，一般的污染环境行为仅仅处以行政处罚。只有严厉打击环境犯罪，才能加强环境治理。

联合国环境规划署和国际刑警组织发布的《环境犯罪的崛起》报告显示，2014年全球环境犯罪价值约700亿—2130亿美元，2015年增加到约910亿—2580亿美元；环境犯罪造成的经济损失是国际机构打击此类犯罪投入资金的1万倍；林业犯罪的总价值每年约500亿—1520亿美元；过去10年，环境犯罪每年以至少5%—7%的速度增加，比全球GDP的增长速度快2—3倍；2013年，东南亚和太平洋地区每年电子垃圾的非法贸易额约为37.5亿美元；非法野生动植物贸易额每年约70亿—230亿美元；非法采矿涉及价值约120亿—480亿美元。[1]2018年，我国各地侦破环境犯罪刑事案件8000余起，各级人民法院共受理社会组织和检察机关提起的环境公益诉讼案件1800多件。

《"十三五"生态环境保护规划》《最高人民法院、最高人民检察院关于办理环境污染刑事案件适用法律若干问题的解释》《环境保护行政执法与刑事司法衔接工作办法》等就推进环境司法、依法惩治环境犯罪行为提出了意见和措施。

① 联合国环境规划署. 2016 世界环境日：联合国环境规划署—国际刑警组织报告 [EB/OL].（2016-06-04）[2016-06-04]. http://mp.weixin.qq.com/s?__biz=MzA4MDA2ODYzNw==&mid=2653565022&id.

第二节　加强生态保护修复

一、加大生态系统保护力度

生态系统是人类生存和发展的空间，保持森林生态系统、草原生态系统、荒漠生态系统、海洋生态系统、淡水生态系统、湿地生态系统、农田生态系统、城市生态系统等的动态平衡才能使人与自然和谐发展。

《2019年中国生态环境状况公报》显示，2019年全国生态环境状况指数（EI）值为51.3，生态质量一般。同比无明显变化。生态质量优和良的县域面积占国土面积的44.7%，一般占22.7%，较差和差占32.6%。"十三五"规划纲要提出坚持保护优先、自然恢复为主，推进自然生态系统保护与修复，构建生态廊道和生物多样性保护网络，全面提升各类自然生态系统稳定性和生态服务功能，筑牢生态安全屏障，全面提升生态系统功能，推进重点区域生态修复，扩大生态产品供给。党的十九大报告提出加大生态系统保护力度。《全国热带雨林保护规划（2016—2020年）》《国家沙漠公园发展规划（2016—2025年）》《全国沿海防护林体系建设工程规划（2016—2025年）》《关于统筹推进自然资源资产产权制度改革的指导意见》《天然林保护修复制度方案》等提出了加大生态系统保护力度。

近年来，我国生态保护和修复工作取得显著成效，森林资源总量持续快速增长、草原生态系统恶化趋势得到遏制、水土流失及荒漠化防治效果显著、河湖和湿地保护恢复初见成效、海洋生态保护和修复取得积极成效、生物多样性保护步伐加快。2020年6月，国家发改委、自然资源部印发的《全国重要生态系统保护和修复重大工程总体规划（2021—2035年）》提出，到2035年，通过大力实施重要生态系统保护和修复重大工程，全面加强生态保护和修复工作，全国森林、草原、荒漠、河湖、湿地、海洋等自然生态系统状况实现根本好转，生态系统质量明显改善，生态服务功能显著提高，生态稳定性明显增强，自然生态系统基本实现良性循环，国家生态安全屏障体系基本建成，优质生态产品供给能力基本满足人民群众需求，人与自然和谐共生的美丽画卷基本绘就。森林覆盖率达到26%，森林蓄积量达到210亿立方米，天然林面积保有量稳定在2亿公顷左右，草原综合植被覆盖度达到60%；确保湿地面积不减少，湿地保护率提高到60%；新增水土流失综合治理面积5640万公顷，75%以上的可治理沙化土地得到治理；海洋生态恶化的状况得到全面扭转，自然海岸线保有率不低于35%；以国家公园为主体的自然保护地占陆域国土面积18%以上，濒危野生动植物及其栖息地得到全面保护。

二、保护生物多样性

生物多样性是环境好坏的指示灯，生物多样性越丰富，生态环境越稳定，受破坏的机会越少。我国积极参与了全球保护生物多样性行动，从《生物多样性公约》起草到签署，我国都走在前列。生物多样性保护在国家总体发展定位中已放到了重要的位置，

"十二五"规划纲要将生物多样性保护列为重要任务之一，《全国主体功能区规划》也特别将生物多样性保护列为国家重点生态功能区的4种类型之一，并在限制开发区中划分出8个生物多样性保护类型的国家重点生态功能区。"十二五"时期，成立了生物多样性保护国家委员会，发布了《生物多样性保护战略与行动计划（2011—2030年）》，在全国划定了35个生物多样性保护优先区域（32个内陆陆地和水域生物多样性保护优先区域、3个海洋及海岸生物多样性保护优先区域），启动了"联合国生物多样性十年中国行动"。

"十三五"规划纲要提出要维护生物多样性，实施生物多样性保护重大工程；《"十三五"生态环境保护规划》强调，要防范生物安全风险；《全国湿地保护"十三五"实施规划》提出，对湿地实施全面保护，科学修复退化湿地，扩大湿地面积，增强湿地生态功能，保护生物多样性，加强湿地保护管理能力建设，积极推进湿地可持续利用；《全国动植物保护能力提升工程建设规划（2017—2025年）》提出，形成与动植物保护形势相适应的布局合理、覆盖全国的监测预警体系，响应及时、控制有效的疫情灾害应急处置体系和功能完备、部门联动的联防联控体系。

三、划定生态保护红线

生态保护红线是指在生态功能保障、环境质量安全、自然资源利用等方面的空间边界与管理限值。划定生态保护红线能有效地预防未来的生态遭到破坏，维护生态安全和经济社会的持续发展。

生态保护红线包括生态功能保障基线（禁止开发区生态红线、重要生态功能区生态红线和生态环境敏感区、脆弱区生态红线）、环境质量安全底线（环境质量达标红线、污染物排放总量控制红线和环境风险防控红线）、自然资源利用上线（能源利用红线、水资源利用红线、土地资源利用红线等）。

2014年1月，环境保护部印发了首个划定生态保护红线的纲领性技术指导文件《国家生态保护红线——生态功能基线划定技术指南（试行）》，在此基础上环境保护部于2015年4月印发了《生态保护红线划定技术指南》，全国31个省（区、市）开展了生态保护红线划定。2017年5月，环保部办公厅、国家发改委办公厅印发了《生态保护红线划定指南》。截至2018年年底，初步划定京津冀、长江经济带和宁夏等15个省份生态保护红线，山西等16个省份基本形成划定方案。2019年8月，生态环境部办公厅、自然资源部办公厅印发了《生态保护红线勘界定标技术规程》。"十三五"规划纲要、《关于加强资源环境生态红线管控的指导意见》《"十三五"生态环境保护规划》《全国农业现代化规划（2016—2020年）》《全国国土规划纲要（2016—2030年）》《关于划定并严守生态保护红线的若干意见》等提出，要划定并严守生态保护红线，建立生态保护红线制度，使国土生态空间得到优化和有效保护，生态功能保持稳定，全面保障国家生态安全。

四、建立各类自然保护区和国家公园

自然保护区除了研究、休闲旅游等作用外，最大的作用是涵养水源、保持水土、改善环境和保持生态平衡，保留了一定面积的各种类型的生态系统，为后代留下天然的

"本底"。截至2017年年底，全国共建立各种类型、不同级别的自然保护区2750个，总面积147.17万平方千米，其中自然保护区陆域面积占陆域国土面积的14.86%。2018年，我国共有国家级自然保护区474个。

广东鼎湖山等33处自然保护区加入联合国"人与生物圈"保护网络，吉林向海等46处自然保护区列入国际重要湿地名录，福建武夷山等35处自然保护区同时划入世界自然遗产保护范围，200多处自然保护区被列为生态文明和环境科普方面的教育基地。

全国风景名胜区面积约占国土面积的2%，其中国家级风景名胜区225处，总面积约10.4万平方千米，省级风景名胜区737处，总面积约9.2万平方千米。

2017年9月，中共中央办公厅、国务院办公厅印发的《建立国家公园体制总体方案》提出，建成统一规范高效的中国特色国家公园体制，交叉重叠、多头管理的碎片化问题得到有效解决，国家重要自然生态系统原真性、完整性得到有效保护，形成自然生态系统保护的新体制新模式，促进生态环境治理体系和治理能力现代化，保障国家生态安全，实现人与自然和谐共生。到2020年，建立国家公园体制试点工作基本完成，整合设立一批国家公园，分级统一的管理体制基本建立，国家公园总体布局初步形成。到2030年，国家公园体制更加健全，分级统一的管理体制更加完善，保护管理效能明显提高。我国已设立10个国家公园体制试点，包括三江源、东北虎豹、大熊猫、祁连山、湖北神农架、福建武夷山、浙江钱塘源、湖南南山、云南普达措和北京长城国家公园体制试点。

2018年1月，国家发改委印发的《三江源国家公园总体规划》提出，努力将三江源国家公园打造成中国生态文明建设的名片，建成青藏高原生态保护修复示范区，共建共享、人与自然和谐共生的先行区，青藏高原大自然保护展示和生态文化传承区。

2019年6月，中共中央办公厅、国务院办公厅印发的《关于建立以国家公园为主体的自然保护地体系的指导意见》提出，建成中国特色的以国家公园为主体的自然保护地体系。到2020年，提出国家公园及各类自然保护地总体布局和发展规划，完成国家公园体制试点，设立一批国家公园，完成自然保护地勘界立标并与生态保护红线衔接，制定自然保护地内建设项目负面清单，构建统一的自然保护地分类分级管理体制。到2025年，健全国家公园体制，初步建成以国家公园为主体的自然保护地体系。到2035年，全面建成中国特色自然保护地体系。自然保护地占陆域国土面积18%以上。

《2019中国生态环境状况公报》显示，全国共建立以国家公园为主体的各级、各类自然保护地逾1.18万个，保护面积占全国陆域国土面积的18%、管辖海域面积的4.1%。其中，国家公园体制试点区总面积超过22万平方千米，约占全国陆域国土面积的2.3%。

五、健全生态保护补偿机制

发达国家大都采用了生态补偿政策，成效显著。它不仅是环境与经济的需要，更是政治与战略的需要。我国生态补偿实践始于20世纪80年代的森林与自然保护区补偿工作，国家也陆续发布了一系列政策推动生态补偿的进行。

2016年4月，为进一步健全生态保护补偿机制，加快推进生态文明建设进程，国务院印发了《关于健全生态保护补偿机制的意见》（以下简称《意见》），明确了"谁受益、谁补偿"的原则，以加快形成受益者付费、保护者得到合理补偿的运行机制。《意见》规定了"权责统一，合理补偿""政府主导，社会参与""统筹兼顾，转型发展""试点先行，稳步实施"的基本原则。到2020年，实现森林、草原、湿地、荒漠、海洋、水流、耕地等重点领域和禁止开发区域、重点生态功能区等重要区域生态保护补偿全覆盖，补偿水平与经济社会发展状况相适应，跨地区、跨流域补偿试点示范取得明显进展，多元化补偿机制初步建立，基本建立符合我国国情的生态保护补偿制度体系，促进形成绿色生产方式和生活方式。

2019年11月，国家发改委印发的《生态综合补偿试点方案》提出，通过创新森林生态效益补偿制度、推进建立流域上下游生态补偿制度、发展生态优势特色产业、推动生态保护补偿工作制度化，到2022年，生态综合补偿试点工作取得阶段性进展，资金使用效益有效提升，生态保护地区造血能力得到增强，生态保护者的主动参与度明显提升，与地方经济发展水平相适应的生态保护补偿机制基本建立。

《"十三五"生态环境保护规划》《"十三五"脱贫攻坚规划》等都提出了加快建立多元化生态保护补偿机制。

第三节　维护生态安全

一、生态安全的含义和地位

1. 生态安全的含义

国家安全意义上的生态安全是指与国家安全相关的人类生态系统的安全，是指人类及其生态环境的要素和系统功能始终维持在能够永久维系其经济社会持续发展的一种安全状态。

在当今国际社会，由生态问题引发的国际政治、军事、经济、科技等方面冲突与摩擦的比例日益增大，已成为影响国家安全的一大隐患。因此，生态问题对国家安全的影响，已不单纯是经济问题或科技问题，生态安全应当被提升到与政治安全、军事安全、经济安全、科技安全同一层次上，构成国家安全的又一种外延。

2. 生态安全的要求

生态安全最基本的要求是通过人类社会对于生态环境的有效管理，建立以生态系统良性循环和环境风险有效防控为重点的生态安全体系，确保一个地区、国家或全球所处的自然生态环境（由水、土、大气、森林、草原、海洋、生物组成的生态系统）对人类生存的支持功能，使其不至于减缓或中断人类生存和文明发展的进程。

《林业发展"十三五"规划》提出，国土生态安全屏障更加稳固；《"十三五"生态环境保护规划》提出，系统维护国家生态安全，建设"两屏三带"[①]国家生态安全屏障；《全国地质灾害防治"十三五"规划》提出，全面提升基层地质灾害防御能力；

---

① "两屏三带"是指：青藏高原生态屏障、黄土高原—川滇生态屏障、东北森林带、北方防沙带和南方丘陵山地带。

《"十三五"促进民族地区和人口较少民族发展规划》提出，加强民族地区重点区域、流域生态建设和环境保护，构筑国家生态安全屏障；《全国国土规划纲要（2016—2030年）》提出，通过分类分级推进国土全域保护、构建陆海国土生态安全格局，构建安全和谐的生态环境保护格局；《安全生产"十三五"规划》提出，推进重点地区制定化工行业安全发展规划；《兴边富民行动"十三五"规划》提出，要筑牢国家生态安全屏障、加强边境地区生态建设；《"十三五"国家食品安全规划》和《"十三五"国家药品安全规划》，分别就食品和药品安全作出规划；《国家环境保护"十三五"环境与健康工作规划》提出，建立环境与健康监测、调查和风险评估制度及标准体系。

3. 生态安全的地位

生态安全不是一个独立的问题，而是与经济安全、国家安全和军事安全密切相关的。

由于地球是全人类共有的唯一家园，因此一个国家或地区的生态危机和生态安全都会影响另一些国家甚至全球。一个生态安全的国家或地区，最容易得到国际或国内社会的认同，从而取得更多的、更高质量的国内外协助，形成国泰民安的局面。加强对生态安全问题的研究，可以防止由于生态环境退化对经济持续发展支撑能力的削弱，防止因环境破坏和自然资源短缺引发的群众不满、环境难民的大量产生以及所导致的社会动荡，防止突发或慢性生态环境破坏事件诱发国家和地区间冲突的产生，降低生态风险，防止外源性有害生态因子的侵入（侵略）和危害扩大，为修复因军事冲突或突发事件受损的生态系统、维护生态系统固有价值提供支持。

4. 生态安全的分类

生态安全可分为要素安全和功能安全。要素不安全是指宇宙辐射、阳光、土壤、水、空气、植被等参数中任何一个或多个参数的变动导致的不安全。功能不安全是指局域或全球性的生态环境的功能性指标，如人类及动植物生长适宜度、地球表层的物质循环状态有序及紊乱程度等参数的变动导致的不安全。

生态不安全也是一个人类生态系统不断从要素不安全向功能不安全的演化过程，发生原因既有地球表层演化的自然因素，也有人类经济活动导致的非自然因素，20世纪末以来人类活动的影响首次超过自然界演化的影响。

生态安全的要素不安全往往具有局域性，生态安全的功能不安全往往具有整体性，甚至具有全球性。一个国家既不能独善其身，也不能从根本上解决生态安全问题。要确保自身的生态安全往往要着眼于一个地区、一个区域、一个国家乃至全球。因此，基于生态安全意义上的生态文明建设也必须是全球化的。只有树立全球生态文明观，生态安全的全球化才有可能实现。这种生态全球化趋势逼迫人类从现有的国家政治转向全球政治。《京都议定书》的减排计划仅仅是一个开端，任何国家都必须清醒地认识到这一点。

二、中国面临的主要生态安全问题

1. 国土生态安全

国土生态安全是最基本的安全。国土生态如果不安全，就意味着大片国土失去对国民经济的承载能力，会造成工农业生产能力和人民生活水平的下降，还会产生大量的生态难民。当前我国生态环境呈进一步恶化趋势，国土生态安全形势十分严峻，雾霾、水污染、土壤污染等事件频发，环境承载能力已经达到或接近上限。[①]2004年中国环境损失相当于GDP的3%，2008年、2009年约3.8%左右，2011年上升到5%—6%，相当于近3万亿元人民币。

中国国土生态安全形势严峻：森林总量不足、分布不均、质量不高、生态效益低；中国是世界上荒漠化面积较大、分布较广、沙漠化危害较严重的国家之一，石漠化现象凸显；土壤流失严重；农业过量使用化肥，农牧业面源污染已超过工业污染；水资源短缺；河流污染严重，水质性缺水现象频发；生物多样性锐减；洪涝灾害频繁、沙尘暴次数和强度愈演愈烈、大气污染比较严重……

2. 健康生态安全

人居环境的污染通过食物链、空气和辐射对居住人口直接产生不利的影响，污染物在人体中的长期积累，在影响个体呼吸、代谢系统，造成各种环境类疾病的同时，还累积着遗传性病变的可能。全球每年1260万死亡人数中，23%是由于环境因素造成的。

大气颗粒物重污染会严重危害人体的呼吸系统、神经系统和心血管健康，具有致癌、致突变、致残等作用。中国目前已经成为世界PM2.5污染最严重的地区之一。

室内装修成了最直接的污染源，室内环境污染已经引起全球35.7%的呼吸道疾病，22%的慢性肺病，15%的气管炎、支气管炎和肺癌。车内污染物浓度可以比车外高2—10倍，汽车排放是城市主要空气污染源之一。

饮用水和食品的污染也成为危害人类健康的不安全因素。当前土壤污染的形势十分严峻，严重影响食品安全。我国农药使用量每年高达140多万吨，农药在土壤中的残留为50%—60%，不易降解，是农产品不安全的源头所在。滥用抗生素也带来了严重的健康生态安全问题，中国占了世界抗生素用量约50%，如不及时采取有效措施，到2050年每年将导致100万人早死，累计给中国造成损失达20万亿美元。

2017年6月，环境保护部发布了《人体健康水质基准制定技术指南》，规定了人体健康水质基准制定的程序、方法和技术要求。党的十九大报告提出实施健康中国战略。

3. 城市生态安全

随着城市化的发展，70%甚至80%以上人口会进入城市。由于城市中人口集中，生活垃圾、生活污水以及污染性气体的处理就成了问题，又加上工业的点源污染和农业的面源污染，城市处于远比农村更加脆弱的环境结构和生态过程中，一旦城市生态链的某个环节失灵，整个系统就会混乱失控。

1979年全国城市生活垃圾清运量为2508万吨，2006年增加到1.48亿吨，2014年达到1.79亿吨，2017年达到2.15亿吨。我国目前垃圾堆存量已达80亿吨，占用和损毁土地14万公顷以上，有250多个城市陷入垃圾包围之中。据估算，我国每年危险废物产生量超过1亿吨，约有7000万吨尚未纳入环保部门的统计范围之内，潜在环境风险极高。

从生态安全的角度上看，城市是生产—交换—消费的最集中区域，但往往将分解—

---

① 报告称中国污染事件频发 环境承载力或接近上限 [EB/OL].（2016-02-25）[2016-02-25]. http://news.sina.com.cn/c/nd/2016-02-25/doc-ifxpvzah8086564.shtml.

还原—再生环节外化到环境中去，这种以邻为壑的行为在城市化率提高后将无法再继续下去。一旦维持城市正常运行的生态系统出现水、电、油、气、热的供应失灵以及生态恐怖等突发事件，将会引起生态风险。城市人口的集中还会增加有害生物传播和疾病流行的生态风险。

2018年1月，中共中央办公厅、国务院办公厅印发的《关于推进城市安全发展的意见》提出，到2020年城市安全发展取得明显进展，到2035年城市安全发展体系更加完善、安全文明程度显著提升，建成与基本实现安全发展城市。

2018年12月，国务院办公厅印发的《"无废城市"建设试点工作方案》提出，通过推动形成绿色发展方式和生活方式，持续推进固体废物源头减量和资源化利用，最大限度减少填埋量，建设将固体废物环境影响降至最低的城市发展模式——无废城市。

4. 人口生态安全

人口的生产是所有生产中最重要的生产，人口是社会发展最基本的要素。然而，中国面临着严重的人口问题：由于传统多子多福、重男轻女观念的影响，又加上农村养老机制不健全，以及性别鉴定多年流行，出生性别比的失衡致使中国人口性别比例严重失衡，中国已经逐渐进入老龄化社会，失能、半失能的老人数量会进一步增多，多年实行计划生育也给我国的人口形势带来了消极影响，出生人口的下降带来劳动力减少，农村人口涌进中小城市导致农村凋敝，大量土地荒芜，农民未富先老、农村未富先衰，严重侵蚀中国社会稳定的根基……

全球性的有害化学污染通过食物链进入人体，减弱了男子的生殖能力，长此以往，人类的基因遗传将向少数人倾斜，将增加人们患某种致命疾病的概率，人口生殖生态安全问题不可掉以轻心。

党的十九大报告提出，促进生育政策和相关经济社会政策配套衔接，加强人口发展战略研究。

5. 贫困生态安全

贫困与生态环境具有高度的相关性，贫困也是对生态安全的威胁。中国80%以上的贫困县都属风沙区或生态脆弱带，有些干旱和半干旱地区已丧失了生态承载力。贫困地区耕地资源少、质量不高、产出量低，自然灾害频发，实行的是粗放式的经济增长方式，环境破坏造成的损失往往大于农业生产的收益，处于生态敏感地带的贫困地区的脆弱生态环境一旦遭到破坏就难以恢复，陷入贫困—人口增加—环境退化的恶性循环。在贫困地区，留守人口基本上是靠年轻人外出打工输入经济流支撑，一旦经济形势波动，生态难民问题会更加突出。

党的十九大报告提出，坚决打赢脱贫攻坚战，坚持精准扶贫、精准脱贫，坚持大扶贫格局，注重扶贫同扶志、扶智相结合，深入实施东西部扶贫协作，重点攻克深度贫困地区脱贫任务。《"十三五"脱贫攻坚规划》《生态扶贫工作方案》等提出，实现脱贫攻坚与生态文明建设"双赢"。

6. 核安全

核安全是国家安全的一个重要内容，指没有不当的核反应和核辐射危害，或者核事故风险与核辐射危害处于人类接受水平以下，包括核设施安全、核材料安全、辐射安全、放射性物质运输安全和放射性废物安全以及核安保等。

核安全与生态安全直接相关。人类对电的需求大量增加，催生核电的快速发展。尽管核电站与火电厂相比能改善环境质量，但核隐患始终是人类挥之不去的阴影，核事故不仅会造成巨大的经济损失，引起生态灾难，也会造成社会的震荡，更为严重的后果是核电站产生的高能核废料，目前人类很难有效安全地处置。核废料的污染周期长，时间可达24万年之久。发达国家开始考虑放弃或缩减核能，各国考虑问题的角度不完全相同，但安全问题始终是一个重要的原因。芬兰正在建设全球首个永久核废物储存库，可使用超10万年，但对人类漫长的发展历程来说，这还不是最终的解决办法。

我国核能与核技术利用事业一直保持着良好的安全业绩，必须完善核安全的治理体系，加强核安全的治理能力。《中华人民共和国放射性污染防治法》《中华人民共和国核安全法》《民用核安全设施监督管理条例》等9部行政法规、30余项部门规章和100余项安全导则、1000余项核安全相关国家标准和行业标准，有效保障核安全，安全利用核能，保护生态环境。

随着科学技术的不断进步，核能技术的发展将使核能的安全与和平利用成为人类解决能源问题的一条重要途径。

7. 生物安全

非可控生物包括植物、动物、微生物、病毒、有害物质，外来生态入侵是影响生态安全的重要原因，主要是指非生物因素和外来生物的传入。

随着经济全球化进程的加速，对外交往的日益频繁，中国已成为世界上遭受生物入侵最严重的国家之一。外来生物的影响不仅限于经济，其对社会、文化和人类健康都有着巨大的影响。全国已发现660多种外来入侵物种，其中71种对自然生态系统已造成潜在威胁并被列入《中国外来入侵物种名单》。67个国家级自然保护区外来入侵物种调查结果表明，215种外来入侵物种已入侵国家级自然保护区，其中48种外来入侵物种被列入《中国外来入侵物种名单》。

要建立生物安全体系，防控重大新发突发传染病、动植物疫情，研发和应用生物技术，保障实验室生物安全，保障生物资源和人类遗传资源的安全，防范外来物种入侵与保护生物多样性，应对微生物耐药，防范生物恐怖袭击，防御生物武器威胁。高度重视疯牛病、口蹄疫、非典、甲肝、疟疾、艾滋病等有可能造成区域性生态危机的疾病的传播，避免对农业生产产生毁灭性打击、损害公众健康和影响社会安定。在非洲的一些小国家，艾滋病入侵甚至能彻底摧毁一个国家的人口和经济。随着全球一体化的加速，Ebola、SARS-CoV、MERS-CoV、SARS-CoV-2等病毒会给人类生存带来极高的风险。当前，在应对生物安全上，一是要加快生物安全法立法进程，构建国家生物安全法律法规体系；二是建立系统的生物安全管理制度体系，如监测预警体系、标准体系、名录清单管理体系、信息共享体系、风险评估体系、应急体系、决策技术咨询体系等；三是加强生物安全能力建设，加大对生物安全工作的人财物投入和政策扶持；四是在全社会普及生物安全基本知识，培养公众养成良好、科学的工作和生活习惯，维护生物安全要从自身做起、从现在做起，充分发挥社区组织的作用；五是重新审视中医药在生物安全中的作用，西医是一门现代科学，中医则是独立于现代科学之外的另一个体系，以中医不科学而加以排斥是对数千年中华传统文化的否定，无数实例也证明了中医药对保护人类健康的作用；六是高度重视颠覆性生物技术（如合成生物学、基因编辑）发展对生物安全带来的巨大挑战。

8. 经济建设活动引发生态安全问题

经济建设活动引发的生态安全问题有核能事故、核废料处理；化工生产中各种有害化合物排放、外溢；海陆管道运输过程中的途经地，储存的有害物质外溢；矿山开发中的矿物径流，尾矿、土地塌陷等。近年来，由于小企业、小工厂建设和运营过程缺乏有效的环境控制，导致污染扩散，危及周边民众健康进而引发"绿色抗议"的事件经常发生，成为影响社会稳定的负面因素。

三、应对生态安全的对策

1. 正视全球气候变化

在众多的生态安全问题中，全球气候变暖是范围广、影响面大的生态安全问题，对于中国的影响也较大。更加频繁的高温、干旱、洪涝、泥石流等自然灾害以出乎预料的方式冲击着我们的生活；降雨量的变化和气温升高将改变作物的生长，使粮食产量变得不稳定，产生新的粮食安全问题。中国经济最发达的城市大多分布在沿海地区，海平面上升将导致海水入侵，直接影响这些地区的经济发展和人民生活。对东部、南部沿海低地城市的海水入侵以及西部绿洲的融冰集群灾害，要有足够的警惕和预防措施。由于全球气候变化带来的地缘政治的变化，中国也必须制定相应对策，做到未雨绸缪。

2014年9月，国家发改委印发的《国家应对气候变化规划（2014—2020年）》提出，到2020年，控制温室气体排放行动目标全面完成、低碳试点示范取得显著进展、适应气候变化能力大幅提升、能力建设取得重要成果、国际交流合作广泛开展。

2. 提高警惕，严防绿色恐怖主义

保持生态安全和环境良好需要一个过程。遇到生态危机，即使社会行为行之有效，但是生态环境的恢复往往需要时间和过程。往往有些激进的生态环保主义者会采取过激的行动以达到实现美好愿望的目的，这客观上会造成其类型的不安全。还有一类不法分子和敌对方，深知生态环境是国民赖以生存的基础，往往会破坏一些关键性设施以达到恐怖袭击的目的，这种事件可称为"绿色恐怖"或"生态绑架"。有些发达国家的军事机构，通过射电设备改变敌对国家上空的电离层，人工制造臭氧空洞，导致紫外线辐射增加，殃及平民健康，甚至通过改变大气层所穿透的太阳能和地球表层的辐射平衡发动人工气象灾害。

3. 关注全球性生态环境类公约

近40年来，国际社会制定《联合国气候变化框架公约》等生态环境类公约，作为迄今为止最重要的国际环境公约，它是人类控制全球气候变化方面的一个新起点。为了更有效地应对全球生态安全问题，联合国可能还会促进达成"全球生态安全公约"。

维护生态安全，不能各人自扫门前雪，还应时时关注更大范围和区域问题甚至全球性的生态安全问题。中国应该建立完善且有应变能力的生态安全评估体系和预警体系，以维持经济和社会的持续发展。

4. 建立强有力的生态安全协调机构

区域性生态安全问题的解决需要区域合作，一个区域内的国家生态安全问题的解决需要通过制度建设来解决。例如，跨境河流的污染问题需要国际合作；跨省、跨市河流污染问题的解决需要国家环保制度，也需要相关流域省、市的协调。还有人口膨胀、跨区域物种入侵；区域性植物、动物、微生物的生态失衡、有害微生物和病毒的传染等。跨区域大气污染，沙尘暴以及固体废物的跨城乡、跨地区转移污染等问题，不是某一个省、市、县、乡所能解决的，必须进行全流域和跨区域管理才能有效地控制和解决。因此，必须建立强有力的生态安全协调机构进行管理，避免以邻为壑、环境成本外部化带来的恶果。

5. 构建生态环境风险防范体系

生态环境风险在任何时候都存在。对全球而言，全球性生态安全问题时时刻刻会出现；对区域而言，区域性生态安全问题困扰着经济社会的正常发展。在信息文明时代，以物联网、大数据、云计算、区块链等现代信息技术为基础构建的生态环境安全监测预警体系，使人类能够及时掌握全球生态环境变化的情况，形成覆盖主要资源生态环境的动态监测网络，建立生态环境风险防范和综合监控的平台。由于生态环境的多样性和经济社会发展的复杂性，生态环境不安全带来的风险往往是复合型的，单一型的监测和预警系统已经不能适应经济与社会快速发展的要求，必须建立统一管理的复合型生态环境预警系统，对生态环境出现的不安全因素进行早期预报，提早防范。在建立预防风险体系的基础上，建立缓解风险、应对风险和降低风险带来危害的完善的风险防范体系，加强各国、各区域、各系统、各部门的互联互通和协调合作，共同应对日趋严峻的生态安全问题。

6. 注重国民总收入的增长

GNI是国民总收入，指一个国家的国民在国内、国外所生产的最终商品和劳务的总和。在中国境内许多的合资和独资的外国企业虽然表面上增加了中国的GDP，但实质上把污染留给了我们。为此，我们曾支付并且还在继续支付着巨大的环境成本。为了缓解中国的生态环境压力，维护中国的生态安全，应及时调整发展战略，支持中国企业"走出去"，充分利用别国的资源增加中国的GNI，当然我们也不能同时"转移污染"。通过GNI的增加，实实在在地增加国民财富和提高国民生态福祉，同时也可增强中国在全球生态问题上的参与能力和谈判能力。

7. 重视周边相邻国家的生态安全问题

与中国接壤的国家有10多个，几乎与所有陆上邻国有着国际河流的水脉相通，国际河流主要分布在3个区域：一是东北国际河流，以边界河为主要类型，如鸭绿江、图们江、额尔古纳河、黑龙江、乌苏里江等；二是新疆国际河流，以跨界河流为主，兼有出、入境河流；三是西南国际河流，以出境河流为主。我国与邻国有跨境河流、界河以及海洋和大气的衔接，既要维护国土不受污染，也要避免不污染邻国。这不仅需要警惕也同样需要克己，尤其要防止一些国家的固体废弃物和有害垃圾跨境进入中国。

8. 参与消除全球异地污染的经济一体化

发达国家应树立全球意识，在为全球经济做出贡献的同时勇担生态责任，利用自己的资金技术优势，将环境风险降到最低程度，而不是通过产业布局的方式转嫁出去。同时，发展中国家也应树立生态忧患意识，在吸引投资时不能只从经济角度考虑，还应考虑环境因素，最大限度地杜绝环境污染的全球扩散。中国迅速发展的经济所提供的巨大利润空间，吸引着巨大的国际资本流入，一些高污染产业乘势而入，造成了巨大的环境压力。因而，中国要奋力抵制世界污染全球化趋势，从而为生态治理的全球一体化结构构建做出贡献。

9. 发展非政府性的生态组织

在生态文明建设进程中，非政府性的生态组织发挥着不可或缺的重大作用，政府要大力鼓励和引导非政府组织的发展和壮大，非政府组织应在争取政府支持进一步发展的同时，积极宣传自己的生态理念，极力扩大自己的影响力，争取更多的民众的支持与参与。政府要在政策、场地甚至资金等方面加大支持力度，在进一步促进现有民间环保组织发展的同时，发动动员更多的民众组建更多的生态环保组织。

10. 促进生态治理全球一体化结构的形成

在生态维护与环境保护问题上，世界各国要形成全球性生态共识，改变推脱生态责任的做法，打破各自为政的治理格局，着力于打造一个具有绝对权威和执行力的全球生态管理与实践能力的地球政府。通过世界各国共同协商，在生态问题上组建一个新的专门机构，负责全球生态问题，中国应该利用自己的影响力，发挥出更大的作用。

第六章 经济绿色发展

绿色发展在经济领域的内容就是经济的绿色发展。在生态文明观的指导下，经济绿色发展就是改变在经济发展过程中能源消耗持续增长、以煤为主的能源结构长期存在、工业污染排放日趋复杂、控制环境污染和生态退化的难度加大的现状，打造绿色国土空间开发格局，发展绿色经济，大力推进产业的生态化。

第一节 规划绿色化

一、打造绿色国土空间开发格局

1. 优化国土空间开发格局

优化国土空间开发格局是在生态文明理念的指导下，按照人口资源环境相均衡、经济社会生态效益相统一的原则，控制开发强度，调整空间结构，促进生产空间集约高效、生活空间宜居适度、生态空间山青水秀，给自然留下更多修复空间，给农业留下更多良田，给子孙后代留下天蓝、地绿、水清的美好家园。

2010年12月，国务院印发了《全国主体功能区规划》，对优化国土空间开发的内容做了明确、详细的规定。国土空间划分为优化开发区域、重点开发区域、限制开发区域和禁止开发区域四类主体功能区，规定了相应的功能定位、发展方向和开发管制原则。

2017年1月，国务院印发的《全国国土规划纲要（2016—2030年）》提出，以培育重要开发轴带和开发集聚区为重点建设竞争力高地，以现实基础和比较优势为支撑建设现代产业基地，以发展海洋经济和推进沿海沿边开发开放为依托促进国土全方位开放，打造高效规范的国土开发开放格局。

《住房城乡建设事业"十三五"规划纲要》《全国生态保护"十三五"规划纲要》《"十三五"生态环境保护规划》《全国城市生态保护与建设规划（2015—2020）》《国土资源"十三五"规划纲要》《全国土地整治规划（2016—2020年）》《关于建立资源环境承载能力监测预警长效机制的若干意见》《关于统一规划体系更好发挥国家发展规划战略导向作用的意见》《关于在国土空间规划中统筹划定落实三条控制线的指导意见》《长三角生态绿色一体化发展示范区总体方案》等均就打造绿色国土空间开发格局做了规范。

优化国土空间开发格局的主要路径是通过重构区域发展总体战略，健全区域协调发展机制，推动区域协调发展，打造流域经济带，加大扶持特殊地区发展的力度，不同开发区域采取不同的办法。

2. 推动区域协调发展

根据主体功能区的定位和发展方向而制定的区域发展总体战略，必须重视区域的协调发展。深入实施西部开发、东北振兴、中部崛起和东部率先的区域发展总体战略，创新区域发展政策，完善区域发展机制，促进区域协调、协同、共同发展，努力缩小区域发展差距，是"十三五"规划提出的要求。要使有限的资源得到更合理的应用，必须依据市场经济规律的要求和区域历史的传统，突破行政区的限制，打造新经济圈和新经济带。

中国沿海地区经济发达，打造环渤海经济圈、东海经济圈、南海经济圈能使东部地区继续引领全国经济的发展。同时，积极打造长江经济带，推动长江上、中、下游协同发展、东中西部互动合作，才能把长江经济带建设成为我国生态文明建设的先行示范带、创新驱动带、协调发展带，有效促进上、中、下游地区之间互补互促的横向经济联系，实现流域经济一体化；建立以黄河为纽带、以新亚欧大陆桥为依托的区域经济区对于实施"一带一路"倡议有重要作用，建设黄河经济带对于发挥其自然资源、历史文化、产业合作等方面优势，实现区域平衡发展、促进民族团结、开展精准扶贫等有着重要的意义。

《推动共建丝绸之路经济带和21世纪海上丝绸之路的愿景与行动》《关于深化泛珠三角区域合作的指导意见》《"十三五"生态环境保护规划》《东北振兴"十三五"规划》《"十三五"脱贫攻坚规划》《"十三五"国家信息化规划》《促进中部地区崛起"十三五"规划》《国家人口发展规划（2016—2030年）》《全国国土规划纲要（2016—2030年）》《国家教育事业发展"十三五"规划》《西部大开发"十三五"规划》《兴边富民行动"十三五"规划》《关于加强长江经济带工业绿色发展的指导意见》《长江经济带生态环境保护规划》《粤港澳大湾区发展规划纲要》《西部陆海新通道总体规划》《关于支持深圳建设中国特色社会主义先行示范区的意见》《长江三角洲区域一体化发展规划纲要》《关于建立更加有效的区域协调发展新机制的意见》《海南自由贸易港建设总体方案》等提出，促进区域绿色协调发展，推进区域一体化。

2017年4月，中共中央、国务院印发通知，决定设立河北雄安新区，这对于调整优化京津冀城市布局和空间结构，培育创新驱动发展新引擎，具有重大现实意义和深远历史意义。党的十九大报告强调要实施区域协调发展战略，深化改革，加快东北等老工业基地振兴，发挥优势推动中部地区崛起，创新引领率先实现东部地区优化发展，建立更加有效的区域协调发展新机制。

3. 加快城市群发展

城市群可以发挥每个城市的优势，释放每个城市的发展潜力，有效地缓解有限的自然地理资源限制，使各城市的资源得到更合理的配置，生产要素得到充分使用，促进基础设施互联互通、产业协调发展、城乡统筹发展、公共服务共享，尤其可建立健全跨区域生态环境保护联动机制，共构生态屏障，促进绿色发展。

改革开放以来，中国经济的快速发展形成了大量的城市群，国家级城市群有长三角城市群、珠三角城市群、京津冀城市群、中原城市群、长江中游城市群、哈长城市群、成渝城市群、辽中南城市群、山东半岛城市群、海峡西岸城市群、关中城市群等，区域性城市群有豫皖城市群、冀鲁豫城市群、鄂豫城市群、徐州城市群、北部湾城市群、琼海城市群、晋中城市群、呼包鄂城市群、兰西城市群、宁夏沿黄城市群、天山北坡城市群、黔中城市群、滇中城市群，这些城市群对全国经济和区域经济的发展起到了引领作用。

"十三五"规划纲要提出，优化提升东部地区城市群，培育中西部地区城市群，形成更多支撑区域发展的增长极。建立健全城市群发展协调机制，推动跨区域城市间产业分工、基础设施、生态保护、环境治理等协调联动，实现城市群一体化高效发展。通过把城市群建设作为优化国土空间开发格局的主体形态，构筑绿色、高效、协调的国土空间开发格局。可以预见在不远的将来，京津冀城市群会成为亚洲的政治文化中心，粤港澳城市群会成为亚洲的科技和贸易中心，长三角城市群会成为世界经济金融中心。

4. 建设生态文明试验区

早在20世纪90年代中期，全国生态示范创建工作就已经开始。从生态示范区到生态村、生态县、生态市、生态省的生态示范系列创建活动呈现出蓬勃发展的态势。生态文明示范工程试点、海洋生态文明建设示范区、水生态文明建设试点、国家生态文明建设试点示范区、国家生态文明先行示范区、生态保护与建设示范区、国家生态文明建设示范区、水生态文明城市建设等工作也先后广泛开展。

《生态文明体制改革总体方案》明确提出要"将各部门自行开展的综合性生态文明试点统一为国家试点试验，各部门要根据各自职责予以指导和推动"，"十三五"规划纲要提出要"设立统一规范的国家生态文明试验区"。

2016年8月，中共中央办公厅、国务院办公厅印发了《关于设立统一规范的国家生态文明试验区的意见》及《国家生态文明试验区（福建）实施方案》。《关于设立统一规范的国家生态文明试验区的意见》提出，要以改善生态环境质量、推动绿色发展为目标，以体制创新、制度供给、模式探索为重点，设立统一规范的国家生态文明试验区。福建省、江西省和贵州省被列为首批国家生态文明试验区。2017年9月，中共中央办公厅、国务院办公厅印发了《国家生态文明试验区（江西）实施方案》和《国家生态文明试验区（贵州）实施方案》。2019年5月，中共中央办公厅、国务院办公厅印发了《国家生态文明试验区（海南）实施方案》。

2017年9月，环境保护部发布公告，北京市延庆区等46个市县被命名为第一批国家生态文明建设示范市县，同时被命名的还有13个"绿水青山就是金山银山"实践创新基地。2018年12月，生态环境部发布公告，山西省芮城县等45个市县被授予第二批国家生态文明建设示范市县称号，同时还公布了16个"绿水青山就是金山银山"实践创新基地。2019年9月，生态环境部修订了《国家生态文明建设示范市县建设指标》《国家生态文明建设示范市县管理规程》，制定了《"绿水青山就是金山银山"实践创新基地管理规程（试行）》。2019年11月，生态环境部发布公告，北京市密云区等84个市县被授予第三批国家生态文明建设示范市县称号，同时还公布了23个地区为"绿水青山就是金山银山"实践创新基地。

《"十三五"生态环境保护规划》提出，推进国家生态文明试验区建设，积极推进绿色社区、绿色学校、生态工业园区等"绿色细胞"工程。

二、融通城乡

1. 城乡的"生态位"

在"自然—社会—经济"这个复合生态系统中，城市、城镇、乡村的"生态位"各不相同，有着各自不同的结构、功能和发展规律，要根据其特点，建设生态环境良好、安全指数高、生活便利舒适、社会文明程度高、经济富裕、美誉度高的城市、城镇和乡村。

在生态文明建设进程中，要促进经济和社会的持续发展，必须通过实施主体功能区战略，构建符合生态要求的城市化、城镇化格局，建设秀美乡村，通过信息流、人流、物流、资金流融通城乡。

城市是以服务业和非农业人口集聚形成的人工生态系统，主要功能是管理、服务、创新、协调、集散、生产。中心城市具有综合、主导功能，引领全国或区域的环境、经济、政治、文化、社会发展。

城镇是具有一定规模工商业的以非农业人口为主的居民点和工业产业园区。城镇居民点以居住为主，主要功能是管理、服务、协调等，作为城乡交流的平台，带动农村经济的发展；工业产业园区是一种新型的城镇，汇集各种生产要素，包括各类经济开发区等，其功能主要是管理、服务、集聚，不同于传统意义上的城镇。

乡村的主要功能是生产和服务，一方面作为农业生产的基地为人类提供食物和休闲服务，另一方面作为农业人口的聚居区域也是一个相对完整的自然生态系统和人工生态系统的结合体。

2. 智慧城市建设

智慧城市是智能化的数字城市，是数字城市功能的一种延伸、拓展和升华，它通过物联网把物理城市与数字城市无缝联结起来，利用云计算技术对实时感知的大数据进行处理并提供智能化服务。当前，智慧城市的应用项目主要是智慧公共服务、智慧城市综合体、智慧政务城市综合管理运营平台、智慧安居服务、智慧教育文化服务、智慧服务应用、智慧健康保障体系建设和智慧交通。

《关于开展国家智慧城市试点工作的通知》《国家智慧城市试点暂行管理办法》《国家智慧城市（区、镇）试点指标体系（试行）》《关于促进智慧城市健康发展的指导意见》《关于组织开展新型智慧城市评价工作务实推动新型智慧城市健康快速发展的通知》等就智慧城市建设进行了规范，《新型智慧城市评价指标（2016）》包括惠民服务、精准治理、生态宜居、智能设施、信息资源、网络安全、改革创新、市民体验8个一级指标、21个二级指标以及54个二级指标分项。

目前，全球启动或在建的智慧城市达1000多个，中国已制定智慧城市建设计划或正在开展相关工作的城市约有500个。北京、上海、广州、深圳、杭州、重庆、武汉等城市成为2017—2018年度中国最具影响力智慧城市。

《2016—2021年中国智慧城市建设发展前景与投资预测分析报告》指出，中国智慧城市建设市场的规模，"十二五"期间超过7000亿元，"十三五"期间可达4万亿元。

MarketsandMarkets报告显示，全球智慧城市市场规模预计由2014年的6545.7亿美元增加到2019年的12665.8亿美元。

3. 特色城镇建设

城镇上连中心城市，下接乡村，对承接产业资本转移、优化资源配置、保护生态环境、调整区域产业结构、转移农村富余劳动力有城市所不能发挥的重要作用。当前，"城镇化=进城"的错误导向不仅造成环境与生态的难以估量的损失，而且使转嫁城市危机的乡土社会出现没落，农业开始衰退，农民陷入贫困。

特色城镇建设的核心是人与自然的共生和谐，从根本上保护广大农民的利益，在公正的制度下享受公共产品，保障我国的粮食安全，保护生态环境。建设特色城镇不是追求城镇的扩大，而是符合自然生态循环的规律，建立一个区域生态循环系统和智慧城镇，带动传统乡村社会的回归进而向生态农村发展。当前，城镇化的重点是将"生产—交换—消费—分解—还原—再生"环节重新贯通起来，形成一种"低耗高效"生态产业发展模式，带动农业经济的发展和生态农业的推广。尤其要注意承接产业资本转移的城镇型工业开发区的发展，这种工业区正通过大力发展生态工业，走清洁生产之路，发展循环经济，用生态文明的发展模式破解工业文明"先污染后治理"的发展规律。

《关于深入推进新型城镇化建设的若干意见》《"十三五"国家科技创新规划》《关于加快美丽特色小（城）镇建设的指导意见》《"十三五"促进民族地区和人口较少民族发展规划》《全国国土规划纲要（2016—2030年）》《中共中央　国务院关于深入推进农业供给侧结构性改革　加快培育农业农村发展新动能的若干意见》《关于规范推进特色小镇和特色小城镇建设的若干意见》《关于建立特色小镇和特色小城镇高质量发展机制的通知》等就新型城镇化、特色村镇建设提出了规范性的意见。

4. 秀美乡村建设

乡村生态经济体系的构建是秀美乡村建设的关键。要大力发展生态农业，提高农业产业化、市场化的程度，全面转变乡村经济增长方式。要发展集多种产业于一体的生态旅游休闲产业的场所，要促进乡村产业结构的优化和升级，大力推广集美丽乡村建设、农业旅游、农产消费于一体的现代农业旅游区——国家农业公园，以拓展第一、二产业市场，并为其他服务业发展带来机遇。田园综合体建设是当前乡村建设的重点，实现乡村生产生活生态"三生同步"、一二三产业"三产融合"、农业文化旅游"三位一体"，探索乡村经济社会全面发展的新模式、新业态、新路径，建设以农民合作社为主要载体，农民能充分参与和受益，集循环农业、创意农业、农事体验于一体的田园综合体，才能为乡村的发展奠定好经济基础。

"十三五"规划纲要提出，要加快建设美丽宜居乡村。《关于深入推进新型城镇化建设的若干意见》《全国农业现代化规划（2016—2020年）》《中共中央　国务院关于深入推进农业供给侧结构性改革　加快培育农业农村发展新动能的若干意见》等提出了美丽乡村建设的目标和措施，《关于实施乡村振兴战略的意见》全面部署实施乡村振兴战略，《数字乡村发展战略纲要》提出全面推进数字乡村建设，《关于加强和改进乡村治理的指导意见》提出全面推进乡村治理体系和治理能力现代化。

党的十九大报告提出实施乡村振兴战略。农业农村农民问题是关系国计民生的根本性问题，必须始终把解决好"三农"问题作为全党工作重中之重。要坚持农业农村优先发展，按照产业兴旺、生态宜居、乡风文明、治理有效、生活富裕的总要求，建立健全城乡融合发展体制机制和政策体系，加快推进农业农村现代化。

中国乡村自古以来以美著称，但由于肩负传承传统文化重责的士绅阶层在农民运动中被无情消灭使文化传承中断，加之工业文明的侵袭，造成了中国乡土社会的瓦解，进而造成乡村文化的凋敝。要使乡村的经济社会发展步入绿色发展的轨道，必须重建乡土社会。要重新认识与定位乡村文明在当代的价值和功能，重构乡村文明的理论体系；保护日益萧条的村庄，关怀乡村文明的留守者，恢复和保护集传统智慧、文化和技术于一体的生产方式，发展自然社区组织拓展乡村公共服务的渠道，建立政府主导、多方参与的社会共治模式。通过提升农业文明中的优秀生态文化，构建和谐的乡村文化体系，以提高农民群众的生态文明素养，引导农民破除陈规陋习，培育乡村文明新风。通过实施生态人居提升工程，提高村民生活品质。

当前，乡村污水和垃圾的治理是美丽乡村建设的重点。各地要根据实际情况因地制宜治理乡村水环境，开展生活污水处理，实现水资源的合理配置和高效利用，减少农业生产废弃物污染。在传统村落的保护和发展中，必须走出一条既回归乡村发展规律又体现与时俱进的时代特征之路。

农业农村部提出了中国美丽乡村建设十大模式：产业发展型、生态保护型、城郊集约型、社会综治型、文化传承型、渔业开发型、草原牧场型、环境整治型、休闲旅游型、高效农业型。

三、开发和保护海洋

1. 海洋在人类绿色发展中的地位凸显

海洋和沿海生态系统提供的生态服务价值，远远高于陆地生态系统所提供的价值。海洋是21世纪人类生存与发展的资源宝库和实现绿色发展的重要动力源，在解决气候变化、能源供给、粮食安全等问题上能发挥重大作用。

合理开发海洋资源，对于保障海洋生态安全、缓解资源约束状况、促进经济增长方式转变、保障人类的绿色发展有重要作用。

2. 开发海洋资源

经济合作与发展组织发布的数据显示，2010年全球海洋经济产生的价值每年约为1.5万亿美元，占世界经济总增加值的2.5%，近海石油和天然气产生的附加值占海洋产业附加值的1/3，海洋经济可提供约3100万个工作岗位；按照目前的发展模式，到2030年海洋经济每年产生的价值将达到3万亿美元，有4000万人服务于海洋经济产业。[①]

20世纪末21世纪初以来，国家对海洋的重视程度日益提高，"建设海洋强国"和"一带一路"倡议的实施，为发展海洋经济提供了强大的支撑。资源约束是我国经济绿

---

① 经济合作与发展组织：2030年海洋经济展望 [EB/OL]. （2016-05-19）[2016-06-08]. http://www.hellosea.net/news/guonei/2016-05-19/29675.html.

色发展的一大瓶颈，突破陆域资源紧缺的局限和制约，合理开发海洋生物资源、海洋矿产资源、海洋可再生能源，加快海水资源综合利用、海洋空间资源开发利用的步伐，为经济社会发展提供新的资源和发展空间，才能确保整个国民经济又好又快发展和维护海洋权益。

2016年10月，国家海洋局、财政部批复了"十三五"海洋经济创新发展示范城市工作方案，确定滨海新区、南通、舟山、福州、厦门、青岛、烟台、湛江8个城市为首批海洋经济创新发展示范城市，以促进海洋经济创新发展新态势的形成，引领和带动海洋生物等战略性新兴产业和海洋相关产业的创新发展，推动海洋科技成果的转化和产业化。

通过加快传统海洋产业向新兴海洋产业的结构性转化，实现海洋产业与陆域经济统筹发展，正确发挥海洋产业发展中市场调节与政府管理的作用，合理、适度、有序地开发海洋资源，才能稳步推进我国的海洋发展。

《全国海洋主体功能区规划》、"十三五"规划纲要、《"十三五"生态环境保护规划》《全国海水利用"十三五"规划》《关于促进海洋经济发展示范区建设发展的指导意见》《全国海洋经济发展"十三五"规划》《国家级海洋牧场示范区建设规划（2017—2025年）》《关于建设海洋经济发展示范区的通知》等提出，通过开发海洋资源，促进海洋经济创新发展。

3. 保护海洋生态环境

海洋生态环境保护是环境保护工作的重要组成部分，包括对我国内水、领海、毗连区、专属经济区、大陆架以及我国管辖的其他海域的生态环境保护。保护和改善海洋环境，防治污染损害，对于保护海洋资源和维护生态平衡，促进经济和社会的绿色发展有重要作用。

《中华人民共和国海洋环境保护法》《国家级海洋保护区规范化建设与管理指南》、"十三五"规划纲要、《全国国土规划纲要（2016—2030年）》等指出，要加强海洋环境保护，构建海洋生态安全格局。

在海洋保护区建设上，我国以海洋自然保护区、海洋特别保护区、海洋公园为主体的网络体系初步形成，建成了典型海洋生态系统、珍稀濒危海洋生物、海洋自然历史遗迹及自然景观等海洋保护区，其中国家级海洋自然保护区14处、国家级海洋特别保护区58处（国家级海洋公园33处），保护对象涵盖滨海湿地、海洋生物栖息地、自然历史遗迹或地貌景观、重要海岛、红树林、鸟类栖息地等各类海洋生态系统和重要资源，有效缓解和控制了海洋生态系统的恶化。截至2018年，累计修复岸线约1000千米、滨海湿地9600公顷、海岛20个。

4. 建设海洋生态文明

海洋生态文明建设是我国生态文明总体建设的一个重要组成部分，对于我国提升绿色发展能力、转变发展方式、向海洋进军有重要意义。建设海洋生态文明示范区，才能统筹海洋经济发展与合理开发海洋资源、保护海洋生态环境，打造经济发展与海洋资源、海洋环境和海洋生态相协调的海洋空间开发格局。

《关于开展"海洋生态文明建设示范区"建设工作的意见》就推动沿海地区海洋生

态文明示范区建设提出了明确意见和目标；《海洋生态文明示范区建设管理暂行办法》和《海洋生态文明示范区建设指标体系（试行）》具体规定了规范海洋生态文明示范区建设工作的办法和具体指标；《国家海洋局海洋生态文明建设实施方案（2015—2020年）》为"十三五"时期海洋生态文明建设提供了时间表和路线图，到2020年，将新建40个国家级海洋生态文明建设示范区。

2013年，山东省的威海市、日照市、长岛县，浙江省的象山县、玉环县、洞头县，福建省的厦门市、晋江市、东山县，广东省的珠海横琴新区、徐闻县、南澳县12个市（县、区）成为我国首批国家级海洋生态文明建设示范区。2015年，辽宁省盘锦市、大连市旅顺口区，山东省青岛市、烟台市，江苏省南通市、东台市，浙江省嵊泗县，广东省惠州市、深圳市大鹏新区，广西壮族自治区北海市，海南省三亚市和三沙市12个市（县、区）成为第二批国家级海洋生态文明建设示范区。设立国家级海洋生态文明建设示范区，目的在于发展海洋经济、利用海洋资源、保护海洋生态环境、发展海洋生态文化、建立海洋生态机制、维护海洋生态安全，实现"水清、岸绿、滩净、湾美、物丰"。

第二节　发展绿色经济

一、绿色经济推进绿色发展

传统的经济发展方式造成了环境污染和生态破坏，消耗了大量的能源和资源，给经济和社会的持续发展带来了严峻的挑战。在走向生态文明的过程中，当前人类社会正在经历一场经济发展方式的变革，发展绿色经济就成为这场变革的基础。

绿色经济是以节约能源资源为目标、以生态科技为基础、以市场为导向、以新能源革命为依托的经济发展模式，其宗旨是经济发展必须与自然环境、人类社会的发展相协调，其核心是人力资本、生态资本、社会资本存量不断增加，实现绿色GDP的稳步增长。发展绿色经济并不只是单纯追求生态而付出其他方面的极大代价，而是实现经济效益和生态效益的有机统一。

生态文明的经济建设就是实现经济的绿色化。从微观看，发展绿色经济就是要加速淘汰落后产能和工艺，用技术创新和工艺创新促进绿色企业的发展，推动绿色产品的有效供给，同时大力提倡绿色生活，形成资源节约、环境友好的绿色生活方式和绿色消费模式；从中观看，发展绿色经济就是要使部门经济、地区经济、集团经济绿色化，通过产业结构、技术结构、规模结构的绿色化，实现产业的绿色升级、分类和分布，探索绿色经济结构的演化规律，揭示经济与自然、社会之间的绿色联系；从宏观看，发展绿色经济就是要不断降低国民经济中能源资源消耗多、环境污染重的行业比重，推动整个宏观经济的绿色化进程。

我国发展绿色经济取得了较大进展，传统产业的改造提升速度加快，绿色、循环、低碳发展得到强化，节能环保产业逐渐成为新的增长点和新兴支柱产业，绿色消费策应供给侧改革拉动经济增长，经济发展的绿色含量不断提高。

《工业绿色发展规划（2016—2020）》《关于开展绿色制造体系建设的通知》《"十三五"国家战略性新兴产业发展规划》《"十三五"节能环保产业发展规划》《"十三五"国家信息化规划》《煤炭工业发展"十三五"规划》《"十三五"促进民族地区和人口较少民族发展规划》《中共中央　国务院关于深入推进农业供给侧结构性改革　加快培育农业农村发展新动能的若干意见》《中国制造2025》《机器人产业发展规划（2016—2020年）》《促进中小企业发展规划（2016—2020年）》《轻工业发展规划（2016—2020年）》《纺织工业发展规划（2016—2020年）》《建材工业发展规划（2016—2020年）》《石化和化学工业发展规划（2016—2020年）》《稀土行业发展规划（2016—2020年）》《有色金属工业发展规划（2016—2020年）》《产业技术创新能力发展规划（2016—2020年）》《民用爆炸物品行业发展规划（2016—2020年）》《增材制造产业发展行动计划（2017—2020年）》《促进新一代人工智能产业发展三年行动计划（2018—2020年）》等从不同角度强调了推进绿色发展的中国工业发展道路，提出了发展绿色经济的目标和措施。

绿色经济的发展方向是新的"五通一平"，"五通"是指通新零售、新制造、新金融、新技术、新能源，"一平"是指有一个公平创业和竞争的环境。未来是知识的驱动，更是智慧和数据的驱动。

从改变经济发展的能源结构角度看，发展绿色经济就是要发展低碳经济；从生产过程、产品和服务看，发展绿色经济就是要推进清洁生产，实行节能减排；从资源利用程度看，发展绿色经济就是要大力发展循环经济；从资源节约角度看，发展绿色经济就是要发展共享经济。

二、低碳经济改变能源结构

2003年发表的英国能源白皮书《我们能源的未来：创建低碳经济》最早提出了"低碳经济"一词。低碳经济是一种通过发展低碳能源技术，建立低碳能源系统、低碳产业结构、低碳技术体系，倡导低碳消费方式的经济发展模式。低碳经济以低排放、低消耗、低污染为特征，技术创新和制度创新是低碳经济的核心。低碳经济将打造全新的生态系统，对政府行为、企业活动、民众生活产生巨大的影响。

从当前看，低碳经济是要造就低能耗、低污染的经济，减少温室气体的排放；从长远看，低碳经济是打造绿色发展的人类社会生产方式和消费方式的重要途径。

中国的经济是以煤为主要能源的"高碳经济"。近几十年来的经济高速发展是在人口数量巨大、人均收入低、能源强度大、能源结构不合理的条件下实现的，它给中国的资源和环境造成了严重的透支。

发展低碳经济，必须以先进的低碳技术作为支撑。要使化石能源得到高效清洁利用和大力发挥新能源，实现传统产业低碳化。要建设低碳城市，建立低碳交通运输体系。

《"十三五"控制温室气体排放工作方案》《"十三五"控制温室气体排放工作方案部门分工》提出，通过低碳引领能源革命，打造低碳产业体系，加快推进绿色低碳发展。《清洁能源消纳行动计划（2018—2010年）》提出，要建立清洁能源消纳的长效机制，到2020年基本解决清洁能源消纳问题。

三、推进清洁生产和节能减排，降低投入，减少排放

1. 清洁生产

清洁生产是指把综合性预防的战略持续地应用于生产过程、产品和服务中，以提高效率和降低对人类安全和环境造成的风险。清洁生产是关于产品和制造产品过程中预防污染的一种创造性的思维方法。清洁生产对产品的生产过程持续运用整体预防的环境保护策略，其实质是一种物耗和能耗最小的人类生产活动的规划和管理，将废物减量化、资源化和无害化，或消灭于生产过程之中。

1993年，中国开始启动清洁生产工作。2002年6月29日，全国人大修订通过了《中华人民共和国清洁生产促进法》，2012年2月29日修改，2012年7月1日起施行。2003年，国务院办公厅转发发展改革委等部门下发的《关于加快推行清洁生产意见的通知》，相关清洁生产标准也相继推出，中央财政也设立了清洁生产专项资金，极大地推进了清洁生产工作的开展。《中华人民共和国国民经济和社会发展第十三个五年规划纲要》提出实施重点行业清洁生产改造。

《关于加快推行清洁生产的意见》《清洁生产审核暂行办法》《重点企业清洁生产审核程序的规定》《工业清洁生产评价指标体系编制通则》《工业企业清洁生产审核技术导则》《工业清洁生产推行"十二五"规划》《国家重点行业清洁生产技术导向目录》、"十三五"规划纲要、《天然气发展"十三五"规划》《中共中央　国务院关于深入推进农业供给侧结构性改革　加快培育农业农村发展新动能的若干意见》《煤炭深加工产业示范"十三五"规划》等对实施清洁生产做出了规定。

清洁生产是促进经济增长方式转变，提高经济增长质量和效益的有效途径和客观要求，是防治工业污染的必然选择和最佳模式，也是企业树立良好社会形象的内在要求。

2. 节能减排

节能减排就是节约能耗、减少污染物排放。中国是世界上产值能耗最高的国家之一。降低能耗是推进生态文明建设的重大举措，是推进经济结构调整，转变增长方式的必由之路。

1997年11月，《中华人民共和国节约能源法》通过，2007年10月修订，2016年7月修改，旨在推动全社会节约能源，提高能源利用效率。2011年8月，国务院印发了《"十二五"节能减排综合性工作方案》，进一步明确了节能减排总体要求和主要目标。"十三五"规划纲要、《住房城乡建设事业"十三五"规划纲要》《"十三五"生态环境保护规划》《"十三五"国家战略性新兴产业发展规划》《"十三五"节能减排综合工作方案》《"十三五"全民节能行动计划》《石油发展"十三五"规划》《能源发展"十三五"规划》《建筑节能与绿色建筑发展"十三五"规划》《建筑业发展"十三五"规划》《工业节能与绿色标准化行动计划（2017—2019年）》《半导体照明产业"十三五"发展规划》《关于扩大生物燃料乙醇生产和推广使用车用乙醇汽油的实施方案》《国家节水行动方案》等都就节约能源、控制排放、推进绿色发展做出了规定。

我国调整能源结构，发展节能环保产业，有着良好的市场前景，能达到41万亿元规模，吸纳6900万人就业。"十三五"期间，中国全社会环保投资将达到17万亿元。联合

国环境署的报告指出，实施减排措施，减少短期气候污染物如黑碳和甲烷的排放，可以在2050年防止全球气温升高0.5℃，每年可挽救240万人的生命。

"十三五"规划纲要实施中期评估报告显示，前两年中国的万元GDP用水量累计下降13.2%、单位GDP能源消耗和二氧化碳排放分别下降8.5%和11.4%、PM2.5未达标地级及以上城市浓度累计下降15.5%。《2019年全国生态环境质量简况》显示，2019年单位国内生产总值二氧化碳排放同比降低4.1%

四、循环经济充分利用资源

循环经济是一种与环境友好的经济发展模式，是在生态文明理念的指导下，按照清洁生产的方式，对能源及其废弃物实行综合利用的经济活动过程。

循环经济要求把经济活动组织成一个"资源—产品—再生资源"的反馈式流程，以"低开采、高利用、低排放"为特征。所有的物质和能源要能在这个不断进行的经济循环中得到合理和持久的利用，以把经济活动对自然环境的影响降低到尽可能小的程度。

减量化（Reduce）、再利用（Reuse）、再循环（Recycle）的"3R"原则是循环经济最重要的实际操作原则。

中国的循环经济还处在发展过程中，《贵阳市建设循环经济生态城市条例》是我国第一部循环经济领域的地方法规，2005年7月国务院发布了《关于加快循环经济发展的若干意见》。

2007年6月，国家发改委、环保总局、国家统计局印发了《循环经济评价指标体系》。2016年12月，国家发改委、财政部、环境保护部、国家统计局印发了《循环经济发展评价指标体系（2017年版）》，评价指标包括2项综合指标、11项专项指标、3项参考指标。

2008年8月，《中华人民共和国循环经济促进法》通过，规范了政府、企业、公众等在推进循环经济中的行为。

2012年12月，国务院通过了《"十二五"循环经济发展规划》，明确了发展循环经济的主要目标、重点任务和保障措施。2013年1月，国务院印发《循环经济发展战略及近期行动计划》，对发展循环经济做出战略规划。"十三五"规划纲要再次明确要大力发展循环经济。2016年2月，国家发改委、农业部、国家林业局印发了《关于加快发展农业循环经济的指导意见》。

《"十三五"生态环境保护规划》《全国农业现代化规划（2016—2020年）》《"十三五"国家战略性新兴产业发展规划》《"十三五"节能减排综合工作方案》《"十三五"促进民族地区和人口较少民族发展规划》《全国国土规划纲要（2016—2030年）》《循环发展引领行动》等提出发展循环经济的目标和措施。

五、共享经济节约资源

在经济发展过程中，不同的人拥有不同的资源，这种资源在不用时会闲置，造成资源的浪费。共享经济将社会上的各种资源重新配置、整合和优化，使其发挥最大作用。

互联网等信息通信技术的创新应用为共享经济的发展提供了条件。当前，发展共享经济，能助力大众创新，激发创新活力，促进灵活就业，扩大有效供给，灵活配置资源，打造经济发展的新增长点。从资源节约的角度看，共享经济能大幅度提高现有资源存量的使用率、提升自然资源的使用效率。

共享经济的崛起，在产品、空间、知识、劳务、技能、资金、生产能力等方面催生了一个全新的服务业。这一经济模式是推动经济社会持续和联动发展的重要力量。随着对个人闲置资源、企业闲置资源、公共闲置资源的不断分享，共享经济跨领域、多层次整合资源的优势会越来越明显。突破资源、环境的困境，将闲置资源与外部市场的有效需求对接起来，大幅提升综合承载力，改变人们的生活方式，影响人们的思想方式，带来巨大的商业变革和社会变革。

《关于深入实施"互联网+流通"行动计划的意见》《国家教育事业发展"十三五"规划》《"十三五"促进就业规划》《循环发展引领行动》《关于促进分享经济发展的指导性意见》《关于做好引导和规范共享经济健康良性发展有关工作的通知》提出，创新消费理念，大力发展分享经济，支持发展就业新形态。

六、绿色产业奠定绿色经济基础

1. 绿色产业、生态产业和环保产业

绿色产业是指利用绿色科技，在产品的设计、生产、服务、流通、回收等过程中节约资源使用和减少污染物排放的产业，涉及第一、二、三产业，既包括产业链前端的绿色装备制造、产品设计和制造，也包括产业链末端的绿色产品采购和使用。

生态产业是指以高科技含量、高附加值、低耗能、低污染、具有自主创新能力为特征的有机产业群为核心，以科技创新、人才培育、资本运营、信息共享甚至现代物流等高效运转的产业辅助系统为支撑，以自然生态环境优美、基础设施良好、能源与社会保障稳定、法律和社会诚信完善的产业发展环境为依托的相互协调、相互制约并具有高度开放性的全新产业，包括生态农业、工业和服务业。

环保产业是以防治环境污染、保护自然资源为目的的技术开发、产品生产和流通、信息服务等的产业，包括环保产品生产、洁净产品生产、环境保护服务、资源循环利用、自然生态保护等。环保产业呈线性，为特定目标服务；生态产业呈链状，强调循环理念下整个经济活动对资源的综合利用；绿色产业呈面状，包括了生态产业和环保产业。

2. 绿色产业的分类

发展绿色产业，是发展绿色经济、培育绿色发展新动能的重要内容和基础，也是推进生态文明建设在经济领域的重要举措。2019年2月，国家发改委等七部门联合印发了《绿色产业指导目录（2019年版）》，首次清晰界定了绿色产业的具体内容，作为国家权威的绿色产业分类目录，为绿色产业的发展奠定了良好的基础。《目录》首次从产业的角度全面界定了全产业链的绿色标准与范围，将绿色产业划分为六大类别，一级分类下又细分为30项二级分类以及211项三级分类。

节能环保产业 一级分类下分高效节能装备制造（15项三级分类）、先进环保装备制造（8项三级分类）、资源循环利用装备制造（9项三级分类）、新能源汽车和绿色船

舶制造（3项三级分类）、节能改造（6项三级分类）、污染治理（14项三级分类）、资源循环利用（8项三级分类）共7项二级分类。

清洁生产产业 一级分类下分产业园区绿色升级（4项三级分类）、无毒无害原料替代使用与危险废物治理（4项三级分类）、生产过程废气处理处置及资源化综合利用（4项三级分类）、生产过程节水和废水处理处置及资源化综合利用（4项三级分类）、生产过程废渣处理处置及资源化综合利用（4项三级分类）共5项二级分类。

清洁能源产业 一级分类下分新能源与清洁能源装备制造（12项三级分类）、清洁能源设施建设和运营（10项三级分类）、传统能源清洁高效利用（3项三级分类）、能源系统高效运行（7项三级分类）共4项二级分类。

生态环境产业 一级分类下分生态农业（11项三级分类）、生态保护（5项三级分类）、生态修复（13项三级分类）共3项二级分类。

基础设施绿色升级 一级分类下分建筑节能与绿色建筑（6项三级分类）、绿色交通（10项三级分类）、环境基础设施（6项三级分类）、城镇能源基础设施（3项三级分类）、海绵城市（5项三级分类）、园林绿化（6项三级分类）共6项二级分类。

绿色服务 一级分类下分咨询服务（4项三级分类）、项目运营管理（8项三级分类）、项目评估审计核查（5项三级分类）、监测检测（6项三级分类）、技术产品认证和推广（8项三级分类）共5项二级分类。

第三节 发展新型绿色经济产业

一、新能源产业

新能源革命是生态文明建设的基石和内容之一。大力发展新能源产业，能奠定绿色经济发展的产业基础，促进产业升级，推动经济社会持续发展。

由于常规能源的有限性和使用过程中产生的对环境的影响，人们将把目光进一步投向新能源。随着科技的发展和政策的扶持，海洋能、风能、生物质能、地热能、太阳能、氢能等新能源的使用将超过常规能源的比重，可燃冰、页岩气、煤层气、细菌能、核聚变能、干热岩等更加高效、清洁的能源不断显现，并显示出极好的发展前景。全球能源互联网的建设，将使能源的消费结构更合理。随着新能源的不断发现与使用，进一步减少人类对化石能源的依赖，人类社会将寻找一条化解能源危机的路子，并最终根本解决制约自身发展的能源问题。能源的大量使用也不再影响全球的环境，国家间再也不会因为能源的争夺而影响地缘政治，造成世界的动荡不安，世界将按照人类设定的绿色发展的路子发展。

从三次产业划分看，新能源产业还是属于生态工业的一部分。按照《绿色产业指导目录（2019年版）》，新能源产业涉及清洁能源产业下的4项二级分类、32项三级分类：①新能源与清洁能源装备制造，包括风力发电装备制造、太阳能发电装备制造、生物质能利用装备制造、水力发电和抽水蓄能装备制造、核电装备制造、非常规油气勘查开采装备制造、海洋油气开采装备制造、智能电网产品和装备制造、燃气轮机装备制造、燃料电池装备制造、地热能开发利用装备制造、海洋能开发利用装备制造。②清洁能源设施建设和运营，包括风力发电设施建设和运营、太阳能利用设施建设和运营、生物质能源利用设施建设和运营、大型水力发电设施建设和运营、核电站建设和运营、煤层气（煤矿瓦斯）抽采利用设施建设和运营、地热能利用设施建设和运营、海洋能利用设施建设和运营、氢能利用设施建设和运营、热泵建设和运营。③传统能源清洁高效利用，包括清洁燃油生产、煤炭清洁利用、煤炭清洁生产。④能源系统高效运行，包括多能互补工程建设和运营、高效储能设施建设和运营、智能电网建设和运营、燃煤发电机组调峰灵活性改造工程和运营、天然气输送储运调峰设施建设和运营、分布式能源工程建设和运营、抽水蓄能电站建设和运营。

新能源革命将会带来人类社会生活的巨大变革，将从根本上改变人类社会的生产方式和消费方式，使人与自然更加和谐。

《BP世界能源统计年鉴2019》显示，2018年中国可再生能源消费增长29%，占全球增长的45%，非化石能源中太阳能发电增长51%、风能24%、生物质能及地热能14%、水电3.2%，核能发电量增长19%，能源强度下降2.2%

"十三五"规划纲要、《能源技术革命创新行动计划（2016—2030年）》《页岩气发展规划（2016—2020年）》《生物质能发展"十三五"规划》《电力发展"十三五"规划》《风电发展"十三五"规划》《煤层气（煤矿瓦斯）开发利用"十三五"规划》《"十三五"国家战略性新兴产业发展规划》《可再生能源发展"十三五"规划》《"十三五"促进民族地区和人口较少民族发展规划》《能源技术创新"十三五"规划》《太阳能发展"十三五"规划》《能源生产和消费革命战略（2016—2030）》《全国国土规划纲要（2016—2030年）》《地热能开发利用"十三五"规划》《关于促进储能技术与产业发展的指导意见》等从全局和各个领域规划了大力发展新能源，促进绿色经济的发展。

二、生态农业

1. 生态农业的概念

生态农业是指在保护、改善农业生态环境的前提下，遵循生态学、生态经济学规律，运用系统工程方法和现代科学技术进行集约化经营的农业发展模式。生态农业是一个农业生态经济复合系统，它将农业生态系统同农业经济系统综合统一起来，以取得最大的生态经济整体效益。生态农业是农、林、牧、副、渔各业综合起来的大农业，又是农业生产、加工、销售综合起来适应市场经济发展的农业。

2. 生态农业的主要特征

生态农业是在传统农业和有机农业的基础上出现的一种模式，这一模式集合了原来农业发展过程中农业本身的优势，又采用了有机农业的某些方式。

综合性　生态农业强调发挥农业生态系统的整体功能。以大农业为出发点，按"整体、协调、循环、再生"的原则，全面规划、调整和优化农业结构，使农、林、牧、副、渔各业和农村的第一、二、三产业综合发展，并使各业之间互相支持，相得益彰，以提高综合生产能力。

多样性　我国地域辽阔，各地自然条件、资源基础、经济与社会发展水平差异较大，各地要根据本地区的情况，确定适合本地区的生态农业模式，以多种生态模式、生态工程和丰富多彩的技术类型装备农业生产，充分发挥地区优势。

时代性　全球化和科技的进步已经使农业发展进入了一个新阶段，生态农业必须应对世界经济全球化挑战的艰巨任务，肩负着保护生态环境、快速发展农村经济、促进农村社会经济持续发展的历史任务。

高效和持续性　生态农业要通过物质循环和能量多层次综合利用和系列化深加工实现经济增值，实行废弃物资源化利用，降低农业成本，提高效益，最终避免有机农业带来的弊端。在发展生态农业的同时，必须能够保护和改善生态环境，防治污染，维护生态平衡，提高农产品的安全性，使农业和农村经济得到持续发展，提高生态系统的稳定性和持续性，以增强农业发展后劲。

3. 生态农业的发展模式

生态农业的发展模式根据地区不同、环境不同也有所不同。

食物链型　这是一种按照农业生态系统的能量流动和物质循环规律而设计的一种良性循环的农业生态系统。一个生产环节的产出是另一个生产环节的投入，使系统中的废弃物多次循环利用，从而提高能量的转换率和资源利用率，获得较大的经济效益，并有效地防止农业废弃物对农业生态环境的污染，如种植业内部物质循环、养殖业内部物质循环、种养加结合的物质循环等利用模式。

互利共生型　这是根据生物种群的生物学、生态学特征和生物之间的互利共生关系而合理组建的农业生态系统，使处于不同生态位置的生物种群在系统中各得其所，使太阳能、水分和矿物质营养元素能得到充分利用，提高资源的利用率和土地生产力，实现高产、优质、高效、低耗，具有良好的经济效益和生态效益，如果林地立体间套模式、农田立体间套模式、水域立体养殖模式、农户庭院立体种养模式等。

资源开发利用与环境治理模式　这是把农业生产活动纳入生态循环链内，使参与生态系统的生物共生和物质循环，适度投入、高产出、少废物、无污染、高效益，从而保护和改善农业生态环境与生产条件，实现生态、经济和社会效益协调发展。

综合型　这是以当地生态系统和自然景色为基础，以农业高新技术产业化开发为中心，以农产品加工为突破口，以农业旅游观光服务为手段，在生态农业建设中融合进旅游观光，将一、二、三次产业有机地结合起来，农业观光园模式、农村公园模式等属于这一类。2017年2月，"田园综合体"作为一种乡村新型产业被写进中央一号文件。田园综合体以农民合作社为主要载体，农民能充分参与和受益，集循环农业、创意农业、农事体验于一体，以生产、产业、经营、生态、服务、运行六大体系为支撑，实现农村生产生活生态"三生同步"、一二三产业"三产融合"、农业文化旅游"三位一体"，是农村经济社会全面发展的新模式、新业态、新路径。

4. 生态农业的分类

按照《绿色产业指导目录（2019年版）》，广义的生态农业涉及生态环境产业下的生态农业、生态保护、生态修复3项二级分类中的全部29项三级分类，以及基础设施绿色升级下的海绵城市、园林绿化2项二级分类中的7项三级分类。

生态农业　包括：现代农业种业及动植物种质资源保护；绿色有机农业；农作物种植保护地、保护区建设和运营；森林资源培育产业；林下种植和林下养殖产业；碳汇林、植树种草及林木种苗花卉；林业基因资源保护；绿色畜牧业；绿色渔业；森林游憩和康养产业；农作物病虫害绿色防控。

生态保护　包括：天然林资源保护；动植物资源保护；自然保护区建设；生态功能区建设、维护和运营；国家公园、世界遗产、国家级风景名胜区、国家森林公园、国家地质公园、国家湿地公园等保护性运营。

生态修复　包括：退耕还林还草和退牧还草工程建设；河湖与湿地保护恢复；增殖放流与海洋牧场建设和运营；国家生态安全屏障保护修复；重点生态区域综合治理；矿山生态环境恢复；荒漠化、石漠化和水土流失综合治理；有害生物灾害防治；水生态系统旱涝灾害防控及应对；地下水超采区治理与修复；采煤沉陷区综合治理；农村土地综合整治；海域、海岸带和海岛综合整治。

海绵城市　城市水体自然生态修复。

园林绿化　包括：公园绿地建设、养护和运营；绿道系统建设、养护管理和运营；附属绿地建设、养护管理和运营；道路绿化建设、养护管理；区域绿地建设、养护管理和运营；立体绿化建设、养护管理。

5. 生态农业建设的基本路径

中国的生态农业建设，重要的是需要变革传统的农业观念，改革单一的"谷物大田耕作制"，走"混合饲养型耕作制"之路，把农田生态系统和畜牧业生态系统结合起来，实行以食品加工业为导向的农业结构的调节机制。生态农业建设必须把良种和土壤作为一个整体系统考虑，自觉地回归到"水土肥种、密保管工"上来。

发展高效生态农业是生态文明建设的重要内容。一是要循环利用工农业废弃物，结合当地的农业生态适宜度，种植人工牧草，发展菌草业，扩展食品多样性。二是要充分利用可再生资源（农作物秸秆和农产品加工剩余的废弃物，如木质素、纤维素等）来发展微生态与微生物产业，尤其注重发展发酵蛋白产业，扩充蛋白质来源。三是要努力发展白色农业——微生物资源产业的工业型新农业，包括高科技生物工程的发酵工程和酶工程。四是要积极发展蓝色农业——在水体中开展的水产农牧化的产业，包括所有近岸浅海海域、潮间带以及潮上带室内外水池水槽内开展的虾、贝、藻、鱼类的养殖业。五是发展种养结合的家庭农场，充分合理地利用农业资源，使农业系统中的食物链达到最佳优化状态，从而提高农业生态系统的自我调节能力，达到经济效益、生态效益、社会效益三者的有机统一，促进生态农业的发展。

目前，以模仿森林种植食物的森林生态农业正在全球兴起。森林生态农业通过多物种、多层次、立体的生态化设计，结合多年生和一年生作物，使阳光得到充分利用，实现水和养分良性循环。

《全国农业现代化规划（2016—2020年）》《"十三五"生态环境保护规划》《"十三五"国家战略性新兴产业发展规划》《全国农村经济发展"十三五"规划》《全国国土规划纲要（2016—2030年）》《"十三五"农业科技发展规划》《中共中央 国务院关于深入推进农业供给侧结构性改革 加快培育农业农村发展新动能的若干意见》《全国农村沼气发展"十三五"规划》《全国农业可持续发展规划（2015—2030）》《西北干旱区农牧业可持续发展规划（2016—2020）》《全国生猪发展规划（2016—2020）》《全国种植业结构调整规划（2016—2020年）》《全国草食畜牧业发展规划（2016—2020年）》《"十三五"全国农业农村信息化发展规划》《全国饲料工业"十三五"发展规划》《全国农产品加工业与农村一二三产业融合发展规划（2016—2020年）》《全国农垦扶贫开发"十三五"规划》《农业生产安全保障体系建设规划（2016—2020年）》《全国草原保护建设利用"十三五"规划》《农业资源与生态环境保护工程规划（2016—2020年）》《全国苜蓿产业发展规划（2016—2020）》《"十三五"渔业科技发展规划》《全国农垦经济和社会发展第十三个五年规划》《"十三五"全国草原防火规划》《种养结合循环农业示范工程建设规划（2017—2020）》《关于创新体制机制推进农业绿色发展的意见》等规划提出，大力发展生态农业，加快转变农业发展方式，建设美丽宜居乡村。

三、生态工业

1. 生态工业的含义

生态工业是在基于生态系统承载能力、保护生态环境的前提下，依据工业生态学原理，以现代科学技术为手段，通过两个或两个以上的生产体系或环节之内的系统来使物质和能量多级利用、持续利用，实现节约资源、清洁生产和废弃物循环利用，具有高效经济过程与和谐生态功能的网络型、进化型工业的综合工业发展模式。

生态工业是按照工业生态学及复合生态系统的原理、原则与方法，通过人工规划、设计的一种新型工业组织形态。工业企业生态系统则主要指由工业企业以及赖以生存、发展的利益相关者群体与外部环境之间所构成的相互作用的复杂系统。在工业企业生态系统中，工业企业之间、企业集群之间以及产业园区之间能够遵循自然界中的共生原理，实现企业、企业集群、产业园区之间的互利共生，使经济效益、社会效益实现最大化，同时使利益双方或多方均受益，并形成企业共同生存与发展的生态共生链与生态共生网络。

2. 走生态工业化道路

由于中国目前经济社会发展整体上还处在资源耗费型、环境损害型的状态，在工业化过程中，资源、能源消耗持续增长，以煤为主的能源结构长期存在，工业污染排放日趋复杂，控制环境污染和生态退化的难度加大，未来环境与发展的矛盾将更加突出。为解决资源环境约束的矛盾，必须建立与经济发展相适应的资源节约型和环境友好型国民经济体系，走生态工业化道路。

《工业绿色发展规划（2016—2020年）》《绿色制造工程实施指南（2016—2020年）》《智能制造发展规划（2016—2020年）》《"十三五"生态环境保护规划》《"十三五"国家战略性新兴产业发展规划》《环境保护部推进绿色制造工程工作方案》《信息化和工业化融合发展规划（2016—2020）》《全国矿产资源规划（2016—2020年）》《加快推进再生资源产业发展的指导意见》《关于促进石化产业绿色发展的指导意见》等提出了全面发展生态工业的措施，加快构建高效、清洁、低碳、循环的绿色制造体系。

截至2019年9月，工业和信息化部一共公布了4批绿色制造名单，共有绿色工厂1402家、绿色设计产品1097种、绿色园区119家、绿色供应链管理示范企业90家。

3. 生态工业的分类

按照《绿色产业指导目录（2019年版）》，生态工业涉及节能环保产业下的高效节能装备制造、先进环保装备制造、资源循环利用装备制造、新能源汽车和绿色船舶制造、资源循环利用5项二级分类中的43项三级分类，清洁生产产业下的产业园区绿色升级、无毒无害原料替代使用与危险废物治理、生产过程废渣处理处置及资源化综合利用3项二级分类中的10项三级分类，基础设施绿色升级下的建筑节能与绿色建筑、绿色交通、环境基础设施、城镇能源基础设施、海绵城市5项二级分类中的29项三级分类。

高效节能装备制造 包括：节能锅炉制造；节能窑炉制造；节能型泵及真空设备制造；节能型气体压缩设备制造；节能型液压气压元件制造；节能风机风扇制造；高效发电机及发电机组制造；节能电机制造；节能型变压器、整流器、电感器和电焊机制造；余热余压余气利用设备制造；高效节能家用电器制造；高效节能商用设备制造；高效照明产品及系统制造；绿色建筑材料制造；能源计量、监测、控制设备制造。

先进环保装备制造 包括：水污染防治装备制造；大气污染防治装备制造；土壤污染治理与修复装备制造；固体废物处理处置装备制造；减振降噪设备制造；放射性污染防治和处理设备制造；环境污染处理药剂、材料制造；环境监测仪器与应急处理设备制造。

资源循环利用装备制造 包括：矿产资源综合利用装备制造；工业固体废物综合利用装备制造；建筑废弃物、道路废弃物资源化无害化利用装备制造；餐厨废弃物资源化无害化利用装备制造；汽车零部件及机电产品再制造装备制造；资源再生利用装备制造；非常规水源利用装备制造；农林废物资源化无害化利用装备制造；城镇污水处理厂污泥处置综合利用装备制造。

新能源汽车和绿色船舶制造 包括：新能源汽车关键零部件制造和产业化；充电、换电及加氢设施制造；绿色船舶制造。

资源循环利用 包括：矿产资源综合利用；废旧资源再生利用；城乡生活垃圾综合利用；汽车零部件及机电产品再制造；海水、苦咸水淡化处理；雨水的收集、处理、利用；农业废弃物资源化利用；城镇污水处理厂污泥综合利用。

产业园区绿色升级 包括：园区产业链接循环化改造、园区资源利用高效化改造、园区污染治理集中化改造、园区重点行业清洁生产改造。

无毒无害原料替代使用与危险废物治理 包括：无毒无害原料生产与替代使用、危险废物处理处置、高效低毒低残留农药生产与替代。

生产过程废渣处理处置及资源化综合利用 包括：工业固体废弃物无害化处理处置及综合利用、包装废弃物回收处理、废弃农膜回收利用。

建筑节能与绿色建筑 包括：超低能耗建筑建设、绿色建筑、建筑可再生能源应用、装配式建筑、既有建筑节能及绿色化改造、物流绿色仓储。

绿色交通 包括：不停车收费系统建设；港口、码头岸电设施及机场廊桥供电设施建设；集装箱多式联运系统建设；智能交通体系建设；充电、换电、加氢和加气设施建设；城市慢行系统建设；城乡公共交通系统建设；共享交通设施建设；公路甩挂运输系统建设；货物运输铁路建设和铁路节能环保改造。

环境基础设施 包括：污水处理、再生利用及污泥处理处置设施建设；生活垃圾处理设施建设；环境监测系统建设；城镇污水收集系统排查改造建设修复；城镇供水管网分区计量漏损控制建设；入河排污口排查整治及规范化建设。

城镇能源基础设施 包括：城镇集中供热系统清洁化建设和改造、城镇电力设施智能化建设和改造、城镇一体化集成供能设施建设。

海绵城市 包括：海绵型建筑与小区建设、海绵型道路与广场建设、海绵型公园和绿地建设、城市排水设施达标建设和改造。

4. 建设生态工业园区

生态工业园区是我国第三代产业园，生态工业园建设是实现生态工业的重要途径。生态工业园区通过园区内部的物流和能源的正确设计，模拟自然生态系统，形成企业间的共生网络。甲企业的副产品（或工业垃圾）成为乙企业的原材料，乙企业的副产品（或工业垃圾）又成为丙企业的原材料……如此环环相扣，实现园区内企业间能量及资源的梯级利用，实现园区内的工业生产所造成的排放、污染等在自然生态系统自净力可控制的范围之内。

生态工业园是未来我国工业园建设的方向，经济技术开发区、高新技术产业开发区将逐步建设成生态工业园。截至2017年1月，环境保护部、商务部、科技部命名的国家生态工业示范园区达45个。

参加国家第一批循环经济试点的国家生态工业示范园区——苏州高新区，通过生态工业园区的建设，循环经济得到了发展，经济、生态、社会效益明显。2005—2010年，园区万元GDP能耗下降20%，2010年为0.57吨标准煤。2010年与2005年相比，化学需氧量排放减少47%，二氧化硫排放减少38%。2010年，园区工业固体废物综合利用率达到96%，工业用水重复率达到91%。

5. 发展生态产业集群

产业集群是指在特定区域（主要以经济为纽带而联结的区域）中，具有竞争与合作关系，且在地理上相对集中，有交互关联性的企业、供应商、金融机构、服务性企业以及相关产业的厂商及其他相关机构等组成的特定群体。

产业集群超越了一般产业范围，形成了在特定区域内多个产业相互融合、众多企业及机构相互联结的共生体，从而生成该区域的产业特色与竞争优势。产业集群及区域合作模式的选择实质是共生理论在产业链接与区域合作中的应用。生态产业集群的核心是模仿自然生态系统，应用物种共生、物质循环的原理，设计出资源、能源多层次利用的生产工艺流程，目标是促进产业集群与环境的协调发展，通过合理开发利用区域生态系统的资源与环境，使资源在产业集群内得到循环利用，从而减少废弃物的产生，最终实现产业与环境的和谐。

我国产业园区以传统制造产业为主，缺乏一二三产业之间的有机融合，在互联网经济崛起的背景下，要发展生态产业集群，必须形成以人才和企业为中心的双重生态体系，与互联网金融产业、创意产业、文化产业、休闲养生产业相融合，才能打造全新的园区生态集群。

通过发展以生态文明理念为指导的生态产业集群，可以加快生态工业建设的步伐，提升区域经济合作的成效，推动区域经济一体化的进程。

四、生态服务业

1. 现代服务业的生态化

生态服务业是以生态文明理念为指导，在绿色技术和现代管理的创新的条件下，利用符合生态环境要求的设备、场所、工具，依靠互联网和物联网提供的信息，以知识为基础的技能为社会提供各类服务的服务业。如：生态物流业；信息传输、计算机服务和软件业；生态住宿和餐饮业；绿色金融业；绿色房地产业；绿色租赁和商务服务业；绿色水利、环境和公共设施管理业、生态教育、绿色卫生、社会保障和社会福利业；生态文化、体育和娱乐业……服务业的生态化主要体现在服务主体生态化、服务过程清洁化、消费模式绿色化、与其他产业耦合化。

生态服务业的内容主要是：高端生产性生态服务业（科技创新服务、信息服务、供应链管理服务、专业服务、文化创意服务、环保节能服务）、优势生产性生态服务业（金融服务、物流服务、服务贸易、教育培训服务、商贸服务、农业社会化服务）、生活性生态服务业（生态旅游服务、健康服务、养老服务、体育服务、居民和家庭服务）。

《发展服务型制造专项行动指南》《关于加快发展健身休闲产业的指导意见》《"十三五"国家战略性新兴产业发展规划》《"十三五"节能环保产业发展规划》《大数据产业发展规划（2016—2020年）》《软件和信息技术服务业发展规划（2016—2020年）》《对外贸易发展"十三五"规划》《商贸物流发展"十三五"规划》《"十三五"现代综合交通运输体系发展规划》《服务贸易发展"十三五"规划》《粮食物流业"十三五"发展规划》《文化部"十三五"时期文化产业发展规划》《"十三五"铁路集装箱多式联运发展规划》《国际服务外包产业发展"十三五"规划》《服务业创新发展大纲（2017—2025年）》《商务发展第十三个五年规划纲要》《铁路"十三五"发展规划》《关于推动先进制造业和现代服务业深度融合发展的实施意见》等提出，注重用绿色、生态技术改造现代服务业。

2. 现代服务业的特点

现代服务业本身具有资源消耗低、环境污染少的特点，这在很大程度上可以缓解产业发展对资源和环境的冲击与负荷。与工业相比，服务业消耗1吨能源的产出为1.4万元，工业消耗1吨能源的产出为0.59万元，从能源的消耗来看，服务业能源消耗远远低于工业。现代服务业是产业经济中高效、清洁、低耗、低废的产业类型。发展现代服务业有利于转变经济增长方式和产业结构调整，直接形成了各种资源向旅游、会展、金融、保险、信息、咨询、新型物业管理、电子信息等科技含量较高的新兴行业的投资转移的趋势，优化了产业结构，共享经济的崛起给现代服务业注入了新的活力，为绿色经济的发展创造了良好的基础性条件。据测算，每投资100万元可提供的就业岗位数量，重工业为400个、轻工业为700个、服务业为1000个。服务业会产生更多的就业，网络创业就业已成为创业就业新的增长点。

3. 生产性生态服务业的分类

按照《绿色产业指导目录（2019年版）》，生产性生态服务业涉及绿色服务下的咨询服务、项目运营管理、项目评估审计核查、监测检测、技术产品认证和推广5项二级分类中的全部31项三级分类；节能环保产业下的节能改造、污染治理2项二级分类中的20项三级分类；清洁生产产业下的毒无害原料替代使用与危险废物治理、生产过程废气处理处置及资源化综合利用、生产过程节水和废水处理处置及资源化综合利用、生产过程废渣处理处置及资源化综合利用4项二级分类中的13项三级分类；生态环境产业下的生态保护、生态修复2项二级分类中的11项三级分类；基础设施绿色升级下的建筑节能与绿色建筑、绿色交通、环境基础设施、城镇能源基础设施、海绵城市、园林绿化5项二级分类中的35项三级分类。

咨询服务　包括：绿色产业项目勘察服务、绿色产业项目方案设计服务、绿色产业项目技术咨询服务、清洁生产审核服务。

项目运营管理　包括：能源管理体系建设、合同能源管理服务、用能权交易服务、水权交易服务、排污许可及交易服务、碳排放权交易服务、电力需求侧管理服务、可再生能源绿证交易服务。

项目评估审计核查　包括：节能评估和能源审计、环境影响评价、碳排放核查、地质灾害危险性评估、水土保持评估。

监测检测　包括：能源在线监测系统建设、污染源监测、环境损害评估监测、环境影响评价监测、企业环境监测、生态环境监测。

技术产品认证和推广　包括：节能产品认证推广、低碳产品认证推广、节水产品认证推广、环境标志产品认证推广、有机食品认证推广、绿色食品认证推广、资源综合利用产品认定推广、绿色建材认证推广。

节能改造　包括：锅炉（窑炉）节能改造和能效提升、电机系统能效提升、余热余压利用、能量系统优化、绿色照明改造、汽轮发电机组系统能效提升。

污染治理　包括：良好水体保护及地下水环境防治、重点流域海域水环境治理、城市黑臭水体整治、船舶港口污染防治、交通车辆污染治理、城市扬尘综合整治、餐饮油烟污染治理、建设用地污染治理、农林草业面源污染防治、沙漠污染治理、农用地污染治理、噪声污染治理、恶臭污染治理、农村人居环境整治。

无毒无害原料替代使用与危险废物治理　危险废物运输。

生产过程废气处理处置及资源化综合利用　包括：工业脱硫脱硝除尘改造、燃煤电厂超低排放改造、挥发性有机物综合整治、钢铁企业超低排放改造。

生产过程节水和废水处理处置及资源化综合利用　包括：生产过程节水和水资源高效利用、重点行业水污染治理、工业集聚区水污染集中治理、畜禽养殖废弃物污染治理。

生产过程废渣处理处置及资源化综合利用　包括：工业固体废弃物无害化处理处置及综合利用、历史遗留尾矿库整治、包装废弃物回收处理、废弃农膜回收利用。

生态保护　包括：自然保护区建设和运营；生态功能区建设维护和运营；国家公园、世界遗产、国家级风景名胜区、国家森林公园、国家地质公园、国家湿地公园等保护性运营。

生态修复　包括：国家生态安全屏障保护修复；重点生态区域综合治理；矿山生态环境恢复；荒漠化、石漠化和水土流失综合治理；地下水超采区治理与修复；采煤沉陷区综合治理；农村土地综合整治；海域、海岸带和海岛综合整治。

建筑节能与绿色建筑　包括：超低能耗建筑建设、绿色建筑、建筑可再生能源应用、装配式建筑、既有建筑节能及绿色化改造、物流绿色仓储。

绿色交通　包括：不停车收费系统运营；集装箱多式联运系统运营；智能交通体系运营；充电、换电、加氢和加气设施运营；城市慢行系统运营；城乡公共交通系统运营；共享交通设施运营；公路甩挂运输系统运营；货物运输铁路运营。

环境基础设施　包括：污水处理、再生利用及污泥处理处置设施运营；生活垃圾处理设施运营；环境监测系统运营；城镇供水管网分区计量漏损控制运营；入河排污口排查整治运营。

城镇能源基础设施　包括：城镇集中供热系统清洁化运营、城镇电力设施智能化建设运营、城镇一体化集成供能设施运营。

海绵城市　包括：海绵型建筑与小区运营、海绵型道路与广场运营、海绵型公园和绿地运营、城市排水设施达标建设运营。

园林绿化　包括：公园绿地建设、养护和运营；绿道系统建设、养护管理和运营；附属绿地建设、养护管理和运营；道路绿化建设、养护管理；区域绿地建设、养护管理和运营；立体绿化建设、养护管理。

4. 大力开发生态旅游业

生态旅游业是集多种产业于一体的综合性产业，其产业特征是综合性、动态性、可持续性，生态旅游业密度高、链条长、拉动大，能拓展第一、二产业的市场，同时为其他服务业的发展带来机遇，促进地区产业结构的优化和升级，对加快地方经济的发展有巨大的推动作用。据统计，旅游业每增加1元收入，可带动相关产业增加收入4.3元，每增加1个就业人员，能带动增加5个就业岗位。

我国的生态旅游资源极为丰富，生态旅游景区包括山岳生态景区、湖泊生态景区、森林生态景区、草原生态景区、海洋生态景区、观鸟生态景区、冰雪生态旅游区、漂流生态景区、徒步探险生态景区等，生态旅游产品的主要类型包括游览、观赏、野生动物旅游、自行车旅游、漂流旅游、沙漠探险、保护环境、自然生态考察、滑雪旅游、登山探险、探秘旅游、海洋旅游、垂钓、田园采摘、生态农业观光、生态工业观光等。

《国家生态旅游示范区建设与运营规范（GB/T26362–2010）》《国家生态旅游示范区管理规程》《国家生态旅游示范区建设与运营规范（GB/T26362–2010）实施细则》《全国生态旅游发展规划（2016—2025）》《"十三五"旅游业发展规划》《"十三五"全国旅游公共服务规划》《"十三五"全国旅游信息化规划》《全国国土规划纲要（2016—2030年）》《中共中央　国务院关于深入推进农业供给侧结构性改革　加快培育农业农村发展新动能的若干意见》《关于促进全域旅游发展的指导意见》等提出，打造生态旅游产品，促进绿色消费，推动生态旅游业持续发展。

农业农村部、文化和旅游局开展了全国休闲农业与乡村旅游示范县、示范点创建活动，有力地推动了我国生态旅游业的发展。

通过发展生态旅游业，可以提高国民的体能素质和道德修养素质，使旅游者通过和大自然的亲密接触，充分认识到地球对于人类命运和文明兴衰的重要性，保护环境，节约资源，理解和建立生态文明的新理性。

5. 优化生态服务业区域布局

生态服务业的区域布局与各地城市化进程、第一二产业发展水平、国家特大型投资项目等高度相关。因此生态服务业发展的区域规划，必须从各地实际出发，利用本地区优势，发展与本地区经济发展水平相一致的、具有本地特色的现代服务业。随着各地城市化进程的不断推进，现代服务业也必须与其配套跟进。

在优化生态服务业区域布局方面，鼓励跨区域生态服务业合作，促进生态服务业梯度转移和有序承接。依托"一带一路"核心区和节点城市，扩大服务开放合作力度。结合脱贫攻坚，以生活服务和特色产业为重点，支持经济不发达及资源枯竭、产业衰退、生态严重退化等困难地区生态服务业加快发展。

在构建城市群生态服务业网上，优化生态服务业空间组织模式，促进城市群生态服务业联动发展和协同创新。强化中心城市综合服务功能，优化战略性服务设施布局，发挥网络化效应，支持各具特色的生态服务业集聚区建设。鼓励构建跨区域信息交流与合作协调机制。

五、互联网+

1994年中国全功能接入互联网后，网络技术快速发展，互联网普及率越来越高，网民规模日益扩大，互联网公司发展越来越快。

《世界互联网发展报告2018》和《中国互联网发展报告2018》发布的数据显示，2017年的全球数字经济规模达到12.9万亿美元，美国和中国位居全球前两位，全球电子商务交易额2.3万亿美元，亚洲、拉丁美洲、中东、非洲等新兴市场成为新的增长点。2018年，我国数字经济规模超过31万亿元，占国内生产总值的比重达到1/3。互联网的广泛运用提高了所有行业的效率，互联网经济已成为推动经济发展的重要力量。

随着互联网的普及和互联网技术在经济和社会发展各个领域的应用，工业文明和信息文明不断融合，产生了新的业态——互联网+。"互联网+"是运用现代电子信息技术和日益发展的互联网平台，使传统行业与互联网进行有机融合，利用互联网在资源配置中的优化和集成作用，将现代通信技术融入环境、经济、政治、文化、科技和社会各个领域，进而形成更广泛的以互联网为基础设施和实现工具的经济发展新形态。要注意的是，"互联网+"并不是"互联网+某一个行业"那么简单，而是互联网技术在这个行业中的广泛应用，"互联网+"具有广泛性、融合性、创新性、低碳性、开放性和共享性六大特征。

《关于积极推进"互联网+"行动的指导意见》《"互联网+"绿色生态三年行动实施方案》、"十三五"规划纲要、《促进大数据发展行动纲要》《关于深化制造业与互联网融合发展的指导意见》《"互联网+"人工智能三年行动实施方案》《"十三五"全国农业农村信息化发展规划》《信息化和工业化融合发展规划（2016—2020）》《全国农业现代化规划（2016—2020年）》《电力发展"十三五"规划》《"十三五"脱贫攻坚规划》《"十三五"国家战略性新兴产业发展规划》《"十三五"国家信息化规划》《信息通信行业发展规划（2016—2020年）》《"互联网+政务服务"技术体系建设指南》《"十三五"卫生与健康规划》《电子商务"十三五"发展规划》《"十三五"国家知识产权保护和运用规划》《国家教育事业发展"十三五"规划》《"十三五"市场监管规划》《中共中央　国务院关于深入推进农业供给侧结构性改革　加快培育农业农村发展新动能的若干意见》《"十三五"促进就业规划》《文化部关于推动数字文化产业创新发展的指导意见》《商务部　农业部关于深化农商协作　大力发展农产品电子商务的通知》《工业电子商务发展三年行动计划》《气象信息化发展规划（2018—2022年）》《促进"互联网+医疗健康"发展的意见》《关于促进平台经济规范健康发展的指导意见》等，提出了加快推动互联网与各领域深入融合和创新发展的措施。

党的十九大报告强调实体经济的重要性，加快发展先进制造业，推动互联网、大数据、人工智能和实体经济深度融合气。

当前，"互联网+"与环保、农业、工业、政务、教育、商贸、金融、交通、通信、智慧城市、民生、旅游、医疗等领域深度融合，产生了巨大的经济效应，是一种新的生态产业的表现形态。在互联网飞速发展的今天，必须注意的是互联网的健康发展必须依赖强大的制造业，必须有超越行业、地域、国家的全球视野，只注重眼前互联网带来的热钱和浮钱，忽视创新和建立在全球化基础上的新生态竞争，互联网经济最终只会昙花一现。在号称"新兴互联网产业城市"的杭州，传统产业的比重远远超过互联网产业。

在互联网和数据处理技术时代，一个新金融生态圈正在形成。信息革命带来的一系列技术创新正在创新金融，移动互联网使更多的人享受到金融服务，大数据为规避风险、评估信用提供了依据，日新月异的计算技术能应对飞速增长的交易需求并降低成本，人工智能使服务更加个性化和便捷化，生物识别技术使金融服务更加安全。

六、物联网

物联网是利用感知技术与智能装置对物理世界进行感知识别，通过网络传输互联，进行计算、处理和知识挖掘，实现人与物、物与物信息交互和无缝链接，实现对物理世界实时控制、精确管理和科学决策。物联网是通信网和互联网的拓展应用和网络延伸，物联网产业包括涉及感知层、网络层、管理层和应用层的制造业和服务业，可广泛运用于政府管理、公共安全、安全生产、环境保护、智能交通、智能家居、公共卫生、公民健康等各个领域。2018年，我国物联网产业规模达到1.2万亿元。

物联网的体系架构包括感知层、网络层、管理层和应用层；物联网的关键技术有自动识别技术、传感器技术、无线通信技术、有线通信技术、移动互联网技术、无限传感网技术、数据处理和管理技术、云计算技术、数据挖掘技术、搜索引擎；物联网产业链包括芯片供应、传感器供应、无线模组供应、网络运营、平台服务、系统及软件开发、智能硬件制造、系统集成及应用服务八大环节。

物联网是新一代信息技术的高度集成和综合运用，对新一轮产业变革和经济社会的绿色发展具有重要意义。《信息通信行业发展规划物联网分册（2016—2020年）》提出，必须牢牢把握物联网新一轮生态布局的战略机遇，大力发展物联网技术和应用，加快构建具有国际竞争力的产业体系，深化物联网与经济社会融合发展，支撑制造强国和网络强国建设。

七、人工智能

人工智能是一种全新的理论、方法、技术和应用系统，以信息论、计算机科学、控制论、神经生理学、心理学、语言学等知识为基础，利用数字计算机或者数字计算机控制的机器模拟、延伸和扩展人类的智能，通过感知环境获取知识，同时得到最佳结果。人工智能的目的就是让计算机能像人一样思考。

2017年，《麻省理工科技评论》公布年度全球十大突破技术，包括深度学习、刷脸支付、自动驾驶等在内的人工智能领域热门技术均入选，这些技术的主要研究者包括科大讯飞、阿里巴巴、百度等多家中国企业，表明我国在人工智能技术研究方面已经走在了世界前列。

2017年，全球人工智能核心产业规模超过了370亿美元。2018年，中国人工智能市场规模约为339亿元人民币。预计到2020年，全球人工智能核心产业规模有望超过1300亿美元。普华永道预测，到2030年，人工智能将带来16万亿美元的全球GDP增长。截至2018年6月，全球人工智能企业达4925家，其中美国2028家、中国（不含港澳台）1011家，英国、加拿大、印度紧随其后。

随着人工智能技术的发展，新一代人工智能在生态环境保护、经济管理、政府管理、文化传承与发展、社会管理等领域的作用日趋重要，极大地改变着人类的生产生活方式。"人工智能+"给人们在教育、医疗、交通、旅游、家居领域带来了极大的便利，人们可以通过智能手机链接世界，语音助手、刷脸支付、解答在线购物问题的"机器人"等帮助人们更方便地生活；在产业界，人工智能推动数字经济和实体经济进一步融合发展，智能农业、智能工业、智能物流、智能商务等产业模式和新形态不断创新。

为了促进人工智能产业的发展，各国纷纷出台各种政策规划，力图抢占未来科技制高点。美国提出了《国家人工智能研究和发展战略计划》，欧盟出台了《欧盟人工智能（草案）》，日本提出了构建"5.0社会"……中国政府也十分重视人工智能发展，为此出台了一系列政策指导，包括"十三五"规划纲要、《"互联网+"人工智能三年行动实施方案》和《新一代人工智能发展规划》等。到2020年，中国计划在国内创造一个市场规模达1万亿元人民币的人工智能市场，并在2030年之前将其发展为世界领先的人工智能中心。中国三大互联网巨头（阿里巴巴、百度和腾讯）和语音识别公司科大讯飞已经组成了一支"国家队"，重点开发无人驾驶汽车、智慧城市和医学影像等领域的人工智能技术。

国务院印发的《新一代人工智能发展规划》提出，实现我国人工智能战略目标要分三步走：第一步，到2020年人工智能总体技术和应用与世界先进水平同步，人工智能产业成为新的重要经济增长点，人工智能技术应用成为改善民生的新途径，有力支撑进入创新型国家行列和实现全面建成小康社会的奋斗目标。第二步，到2025年人工智能基础理论实现重大突破，部分技术与应用达到世界领先水平，人工智能成为带动我国产业升级和经济转型的主要动力，智能社会建设取得积极进展。第三步，到2030年人工智能理论、技术与应用总体达到世界领先水平，成为世界主要人工智能创新中心，智能经济、智能社会取得明显成效，为跻身世界创新型国家前列和经济强国奠定重要基础。

《新一代人工智能发展规划》提出了六大重点任务：构建开放协同的人工智能科技创新体系、培育高端高效的智能经济、建设安全便捷的智能社会、加强人工智能领域军民融合、构建安全高效的智能化基础设施体系、前瞻布局新一代人工智能重大科技项目。

八、区块链

区块链是分布式数据存储、点对点传输、共识机制、加密算法等计算机技术的新的应用模式。《中国区块链技术和应用发展白皮书（2016）》指出，狭义上的区块链是一种按照时间顺序将数据区块以顺序相连的方式组合成的一种链式数据结构，并以密码学方式保证分布式账本的不可篡改和不可伪造；广义上的区块链是利用块链式数据结构来验证与存储数据、利用分布式节点共识算法来生成和更新数据、利用密码学的方式保证数据传输和访问的安全、利用由自动化脚本代码组成的智能合约来编程和操作数据的一种全新的分布式基础架构与计算范式。

随着现代信息技术的进步，以物联网、大数据、云计算、人工智能、区块链等新技术为基础的数字经济正改写人类经济发展的格局。作为一项新兴的技术，区块链技术虽处于起步阶段，但与其他信息技术的结合给各行各业的发展带来巨大影响。

面对区块链技术的发展和应用，全球都看好这一技术。中国政府积极探讨推动区块链技术及其应用发展，英国政府认为区块链及分布式账本技术有着颠覆性潜力，美国特拉华州应用区块链技术简化企业注册，俄罗斯央行研究区块链在金融领域的应用，欧洲证券及市场管理局认为区块链技术可改进交易后流程，新加坡政府提出银行应持续关注区块链等技术的变革。

2016年12月，国务院印发的《"十三五"国际信息化规划》提出，区块链与大数据、人工智能、机器学习等新技术成为国家布局重点；2017年6月，中国人民银行印发的《中国金融业信息技术"十三五"发展规划》提出，积极推进区块链、人工智能等新技术应用研究，组织国家数字货币试点。

《2018年中国区块链产业白皮书》显示，截至2018年3月底，在中国国内注册、以提供区块链技术、服务作为主营业务方向的公司或整体业务基于区块链技术开展的公司有456家；区块链领域中为金融行业提供应用服务的公司有86家，为实体经济应用服务的公司有109家；区块链解决方案、底层平台、区块链媒体及社区领域相关的公司均超过40家。中国区块链产业正高速发展，产业生态已初步形成。

随着区块链技术的快速发展，区块链将广泛应用于金融、工业、能源、物联网、供应链、公共服务等领域。

九、智能农业

智能农业是用互联网技术、物联网技术、云计算技术、3S技术等现代信息技术和现代生物技术，通过设立在农业生产现场的各种传感器和装备，对农业生产环境进行智能感知、智能分析、智能预警、智能决策，依托专家知识库，更动态、更精准地对农业生产进行智能管理，利用物联网技术建立农产品溯源系统，全程监控农产品的加工、流通、消费各环节以保障食品安全，同时大力发展农产品电子商务。

《物联网"十二五"发展规划》中规定了智能农业的应用示范工程为：农业资源利用、农业生产精细化管理、生产养殖环境监控、农产品质量安全管理与产品溯源。

智能农业是传统农业技术、现代工业技术和信息技术在农业领域的综合应用。在农业生产环节，通过实时监控监测功能系统获取土壤温度、土壤水分、空气温度、空气湿度、气压、光照强度、植物养分含量等植物生长环境信息和其他相关参数，经过综合服务平台、数据中心的大数据处理，利用终端设备自动控制灌溉、调温、施肥、喷药等，保障农业生产环境的最佳适宜度。

《物联网"十二五"发展规划》《农业物联网区域试验工程工作方案》《关于落实发展新理念加快农业现代化　实现全面小康目标的若干意见》、"十三五"规划纲要、《全国农业现代化规划（2016—2020年）》等提出，大力推进"互联网+"现代农业，应用物联网、云计算、大数据、移动互联等现代信息技术，推动农业全产业链改造升级。我国众多地区投巨资发展智能农业。2013年，农业部选择天津、上海、安徽开展农业物联网区域试点试验工作，天津市建设设施农业与水产养殖物联网试验区，上海市建设农产品质量安全监管试验区，安徽省建设大田生产物联网试验区。

智能农业是走向生态文明社会的基础，它是保证经济和社会持续发展先决条件。

十、智能工业

1. 智能工业的兴起

智能工业是融合具有环境感知能力的各类终端、基于无所不连的新一代互联网络、人脑智慧三位一体的生态化的新型工业。它将传统制造业提升到智能化的新阶段，大幅度降低生产成本、减少资源消耗、改善产品质量、提高制造效率。

当前，制造业以德国为最强，美国的互联网世界领先，中国是全球制造业第一大国、互联网第二强国，各国都非常重视智能工业发展对经济发展的巨大作用，重视虚拟网络与实体的对接。智能制造业是互联网经济的命脉，没有以技术创新为基础的制造业的发展，互联网经济最终将难以为继。德国拥有强大的机械制造技术和先进设备的制造能力，关注的是生产过程的智能化和虚拟化，把智能工业称为"工业4.0"；美国信息技术最为发达，大数据和云计算世界领先，关注设备互联、数据分析和在此基础上对发展趋势的分析，把智能工业称为"工业互联网"；中国则选用了德国标准，结合国情，把智能工业称为"中国制造2025"。

随着科技的进步，人工智能的黄金时代已经向人类招手。人工智能是对人的意识、思维的信息过程的模拟，促进了计算机工业和网络工业的发展，人工智能将部分取代重复性劳动和部分人类智能，会带来产业结构的巨大变革，同时造成社会结构的剧烈变化，将改变人类生活，为人们的文化生活提供了新的模式。

2. 美国的工业互联网

2012年，美国通用电气公司提出并倡导工业互联网。工业互联网是把全球的工业系统与互联网连接，应用大数据、高级计算、分析和感应技术，通过智能机器间的连接最终将人机连接，开创机器与智慧、物理世界与数字世界的融合，激发新的生产力，重构全球工业。

2014年，AT&T、思科、通用电气、IBM和英特尔在美国波士顿宣布成立工业互联网联盟，定位于服务全球市场和跨国企业，制定通用标准，打破技术壁垒，促进物理世界和数字世界的融合，更便利地连接和优化资产、操作及数据，释放所有工业领域的商业价值。

美国很早就将重振制造业作为最优先发展的战略目标，2009年12月出台《重振美国制造业框架》，2011年6月启动"先进制造伙伴计划"，2012年2月推出"先进制造业国家战略计划"，2012年3月提出建设"国家制造业创新网络"，2013年1月发布《国家制造业创新网络初步设计》，2012年8月美国政府和私营部门联合出资8500万美元成立"国家3D打印机制造创新研究所"，2013年1月投资10亿美元组建"美国制造业创新网络"，2013年5月美国政府提供2亿美元成立"轻型和当代金属制造创新研究所""数字制造和设计创新研究所"和"下一代电力电子制造研究所"，2014年2月成立"复合材料制造业中心"。

通用公司预测，工业互联网能使美国的生产率每年提高1%—1.5%，未来20年会为全球GDP增加10万亿—15万亿美元；埃森哲咨询公司预测，到2020年全球在工业互联网方面的支出将达5000亿美元。

2016年8月，IBM宣布世界首个人造神经元研究完成，可用于制造高密度、低功耗的认知学习芯片，模拟人类大脑的工作方式进行信号处理，奠定了人工智能的底层硬件基石。[①]

通用电气公司通过Predix平台已开发了近40款工业互联网应用程序。作为专为工业数

---

① IBM发明世界首个人造神经元，人工智能的底层硬件基石已完成！[EB/OL].（2016-08-05）[2016-10-05]. http://it.sohu.com/20160804/n462610626.shtml.

据的采集和分析而开发的服务，Predix可以同步捕捉机器运行时产生的海量数据，对数据进行分析和管理，实时监测、调整和优化机器。可以预见，数字技术与工业生产力的密切结合，新型数字化工业生态圈开始形成。

2019年2月，美国发布了《未来工业发展规划》，重点关注人工智能、先进的制造业技术、量子信息科学和5G技术，确保美国能主宰未来工业，推动美国的繁荣和保护国家安全。

3. 德国的"工业4.0"

2013年4月，在汉诺威工业博览会上，德国提出了"工业4.0"的概念。

"工业4.0"是继蒸汽机的应用、规模化生产和电子信息技术等三次工业革命后，以信息物理融合系统（CPS）为基础和生产高度数字化、网络化、机器自组织为标志的第四次工业革命，它将生产中的供应、制造、销售的信息数据化、智慧化，最终达到快速、有效、个人化的产品供应。

"工业4.0"已上升为德国的国家级战略，联邦政府投入高达2亿欧元，德国科研机构和产业界竭力推动，目的是使德国成为新一代工业生产技术的供应国和主导市场，会使德国继续保持全球制造业的领先地位和提升其全球竞争力。

"工业4.0"项目包括：智能工厂（智能化生产系统及过程和网络化分布式生产设施）、智能生产（整个企业的生产物流管理、人机互动以及3D技术在工业生产过程中的应用）、智能物流（通过互联网、物联网、物流网整合物流资源）。

"工业4.0"强调生产过程的智能化和虚拟化，借助于现代电子信息技术的发展，将德国原有的"刚性"先进工业模式通过大数据和虚拟化等工具增强其产品的"柔性"，制订和推广新的行业标准，推进生产或服务模式由集中式控制向分散式增强型控制转变，实现高度灵活的个性化和数字化生产或服务，以打造"智能工厂"和"智慧生产"。"工业4.0"在全球范围内引发了新一轮的工业转型——制造业向智能化转型。

2019年2月，德国经济和能源部发布《国家工业战略2030》，其中一个目标是到2030年，逐步将工业在德国和欧盟的增加值总额（GVA）中所占的比重分别扩大到25%和20%，将钢铁铜铝、化工、机械、汽车、光学、医疗器械、环保技术、国防、航空航天和3D打印10个工业领域列为"关键工业部门"，保证德国工业在欧洲乃至全球的竞争力。

4. 中国智造

中国智造是在三维打印、移动互联网、云计算、大数据、生物工程、新能源、新材料等领域取得重大突破的形势下，集众人之智，将新一代电子信息技术与传统制造业深度融合，基于信息物理系统的智能装备、智能工厂的全新制造方式。

德国的"工业4.0"主要是"制造业+互联网"，美国的"工业互联网"更多是"互联网+制造业"，中国智造是发展先进工业技术和紧盯信息产业发展动向，推进二者的深度融合以实现共同发展。

2011年11月28日，工业和信息化部印发《物联网"十二五"发展规划》，其中规定了智能工业应用示范工程为：生产过程控制、生产环境监测、制造供应链跟踪、产品全生命周期监测，促进安全生产和节能减排。预计到2020年，中国的物联网市场规模将达到1660亿美元。

2015年5月8日，国务院印发《中国制造2025》，部署全面推进实施制造强国战略，提出"创新驱动、质量为先、绿色发展、结构优化、人才为本"的基本方针，坚持"市场主导、政府引导，立足当前、着眼长远，整体推进、重点突破，自主发展、开放合作"的基本原则，通过"三步走"实现制造强国的战略目标：第一步，到2025年迈入制造强国行列；第二步，到2035年我国制造业整体达到世界制造强国阵营中等水平；第三步，到2049年时，我国制造业大国地位更加巩固，综合实力进入世界制造强国前列。《中国制造2025》明确了9项战略任务和重点：一是提高国家制造业创新能力；二是推进信息化与工业化深度融合；三是强化工业基础能力；四是加强质量品牌建设；五是全面推行绿色制造；六是大力推动新一代信息技术产业、高档数控机床和机器人、航空航天装备、海洋工程装备及高技术船舶、先进轨道交通装备、节能与新能源汽车、电力装备、农机装备、新材料、生物医药及高性能医疗器械十大重点领域突破发展；七是深入推进制造业结构调整；八是积极发展服务型制造和生产性服务业；九是提高制造业国际化发展水平。《中国制造2025》明确，通过政府引导、资源整合，实施国家制造业创新中心建设、智能制造、工业强基、绿色制造、高端装备创新五项重大工程，实现长期制约制造业发展的关键共性技术突破，提升我国制造业的整体竞争力。值得注意的是，中国在制造战略强国的推进过程中，必须按相应的贸易规则行事，确保智能制造业的持续发展。

"十三五"规划纲要、《绿色制造工程实施指南（2016—2020年）》《"十三五"生态环境保护规划》《"十三五"国家战略性新兴产业发展规划》《环境保护部推进绿色制造工程工作方案》《关于创建"中国制造2025"国家级示范区的通知》《推进互联网协议第六版（IPv6）规模部署行动计划》《深化"互联网+先进制造业"发展工业互联网的指导意见》《增强制造业核心竞争力三年行动计划（2018—2020年）》《海洋工程装备制造业持续健康发展行动计划（2017—2020年）》《智能光伏产业发展行动计划（2018—2020年）》《工业互联网发展行动计划（2018—2020年）》等提出，全面促进制造业朝高端、智能、绿色、服务方向发展。

十一、智能环保

智能环保是用互联网技术、物联网技术、云计算技术、智能地理信息技术、一体化遥感监测技术、大数据技术、环境模型模拟技术，在各种环境监控对象或物体中嵌入传感器和装备，通过超级计算机和云计算将环保领域物联网整合起来，在大数据处理基础上以更加精细和动态的方式使环境监测、环境应急、环境执法和科学决策更加有效，实现全天候的实时监测、全面监控、应急预警、高效指挥，保证对环境的管理及时有效。

《物联网"十二五"发展规划》《"互联网+"绿色生态三年行动实施方案》等提出了发展智慧环保的措施。

智能环保是未来生态环境管理的全新管理手段。从国家和全球角度看，智能环保通过海量的环境数据收集，经过分析处理，使决策者依据大数据正确判断经济发展和环境保护的现状和发展趋势，制定正确的环境政策，使资源和环境得以持续发展，进而保障经济、社会的持续发展；从环保管理角度看，智能环保在污染源监控、大气污染防治、水污染防治、土壤污染防治、环境质量监测、自然生态保护、环境应急管理、核与辐射安全管理、环境污染举报和投诉、环境信息披露等方面为环保行政管理部门提供真实的数据支撑，移动通信技术还可为环保管理人员提供移动监测污染源、移动执法、移动审批，第一时间掌握环境管理的情况，大幅度提高环境管理的效率和避免因信息不灵、片面带来的管理失误；从企业管理的角度看，智能环保可以使企业准确和及时地掌握生产过程中产生的废气、废水、固体废物的数量，及时调度生产，把污染物排放产生的潜在风险扼杀在萌芽之中；从公众角度看，智能环保为保障公民的环境权利提供了一条有效的渠道，使公民的环境知情权、环境参与权、环境请求权落到实处，使公众参与环境保护有一个更好平台。

十二、互联网金融

金融是现代经济的核心，是经济活动的血脉和调节宏观经济的重要杠杆。互联网的快速发展，使金融的传统技术得到提升。互联网金融运用现代信息技术，不仅使金融消费者获得更好体验，也节约了大量的资源，为绿色经济的发展提供了金融支撑。

互联网金融是随着信息技术和移动通信业务的发展而兴起的，它是融合互联网技术和传统金融的功能、依托大数据和云计算，在开放的互联网平台上实现资金融通、转账支付和信息中介等业务的一种新型的金融模式。

2013年，阿里巴巴打破了金融业的沉寂，用余额宝使中国互联网金融切入了金融业，实现了余额资金财富化。腾讯通过微信，把支付变成社交甚至游戏，推动了互联网进入了全民应用的新时代。2013年被人们称为"互联网金融元年"，各种网销货币基金纷纷出现。

2014年，互联网金融消费产品推出了互联网支付、网络借贷、众筹、互联网理财、保险等，互联网金融得到快速发展。《2015互联网金融消费白皮书》（以下简称《白皮书》）指出，移动设备日益成为互联网金融消费的首选、互联网金融产品的信息透明度较高、消费门槛低是当前互联网金融消费的主要特点。《白皮书》还显示，消费者选择互联网理财的首要原因是操作简单，大部分消费者选择2—5家互联网理财平台进行投资，6个月以下的短期互联网理财产品更受消费者更喜欢，受消费者欢迎的互联网理财产品位列前三的是货币基金、P2P网贷产品、网络炒股，中产阶层更青睐互联网理财。这说明互联网金融消费不仅改变了传统金融消费的渠道，更改变了传统金融的产品特质、营销方式和服务内容，让消费者有了全新的消费体验。

2018年，我国互联网投融资总额达697亿元，第三方支付金融达208.07万亿元。2018年"双11"购物节中，有343万商家从网商银行获得了2020亿的资金支持；在资金支付中，生物支付占比达到60.3%。

互联网金融的出现创新了金融技术手段，为金融增加了一个全新的渠道，突破了行业的界限，使转账支付更快捷、资金融通更高效，具有效率高、成本低、覆盖广、发展快的特点，提高了金融资源的配置效率，从而使金融消费者获得更好体验。

当前，互联网金融的模式主要有：互联网支付、网络借贷、众筹融资、互联网基金销售、互联网保险、互联网信托、互联网消费金融、互联网投资理财、互联网证券。

2015年7月18日，中国人民银行等十部委发布了《关于促进互联网金融健康发展的指导意见》，按照"鼓励创新、防范风险、趋利避害、健康发展"的总体要求，提出了一系列鼓励创新、支持互联网金融稳步发展的政策措施。

十三、互联网流通

互联网流通是以信息网络技术为手段、以商品交换为中心、以互联网为平台的商品交换和相关服务的活动，是传统商业活动各环节的电子化、网络化、信息化，涉及商品买卖的行为和商品的检验、分类、包装、储存、保管、运输、配送等环节。当前，要通过打造智慧物流体系、建设商务公共服务云平台、促进线上线下融合发展和推动传统商业网络化、智能化、信息化改造来加快发展互联网流通。

互联网的产生导致了基于网络空间的虚拟市场的出现，这是一个不同于传统市场的新型市场。虚拟市场一方面为消费者提供了交流和沟通场所，另一方面为企业提供了经营市场。企业可以利用计算机人工智能技术、数据库技术搜集顾客的信息，了解客户需求，改变企业经营策略，推动企业实现"以产品为核心→以服务为核心→以客户为核心"的战略转变。《中国电子商务报告（2018）》显示，2018年，中国电子商务交易额规模为31.63万亿元，网上零售额9.01万亿元，实物商品网上零售额7.02万亿元，电子商务服务业营业收入达3.52万亿元，农村网络零售额达1.37万亿元，跨境电商进出口商品总额1347亿元，电子商务从业人员达4700万人，非银行支付机构发生网络支付金额达208.07万亿元，全国快递服务企业业务量达507.1亿件。

互联网流通是连接生产和消费的纽带，制约着生产的规模、范围和发展速度，是互联网经济的支柱。互联网使得流通的环节减少，流通的时间缩短，流通的半径缩小，流通的效率提高，降低了流通的成本，流通市场的格局得以改变。互联网流通正在成为大众创业、万众创新最具活力的领域，成为经济社会实现创新、协调、绿色、开放、共享发展的重要途径。互联网流通的兴起是对传统经济的颠覆，引发了新一轮的流通业革命，尤其对带动农村经济的发展作用更为明显。

2019年"双11"一天，天猫交易额达到2684亿元，京东累计下单金额突破2000亿元。商务大数据监测主要电子商务平台的数据显示，2019年11月1—11日，全国网络零售额超过了8700亿元人民币，同比增长了26.7%。

互联网流通的出现，使信息部分取代了经济发展对土地、劳力和资本的需求，原材料能得到更合理、有效的运用，农村及经济欠发达地区能凭借更低的成本，加入大规模协同价值网络中来，促进当地制造业和服务业的发展。"淘宝村"现象说明，只要扶持信息产业，就可以花很短的时间使处在工业文明、农业文明时代的社会迅速转入信息文明的社会。

《"互联网+流通"行动计划》、"十三五"规划纲要、《关于深入实施"互联网+流通"行动计划的意见》《电子商务"十三五"发展规划》等提出，加快互联网与流通产业的深度融合，推动流通产业转型升级。

2018年8月，十三届全国人大常委会第五次会议通过了《中华人民共和国电子商务法》，明确了电子商务经营者的权利和义务，规定了电子商务合同的订立与履行以及电子商务争议的解决，促进电子商务的创新发展，建立电子商务经营者的法律责任制度。该法律的出台，填补了我国电子商务法律领域的空白，规范了电子商务行为，有利于促进电子商务持续健康发展。

第七章　政治法治发展

　　绿色发展在政治领域的内容就是政治的法治发展。党的十九大报告指出，全面依法治国是国家治理的一场深刻革命，必须坚持厉行法治，加强《宪法》实施和监督，推进科学立法、民主立法、依法立法，建设法治政府，深化司法体制综合配套改革，建设社会主义法治文化，树立宪法法律至上、法律面前人人平等的法治理念。2015年12月，中共中央、国务院印发的《法治政府建设实施纲要（2015—2020年）》提出，到2020年基本建成职能科学、权责法定、执法严明、公开公正、廉洁高效、守法诚信的法治政府。当前，中国经济发展所引发的环境和生态问题，在政治建设上就是要坚持依法治理环境和管理资源，并积极参与全球治理。

第一节　依法治理环境和管理资源

一、建立完善的资源环境法律体系

1. 我国环境保护法律体系现状

　　环境法制是环境法律法规和环境制度的总称。中国的环境保护法表现形式按其立法主体、法律效力不同，可分为宪法、环境法律、环境行政法规、地方性环境法规、环境规章、环境标准，还包括经中国政府批准生效的有关国际环境与资源保护公约。我国以防治环境污染为主的环境保护法律有10部，以自然资源合理利用和管理为主要内容的自然资源法律有13部，以自然保护、防止生态破坏和防治自然灾害为主要内容的法律有10部，与环境资源法相关的法律有30部，还有大量的环境资源行政法规、地方法规、部委行政规章和地方行政规章，现行有效的环境标准有1699项。

2.《宪法》

　　宪法是中国的基本大法，是立法的基础，是指导性、原则性法律规范。一切法律法规，包括环境保护法，都是在《宪法》的原则指导下制定的，并不得以任何形式与《宪法》相违背。《宪法》在环境与资源保护方面，规定了国家的基本权利、义务和方针。

3. 环境保护法律

　　环境保护法律是指全国人民代表大会常务委员会制定颁布的规范性文件，可分基本法和单行法两类。

　　（1）《中华人民共和国环境保护法》

　　《中华人民共和国环境保护法》是中国环境保护的基本法。该法确定了经济建设、社会发展与环境保护协调发展的基本方针，各级政府、一切单位和个人有保护环境的权利和义务。环境保护基本法是制定环境保护单行法的基本依据。

（2）环境保护单行法

环境保护单行法是针对特定的环境与资源保护对象和特定的污染防治对象，调整各自专门的环境社会关系而制定的规范性文件。单行法名目多、内容广，可归纳为"污染防治"和"环境与资源保护"两个主要方面。

污染防治　污染防治这类法律一般按环境要素分类，如《中华人民共和国水污染防治法》《中华人民共和国大气污染防治法》《中华人民共和国土壤污染防治法》《中华人民共和国固体废物污染环境防治法》《中华人民共和国环境噪声污染防治法》《中华人民共和国放射性污染防治法》《中华人民共和国清洁生产促进法》《中华人民共和国环境影响评价法》《中华人民共和国循环经济促进法》等。

环境与资源保护　环境与资源保护方面的法律中，包含了合理开发利用、保护和改善环境和自然资源的内容，如《中华人民共和国节约能源法》《中华人民共和国海洋环境保护法》《中华人民共和国森林法》《中华人民共和国草原法》《中华人民共和国渔业法》《中华人民共和国矿产资源法》《中华人民共和国土地管理法》《中华人民共和国水法》《中华人民共和国野生动物保护法》《中华人民共和国水土保持法》等有关法律。

（3）其他法律中的环境保护条款

在中国其他法律中也包含了许多关于环境保护的法律规定。如在《中华人民共和国刑法》第六章"妨害社会管理秩序罪"中第六节"破坏环境资源保护罪"规定，凡违反国家有关环境保护的规定，应负有相应的刑事责任。还有其他法规如《中华人民共和国乡镇企业法》《中华人民共和国文物保护法》《中华人民共和国消防法》《中华人民共和国环境保护税法》《中华人民共和国核安全法》等也与环境保护工作密切相关。

（4）环境保护国际公约

国际环境与资源保护公约是国际法的一个分支，所调整的是国家间在全球性或区域性环境保护领域中行为关系，包括有关保护环境的国际条约、协定、规章、制度、宣言及原则等。中国已加入的国际环境保护公约主要有：保护大气和外层空间的《保护臭氧层维也纳公约》《气候变化框架公约》，保护海洋及其生物资源的《防止海上油污染国际公约》《油污损害民事责任国际公约》，动植物自然保护的《生物多样性公约》《国际植物保护公约》《面临灭绝危险的野生动植物国际贸易公约》《关于汞的水俣公约》等。

4. 环境保护行政法规

国务院发布的国家环境保护行政法规包括为贯彻环境保护法律而发布的相关实施细则、条例、命令和办法等。如为贯彻海洋环境保护法而制定的《中华人民共和国防止船舶污染海域管理条例》《中华人民共和国海洋石油勘探开发环境保护管理条例》《中华人民共和国海洋倾废管理条例》等。

5. 环境保护地方性法规

由省人民代表大会或有立法权的城市人民代表大会制定的有关的环境保护法规，称为地方性环境法规。

6. 环境保护部门规章

环境规章包括生态环境部颁布的环境保护行政规定、办法，如《排污申报登记管理规定》《防治尾矿污染环境管理规定》《污水处理设施环境保护监督管理办法》等；生态环境部与国务院各有关部委联合发布的环境保护行政规章和办法；国务院所属各部委制定和发布的与环境保护相关的行政决定、命令、条例实施细则等。

7. 环境标准

环境标准是具有法律性质的技术标准，是国家为了维护环境质量、实施污染控制而按照法定程序制定的各种技术规范的总称。

二、改革生态文明体制

长期以来我国的资源和生态环境保护管理呈现"九龙治水"的现象，管理部门分散、职能交叉、条块分离、地方分割、管理手段滞后、管理效率低下、内耗现象严重，同时存在管理盲区，生态环境成为国家发展的短板，不利于资源的管理和生态环境的保护，严重影响经济和社会的持续发展。

在快速推进生态文明建设的同时，我国生态文明体制改革取得了显著成效。《生态文明体制改革总体方案》明确了生态文明体制的"四梁八柱"，设计了了"八项制度"。生态文明制度体系加快形成，自然资源资产产权制度改革积极推进，国土空间开发保护制度日益加强，空间规划体系改革试点全面启动，资源总量管理和全面节约制度不断强化，资源有偿使用和生态补偿制度持续推进，环境治理体系改革力度加大，环境治理和生态保护市场体系加快构建，生态文明绩效评价考核和责任追究制度基本建立。

在环境监管制度方面，建立统一监管所有污染物排放的环境保护管理制度、建立陆海统筹的生态系统保护修复和污染防治区域联动机制、完善污染物排放许可制以实行企事业单位污染物排放总量控制制度、独立进行环境监管和行政执法、实行生态环境损害赔偿和责任追究制度。

2016年9月出台的《关于省以下环保机构监测监察执法垂直管理制度改革试点工作的指导意见》提出改革我国的环保管理体制，这是改革完善环境治理基础制度、实现国家环境治理体系和治理能力现代化的一个重大举措。

"十三五"规划纲要、《党政领导干部生态环境损害责任追究办法（试行）》《"十三五"生态环境保护规划》《"十三五"国家信息化规划》《关于健全国家自然资源资产管理体制试点方案》《全国国土规划纲要（2016—2030年）》《领导干部自然资源资产离任审计规定（试行）》《生态环境损害赔偿制度改革方案》《关于构建现代环境治理体系的指导意见》的实施，体现了用制度保护生态环境的理念，体现了鲜明的问题导向、从严追责的坚定决心。

党的十九大报告提出改革生态环境监管体制，加强对生态文明建设的总体设计和组织领导，构建政府为主导、企业为主体、社会组织和公众共同参与的环境治理体系。

2018年3月，经十三届全国人大一次会议审议通过，国务院机构实行改革，不再保留国土资源部、国家海洋局、国家测绘地理信息局、环境保护部、农业部、国家林业局等，组建自然资源部、生态环境部、农业农村部、应急管理部、国家林业和草原局等，优化水利部职责，体制机制变革和调整迈出重要一步，政府管理部门关系进一步理顺。

三、运用有效的经济调节手段

运用有效的经济调节手段就是制定环境经济政策，按照市场经济规律的要求，运用价格、税收、财政、信贷、收费、保险等手段，调节或影响市场主体的行为，对各类市场主体进行基于环境资源利益的调整，从而建立保护和持续利用资源环境的激励和约束机制。通过完善市场机制、推行排污权交易制度、发挥财政税收政策引导作用、深化资源环境价格改革，以加快环境治理市场主体培育，建立绿色金融体系。根据政策类型划分，环境经济政策包括市场创建手段、环境税费政策、金融和资本市场手段、财政激励手段、生态保护补偿等。

1. 环境保护税

环境保护税（绿色税）主要是指对开发、保护、使用环境资源的单位和个人，按其对环境资源的开发利用、污染、破坏和保护的程度进行征收或减免的一种税收。实行环境保护税通常做法是"激励"与"惩罚"两类。对环境友好行为的企业实行税收优惠政策，如所得税、增值税、消费税的减免以及加速折旧等；对环境不友好行为的企业建立以污染排放量为依据的直接污染税，以间接污染为依据的产品环境税，以及针对水、气、固废等各种污染物为对象的环境税。实行环境税，就可以实现税收增加、环境保护、社会公平的"三赢"目标。

2016年12月，《中华人民共和国环境保护税法》通过，2018年1月1日起施行。环境保护税征税对象和范围与现行排污费基本相同，明确征税范围为直接向环境排放的大气、水、固体和噪声等污染物。作为中国第一部专门体现"绿色税制"、旨在推进生态文明建设的单行税法的出台，完善了"绿色税收"体系，对防治环境污染起到了重要作用。

2. 绿色金融

绿色金融指金融部门以生态文明理念为指导，在金融活动中把生态环境保护评估纳入流程，在投融资行为中始终关注保护生态环境和节约资源，对环保、节能、清洁能源、绿色交通、绿色建筑等领域的项目投融资、项目运营、风险管理等所提供的金融服务，实现绿色增长，同时自身以绿色发展来建立绿色金融体系，充分发挥金融杠杆在调节经济和社会持续发展中的作用。绿色金融包括绿色信贷、绿色债券、绿色股票指数和相关产品、绿色发展基金、碳金融等金融工具和相关政策等。

绿色金融是绿色经济的核心。当前发展绿色金融作为一项国家战略，它的重要作用是更合理地配置社会经济资源，用金融手段引导资金从高污染、高能耗的产业流向有利于低碳循环、从事环境污染治理的产业和生态保护行业，促进经济发展的绿色化。

通过绿色金融杠杆，可以放大投资的效果，动员和激励更多社会资本投入绿色产业，抑制污染性投资，加快我国经济向绿色化转型，促进环保、新能源、节能等领域的技术进步。绿色金融以生态效益为前提，以经济效益为目标，将两者有机融合在一起，客观上保证了经济效益、生态效益、社会效益、政治效益的有机统一。

"十三五"规划纲要、《关于构建绿色金融体系的指导意见》《"十三五"生态环境保护规划》《"十三五"节能减排综合工作方案》等都提出了建立绿色金融体系、发展绿色信贷和绿色债券、设立绿色发展基金。

3. 环境收费

环境收费是国家为保护自然环境和维护生态平衡，向排放污水、废气、固体废物、噪声、放射性污染物以及破坏生态环境者征收一定的费用，包括排污费、环境赔偿费、罚款等。环境收费制度已成为中国动用经济手段来保护环境的一项法律制度，在中国的环境管理制度和经济刺激手段应用中起着核心作用。2018年1月1日起《环境保护税法》施行后，排污费不再征收。

4. 绿色资本市场

绿色资本市场是环保工作的一个突破口，是一个可以直接遏制"两高"企业资金扩张冲动的行之有效的政策手段。通过直接或间接"斩断"污染企业资金链条，等于对其开征了间接污染税。对间接融资渠道，可推行"绿色贷款"或"绿色政策性贷款"，对环境友好型企业或机构提供贷款扶持并实施优惠性低利率，而对污染企业的新建项目投资和流动资金进行贷款额度限制并实施惩罚性高利率。

在直接融资渠道上，企业发行股票、债券时，证监管理部门要对"两高"企业的资本市场初始准入限制、后续资金限制和惩罚性退市等内容的审核监管。凡没有严格执行环评和"三同时"制度、环保设施不配套、不能稳定达标排放、环境事故多、环境影响风险大的企业，要在上市融资和上市后的再融资等环节进行严格限制，甚至可考虑以"一票否决制"截断其资金链条，而对环境友好型企业的上市融资应提供各种便利条件。

鼓励各类金融机构加大绿色信贷发放力度，设立绿色股票指数，发展相关投资产品，鼓励银行和企业发行绿色债券，鼓励对绿色信贷资产实行证券化，支持开展排污权、收费权、购买服务协议抵押等担保贷款业务，设立市场化运作的各类绿色发展基金，是完善绿色资本市场的重要举措。

5. 排污权交易

排污权交易是利用市场力量实现环境保护目标和优化环境容量资源配置的一种环境经济政策。从20世纪70年代开始，美国就尝试将排污权交易应用于大气及河流污染源的管理，其经验在全球具有代表性。排污权交易的一般做法是，由环境主管部门根据某区域的环境质量标准、污染排放状况、经济技术水平等因素综合考虑来确定一个排污总量，然后建立起排污权交易市场，政府部门须做好对参与排污权交易企业的监测和执法，同时规范好交易秩序。排污权交易最大的好处就是既能降低污染控制的总成本，又能调动污染者治污的积极性。

6. 绿色贸易

绿色贸易是指在贸易中预防和制止由于贸易活动对生态环境造成破坏，从而实现经济和社会持续发展的贸易形式。绿色贸易通过绿色原料采购、绿色包装、绿色设计、绿色服务、绿色营销等形式，与绿色生产、绿色生活一起构建起人类社会再生产的生态链条。适应绿色贸易发展的要求，必须大力发展绿色产业，提高环保水平，参与国际标准的制定，企业要积极推行清洁生产，提高产品技术含量，取得相关的环保认证、环保标志。

7. 绿色保险

绿色保险是中国一项全新的制度，其宗旨是利用商业保险的体制分散风险，保障对受害人给予及时、充分的赔偿，通过保险的方式增强企业环境风险意识，督促企业履行环境保护责任，缓解企业和地方政府环境污染赔偿压力，提高企业环境风险管理能力和水平，保障公众环境权益，实现社会的公平正义。在环境高风险领域建立环境污染强制责任保险制度，是生态文明建设的必然要求。《关于环境污染责任保险工作的指导意见》的推出，标志着中国在建立绿色保险制度方面迈出了一大步。

四、严格生态环境保护执法

生态环境保护执法是指生态环境保护行政主管部门，依法对生态环境行政相对人采取的直接影响其权利义务的生态环境行政行为，并进行其他生态环境监督管理的活动。生态环境行政许可、现场检查、"三同时"验收、限期治理、调查取证、环境行政处罚等是生态环境保护执法的具体形式。作为当前生态环境管理的主要手段，生态环境保护执法对保护生态环境起到了巨大的作用，但目前我国的生态环境保护执法问题较多，"有法不依、执法不严、违法不究"的现象普遍存在。在生态环境保护执法上，需要民间社会的参与。

《关于加强环境监管执法的通知》、"十三五"规划纲要、《"十三五"生态环境保护规划》《关于深化生态环境保护综合行政执法改革的指导意见》都进一步明确严格环保执法、开展跨区域联合执法、强化执法监督和责任追究等。

为了更好保护环境，专司环保执法的警察队伍纷纷成立，依据刑法、治安处罚法和环境保护法等法律法规，开展生态环境违法犯罪案件的侦办，有效地查处打击涉及生态环境领域的违法犯罪活动。

随着互联网技术、物联网技术、云计算技术、智能地理信息技术、一体化遥感监测技术、大数据技术、环境模型模拟技术的广泛运用，在云计算和大数据处理基础上对环境的管理更为及时有效，"智能环保"通过平台、专网、感知子系统和应用子系统，为严格生态环境执法提供了全新的管理手段。

五、开展生态环境保护督察

开展生态环境保护督察是中国当前改革生态环境治理基础制度的重要内容，也是遏制生态环境总体恶化趋势的重大举措。中央明确和强调了"环境问题突出、重大环境事件频发、环境保护责任落实不力的地方，将被先期督察，党政领导有可能被同时追究责任"，并通过了《环境保护督察方案（试行）》。

我国于2002年开始试点、2008年全面组建了区域环境保护督查中心，开启了我国国家环境督政体制的改革，这是国家对环境保护强烈政治意志的体现，对保护生态环境产生了巨大影响。2015年2月，环保部环境监察局加挂"国家环境监察办公室"牌子；8月，国家环境监察办公室更名为国家环境保护督察办公室，并作为国务院环境保护督察工作领导小组的办事机构单独设置。2016年，我国实行了国家层面的环保督察行动，中央环保督察组进各省（区、市）开展环保督察工作，重点盯住中央高度关注、群众反映强烈、社会影响恶劣的环境问题，重点督察地方党政以及有关部门不作为、乱作为等问题。2017年11月，区域环境保护督查中心更名为区域督察局，有力地推进了国家环境治理体系和治理能力现代化的进程。2019年6月，中共中央办公厅、国务院办公厅印发了《中央生态环境保护督察工作规定》，提出设立专职督察机构，实行生态环境保护督察制度。

用好生态环境保护督察这把利剑，是严格生态环境执法的一个重要前提。首先，继续完善顶层设计，把中央精神落实到操作层面，制定完善的生态环境保护督察原则，成立相应的机构，明确督察巡视范围和内容，规范工作方式和权限，严格工作程序，并建立纪律和责任程序；其次，重视环保民间组织的作用，发挥其监督功能，为生态环境保护督察创造良好的社会氛围。

第二节　促进公众参与

一、保障公众的环境权利

20世纪以来尤其是二战以后，严重的环境污染和世界范围的资源稀缺对人类自身的安全、经济社会的发展构成了严重的威胁。作为一项新的人权主张，环境权就是在这样的背景下提出来的。

环境权得到正式的国际承认是在1972年召开的联合国人类环境会议上，大会通过的《人类环境宣言》指出："人类环境的两个方面，即天然和人为的两个方面，对于人类的幸福和对于享受基本人权，甚至生存权利本身，都是必不可少的。""人类有权在一种能够过尊严和福利的生活环境中，享有自由、平等和充足的生活条件的基本权利，并且负有保护和改善这一代和将来的世世代代的环境的庄严责任。"设置公民环境权，对当前生态文明建设的主阵地——生态环境保护领域有重大的意义。

环境权是指特定的主体对环境资源所享有的法定权利。对公民个人和企业来说，就是享有在安全和舒适的环境中生存和发展的权利，主要包括环境资源使用权、环境状况知情权、环境参与权和环境侵害请求权。对国家来说，环境权就是国家环境资源管理权，是国家作为环境资源的所有人，为了社会的公共利益而利用各种行政、经济、法律等手段对环境资源进行管理和保护，促进社会、经济和自然的和谐发展。

环境使用权是环境权的核心，是指日照权、眺望权、景观权、嫌烟权、亲水权、清洁空气权、公园利用权、享有自然权等。

环境状况知情权又称环境信息公开或环境信息披露，是一种全新的环境管理手段。通过公布相关信息，借用公众舆论和公众监督，对环境污染和生态破坏的制造者施加压力，它是国民对本国乃至世界的环境状况、国家的环境管理状况以及自身的环境状况等有关信息获得的权利。

环境参与权是指参与国家环境决策和环境管理的权利，参与环境决策、管理实际上是公民民主权利在环境保护领域中的具体运用。

环境侵害请求权是公民的环境权益受到侵害以后向有关部门请求保护的权利，既包括向国家环境行政机关主张权利保护，又包括向司法机关要求权利保护。请求权的意义在于使环境权成为一项可以通过司法程序或准司法程序进行救济的权利，将环境权的实施落到了实处。

二、公众依法参与环境事务

随着经济的发展，环境与生态问题日益突出，公众的生态文明意识在逐步提升。生态文明建设显然已不仅仅是政府部门的事，而是全社会都必须关注的热点、重点问题。公众参与环境保护是1992年《关于环境与发展的里约宣言》中确定的可持续发展的重要原则之一，是解决环境问题的重要途径，也是公众依法参与公共事务在当前的最重要内容。因此建立生态文明建设的公众参与机制，将对维护公民的环境权益、保护环境和生态、完善生态文明建设的政策体系等起到积极的作用。

公众参与是公众作为权利、义务主体参与政府公共事务的社会行动。公众是生态文明建设的利益主体，是经济绿色转型、淘汰落后产能、产业结构升级的直接受益者。公众参与生态文明建设是保障公众合法生存权利和环境权利的需要，体现了一个国家民主进程和政治文明发育的程度；公众参与生态文明建设是弥补政府管理缺陷的需要；公众参与生态文明建设能够扩大影响，引起各方面的重视，加快推进生态文明建设的力度。

比如，环境信息披露制度是公众参与环境事务的前提。政府环境信息披露的内容包括政府机构为履行法律规定的环境保护职责而取得、保存、利用和处理需要为公众所知悉的与环境有关的信息，主要有制度性信息、管理性信息、自然灾害信息、环境污染破坏信息、食品安全信息、生物安全信息、国土安全信息、人类健康安全信息等；企业环境信息披露形式包括企业自愿选择公布的自愿披露信息、生产行为可能或已经对环境造成影响的企业因政府强制性的规定而公布的强制性披露信息。

要充分调动每一位公民对环保事业的参与。生态文明意味着人类整个生存方式的革命性变革，需要全民在共同参与的生活实践中，逐步告别和摆脱物质主义和商业主义的生活习惯，塑造形成绿色、环保、低碳的生活方式。

要构筑公众参与的制度保障。要提供公众参与环保事业的较为完备的法律保障；建立政府环境信息披露制度是公众参与环境事务的前提。要从本地出发，设置简便、规范、可操作的参与程序和规则，让公众参与环境事务成为制度化的政务环节。

公众参与生态文明建设的内容主要包括参与法规的制定、参与生态文明宣传教育和生态文化建设、支持环境执法和对环境执法部门的监督、参与监督破坏生态环境的行为、做好日常工作和生活中的环境保护、踊跃参加志愿者队伍的行动等。

中国的《环境保护公众参与办法》（以下简称《办法》），对保障公民、法人和其他组织获取环境信息、参与和监督环境保护的权利，畅通参与渠道，促进环境保护公众参与的依法有序发展起到了推动作用。《办法》规定了公众参与的适用范围、原则、方式，特别规定了环境保护主管部门可以通过项目资助、购买服务等方式支持、引导社会组织参与环境保护活动。《"十三五"生态环境保护规划》提出要加强社会监督，建立公众参与环境管理决策的有效渠道和合理机制，完善环境公益诉讼制度。

三、发展民间组织

民间组织作为公众参与的主要组成部分，在生态文明建设中发挥了极其重要的作用，已经成为推动生态文明建设发展不可缺少、不可替代和不可忽视的重要力量，起到了政府职能所不易做、不便做的拾遗补阙的补充作用，起到了政府与社会之间的沟通、交流和融合作用，起到了监督政府、保护百姓环境权益的作用，起到了宣传群众、引导群众、组织群众参与各种环境活动以及咨询和服务等作用。

要充分发挥民间组织发育相对成熟、自主性较强的优势，深化社会管理体制改革，为民间组织发挥自身在推进转型升级和生态文明建设上的独特作用提供广阔的空间。一方面，要在积极培育行业协会、商会等民间组织的基础上，通过行政授权、财政补贴等方式，让民间组织扮演沟通政府与企业、政府与公民的中介角色，有效发挥民间组织在引导、推动、服务企业转型升级方面的积极作用。另一方面，要鼓励民间公益组织发挥组织公民参与生态治理、环境保护的作用，借助于民间组织的社会组织功能，引导全社会形成低碳环保的生活方式，激发全社会共同参与生态文明建设的活力。《"十三五"生态环境保护规划》强调充分发挥环保行业组织、科技社团在环保科技创新、成果转化和产业化过程中的作用。

第三节　参与全球环境治理

一、全球治理

在世界多极化的形势下，对全球政治事务进行共同管理的"全球治理理论"在1990年提出。1992年，"全球治理委员会"成立。1995年发表了《天涯成比邻》研究报告，提出了全球治理的概念、价值以及全球治理同全球安全、经济全球化、改革联合国和加强全世界法治的关系。

2015年10月，中国首次明确提出了全球治理的中国理念："共商共建共享"与"公正合理"，并以"铁腕"承诺推进全球气候治理机制建设。中国提出的生态文明新理念，为全球治理构建了新的价值观基础。

全球环境治理的实践早已开展。20世纪70年代，人们开始认识到环境问题与人类生存休戚相关。环境问题的解决只靠一国的努力难以奏效，必须全球互动并进行国际合作，共同来保护和改善环境，共同采取处理和解决环境问题的各种措施和活动。中国倡导的生态文明成为全球治理理念的转折点，生态文明首次为"人类命运共同体"指明了未来演化的方向并勾画出了人类与自然和谐共生的美丽图景，是从理论到实践的系统性创新。可以说中国在生态文明理念和实践的创新为人类在工业文明和后现代主义迷茫的大海里树立了一座灯塔，真正展示了"人类命运共同体"可能的光明前景。

参与国际环境治理，积极参与全球环境治理规则构建，提升国际合作水平，是今后中国生态环境管理的一项重要工作。《中国落实2030年可持续发展议程国别方案》《关于推进绿色"一带一路"建设的指导意见》《"一带一路"生态环境保护合作规划》

《"一带一路"建设海上合作设想》等提出，完善生态环保合作平台建设，形成生态环保合作良好格局，全面提升对外生态环保合作水平，共走绿色发展之路。党的十九大报告提出，"积极参与全球环境治理，落实减排承诺""中国秉持共商共建共享的全球治理观，倡导国际关系民主化，坚持国家不分大小、强弱、贫富一律平等，支持联合国发挥积极作用，支持扩大发展中国家在国际事务中的代表性和发言权。中国将继续发挥负责任大国作用，积极参与全球治理体系改革和建设，不断贡献中国智慧和力量"。

当前，以中国为代表的新兴经济体，通过绿色发展大力推动全球治理合作机制向新的方向发展，将给全球经济、政治格局带来深远的影响。

二、环境问题的全球化、政治化和经济化

1. 环境问题的全球化

随着全球经济的一体化，生态安全也跨出国界，一国的生态灾难有可能危及邻国的生态安全。如国际性河流，上游国家的截流、溃决和污染物排放，都有可能危及下游国家的安全。近年来，跨境环境污染的情况日益增多。当前环境污染已经由区域性的问题逐渐发展为全球性的环境污染与破坏。这种环境污染与破坏不仅降低了大气、水、土地等环境因素的质量，直接影响人类的健康、安全与生存，而且造成资源、能源的浪费、枯竭与退化，影响各国经济的发展。环境污染与破坏所造成的危害具有流动性、广泛性、持续性与综合性的特点，从而发生全球性的相互联系，以致各国都要承受污染危害，并导致全球共有财产的环境破坏，威胁全人类及人类赖以生存的整个地球生态系统。环境问题的全球性，在空间上表现为全球无处不在，在时间上表现为全球无时不在，在程度上表现为环境问题已不堪重负，在后果上表现为已经影响人类的持续发展。

2. 环境问题的政治化

随着全球环境问题的加剧，环境问题的影响正渗入国内政治、国家安全领域，环境外交成为建立世界新秩序和构建未来国际格局的重要途径。在一些国家，特别是发达国家内部，工业增长的利益同保护生态环境之间的矛盾日益突出。这些国家保护环境的舆论压力日益增大，致使不少政党在竞选中也争相打出环保牌。在国家安全问题上，安全的保障愈来愈多地依赖环境资源，包括土壤、水源、森林、气候以及构成一个国家的环境基础的所有主要成分。假如这些基础退化，国家的经济基础最终将衰退，其社会组织会蜕变，政治结构也随之变得不稳定。这样的结果往往会导致冲突，或是一个国家内部发生骚乱，或是引起与别国关系的紧张。在环境外交方面，20世纪后期，国际上出现了将环境问题与人权问题挂钩的倾向。一些发达国家出于不可告人的政治图谋，为继续推行其强权政治，对广大发展中国家的环境现状与保护措施无端指责和攻击。进入21世纪，环境问题引起的国际冲突将更加频繁。污染事件导致的环境纠纷，"环境移民""环境难民"引起的国际冲突以及诸如中东的水源等资源的争夺等，使环境问题日益与政治、经济、社会问题交织，增加了问题解决的难度。

3. 环境问题的经济化

传统的发展观认为，地球蕴藏的资源是无限的，无论怎样开发，都是取之不尽、

用之不竭的。随着工业经济的发展，生态破坏和污染问题也在不断加剧，工业文明的高速发展造成的环境污染日益加剧也是20世纪的一个重要特点，经济发展所带来的负面效应在区域和全球两个层次上造成了一系列的生态和环境问题。在全球经济一体化的背景下，许多发达国家企业的跨国公司把能耗高、污染重的企业转移到发展中国家，或者通过"合法贸易"向发展中国家出售在本国被法律所禁止销售的有毒产品；而发展中国家却受限于技术、经济水平低下，只能作为主要的资源输出国与初级生产品输出国，并要承担资源消耗与环境破坏的主要后果。在这种不平等的经济交往中，更加剧了环境危机，特别是广大发展中国家，陷入贫困和环境破坏的恶性循环。

三、联合国推进全球环境治理

1. 联合国人类环境会议

1972年6月5—16日，联合国人类环境会议在斯德哥尔摩召开，113个国家和一些国际机构的1300多名代表参加。这是国际社会就环境问题召开的第一次世界性会议，标志着全人类对环境问题的觉醒，是世界环境保护史上的里程碑。会议建议联合国将6月5日联合国人类环境会议开幕日这天定为"世界环境日"。大会通过的《人类环境宣言》，成为世界各国制定环境法的重要根据和国际环境法的重要指导方针。人类环境会议首开国际社会共同重视环境问题的先河，将环境问题摆在了人类的面前，唤醒了世人的警觉，引起了世界各国的广泛共识，开始把环境问题摆上了各国政府的议事日程，并与人口、经济和社会发展联系起来，统一审视，寻求一条健康协调的发展之路。

2. 联合国环境与发展大会

1992年6月3—14日，联合国环境与发展大会在巴西里约热内卢召开，183个国家和地区的代表团、60多个国际组织和团体的代表、102位国家元首和政府首脑参加。大会通过了《关于环境与发展的里约宣言》《21世纪行动议程》，154国签署了《气候变化框架公约》、148国签署了《生物多样性公约》。大会提出了人类"可持续发展"的新战略和新观念。联合国环发大会是人类转变传统发展模式和生活方式，走可持续发展之路的一个里程碑。

3. 《京都议定书》

1997年12月，《联合国气候变化框架公约》缔约方第三次会议在日本京都召开，149个国家和地区的代表参加了会议。会议通过了旨在限制发达国家温室气体排放量以抑制全球变暖的《京都议定书》。2005年2月16日，《京都议定书》正式生效，首开人类历史上在全球范围内以法规的形式限制温室气体排放的先河。

4. 联合国可持续发展世界首脑会议

2002年8月24日至9月4日，联合国可持续发展世界首脑会议在南非约翰内斯堡举行，130多个国家的元首或政府首脑、政府代表团和非政府组织的代表等6万多人参加。会议涉及政治、经济、环境与社会发展等各个方面。这是继1972年斯德哥尔摩人类环境会议、1992年里约环境与发展大会之后，联合国在环境与发展领域举行的又一次全球环境盛会。

5. 《巴厘岛路线图》

2007年12月3—15日，联合国气候变化大会在印度尼西亚的巴厘岛举行。《联合国气候变化框架公约》的192个缔约方、《京都议定书》的176个缔约方共1.1万多名代表参加了会议。会议着重讨论2012年后人类应对气候变化的措施安排等问题，特别是发达国家应进一步承担的温室气体减排指标，会议通过了《巴厘岛路线图》。这是人类应对气候变化历史中的一座新里程碑，为进一步落实《联合国气候变化框架公约》指明了方向。

6. 哥本哈根世界气候大会

《联合国气候变化框架公约》第15次缔约方大会暨《京都议定书》第5次缔约方会议于2009年12月7—18日在丹麦首都哥本哈根召开，来自194个国家的代表参加了会议，119位国家元首和政府首脑出席，极大地促进了全球对气候变化问题的关注。会议达成了一份不具有法律约束力的《哥本哈根协议》，但会议成为全球走向生态经济发展道路的一个重要转折点。

7. 全球可持续发展峰会

2012年6月20—22日，全球可持续发展峰会在巴西里约热内卢召开，120多个国家的元首或政府首脑、政府代表团和非政府组织的代表共5万多人参加。"里约+20"峰会是联合国历史上最重要的会议之一，为人类社会向绿色经济转变提供了一个机会，会议通过了最终成果文件《我们憧憬的未来》，体现了国际社会的合作精神，展示了未来可持续发展的前景，对确立全球可持续发展方向具有重要的指导意义。

8. 第一届联合国环境大会

2014年6月23—27日，第一届联合国环境大会在内罗毕联合国环境规划署总部召开，160多个国家的政府代表、主要团体和利益攸关方的1200多名代表出席，聚焦"可持续发展目标和2015年后发展议程，包括可持续消费和生产"，标志着联合国环境规划署和全球环境管理问题进入了一个新时代。

9. 联合国可持续峰会

2015年9月25—27日，联合国可持续峰会在纽约的联合国总部召开，150多位国家元首和政府首脑出席。会议通过了推动世界和平与繁荣、促进人类可持续发展的新议程——《改变我们的世界——2030年可持续发展议程》，包括17项可持续发展目标和169项具体目标的纲领性文件，为未来15年国际发展合作指明了方向，规划了蓝图，开启了人类可持续发展的新时代。

10. 巴黎气候变化大会

《联合国气候变化框架公约》第21次缔约方会议暨《京都议定书》第11次缔约方会议于2015年11月30日至12月12日在法国巴黎召开，超过150名国家元首和政府首脑、195个国家以及欧盟的代表近1万人参加了大会，与会者还包括近2000个非政府组织的1.4万名代表和3000余名各国记者。会上184个国家提交了应对气候变化"国家自主贡献"文件，大会通过了《巴黎协定》。2016年11月4日，《巴黎协定》正式生效，成为《联合国气候变化框架公约》下继《京都议定书》后第二个具有法律约束力的协定，标志着解决全人类面临的气候问题开始进入了全球合作的新时代。

11. 第二届联合国环境大会

2016年5月23—27日，第二届联合国环境大会在内罗毕联合国环境规划署总部召开，174个国家和地区、20多个国际组织和非政府组织的近2000名代表，包括120名部长级官员出席了会议。大会以"落实2030年可持续发展议程中的环境目标"为主题，探讨全球环境治理和可持续发展等议题，为全球实施《2030年可持续发展议程》和《巴黎协定》奠定了基础。中国环境保护部与联合国环境规划署在第二届联合国环境大会上共同发布了《绿水青山就是金山银山：中国生态文明战略与行动》报告。

12. 第三届联合国环境大会

2017年12月4—6日，第三届联合国环境大会在内罗毕联合国环境规划署总部召开，来自各国的100多名环境部长在内的4000余名政界、商界领袖和民间机构代表出席了会议。大会以"迈向零污染地球"为主题，发布了首个环境部长声明，支持防控和治理空气、土壤、水以及海洋领域污染的努力，通过了13项非约束性决议和3项决定。

13. 联合国卡托维兹气候大会

《联合国气候变化框架公约》第24次缔约方会议、《京都议定书》第14次缔约方会议、《巴黎协定》首次缔约方大会第三阶段会议于2018年12月2日至15日在波兰卡托维兹召开，来自近200个国家的代表参加了大会。大会通过了《巴黎协定》实施细则，为2020年以后全球气候行动的落实奠定了制度和规则基础。

14. 第四届联合国环境大会

2019年3月11—15日，第四届联合国环境大会在内罗毕联合国环境规划署总部召开，来自170多个国家、国际组织和非政府组织的5000余名代表出席会议。大会以"寻求创新解决办法，应对环境挑战并实现可持续消费与生产"为主题，做出了25项决议，通过了部长宣言。

15. 联合国气候行动峰会

2019年9月23日，联合国气候行动峰会在纽约联合国总部召开。峰会取得了务实的成果，展现了各国在共同政治决心方面的飞跃，展示了为支持《巴黎协定》在实体经济领域开展的大规模行动，为2020年关键气候行动期限前实现国家目标和推动私营部门行动做出了重要努力。

四、国际环境法律体系的完善和国际组织的组建

1. 国际环境法律体系的完善

国际环境法作为调整国际自然环境保护中的国家间相互关系的法律规范，是国际社会经济发展与人类环境问题发展的产物。

国际条约规定了国家或其他国际环境法主体之间在保护、改善和合理利用环境资源问题上的权利和义务，是国际环境法规范的最基本和最主要的渊源。国际环境合作公约化、法律化是国际环境合作的必然趋势。解决全球环境问题，最常见的法律手段就是签订国际环境条约。现在，与环境和资源有关的国际环境条约有近200项，如《保护臭

氧层维也纳公约》《关于消耗臭氧层物质的蒙特利尔议定书》《联合国气候变化框架公约》《京都议定书》《联合国海洋法公约》《防止倾倒废物及其他物质污染海洋公约》《国际防止船舶造成污染公约及其议定书》《生物多样性公约》《卡塔赫纳生物安全议定书》《核安全公约》《关于持久性有机污染物的斯德哥尔摩公约》《控制危险废物越境转移及其处置巴塞尔公约》《保护世界文化和自然遗产公约》《联合国防止荒漠化公约》《濒危野生动植物物种国际贸易公约》《关于特别是作为水禽栖息地的国际重要湿地公约》《关于汞的水俣公约》等。迄今为止，我国已批准加入30多项与生态环境有关的多边公约或议定书。2018年5月，联合国大会通过决议，正式开启《世界环境公约》的谈判进程。

已经签订的保护国际环境的国际条约中，有些原则是作为国际惯例发生作用的，它也是国际环境法规范的一个渊源。有关环境保护的国际会议及国际组织的宣言决议对制定新的国际环境法规范，对确认、固定、发展和解释现有的国际环境法规范，作用也十分显著。相关大会通过的宣言、决议对各国都有极强的约束作用。各种国际组织就自然环境某些部分的保护而通过的许多具体纲领和决议，也被认为是自然资源保护方面的国际环境法的基础。如《人类环境宣言》《关于环境与发展的里约宣言》《21世纪行动议程》《约翰内斯堡可持续发展声明》《可持续发展问题世界首脑会议执行计划》《我们憧憬的未来》《变革我们的世界——2030年可持续发展议程》等。

2. 国际组织对环境问题的关注

早在20世纪中叶，一些有识之士就组建了国际组织开始关注环境和生态问题。世界上最早成立的环境组织是1948年成立的"世界自然保护同盟"，是世界上唯一由国家、政府和非政府组织平等参加的国际环境组织；1961年成立的"世界自然基金会"，是世界最大的、经验最丰富的独立性非政府环境保护机构。

20世纪70年代以后，以联合国为代表的国际组织以及相关的民间组织采取了一系列行动，促使人类对日益严重的环境和生态问题加深认识。1972年12月，第27届联合国大会决定成立"联合国环境规划署""环境规划理事会"和"环境基金会"，极大地促进了环境领域的国际合作。

联合国粮农组织（1945年成立）、联合国教科文组织（1945年成立）、世界卫生组织（1946年成立）、联合国人口委员会（1946年成立）、经济合作与发展组织（1961年成立）、联合国开发计划署（1966年成立）等国际机构也承担着生态环境管理与协调职能，一些地区性国际组织也在区域环境和经济发展中发挥着作用。

1971年，当今世界最活跃、影响最大、最激进的国际性生态环境保护组织"绿色和平组织"成立。

生态环境问题日益突出并呈全球化发展趋势，越来越引起国际社会的极大关注。在这种背景下，不少国家的"绿党"逐步进入政坛，成为影响政府决策的重要力量。世界各国各地的非政府组织（NGO）也大量涌现，其数目远远超出政府间组织。民政部发布的《2017年社会服务发展统计公报》指出，截至2017年年底，全国共有生态环境类社会团体6000家，生态环境类民办非企业单位501家。非政府组织的许多建议有很强的现实针对性，产生了强烈的反响，其作用随着环境保护和生态建设事业的发展也越来越重要。

在国际环境合作中，如"77国集团+中国"的合作方式和亚欧环境部长会议便是其中的范例。"77国集团+中国"的合作形式，正式形成于联合国环境与发展大会，对加强发展中国家内部的协商和团结，维护发展中国家利益，促进南北对话，发挥了积极作用。2002年1月，亚欧环境部长第一次会议在北京举行。这次会议加强了亚欧环境合作中的伙伴关系，有利于促进解决全球和区域性环境问题，并为各伙伴国开展环境合作提供了一个平台。会议的主要议题包括：促进亚欧环境合作伙伴关系；能源与环境、气候变化、生态保护、荒漠化防治和森林保护等国际问题；今后亚欧环境对话可选方式。这标志着亚欧环境合作进入了一个新的里程。

五、全球气候变化影响全球政治格局

全球气候变化是当今国际社会的热点话题，是人类社会面临的共同挑战。尽管对全球气候变化问题有不同的看法，但全球变化已超出了气候问题的范围，成为一个全球性的政治问题。在生态文明的视野下，如何应对气候变化带来的问题，就成为各国政府和公众要面对的重大课题。

1. "气候变暖"的提出

全球变暖是美国气象学家詹姆士·韩森于1988年6月在美国参众两院听证会上首先提出的。

全球变暖是一个备受争议的话题，它是指由于人类活动，温室气体大量排放，全球大气二氧化碳、甲烷等温室气体浓度显著增加，使全球气候变暖。科学家在2009年发布的一份关于人类安全利用"地球极限"报告的扩充报告中指出，作为地球的九大极限之一的气候变化已非常严重，二氧化碳（主要温室气体）浓度达到397ppm，已经超过了350ppm的安全界限。[①]

主张全球变暖的科学家指出，1983—2012年北半球是过去1400年中最暖的30年；1880—2012年，全球地表平均温度升高0.85℃；最近50年间气温上升的趋势是过去100年间的两倍左右。由于人类活动的影响，全球大气二氧化碳、甲烷等温室气体浓度显著增加。温室气体大量排放使全球气候变暖。20世纪中叶以来，全球气候变暖一半以上由人类活动造成。温度上升1℃，会使降水减少7%。

世界气象组织的报告显示，由于强厄尔尼诺和人类活动引起的全球变暖，2015年欧洲、南美和大洋洲创下了陆地最高温度纪录，非洲达到了第二个高温纪录，2015年全球平均表面温度比1961—1990年的平均水平约高出了0.76℃。到21世纪末，全球可能增温1—3.7℃，中国可能增温1.3—5.0℃。

2. 对气候变暖的质疑

在主张全球气候变暖的同时，对全球气候变暖提出质疑的声音也不弱。曾任国际第

---

① 这个报告评估了9个地球极限，认为人类已经越过气候变化、物种减少、土地利用变化、化肥污染4个极限，淡水利用、海洋酸化、臭氧消耗3个极限在安全线内，包括空气污染在内的其他极限需要进一步评估。见：报告称地球9个极限人类已越过4个：破坏巨大 [EB/OL]. （2015-01-26）[2016-11-03]. http://tech.huanqiu.com/discovery/2015-01/5504581.html.

四纪研究联合会（INQUA）国际海平面变化委员会主席的瑞典地质学家、物理学家尼尔斯·阿克塞尔·默纳指出，过去50年来，海洋水位只是按照自然规律时升时降。他预言海平面在21世纪内都不会上升超过10厘米，如果把未知情况计算在内，最高幅度也只会有20厘米，最低幅度是零。他认为联合国政府间气候变化专门委员会（IPCC）出台的报告带有严重的误导性质。IPCC声称全球海平面每年上升2.33毫米，但其实2.33毫米的数据只是在香港录得的水位上升数字，而其人造卫星取得的数据却没有显示水位上升的趋势。默纳对IPCC最近发表的两份报告提出质疑，指出有一份报告的22名学者中竟没有一个是海平面专家。他把全球变暖致使海平面上升的说法指责为"世纪大谎言"。

英国东英格利亚大学气候研究中心主任曾展示过去1000年来气候变化的曲线图，并暗示使用某种技术可以隐藏近来的"全球温度下降"，该中心的有些文件显示全球变暖自20世纪60年代就停止了，但与此相反的主流证据则表明全球气候在不断变暖。弗吉尼亚大学教授弗雷德认为，大气中的二氧化碳是植物赖以生存的必要条件，他对发达国家对中国的温室气体排放的指责不以为然，"或许我们应感谢中国排放了更多的二氧化碳，而不是为此感到担心"，过去10年全球气候变化并非人类活动所致，主要是自然原因引起的。因此，一些气候变化怀疑论者认为全球变暖是科学造假。

著名天文学家、俄罗斯科学院天文观测总台宇宙研究室主任阿卜杜萨马托夫认为，气候的变化并不是人类活动造成的，而是太阳活动的结果。太阳辐射强度经常地不断变化，导致了太阳系其他星球的气候变化，200年大周期和11年小周期的太阳活动直接影响了地球气候的变化和生物的生存。科学家研究了从格陵兰岛和南极大陆3000米深处采集到的冰芯，得出了在工业革命前全球就已经开始升温的结论。根据俄罗斯科学院天文总台的观测，全球未来的气温将随太阳辐射强度的回落而下降。全球温室效应和人类工业活动没有必然联系。

我们的研究表明：地球气候的变化，从一个较长时期看，主要是受地球所处的大生态期决定的，人类活动对气候的影响构不成主要因素；从短期看，太阳活动是气候变化的主要因素，太阳辐射与积融雪速率的关系影响着气候的变化，而人类在冰盖消融和冰雪融化问题上是能有所作为的。

3. 气候变化的主要原因

人类对全球气候变化的影响主要是由于温室气体的排放。温室气体成分包括：二氧化碳（CO_2）、甲烷（CH_4）、氧化亚氮（N_2O）、臭氧（O_3）、氟利昂或氯氟烃类化合物（CFCs）、氢代氯氟烃类化合物（HCFCs）、氢氟碳化物（HFCs）、全氟碳化物（PFCs）、六氟化硫（SF_6）。其中CO_2、CH_4、N_2O和O_3是自然界中原来就有的成分，而CFCs、HCFCs、HFCs、PFCs和SF_6则却是人类生产活动的产物。

工业革命以前，大气中的CO_2浓度约为280ppmv（平均值），变化幅度约在10ppmv内。工业革命之后，大规模的森林砍伐造成CO_2的生物汇不断减少，而化石燃料——煤炭、石油和天然气等消费不断增加，海洋和陆地生物圈不能完全吸收多排放的CO_2。目前，每年全世界燃烧化石燃料排放到大气中的CO_2总量折合成碳大约是60亿吨，由于森林破坏和土地利用变化释放CO_2约15亿吨。每年大气中碳的净增加大约是38亿吨，37亿吨被海洋和陆地生物圈吸收（海洋约20亿吨，陆地生物圈约17亿吨），约有50%的CO_2留在大气中。

甲烷（CH_4）是大气中含量丰富的有机气体，主要来自地表，可分为人为源和自然源。人为源包括天然气泄漏、石油煤矿开采及其他生产活动、热带生物质燃烧、反刍动物、城市垃圾处理场、稻田等。自然源包括天然沼泽、多年冻土融解、湿地、河流湖泊、海洋、热带森林、苔原、白蚁等。甲烷的产生和消除的领域主要包括废物处理、农业、燃料逸出性排放以及与能源相关或无关的工业、土地变化和林业等。全球甲烷排放源约为5.35（4.10—6.60）亿吨/年，其中自然源为1.60（1.10—2.10）亿吨/年、人为源为3.75（3.00—4.50）亿吨/年，人为源约占70%。人类排放源可分为与化石燃料有关的排放源和生态排放源。

氧化亚氮（N_2O）来源于地面排放，全球每年N_2O源总量约为1470万吨。其中自然源为900万吨（主要包括海洋以及温带、热带的草原和森林生态系统），人为源大约为570万吨（主要包括农田生态系统、生物质燃烧和化石燃烧、己二酸以及硝酸的生产过程）。大气中N_2O的每年增加量约为390万吨，其产生和排放的领域主要包括工业、农业、交通、能源生产和转换、土地变化和林业等，其中农业过量施氮是一个重要因素。人类主要通过施用氮肥增加农作物产量，而以氮肥所代表的活性氮一方面污染了环境，另一方面还是增温效应最强的温室气体。单个N_2O分子的增温效应大约是CO_2的300倍。目前N_2O的温室效应贡献为CO_2的1/10。要控制全球气候变化，工业要低碳、农业要低氮、生活要生态。

4. 气候变化引发巨大灾难

全球气候变化的现实已经显现，对自然生态系统带来的灾难包括冰川消融、永久冻土层融化、海平面上升、咸潮入侵、生态系统突变、旱涝灾害增加、极端天气频繁等。

如果全球气候持续变暖，较高的温度将使冰川雪线上升、极地冰川融化、海平面升高，使一些海岸地区被海水淹没，部分地区将不再适合人类居住。全球变暖也可能影响降雨和大气环流的变化，使气候反常，易造成旱涝灾害，导致生态系统发生变化和破坏。联合国有关报告指出，如果气温持续上升，到2085年，海平面将上升15—95厘米，造成30%的沿海建筑被海水淹没，同时非洲大陆1/3的生物种类将灭绝，5000多种植物中，有约80%会因为气候变暖而退化。覆盖着格陵兰岛的170万平方千米的冰原一旦全部融化，全球海平面将上涨7米。科学家估计，被誉为"地球之肺"的贝伦—亚马孙河三角洲，在几十年内，气候变化会把亚马孙森林变成萨瓦纳稀树草原……

气候变暖加剧将造成中国境内极端天气与气候事件发生的频率增大。青藏高原和天山冰川加速退缩，一些小型冰川消失。干旱区范围可能扩大，荒漠化可能性加重，沿海海平面继续上升。自然资源部海洋预警监测司的《2018年中国海平面公报》显示，1980—2018年，中国沿海海平面上升速率为3.3毫米/年，高于同时段全球平均水平。有分析表明，沿海海平面变化总体呈波动上升趋势。如果海平面上升30—50厘米，全球超过10万千米的海岸线会受其影响，珠江三角洲和孟加拉国的三角洲处境尤为堪忧；如果海平面上升超过50厘米，超过50万平方千米的土地将受到影响，斐济和马尔代夫等国的领土将所剩无几，孟加拉国、印度和越南的部分领土也将被淹没；当海平面上升1米以上，威尼斯、纽约、伦敦、上海等城市将被淹没，一些人口集中的河口三角洲地区（包括长江三角洲、珠江三角洲和黄河海河三角洲）受害尤为严重，中国沿海将有12万平方千米的土地被海水吞噬。中国《第三次气候变化国家评估报告》预测，到21世纪末中国海区海平面将比20世纪高出0.4—0.6米。

5. 气候变化对经济和社会的影响

全球气候变化不仅严重影响经济发展，也影响社会的和谐。种植业是受其影响最大的部门，能源业、畜牧业、渔业、旅游业、林业、采矿业、保险业等也将受到影响。

（1）全球气候变化导致经济损失巨大

热浪、干旱、暴雨、台风等极端天气以及气候灾害等越来越频繁，导致当地居民生命财产损失加剧、水供应紧张、粮食减产、食品价格上涨，每年全球因气候变化导致腹泻、疟疾、营养不良多发而死亡的人数增加，还导致部分陆地区域的物种平均每10年向极地和高海拔地分别推移17千米和11米。未来10—20年，中国每年自然灾害造成的直接经济损失一般达1000亿—3000亿元人民币，重灾年达3000亿—5000亿元，特重灾年达5000亿元左右。伴随着社会经济发展和减灾能力的提高，自然灾害对全国造成的直接经济损失一般占GDP的2%—3%，重灾年预计占3%—5%，特重灾年预计占5%—8%。全国受灾人口一般年份占总人口的30%左右，重灾年和特灾年达30%—50%。

《气候脆弱性监测报告》指出，全球气候变暖正在使世界经济每年遭受约1.6%的损失，如果不对此采取措施，未来20年损失将上升至3.2%。在孟加拉国，气温每上升1摄氏度，粮食会减产10%，相当于400万吨的粮食，价值25亿美元，为孟加拉国GDP的2%。

2016年5月，联合国环境署发布报告显示，到2050年，发展中国家适应气候变化成本可能会升至每年2800亿—5000亿美元。

联合国开发计划署举办"如何减少极端气候条件所致风险"论坛发布的资料显示，到2030年全球变暖将影响巨大，持续增高的气温将迫使一些行业缩短工作时长或进行调整，影响国内生产总值（GDP），43个国家会受到直接影响，亚、非国家所受经济损失尤其明显。

（2）全球气候变化影响农业生产

全球气候变化会使全球气温和降雨形态迅速发生变化，造成大范围的森林植被破坏，使许多地区的自然生态系统和农业无法适应或不能很快适应气候的变化，进而影响到粮食作物的产量和作物的分布类型，使农业生产受到破坏性影响。气候变化使小麦和玉米平均每10年分别减产约1.9%和1.2%。

对中国来说，农业是受气候变化影响最严重的一个行业。气候变暖，使春、初夏时节许多地区干旱加剧，土壤蒸发量上升；使北方和西部的温暖地区、沿海地区的降雨量增加，南方地区的洪涝灾害更多，东南沿海地区台风和暴雨更频繁。土壤蒸发量上升、洪涝灾害增多和海水侵蚀等将造成农业大幅度减产，对农业生产产生极为不利的影响，但随着温度升高、霜冻减少，生长期延长，二氧化碳的"肥料效应"会增强光合作用，一些作物能在纬度较高地区种植，对农业产生有利影响。在气候变冷的情况下，农业耕种活动将受到严重影响，农业生产将遭受致命性的打击。

（3）全球气候变化产生新的社会问题

全球变暖会使世界部分地区夏天出现超高温，成为影响人类健康的一个主要因素，表现为发病率和死亡率增加。全球变暖导致臭氧浓度增加，破坏肺部组织，引发哮喘或其他肺病，造成某些传染性疾病的传播。全球变暖导致的粮食减产，也使当地居民遭受饥饿和营养不良的威胁。对气候变化造成的经济和社会损失承受能力各个国家不一样，发达国家由于有较成熟的医疗卫生和环保、保险体系，影响相对较小，而广大发展中国家将承受气候变化的巨大压力。

2014年，世界卫生组织的研究表明，2030—2050年气候变化带来疟疾、痢疾、热应激和营养不良将导致全球每年25万人死亡。英国流行病学家、伦敦卫生与热带医学院前主任安德鲁·海恩斯在《新英格兰医学杂志》发表的报告指出，到2030年气候变化可能造成1亿人陷入极端贫困，到2050年单是气候变化相关的粮食短缺因素，全球每年成年人死亡人数可能净增加到52.9万人。[①]

气候变暖使高山冰川融化产生生态难民，冻土融化日益威胁当地居民生计和道路工程设施，气温上升导致喜马拉雅等高山的冰川消融、对淡水资源形成长期隐患，绿洲经济衰退，生态难民增加。青藏高原的冰川一旦消失，将影响周边国家和地区近20亿人口的生存。当海平面上升1米时，我国居住在沿海地区的7000万人口需要内迁。

6. 气候变化成为国际政治的焦点

近年来，气候问题从一个自然的问题演变成政治问题、经济问题，完全是一些国家、利益集团为了自身利益把"气候变化"无限放大。在气候变化问题上，世界各国之间不停争吵，但基本上都是站在自己的立场来说话，尤其是发达国家认为自己是站在全人类的立场上来主持公道，这绝对是无稽之谈。发达国家想利用环境问题中的"碳关税"，树立新的经济霸权。

碳关税是指如果某国生产的产品不能达到进口国在节能和减排方面设定的标准，就将被征收特别关税。推行碳关税对发展中国家的经济影响很大。与以服务业为主的发达国家不同，发展中国家的农业和制造业比重很大，生产中二氧化碳的排放量较大，征收碳关税严重影响发展中国家的经济增长，因此遭到很多国家的反对。征收碳关税不但违反了WTO的基本规则，而且也违背了《联合国气候变化框架公约》及《京都议定书》确定的发达国家和发展中国家在气候变化领域"共同而有区别的责任"原则，是对发展中国家利益的严重损害。碳排放问题，实质上是发达国家为维持自身的利益一手导演的政治话剧。美国退出《巴黎协定》，从某种程度上就是为了美国利益，摆脱国际公约对美国发展的制约。

南北极冰盖如果消融，海冰的解冻将会出现新陆地、新运输航线，地缘政治将出现新格局。不仅影响北极地区资源的开发和经济发展，其军事战略意义也将更加凸显。这对各国特别是俄罗斯、美国等国都具有极大的吸引力。其他许多国家也以不同的理由

---

① 张飞扬. 全球变暖会导致每年25万人死亡？美研究报告：少了[EB/OL].（2019-01-17）[2019-01-17] http://world.huanqiu.com/exclusive/2019-01/14088143.html.

提出领土领海要求，参与新大陆的瓜分，加剧世界紧张局势。环北极国家为使本国获得巨大的经济和军事利益，提出对北极地区的主权主张，宣称自己对北极地区的部分区域拥有主权或经济专属权。他们还可直接对其他国家的科学考察、经济开发等活动进行干预。对中国来说，对于南北极出现的新变化，不能仅仅停留在科学考察的水平、重走郑和下西洋的老路子，而要提高到控制全球战略制高点的水平来考虑，争而不霸，获得应有的利益。

2018年1月，国务院新闻办发布了《中国的北极政策》白皮书，指出要积极应对北极变化带来的挑战，认识北极、保护北极、利用北极，参与治理北极，为北极的和平稳定和可持续发展做出贡献。

据《国际生态与安全》杂志2007年第1期报道，由五角大楼富有影响力的防御顾问安德鲁·马歇尔为主执笔的气候变化报告，包含了美国诸多国防专家的研究成果。该报告称气候变暖将导致地球陷入无政府状态。气候变化将成为人类的大敌，在某种程度上将胜过恐怖主义的威胁。报告预测，今后20年气候的突然变化将导致地球陷入无政府主义状态，各国都将纷纷发展核武器来捍卫粮食、水源和能源供应，不让这些赖以生存的物质遭到他人蚕食。由于人类面临生存的恐怖威胁，全世界届时将会爆发巨大的骚乱、饥荒甚至核冲突。

第八章　文化生态发展

绿色发展在文化领域的内容就是文化的生态发展。致力于人与自然、人与人的和谐关系与和谐发展的文化，才是有利于促进经济、社会和环境保护协调发展的文化，要融合全球优秀的不同文化的基因，深刻变革人类思想观念，在更高层次上实现对自然法则的尊重与回归。

第一节　开启生态文化新时代

一、构建全新的生态文化

生态文明新理念是在传承传统文化基础上结合现代文明成果产生的。在人类迈向生态文明的征途中，构建一种全新的生态文化，才能融合自然、利用自然，促进人类的绿色发展。《"十三五"生态环境保护规划》提出，加大生态环境保护宣传教育，组织环保公益活动，开发生态文化产品，全面提升全社会生态环境保护意识。

1. 生态文化有利于人与自然的和谐

生态文明的生态文化要符合尊重自然、顺应自然、保护自然的生态文明理念，"人是主体，自然也是主体；人有价值，自然也有价值；人有主动性，自然也有主动性；包括人在内的所有生命都依靠自然"，这应成为人类生存的基本态度、核心观念与核心内容。在经济和社会发展中自觉践行人与自然"共生和谐"相处的理念，相关法律法规的制定、创新、执行才能获得广泛的社会认同与持续的社会效应，并最终实现人与人之间的代内公平、代际公平、区域公平和人与自然之间的种际公平。

2. 生态文化有利于人与人之间的关系的和谐

建设新的生态文化要正确处理因人与人之间的关系所引发的各种问题。生态文化可以影响人们的交往行为和交往方式，丰富人的精神世界，增强人的精神力量，促进人的全面发展。当前，由不合理的生产关系所造成的发达国家对发展中国家资源低成本占有和污染的跨境转移现象日益凸显。这一问题的解决只有通过重建全球生态文化才能实现，寻求全球共同生态利益的认同，并通过全球治理以期塑造全球生态公平，发展和构建生态化的生产力与生产关系，建立与绿色发展相适应的全球治理体制。

3. 生态文化有利于自然界生物之间的和谐

自然界生物之间的动态平衡的关系对人类生存和发展具有重要的意义。要使人类社会持续发展，就必须重构生态文化的基础，才能使人类朝着维护自然界生物之间的动态平衡关系迈进，从文化视角为生物多样化及各物种的繁衍生息提供保障。

4. 生态文化有利于人与人工自然之间的和谐

现代科学技术大发展给人类创造了各种各样的人工自然，人工自然反过来极大地影响人类的生产和生活，为了使现代科学技术等朝着造福人类的方向发展，生态文化在人类建设人工自然时就必须对人类的行为进行导向、规范、调控，在建成之后合理、和谐地运用，使人工自然起到驱动社会经济发展的倍增器作用。

5. 生态文化有利于人的身心和谐

当今世界出现的人与自然、人与人、自然界生物之间、人与人工自然的不和谐，根源在于工业文明观支配下人的身与心的不和谐。构建生态文明意义上的生态文化，才能使人们内心深处有一个可供指引人们行动的灯塔，进而影响人们的思维方式、伦理与道德观念、价值取向，使经济的发展与社会的进步更有利于人与自然的共生和谐。

二、生态文化的特点

1. 生态文化的先导性

生态文化对新制度、新体制的建立有先导作用。生态文化的精神，一方面为批判、否定和超越工业文明的旧制度、旧体制提供工具，另一方面又是以生态文明观指导下的价值理念以及由此而建立的新的价值世界为蓝图，赋予人们以生态文明的理想，牢固树立生态文明的信念。

2. 生态文化的整体性、系统性

生态文化的内容具有整体性、系统性。近代西方文化是分科文化，中国传统文化是综合文化。整体性、系统性的特点在创建生态文化时必须特别注意，不仅涉及政治、宗教、艺术、民俗等领域，还包括每个人的思维、道德、精神、审美、判断等行为。生态文化的各种表现形式之间相互联系、相互影响，不仅反映自然之理，同时反映社会发展的一般规律。

3. 生态文化的经济性

生态文化是一种走向生态文明过程中为满足人类精神文化生活需求所蕴含、所拥有的物质财富的创造力，生态文化在产品创意和产品生产流通领域中能创造出价值，包括文化的创意（创造）力和文化的生产力两个层面，这是生态文化的时代性决定的。文化在精神产品与物质产品领域发挥创造力时，必须融合进生态文明理念；文化产品的工业化生产和服务文化市场时，更要把生态文明理念贯穿于始终。只有这样，才能搞好生态文明的文化建设，促进经济和社会的绿色发展。

4. 生态文化的全面性

生态文化的创建是一种包括一切个人、经济组织、社会组织、政府组织在内的有关的人类行为，是全社会的共同认同，需要一切社会主体的广泛参与，要最大限度地为各种社会主体的参与提供便利，提供多样化的参与渠道、参与形式，拓展参与的范围，提高参与的有效性。

三、开展生态文明教育

生态文明教育是一门属于教育范畴的交叉学科，其目的直接指向理念的转变、问题的解决和人类面临全球问题的现实，它涉及普通、专业和校内外所有形式的教育过程，生态文明观成为人类重新审视和反思现代教育体系的平台。生态文明教育以生态文明观为指导，确定生态伦理观和环境道德观，进而形成新一代人的生态文明意识，它是教育的一个重要组成部分。生态文明教育能使人们充分认识现代世界中经济、政治、生态的相互依存关系，有利于全人类树立全球意识。

开展生态文明教育，一是利用现有教育资源普及生态文明知识，在高等院校、中小学中开设生态文明教育课程，在政府职能部门或业务主管部门经常开设综合性的生态文明讲座，在各级党校、行政学院设立系统的生态文明知识课程，在企事业单位、社区等不定期举办相关的生态文明教育讲座。

同时，《国家教育事业发展"十三五"规划》提出要增强学生生态文明素养。强化生态文明教育，将生态文明理念融入教育全过程。

第二节　全民生态文明意识的培育

一、生态库意识

要建立和提高全民生态意识，就要普及生态学教育，普及生态伦理，制定生态评价指标体系及生态法规。建立生态学与经济学的联盟，建立人依赖自然及"自然—社会—经济"复合系统意识，建立生态系统对物质、能量、信息充分利用的最优演替对策的效率意识，克服人类对资源的浪费，建立生态系统的自组织功能意识，建立生态库意识。

生态库是指能为主体生态系统贮存、提供或运输物质、能量和信息，并与该系统的生存、发展和演替密切相关的系统。生态库对主体生态系统起着哺育、促进和抑制的作用。生态意识的一个重要内容是我们在经济建设中重视和周围生态库的相互关系，重视生态库的价值、生态库的容量、支撑能力以及生态库的建设。

只有全球生态文化意识才能给科学技术定向并发展生态化的生产力、生产关系及与绿色发展相应的社会体制，才能消除全球生态危机。为了人类的持续发展，只有以生态文明观为指导，给科学技术以生态化取向，用生态文明取代工业文明，才能实现人类对整体性的把握，在全球生态文明意义上进行交流，理解和建立生态文明新理性

著名史学大师汤因比在研究了世界有史以来的各种文明体例后，盛赞中国文化的世界精神。因此，中国传统文化中与自然和谐的生态意识就是启迪人类确立全球生态文明观的深层哲学基础。

二、共生和谐意识

大力开展生态意识教育，使全人类更新思想观念，建立一个生态型新世界观。其主要内容是对人与自然关系和与之相联系的人与人之间关系等的认识和把握，以及生态环境意识的产生和提高，让全人类都明白我们只有一个地球，地球是生命的摇篮，人是自

然的一个有机组成部分，自然是人的生命构成的一部分，要尊重自然界的固有规律。苏联学者维纳茨基把由科学的智慧管理下的人类生存环境称为智慧圈，其人类自养性观点是这一思路的集中概括，主张依靠科学创造新能源、合成材料和食品，闯出一条人类相对不依赖生物圈的特殊生物的途径。事实上，美国所建的"生物圈2号"就是智慧圈理论的产物，同时也是对人类自养性观点的检验，但"生物圈2号"的实验最终失败。尽管科学技术已如此发达，但若没有现存的遗传基因，人类至今连一粒粮食、一棵蔬菜也合成不了，更不用说猪马牛羊等肉类食品了。人类操纵着巨大的能量，操纵着先进的机器，但一回到餐桌上，人类的食品永远是原始、自然的。"民以食为天"就是人类最同一的东西，这就是人类共同的"根"。

三、全球意识和发展意识

人类赖以生存的地球是一个自然、社会、经济、文化等多因素构成的复合系统，全人类是一个相互联系、相互依存的整体。世界各国人民在开发利用其本国自然资源的同时，负有不使其自身活动危害其他地区人类和环境的义务。因此，生态文明意识的培养不仅要关注小范围的环境污染，如一定地区和国家的城市、河流、湖泊、近海、农田的大气污染、水体污染、土壤和生物污染、噪声污染等，还要关注大范围的全球环境问题，如地球变暖、臭氧层破坏、酸雨、生物多样性消失和危险废物在全球范围转移等；不仅关注日常生活中"小我"和近期影响范围上的环境问题，而且关注"大我"和远期影响范围上的问题，关注全球性的经济与社会发展、子孙后代和全人类的未来发展。

传统发展战略是以谋取国民总收入或工农业总产值高速增长为目标，片面实施高积累和高投资，是一种高物耗和高能耗的经济，从而带来资源和能源消耗大、环境污染和生态破坏严重、经济效益低，使发展本身难以持久等一系列弊端，破坏了人与环境的和谐。发展意识是要采取新的途径，在发展经济的同时实现环境保护，使经济效益和生态效益、短期利益和长远利益、局部利益和整体利益达到有机统一。生态文明意识的培养目标不能仅以人类的利益为目标，而是以人类与自然和谐发展为目标。不仅要承认自然界对人类的外在价值，而且要承认自然界自身的价值，即它对地球生命或生命维持系统具有的持续生存的价值，这是自然界的内在价值。人类的持续性和地球生命系统的持续性必须实现相互联系的三个持续性：生态持续性、经济持续性、社会持续性。人的活动不能超越生态系统的涵容能力，不能损害支持地球生命的自然系统，发展一旦破坏了人类赖以生存的物质基础，发展本身的意义也就不复存在了。

四、人均水平意识、国情意识和人口教育意识

中国是一个发展中的大国，人口众多、经济落后是基本国情。中国环境资源种类繁多、总量丰富，属资源大国，但中国人均环境资源占有量相当低，不但低于发达国家和某些发展中国家，甚至低于世界平均水平，属资源"小"国。中国钢铁、煤炭、石油、粮食、棉花等主要工农业产品产量虽居世界前列，但人均占有量较低。在环境资源开发利用和经济社会发展方向上，要牢固地树立起人均水平与国情意识，要在全民中养成勤俭节约的良好习惯，把节约为荣、浪费为耻的道德风尚扎根于广大公民的心中。

人既是生产者，也是消费者，要把人口增长与教育结合起来，通过发展教育事业来提高人口素质。既把人口总量控制在地球资源适合的范围内，又注意提高人口质量和素质，这是解决人口问题的根本途径。

五、环境资源意识、环境道德意识和环境法治意识

传统社会不认为环境是资源，因为那时认为环境质量和自然资源是无限的，取之不尽、用之不竭，是无价值的、可以无偿使用，是无主的、谁采谁有，因而认为对环境质量和自然资源的使用是大自然的恩赐，没有枯竭之虑。环境意识的产生，要求改变对环境资源的这种态度：它强调环境资源是有限的，必须加以保护和珍惜使用；它是有价值的，必须有偿使用；它是有主的，属于全民财产。为此就要求提高资源的利用效率，在社会物质生产中通过资源的分层利用、循环利用使资源最大限度地转化为产品，减少排放；在社会生活中摒弃过度消费和奢侈浪费，追求过简朴的生活、过"绿色消费"的生活，达到节约资源和环境保护的目的。

环境道德作为人类绿色生活的道德，是一种新的道德观。不仅要对人类讲道德，而且要对生命和自然界讲道德，把道德对象的范围从人与人的社会关系扩展到人类与自然的生态关系，确认自然界的价值和权利，制定和实施新的道德原则。这种道德原则不仅以人类的利益为目标，而且以人类与自然和谐发展为目标。环境道德问题既涉及前人、当代人、后人，也涉及其他生物和自然界，这是人类环境价值观的深刻变化。

要使每个公民、法人和组织都享有利用环境的权利，同时也必须履行保护环境的义务；严重污染和破坏环境的行为都是违法的，应承担法律责任；公民对污染破坏环境的违法行为都有检举、控告的权利，遭受损失的有权要求赔偿损失。

六、环境科技与经济意识

人类要依靠科技进步、节约能源、减少废物排放和文明消费，建立经济、社会、资源与环境协调和持续发展的新模式。要强调科学技术发展的"生态化"，强调整体性思维，把人类、社会和自然看作是一个有机整体加以认识和对待。加快科技成果的应用，使整个科学技术沿着符合生态保护的方向发展。通过采用绿色技术进行清洁生产，通过提高资源利用率减少废弃物排放，达到提高经济效率和保护环境的双重目的。这样的经济同传统浪费型经济有区别，是一种节约型经济。

七、公众参与意识

生态文明教育是"学中做"的教育，非常需要通过公民的亲身经历来培养自身对环境生态的意识、理解力和各种技能。生态文明建设是一项全民的事业，涉及每一个人的切身利益，也需要每一个人的积极参与。公民自觉参与，是搞好生态文明建设的重要条件。公民在生态意识提高的基础上，必然产生保护、改善和建设生态环境的使命感和责任心。因此，需要提高公民参与环境保护工作的主动性和积极性。要求公民在日常生活中，时时处处自觉地参与生态文明建设的各种活动。

第三节 生态文化的全球化趋势

一、文化的区域化及发展

文化的差异首先来自对自然世界认识的差异，自然环境决定了各民族、各地区文化发展的最初方向。古代中国面对的地域是三面高原一面海，相对闭塞，这就形成了以小农经济为特征的农业文明，形成了重视"天道"、讲究天人合一的精神、强调人的行为要符合自然发展趋势的文化。而西方文化诞生于地中海的海洋环境，因而就培养了西方民族原始的勇敢、刚毅、开放以及善于冒险的民族性格，强调人与自然分裂与对立、强调人与自然的斗争，主张人依靠知识全面征服自然。东西方文化正是在迥异的生态范式的基础上而产生的。加上生产力发展水平的不一，人们的生态实践以及在其基础上发展起来的生态文化就会有很大的不同。生活方式的差异也影响了文化的发展，如中国人喜欢淳朴与悠闲，追求家庭生活的欢乐和社会各种关系的和睦，对世俗生活呈现出温和、内倾的特点。西方人功利意识浓厚，努力追逐物质财富，喜欢改造和征服自然。中国文化体系注重人际关系，主张协调和宽容，强调伦理道德与秩序，提倡"中庸""仁""礼"等伦理；西方文化崇尚人的个性，有明显的个性精神和强烈的个人主义色彩，追求自我独立、自我发展。东西方的这种差异形成了不同的文化。

当前，我们要从优秀区域文化中汲取营养。优秀的区域文化是这个区域人民的宝贵财富，同时也是世界人民的宝贵财富。尊重区域的传统文化，不是简单地回到从前，而是传统在发展基础上的不断延续。我们要与时俱进地使各种文化不断地对话融合，通过注入现代的新发展理念，丰富区域文化内涵。

二、全球参与生态文明的文化建设

地球是所有地球村村民的星球，全球生态文明的文化建设必须依赖全体民众的参与。生态文明建设不是一个国家的事，也不是一个国家政府的事，生态文明是人类生存方式的革命性变革，应充分调动每一位公民的积极性，全民共同参与，逐步形成绿色、环保、低碳的生活方式。

要大力鼓励公益性组织发挥组织公众参与环境保护、生态治理的作用，用民间组织的社会组织功能，激发全社会共同参与生态文明建设，引导全社会形成低碳环保的生活方式。当前，要完备公众参与生态文明建设的法律保障，从各地实际情况出发，设置简便、规范、可操作的参与程序和规则，使公众参与成为制度化的政务环节。

联合国人类环境大会通过的《人类环境宣言》指出："人类有权在一种能够过尊严和福利的生活环境中，享有自由、平等和充足的自省条件的基本权利，并且负有保护和改善这一代和将来的世世代代的环境的庄严责任。"在中国，公众参与环境管理公共事务，既是最广大人民群众行使参与公共政策制定和监督公共管理执行的权利，也是他们履行维护自己生活和生存环境的义务。

《全国环境宣传教育工作纲要（2016—2020年）》《中国生态文化发展纲要（2016—2020）》《文化部"十三五"时期文化发展改革规划》《国家"十三五"时期文化发展改革规划纲要》《新闻出版广播影视"十三五"发展规划》等都提出要传承优秀传统文化，大力培育普及生态文化，增强国家文化的软实力。

截至2015年，国家林业局、教育部、共青团中央确定了76个"国家生态文明教育示范基地"。截至2018年，中国生态文化协会命名了806个全国生态文化村、14个全国生态文化示范基地。可以说，生态文化产业成为我国最具发展潜力的就业空间和普惠民生的新兴产业。

三、全球一体化的生态文化

现代意义上的生态文化应是人类与自然关系的深度思考，通过对传统生态观念的继承、结合人类生态学等相关科学研究成果产生的一个文化形态。它是以生态文明观为核心，以生态意识和生态思维为主轴形成的一个全新文化体系，标志着人类价值观从人类中心主义向主张人与自然、人与人和谐共生的"生态主义"的转变。

追溯人类走过的历程，地球从生态地球走向生态文明地球是人类必然的选择。人类在采猎阶段依靠自然而生存；在农业文明阶段通过种植作物和驯化动物而生存；在工业文明阶段通过创造新机械、新能源、新材料而生存；在生态文明阶段，由于地球形成了地球村，必须在全球意义上重新利用生态科技和信息技术开发出最有利于人类与自然协调进化的新能源、新材料、新机械，进行生态文明意义上的回归，使整个人类在地球的怀抱中成为生态文明的新人类。因此，目前这种全球政治的分国境治理、各行其是而不顾全球生态的政治模式必须改变。历史上，区域的分割、交通的不变、通信的落后、边境的阻隔，形成了人类的不同生活和生态类型，形成了文化的多样性，这些文化有的有利于人和自然协调，有的不利于人和自然协调，生态文明的生态文化必须消除这种多样性，使之统一于全球生态文明的范型之中，形成全球一体化的生态文化。

基于地球作为人类家园的唯一性、地球资源的有限性、地球生物的生克关联性、人类未来命运的共同性等绝对约束下的一元化生态文化，构建全球生态文明政治模式才能确保人类与地球协调。当然，这种政治模式的形成需要全球各国的共同努力。目前，由大国主宰、富国提供经费的联合国只是皮肉分离的一件世界"披风"，一旦遇到狂风暴雨将随风飘摇，根本无法保证世界的冷暖。只有世界各国形成全球性生态共识，才能真正凝聚成具有全球管理能力的地球政府，形成全球生态一体化管理模式，而非现今异地污染的经济一体化。届时，区域被打破、国家将消亡，将形成生态文明的全球政治新体制，一切服从于生态，一切服从于地球，人类将从工业文明的必然王国走向生态文明的自由王国。

第九章　科技创新发展

　　绿色发展在科技领域的内容就是科技的创新发展。现代科学技术创造了现代工业、现代农业，极大地丰富了人类的物质财富，推动了人类社会的进步，但同时也带来地球上生态环境的破坏、资源的迅速枯竭。要摆脱人类目前的困境，必须用生态文明观重新进行生态价值评价，大力发展生态科技，使科学技术不断地开发出足够的替代资源，用以支撑人类文明的大厦。生态文明建设的技术路线就是通过现代科学技术，使经济与社会朝着有利于人类福祉的方向发展。

第一节　科学技术及其影响

一、科学和技术及其发展的特点

1. 科学和技术

　　科学是关于自然界、人类社会及人类自身的规律的原理、方法、观念和事实的知识体系以及创造知识体系的实践活动。科学的任务是发现规律，然后提出理论，用理论去认识世界，在此基础上解释世界。科学的内容包括：①科学是研究自然、社会的本质及其规律所获得的知识体系；②科学是产生知识体系的活动和过程；③科学是社会事业。

　　技术是根据生产实践或科学原理而发展成的工艺操作方法和技能以及所使用的相应的材料、设备、工艺流程等。技术的任务是在科学原理的指导下或实践中，发明或开发出新的方法、手段或措施。技术的内容包括：①技术是为变革自然和社会所采取的手段、工具和方法；②技术是由技术思想、方案设计向生产技术、工程技术转化的过程；③技术是生产力发展水平的时代标志。

　　科学的作用是认识世界，技术的作用是变革世界，科学提高人类的认识水平，技术增强人类适应自然、改造自然的能力。

2. 现代科学技术发展的特点

　　古代科学技术的发现和发明，将人类带进了农业文明；近代科学技术的进步，将人类引入工业文明；现代科学技术的发展，将人类推向生态文明。科学技术作为人类文明进步的原动力和基石的作用在当代更为重要，更加深刻地影响着人类的环境优美、经济发展、政治民主、文化繁荣和社会进步。

　　现代科学技术发展日新月异，呈现出以下特征：

　　第一，信息技术和高新技术带来经济社会发展格局的重大转变。信息技术和高新技术在社会实践中的运用，极大地节约自然资源和劳动力资源，使各种生产要素的流动更为方便，知识的作用更加明显，信息增殖速率更快，电子计算机、云计算、大数据的发展使存储处理信息成为可能，人类智能和人工智能的结合使信息增殖有了更广阔的前景。

第二，自然科学与社会科学趋于综合，交叉学科、新兴学科不断涌现，学科边界更加模糊。许多重大的创新越来越依赖于多学科的融合，特别在高科技集成创新下，各学科技术相互交叉、渗透、融合，科学与技术出现相互作用和转化，科学、技术在生产中的结合成为新的经济增长点，出现了科技发展群体突破的发展态势，社会高度科技化、科技高度社会化的现象已经呈现，经济社会发展中的一些重大问题，如当今的环境污染和生态灾难问题，必须运用自然科学、社会科学、工程技术的综合手段才能解决。

第三，科技创新成为国家绿色发展的制高点。当前，科技创新、转化和产业化的速度突飞猛进，知识、技术的更新速度日益加快，科技成果转化为商品的周期不断缩短，原始创新、引进消化吸收再创新、集成创新的能力已成为一国科技竞争力的核心，成为决定一个国家在全球经济格局和国际产业分工所处的生态位的基础条件，以科技创新为支撑的持续发展成为世界各国的战略选择。

第四，能源与资源得到节约和高效利用。新材料、新能源、新工艺、新装备、新软件的开发和利用，有利于改变传统产业的高能耗、高污染、低产出的发展状况，推动低能耗、低污染、高产出的新兴产业的发展，减少污染排放，不断开发出替代能源和资源，解决生态环境保护中的瓶颈问题，保障生态系统服务功能的持续供给，推动经济结构的优化和经济增长方式的转变，建设资源节约型、环境友好型社会。

第五，科技进步的方向发生变化。随着人类认识自然的不断深化，科学技术的基础研究作用不断突出，由过去的技术研究为重点向基础研究发展，社会发展驱动取代市场需求驱动，创造需求取代满足需求，越来越多的技术进步依赖于科学理论的超前研究，新技术革命取决于科学技术的重大突破。这种方向性的变化将引发生产力和人类社会的深刻变革。

第六，科学技术的研发全球化。由于全球经济的一体化，一国在资源、要素、市场等方面的变动会影响其他国家，使科技发展的国家间互相依赖、互相合作性增强，科技活动也正在由国家规模向国际规模发展，科技资源流动得更加容易，国际科技合作步伐进一步加快。

二、现代科学技术的成就对人类进步的影响

科学技术决定着人类社会发展的速度，同时深刻影响了人类社会的未来走向。科学技术是促进生产力发展的有力杠杆，是人类社会进步的动力。

现代科学技术作为第一生产力的作用日益明显，主要表现在以物理科学为基础形成的高新技术产业群落和以生物科学为基础形成的尖端技术产业群落。

当代技术革命的最显著特点是出现了一系列高新技术，如信息技术、新材料技术、新能源技术、生物工程、空间技术、海洋技术等，并创造出一系列新产品、新装置，如半导体、计算机、彩色电视、核电站、人造卫星、移动通信等。以物理学为基础所产生的高新技术产业在军事、工业、农业等领域的应用对经济和社会进步产生了巨大影响。

在军事方面，激光武器和核武器的水平标志着军事力量的强弱，航空航天技术也被广泛用于军事。在工业方面，主要是提供新能源，核电极大提高了生产效率；太阳能是一种无污染能源，太阳能利用技术的提高会从根本上改变能源危机。在传统产业改造方面，形成了一系列新兴产业，如纤维激光通信、核辐照技术、激光排版技术等。由于技术的进一步革新，诸如合成纤维、塑料、家用电器、视听设备，尤其是电视和汽车之类产品的增加，使越来越多的人的生活发生了变化；由于土木工程的进步、建筑材料的革新，住房条件得到改善；由于微电子技术和信息处理技术的进步，改变了工业化生产、劳动条件和日常生活；空间遥感技术的发展大大提高了资源普查和气象预测的水平，卫星通信极大地方便了人类的交往，使世界成为一个地球村。生物科学也取得了巨大进展，尤其是DNA双螺旋结构的发现，引起了生物学的巨大革命，同时也促进了生命科学及对生命本质认识的进步。

近年来，移动终端技术、宽带无线接入技术、5G技术等飞速发展，使移动互联网异军突起。移动互联网的运用，使人们能够随时随地方便地从互联网获取信息和服务。作为移动通信技术和互联网技术、平台、商业模式的应用与结合，移动互联网的大规模运用，对经济发展和人们的日常生活产生了重大影响……

"十三"五规划纲要实施中期评估报告显示，2017年中国的科技进步贡献率达到57.5%。

第二节　现代科学技术进步及生态特征

一、科学技术的发展方向

当前，科技革命和产业变革浪潮席卷全球。科学研究的领域不断拓展，前沿基础研究向宏观拓展、微观深入和极端条件方向交叉融合，宇宙起源和演化、暗物质与暗能量、微观物质结构、极端条件下的奇异物理现象、复杂系统、合成生物学、人类脑科学等领域的研究将不断深化；技术变革将催生产业变革，信息网络技术、生物科技、清洁能源技术、新材料与先进制造、量子计算机与量子通信技术、干细胞与再生医学、合成生物和"人造叶绿体"、纳米科技和量子点技术、石墨烯材料、人机共融的智能制造模式、智能材料与3D打印结合形成的4D打印技术、低能耗和高效能的绿色技术、分子模块设计育种技术、智能技术、基因测序技术、干细胞与再生医学、分子靶向治疗技术、远程医疗技术、无线传输和无线充电技术实用化、空间新技术、海洋新技术、地质勘探技术和装备研制技术、非硅信息功能材料、第五代移动通信技术（5G）会取得突破性进展；大数据、云计算技术进一步发展，工业互联网、能源互联网、车联网、物联网、太空互联网等新网络改变传统，智慧地球、智慧城市、智慧物流、智能生活等应用技术极大方便生产和生活；围绕极地、空间、网络等领域，国防技术创新加速推进，信息化战争、数字化战场、智能化装备、新概念武器将成为创新的主要方向；国际科技合作重点围绕全球共同挑战展开，集中在全球气候变化、能源资源短缺、粮食和食品安全、网络信息安全、大气海洋等生态环境污染、重大自然灾害、传染性疾病疫情和贫困等重大问题上。①下一个科学技术革命的引爆点将是智能化（万物互联、万物传感、万物智能），生物科技、人工智能、可再生能源、网络接入技术和智能家电将彻底改变人类的生活方式。

2019年1月，阿里巴巴达摩院发布了"2019十大科技趋势"，包括：城市实时仿真成为可能，智能城市诞生；语音AI在特定领域通过图灵测试；AI专用芯片将挑战GPU的绝对统治地位；超大规模图神经网络系统将赋予机器常识；计算体系结构将被重构；5G网络催生全新应用场景；数字身份将成为第二张身份证；自动驾驶进入冷静发展期；区块链回归理性，商业化应用加速；数据安全保护技术加速涌现。

美国　为确保美国"作为世界上最具创新能力的经济体保持领先地位"，近年来美国政府大力发挥先进制造、精准医学、脑计划、先进汽车、智慧城市、清洁能源和节能技术、教育技术、太空探索和前沿计算技术。2016年1月，美国政府为在癌症研究领域取得新进展，宣布了一项新的科研战略目标——抗癌"登月计划"，拟在两年内投入10亿美元，重点支持癌症预防与疫苗研发、早期癌症检测、癌症免疫疗法与联合疗法、对肿瘤及其周围细胞进行基因组分析、加强数据分享、儿童癌症研究等。2016年5月13日，美国政府宣布启动"国家微生物组计划"，投资高达10多亿美元。2016年5月，美国科技委员会发布了《21世纪国家安全科学、技术与创新战略》，设定了美国国家安全科学、技术和创新的发展方向，迎接21世纪国家安全技术新背景下的机遇和挑战。

欧盟　2013年，欧盟启动其第八个科研框架计划——"地平线2020"科研规划，投资总额达770亿欧元，规划包括基础研究、应用技术和应对人类面临的共同挑战3项内容，以期为增强欧盟创新能力、推动经济增长和增加就业提供有力支持。

日本　2016年，日本通过了"第五个科学技术基本计划"，核心建设全球领先的"超智能社会"。通过最大限度利用信息通信技术，将网络空间与现实空间融合，使每个人最大程度享受高质量服务和便捷生活，这是一个由科技创新引领的全新社会——第五社会。2016年4月13日，日本公布了2016年度《科技创新综合战略》草案，提出了在2020年前，建设产业界、政府、科研机构都可以利用的数据库的目标，具体涉及3D地图、监控录像、人物车定位、地球环境、流通等5个方面，充分利用大数据，促进培养新产业成长。

德国　2014年，德国推出了"新高技术战略"，优先发展数字经济与社会、可持续经济与能源、创新工作环境、健康生活、智能交通和公民安全。"新高技术战略"内容还包括加强国内外产学研合作、增强经济创新动力、推出有利创新的机制以及在提高透明度的前提下推动社会各界参与创新对话等。

英国　2014年，英国政府宣布投入3亿英镑用于基础研究领域的科研，并作为长期经济规划的一部分，涉及天文、量子技术、深空探测等领域，以确保英国的科研领先，并带来大量实用的技术创新和就业机会。②

① 白春礼. 创造未来的科技发展新趋势 [N]. 人民日报，2015-07-05（5）.

② 张莹，刘军，刘石磊，等. 大国科研正在"拼"什么 [EB/OL].（2016-03-14）[2016-04-14]. http://news.xinhuanet.com/tech/2016-03/14/c_1118321408.htm.

俄罗斯　2012年12月，《俄罗斯2013—2020年国家科技发展纲要》出台，包括俄罗斯科技优先发展方向、科技经费投入、科技人才培养等。《俄罗斯联邦至2030年科技发展预测》报告明确了信息通信技术、生物技术、医学和健康、新材料和纳米技术、自然资源合理利用、运输和空间系统、能效提高和节能是科技发展的优先领域。[①]

韩国　2013年12月，韩国公布了投资17.8万亿韩元的《第六次产业技术创新计划（2014—2018年）》，提出了"建设良性循环的产业技术生态系统，跻身产业强国之列"。2014年12月，韩国提出《第三次能源技术开发计划》，到2023年韩国主要能源领域的技术水平提高至先进国家的90%以上。韩国的能源发展计划重点包括资源开发战略探索、高效清洁火力研发、核能发展、光电混合研发、清洁燃料探索、新一代配电研发、智能建筑研发、智能FEMS管理研发、智能微电网研发、能源网系统研发、需求对应型ESS研发、二氧化碳利用和封存技术研发、未来能源发展探索、3D打印、能源物联网+数据大平台等。[②]

二、中国科学技术发展的前景

2016年3月发布的《中华人民共和国国民经济和社会发展第十三个五年规划纲要》（以下简称"十三五"规划纲要）提出，要推动战略前沿领域创新突破。加快突破新一代信息通信、新能源、新材料、航空航天、生物医药、智能制造等领域核心技术；加强深海、深地、深空、深蓝等领域的战略高技术部署；围绕现代农业、城镇化、环境治理、健康养老、公共服务等领域的瓶颈制约，制定系统性技术解决方案；强化宇宙演化、物质结构、生命起源、脑与认知等基础前沿科学研究。加快能源、生命、地球系统与环境、材料、粒子物理和核物理、空间和天文、工程技术等科学领域和部分多学科交叉领域国家重大科技基础设施建设。在"科技创新2030"中，重大科技项目包括深海空间站、量子通信与量子计算机、脑科学与类脑研究、国家网络空间安全、深空探测及空间飞行器在轨服务维护系统；重大工程包括种业自主创新、煤炭清洁高效利用、智能电网、天地一体化信息网络、大数据、智能制造和机器人、重点新材料研发及应用、京津冀环境综合治理、健康保障。

2016年7月，国务院印发了《"十三五"国家科技创新规划》，提出通过建设高效协同国家创新体系、实施关系国家全局和长远的重大科技项目、构建具有国际竞争力的现代产业技术体系、健全支撑民生改善和可持续发展的技术体系、发展保障国家安全和战略利益的技术体系、持续加强基础研究、建设高水平科技创新基地、加快培育集聚创新型人才队伍、打造区域创新高地、提升区域创新协调发展水平、打造"一带一路"协同创新共同体、全方位融入和布局全球创新网络、全面提升科技服务业发展水平、建设服务实体经济的创业孵化体系、健全支持科技创新创业的金融体系、深入推进科技管理体制改革、强化企业创新主体地位和主导作用、建立高效研发组织体系、完善科技成果转移转化机制、加强科普和创新文化建设、强化规划实施保障等，发展高效安全生态的

①　张丽娟. 俄罗斯至2030年科技发展预测 [J]. 科学中国人，2014（5）：21-23.

②　罗梓超，吕志坚，张兴隆. 韩国科技与产业创新政策浅析 [N]. 全球科技经济瞭望，2015（4）：28-35.

现代农业技术、新一代信息技术、智能绿色服务制造技术、新材料技术、清洁高效能源技术、现代交通技术与装备、先进高效生物技术、现代食品制造技术、支撑商业模式创新的现代服务技术、引领产业变革的颠覆性技术、生态环保技术、资源高效循环利用技术、人口健康技术、新型城镇化技术、可靠高效的公共安全与社会治理技术、海洋资源高效开发利用和保护技术、空天探测和开发及利用技术、深地极地关键核心技术、维护国家安全和支撑反恐的关键技术等，实现"十三五"科技创新的总体目标：国家科技实力和创新能力大幅跃升，创新驱动发展成效显著，国家综合创新能力世界排名进入前15位，迈进创新型国家行列，有力支撑全面建成小康社会目标实现。

《能源技术革命创新行动计划（2016—2030年）》《"十三五"生态环境保护规划》《国家环境保护"十三五"科技发展规划纲要》《国家科技重大专项"十三五"发展规划》《"十三五"生物产业发展规划》《国家重大科技基础设施建设"十三五"规划》《"十三五"促进就业规划》《国家"十三五"文化遗产保护与公共文化服务科技创新规划》《"十三五"国家社会发展科技创新规划》《"十三五"科技军民融合发展专项规划》《"十三五"国家科技人才发展规划》《国家高新技术产业开发区"十三五"发展规划》《"十三五"城镇化与城市发展科技创新专项规划》《"十三五"国家技术创新工程规划》《"十三五"技术标准科技创新规划》《国家科技企业孵化器"十三五"发展规划》《新一代人工智能发展规划》《增材制造产业发展行动计划（2017—2020年）》《促进新一代人工智能产业发展三年行动计划（2018—2020）》《关于全面加强基础科学研究的若干意见》《积极牵头组织国际大科学计划和大科学工程方案》等为我国科技的发展制定了详尽的规划。

《"十三五"材料领域科技创新专项规划、《"十三五"现代服务业科技创新专项规划》《"十三五"先进制造技术领域科技创新专项规划》《"十三五"公共安全科技创新专项规划》《"十三五"生物技术创新专项规划》《"十三五"环境领域科技创新专项规划》《"十三五"应对气候变化科技创新专项规划》《"十三五"国际科技创新合作专项规划》《"十三五"资源领域科技创新专项规划》《"十三五"海洋领域科技创新专项规划》《"十三五"技术市场发展专项规划》《"十三五"交通领域科技创新专项规划》《"十三五"食品科技创新专项规划》《"十三五"国家基础研究专项规划》《"十三五"农业农村科技创新专项规划》《"十三五"卫生与健康科技创新专项规划》《"十三五"健康产业科技创新专项规划》《"十三五"中医药科技创新专项规划》《"十三五"医疗器械科技创新专项规划》等就发展各领域的科技提出了目标。

三、科学技术推动生态文明建设

生态文明观是人类未来发展的哲学和伦理的基础，现代科学技术就是在生态文明新理念指导下全球进行生态文明建设的技术路线。

在环境建设过程中，利用现代科学技术可以随时掌握全球环境的各种信息，使人类能够及时有效地做出判断决策，应对生态环境随时出现的问题；在经济建设过程中，现代科学技术提供了强大生产力，使人类利用生态科技，在促进经济增长的同时，能够兼顾环境和生态，达到经济效益、生态效益的有机统一，在交通和生产建设等领域，推广绿色技术是改善空气质量的关键；在政治建设过程中，现代科学技术提供了先进管理手段和管理方法，避免了过去由于信息不畅造成的决策失误，使决策更民主、管理更加科学，更符合各地的实际，更能营造一种符合生态文明理念的政治生态，积极探索人与自然和谐共生的基本诉求及实现路径的行政管理系统；在文化建设过程中，利用现代科学技术发展的时代特点，变革人类思想观念并与时俱进，改变教育方式、文化传播路径，发展生态文化产业，建立有利于促进经济、社会和环境协调发展的文化体系；在社会建设过程中，利用现代科学技术，有效配置社会资源，加强社会协调和管理，改变人们的高碳消费习惯，用现代科技打造宜人的居住环境，建设资源节约型、环境友好型社会。

四、现代科学技术发展的生态特征

随着生态文明建设进程的加快，科学技术的发展越来越呈现出鲜明的生态特征。

科学发展的生态化　长期以来，在工业文明理念的引导下，人们出于理性自负与对科学的盲目宠信，习惯于从自己的视角以自我为中心思考问题，期间科学的发展方向与目的在于探求征服自然、改造自然的客观规律，而生态自然的保护以及生态平衡的维持还未进入人们的视野。然而，这种科学的发展在促进经济发展的同时，也极大地破坏了人们赖以栖身与生存的生态自然，由此背离了为人类谋福利的初衷，走向了自我否定。必须对人类文明进行反思，更新文明理念，建设生态文明，并在其引导下发展科学事业，从而使科学精神与生态理念相融合，实现科学发展的生态化转变。

应用技术的生态化　在生态文明观指导下，不仅科学发展实现了生态化转变，而且技术的具体应用也实现了生态化转变。最典型的是数字化等信息技术的广泛应用，为人们构建了虚拟的空间，人们在其中提存与转接信息不仅高效，而且不需丝毫的资源耗费或环境污染，从而更是生态的。在这个意义上，当今的科学应用技术也实现了生态化转变。

第三节　现代科学技术的生态价值取向

一、科学技术的重新定向

现代科学技术是人类作用于自然界的强大力量，决定着未来世界的发展方向。现代科学技术的迅猛发展在短短的百年内创造了辉煌成就，所生产的物质总量相当于百年前人类生产量的总和。人口也成倍地增长，出现了空前的繁荣。但是，随着这种繁荣的出现，全球生态危机日益迫近，成为人类的巨大压力。

近代科学技术的崛起只有200多年的历史，全球性生态危机从20世纪70年代起就日益明显，这种科技发展和生态危机并存的局面向进化着的人类意识提出了挑战。要解决全球生态危机，协调人与自然界矛盾，关键在于促进全球生态意识的进化。对现代科学技术进行生态价值评价，在全球生态意识的指导下迅速发展科学技术，实现科学技术的生态价值取向，建立具有生态价值取向的产业结构，这种具有生态价值取向意义的科学技术产业才是具有保持基因、保持人类持续发展、保持地球不至于毁灭的伦理意义上的第一生产力。要以生态价值为指导，重建科学技术、文化意识、经济秩序以及全球生态系统，广泛深入地开展生态实践，实现人类在现代科学技术生态化水平上的生态复归。

二、重建科学技术

我们必须建立与生物圈生态联系密切的生态化科学技术，并大力发展科学技术生态化的生产力构型。面对全球生态危机的压力，只有迅速发展现代化科学技术为基础的生产力，并使之符合生态价值评价，逐步完成对传统产业的生态化改造，并将其与新发展的生态产业相配合，才能有效地摆脱全球生态危机；只有使科学技术与生态意识、生态文明综合为一体，才能从基因保留的意义上使生命进化和意识进化相统一，否则人与自然界的矛盾将不断激化，全球生态危机将不断加剧，人类将面临毁灭的命运。

必须坚持科学技术的生态化，以及由此带来的工农业生产的生态化，会使人和自然全面合作、一体化发展、协同进化，人类不仅会在生理上回归大自然，而且还将实现生态文明意义上的生态复归。

三、重建经济秩序

传统的经济理论不能解决全球生态危机问题，是由于传统经济理论在生产成本中没有把废物的处理费用计算在内，而是以牺牲生态、环境质量为代价获取高额利润，造成了生态的破坏和环境的污染，而追求这种高额利润是所有经济活动所追求的目标。衡量经济增长的经济学指标GDP不能正确地反映经济福利和人们的生活水平，它没有考虑到污染和城市化所付出的代价。因此应该用纳入生态文明体系的绿色发展经济学取代传统的经济学，重新评价经济形势，调整产业结构以考虑生态效益，用生态价值评价、重建新的产业。大力发展绿色经济，是经济发展的首要课题。

经济秩序的重建包括如下几个方面：一是减少温室气体的排放，减少有害物质的国家间流动，减少在贫困地区设置污染性工业。二是消除贫困。在国际上主要是解决南北问题，缩小贫富差距以免拉美国家因贫困大量砍伐热带雨林，同时增加国际援助，提高当地的绿色发展能力。在我国国内主要是解决东西问题，避免西部贫困地区对已经很脆弱的生态环境进一步"破坏"，缩小东西差距，提高西部贫困地区的持续发展能力。三是制止战争对生态环境的破坏，削减核武器数量，把核力量对全球生态环境进行毁灭性打击的可能性控制到最小限度。四是加强对生物基因的保护，建立全球性的生态保护区，设置以生态资源可持续利用为目的的贸易限制，划分生态环境脆弱类型，规定不同地区资源环境成本核算的级差标准。

四、重建工农业生态系统

传统科学技术造成了工农业生态系统的严重破坏，用生态化的科学技术重建全球工农业生态系统，才能使人类的经济系统与周围资源、环境相协调。

大力开展农业生态工程，坚持"整体、协调、循环、再生"的八字方针，有效地利用生态系统中各生物种类，充分利用空间和资源的生物群落共生原理、多种成分互相协调和促进的功能原理以及物质和能量多层次、多途径利用和转化的原理，建立能合理利用自然资源、保持生态稳定和持续高效功能的农业生态系统。大力开展植树造林。森林是生态平衡的主体，通过森林防止水土流失、防止沙漠化，再造表土，保持和增加基因品种。

在工业生态工程中，有效控制工业废品的新陈代谢，减少矿石燃料的使用，开发无污染能源，减少核能的使用，降低城市化的速度，加强城市垂直绿化程度，控制热岛效应。

第十章 社会和谐发展

绿色发展在社会领域的内容就是社会的和谐发展。社会和谐发展就是在迈向生态文明社会的过程中，使人口与资源、环境和谐发展，构建一个资源节约型、环境友好型社会，通过创新社会管理，建设绿色的生活方式，来保障人类发展同自然的和谐、人与人的和谐，从而践行生态正义、推进生态公正、实现社会公平。

第一节 构建资源节约型、环境友好型社会

一、人口与资源环境共生

1. 人口增长要以资源环境承载能力为基础

人类社会的基础性、全局性和战略性问题之一就是人口问题。公元前7万年到公元前1.2万年，世界总人口约100万。进入农业文明后，公元前8000年世界总人口约500万，公元1年约2亿。工业文明的发展带来了世界人口的快速增长，19世纪初全球人口突破10亿，1927年突破20亿，1960年突破30亿，1974年突破40亿，1987年突破50亿，1999年突破60亿，2011年突破70亿，2015年达到73亿；截至2019年6月，全球人口超过75亿。预计到2030年，全球人口将达到85亿，2050年达到97亿，印度（17.05亿）、中国（14.04亿）、尼日利亚（3.99亿）、美国（3.89亿）、印尼（3.22亿）和巴基斯坦（3.10亿）将位居世界前列。

中国是世界上人口最多的国家之一。公元前210年全国总人口约3000万，公元前129年约3600万，公元2年约5760万，1083年超过1亿，1722年达1.5亿，20世纪初达到4.5亿，1953年超过6亿，1982年超过10亿，2010年13.4亿，2015年13.7亿，2018年超过13.95亿。

全球人口的快速增长对资源环境构成了严峻的挑战。从中国发展的实际看，要保持人口与资源环境的和谐发展，必须统筹考虑国家战略意图和区域资源禀赋，在各主体功能区开展资源环境承载能力的评价，科学确定可承载的人口数量。对人居环境不适宜人类常年生活和居住的地区，实施限制人口迁入政策，有序推进生态移民；对人居环境临界适宜的地区，基本稳定人口规模；对人居环境适宜和资源环境承载力不超载的地区，培育人口集聚的空间载体，增强人口吸纳能力。通过优化人口空间布局，促进人口和资源环境的永续共生。

2. 人口增长对经济和社会发展的影响

以资源和环境承载能力为基础的人口增长，对经济和社会的持续发展有重要作用。

进入21世纪后,我国人口发展的内在动力和外部环境发生了重大变化,人口总量平稳增长、人口结构不断变化、人口素质稳步提升、人口城乡结构发生变化大、重点人群保障水平不断提高,人口发展将进入深度转型阶段。面对实现适度生育水平压力较大、老龄化加速的不利影响加大、人口合理有序流动仍面临体制机制障碍、人口与资源环境承载能力始终处于紧平衡状态、家庭发展和社会稳定的隐患不断积聚的形势,进一步完善人口发展战略和政策体系,促进人口长期均衡发展,发挥人口对经济社会发展的能动作用,具有重大意义。

二、资源节约型、环境友好型社会建设

1. 资源节约型社会建设

生态危机在很大程度上是由于人们在工业文明理念的引导下对资源能源的过度耗费而引起的。推进生态文明的社会建设,要响应党的十八大"全面促进资源节约"的号召,坚持节约优先、保护优先、自然恢复为主的方针,着力推进绿色发展,加快节约型社会建设。

建设资源节约型社会,其目的在于追求更少资源消耗、更低环境污染、更大经济和社会效益,实现绿色发展。我国国情决定了中国必须要走节约型之路,中国是一个人口大国,如果按照美国以占世界不到5%的人口消耗世界25%的能源资源现行状况来看,中国人均要达到这个水准,意味着要把全世界的能源资源都拿来,这显然是不可能的。中国唯一的出路,就在于注重能源资源最优化原则,厉行节约,尽可能提高资源利用效率,以较少的资源消耗满足人们日益增长的物质、文化生活和生态环境需求。

建设资源节约型社会可以从根本上减轻环境污染,从根本上减轻经济增长对环境的压力,实现环境效益、经济效益和生态效益的统一。建设资源节约型社会有利于推进经济增长方式的转变,引导经济建设从"高投入、高消耗、高污染、低产出、低效益"的粗放式经营转向经济效益高、资源消耗少、环境污染轻的集约型发展的轨道上来,有利于调整和优化产业结构,使产业结构向科技含量高、经济和环境效益好的方向转变,促进再生资源回收利用产业、建设资源节约型社会技术研发和信息咨询等新型环境产业的发展。

2. 环境友好型社会建设

环境友好型社会是一种以环境资源承载力为基础、以自然规律为准则、以持续发展的社会经济文化政策为手段,致力于倡导人与自然、人与人等和谐的社会形态。

建设环境友好型社会需要环境友好型产品、环境友好型服务、环境友好型企业、环境友好型产业、环境友好型学校、环境友好型社区等;也需要多种要素,如有利于环境的生产、生活和消费方式,无污染或低污染的技术和工艺,对环境和人体健康无不利影响的各种开发建设活动,符合生态条件的生产力布局,人人关爱环境的社会风尚和文化氛围等。这意味着要在社会经济发展的各个环节遵从自然规律,节约自然资源,保护环境,以最小的环境投入达到社会经济的最大化发展,形成人类社会与自然不仅能和谐共处、持续发展,而且形成经济与自然相互促进,建立人与环境良性互动的关系。

就中国而言,环境友好型社会的基本目标就是建立一种低消耗的生产体系、适度

消费的生活体系、持续循环的资源环境体系、稳定高效的经济体系、不断创新的技术体系、开放有序的贸易金融体系、注重社会公平的分配体系和开明进步的政治民主体系。

三、生态社区与生态和谐社会建设

1. 生态社区建设

生态社区强调人群聚落（"社"）和自然环境（"区"）的生态关系整合，是居民家庭、建筑、基础设施、自然生态环境、社区社会服务的有机融合，它是一种经由规划设计者、房地产开发商、政府部门、社区居民、物业管理部门（社区居委会）等各利益相关主体的协同努力所实现的一种人与自然和谐以及人与人和谐共处的、持续发展的居住社区。

中国传统文化中"天人合一"的思想和风水学说中关于住宅与聚居地要根据其所处的生态环境来构建的思想，是生态社区思想的一种最初表达。1972年，联合国人类环境会议发表的《人类环境宣言》明确提出，"人类的定居和城市化工作必须加以规划，以避免对环境的不良影响，并为大家取得社会、经济和环境三方面的最大利益"，生态社区理论得到快速发展。

在中国，进入21世纪后生态社区得到发展，《国家康居工程建设要点》、《小康型城乡住宅科技产业工程城市示范小区规划设计导则》（2000）、《绿色生态住宅小区建设要点与技术导则》（2001）等出台，使中国居住区正向生态社区方向发展。

大力推动社区建设，全力推动构建生态型社区，这对于建设生态文明，解决生态破坏及环境污染问题将发挥不可或缺的重大作用。生态社区建设有利于实现生态建设、社会建设和人自身发展的统一，是缓解世界各国所面临严峻的人口、资源、环境和生态压力的必然选择，也是中国在推进经济绿色化进程中的必然选择。

2. 生态和谐社会建设

人与自然的关系是以人与人及社会的关系为中介的。要建设人与自然处于和谐关系之中的节约型、环境友好型社会、生态社区等，就必须处理好人与人之间的关系，实现人与人之间关系的和谐，大力构建生态和谐社会。

"民主法治、公平正义、诚信友爱、充满活力、安定有序、人与自然和谐相处"是和谐社会的主要内容。和谐社会的和谐就是指：个人自身的和谐；人与人之间的和谐；社会各系统、各阶层之间的和谐；个人、社会与自然之间的和谐；整个国家与外部世界的和谐。和谐社会有着民主法治、公平正义、诚信友爱、充满活力、安定有序、人与自然和谐相处等显著特征，其目标就是生产发展、生活富裕、生态良好。

建设生态和谐社会，必须践行生态正义，通过加强能源资源节约和生态环境保护、建设资源节约型和环境友好型社会、开发和推广先进生态技术、发展清洁能源和可再生能源、保护土地和水资源、建设科学合理的能源资源利用体系、发展环保产业、加强荒漠化石漠化治理以及促进生态修复等，以生态实践活动实现人与自然之间共生共荣；推进生态公正，在同时代的不同地域、不同收入的群体之间公平地分配生态利益，在不同时代的人中间实现生态利益分配的公平；实现社会公平，在推进人与人之间在生态利益分配问题上的生态公正的同时，缩小贫富差距，实现在社会利益分配问题上的社会公平。

第二节 创新社会管理

一、完善社会管理格局

建设和谐社会，必须从国家、社会、公众三个层面完善社会管理的格局。

从国家层面看。对社会管理事务的决策权和管理权在政府手中，政府对社会管理起着主导型的作用。建设和谐社会，必须强化政府管理社会的职能，在用法律手段、经济手段、行政手段管理社会的同时，注重政府在社会管理中的公共服务职能，通过健全各项社会管理制度，发挥社会各方面的协同作用以及群众参与社会管理服务的基础作用。

从社会层面看。社区是社会的基本单元，和谐社区的建设是和谐社会建设的基础工程，社区管理创新是社会管理创新的重要内容。要强化社会组织对社区管理的服务，特别要充分发挥城乡基层自治组织（社区居民委员会、村民委员会）、社团、行业组织和社会中介组织的服务功能，协调各方利益，为社会的和谐发展提供良好环境。

从公众层面看。要提高公众对社会管理的参与度，完善公众参与社会管理的方式方法，不断扩大公众参与社会管理的范围，拓宽公众参与社会管理的渠道。

党的十九大报告提出，打造共建共治共享的社会治理格局，提高社会治理社会化、法治化、智能化、专业化水平，加强社区治理体系建设。

二、完善社会管理制度建设

社会管理制度的创新是社会管理创新的根本。

统筹规划事关社会管理全局和长远的制度建设是完善社会管理制度建设的基础。长期以来，我们在推进社会管理制度化、规范化、法治化以及大力推进社会管理基础性制度建设做了很多工作，建立健全保障公民基本社会权利的基本制度也逐渐形成，社会保障制度、人口管理制度以及户籍管理制度改革加快进行。

完善社会管理制度建设，就要保证社会管理制度的公正性、合理性和规范性。制度一旦建立，就必须使其能得到有效的执行，切实发挥制度对社会管理的作用。同时，要建立相关的社会管理决策参与制度、组织保障制度、人事制度、协调制度、监督问责制度，以制度创新来创新社会管理。

三、完善维护群众权益机制

随着经济的全球化和信息网络的普及，原来的利益群体格局发生了重大变化。公众的民主意识和法律意识不断增强，给经济多元化下解决利益差距的扩大和化解复杂、多样的社会矛盾及社会问题造成了一定的难度，建立一种科学有效的利益协调机制，才能统筹协调各方利益。

完善维护群众权益机制主要包括健全群众利益诉求表达机制、健全群众维护利益协调机制、健全侵害群众权益的纠错机制、健全社会稳定风险评估机制等。

通过畅通的群众利益诉求渠道，一方面可以听取群众的合理化建议和所反映的合法利益，另一方面能不断改进政府的工作方法，增加政务透明度，把政务公开、办事公开等落到实处；通过用法律的、经济的、行政的手段结合的利益协调机制调节利益分配格局，保证公平合理地分配社会财富和公共服务资源，使公众都能享受到社会发展带来的红利；通过建立成果共享机制和侵害群众权益的纠错机制，着力解决群众反映强烈的问题，坚决纠正损害群众利益的行为；健全社会稳定风险评估机制，使重大决策事项通过社会稳定的风险评估，从源头上、根本上、基础上预防和化解由政策制定引发的社会矛盾，为政策制定实施创造和谐稳定的社会环境。只有维护群众权益机制的完善，才能维护社会的公平正义，促进社会的和谐发展。

四、完善流动人口和特殊人群的管理服务机制

加强流动人口和特殊人群管理服务，是发展经济、改善民生的要求。长期以来，由于服务理念和管理手段的落后，服务管理机制不健全，在实际工作中存在重管理轻服务、重部门利益轻共同利益、重限制轻公平、重防范轻关爱等，使流动人口和特殊人群管理服务上严重脱离实际，大量工作事倍功半，影响社会的和谐发展。只有实行以传统的防控型管理向服务、教育、管理并重，动员和依靠社会力量，才能最大限度减少管理盲区，调动全社会参与管理的积极性。

要利用大数据建立统筹协调管理、资源共享的信息平台，实现对流动人口的有效管理，同时对流动人口要实行公共服务均等化的政策，构建教育入学服务体系、创业就业服务体系、住房保障服务体系、医疗保障服务体系、公共文化服务体系的"融入工程"。

特殊人群的管理服务，实行教育、帮扶、关爱相结合的方式，要不断扩大志愿者队伍，鼓励全社会参加到这项工作中来。

五、完善公共服务体系

一个和谐和稳定的社会一定有完善的公共服务体系，它对于企业的健康发展、人民的安居乐业、社会资源的节约、管理和服务效率的提高有重要意义。优良的教育体系、便捷的公共卫生体系、普及的公共文化服务体系、覆盖面广的社会福利体系，是维护社会和谐安定、促进社会公平公正、确保人民共享发展成果的关键。要使全体公民都能公平可及地获得大致均等的基本公共服务，保障基本公共服务均等化。

当前，要着重加快完善社会保障体系建设，实行以社会保险、社会救助、社会福利为基础，以基本养老、基本医疗、最低生活保障制度为重点，以慈善事业、商业保险为补充，促进政府机关、企事业单位基本养老保险制度改革，建立农村养老保险制度，编织起覆盖全社会的"安全网"。

《国家基本公共服务体系"十二五"规划》规定了9大领域44类80项公共服务内容，党的十九大报告提出加强社会保障体系建设。《"十三五"卫生与健康规划》《国家人口发展规划（2016—2030年）》《"十三五"社会服务兜底工程实施方案》《居民生活服务业发展"十三五"规划》《"十三五"推进基本公共服务均等化规划》《"十三五"国家老龄事业发展和养老体系建设规划》《国务院关于实施健康中国行动

的意见》等从不同领域提出完善国家基本公共服务制度体系。

六、完善社会规范体系

在社会生活的各个领域，要加快建立和完善个人行为的规范体系。

要重新认识传统社会规范对社会管理的重要性，俗语、风俗、禁忌、习惯等是社会上普遍存在的社会规范，是约定成俗的生活方式，讲"仁"重"礼"是中国传统的美德，这种传统的社会规范在当代仍然有效；要重视道德规范的建设，人们对社会上的事情和行为给予对与错、是与非、善与恶、好与坏的标准是长期以来形成的，应结合时代的发展，将人类、国家、民族的利益放在首位，同时充分尊重个体的合法利益，加强家庭美德、职业道德和社会公德建设，把人们行为尽可能地纳入共同行为准则的轨道，从而形成公平公正、礼让宽容的社会氛围，培育良好的文明风尚；要健全社会诚信制度，加强社会信用管理，加快社会信用体系建设，利用现代信息技术，建设社会信用平台，强化对守信者的鼓励和对失信者的惩戒，把社会信用水平与人们的经济社会发展机会联系起来；通过法律规范来完善社会规范，必须使法律规范符合民族的特性，与文化、社会制度、经济发展水平、价值观念、世界观相适应。

七、完善公共安全体系

随着经济的发展、市场化和国际化的快速推进，中国正进入公共安全事件易发、频发和多发时期。由于长期以来公共安全管理主体和公共安全教育的缺失、法律体系不完善、职能部门和监管之间缺乏良好的协调机制，造成中国公共安全问题突出，严重影响社会和谐稳定。

公共安全管理最有效的方法是花少量资源避免危机与灾害的发生，而不是花大量的资源去善后已发生的灾害。建立以预防为主的公共安全管理模式是现代政府公共安全管理的工作重心。面对以食品药品安全为代表的健康生态安全问题，要完善统一权威的食品药品安全监管机构，建立食品原产地可追溯制度和质量标识制度，加强食品药品安全风险监测评估预警和监管执法，建立最严格的覆盖全过程的监管制度；面对经济建设活动引发的生态安全问题，要深化安全生产管理体制改革，建立隐患排查治理体系和安全预防控制体系，遏制重特大安全事故的发生；面对日益复杂的社会治安局面，要创新立体化社会治安防控体系，依法严密防范和惩治各类违法犯罪活动，加强社会治安综合治理；面对自然灾害频发的形势，健全防灾减灾救灾体制，完善工作机制，完善灾害救助政策和灾情的评估机制，建立和提高救灾物资保障的能力，提高社会动员能力，提高自然灾害的应急救助能力，运用金融和保险手段来提高国家和公民的防灾减灾能力。此外，要建立健全突发事件应急体系，加强全民风险防范能力和应急处置能力建设。

八、完善信息网络管理

网络是现实世界的影子，是引领、沟通、形成全球生态文明共识的最佳工具。但是，信息文明远未形成，而且缺乏监管，以至于低俗泛滥、小人甚嚣尘上、谣言可随意制造，稍不如意，可对任何人、任何单位、任何政府发动网络攻击，这些假、恶、丑的思想意识和行为对社会正义造成了极大伤害，导致出现"劣币驱逐良币"的现象，正义失声。

要进一步加强和完善信息网络管理，提高对虚拟社会的管理水平，健全网上舆论引导机制。完善网络空间治理，营造安全文明的网络环境。建立网络空间治理基础保障体系，完善网络安全法律法规，完善网络信息有效登记和网络实名认证。建立网络安全审查制度和标准体系，加强精细化网络空间管理，清理违法和不良信息，依法惩治网络违法犯罪行为。健全网络与信息突发安全事件应急机制。推动建立多边、民主、透明的国际互联网治理体系，积极参与国际网络空间安全规则制定、网络犯罪打击、网络安全技术和标准应用等领域的国际合作。

《中华人民共和国网络安全法》《"十三五"国家信息化规划》《国家网络空间安全战略》《国家教育事业发展"十三五"规划》等提出了加强网络空间治理、规范网络信息传播秩序、完善网络空间治理体系，使信息网络成为生态文明建设的全新管理手段。党的十九大报告提出，加强互联网内容建设，建立网络综合治理体系，营造清朗的网络空间。《工业控制系统信息安全行动计划（2018—2020年）》提出，建立全系统工控安全管理工作体系。

第三节 建立绿色生活方式

一、提倡绿色生活

生活方式是指在一定社会文化、经济、风俗、家庭影响下，人们长期以来所形成的一系列的生活习惯、生活制度和生活意识。工业文明以来，人们的生活方式打上了明显的时代烙印，在大机器生产的推动下，鼓励消费、刺激生产成为一种时尚，勤俭节约反而成了阻止经济发展的一大障碍，出现为消费而大量浪费资源的局面。

绿色生活方式是指在生态文明观念下，人们在日常生活中改变传统的生活方式，养成适度消费、节俭消费、低碳消费、安全消费的良好习惯，使绿色饮食、绿色出行、绿色居住成为人们的自觉行动，同时在满足我们这一代人的消费需求、安全和健康的前提下，还能满足子孙后代的消费需求、安全和健康。

长期以来，人们一直认为对生态环境造成严重破坏的是工业污染物排放，政府对环境污染的治理也放在对工业行业的监管上，但现在生活污染已成为重要的污染源。2015年全国废水排放量中，城镇生活污水占72.8%，工业废水占27.1%。快速的工业化、城镇化使中国步入历史上环境污染最严重的时期，同时也成为地球上环境污染最严重的区域，严重影响了经济和社会的持续发展，在价值观缺失背景下的生活习俗、消费习惯等更加剧了污染的程度。

《关于加快推进生态文明建设的意见》提出，要加快推动生活方式绿色化，实现生活方式和消费模式向勤俭节约、绿色低碳、文明健康的方向转变，力戒奢侈浪费和不合理消费。"十三"五规划纲要提出要"倡导勤俭节约的生活方式""倡导合理消费""生活方式绿色、低碳水平上升"。

2019年10月，国家发改委印发的《绿色生活创建行动总体方案》提出，通过开展节约型机关、绿色家庭、绿色学校、绿色社区、绿色出行、绿色商场、绿色建筑等创建行动，广泛宣传推广简约适度、绿色低碳、文明健康的生活理念和生活方式，建立完善绿色生活的相关政策和管理制度，推动绿色消费，促进绿色发展。

《关于加快推动生活方式绿色化的实施意见》《关于促进绿色消费的指导意见》《关于深入实施"互联网+流通"行动计划的意见》《"十三五"生态环境保护规划》《"十三五"国家信息化规划》《"十三五"节能减排综合工作方案》《国家人口发展规划（2016—2030年）》《循环发展引领行动》《人体健康水质基准制定技术指南》《国民营养计划（2017—2030年）》《公民生态环境行为规范（试行）》等都从不同角度提出了绿色消费。

二、绿色生活促进产业转型

生产决定消费，但消费也影响生产。消费升级引领产业升级，消费升级的方向是产业升级的重要导向，合理的消费需求有利于提高发展质量、增进民生福祉、推动经济结构优化升级、激活经济增长内生动力，实现持续健康高效协调发展。生活方式的绿色化将极大地促进产业转型的进程。

"推动形成绿色生产生活方式，加快改善生态环境"是当前经济和社会发展的一个重要内容。建设生态文明，必须倡导低碳生活方式，实行生活方式转型，尽可能避免消费那些会导致二氧化碳排放的商品和服务，以减少温室气体的产生。

国外有统计数据显示，发达国家消费领域的能耗巨大，占到总能耗的60%—65%，制造业消耗的能耗不足40%。其根源在于广大消费者的关注点放在消费领域，而不在生产领域。

中国目前的消费状况也呈现这种趋势，一方面我们高喊要原生态的生活，另一方面我们煤炭消费每年增长2亿吨、汽车每年增加2000万辆，良好的愿望与消费的"陋习"产生了严重的冲突。人们普遍追求不健康、高能耗的生活方式，如以肉食为主的饮食结构、一次性用品、豪华住宅、大排量汽车、奢侈品等，造成了超出人类生理需求的过度消费。这是一种高碳化、病态化的消费方式，不仅引发了当前诸多生理疾病与心理疾病的流行，也是对资源的巨大浪费。所以，启动消费领域的生活方式革命对建设生态文明社会具有紧迫性和现实可行性。要通过生活方式的绿色化促进传统产业的绿色化，进而建立科技含量高、资源消耗低、环境污染少的绿色产业结构。

《关于积极发挥新消费引领作用　加快培育形成新供给新动力的指导意见》《关于促进消费带动转型升级的行动方案》等提出通过各种方法用绿色生活促进产业转型。

2017年11月，在波恩举行的联合国气候变化大会上，"公众参与"和"落实行动"成为会议的两大关键词，许多国家认为消费者能促进企业行为进而实现低碳转型，引导企业走向更绿色的未来。

三、全民践行绿色生活

确立绿色生活方式，需要社会与个人两个层面的共同努力。

从社会层面讲，生活方式绿色化是一个社会转变过程，需要从改变消费理念、制定政策制度、推动全民行动和完善保障措施等多方面协调推进。首先，要在全社会营造践行绿色生活方式的氛围，加强制度建设，加大对损害生态环境行为的监管和处罚力度，采取激励引导与惩戒相结合的策略，形成全社会热爱绿色生活的良好氛围。按照绿色生活的要求，制定推行绿色城市、绿色社会、绿色企业、绿色校园、绿色家庭的标准，限制过度包装，严格限制高耗能、高污染服务业，通过消费对生产的反作用促进绿色生产方式的建立，把被所谓的现代消费抛弃的"分解—还原—再生"三个环节重新纳入自然生态循环的链条之中，通过相应的表彰、奖励、处罚措施，对公民的生活行为予以引导。其次，要建立绿色公共服务体系。如建立和完善对城乡居民绿色生活的支持体系，帮助人们实现绿色生活的目标。在农村大力推广沼气利用，在城市大力发展公共交通。再次，注重发挥社会组织的作用，开展全民绿色教育活动。提倡崇尚节俭、合理消费、绿色消费等理念，养成节约、环保的消费方式和生活习惯，遏制浪费、减少浪费。《关于加快推动生活方式绿色化的实施意见》已明确提出要"引导绿色饮食，推广绿色服装，倡导绿色居住，鼓励绿色出行"，同时要求各地全面构建推动生活方式绿色化的全民行动体系，将生活方式绿色化全民行动纳入文明城市、文明村镇、文明单位、文明家庭创建内容。

从个人层面看，绿色生活意味着衣食住行更环保。衣服多选择棉质、亚麻和丝绸，这样不仅环保、时尚，而且优雅、耐穿。尽量选择手洗衣服，用太阳光自然烘干衣服，少用洗衣机，这样做不仅环保而且能增加衣服的使用寿命，且太阳光能杀菌。在饮食方面，要尽量养成良好的餐饮习惯，尽量自己带可循环使用的环保袋，拒绝过度包装，支持可循环使用的产品，尽量购买本地产品，出门自带喝水杯，拒绝使用一次性木筷，尽量少用一次性物品，减少吃带包装的食品，减少使用包装袋的次数。在住的方面，养成随手关闭电器电源的习惯，随手关灯、关水龙头、拔插头，使用节约型水具，一水多用，不追求过度的时尚，拒绝使用珍贵动植物制品，使用竹制家具。在行的方面，1千米以内步行，3千米以内骑自行车，5千米左右乘坐公共交通工具。少开车，开车时要注意节能，避免冷车启动，减少怠速时间，避免突然变速，选择合适挡位避免低挡跑高速，定期更换机油，高速莫开窗，轮胎气压要适当等，不能"用好玩、炫酷的方式做环保"，每个公民要"从我做起，从现在做起，从身边的小事做起"，遵循"消耗最少的资源满足更多人的生存和人类发展的需求"原则，平平淡淡、实实在在地过简朴的生活，人人践行绿色生活，衣食住行游勤俭节约、绿色低碳，适度消费、健康消费、文明消费、节约消费。

为了保证人类的持续发展，仅仅倡导消费绿色产品等浅层次的技术性措施是远远不够的，必须从更深、更高的层次上，改变那种毫无节制的生活方式，把生活方式上升到世界观、人生观、价值观的高度。发达国家必须放弃一部分既得利益，发展中国家也不能完全照搬发达国家的模式，不能把那些过度消费自然资源的生活方式当作楷模和追求的目标。

正如联合国环境规划署倡导的："我们都是蝴蝶。如果我们共同扇动翅膀，我们便可以改变世界。"

下 篇
云南绿色发展

第十一章 云南生态文明建设总体概况

生态文明建设已经成为引领我国经济和社会发展的重大战略举措。云南省实行生态文明建设发展战略以来，牢固树立尊重自然、顺应自然、保护自然的生态文明理念，坚定不移走绿色发展之路，为成为全国生态文明建设排头兵做出了持续的努力。推进云南生态文明建设，对于不断开拓生产发展、生活富裕、生态良好的文明发展道路，加快建设资源节约型、环境友好型社会，促进云南跨越发展，全面建成小康社会具有重大意义。

第一节 云南生态文明建设的目标和任务

一、云南生态文明建设的指导思想

以邓小平理论、"三个代表"重要思想、科学发展观为指导，全面贯彻党的十八大和十八届三中、四中、五中、六中全会精神，深入贯彻习近平总书记系列重要讲话精神和考察云南重要讲话精神，紧紧围绕"五位一体"总体布局和"四个全面"战略布局，牢固树立创新、协调、绿色、开放、共享的发展理念，坚持节约资源和保护环境的基本国策，坚持生态优先、绿色发展，以建设生态文明先行示范区为抓手，以正确处理人与自然的关系为核心，以解决生态环境领域突出问题为导向，以绿色循环低碳发展为途径，以制度创新为动力，以重点工程为依托，加快形成节约资源和保护环境的空间格局、产业结构、生产方式、生活方式和价值理念，努力建设天更蓝地更绿水更净空气更清新的美丽云南，努力成为全国生态文明建设排头兵。[①]

二、云南生态文明建设的基本原则[②]

1. 尊重自然、保护优先

牢固树立尊重自然、顺应自然和保护自然的生态文明理念，把人类活动控制在自然环境能够承载的限度内，有度有序开发和利用自然。坚持节约优先、保护优先，平衡好发展和保护的关系，在发展中保护、在保护中发展，实现发展与保护的内在统一、相互促进。

---

① 《云南省生态文明建设排头兵规划（2016—2020年）》解读 [EB/OL].（2016-11-25）[2019-02-09]. http://www.yndpc.yn.gov.cn/content.aspx?id=256121185050.

② 参见：云南省人民政府研究室. 推进云南省生态文明建设的举措研究报告（综合报告）[R]. 2016.

2. 绿色引领、永续发展

牢固树立"绿水青山就是金山银山"的理念，把绿色发展作为推进现代化建设的重要引领，发挥资源环境优势，坚定走绿色发展、生态富民之路，营造绿色山川，发展绿色经济，建设绿色城镇，倡导绿色生活，打造绿色窗口，为子孙后代留下永续发展的"绿色银行"。

3. 完善制度、创新驱动

坚持把建立系统完整的生态文明制度体系作为生态文明建设的首要任务，充分发挥市场配置资源的决定性作用，更好发挥政府作用，加快建立系统完善的生态文明制度体系。不断强化科技创新引领作用，为生态文明建设注入强大动力。

4. 立足当前、着眼长远

围绕资源环境最紧迫任务，着力解决对经济社会可持续发展制约性强、群众反映强烈的突出问题，打好生态文明建设攻坚战。同时，加强系统谋划和总体设计，更加注重转方式、调结构，加快形成绿色生产方式和消费模式，持之以恒全面推进生态文明建设。

5. 因地制宜、彰显特色

综合考虑各地自然资源禀赋和生态环境优势以及承载能力、空间结构、产业结构、要素聚集等因素，鼓励各地开展各类试点示范，因地制宜加快生态文明建设，积极探索有效模式。

三、云南生态文明建设的目标

到2020年，发展质量和效益明显提升，发展方式实现重大转变，产业结构更趋合理，资源利用效率进一步提升，能源和水资源消耗、建设用地、碳排放强度持续下降，资源节约型和环境友好型社会建设取得重大进展，可再生能源利用率居全国前列；国土空间开发格局更加优化，符合主体功能定位的空间开发格局全面形成，空间治理体系基本建立；划定并严守生态保护红线，森林覆盖率和蓄积量持续保持全国前列，物种丰度保持稳定，湿地面积不断增加，湿地功能增强，生态系统功能全面提升，国家生态安全屏障进一步巩固，筑牢生态安全屏障；城市空气质量优良率保持全国领先，以六大水系和九大高原湖泊为主的水环境质量得到明显改善，土壤环境质量总体保持稳定，主要污染物排放总量持续减少，生态环境质量保持优良；生态文明建设制度体系逐步健全，生态文明主流价值观更加深入人心，生态文明先行示范区建设取得显著成效。[①]

国土空间开发格局进一步优化　经济、人口布局向均衡方向发展，国土开发强度、城市空间规模得到有效控制，城乡结构和空间布局明显优化，"一核一圈两廊三带六群"经济社会发展空间格局基本形成，县市"多规合一"全面推开。

绿色循环低碳产业体系初步建立　产业转型升级进一步加快。战略性新兴产业增加值占地区生产总值比例达15%，农产品中无公害、绿色、有机农产品种植面积比例达

---

① 《云南省生态文明建设排头兵规划（2016—2020年）》解读 [EB/OL].（2016-11-25）[2019-02-09].
http://www.yndpc.yn.gov.cn/content.aspx?id=256121185050.

15%。二氧化碳排放强度比2005年下降45%以上，能源消耗强度持续下降，资源产出率大幅提高，全社会用水总量控制在226.8亿立方米以内，万元工业增加值用水量降至60立方米以下，农田灌溉水有效利用系数提高到0.55以上，可再生能源利用率居全国前列。

生态环境持续改善 主要污染物排放大幅下降，大气环境、重点流域水环境和土壤环境质量总体改善，重要江河湖泊水功能区水质达标率提高到87%以上，森林覆盖率和蓄积量分别达60%（含一般灌木林）和18.53亿立方米，自然湿地面积不低于42万公顷，草原综合植被覆盖度达到58%，主要生态系统步入良性循环，城乡人居环境不断优化，国家西南生态安全屏障和生物多样性宝库更加巩固。

生态文明制度体系逐步健全 基本形成源头预防、过程控制、损害赔偿、责任追究的生态文明制度体系，自然资源资产产权和用途管制、生态保护补偿、生态保护红线、生态文明考核等关键制度取得决定性成果。[1]

四、云南生态文明建设的主要任务[2]

1. 优化国土空间开发格局

发挥主体功能区作为国土空间开发保护基础制度的作用，以主体功能区规划统筹各类空间性规划，建立健全空间治理体系，科学合理布局和整治生产空间、生活空间、生态空间，提高空间利用效率，加快形成人与自然和谐共生的空间格局。要推动各地严格依据主体功能定位发展，着力构建空间治理体系；推进绿色城镇化，实施城市"四治三改一拆一增"行动，实施"七改三清"农村环境整治综合行动，不断改善城乡人居环境。

2. 加快产业绿色转型发展

贯彻落实"中国制造2025"云南行动计划，加快构建科技含量高、资源消耗低、环境污染少的产业结构，积极构建循环型产业体系，推动生产方式绿色化、生产过程清洁化，大幅提高经济绿色化程度，不断提高发展的质量和效益。积极化解过剩产能，改造提升传统产业，加快培育八大重点产业，促进结构优化调整；大力发展节能环保产业、清洁能源产业，鼓励开发绿色产品，提高经济绿色化程度；大力发展循环经济，促进工业、农业和服务业循环发展。

3. 促进资源节约集约利用

加强生产、流通、消费全过程资源节约，推动资源利用方式向集约高效转变，构建资源可持续利用体系。实施全民节能行动，加强工业节能增效，推动建筑、交通运输、公共机构节能和主要污染物减排；推进水、土地和矿产等资源节约集约利用，到2020年，全省用水总量控制在215亿立方米以内，单位国内生产总值建设用地使用面积下降20%，矿产资源综合利用率达到40%以上。促进再利用和资源化，到2020年，农业秸秆综合利用率达到85%，工业固体废弃物综合利用率达到56%。

---

① 参见：云南省人民政府研究室. 推进云南省生态文明建设的举措研究报告（综合报告）[R]. 2016.
② 《云南省生态文明建设排头兵规划（2016—2020年）》解读[EB/OL]. (2016-11-25)[2019-02-09].
http://www.yndpc.yn.gov.cn/content.aspx?id=256121185050.

4. 筑牢国家生态安全屏障

建设以青藏高原东南缘生态屏障、哀牢山—无量山生态屏障、南部边境生态屏障、滇东—滇东南喀斯特地带、干热河谷地带、高原湖泊区和其他点块状分布的重要生态区域为核心的"三屏两带一区多点"生态安全屏障，划定并严守生态保护红线。全面提升森林、湿地、草原、农田、水域等自然生态系统功能，加大生物多样性保护力度，推进重点地区生态治理，加强防灾减灾体系建设，积极应对气候变化。到2020年，全省森林覆盖率达到60%，森林蓄积量达到19.01亿立方米，自然湿地保护率达到45%，草原综合植被覆盖度达到96.22%。

5. 推动环境质量全面改善

以改善环境质量为主线，以保障生态环境安全为底线，统筹污染治理、总量减排和环境风险管控，打好水、土壤、大气污染防治三大战役，构建环境安全防控体系，提高环境安全水平。全面落实水污染防治行动计划，到2020年，水环境质量得到阶段性改善，六大水系优良水体稳中向好；实施大气污染防治行动计划，稳定并提升大气环境质量；落实土壤污染防治行动计划，改善土壤环境质量。强化环境风险防范，提高涉重、涉危污染物风险防范能力。

6. 培育生态文明良好风尚

倡导尊重自然、顺应自然、保护自然的生态文明理念，提高全民生态文明意识，弘扬云南各少数民族长期与自然相依相存中形成的优秀传统生态文化，鼓励公众积极参与，实现生活方式绿色化。

7. 建立生态文明制度体系

贯彻落实《中共云南省委 云南省人民政府关于贯彻落实生态文明体制改革总体方案的实施意见》，积极探索建立有利于实现生态文明领域国家治理体系和治理能力现代化的制度，加快构建产权清晰、多元参与、激励约束并重、系统完整的生态文明制度体系，用制度引导、规范和约束各类开发、利用、保护自然资源的行为。

第二节　云南生态文明建设的成就

一、树立生态文明理念，走绿色发展之路[①]

1. 生态文明制度改革不断深化

云南省坚持把生态文明建设摆在突出位置，实施"生态立省、环境优先"战略，加强生态文明建设整体设计，先后成立了生态文明建设排头兵工作领导小组和生态文明体制改革专项小组，先后出台了《七彩云南生态文明建设规划纲要（2009—2020年）》《关于争当全国生态文明建设排头兵的决定》《云南省全面深化生态文明体制改革总体

[①] 参见：云南省人民政府研究室. 推进云南省生态文明建设的举措研究报告（综合报告）[R]. 2016.

实施方案》《关于努力成为生态文明建设排头兵的实施意见》和《云南省生态文明建设排头兵规划（2016—2020年）》等，《云南省国民经济和社会发展第十三个五年规划纲要》也对云南生态文明建设做出了规划。

《云南省生态文明建设目标评价考核办法》《云南省绿色发展指标体系》《云南省生态文明建设考核目标体系》《生态文明建设目标评价考核实施办法》提出了生态文明建设目标评价考核在资源环境生态领域有关专项考核的基础上综合开展，采取年度评价和目标考核相结合的方式实施，年度评价每年开展1次，重点评估各州（市）上一年度生态文明建设进展总体情况，目标考核每个五年规划期结束后开展1次，主要考查各州（市）生态文明建设重点目标任务完成情况。

云南省构建了纵向联动、横向协作大格局，建立绩效评价考核和责任追究制度，启动县域生态环境考核，取消19个限制开发区域和生态脆弱县的GDP考核，推进领导干部自然资源资产离任审计试点，实行生态环保指标"一票否决"制，率先在全国建立县域生态环境质量监测评价与考核办法，进一步落实环境保护党政同责、一岗双责，探索完善生态功能区资金转移支付办法，深入扎实推进生态文明建设。

2. 国土空间开发格局进一步优化

实施《云南省主体功能区规划》，确立了云南国土空间开发格局，努力构建"一圈一带六群七廊"城镇化格局，构建青藏高原南缘生态屏障、哀牢山—无量山生态屏障、南部边境生态屏障、金沙江干热河谷地带、珠江上游喀斯特地带为核心的"三屏两带"生态安全战略格局。西双版纳州和丽江市玉龙县被列为国家主体功能区建设试点示范，开展了国家重点生态功能区产业准入负面清单制定工作。创新城乡规划管理体制机制，建立云南省空间体系大数据平台。实施城镇上山发展战略，科学探索城镇建设与耕地保护统一的有效途径，推动城镇建设由粗放扩张向集约节约高效发展转变。启动了"多规合一"试点改革，大理市被列为首批国家"多规合一"试点，开展了23个省级"多规合一"试点。曲靖市、红河州以及大理市、保山市板桥镇被列为国家新型城镇化综合试点地区，形成了一批可复制、可推广的经验。持续改善农村人居环境质量，实施736个村庄的环境综合整治试点示范，洱源等7个县（市、区）开展集中连片整治整县推进试点。

3. 生态保护与建设成效显著

深入推进"森林云南"建设，实施大规模国土绿化，"十二五"期间完成营造林3634万亩，义务植树5.28亿株，林地面积由3.71亿亩增加到3.75亿亩，森林覆盖率由52.9%提高到55.7%，森林蓄积量从16.37亿立方米增加到17.68亿立方米，退耕还林349万亩，陡坡地生态治理200万亩，石漠化治理重点工程县从12个扩大到65个，实现了全省石漠化重点地区治理全覆盖。加大"长治""珠治"等重点区域水土流失综合整治，完成了水土流失治理面积1.28万平方千米。加强灾害预警预报，在全省基本编织起了防震减灾、地质、气象和生物灾害防治"四张网"。在全国率先开展极小种群物种保护、国家公园建设试点和野生动物公众责任保险工作，基本建立起生物多样性保护体系，90%的典型生态系统和85%的重要物种得到了有效保护。

云南已经建立了相对完善的自然保护地体系。截至2017年年底，云南共建有国家公园13个、自然保护区161个、森林公园47个、风景名胜区66个、地质公园11个、世界自然遗产3个、湿地公园18个、重点城市集中式饮用水水源保护区45个、水产种质资源保护区21个，国家级和省级生态公益林11.88万平方千米、牛栏江流域水源保护区1.14万平方千米、九湖保护区0.44万平方千米。[①]

4. 资源节约利用水平不断提高

推动产业结构向开放型、创新型和高端化、信息化、绿色化转变，逐步改变了拼资源、拼环境、拼消耗、拼投入的发展方式。加强水源地保护和用水总量管理，推进水循环利用，开展曲靖市、玉溪市国家级节水型社会示范建设。落实最严格的耕地保护制度，开展土地利用总体规划修编，划定城镇发展边界、永久基本农田保护红线和生态保护红线，划定了7879万亩基本农田，坝区优质耕地中基本农田面积保护率由66.3%提高到81.6%。全面超额完成"十二五"节能减排任务，淘汰落后产能2398.285万吨，累计单位GDP能耗下降20.65%，碳强度目标提前两年完成，连续三年在国家考评中被评为优秀，可再生能源利用率居全国前列，非化石能源占一次能源消费比重达41.9%。全省土地和矿产资源节约利用水平明显提高，每万元地区生产总值用水量下降至123立方米，工业固体废弃物综合利用率达51.0%，全面停止对产能严重过剩的五类行业的土地供应，坚决取缔了无证勘查开发行为，关闭污染严重、破坏环境、不具备安全生产条件的一批矿山。

5. 环境保护治理工作扎实推进

"十二五"期间，云南省以实施新修订的《环境保护法》为契机，加强环境保护法治建设，先后出台一系列环境保护地方法规和政策，建立重大项目环评审批推进机制，对关系全省经济发展和民生改善的重大建设项目主动优化环评服务。积极推行环境污染第三方治理。持续开展环保专项行动，出动监察人员23.38万人次，检查企业6.07万家次，立案查处了企业1515家，挂牌督办了一大批环境违法问题。切实加强核与辐射环境监管，妥善解决群众投诉，有效处置环境突发事件。建立环境保护联动执法机制，实行环境监管网格化管理。建立打击污染环境犯罪专业队伍，在昆明等4州（市）成立环保警察，在4家中级人民法院和11家基层法院成立环资庭。在资源综合利用、高原湖泊污染防治、重金属污染土壤修复、石漠化治理等领域科学研究和技术研发取得进步，环境信息化建设水平持续提高，国控重点污染源自动监控系统全面建成。坚决打击和制止环境违法违纪行为，不断加强基层环境执法能力建设。大力开展生态示范创建，普洱市被列为国家绿色经济试验示范区，启动实施八大试验示范工程；西双版纳率先创建成为省级生态文明州。累计建成10个国家级生态示范区、85个国家级生态示范乡镇、3个国家级生态示范村。

6. 重点领域污染防治全面加强

坚持"总量控制、一湖一策、分类施治"的原则，加强以滇池为重点的九大高原湖泊水污染综合治理，"九湖"水质总体保持稳定，54%的水质断面达标，水质达标率比

[①]　划定生态保护红线，筑牢西南生态安全屏障[EB/OL].（2018-12-17）[2019-03-01]. http://sthjt.yn.gov.cn/zwxx/xxyw/zcjd/201812/t20181217_186805.html.

规划中期提高15.1%。2017年，全省湖泊水质、河湖水质总体良好，优良率为86.0%。

"十二五"期间，建立了大气污染防治联席会议制度，超额完成国家下达云南省黄标车及老旧车淘汰任务，与国家要求相比提前1年实现了全省地级以上城市环境空气新标准监测能力全覆盖。2015年，全省16个州（市）政府所在地城市环境空气平均优良率为97.3%，是全国环境空气质量较好的地区之一。加强重金属及土壤污染防治，划定了土壤环境保护优先区和土壤污染重点治理区，全省重金属污染物排放总量有所下降，11个国家级重点防控区域重金属污染物削减率全部超过15%，部分区域环境质量逐渐好转，危险废物经营及跨省转移管理进一步加强，环境风险得到有效防范。

7. 对外交流合作广泛开展

发挥云南独特的沿边区位优势，抓住国家推进"一带一路"建设机遇，秉持包容互鉴、合作共赢的精神，与南亚东南亚国家在生态文明建设领域开展了多层面、多类型的对话交流和务实合作，主动承担国际生态安全的战略任务。加强中缅、中老环境保护合作，签署《合作备忘录》，与缅甸掸邦省、老挝南塔省和琅勃拉邦省建立跨境环保合作交流机制。成功举办"中国—东盟""南南合作""上海合作组织"等系列研讨会和培训，推进大湄公河次区域、沪滇、川滇、泛珠及与台湾的环保合作。积极参与大湄公河次区域林业合作、泛亚太地区林业合作、亚欧林业示范项目合作，与德国、法国等国家开展营造林、沼气建设等项目，探索了森林认证和碳汇交易，成为我国与国外合作应对全球气候变化的成功案例。执行亚太森林组织课题，对越老缅柬泰5国林业资源开展了调研。中老跨境生物多样性保护项目顺利推进。加强外来有害生物物种防治，强化转基因生物体和环保微生物利用的监管，防控野生动物疫源、疫病。澜沧江、怒江等主要河流出境跨界断面水质全面达标。

8. 全社会生态文明意识显著增强

加强生态文明宣传教育，广泛动员全民参与生态文明建设，从政府、企业、社会组织以及家庭等各个层面强化生态文明教育，动员社会各界参与节能减排降碳，在全省中小学全面开设环境教育课程，普及生态文明理念和知识。充分利用各种媒体和宣传平台，开展了"九湖保护宣讲""环保志愿者行动"等内容丰富、形式多样的社会公益宣传活动。大理州以"一堂课、一首歌、一段短片"等群众喜闻乐见的形式，全方位宣传洱海保护治理工作，使"洱源净、洱海清、大理兴"的理念深入人心。发挥媒体舆论监督作用，畅通公众参与和监督渠道，实行企业环境行为公开制度，坚持政府环境管理信息公开，让更多群众参与到生态文明建设当中。进一步传承和发扬民族优秀传统生态文化，切实增强全民节约意识、环保意识、生态意识，让公众的绿色低碳生活方式成为自觉行动，形成合理消费的社会风尚，营造爱护生态环境的良好风气。

二、云南省生态文明建设的年度评价

国家统计局、国家发改委、环境保护部、中央组织部发布的《2016年生态文明建设年度评价结果公报》显示，2016年云南绿色发展指数在全国位列第10位，其中生态保护指数位列第2位，环境治理指数和增长质量指数位列第25位，绿色生活指数位列第28

位。[①]

根据《云南省生态文明建设目标评价考核办法》《云南省绿色发展指标体系》和《云南省生态文明建设考核目标体系》要求，云南省统计局、发改委、环境保护厅和省委组织部对2016年云南省各州（市）生态文明建设进行了年度评价。评价按照《云南省绿色发展指标体系》实施，绿色发展指数采用综合指数法进行测算，绿色发展指数包括资源利用、环境治理、环境质量、生态保护、增长质量、绿色生活6个方面，共52项评价指标，评价结果见表11–1、表11–2。[②]

在表11–1、表11–2中，资源利用指数主要反映一个地区能源、水资源、建设用地的总量与强度双控要求和资源利用效率；环境治理指数重点反映一个地区主要污染物、危险废物、生活垃圾和污水的治理以及污染治理投资等情况；环境质量指数主要反映一个地区大气、水、土壤的环境质量状况；生态保护指数用来反映一个地区森林、草原、湿地、自然保护区、水土流失、土地沙化和矿山恢复等生态系统的保护与治理；增长质量指数主要反映一个地区宏观经济的增速、效率、效益、结构和动力；绿色生活指数主要反映一个地区绿色生活方式的转变以及生活环境的改善。

表11–1 2016年云南省各州（市）生态文明建设年度评价结果排序

地区	绿色发展指数	资源利用指数	环境治理指数	环境质量指数	生态保护指数	增长质量指数	绿色生活指数
昆明	1	1	1	14	10	1	1
西双版纳	2	4	12	8	3	4	3
德宏	3	5	9	10	4	7	2
临沧	4	2	15	4	14	10	6
怒江	5	11	16	1	1	8	12
迪庆	6	16	11	2	2	5	10
楚雄	7	6	10	12	12	2	8
保山	8	13	5	6	9	11	4
文山	9	9	2	3	16	3	14
普洱	10	10	7	5	6	13	15
昭通	11	3	8	11	11	16	16
玉溪	12	7	13	13	7	14	5
红河	13	8	3	16	13	6	9
丽江	14	15	6	9	8	15	13
大理	15	12	4	15	5	12	7
曲靖	16	14	14	7	15	9	11

---

① 划定生态保护红线，筑牢西南生态安全屏障 [EB/OL]. (2018-12-17) [2019-03-01]. http://sthjt.yn.gov.cn/zwxx/xxyw/zcjd/201812/t20181217_186805.html.

② 云南省统计局，云南省发展和改革委员会，云南省环境保护厅，中共云南省委组织部. 2016年云南省生态文明建设年度评价结果公报 [EB/OL]. (2018-05-25) [2019-02-09]. http://www.stats.yn.gov.cn/tjsj/tjgb/201805/t20180525_751161.html.

绿色发展指数中，计算个体指数的公式为：

$$正向型指标：Y_i = \frac{X_i - X_{i,min}}{X_{i,max} - X_{i,min}} \times 40 + 60$$

$$逆向型指标：Y_i = \frac{X_{i,max} - X_i}{X_{i,max} - X_{i,min}} \times 40 + 60$$

式中：Y_i为第i个指标的个体指数，X_i为该指标在报告期的绿色发展统计指标值，X_i，max为该指标在报告期16个州（市）绿色发展统计指标值中的最大值，X_i，min为该指标在报告期16个州（市）绿色发展统计指标值中的最小值。

表11-2　2016年各州（市）生态文明建设年度评价结果

地区	绿色发展指数	资源利用指数	环境治理指数	环境质量指数	生态保护指数	增长质量指数	绿色生活指数
昆明	83.63	83.81	93.61	80.71	73.48	93.47	79.91
曲靖	76.27	72.80	76.56	92.79	66.83	72.57	73.10
玉溪	77.89	78.76	77.54	83.47	76.62	68.66	75.81
保山	79.04	73.15	82.47	93.56	74.88	72.14	75.87
昭通	78.35	81.57	78.62	88.64	73.42	64.24	69.16
丽江	76.78	72.05	79.70	89.71	75.33	67.32	71.89
普洱	78.77	74.56	79.47	94.58	77.00	69.47	70.56
临沧	80.22	82.62	74.67	94.74	72.11	72.49	74.63
楚雄	79.06	79.77	78.23	86.95	73.18	77.52	74.11
红河	76.81	77.30	85.09	75.25	72.93	73.91	73.70
文山	78.96	75.80	85.22	95.02	65.99	75.81	70.84
西双版纳	82.04	81.09	77.60	91.28	84.18	74.25	77.85
大理	76.59	73.71	82.52	79.26	77.40	70.66	74.26
德宏	81.06	79.98	78.55	88.88	82.25	73.58	78.22
怒江	79.73	73.76	67.14	96.06	91.43	73.34	72.89
迪庆	79.48	70.56	77.69	95.49	84.90	74.15	73.45

6个分类指数是对个体指数进行加权得出，计算公式为：

$$F_j = \frac{\sum_{i=m_j}^{n_j} W_i Y_i}{\sum_{i=m_j}^{n_j} W_i} \quad (j = 1,2,\cdots\cdots,6)$$

式中：F_j为第j个分类指数，Y_i为指标X_i的个体指数，W_i为第i个指标X_i的权数，m_j为第

j个分类中第一个评价指标在整个评价体系中的序号，n_j为第j个分类中最后一个评价指标在整个评价指标体系中的序号。

绿色发展指数是对6个分类指数进行加权，计算公式为：

$$Z = F_1 \times \sum_{i=1}^{14} W_i + F_2 \times \sum_{i=15}^{22} W_i + F_3 \times \sum_{i=23}^{31} W_i +$$
$$F_4 \times \sum_{i=32}^{39} W_i + F_5 \times \sum_{i=40}^{44} W_i + F_6 \times \sum_{i=45}^{52} W_i$$

式中：Z为绿色发展指数，W_i为X_i第i个指标X_i的权数。

在2016年云南省各州（市）生态文明建设年度评价中，由于受污染耕地安全利用率、绿色产品市场占有率（高效节能产品市场占有率）和城镇绿色建筑面积占新建建筑比重等3个指标暂无数据，为了体现公平性，其权数不变，指标的个体指数值赋为最低值60，参与指数计算；有些州（市）没有的地域性指标，相关指标不参与绿色发展指数计算，其权数分摊至其他指标，体现差异化。

三、《云南省创建生态文明建设排头兵促进条例》顺利实施

为了推进生态文明建设，筑牢国家西南生态安全屏障，维护生物安全和生态安全，践行绿水青山就是金山银山的理念，推动绿色循环低碳发展，实现人与自然和谐共生，满足人民日益增长的优美生态环境需要，努力把云南建设成为全国生态文明建设排头兵、中国最美丽省份，云南省第十三届人民代表大会第三次会议于2020年5月12日审议通过了《云南省创建生态文明建设排头兵促进条例》，自2020年7月1日起施行，明确生态文明建设评价考核将纳入高质量发展综合绩效评价体系。

1. 各级政府的职责

省人民政府负责全省创建生态文明建设排头兵工作，建立生态文明建设联席会议制度和督察制度，统筹协调解决生态文明建设重大问题。州（市）、县（市、区）和乡（镇）人民政府负责本行政区域生态文明建设工作。县级以上人民政府发展改革部门作为生态文明建设综合协调机构，具体负责生态文明建设的指导、协调和监督管理；其他有关部门按照各自职责做好生态文明建设工作。

各级人民政府应当处理好生态文明建设与人民群众生产、生活的关系，保障人民群众合法权益和生命健康安全，提升人民群众在生态文明建设中的获得感、幸福感、安全感。

县级以上人民政府应当构建以生态价值观为准则的生态文化体系，普及生态文明知识，倡导生态文明行为，弘扬生态文化，提高全民生态文明素质。

生态文明建设是全社会的共同责任，鼓励和引导公民、法人和其他组织参与生态文明建设，并保障其享有知情权、参与权和监督权。企业和其他生产经营者应当遵守生态文明建设法律、法规，实施生态环境保护措施，承担生态环境保护企业主体责任。

2. 生态文明规划与建设

县级以上人民政府应当将生态文明建设纳入国民经济和社会发展规划及年度计划，

省人民政府负责编制全省生态文明建设排头兵规划并组织实施，州（市）人民政府根据全省生态文明建设排头兵规划编制本行政区域生态文明建设规划并组织实施。县（市、区）人民政府根据上级的规划编制本行政区域生态文明建设行动计划并组织实施。

县级以上人民政府应当建立健全国土空间规划和用途统筹协调管控制度，统筹划定落实生态保护红线、永久基本农田、城镇开发边界，落实主体功能区战略，科学布局生产、生活、生态空间，严守城镇、农业、生态空间，规范空间开发秩序和强度，提高空间资源利用效率和综合承载能力。

各级人民政府应当落实生态保护红线主体责任，建立生态保护红线管控和激励约束机制，健全生态保护红线的调整机制，将生态保护红线作为有关规划编制和政府决策的重要依据。各级人民政府应当根据资源环境承载能力，合理规划城镇功能布局，减少对自然生态的干扰和损害，保持城镇特色风貌，改善城镇人居环境，建设美丽城镇。各级人民政府应当加强乡村规划管理，改善农村基础设施、公共服务设施和人居环境，实施乡村振兴、扶贫开发，推动农村特色产业发展和农民增收致富，建设美丽乡村。

县级以上人民政府应当组织开展生态文明建设示范创建活动，建立生态文明建设教育基地，开展爱国卫生运动，并与文明城市、园林城市、卫生城市等创建活动相结合。

3. 生态环境保护与治理

县级以上人民政府应当建立和完善源头预防、过程控制、损害赔偿、责任追究的生态环境保护体系，健全生态保护和修复制度，统筹山水林田湖草一体化保护和修复，完善污染防治区域联动机制；应当建立和完善自然资源统一调查、评价、监测制度，健全自然资源监管体制；应当加强本行政区域内生物多样性保护，完善生物多样性保护网络，防治外来物种入侵，对具有代表性的自然生态系统区域和珍稀、濒危、特有野生动植物自然分布区域予以重点保护；应当健全执法管理体制，明确执法责任主体，落实执法管理责任，加强协调配合，加大监督检查和责任追究力度，加强对动物防疫活动的管理，依法保护野生动物资源，全面禁止和惩治非法野生动物交易行为，革除滥食野生动物的陋习，防范、打击边境地区野生动物及其制品走私和非法贸易行为。

省人民政府应当构建以国家公园为主体的自然保护地体系，健全国家公园保护制度的执行机制，规范保护地分类管理，保护自然生态系统的原真性、完整性。

县级以上人民政府应当加强森林资源保护与管理，加大退耕还林力度，开展国土绿化，保护古树名木，加强森林火灾和林业有害生物防控，提高森林覆盖率及生态系统质量和稳定性；应当加强草原保护与治理，实行基本草原保护制度，建立退化草原修复机制，实施退化草原禁牧、休牧和划区轮牧，加大退牧还草和岩溶地区草地治理力度；应当加强湿地保护与修复，建立湿地保护管理体系，实行湿地面积总量管控，严格湿地用途管理；应当加强耕地保护和管理，坚守耕地红线和永久基本农田控制线，严控新增建设占用耕地，严格落实耕地占补平衡，加强耕地数量、质量、生态保护；应当划定并公告水土流失重点预防区和治理区，因地制宜采取有利于保护水土资源、实施生态修复等各种措施，预防和治理水土流失，其中石漠化地区的人民政府应当持续推进石漠化综合治理工程，把石漠化治理与退耕还林、防护林种植、水土保持、人畜饮水工程等相结合，改善区域生态环境；应当组织开展气候资源调查和气候承载力、气候资源可开发利用潜力评估，确定气候资源多样性保护重点，合理规划产业布局、产业聚集区和重点建设工程项目，对脆弱气候区域采取限制开发量、修复气候环境等保护措施；应当严格执行水环境质量、水污染物排放等标准，加强水污染防治、监测和饮用水水源地保护；处理好水资源开发与保护关系，以水定需、量水而行、因水制宜，促进水环境质量持续改善。

实行省、州（市）、县（市、区）、乡（镇）、村五级河（湖）长制。各级河（湖）长应当落实河（湖）长制的各项工作制度，按照职责分工组织实施河（湖）管理保护工作。省人民政府生态环境部门应当会同有关部门建立重要江河、湖泊流域水环境保护联合协调机制，实行统一规划、统一标准、统一监测、统一防治。

县级以上人民政府应当加强对工业、燃煤、机动车、扬尘等污染源的综合防治，实行重点大气污染物排放总量控制制度，推行区域大气污染联合防治，控制、削减大气污染物排放量；应当加强土壤污染防治、风险管控和修复，实施农用地分类管理和建设用地准入管理，州（市）人民政府生态环境部门应当制定本行政区域内土壤污染重点监管单位名录，并向社会公开。

各级人民政府应当调整优化农业产业结构，加大农业面源污染防治力度，鼓励使用高效、低毒、低残留农药，扩大有机肥施用，落实畜禽水产养殖污染防治责任，推进标准化养殖和植物病虫害绿色防控。

县级以上人民政府应当加强固体废物污染、噪声污染、光污染防治，完善管理制度，促进固体废物综合利用和无害化处置，防止或者减少对人民群众生产、生活和健康的影响；应当采取有效措施，加强放射性污染防治，建立放射性污染监测制度，预防发生可能导致放射性污染的各类事故。

省人民政府应当制定生活垃圾分类实施方案，推进生活垃圾减量化、资源化、无害化处理处置。各级人民政府应当落实生活垃圾分类的目标任务、配套政策、具体措施，加快建立分类投放、收集、运输、处置的垃圾处理系统。

各级人民政府应当采取措施，推进厕所革命，科学规划、合理布局城乡公厕、旅游厕所，加大对现有城乡公厕、旅游厕所和农村无害化卫生户厕的改造、管理力度，推进多元化建设运营模式和公厕云平台建设。

县级以上人民政府应当加强城乡公益性节地生态安葬设施建设，建立节地生态安葬奖补制度，推行节地生态安葬方式，对铁路、公路、河道沿线和水源保护区、风景旅游区、开发区、城镇周边等范围的散埋乱葬坟墓进行综合治理；应当建立突发环境事件应对机制，指导督促企业事业单位制定突发环境事件应急预案，依法公开相关信息，及时启动应急处置措施，防止或者减少突发环境事件对人民群众生产、生活和健康的影响；应当建立环境风险管理的长效机制，鼓励化学原料、化学制品和产生有毒有害物质的高环境风险企业投保环境污染责任保险。

4. 促进绿色发展

县级以上人民政府应当贯彻高质量发展要求，坚持开放型、创新型和高端化、信息化、绿色化产业发展导向，改造提升传统产业，培育壮大重点支柱产业，发展战略性新兴产业、现代服务业，构建云南特色现代产业体系；应当统筹建立清洁低碳、安全高效的能源体系，推进绿色能源开发利用、全产业链发展，科学规划并有序开发利用水能、太阳能、风能、生物质能、地热能等可再生能源，发展清洁载能产业，促进能源产业高质量发展；应当建立农业绿色发展推进机制，发展绿色有机生产基地，健全农产品质量安全标准体系和绿色食品安全追溯体系，促进绿色食品产业发展；应当科学发展生物制造、生物化工等产业，鼓励支持中药材绿色化、生态化、规范化种植加工和中药饮片发展，发展高端医疗产业集群；规划建设集健康、养生、养老、休闲、旅游等功能于一体的康养基地；应当把绿色发展理念贯彻到交通基础设施建设、运营和养护全过程，提升交通基础设施、运输装备和运输组织的绿色技术水平，推进集约运输、绿色运输和交通循环经济建设；应当建设立体化、智能化城市交通网络，鼓励节能与新能源交通运输工具的应用；应当加强旅游市场监管，合理规划促进全域旅游发展，鼓励发展生态旅游、乡村旅游，推进旅游开发与生态保护深度融合；应当建立全面覆盖、科学规范、管理严格的资源总量管理和全面节约制度，加强重点用能单位能耗在线监测，鼓励企业开展节能、节水等技术改造和技术研发，开发节能环保型产品，加强节能环保新技术应用推广；应当建立矿产资源节约集约开发机制，推进绿色矿山建设，建立矿山地质环境保护和土地复垦制度，指导、监督矿业权人依法保护矿山环境，履行矿山地质环境保护和土地复垦义务；应当按照减量化、再利用、资源化原则推进循环经济发展，构建循环型工业、循环型农业、循环型服务业体系，各类开发区、产业园区、高新技术园区管理机构应当加强园区循环化改造，开展园区产业废物交换利用、能量梯级利用、水循环利用和污染物集中处理。

各级人民政府应当完善再生资源回收利用体系建设，建立统一收集、专类回收和集中定点处理制度，推进餐厨废弃物、建筑废弃物、农林废弃物资源化利用，推进再生资源回收和利用行业规范发展。鼓励社会资本投资废弃物收集、处理和资源化利用。

省人民政府应当建立和完善生态保护补偿机制，科学制定补偿标准，推动森林、湖泊、河流、湿地、耕地、草原等重点领域和禁止开发区域、重点生态功能区等重要区域生态保护补偿全覆盖，完善生态保护成效与资金分配挂钩的激励约束机制，逐步实行多元化生态保护补偿。

县级以上人民政府应当采取措施推进绿色消费，加强对绿色产品标准、认证、标识的监管；鼓励消费者购买和使用高效节能节水节材产品，不使用或者减少使用一次性用品；鼓励生产者简化产品包装，避免过度包装造成的资源浪费和环境污染。国家机关、事业单位和团体组织在进行政府采购时应当按照国家有关规定优先采购或者强制采购节能产品、环境标志产品。

县级以上人民政府应当推动绿色建筑发展，推广新型建造方式，推进既有建筑节能改造，建立和完善第三方评价认定制度，实行绿色装配式建筑技术与产品评价评估认定、绿色建材质量追溯制度，鼓励使用绿色建材、新型墙体材料、节能设备和节水器具。

各级人民政府应当弘扬民族优秀生态文化，支持体现民族传统建筑风格的生态旅游村、特色小镇、特色村寨的建设和保护，推进建设民族传统文化生态保护区，实施民族文化遗产保护工程；应当支持民族生态文化的合理开发利用，打造民族生态文化品牌，鼓励开发具有民族生态文化特色的传统工艺品、服饰、器皿等商品。

5. 促进社会参与

各级人民政府应当建立健全生态文明建设社会参与机制，完善信息公开制度，鼓励和引导公民、法人和其他组织对生态文明建设提出意见建议，进行监督。对涉及公众权益和公共利益的生态文明建设重大决策或者可能对生态环境产生重大影响的建设项目，有关部门在决策前应当听取公众意见。

各级各类学校、教育培训机构应当把生态文明建设纳入教育、培训的内容，编印、制作具有地方特色的生态文明建设读本、多媒体资料。报刊、广播、电视和网络等媒体应当加强生态文明建设宣传和舆论引导，开展形式多样的公益性宣传。工会、共青团、妇联、科协、基层群众性自治组织、社会组织应当参与生态文明建设的宣传、普及、引导等工作。鼓励志愿者参与生态文明建设的宣传教育、社会实践等活动。

公民、法人和其他组织都有义务保护生态环境和自然资源，有权对污染环境、破坏生态、损害自然资源的行为进行制止和举报。鼓励和引导公民、法人和其他组织践行生态文明理念，自觉增强生态保护和公共卫生安全意识，在衣、食、住、行、游等方面倡导文明健康、绿色环保的生活方式和消费方式。鼓励村（居）民委员会、社区、住宅小区的村规民约或者自治公约规定生态文明建设自律内容，倡导绿色生活。

6. 保障与监督

县级以上人民政府应当建立健全生态文明建设资金保障机制，将生态文明建设工作经费纳入本级财政预算；鼓励社会资本参与生态文明建设。

省级财政应当完善能源节约和资源循环利用、保护生态环境、生态功能区转移支付和城乡人居环境综合整治等方面的财政投入、分配、监督和绩效评价机制。

省人民政府应当健全自然资源产权制度和资源有偿使用制度的执行机制，探索建立用能权、碳排放权、排污权、水权交易制度，推行环境污染第三方治理。鼓励金融机构发展绿色信贷、绿色保险、绿色债券等绿色金融业务。

省人民政府应当建立生态文明建设领域科学技术人才引进和培养机制，支持生态文明建设领域人才开展科学技术研究、开发、推广和应用，加快生态文明建设领域人才队伍建设。鼓励和支持高等院校、科研机构、相关企业加强生态文明建设领域的人才培养和科学技术研究、开发、成果转化。

省人民政府应当组织建立生态文明建设信息平台，加强相关数据共享共用，定期公布生态文明建设相关信息，推动全省信息化建设与生态文明建设深度融合，发挥大数据在生态文明建设中的监测、预测、保护、服务等作用。

省、州（市）人民政府应当将生态文明建设评价考核纳入高质量发展综合绩效评价体系，强化环境保护、自然资源管控、节能减排等约束性指标管理，落实政府监管责任。

县级以上人民政府应当建立健全生态环境监测和评价制度，推进生态环境保护综合行政执法；应当落实生态环境损害责任终身追究制，建立完善领导干部自然资源资产离任（任中）审计制度，对依法属于审计监督对象、负有自然资源资产管理和生态环境保护责任的主要负责人进行自然资源资产离任（任中）审计；应当加强对所属部门和下级人民政府开展生态文明建设工作的监督检查，督促有关部门和地区履行生态文明建设职责，完成生态文明建设目标；应当每年向本级人民代表大会及其常务委员会报告生态文明建设工作，依法接受监督，县级以上人民代表大会及其常务委员会应当加强对生态文明建设工作的监督，检查督促生态文明建设工作推进落实情况；对生态文明建设工作中做出显著成绩的单位和个人，县级以上人民政府应当按照国家和省有关规定予以表彰或者奖励。

县级以上人民政府生态环境部门和其他负有生态环境保护监督管理职责的部门应当将企业事业单位和其他生产经营者的环境违法信息记入社会诚信档案，对其环境信用等级进行评价，及时公开环境信用信息。检察机关、负有生态环境保护监督管理职责的部门及其他机关、社会组织、企业事业单位应当支持符合法定条件的社会组织对污染环境、破坏生态、损害社会公共利益的行为依法提起环境公益诉讼。

第三节　争当全国生态文明建设排头兵

《云南省国民经济和社会发展第十三个五年规划纲要》提出，树立绿水青山就是金山银山的理念，坚持保护优先，以生态文明先行示范区建设为抓手，推动形成绿色发展方式和生活方式，建设天更蓝地更绿水更净空气更清新的美丽云南。[①]

一、牢固树立生态文明理念[②]

1. 增强成为生态文明建设排头兵的责任感和使命感

云南努力成为生态文明建设排头兵既是云南主动服务和融入国家发展战略的要求，也是云南实现跨越式发展与全国同步全面建成小康的需要。要切实增强责任感和使命感，树立尊重自然、顺应自然、保护自然的理念，把生态文明建设融入经济建设、政治建设、文化建设、社会建设各方面和全过程，开创云南生态文明建设新时代。树立发展和保护相统一的理念，坚持发展第一要务，坚持发展必须是绿色发展、循环发展、低碳发展，坚持绿水青山就是金山银山，平衡好发展和保护的关系，使保护自然的过程成为增值自然价值和自然资本的过程，使保护自然得到合理回报和经济补偿，实现发展与保护的内在统一和相互促进。树立山水林田湖是一个生命共同体的理念，统筹考虑对自然生态各要素、山上山下、地上地下以及流域上下游进行整体保护、系统修复、综合治理，增强生态系统循环能力，维护生态平衡。

---

① 云南省人民政府关于印发云南省国民经济和社会发展第十三个五年规划纲要的通知 [EB/OL].（2016-05-05）[2019-02-09]. http://www.yn.gov.cn/yn_zwlanmu/qy/wj/yzf/201605/t20160505_25013.html.
② 参见：云南省人民政府研究室. 推进云南省生态文明建设的举措研究报告（综合报告）[R]. 昆明，2016.

2. 提高全民生态文明意识

良好的生态环境需要全民参与保护。把生态文明教育作为素质教育的重要内容，纳入国民教育体系、干部教育培训体系和企业培训体系，引导全社会树立生态文明意识。将生态文化作为现代公共文化服务体系建设的重要内容，充分挖掘和有效保护云南各少数民族长期与自然相依相存中形成的优秀传统生态文化，大力推进迪庆州、大理州国家级文化生态保护实验区建设，加快建设省级民族传统文化生态保护区，提升云南民族特色生态文化的影响力。加大生态文明示范州（市）、示范县（市、区）和示范乡镇创建力度，推进昆明市、玉溪市、丽江市、景洪市等国家环保模范城市创建工作。以自然保护区、风景名胜区、国家公园、森林公园、湿地公园、地质公园、世界自然遗产地以及博物馆为平台，探索建立云南生态文明宣传教育示范基地。充分发挥新闻媒体作用，树立理性积极的舆论导向，加强资源环境国情宣传，普及生态文明法律法规、科学知识等，报道先进典型，曝光反面事例，提高公众节约意识、环保意识、生态意识，形成人人、事事、时时崇尚生态文明的社会氛围。

3. 倡导和培育绿色生活方式

加快推动生活方式和消费模式向简约适度、绿色低碳、文明健康的方式转变，广泛开展绿色生活行动，推动全民在衣、食、住、行、游等方面加快向勤俭节约、绿色低碳和文明健康的方式转变。积极引导居民购买节能与新能源汽车、高能效家电、节水型器具等节能环保低碳产品，减少一次性用品的使用，限制过度包装。大力推广绿色低碳出行，倡导绿色生活和休闲模式，严格限制发展高耗能、高耗水服务业。引导各级公共机构及干部职工开展绿色建设、办公、食堂等节能行动，推动工作方式向科技含量高、资源消耗低、环境污染少的方向转变。完善公众参与制度，健全公众参与生态文明建设决策的有效渠道和合理机制，及时准确披露各类环境信息，扩大公开范围，保障公众知情权，维护公众环境权益。健全举报、听证、舆论和公众监督等制度，构建全民参与的生态文化保护社会行动体系。在建设项目立项、实施、后评价等环节，有序增强公众参与程度。积极引导生态文明建设领域各类社会组织健康有序发展，发挥民间组织和志愿者的促进作用。

二、加快建设主体功能区

《云南省国民经济和社会发展第十三个五年规划纲要》提出，发挥主体功能区作为国土空间开发保护基础制度的作用，控制开发强度，调整空间结构，构建科学合理的生产空间、生活空间、生态空间。

1. 推动主体功能区布局基本形成

落实主体功能区规划，推动各地依据主体功能定位发展。重点开发区适度扩大区域中心城市规模，发展壮大与中心城市具有紧密联系的中小城市，在提高经济增长质量和效益、节约资源、保护环境的基础上，加快推进工业化和城镇化，促进人口、产业和经济聚集，建成全省工业化和城镇化的核心区。农产品主产区以增强农产品生产和供给能力为主要发展方向。重点生态功能区以水源涵养、水土保持、水污染防治、生物多样性保护为重点。禁止开发区实行特殊保护，严禁不符合主体功能定位的开发活动，将不适合居住和开发的区域、水源保护区域、森林和野生动植物保护区域的居民逐步有序外迁。健全差别化的财政、产业、投资、人口流动、建设用地、资源开发、环境保护等主体功能区配套政策和县域经济考核评价制度。积极推动西双版纳州和玉龙县国家主体功能区建设试点示范工作。制定和实行国家重点生态功能区产业准入负面清单。

2. 构建空间治理体系

以市县级行政区为单元，建立国土空间规划、用途管制、差异化绩效考核等构成的空间治理体系。以主体功能区规划为基础统筹各类空间性规划，创新规划编制方法，在资源环境承载能力评价的基础上，统一土地分类标准，推动城乡、土地利用、生态环境保护等规划"多规合一"和空间"一张图"管理，建立定位清晰、层次分明、功能互补、衔接协调的空间规划体系，规范开发秩序，逐步形成人口、经济、资源环境相协调的国土空间开发格局。实施国土资源调查评价和检测工程。提升测绘地理信息服务保障能力，开展地理省情常态化监测，健全覆盖全省国土空间的监测系统。

三、提高资源综合利用水平[①]

1. 协同推进节能减排

围绕推进重点领域节能，组织开展国家万家企业节能低碳行动和省千户工业企业节能低碳行动，实施重点产业能效提升计划，逐步提高节能标准。严格执行建筑节能强制性标准，加快推进既有建筑节能改造，建立健全国家机关办公建筑和大型公共建筑节能监管体系。进一步丰富可再生能源建筑应用形式，实施可再生能源建筑应用省级示范、城市可再生能源建筑规模化应用、以县为单位的农村可再生能源建筑应用示范等，推进全省绿色建筑规模化发展。围绕主要污染物总量减排，继续落实污染减排目标责任制，建立健全总量预算管理、初始排污权分配、总量前置审查和排污许可管理制度，大力实施区域性、流域性、行业性差别化总量控制指标，持续削减主要污染物排放总量。强化结构、工程、管理减排，加大高污染物排放行业淘汰力度，全面推进脱硫脱硝除尘设施建设。大力实施锅炉窑炉改造、余热余压利用等节能技术改造工程，建设节能重大技术示范工程。大力推广高效节能电机、锅炉、汽车、照明等产品。加快实施水泥、玻璃、钢铁和火电等重点行业脱硫脱硝除尘、重金属污染防治等减排工程。

2. 节约利用水、土地、矿产资源

按照以水定需、量水而行的要求，抑制不合理用水需求，加强用水定额管理，促进人口、经济等与水资源相均衡，全面推进节水型社会建设。发展节水农业，加强城市节水，推进企业节水技术改造，淘汰高耗水工艺、技术和装备，大力发展低耗水产业，创建一批节水型示范企业。加快城乡水源工程建设，保障城镇供水安全。加强土地利用的规划管控、市场调节、标准控制和考核监管，严格土地用途管制，推广应用节地技术和模式。实行最严格的节约用地制度，构建节约集约用地长效监督机制，开展工业用地

---

① 参见：云南省人民政府研究室. 推进云南省生态文明建设的举措研究报告（综合报告）[R]. 昆明，2016.

弹性年期出让改革等试点。积极开展好低丘缓坡土地开发利用试点，大力推进城市立体开发和闲置用地综合整治，拓展资源利用新空间。加强矿物综合开发利用，发展绿色矿业，按照综合勘探、综合开采、综合利用的原则，加强矿产资源特别是低品位、共伴生矿产资源的综合开发利用，提高开采回收率、选矿回收率和综合利用率。积极推进稀土矿、有色、稀有金属矿山及综合利用示范基地建设。继续加强矿山固体废物、尾矿和废水利用。着力推进矿产资源就地转化、深度加工，延伸产业链和提高附加值。

3. 促进再利用和资源化

推行农业清洁生产，实施农业测土配方施肥。促进农村生活废弃物资源化，鼓励因地制宜建设人畜粪便、生活污水、垃圾等有机废弃物分类回收、利用和无害化处理体系。促进秸秆综合利用，积极推进秸秆肥料化、饲料化、燃料化、基料化和原料化利用。加快推进废旧农膜、灌溉器材、农药包装物回收利用，推广使用"厚地膜"、可降解地膜，提高残膜回收及加工利用。完善城镇再生资源回收利用体系建设，加快回收站点、分拣中心、集散市场"三位一体"的回收网络体系建设，利用"互联网+"技术，构建"互联网+资源回收"新模式。推进餐厨废弃物资源化利用，完善回收体系建设，优化餐厨废弃物资源化利用技术，推进昆明市、大理市、丽江市国家餐厨废弃物资源化利用和无害化处理试点城市建设。发挥个旧市工业固体废弃物综合利用基地和资源综合利用"双百工程"示范基地引领作用，推动尾矿、煤矸石、冶炼渣等大宗固体废弃物综合利用，培育一批大宗固体废弃物综合利用示范基地和骨干企业。培育昆明静脉产业园、安宁工业园、曲靖煤化工工业园、通海五金产业园、易门陶瓷特色工业园等再生资源加工园区。

四、促进低碳循环发展

《云南省国民经济和社会发展第十三个五年规划纲要》提出，坚持绿色生产和生活方式，加强生产、流通、消费全过程资源节约，深入推动全社会节能减排，推动资源利用方式向集约高效转变，构建资源可持续利用体系。

1. 持续推动重点领域节能减排

发挥节能与污染物减排的协同促进作用，加强重点用能单位和减排单位管理，强化固定资产投资项目节能评估审查制度。严格按照国家下达的能源消费总量、主要污染物排放总量减少等指标，强化节能减排目标责任考核，对年度考核不合格或未能完成任务的地区实施建设项目环评区域和行业限批。加强工业、交通、建筑、公共机构、商业、农业六大重点领域节能工作，开展重点用能单位节能低碳行动，实施能效"领跑者"制度和环保"领跑者"制度。强化结构减排，细化工程减排，加强管理减排，继续削减主要污染物排放总量。实施能量系统优化、节能产品惠民、合同能源管理等重点节能工程以及电力、建材、有色、冶金等重点工业行业和城镇生活、农业等重点领域减排工程，确保节能减排目标顺利完成。

2. 大力发展循环经济

按照"减量化、再利用、资源化"的原则，加快构建循环型工业、农业、服务业体系，提高全社会资源产出率。加强再生资源回收利用体系建设，实行垃圾分类回收，开发利用"城市矿产"，推进秸秆、畜禽粪便等农林废弃物以及建筑垃圾、餐厨废弃物资源化利用，推广再制造和再生利用产品，鼓励纺织品、汽车轮胎等废旧物品回收利用，推动重要资源循环利用工程。推进尾矿、有色冶炼渣及工业石膏等大宗固体废弃物综合利用。加强普洱市、曲靖市、易门县、祥云县等国家循环经济示范城市（县）和普洱绿色经济试验示范区建设，推进资源综合利用"双百工程"建设，推行企业循环式生产、产业循环式组合、园区循环化改造。

3. 加强资源节约高效利用

坚持最严格的节约用地制度，调整用地结构，推进工业用地节约集约化，优化新增建设用地管理，盘活存量建设用地，严格土地用途管制，严格控制农村集体建设用地规模，推广应用节地技术和模式。有序推进城镇低效用地再开发和低丘缓坡土地开发利用，推进建设用地多功能开发、地上地下立体综合开发利用，盘活农村闲置建设用地。加强矿产资源合理开发和综合利用，推进绿色矿山建设和矿产资源深加工，提高开采回采率、选矿回收率和综合利用率。

4. 积极应对气候变化

主动控制碳排放，有效控制电力、钢铁、建材、化工等重点行业碳排放，通过节约能源和提高能效，增加森林、湿地碳汇等手段，有效控制二氧化碳等温室气体排放。建立全省温室气体排放统计核算考核体系、重点企（事）业温室气体排放报告制度、碳排放总量控制制度和分解落实机制。落实全国碳排放权交易市场建设工作，推动碳排放权交易工作，支持和鼓励林业碳汇国家核证自愿减排交易项目。建立碳排放认证制度，推广低碳产品认证。强化云南气候变化科学研究和监测能力，提高水资源、农业、生物多样性保护、城市等领域适应气候变化水平。扎实推进国家低碳试点建设，积极开展低碳产业园区、社区、城镇等示范项目建设。

五、筑牢生态安全屏障

《云南省国民经济和社会发展第十三个五年规划纲要》提出，加强生态保护与建设，全面提升生态系统功能，推进重点区域生态修复，扩大生态产品供给，巩固我国西南生态安全屏障。

1. 构建"三屏两带一区多点"生态安全格局

构建以青藏高原东南缘生态屏障、哀牢山—无量山生态屏障、南部边境生态屏障、滇东—滇东南喀斯特地带、干热河谷地带、高原湖泊区和其他点状分布的重要生态区为核心的"三屏两带一区多点"生态安全格局。推进迪庆州、广南县、勐海县和洱源县国家级生态保护与建设示范区工作。

2. 深入推进"森林云南"建设

全力实施云南生态文明建设林业"十大行动"计划。保护和培育森林生态系统，继续推进天然林保护和公益林管护，力争将全部天然林纳入保护范围，对原始林、热带雨林等独特天然林实行重点保护，在天保工程区继续停止天然林商品性采伐，抓好国家珍贵林木和储备林基地建设。加强森林防火、林业有害生物防治体系建设和野生动物疫源疫病预警防控体系建设。大力开展植树造林，在生态脆弱区继续实施退耕还林还草，推动陡坡地生态治理，加强防护林体系建设，加快推进干热（暖）河谷、泥石流区、高寒山区、五采区等困难立地造林。增强森林碳汇功能，建立和完善林业碳汇计量监测体系。增强森林生态系统服务功能，积极探索橡胶生态化种植方式，调整优化森林结构，加强新造林地管理和森林抚育，完善森林资源经营管理体制。推进国家公园建设，加强资源整合，扩大国家公园试点范围。深化电力体制及电价改革，让林区农民与城市居民同网同价，推进以电代柴。

3. 提高湿地生态保护水平

建立完善全省湿地保护管理体系，以国际重要湿地、湿地类型自然保护区、国家重要湿地、省级重要湿地、国家湿地公园为重点，加强自然湿地保护力度，对退化湿地生态系统进行科学修复，逐步扩大湿地面积，恢复湿地生态结构和功能，建立湿地保护、监测和监管体系，全面维护湿地生态系统的结构和生态功能，加强湿地生态补偿机制建设，积极探索九大高原湖泊退耕还湿占用基本农田的动态调整机制。

4. 保护生物多样性

实施生物多样性保护重大工程，开展生物多样性观测站点建设，实施生物多样性保护、恢复与减贫示范，加强生物多样性监管基础能力建设。强化生物多样性保护优先区域、重点领域、重要生态系统的保护。建立以就地保护为主、迁地保护和离体保护为辅的生物多样性保护体系。加强野生动植物保护管理，重点做好国家重点保护物种、极小种群物种和地方特有物种的拯救、保护、恢复和利用，完善中国西南野生生物种质资源库。强化自然保护区和森林公园的建设与管理，改善野生动植物栖息地条件。加强野生动物疫源疫病监测体系建设。强化自然保护区建设和管理，加大热带雨林等典型生态系统、物种基因和景观多样性保护。严防外来有害物种入侵和物种资源丧失，严格野生动植物进出口管理。建立健全云南省生物多样性保护法规体系。

5. 加强水生态保护

以六大水系、九大高原湖泊等为重点，加速推进以保持水土、护坡护岸、涵养水源为主要目的的生态保护。加大生态清洁型小流域建设，实施河道生态治理。因地制宜实施地下水开发利用和保护修复措施。建立抚仙湖、洱海、泸沽湖、万峰湖和小湾电站库区等良好水质湖泊生态环境保护长效机制。

6. 强化重点地区生态治理

重点做好坡耕地综合整治和以坡面水系工程为主的小流域综合治理。加强水土保持预防监督。从严控制重要生态保护区、水源涵养区、江河源头和山地灾害易发区等区域的开发建设项目，限制或者禁止可能造成水土流失的生产建设活动。积极推进长江、珠江等江河流域水土保持综合治理项目。继续抓好石漠化综合治理，改善区域生态状况。

7. 保护和发展生态文化

倡导尊重自然、顺应自然、保护自然的生态文明理念，充分挖掘、保护和弘扬民族优秀传统生态文化，推进生态文化创新。开发体现云南自然山水、生态资源特色和倡导生态文明的文化产品。推进少数民族聚居村镇省级民族传统文化生态保护区建设，提高云南民族特色生态文化影响力。

六、加大环境治理力度

《云南省国民经济和社会发展第十三个五年规划纲要》提出，全面推进污染防治，深入实施大气、水、土壤污染防治行动计划，实行最严格的环境保护制度，强化排污者主体责任，形成政府、企业、公共共治的环境治理体系，实现环境质量的持续改善。

1. 切实改善大气环境质量

实施大气污染防治行动，加快火电、钢铁、水泥、化工、有色金属冶炼等重点行业大气污染治理，开展强制性清洁生产审核，强化机动车污染治理，逐步淘汰黄标车。支持鼓励昆明市及滇中城市群率先推广和扩大使用电动公交车范围。

2. 切实改善水环境质量

实施水污染防治行动，加强九大高原湖泊及重点流域水污染综合防治，实施地表水质达标行动，强化水功能区管理，严格入河（湖）排污口监督管理和入河（湖）排污总量控制和监测。加大滇池、洱海、抚仙湖等九大高原湖泊以及金沙江、珠江、牛栏江和沘江等流域水污染防治和水环境综合治理，到2020年，九大高原湖泊流域县城污水处理率达到90%，城镇达到70%以上。重点湖泊、重点水库等敏感区域城镇污水处理设施于2017年底前全面达到一级A排放标准。加大出境跨界河流环境安全监管。严格饮用水水源地保护，强化饮用水水源应急管理。

3. 切实改善土壤环境质量

推进土壤环境保护与综合治理，划定土壤环境保护优先区域及重点治理区，建立土壤环境质量监测评估制度，加强砷渣、铬渣等重金属和危险废物污染防治，推动重点地区土壤污染治理与修复试点示范。

七、加快生态文明制度建设

《云南省国民经济和社会发展第十三个五年规划纲要》提出，建立和完善生态文明制度体系，用制度引导、规范和约束各类开发、利用、保护自然资源的行为。

1. 健全自然资源资产产权制度和用途管制制度

对全省范围内的水流、森林、山岭、草原、荒地等自然生态空间进行统一确权登记，明确国土空间的自然资源资产所有者、监管者及其责任。建立权责明确的自然资源产权体系，健全自然资源资产管理体制。

2. 加强资源环境生态红线管控

对能源、水、土地等战略性资源消耗总量实施管控，强化资源消耗总量管控与消耗强度的协同。设置大气、水和土壤环境质量目标，并与污染物总量控制指标相衔接。划定并严守生态保护红线。加强统计监测能力建设，完善资源环境承载力监测预警机制，将各类经济社会活动限定在红线管控范围以内。

3. 完善生态补偿制度和资源有偿使用制度

建立健全有利于自然保护区、森林公园、国家公园、湿地公园等保护地的生态保护补偿机制，加大对重点生态功能区的财政转移支付力度，探索建立横向和流域生态补偿机制，完善生态保护成效与资金分配挂钩的激励约束机制。建立和完善反映市场供求状况、资源稀缺程度和环境损害成本的资源性产品价格形成机制。完善土地、矿产资源有偿使用制度。推行市场化机制，推动用能权、碳排放权、排污权、水权等交易，推进环境污染第三方治理。

4. 建立健全环境治理体系

改革环境治理基础制度，建立覆盖所有固定污染源的企业排放许可制，落实省以下环保机构监测监察执法垂直管理制度。建立实时在线环境监控系统，健全环境信息公布制度。探索建立跨地区环保机构。加强环保督察巡视，严格环保执法。

5. 完善生态文明绩效评价考核和责任追究制度

建立生态文明综合评价指标体系，建立资源环境承载能力监测预警机制，探索编制自然资源资产负债表，开展领导干部自然资源资产离任审计，健全差异化政绩考核制度，探索生态环境损害赔偿制度，建立完善生态环境损害责任追究制。

第十二章　云南生态环境保护

云南省地处中国西南边陲，位于东经97° 31′ 39″ —106° 11′ 47″，北纬21° 8′ 32″ —29° 15′ 8″。东部与贵州省、广西壮族自治区为邻，北部同四川省相连，西北部紧依西藏自治区，西部同缅甸接壤，南部和老挝、越南毗连，行政区域土地总面积39.4万平方千米。云南省具有复杂多样的自然地理环境，生态环境良好。近年来随着区域生态文明建设的开展，环境污染防治和生态恢复取得了很好的成效，推进了生态环境保护与经济发展的共赢。

第一节　云南自然资源与生态环境现状

一、云南自然与生态资源现状

1. 自然地理

云南属山地高原地形，全省总面积的94%是山区。地形以元江谷地和云岭山脉南段宽谷为界，分为东西两大地形区。东部为滇东、滇中高原，是云贵高原的组成部分，平均海拔2000米左右，表现为起伏和缓的低山和浑圆丘陵，发育着各种类型的岩溶（喀斯特）地貌；西部高山峡谷相间，地势险峻，山岭和峡谷相对高差超过1000米。5000米以上的高山顶部常年积雪，形成奇异雄伟的山岳冰川地貌。全省海拔高低相差很大，海拔最高点6740米，在滇藏交界处德钦县境内怒山山脉的梅里雪山主峰卡瓦格博峰；海拔最低点76.4米，在河口县境内南溪河与红河交汇的中越界河处，两地直线距离约900千米，海拔相差6000多米。按地形类别分：山地33.1万平方千米，占84.0%；高原3.9万平方千米，占10.0%；盆地2.4万平方千米，占6.0%。

云南地势呈现西北高、东南低，自北向南呈阶梯状逐级下降，从北到南每相距1千米，海拔平均降低6米。北部是青藏高原南延部分，海拔一般在3000—4000米左右，有高黎贡山、怒山、云岭等巨大山系和怒江、澜沧江、金沙江等大河自北向南相间排列，三江并流，高山峡谷相间，地势险峻；南部为横断山脉，山地海拔不到3000米，主要有哀牢山、无量山、邦马山等，地势向南和西南缓降，河谷逐渐宽广；在南部、西南部边境，地势渐趋和缓，山势较矮、宽谷盆地较多，海拔在800—1000米左右，个别地区下降至500米以下，主要是热带、亚热带地区。

云南河川纵横、湖泊众多。全省境内径流面积在100平方千米以上的河流有889条，分属长江（金沙江）、珠江（南盘江）、元江（红河）、澜沧江（湄公河）、怒江（萨尔温江）、大盈江（伊洛瓦底江）六大水系。红河和南盘江发源于云南境内，其余为过境河流。除金沙江、南盘江外，均为跨国河流，这些河流分别流入南中国海和印度洋。多数河流具有落差大、水流湍急、水流量变化大的特点。全省有高原湖泊40多个，多数为断陷型湖泊，大体分布在元江谷地和东云岭山地以南，多数在高原区内。湖泊水域面积约1100平方千米，占全省总面积的0.28%，总蓄水量约1480.19亿立方米，滇池面积为306.3平方千米，湖泊面积排第二的是洱海，约250平方千米。[①]

2. 气候和水文

云南气候基本属于亚热带高原季风型，立体气候特点显著，类型众多、年温差小、日温差大、干湿季节分明、气温随地势高低垂直变化异常明显。滇西北属寒带型气候，长冬无夏，春秋较短；滇东、滇中属温带型气候，四季如春，遇雨成冬；滇南、滇西南属低热河谷区，有一部分在北回归线以南，进入热带范围，长夏无冬，遇雨成秋。在一个省区内，同时具有寒、温、热（包括亚热带）三带气候，一般海拔高度每上升100米，温度平均递降0.6—0.7℃，有"一山分四季，十里不同天"之说，景象别具特色。

云南平均气温，最热月（7月）均温在19—22℃之间，最冷月（1月）均温在6—8℃以上，年温差一般只有10—12℃。同日早晚较凉，中午较热，尤其是冬、春两季，日温差可达12—20℃。

云南降水在季节上和地域上的分配极不均匀。干湿季节分明，湿季（雨季）为5—10月，集中了85%的降雨量；干季（旱季）为11月至次年4月，降水量只占全年的15%。全省降水的地域分布差异大，最多的地方年降水量可达2200—2700毫米，最少的仅有584毫米，大部分地区年降水量在1000毫米以上。

云南无霜期长，南部边境全年无霜，偏南地区无霜期为300—330天，中部地区约为250天，比较寒冷的滇西北和滇东北地区也长达210—220天。[②]

3. 自然资源

土地资源　云南省土地总面积3831.94万公顷（57479.10万亩），其中农用地3176.09万公顷（47641.35万亩），占82.88%；建设用地77.53万公顷（1162.95万亩），占2.02%；未利用地578.32万公顷（8674.80万亩），占15.10%。农用地中，耕地面积609.44万公顷（9141.60万亩），园地面积82.79万公顷（1241.85万亩），林地面积2212.87万公顷（33193.05万亩），牧草地面积78.30万公顷（1174.50万亩），其他农用地192.69万公顷（2890.35万亩）。建设用地中，居民点及工矿用地面积60.20万公顷（903.00万亩），交通用地面积9.46万公顷（141.90万亩），水利设施用地面积7.87万公顷（118.05万亩）。[③]

土壤资源　云南因气候、生物、地质、地形等相互作用，形成了多种多样土壤类

① 参见：云南省概况 [EB/OL].（2012-01-16）[2019-03-01]. http://www.yn.gov.cn/yn_yngk/yn_sqgm/201201/t20120116_2914.html.

② 参见：云南省概况 [EB/OL].（2012-01-16）[2019-03-01]. http://www.yn.gov.cn/yn_yngk/yn_sqgm/201201/t20120116_2914.html.

③ 云南省人民政府关于印发云南省主体功能区规划的通知 [EB/OL].（2014-05-14）[2019-02-07]. http://www.yn.gov.cn/yn_zwlanmu/yn_gggs/201405/t20140514_13978.html.

型，土壤垂直分布特点明显。云南有16个土壤类型，占到全国的1/4，其中红壤面积占全省土地面积的50%。云南稻田土壤细分有50多种，大的类型有10多种。成土母质多为冲积物和湖积物，部分为红壤性和紫色性水稻土。大部分土壤呈中性和微酸性，有机质在1.5%—3.0%，氮磷养分含量比旱地高。山区旱地土壤约占全省的64%，主要为红土和黄土。坝区旱地土壤约占17%，主要为红土。旱地土壤分布比较分散，施肥水平不高，加之水土流失，土壤有机质普遍较水田低。常用耕地面积423.01万公顷。①

植物资源　云南是全国植物种类最多的省份，被誉为"植物王国"。热带、亚热带、温带、寒温带等植物类型都有分布，古老的、衍生的、外来的植物种类和类群很多。在全国近3万种高等植物中，云南占60%以上，分别列入国家一、二、三级重点保护和发展的树种有150多种。《云南省生物物种名录（2016版）》共收录云南省的物种25434个，其中大型真菌2729种，占全国的56.9%；地衣1067种，占全国的60.4%；高等植物19365种，占全国的50.2%，包括苔藓1906种、蕨类1363种、裸子植物127种、被子植物15969种。云南森林面积居全国第3位，云南树种繁多，类型多样，优良、速生、珍贵树种多，药用植物、香料植物、观赏植物等品种在全省范围内均有分布，故云南还有"药物宝库""香料之乡""天然花园"之称。②

动物资源　云南动物种类数为全国之冠，素有"动物王国"之称。《云南省生物物种名录（2016版）》显示，云南脊椎动物2273种，占全国的52.1%，包括鱼类617种、两栖类189种、爬行类209种、鸟类945钟、哺乳类313种。③云南珍稀保护动物较多，许多动物在国内仅分布在云南。珍禽异兽物种多，如：蜂猴、滇金丝猴、野象、野牛、长臂猿、印支虎、犀鸟、白尾梢虹雉等46种均属国家一类保护动物；熊猴、猕猴、灰叶猴、穿山甲、麝、小熊猫、绿孔雀、蟒蛇等154种均属于国家二类保护动物；此外，还有大量小型珍稀动物种类。④

矿产资源　云南地质现象种类繁多，成矿条件优越，矿产资源极为丰富，尤以有色金属及磷矿著称，被誉为"有色金属王国"，是得天独厚的矿产资源宝地。云南矿产资源的特点：一是矿种全，已发现的矿产有143种，已探明储量的有86种；二是分布广，金属矿遍及108个县（市），煤矿在116个县（市）发现，其他非金属矿产各县都有；三是共生、伴生矿多，利用价值高，全省共生、伴生矿床约占矿床总量的31%。云南有61个矿种的保有储量居全国前10位，其中铅、锌、锡、磷、铜、银等25种矿产含量分别居全国前3位。⑤

---

① 土壤资源 [EB/OL].（2018-05-29）[2019-03-01]. http://www.yn.gov.cn/yn_tzyn/yn_tzhj/201805/t20180529_32697.html.

② 植物资源 [EB/OL].（2018-05-29）[2019-03-01]. http://www.yn.gov.cn/yn_tzyn/yn_tzhj/201805/t20180529_32698.html.

③ 云南省2017年环境状况公报 [EB/OL].（2018-06-04）[2019-03-01]. http://sthjt.yn.gov.cn/hjzl/hjzkgb/201806/t20180604_180464.html.

④ 动物资源 [EB/OL].（2018-05-29）[2019-03-01]. http://www.yn.gov.cn/yn_tzyn/yn_tzhj/201805/t20180529_32699.html.

⑤ 矿藏资源 [EB/OL].（2018-05-29）[2019-03-01]. http://www.yn.gov.cn/yn_tzyn/yn_tzhj/201805/t20180529_32704.html.

能源资源　云南能源资源得天独厚，尤以水能、煤炭资源储量较大，开发条件优越；地热能、太阳能、风能、生物能有较好的开发前景。云南河流众多，全省水资源总量2089亿立方米，居全国第3位；水能资源蕴藏量达1.04亿千瓦，居全国第3位，水能资源主要集中于滇西北的金沙江、澜沧江、怒江三大水系；可开发装机容量0.9亿千瓦，居全国第2位。煤炭资源主要分布在滇东北，全省已探明储量240亿吨，居全国第9位，煤种较齐全，烟煤、无烟煤、褐煤都有。地热资源以滇西腾冲地区的分布最为集中，全省有出露地面的天然温热泉约700处，居全国之首，年出水量3.6亿立方米，水温最低的为25℃，高的在100℃以上（如腾冲市的温热泉，水温多在60℃以上，高者达105℃）。太阳能资源较丰富，仅次于西藏、青海、内蒙古等省区，全省年日照时数1000—2800小时，年太阳总辐射量每平方厘米90—150千卡。省内多数地区的日照时数为2100—2300小时，年太阳总辐射量每平方厘米为120—130千卡。[①]

水资源　云南全省水资源总量约2200多亿立方米，仅次于西藏、四川两省区，居全国第3位，人均水资源占有量约4800立方米，是全国平均水平两倍多。但时空分布不均匀，地域分布上表现为西多东少、南多北少，水资源分布与土地资源分布、经济布局严重错位，水资源开发利用难度大，平均开发利用水平仅为7%，水资源供需矛盾十分突出，工程性、资源性、水质性缺水并存。特别是占全省经济总量70%左右的滇中地区仅拥有全省水资源的15%，部分县市区人均水资源量低于国际用水警戒线。[②]

二、云南生态环境质量现状

《2019年云南省环境状况公报》显示，2019年，云南省生态环境质量持续改善，空气环境质量持续保持优良，六大水系出境跨界断面水质全部稳定达标，国控省控断面水质优良率同比明显上升，劣于Ⅴ类比例明显下降，九大高原湖泊水质稳中向好。[③]

1. 大气环境

全省环境空气质量总体保持良好，16个州（市）政府所在地城市全年环境空气质量均符合二级标准，优良天数比例在92.6%—100%，全省平均优良天数比例为98.1%，其中香格里拉、丽江、大理、泸水、芒市、楚雄6个城市优良天数比例为100%。开展降水酸度监测的23个城市，降水pH年平均值在5.37—7.81，有4个城市出现酸雨，23个主要城市酸雨频率平均为2.2%。

2. 水环境

云南主要河流国控、省控监测断面水质优良率达到84.5%，主要出境、跨界河流断面水质达标率为100%，湖泊、水库水质优良率为82.1%。九大高原湖泊水质总体保持稳定，滇池草海、滇池外海、阳宗海、洱海、抚仙湖、星云湖、杞麓湖、程海、泸沽湖、

① 能源资源[EB/OL].（2018-05-29）[2019-03-01]. http://www.yn.gov.cn/yn_tzyn/yn_tzhj/201805/t20180529_32700.html.
② 云南省人民政府关于印发云南省主体功能区规划的通知[EB/OL].（2014-05-14）[2019-02-07]. http://www.yn.gov.cn/yn_zwlanmu/yn_gggs/201405/t20140514_13978.html.
③ 2019年云南省环境状况公报[EB/OL].（2019-06-03）[2019-06-04]. http://sthjt.yn.gov.cn//ebook2/ebook/2019.html.

异龙湖水质类别分别为Ⅳ、Ⅴ、Ⅲ、Ⅲ、Ⅰ、劣Ⅴ、Ⅴ、Ⅳ、Ⅰ、Ⅴ类。47个州（市）级饮用水水源地取水点中符合或优于地表水Ⅲ类标准占97.9%、符合Ⅳ类标准占2.1%，109个县的176个县级城镇集中式饮用水源地中符合或优于Ⅲ类标准占98.9%、符合Ⅳ类标准占1.1%，地下水水质保持稳定。

3. 城市声环境

城市道路交通声环境质量状况　全省监测路段路长加权平均等效声级值为65.9分贝，23个城市路长加权平均声级值在61.3—69.3分贝。19个城市的声环境质量为好、占82.6%，4个城市的声环境质量为较好、占17.4%。全省道路交通声环境质量略有下降。

城市区域声环境质量状况　全省面积加权平均等效声级值52.1分贝，23个城市平均声级值在47.6—55.4分贝。6个城市的声环境质量为好、占26.1%，16个城市的声环境质量为较好、占69.6%，1个城市的声环境质量为一般、占4.3%。城市声环境质量基本稳定。

城市功能区声环境质量状况　全省22个城市的133个监测点的监测结果显示，全省各类功能区昼、夜平均达标率为89.1%。

3. 自然生态环境

全省生态环境状况总体为优，处于基本稳定状态。全省森林面积达到2392.65万公顷，森林覆盖率62.4%，森林蓄积量20.20亿立方米，全省森林资源持续数量增加、质量提高。全省湿地总面积61.4万公顷，自然湿地40.5万公顷，人工湿地20.9万公顷。全省国际重要湿地4处，省级重要湿地31处，建设国家湿地公园18处。全省已建成自然保护区164处（其中国家级21处、省级38处、州（市）级56处、县级49处），总面积286.71万公顷，占全省总面积的7.3%。

4. 辐射环境

全省辐射环境质量保持稳定，辐射环境水平处于正常波动水平范围，重点辐射污染源周围辐射环境水平正常。

第二节　加强云南生态环境保护

一、云南生态环境保护的原则和目标

1. 云南生态环境保护的基本原则[①]

全面谋划，重点突破　完善环境保护规划体系，建立以规划纲要为统领，以重点专项规划、州（市）规划为支撑的规划体系。全面系统分析环境要素，将解决全局性、普遍性问题与解决重点区域、领域、行业环境问题相结合，抓好短板，突出环保重点工作。

质量导向，筑牢屏障　以改善环境质量为主线，着眼主要环境问题，系统推进污染治理。将喝上干净水、呼吸清洁空气、吃上放心食物摆在突出位置，切实解决关系民生的环境问题。树立生态底线思维，提升生态服务功能，筑牢西南生态安全屏障。

---

① 云南省环境保护厅关于印发《云南省环境保护"十三五"规划纲要》的通知 [EB/OL].（2017-11-30）[2019-09-01]. http://sthjt.yn.gov.cn/ghsj/hjgh/201711/t20171130_174532.html.

聚焦主业，夯实基础 围绕"五位一体"总体布局，主动推动生态文明体制改革，将工作重心集中到环境质量改善的根本任务上，强化环保监管职能。建立与科学化、法治化、精细化、信息化环境管理要求相匹配的治理体系，切实提升管理能力。

深化改革，社会共治 全面落实中央生态环保领域改革的新要求，按照"源头严防、过程严管、后果严惩"的思路，建立健全最严格的环境保护制度，加快推进环境治理基础制度改革，以改革推动全省环保事业持续健康发展。完善政府、企业、公众多元主体责任分担，合作共治和监督制衡机制。

依法行政，严格执法 全面树立程序意识，促进环境监管制度化，规范环境执法行为。实行依法决策，推进决策程序法治化，依法依规落实责任追究制度。严厉打击环境违法行为，推进联合执法、区域执法等执法机制创新，营造良好的法治环境。

2. 云南生态环境保护的目标

《云南省环境保护"十三五"规划纲要》提出了云南生态环境保护的总体目标：到2020年，全省生态环境质量总体保持优良，重点流域和重点区域的环境质量有明显改善，主要污染物排放总量进一步削减，生态系统稳定性持续增强，环境风险防范体系进一步完善，环境治理基础制度改革取得重大突破，生态环境监管能力建设得到明显提升。

《云南省环境保护"十三五"规划纲要》提出，到2020年，在水环境质量上，地表水国考断面达到或优于Ⅲ类的比例≥75%，地表水国考断面劣于Ⅴ类的比例<6%，《云南省水污染防治工作方案》增加的50个考核断面水质目标达标率为100%；在空气环境质量上，州（市）级城市空气质量优良率≥92%，州（市）级城市细颗粒物达标率为100%；在土壤环境质量上，耕地土壤环境质量达标率>81%；主要污染物排放总量控制完成国家下达的目标任务；重点重金属污染物排放强度下降率与国家规划相衔接；5年期突发环境事件数下降率≥15%；重点生态功能区所属县域生态环境状况指数（EI）总体保持稳定；生态保护红线全面完成划定并严格执行。

二、加强生态环境保护，打好污染防治攻坚战

当前，解决人民日益增长的美好生活需要和不平衡不充分的发展之间的矛盾对生态环境保护提出了新要求。《中共云南省委 云南省人民政府关于全面加强生态环境保护坚决打好污染防治攻坚战的实施意见》提出，必须加大力度、加快治理、加紧攻坚，打好污染防治大仗、硬仗、苦仗，为全省各族人民创造良好生产生活环境。[①]

1. 总体目标

总体目标 到2020年，生态环境质量进一步改善，主要污染物排放总量大幅减少，环境风险得到有效管控，生态环境保护水平同全面建成小康社会目标相适应。

具体指标 地级城市空气质量优良天数比率保持97.2%以上；州（市）级、县级集中式饮用水水源水质达到或优于Ⅲ类的比例分别达到97.2%和95%以上；九大高原湖泊和六大水系水质稳定提升，纳入国家考核的地表水Ⅰ—Ⅲ类水体比例达到73%以上，劣Ⅴ类水体比例控制在6%以内；二氧化硫、氮氧化物排放总量比2015年减少1%，化学需氧量、氨

---

① 中共云南省委 云南省人民政府关于全面加强生态环境保护坚决打好污染防治攻坚战的实施意见[EB/OL].（2018-07-27）[2019-03-01]. http://www.yn.gov.cn/yn_ynyw/201807/t20180727_33516.html.

氮排放量分别减少14.1%和12.9%；受污染耕地安全利用率达到80%左右，污染地块安全利用率不低于90%；生态保护红线面积占比达到30.9%；森林覆盖率达到60%以上。

到2035年，基本形成有利于资源节约和生态环境保护的空间开发格局，生产、生活、生态空间得到进一步优化，绿色发展水平进一步提升，生态环境质量保持优良，生态产品供给能力明显增强，坚持生态美、环境美、城市美、乡村美、山水美，将云南建设成为中国最美丽省份，实现建成全国生态文明建设排头兵的奋斗目标。

2. 基本原则

坚持"五个最" 以"最高标准"为导向，部署推动生态环境保护工作；以"最严制度"为基本保障，让制度成为刚性约束和不可触碰的高压线；以"最硬执法"为重要手段，严、实、准、快打击环境违法行为；以"最实举措"为着力点，标本兼治、突出治本，打好污染防治攻坚战；以"最佳环境"为目标，争当全国生态文明建设排头兵，筑牢西南生态安全屏障。

坚持空间管控 将空间管控作为生态环境保护的根本性措施，用生态保护红线、环境质量底线、资源利用上线和环境准入负面清单约束空间利用格局和开发强度，从源头上杜绝环境污染和生态破坏。优化城乡开发格局，强化环境空间管控在城乡建设规划中的引导和约束作用，防止乡村集镇建设无序扩张，杜绝违法违规侵占平坝中心区等优质土地资源和重要生态功能区、生态保护地的行为。

坚持问题导向 落实保护优先的要求，推动形成绿色发展方式和生活方式，坚定不移走生产发展、生活富裕、生态良好的文明发展道路。针对不同流域、区域和行业特点，聚焦问题、靶向施策、精准发力，稳步改善生态环境质量，供给优良生态产品。

坚持改革创新 深化生态环境保护体制机制改革，强化统筹、整合力量，区域协作、条块结合，严格环境标准，完善经济政策，增强科技支撑和能力保障，提升生态环境治理的系统性、整体性、协同性。

坚持依法监管 完善生态环境保护地方法规和标准体系，健全生态环境保护行政执法和刑事司法衔接机制，依法严惩重罚生态环境违法犯罪行为。

推进全民共治 动员社会各方力量，共同发力，政府积极发挥主导作用，企业主动承担环境治理主体责任，公众自觉践行绿色生活。

3. 打好污染防治攻坚战的措施

《中共云南省委 云南省人民政府关于全面加强生态环境保护坚决打好污染防治攻坚战的实施意见》明确了打好污染防治攻坚战的措施。

坚决打赢蓝天碧水净土三大保卫战 突出重点，打好九大高原湖泊保护治理攻坚战、以长江为重点的六大水系保护修复攻坚战、水源地保护攻坚战、城市黑臭水体治理攻坚战、农业农村污染治理攻坚战、生态保护修复攻坚战、固体废物污染治理攻坚战、柴油货车污染治理攻坚战8个标志性战役；通过抓好城市扬尘和油烟管控、加强工业企业大气污染综合治理、大力推进散煤治理和煤炭消费减量替代、实施大气污染联防联控、强化土壤污染管控和修复、加强涉重金属行业污染防控、加快推进垃圾分类处理、深入推进生态创建，全面推进，持续改善云南生态环境质量。

推动形成绿色发展方式和生活方式　突出生态环境保护在空间管控中的约束性作用，加快产业绿色转型升级，大力发展节能环保产业、清洁生产产业、清洁能源产业、节能和环境服务业，促进经济绿色低碳循环发展；强化能源和水资源消耗、建设用地等总量和强度双控行动，实行最严格的耕地保护、节约用地和水资源管理制度，实施工业节能增效，大力发展绿色建筑，大力推广清洁能源及新能源车使用，深入推进节水型社会和节水型城市建设，推进能源资源全面节约；加强生态文明宣传教育，倡导简约适度、绿色低碳的生活方式，引导公众绿色生活。

改革完善生态环境治理体系　通过完善生态环境监管体系、健全生态环境保护经济政策体系、健全生态环境保护法治体系、强化生态环境保护能力保障体系、构建生态环境保护社会行动体系，改革完善生态环境治理体系。

全面加强党对生态环境保护的领导　落实党政主体责任，加强环境保护督察，健全污染防治工作机制，强化考核问责，严格责任追究导。

三、云南生态环境保护面临的挑战[①]

1. 经济发展和生态保护的矛盾日益突出

云南既是我国西南重要的生态安全屏障，也是生态系统脆弱敏感地区，生态环境保护任务十分繁重。全省96.4%的面积是山区，坡度大于25度的陡坡面积占39.3%；水土流失面积11.68万平方千米，占30%，是全国水土流失严重省份之一；121个县（市、区）存在岩溶分布，面积达1108.76万公顷，居全国第2位，占全省面积的28.14%；自然湿地保护率低于全国46.8%的平均水平。云南生态脆弱区分为干热河谷生态脆弱区、石漠化生态脆弱区、高原湖盆生态脆弱区和土壤侵蚀生态脆弱区4种类型，总面积74932.72平方千米，占全省面积的19.29%。同时，云南仍属欠发达地区，经济发展不快、贫困面大、产业结构不合理、发展模式粗放等问题仍较突出，要实现经济保持中高速增长，带来的环境压力依然十分巨大。

2015年，全省GDP占全国的2.0%，排全国第23位；人均GDP占全国平均水平的58.8%，排在全国第29位；全省仍有73个国家扶贫开发工作重点县和7个省级重点县，4个连片特困地区片区县涉及91个县，是全国片区县、重点县最多的省份，还有160万户共计471万贫困人口，居全国第2位。

农业发展依然延续传统模式，在一些新业态、新模式和新产品等方面探索不够。比如，近年来，西双版纳州的橡胶、茶叶、蔗糖等产业在增加农民经济收入方面发挥着重要作用，受市场经济推动，这些产业发展势头迅猛，种植面积无序扩张，不断挤压生态用地，加上生产工艺和技术落后，资源利用率低、能源消耗大、生产布局分散、污染治理成本高等问题进一步凸显，资源环境保护的压力增大。同时，化学肥料、农药、农膜等农业生产资料的普遍应用，生猪、奶牛、肉牛等排污量大的传统养殖行业规模化程度仅达到30%，农村农业面源污染较为严重。

工业发展方式粗放，高投入、高消耗、高污染、低产出等问题短期内还难以得到根本解决，重工过重、轻工过轻的问题仍然存在。工业资源综合利用水平低，2015年，全省万元GDP能耗0.755吨标准煤，仍高于全国0.635吨标准煤的平均水平；固体废物综合利用率仅为52%，低于全国62.2%的平均水平，工业转型升级难度较大。

旅游业还存在过度开发和对资源的不合理利用等问题，造成了赖以生存的生态资源遭到破坏或消失，特别是随着九湖周边旅游业的快速发展，大量的酒店、餐馆、温泉疗养等行业遍地开花，低端化、同质化等问题较为突出，水体污染治理的形势仍很严峻，并且旅游业的开发逐步渗透到一些自然保护区、重点生态功能区等生态保护的重点区域，部分生物多样性遭到破坏，造成了一些物种急剧减少，给生态环境保护带了较大的挑战。

此外，随着城镇化步伐的加快和人口的快速增长，增加了资源环境的承载压力。

2. 重点领域环境防治难度增大

从水污染防治来看，2015年，九大高原湖泊中有4个是劣Ⅴ类水质。洱海良好湖泊绩效目标考核未能通过国家考核。滇池流域纳入国家考核水质断面共33个，只有21个达到水质目标考核要求，达标率为64%。全省地表水劣Ⅴ类国控断面水质比例仅为20%。城市黑臭水体治理问题突出，截污点源分散、生活污水和生活垃圾流入河道等问题仍然存在。2016年2月公布的全国地级以上城市黑臭水体名单中，云南有12条。水环境功能还需进一步提升，水环境功能长江流域云南省境内59个监测断面中，不达标的断面还有25个，占42.4%。饮用水源地的保护存在一定风险，有468万人的饮用水问题未解决，167个城镇集中式饮用水源地中，有8个水源地水质不能满足饮用水水质要求。

从大气污染防治来看，大气污染综合控制力度不够，挥发性有机污染物等有毒有害废气控制成效不明显。2015年，全省二氧化硫排放量56.32万吨，氮氧化物排放量44.94万吨，排放总量仍处高位。城市机动车保有量还在继续攀升，全省机动车超过750万辆，昆明主城区超过220万辆。部分城市空间环境质量尚未根本好转，扬尘控制不到位等问题仍然存在，昆明市主城区颗粒物中扬尘占比高达55%。一些重化工的工业园区区域环境空气质量还需改善。

土壤污染防治来看，全省土壤环境背景值普遍偏高，部分区域土壤环境污染严重，特别是昆明东川、曲靖会泽、红河个旧、怒江兰坪等矿冶企业及周边地区土壤环境问题较为突出。土壤污染防治工作才起步，仅完成云南省土壤环境质量监测国控点位布设和土壤调研等前期基础性工作，一些后续的重点工作还未全面展开。土壤重金属毒性去除技术和政策支撑不足，土壤污染防治技术薄弱，土壤污染综合防治体系尚未有效形成。

此外，重金属污染防治和危险化学品防控工作任务艰巨。云南省局部区域重金属污染问题仍然突出，部分河流断面水质重金属时有超标，国家"十二五"重金属污染防治规划纳入考核的100个重点项目仅建成87个。部分区域重金属治理项目进展缓慢，一些受污染土壤仍未得到有效的治理，如文山、兰坪等区域的土壤治理项目和污染防治设施推进较为滞后。危险化学品风险防控体系建设进展缓慢，重点环境管理化学品清单和有毒有害化学品淘汰清单尚未制定，废弃危险化学品暂存、处理处置设施及应急体系建设滞后，也给环境保护和治理带来一些重大隐患。

3. 生态环境保护资金投入不足

一方面，资金投入不足。"十二五"以来，全省共投入生态环境保护资金200.6亿元，其中2015年投入45.1亿元，与2014年持平，没有实现逐年递增。九大高原湖泊水污染防治"十二五"规划投资完成率为69.44%，而滇池治理作为水污染防治工作的重中之重，"十二五"规划投资完成率仅为68.97%；云南境内三峡库区上游水污染防治规划范围内40个县中有25个国家级贫困县，2015年底资金到位不足40%。全省129个县（市、区）只有23个纳入中央重点生态功能区转移支付补助范围，仅涉及滇西北生物多样性保护区和滇东南石漠化防治区的较少部分县（市），未能涵盖最丰富的生态类型和生物多样性区域。按现有整治标准（100万元/建制村）测算，要完成所有农村环境综合整治，还需110多亿元，资金缺口巨大。以租用农业用地方式建设洱海、滇池等九湖，周边湿地建设面积的不断扩大，导致资金需求量大，地方财政负担重。

另一方面，资金筹集难度大。目前，生态环境保护资金来源主要依靠政府筹集，主要依靠银行贷款、争取上级资金支持，投融资渠道不畅，以市场化筹集资金的方式不多，虽然探索了政府与社会资本合作模式（PPP模式），但大多数PPP项目投资额度较大、运营周期较长、收益不确定等问题较为普遍，让一些社会资本望而却步，导致大多数项目推进不力。特别是大多数县区都属于"吃饭财政"，自我"造血"能力弱，投融资渠道单一，资金筹措未形成社会化、多元化，依靠投融资筹集资金的能力较弱，资金供求离生态环境保护的要求还有很大距离。

4. 环保等基础设施建管滞后

目前，云南城乡的环保等基础设施还未实现全覆盖，运行维护能力不足、管理不到位等问题仍然较为突出，给生态文明建设带来了较大的挑战。

首先，城镇污染处理设施运行维护能力不足。全省虽然建成了155座城镇污水处理厂，但管网不配套和截污不彻底等问题较为严重，雨污不分、生活和工业污水不分等现象较为普遍，污水处理厂系统的整体效率低下，导致部分污水处理厂运行不正常。特别是九湖流域周边的农村、客栈等的环保基础设施运行维护能力严重滞后，有的污水处理设施因维护成本高难以运营，形同虚设；有的污水处理设施因设备陈旧难以正常运行，导致处理设施不能正常发挥作用，污水直排、乱排等问题仍然存在。

其次，生活垃圾处理设施建设滞后。全省建成生活垃圾处理场128座，生活垃圾处理设施规模19436吨/日，生活垃圾无害化处理率达到85%，低于全国94.7%的平均水平，297个建制镇的"一水两污"项目仅建成88个，完成率不到30%。大部分农村环保基础设施仍然十分薄弱，全省570个建制镇中仅32个建成生活污水处理设施，仅130个建成生活垃圾处理设施，12065个建制村仅有861个开展了综合整治。

再次，废物处置能力不足。医疗废物处置效率不高，州（市）以上城市医疗废物无害化处置率仅达到81.25%。同时，全省污泥无害化处理能力严重不足，还存在一定的污染隐患。

最后，监管能力薄弱。全省还有79个县未建立监测站或已建立监测站但未通过达标验收，监测站标准化建设达标验收率仅为50%；16个州（市）级环境监察支队和126个县级环境监察大队未达到国家建设标准，2个地市级环境监察机构编制少于5人，许多县

（市、区）环境监察机构编制仅有2—4人。

5. 管理体制机制还需加强

云南生态环境管理的制度建设与成为全国生态文明建设排头兵的要求还有很大差距。生态文明制度对生态文明建设支撑力度明显不足，在建立自然资源资产产权和用途管制制度、划定生态保护红线、实行资源有偿使用和生态保护补偿制度、生态环境保护管理体制等涉及生态文明的各项制度亟须完善，大部分制度建设工作仍按照国家现有政策推进，未有特点突出、创新示范效果强、满足绿色发展需求的重大制度成果。循环经济和生态修护等地方法规尚未出台。特别是与江西在全国率先实施了覆盖全境的流域生态补偿机制相比，云南虽然已建立生态补偿财政转移支付制度，但补偿范围不宽、补偿标准低、补偿方式单一等问题仍然存在，不能满足生态保护工作需要，一定程度上制约了地方主动保护生态环境资源的积极性。比如，野生动物肇事补偿标准低，2010—2015年，西双版纳全州累计发生3.74万起亚洲象、黑熊等野生动物损害事件，累计造成直接经济损失达6692.7万元。虽然西双版纳州政府对受灾农户给予了一定的经济补偿，但补偿的标准过低，死亡人员补偿仅20万元，引发了群众的不满。又比如，公益林生态补偿较低，根据《云南省国家级公益林生态效益补偿玉龙纳西族自治县实施方案（2011年修订）》，每年玉龙县生态效益补偿基金2590.1万元，生态补偿范围涉及当地19万社区居民，人均下来每人仅获得136元。再加上补偿资金还需支付数千名专业管护人员的劳务费，以及扣除10%的县级监管费，这使社区居民能够得到的实际补偿标准更低，从而难以调动群众保护和建设生态公益林的自觉性和积极性。同时，由于生态价值标准评估复杂、省与省之间沟通协调比较困难，跨省级行政区域、跨大流域范围的横向补偿难以落实，省内州（市）县之间也没有建立起有效的生态补偿机制。

第三节　云南环境治理与生态恢复

一、保障水生态环境安全

1. 云南省水污染防治的总体要求、目标和任务

《云南省水污染防治工作方案》明确了云南水污染防治工作的总体要求，提出通过分解防治任务和责任分工，实现工作目标和主要指标。①

总体要求　按照"保护好水质优良水体、整治不达标水体、全面改善水环境质量"的总体思路，改革创新、综合施策，统筹推进水污染防治、水生态保护和水资源管理，切实维护好洱海、抚仙湖、泸沽湖等水质优良湖库和长江、珠江、澜沧江、红河、怒江、伊洛瓦底江六大水系优良水体的水生态环境质量；着力提升阳宗海、牛栏江、礼社江、黑惠江、波罗江、小河底河、芒市大河、勐波罗河等河湖水环境质量，提高优良水体比例；加强南盘江、元江、盘龙河、泚江、南北河等重点流域污染治理和环境风险防

---

① 云南省人民政府关于印发云南省水污染防治工作方案的通知 [EB/OL]. (2016-11-15) [2019-09-01]. http://sthjt.yn.gov.cn/zwxx/zfwj/zdzc/201611/t20161115_161785.html.

范，保障水环境安全；逐步消除滇池以及鸣矣河、龙川江、螳螂川等劣Ⅴ类水体，恢复水体使用功能；整治城市黑臭水体，确保饮用水水源安全和地下水环境质量稳定，不断提升云南良好的水生态环境质量。

工作目标　到2020年，全省水环境质量得到阶段性改善。六大水系优良水体水环境质量稳中向好，长江流域昆明、楚雄，珠江流域红河、曲靖，西南诸河流域大理、德宏、玉溪、怒江、文山、保山等州（市）重点控制区域的水环境质量不断改善提升。九大高原湖泊中，污染较重的滇池、星云湖、杞麓湖和异龙湖主要污染物得到有效控制，富营养化水平持续降低。螳螂川、龙川江等污染较重水体逐步恢复使用功能。全面推进城市黑臭水体整治工作。饮用水安全保障水平持续提升。地下水质量保持稳定。水生态环境状况明显好转。到2030年，全省水环境质量总体改善，水生态系统功能初步恢复。至本世纪中叶，生态环境质量全面改善，生态系统实现良性循环。

主要指标　到2020年，纳入国家考核的地表水优良水体（达到或优于Ⅲ类）比例由66.0%提升至73.0%以上，珠江、长江和西南诸河流域优良水体比例分别达到68.7%、50.0%和91.7%以上。红河蔓耗桥等45个断面水质维持在Ⅱ类及以上，牛栏江崔家庄等7个断面水质提升达到或优于Ⅲ类。消除滇池等6个劣Ⅴ类水体，丧失使用功能（劣于Ⅴ类）的水体断面比例由12.0%下降至6.0%以内。省级增加的50个地表水考核断面达到水质目标。完成州（市）级及以上城市建成区黑臭水体治理目标任务。县级、州（市）级集中式饮用水水源水质达到或优于Ⅲ类的比例分别达到95.0%、97.2%以上。地下水质量考核点位水质级别保持稳定，且极差比例控制在1.9%左右。

任　务　通过编制实施长江和珠江以及西南诸河流域水污染防治规划、加强水质优良水体保护、开展提升良好水体水质工作、实施劣Ⅴ类水体综合整治以深化重点流域污染防治，编制实施九大高原湖泊保护治理规划、开展流域控制性环境总体规划试点以强化九大高原湖泊保护与治理，加强饮用水水源环境保护、强化饮用水供水全过程监管以保障饮用水水源安全，制定各行业地下水污染治理方案以防治地下水污染，采取控源截污、垃圾清理、清淤疏浚、生态修复等措施加大黑臭水体治理力度以整治城市黑臭水体，严格湿地红线保护、加大高原湿地的保护与恢复、加强湿地资源监管以保护水和湿地生态系统，全力保障云南水生态环境安全；通过依法淘汰落后产能、严格环境准入以调整产业结构，合理确定发展布局和结构及规模、推动污染企业退出、积极保护生态空间以优化空间布局，加强工业水循环利用、促进再生水利用以推进循环发展，推动云南经济结构转型升级；通过取缔"十小"企业、专项整治重点行业、实施清洁化改造、集中治理工业集聚区水污染以狠抓工业污染防治，加快城镇污水处理设施建设与改造、全面加强配套管网建设、规范污泥处理处置以强化城镇生活污染治理，防治畜禽养殖污染、推进生态健康养殖、控制农业面源污染、调整种植业结构与布局、加快农村环境综合整治以推进农业农村污染防治，积极治理船舶污染、增强港口码头污染防治能力以加强船舶港口污染控制，全面控制云南污染物排放；通过实施最严格水资源管理、严控地下水超采以控制用水总量，抓好工业节水、加强城镇节水、发展农业节水以提高用水效率，加强江河湖库水量调度管理、加强生态补水以科学保护水资源，着力节约和保护云南的水资源。

2. 云南水污染防治的重点措施

为了改善云南的环境质量，《云南省环境保护"十三五"规划纲要》明确要求保障云南的水生态环境安全。

落实水污染防治行动计划　以保护和改善水环境质量为核心，实施以控制单元为基础的水环境管理，按照保护好水质良好水体、改善不达标水体的总体思路，建立流域、水生态控制区、水环境控制单元三级分区体系，系统推进水污染防治和水生态保护，不断提升云南良好的水生态环境质量。对水环境质量较差的单元，按质量改善目标确定区域排放标准，完善排污许可，把治污任务落实到对应的排污单位。全面落实《云南省水污染防治工作方案》，按计划各州（市）人民政府制定并公布水污染防治实施方案，对未达到水质目标要求的制定达标方案报省人民政府备案，到2020年，全面完成《云南省水污染防治目标责任书》工作目标，水环境质量得到持续提升。

深化重点流域污染防治　编制实施长江、珠江和西南诸河重点流域水污染防治规划，按照国家建立的流域水生态环境功能分区管理体系，深化分区、分级、分类防治，提升流域精细化管理水平。加强优良水体的保护，坚持保护优先和自然恢复为主的方针，着力提升地表水体优良比例，重点推进金沙江流域牛栏江干流沿岸农业农村面源污染控制，强化长江上游规划项目实施的督促、调度，推动规划项目实施；以控制城镇生活源污染为主，切实改善德宏州芒市大河水环境质量；针对总磷污染特征，进一步加强大理州礼社江龙树桥断面、红河州小河底河断面以上流域内城镇生活污染及农业农村面源污染治理；强化大理州黑惠江徐村桥断面以上流域内生活污染防治，全面提升全省优良（达到或优于Ⅲ类）水体的比例。基本消除劣Ⅴ类水体，强化楚雄市龙川江西观桥断面、富民县螳螂川富民大桥断面、安宁市鸣矣河通仙桥断面、大理市西洱河四级坝断面以上流域内城镇生活污染和工业污染治理，水质逐步提升至Ⅴ类，恢复使用功能。针对环境容量较小、生态环境脆弱，环境风险高的南盘江、元江、盘龙河、沘江、南北河等重点流域，抓紧制定并执行重点流域、重点行业的水污染特别排放限值，加强涉重企业日常监管。强化地下水污染控制，开展地下水污染状况调查，实施地下水污染修复试点。到2020年，六大水系优良水体稳中向好，长江流域昆明、楚雄、珠江流域红河、曲靖以及西南诸河流域大理、德宏、玉溪、怒江、文山、保山等州（市）重点控制区域水环境质量不断改善提升，红河蔓耗桥等45个断面水质维持在Ⅱ类及以上，提升牛栏江崔家庄等7个断面水质达到或优于Ⅲ类，纳入国家考核的珠江、长江和西南诸河流域水质优良（达到或优于Ⅲ类）比例分别达到68%、50%和91%以上。

强化高原湖泊水环境保护与治理　编制实施九湖保护治理规划，推进九湖重点工程项目实施。突出"一湖一策"，根据不同湖泊水环境质量现状和富营养化阶段，以问题为导向，按照预防、保护和治理3种类型分类施策。对水质优良的洱海、抚仙湖、泸沽湖，坚持预防为主、生态优先、保护优先，以环境承载力为约束，突出流域管控与生态系统恢复，严格控制入湖污染物总量，维护好生态系统稳定健康。继续对纳入国家水质较好湖泊保护的洱海、抚仙湖、泸沽湖、阳宗海和程海湖，强化污染监控和风险防范，全面提升水环境质量。对污染较重的滇池、星云湖、杞麓湖和异龙湖，协同相关部门通过全面控源截污、入湖河道整治、农业农村面源治理、生态修复及建设、污染底泥清淤、生态补水等措施进行综合治理，入湖污染负荷得到有效控制，湖体水质明显改善。开展流域环境控制性总体规划试点。划定并严守九大高原湖泊流域生态保护红线、基本农田红线和发展基线，防止开发利用对湖泊生态环境及水质的影响。

保障饮用水水源安全　完善集中式饮用水水源保护区划定，开展饮用水水源规范化建设，依法清理饮用水水源保护区内违法建筑和排污口，强化饮用水源水质监测。加强农村饮用水水源保护，分类推进水源保护区或保护范围划定，设立水源保护区标志，依法清理保护区内违法建筑和排污口。切实加强对农村饮用水源的管理，确保水质安全。

二、稳定并提升环境空气质量

1. 云南省大气污染防治的主要任务

《云南省大气污染防治行动实施方案》提出了云南省大气污染防治的目标是全省环境空气质量总体继续保持优良，部分地区持续改善。[①]大气污染防治的主要任务是：

优化产业空间布局　按照云南省主体功能区规划要求，合理确定全省重点产业发展布局、结构和规模。科学制定并严格实施城乡规划，强化城市空间管制和绿地控制要求，规范各类产业园区和城市新城、新区设立和布局。结合化解过剩产能和节能减排，有序推进16个州（市）人民政府所在地建成区及周边严重影响城区环境空气质量的火电、建材、钢铁、化工、有色金属冶炼等重污染企业搬迁改造。

严格节能环保准入　提高高污染、高耗能行业准入门槛，进一步强化节能、环保指标约束，严控高污染、高耗能行业新增产能。对新增用能项目，要实施严格的节能评估审查和环境影响评价制度，把二氧化碳、氮氧化物、烟粉尘和挥发性有机物是否符合总量控制要求作为建设项目环境影响评价审批的主要因素予以审查。未能通过能评和环评审查的建设项目，有关部门不得审批、核准、备案。积极发展绿色建筑，新建建筑要严格执行强制性节能标准，大力推广使用太阳能热水系统和光伏建筑一体化等技术和装备。

加快淘汰落后产能　综合运用经济、技术和行政手段，完成钢铁、水泥等产能过剩行业的淘汰计划，确保国家下达的淘汰落后产能目标任务全面完成。

加快清洁能源替代利用　优化调整能源结构，加大清洁能源推广使用力度。在做好生态保护和移民安置基础上，积极推进"三江"干流水电开发，统筹协调中小水电发展，规范有序发展风电。积极开发以生物柴油、生物质固体成型燃料为主的生物质能，稳妥推进太阳能发电，加快推进太阳能多元化利用。加快建设和完善天然气管网及配套设施，不断扩大天然气利用规模。

推进煤炭清洁利用　提高煤炭洗选比例，鼓励建设群矿型和矿区选煤厂，大力发展煤炭洗选加工技术，现有煤矿要加快结构调整和升级改造。发展洁净煤技术，实现煤炭高效洁净燃烧，新建高耗能项目单位（产值）能耗要达到国内先进水平。继续推进电力工业节能降耗，加快煤电机组升级换代，降低火电发电煤耗、供电煤耗，提高电网及设

---

① 云南省人民政府关于印发云南省大气污染防治行动实施方案的通知 [EB/OL].（2016-11-04）[2019-03-01]. http://www.ynepb.gov.cn/zwxx/zfwj/zdzc/201611/t20161104_161445.html.

备经济运行水平。

全面整治燃煤小锅炉　按计划淘汰燃煤小锅炉，原则上不再新建、改建、扩建燃煤锅炉，禁止新建每小时20蒸吨以下燃煤锅炉，在州（市）人民政府所在地城市建成区以外具备天然气供应和使用条件的地区，不再新建每小时10蒸吨以下燃煤锅炉。产业聚集区要集中建设热电联产机组或大型集中供热设施，逐步淘汰分散燃煤锅炉。天然气干、支线可以覆盖的地区原则上不再审批以煤（油）作为燃料的新建、改建、扩建项目。

加强工业企业大气污染治理　加快火电、水泥、钢铁、化工、有色金属冶炼等重点行业脱硫、脱硝及除尘改造工程建设，进行清洁生产审核，定期发布清洁生产审核企业名单，培育一批清洁生产示范企业。推进挥发性有机物污染治理，开展有机化工、表面涂装、包装印刷等行业挥发性有机物的综合整治。

强化机动车污染防治　优化城市功能和布局规划，实施公交优先战略。推广智能交通管理，缓解城市交通拥堵。合理控制机动车保有量，积极推广新能源汽车和天然气汽车。各地新增和报废更新出租车、城乡公交车、城建公共服务车、城市物流配送车，要逐步采购天然气、双燃料等新能源汽车。严格执行国家燃油质量标准。严格执行机动车强制报废制度。加强机动车环境保护管理，严格执行机动车排气污染物排放标准，全面推行机动车环境保护检验合格标志管理。

深化城市扬尘污染治理　加强施工扬尘监管，积极推进绿色施工。城市建成区及周边地区工程建设施工现场应全封闭设置围挡墙、施工围网、防风抑尘网，严禁敞开式作业，施工现场道路应进行地面硬化。渣土运输车辆进出施工工地要进行清洗，运输过程要采取密闭措施，并按照指定线路运输。县级以上城市要加大城市建成区内洒水等防风抑尘作业力度，推行道路机械化清扫等低尘作业方式；大型煤堆、料堆实现封闭储存或建设防风抑尘设施。

妥善应对重污染天气　环保部门要加强与气象部门合作，建立重污染天气监测预警体系。重污染天气应急响应实行政府主要领导负责制。要依据重污染天气预警等级，迅速启动应急预案，引导公众做好卫生防护。

实行环境信息公开　省环境保护厅每月发布16个州（市）人民政府所在地城市环境空气质量状况，各州（市）环境保护部门每日发布所在地城市环境空气质量监测信息。各级环境保护部门和企业要主动公开新建项目环境影响评价、企业大气污染物排放、治污设施运行等环节信息，建立重点监控企业自行监测及环境信息强制公开制度，接受社会监督。

提高环境监管能力　建设完善的全省环境空气质量监测网络，加强监测数据质量管理，客观反映环境空气质量状况，加大环境监测、信息、应急、监察等能力建设，加强重点污染源在线自动监控体系建设。

2. 打赢云南蓝天保卫战

为贯彻落实《国务院关于印发打赢蓝天保卫战三年行动计划的通知》精神，云南省人民政府印发了《云南省打赢蓝天保卫战三年行动实施方案》，提出经过3年努力，进一步减少主要大气污染物排放总量，协同减少温室气体排放，降低细颗粒物（PM2.5）浓度，减少重污染天数，巩固提高环境空气质量，进一步增强人民的蓝天幸福感。到2020年，全省二氧化硫、氮氧化物排放总量分别比2015年下降1%；地级城市空气质量优良天数比率保持97.2%以上，全面完成国家下达的大气环保约束性指标，昆明市城市空气质量优良天数比率达到99%以上，城市空气质量排名力争进入全国省会城市前3位。[①]

要打赢云南蓝天保卫战，一是通过优化产业布局、严控"两高"行业产能、强化"散乱污"企业综合整治、深化工业污染治理、大力培育绿色环保产业，调整优化产业结构，推进产业绿色发展；二是通过开展燃煤锅炉和燃煤机组综合整治、提高能源利用效率、加快发展清洁能源和新能源，加快调整能源结构，构建清洁低碳高效能源体系；三是通过优化调整货物运输结构、加快车船结构升级、加快油品质量升级、强化移动源污染防治，积极调整运输结构，发展绿色交通体系；四是开展大规模国土绿化行动、推进露天矿山综合整治、加强扬尘综合治理、加强秸秆综合利用和氨排放控制、控制农业源氨排放，优化调整用地结构，推进面源污染治理；五是通过打好柴油货车污染治理攻坚战、开展工业炉窑治理专项行动、实施挥发性有机物（VOCs）专项整治方案，实施重大专项行动，大幅降低污染物排放；六是通过建立完善区域大气污染防治协作机制、加强重污染天气应急联动、夯实应急减排措施，强化区域联防联控，有效应对重污染天气；七是通过完善制度标准体系、拓宽投融资渠道、加大经济政策支持力度，健全最严制度体系，完善环境经济政策；八是通过完善环境监测监控网络、强化科技基础支撑、加大环境执法力度、深入开展环境保护督察，加强基础能力建设，严格环境执法督察；九是通过加强组织领导、严格考核问责、加强环境信息公开、构建全民行动格局，明确落实各方责任，动员全社会广泛参与。

3. 稳定并提升环境空气质量的重点措施

《云南省环境保护"十三五"规划纲要》提出，稳定并提升环境空气质量。

落实大气污染防治行动计划　　按照《云南省大气污染防治行动实施方案》，稳定保持环境空气质量总体优良，着力解决局部区域大气污染问题。实施重点区域和重点行业的大气污染防治管控，全面实施城市空气质量达标管理。重点加强工业、机动车、扬尘等多污染源综合防控，开展二氧化硫、氮氧化物、颗粒物、挥发性有机污染物等多污染物排放的协同控制。积极推进污染物与温室气体协同减排。开展大气污染综合防治的同时，根据城市污染程度和减排潜力的不同，对接近标准的城市实施空气质量预警，对大气环境质量超标严重的城市提出浓度下降比例要求和达标时间要求。全省环境空气质量总体继续保持优良，部分地区持续改善。安宁、个旧、开远、宣威、隆阳区、文山市和蒙自市等市（区、县）环境空气质量逐年改善，稳定达到环境空气质量国家二级标准；麒麟区、昭阳区、思茅区、临翔区、蒙自市、芒市、隆阳区、景洪市等市（区、县）环境空气质量优良率进一步提升；其他县（区、市）环境空气质量保持优良。州（市）级城市空气质量优良率达到92%以上，州（市）中心城市可吸入颗粒物、细颗粒物各年度年均值达标率100%，环境空气质量达到国家二级标准。保山市、文山州实现细颗粒物年

---

① 云南省人民政府关于印发云南省打赢蓝天保卫战三年行动实施方案的通知 [EB/OL].（2018-09-19）[2019-03-01]. http://www.yn.gov.cn/yn_zwlanmu/qy/wj/yzf/201809/t20180919_33980.html.

均浓度达标，其他州（市）空气质量进一步改善。昆明、曲靖、景洪等创建国家环保模范城市的城市还应满足国家环保模范城市创建对空气质量的相关要求。

强化重点区域大气污染联防联控　强化滇中地区大气污染联防联控。在滇中地区以昆明市主城区、安宁市，曲靖市主城区、宣威市，玉溪市主城区，红河州蒙自市、个旧市、开远市和楚雄州楚雄市为核心区域，全面深化大气污染联防联治。完善常态化的区域协作机制，区域统一规划、统一监测，实行协同的环境准入、落后产能淘汰、机动车环境管理政策和考核评估制度。加速区域内老旧机动车淘汰以及高排放机动车管理，严控燃料品质标准，推动燃煤清洁利用，加强工业大气污染治理，深化城市扬尘污染治理。强化区域空气质量监测运行管理统一协调和信息互通共享。实施重点区域大气污染分类治理。昆明市要开展城市扬尘、机动车尾气、石油化工冶炼废气、挥发性有机污染物等多污染物排放与主城区大气环境质量关系分析，提出基于减缓昆明主城区环境空气质量恶化趋势的大气污染物联防联控措施和路径。怒江州兰坪县要研究铅锌矿露采矿区、尾矿库扬尘与周边地区土壤重金属超标及当地居民健康的响应关系，实施预防和减缓措施，保证居民人体健康和预防群体事件发生。大气污染防治重点区域要制定大气治理和监督管控方案，妥善应对可能出现的重污染天气或人体健康风险。将重点区域的细颗粒物指标、非重点地区的可吸入颗粒物指标作为经济社会发展的约束性指标，构建以环境质量改善为核心的目标责任考核体系。

加强城市面源大气污染治理　深化城市扬尘污染治理。完善建筑工地扬尘管理措施，实施非施工区裸土覆盖，强化工地路面硬化，施工现场要进行围挡建设，工地拆除和建筑垃圾装载采用湿式作业，暂不建设场地需进行绿化。渣土运输车辆应采取密闭措施，进出施工工地要进行清洗，运输过程采取密闭措施，并按照指定路线运输。推行道路机械化清扫等低尘作业方式，加大全省各县（市、区）人民政府所在地城镇内洒水等防风抑尘作业力度。大型煤堆、料堆要实现封闭储存或建设防风抑尘设施。推进城市及周边绿化和防风防沙林建设，扩大城市建成区绿地规模。加强机动车环保管理。各有关部门联合加强新生产车辆环保监管，严厉打击生产、销售环保不达标车辆的违法行为。加强在用机动车年度检验，机动车必须通过环保检验才能取得安全检验标志，加强对货运车、公交车、出租车等车辆监督抽检。开展工程机械等非道路移动机械和船舶的污染控制。

三、实施土壤污染防治

1. 云南土壤污染防治的重点措施

为了改善云南的环境质量，《云南省环境保护"十三五"规划纲要》对云南的土壤污染防治提出了明确的要求。

（1）落实土壤污染防治行动计划

按照《土壤污染防治行动计划》要求，立足云南省情和发展阶段，着眼经济社会发展全局，以改善土壤环境质量为核心，以保障农产品质量和人居环境安全为出发点，坚持预防为主、保护优先、风险管控，突出重点区域、行业和污染物，实施分类别、分用途、分阶段治理，严控新增污染、逐步减少存量，形成政府主导、企业担责、公众参与、社会监督的土壤污染防治体系，促进土壤资源永续利用。到2020年，全省土壤环境质量总体保持稳定，农用地和建设用地土壤环境安全得到基本保障，土壤环境质量全面改善。

（2）开展土壤环境基础调查及评估

实施土壤环境质量调查及评估　执行土壤环境质量监测国控点、省控点的土壤环境质量常规监测。全面开展土壤环境质量调查，以农用地、工业园区、生活垃圾填埋场、污水处理厂、尾矿库、加油站、工矿企业废弃地（建设用地）等为重点，开展土壤环境普查工作。开展特色农业种植区耕地和集中式饮用水源区的加密监测及评估，摸清土壤优先保护区环境现状，进行安全性评估、评定和划分耕地土壤环境安全等级，逐步建立优先区土壤环境数据库，并实施动态信息管理。

开展土壤污染场地调查及评估，强化被污染土壤的环境风险控制　实施搬迁关停企业场地的污染排查及风险评估工作，积极开展历史遗留工业场地的环境调查及风险评估，结合评价结果及场地未来规划，提出修复技术建议。强化对关停搬迁企业场地的环境风险管控，加强对历史遗留污染场地无害化管理，定期排查关停搬迁工业企业和历史遗留污染场地，建立历史遗留污染场地清单和动态信息管理系统。严控关停搬迁企业场地再开发利用建设项目审批，对于拟开发利用的关停搬迁企业场地，未按有关规定开展场地环境调查及风险评估的、未明确治理修复责任主体的，会同相关部门严格禁止进行土地流转；污染场地未经治理修复的，禁止开工建设与治理修复无关的任何项目。

做好污染耕地的分类管理和安全利用　根据耕地土壤环境质量调查评估结果，确定被污染耕地的范围和面积，提出被污染耕地土壤环境风险控制方案；对已被污染的耕地实施分类管理，加强被污染耕地土壤安全利用管理。对土壤污染较重、农产品质量受到影响的耕地，要结合当地实际，采取农艺措施调控、种植业结构调整、土壤污染治理与修复等措施，确保农产品产地土壤环境安全；对土壤污染严重且难以修复的耕地，当地政府应依法将其划定为禁种植特定农作物区域。

（3）加强土壤环境保护

划定土壤环境优先保护区域，加强对未受污染土壤的优先保护　将云南全省范围内的主要耕地和县级以上集中式饮用水水源地作为土壤环境保护优先区域，提出确定优先区域的基本单元、工作流程、进度安排、成果形式等，明确优先区域的范围及面积。按照"集中连片、动态调整、总量不减"的原则，建立省级层面的耕地环境保护制度，建设和完善优先保护区各类环境保护及污染防护设施。开展土壤环境保护优先区内及周边区域的污染源排查，查明威胁土壤环境安全的潜在因素。排查及取缔优先保护区域及其周边的重金属或有机污染物污染源。

防止新增土壤污染　严格环境准入。确定土壤污染高风险行业的环境准入条件，对于土壤污染高风险行业企业，应由工信、发改及环保等相关职能部门联合制定环境准入条件、规划及项目环评等的相关要求，作为工业园区的产业空间布局、项目引进及项目审批的主要依据。严格土壤环境保护优先区域项目审批与监管，在主要耕地及集中式饮用水源地为主的土壤环境保护优先区域内和周边，禁止或限制新建造成土壤污染的建设项目。

加强对现有企业的环境监管　建立对土壤环境质量影响较大的行业清单和土壤污染源信息管理数据库、污染源监管档案，将其纳入环境保护部门重点污染源进行监管。重点加强对矿产采掘、采选和有色金属、有机化工、化工产品制造等现有重污染工矿企业的环境管控，加大环境执法和污染治理力度。加强农业投入品及农产品监管，强化农业生产污染控制和环境监管。禁止使用有毒有害物质含量超过国家和云南省规定的农业投入品。强化土壤环境优先保护区域农业生产污染控制，建立统一测土、配方、生产、施用的全过程肥料管理体系。

推行土壤环境保护试点示范　以土壤环境优先保护区域为重点，选择基本农田集中区、粮食种植基地、蔬菜种植基地、水果种植基地、集中式饮用水源保护区等重点区域，特别是已列入国家高标准基本农田建设试点区、全省滇中粮仓高标准基本农田建设区、省级集中式饮用水源地、已通过"三品一标"质量认证的农产品原料种植基地，开展土壤环境保护试点示范。

（4）实施重点区域土壤污染治理与修复

确定土壤污染重点治理区　以工业园区周边重污染工矿企业、重金属污染防治重点企业、集中污染治理设施周边、废弃物堆存场地、历史遗留重污染工矿场地、关停搬迁重污染工矿企业废弃地等为重点，在全省土壤污染状况调查基础上，划定土壤污染重点治理区，明确重点治理区域的范围和面积。

开展土壤环境保护与修复治理示范　优先实施历史遗留工业企业场地修复治理省级试点示范项目，编制实施方案，因地制宜地开展污染场地土壤综合治理与修复工作。强化搬迁工业企业和历史遗留污染场地风险控制，明确修复责任主体，筛选确定并实施关停企业场地的土壤治理与修复示范项目，根据云南省土壤污染的主要类型，按照"风险可接受、技术可操作、经济可承受"原则，结合技术、经济发展水平，确定土壤污染治理与修复试点示范的类型、区域和具体内容。开展耕地土壤环境保护与污染治理修复示范项目，根据国家要求，加大受污染耕地的治理修复力度，受污染耕地安全利用率提高到90%以上。逐步在污染问题突出的工业企业场地实施土壤修复与治理工程。

2. 云南省土壤污染防治的目标、主要任务和措施

《云南省土壤污染防治工作方案》提出，到2020年，全省土壤污染加重趋势得到初步控制，土壤环境质量总体保持稳定，农用地和建设用地土壤环境安全得到基本保障，土壤环境风险得到基本控制；到2030年，全省土壤环境质量稳中向好，农用地和建设用地土壤环境安全得到有效保障，土壤环境风险得到有效控制。到2020年，完成国家下达的受污染耕地安全利用率指标，污染地块安全利用率不低于90%；到2030年，受污染耕地安全利用率和污染地块安全利用率均达到95%以上。[①]

保护好土壤环境是云南推进生态文明排头兵建设的重要内容，要切实保护土壤环境，防治和减轻土壤污染，改善土壤环境质量，保障土壤安全，促进土壤资源合理利用。一是通过开展土壤污染状况详查、建设土壤环境质量监测网络、提升土壤环境信息

① 云南省人民政府关于印发云南省土壤污染防治工作方案的通知 [EB/OL]. (2017-02-24) [2019-03-01]. http://www.yn.gov.cn/yn_zwlanmu/qy/wj/yzf/201702/t20170224_28567.html.

化管理水平，进一步查清土壤环境质量状况；二是通过划定农用地土壤环境质量类别、加大保护力度和防控企业污染、推进安全利用、落实严格管控、加强林地草地园地土壤环境管理，加强农用地保护与安全利用；三是通过明确管理要求（建立调查评估制度和分用途明确管理措施）、落实监管责任、严格用地准入，严格建设用地风险管控；四是通过强化空间布局管控、加强未利用地环境管理、防范建设用地新增污染，严格控制新增土壤污染；五是通过严控工矿污染（加强环境监管、严防矿产资源开发污染土壤、全面整治历史遗留尾矿库、加强对矿产资源开发利用活动的辐射安全监管、加强对涉重金属行业污染的防控、加强工业废物处理处置等）、控制农业污染（合理使用化肥农药农膜、加强废弃农膜回收利用、强化畜禽养殖污染防治、加强灌溉水水质管理等）、减少生活污染，控制农业污染；六是通过明确治理与修复主体、制定治理与修复规划、开展治理与修复（确定治理与修复重点、强化治理与修复工程监管）、确保目标任务落实、探索建设综合防治先行区试点，开展土壤污染治理与修复。

为了保证土壤防治主要任务的实现，制定了一系列制度保障及措施：通过完善管理体制、加大财政投入和完善激励政策、发挥市场作用、加强社会监督和引导公众参与及推动公益诉讼、开展宣传教育，构建土壤环境治理体系；通过完善制度政策、健全技术规范、明确监管重点、加大执法力度、提升监管水平，加强土壤环境法治建设；通过开展土壤污染防治研究、加强适用技术推广（建立健全技术体系、加快成果转化应用）、推动治理与修复产业发展，加大科技支撑力度；通过明确各级政府责任、加强部门协调联动、落实企业责任、严格评估考核（建立目标责任制、评估和考核结果同时作为省财政资金分配的重要参考依据、严格责任追究），落实目标考核及责任追究。

四、加强固体废物污染治理

《云南省固体废物污染治理攻坚战实施方案》提出，进一步加强固体废物污染治理。[①]

1. 基本原则

问题导向，突出重点　以影响人居环境和农产品安全的突出环境问题为导向，突出重点区域、重点行业，全面开展排查整治，深入推进固体废物处置减量化、资源化、无害化。

强化监管，严控风险　加强固体废物全过程规范化监管，坚决打击涉固体废物的违法行为，有效防控环境风险。

完善机制，压实责任　健全固体废物治理的联动监管机制，全面夯实省级部门的主管责任和州（市）主体责任。

2. 主要目标

到2020年，实现固体废物全过程监管，重点行业重点重金属排放量比2013年下降12%，工业固体废物综合利用率力争达到56%以上，城镇生活垃圾无害化处理率达到97%

---

① 云南省生态环境厅关于印发云南省固体废物污染治理攻坚战实施方案的通知 [EB/OL].（2019-01-03）[2019-09-01]. http://sthjt.yn.gov.cn/trgl/trhjgl/201901/t20190103_187226.html.

左右，州（市）政府所在地城市污水处理厂污泥无害化处理处置率达到90%以上，乡镇和村庄生活垃圾基本实现全收集全处理。

3. 治理重点

重点区域　九大高原湖泊、六大水系等流域，11个国家重金属污染防控重点区域，耕地重金属污染问题突出区域，在产或历史遗留有色金属采选业和冶炼业、重化工企业集中区域，重金属污染物超标区域。

重点行业　重有色金属矿（含伴生矿）选业（铜、铅锌、镍钴、锡、锑、金和汞矿采选业等）、重有色金属冶炼业（铜、铅锌、镍钴、锡、锑、金和汞冶炼等）、铅蓄电池制造业、化学原料及化学制品制造业（电石法聚氯乙烯行业、铬盐制造业、硫精矿制酸等）、电镀行业。

4. 主要任务

《云南省固体废物污染治理攻坚战实施方案》明确规定了云南省固体废物污染治理攻坚战的主要任务是：

第一，通过开展涉重金属重点行业企业排查、开展工业固体废物及堆存场所排查、开展非正规垃圾堆放点排查、开展固体废物处置能力调查评估，开展固体废物大排查。

第二，通过实施重金属污染物重点整治、实施工业固体废物综合整治、实施非正规垃圾堆放点全面整治，实施固体废物大整治。

第三，通过统筹规划建设固体废物处置设施、规范工业固体废物和危险废物处置、推进生活垃圾无害化处置，着力提升固体废物集中处置能力。

第四，通过严控源头产生量、加大固体废物综合利用水平、加快实施循环农业示范工程和农业废弃物资源化利用示范工程、提高固体废物监管水平，建立健全固体废物污染防治长效机制。

五、深化污染物减排

"十三五"时期是云南省环保工作负重前行的关键时期，发展与保护的矛盾依然突出。随着经济增长，主要污染物排放量仍将攀升。《云南省环境保护"十三五"规划纲要》提出，深化污染物减排。

1. 实施工业污染源全面达标排放计划

继续落实污染减排目标责任制　各州市（县）区政府对辖区环境质量负责，强化企业污染治理的主体责任，实行最严格的制度，源头严防、过程严管、后果严惩。合理确定各州（市）、重点企业污染排放基数和核定减排任务，确保按照目标圆满完成减排指标。充分发挥环境影响评价制度、排污许可证制度、排污收费制度、环保三同时制度、环境监察制度、环境监测制度等环境管理制度的作用，强化环境监督管理，促进污染物减排。加快淘汰高污染、高环境风险的工艺、设备与产品，对不符合产业政策、环境污染重、不能实现稳定达标排放的落后产能、企业实施强制淘汰，对产能过剩行业和高污染、高排放行业实行新上项目产能减量置换。强化噪声污染防治，对重点噪声源限期治理，对噪声严重污染企业实施关停搬迁。

排查并公布不达标工业污染源名单　各州市县（区）要加强工业污染源监督性监测，定期抽查排放情况，对超标或超总量的排污企业予以"黄牌"警示，限制生产或停产整治；对整治仍不能达到要求且情节严重的企业予以"红牌"处罚，一律停业、关闭。各州市县（区）要制定本辖区工业污染源达标率年度目标并逐年提高、落实到位，省级部门加大抽查核查力度，对问题突出的地区进行公告、挂牌督办。

实施重点行业企业限期达标排放改造　按照重点行业污染最佳治理技术政策指引，制定重点地区重点行业限期整治方案，升级改造环保设施，确保稳定达标。以玻璃、燃煤锅炉、造纸、印染、化工、焦化、氮肥、农副食品加工、原料药制造、制革、农药、电镀等行业为重点，推进行业达标排放改造。至2020年，各经济技术开发区、高新技术产业开发区、出口加工区等工业聚集区实施污染专项治理，加快完善工业聚集区污水收集和集中处理系统。

2. 深入推进主要污染物减排

改革完善总量控制制度　基于环境质量状况，兼顾工程减排潜力，科学确定总量控制要求，优化增量核算方式，实施差别化管理。实施云南省为主体的核查核算，推动自主减排管理，各州（市）向社会公开减排工程、指标进展情况。推行区域性、行业性总量控制试点，逐步开展特征性污染物总量控制，对特定城市、特定流域、特定湖库采用"一市一总量""一河一总量"和"一湖一总量"的区域总量控制。

继续强化污染减排任务措施　在实施化学需氧量、氨氮、二氧化硫、氮氧化物达标排放和总量控制基础上，实施区域性、流域性、行业性差别化总量控制指标。强化对火电、钢铁、水泥、平板玻璃、制糖橡胶、畜禽养殖、污水处理厂、机动车等"七厂（场）一车"污染减排力度，提高重点行业脱硫、脱硝效率。推进实施燃煤电厂超低排放改造、乡镇生活污水处理厂建设等一批环境治理重点工程。在电力、钢铁、水泥等重点行业开展烟粉尘总量控制，实施基于新排放标准的行业治污减排管理，降低问题突出、影响范围广的区域大点源烟粉尘排放量。加大对全省污水处理厂督查力度，完善城镇污水处理厂的达标管理。深挖制糖、橡胶行业废水处理水平以及畜禽养殖减排潜力。在水污染严重、问题突出的区域实行总氮或总磷区域排放量总量控制。通过大工程带动大治理，推动工业污染源全面达标排放计划有效开展。

全面整治燃煤小锅炉　加快推进"煤改气""煤改电"工程建设，在供气管网不能覆盖的地区，改用电、生物质能等新能源或洁净煤，推广应用高效节能环保型锅炉。在化工、造纸、印染、制革、制药等产业集聚区，通过集中建设热电联产机组逐步淘汰分散燃煤锅炉。

推进挥发性有机物污染治理　在石化、有机化工、表面涂装、包装印刷等行业实施挥发性有机物综合整治，在石化行业开展"泄漏检测与修复"技术改造。完善涂料、胶粘剂等产品的挥发性有机物限值标准，推广使用水性涂料，鼓励生产、销售和使用低毒、低挥发性有机溶剂。开展有机化工、表面涂装、包装印刷等行业挥发性有机物的综合整治。

六、防范环境风险

《云南省环境保护"十三五"规划纲要》对防范云南的环境风险、保障云南的环境安全提出了明确的要求。

1. 完善风险防控与应急管理体系

（1）加强环境风险源头防控

加强环境风险评估　开展云南省环境风险区划，建立各类环境要素的环境风险评价指标体系，制定环境风险管理方案。

健全环境风险源、敏感目标等数据库　完善企业环境风险排查评估制度，推进环境风险分类分级管理，严格高风险企业监管，实施环境风险源登记与动态管理。发布重点行业评估报告范例，探索开展企业突发环境事件风险第三方评估。对存在重大环境安全隐患且整治不力的企业列入"环保"黑名单。选择典型区域、工业园区、流域试点，开展废水综合毒性评估、区域环境风险评估，作为行业准入、产业布局与结构调整的基本依据。

开展环境健康调查监测评估　建立环境健康综合监测体系，针对云南省高风险区域，开展环境健康风险哨监测，试点开展环境健康风险评估。完成重点地区和流域环境与健康专项现场调查。加强有毒有害化学物质环境与健康评估能力建设。

（2）提升环境风险预警能力

强化环境监测预警　利用各类环境质量监测、监督性监测信息，加快推进全省空气质量、跨界河流、集中式饮用水源地的预警预报工作，建立完善的环境质量监测预警系统。开展重点企业风险预警，构建生产、运输、储存、处置环节的环境风险预警网络。加快推动环境信息公开，加强环境舆情监测，建立健全环境舆情应对机制，积极回应环境热点问题和敏感问题。

严格环境风险预警预案管理　利用现场监察、环境监测、公众举报等信息进行监管预警。建立跨领域预警信息交流平台，研究制定突发环境事件预警信息研判制度和预警标准，建立预警工作联动机制。推动环境应急与安全生产、消防安全预案一体化管理，加强有毒有害化学物质、石油化工等重点行业应急预案管理。

（3）加强环境事件应急处置能力

理顺应急管理机制　完善跨行政区、跨部门以及环保系统内部数据报送、信息共享的渠道，建立区域性环境突发事件统一指挥、协同作战、快速响应的机制。制定分地区、分行业的环境应急预案。定期组织开展多种形式的环境应急演练，开展全方位、多层次的应急管理培训。加强环境安全应急技术和物资储备，开展重点污染物应急处置技术研究，将环境应急物资储备纳入全省应急物资储备管理。建立环境安全预警和灾后恢复咨询专家库。

加强应急能力建设　依托云南省环境应急指挥体系，搭建具备风险评估与预警、多方远程协同会商体系的突发事件应急指挥调度系统。按照《突发环境事件应急管理办法》要求，完善云南省环境突发事件应急管理中心的机构建设，明确机构性质、人员编制、队伍建设以及突发环境事件应急物资储备，完善环境应急管理系统平台。加强环境风险重点防控区域简易应急监测能力的建设。协调建立环境风险防范专项资金和重大环境风险响应基金，为环境风险防范提供资金保障。

强化突发环境事件应急处置管理　加快修订云南省突发环境事件应急预案，制定跨国界河流水污染事故应急方案。深入推进跨区域、跨部门的突发环境事件应急协调机制，健全综合应急救援体系。实施环境应急分级响应，建立健全突发环境事件现场指挥与协调制度。完善突发生态环境事件信息报告和公开机制。

完善辐射事故应急体系　完善省、州（市）、县（市、区）辐射事故应急体系。强化辐射事故应急监测与处置队伍及装备建设，加强辐射事故应急演练，突出实战，提高各级辐射事故应急预案的可实施性。开展辐射事故风险预警与评估工作，妥善应对辐射事故。

2. 提高涉重、涉危污染物风险防范能力

（1）强化涉重企业风险管控

加强涉重企业风险管控，定期实施涉重企业周边土壤、地下水、大气环境质量监测，未取得排污许可证的企业一律不得生产，对总量超过许可证控制的、不能稳定达标排放的及对环境造成污染的企业要责令停产限期整治并实施强制清洁生产审核。

（2）强化危险化学品风险管控

开展化学品调查工作　按照环境保护部统一部署要求，一是实施重点行业持久性有机污染物统计报表制度，调查云南省重点行业持久性有机污染物污染源及分布；二是开展并完成环境激素类化学品生产使用情况调查工作。

加强主要添汞产品及相关添汞原料生产行业汞污染防治工作　严格审批新建、改建、扩建添汞产品或相关添汞原料生产项目，加快推动电石法聚氯乙烯生产企业低汞触媒替代高汞触媒工作。

（3）强化危险废物风险管控

落实危险废物管控相关制度　严格执行危险废物申报登记、经营许可、转移联单、应急预案备案、管理台账、管理计划、识别标识等制度。对危险废物产生和经营单位开展规范化管理现场检查。

开展危险废物产生和综合利用状况调查　开展危险废物、电子废物的产生、转移、贮存、利用和处置情况调查，基本摸清危险废物状况，建立危险废物重点监管单位清单并动态更新。

（4）推进重金属污染防治

强化涉重污染物调查与评估　以红河州、曲靖市、昆明市、玉溪市、文山州、怒江州等州（市）以及重金属污染问题突出的区域为重点，开展重金属调查与评估、历史遗留危废综合处置及生态恢复工程。

加强涉重企业污染源监管　加强重金属企业专项检查，加大重点行业防控力度。以汞、铅、镉、铬和类金属砷为重点防控对象，加大对不符合产业政策、污染严重的落后生产工艺、技术和设备的淘汰力度。加强涉重行业清洁生产，鼓励涉重行业资源综合利用和循环经济试点示范。

加大历史遗留重金属危险废物处理处置力度 全面排查历史遗留涉重金属危险废物情况，开展贮存方式、周边环境影响、环境风险等评估，加强含镉、含砷、含汞和含氰废渣等危险废物以及位于环境敏感区域的其他历史遗留危险废物的无害化处置和利用，研究制定综合整治方案并开展工程示范。

3. 强化核与辐射安全监管，推进放射性污染防治

（1）强化核与辐射安全监管

严把辐射安全行政许可关，突出行政许可审批源头控制作用，通过环境影响评价、辐射安全许可证核发、放射性同位素转让和竣工环保验收，加强对核与辐射项目的全过程管理。强化和规范日常辐射安全监督检查工作，推进日常监督检查全过程质量管理工作。推进辐射环境现场监测与辐射安全日常监督检查的融合，实现同步开展，全面提高云南省辐射安全日常监督检查的质量和水平。严格辐射安全监督执法，加大对违法行为查处力度，确保核与辐射环境安全。推进核安全文化建设，提升核安全文化水平。

（2）推进放射性污染防治

开展全省放射性伴生矿分布调查，掌握全省放射性伴生矿分布情况，提高重点地区矿产开发利用中辐射环境监管工作的针对性和科学性，推进放射性伴生矿开发利用的辐射环境管理，落实放射性污染防治措施。持续开展重点地区放射性污染防治工作，推进铀矿冶设施的退役治理和环境恢复工作，消除历史遗留隐患。加强核技术利用放射性污染防治，实施放射源安全行动计划，安全处置放射性废物，保持辐射环境质量良好。

（3）完善核与辐射安全监管体系

创新核与辐射安全监管制度、手段和方法。加强全省辐射环境监管机构和队伍建设，提升省级辐射环境监测能力，完成重点州（市）级辐射环境监测机构标准化建设，完成全省各级辐射环境监察机构能力建设。强化辐射监管人员培训，提升云南辐射安全监管队伍业务能力和水平，建成云南省辐射环境监管信息系统及辐射环境管理"一张图"。完善核与辐射安全执法协调和联动机制。

七、加强农业农村环境整治

1. 继续推进农村环境综合整治

治理农业农村污染，是实施乡村振兴战略的重要任务，事关云南农村生态文明建设，《云南省环境保护"十三五"规划纲要》提出，继续推进农村环境综合整治。

改善农村生态环境质量 统筹谋划农村环境综合整治，优化全省治理布局，建立健全长效运行保障机制，切实解决农村突出环境问题，改善农村人居环境质量。突出重点、集中连片，以整县推进为主要方式，将三峡库区上游、九大高原湖泊流域等水污染防治重点区域、重要饮用水水源地、少数民族聚居区、沿边地区等作为重点，以垃圾处置"减量化、资源化、无害化"为重点，兼顾农村污水收集处理、饮用水水源地环境保护、禽畜养殖污染治理等，深入开展农村环境连片整治。建立完善农村垃圾清运体系，以集中与分散处理相结合的方式，加快农村垃圾处理设施建设。因地制宜建设农村污水处理设施，构建农村污水就地处理体系。提高村民环境意识，加强畜禽养殖污染防治，

建设禽畜粪便资源综合利用设施，积极推行畜禽养殖的规模化、集约化、标准化建设。积极探索PPP等多元化农村环境保护投入机制。到2020年完成3500个建制村的环境综合整治任务。

加强农村生态环境管理 加强基层环保管理力量建设，乡（镇）和村级要全面配备环保员，逐步健全乡镇环保机构。建立健全各项工作制度，做到人员、职责、经费、场所、装备"五落实"，充分发挥环保办公室作用。加强村居环保队伍建设，各村居要明确环保主任，由村居党组织书记或村居委会主任兼任，具体负责本村居环境保护相关工作。

实施农村生态扶贫 以精准扶贫、精准脱贫为原则，围绕环境保护部门的职能，聚焦边境地区、民族地区、革命地区、集中连片贫困地区，结合农村环境综合整治、农业面源污染防治、饮用水源地保护、重要生态功能区保护等开展我省重点贫困地区"一水两污"、生态文明村镇创建、土壤污染治理、小流域水土流失治理等生态扶贫工程。

2. 打好云南农业农村污染治理攻坚战

为打好农业农村污染治理攻坚战，把云南建成全国生态文明建设排头兵，《云南省农业农村污染治理攻坚战作战方案》提出了全面加强生态环境保护坚决打好污染防治攻坚战。①

（1）基本原则

保护优先、源头减量 严格生态保护红线管控，统筹农村生产、生活和生态空间，优化种植和养殖生产布局和结构，依法开展农业发展规划环境影响评价，强化环境监管，推动农业绿色发展，从源头减少农业面源污染。

问题导向、系统施治 坚持优先解决农民群众最关心最直接最现实的突出环境问题，重点开展农村饮用水水源地保护、生活垃圾污水治理、种植业及养殖业污染防治。统筹推进空间优化、资源节约、污染防治和循环利用，推进农业投入品减量化、生产清洁化、废弃物资源化、产业模式生态化。

因地制宜、实事求是 根据环境质量、自然条件、经济水平和农民期盼，科学确定本地整治目标任务，既尽力而为，又量力而行，集中力量解决突出环境问题。坚持从当地实际出发，采用适用的治理技术和模式，注重实效，不搞"一刀切"，不搞形式主义。

落实责任、形成合力 省负总责、州（市）统筹、县抓落实，强化县级主体责任，明确各有关部门的职能职责。充分发挥市场主体作用，广泛调动基层组织和农民的积极性，加强统筹协调，加大投入力度，强化监督考核，建立上下联动、部门协作、责权清晰、监管有效的工作推进机制。

（2）主要目标

乡村绿色发展加快推进，农村生态环境明显好转，农业农村污染治理工作体制机制基本形成，农业农村环境监管明显加强，农村居民参与农业农村环境保护的积极性和主动性显著增强。到2020年，实现"一保两治三减四提升"："一保"，即保护农村饮用水水源，农村饮水安全更有保障；"两治"，即治理农村生活垃圾和污水，实现村庄环

① 云南省农业农村污染治理攻坚战作战方案[EB/OL].（2019-01-11）[2019-03-01]. http://sthjt.yn.gov.cn/shjgl/nchjgl/nczzsdsf/201901/t20190111_187416.html.

境干净整洁有序；"三减"，即减少化肥、农药使用量和农业用水总量；"四提升"，即提升主要由农业面源污染造成的超标水体水质、农业废弃物综合利用率、环境监管能力和农村居民参与度。具体目标是：

农田污染治理　到2020年，减少化肥农药使用量，主要农作物化肥农药使用量实现负增长，化肥、农药利用率均达到40%以上，测土配方施肥技术覆盖率达到90%以上，主要农作物绿色防控覆盖率达到30%以上，主要农作物病虫害专业化统防统治率达到40%以上，农田灌溉水有效利用系数达到0.492以上，秸秆综合利用率达到85%以上，农膜回收率达到80%以上，九大高原湖泊周边地区化肥农药使用量比2015年减少10%以上。

养殖污染治理　到2020年，畜禽养殖污染得到严格控制，养殖废弃物处理和资源化利用水平显著提升，畜禽粪污综合利用率达到75%以上，规模养殖场粪污处理设施装备配套率达到95%以上，其中2019年实现大型规模养殖场粪污处理设施装备全配套；水产生态健康养殖水平进一步提升，主产区水产养殖尾水实现有效处理或循环利用。

农村环境治理　到2020年，行政村农村人居环境整治实现全覆盖，垃圾污水治理水平和卫生厕所普及率稳步提升，力争实现90%左右的村庄生活垃圾得到治理，基本完成非正规垃圾堆放点整治，其中2019年底前完成县级及以上集中式饮用水水源保护区及群众反映强烈的非正规垃圾堆放点整治；城市近郊区的农村生活污水治理率明显提高，其中九大高原湖泊周边地区生活污水乱排乱放得到管控，九大高原湖泊周边地区、六大水系有较好基础的地区农村卫生厕所普及率达到85%以上。

（3）主要任务

《云南省农业农村污染治理攻坚战作战方案》提出的全面加强生态环境保护坚决打好污染防治攻坚战的主要任务是：

第一，通过优化农业农村发展布局、强化重点区域污染治理要求、严格管控河道堤防内农业污染，优化发展空间布局，加大重点地区治理力度。

第二，通过加快农村饮用水水源调查评估和保护区划定、开展农村饮用水水源环境风险排查整治、加强农村饮用水水质监测，加强农村饮用水水源保护。

第三，通过加大农村生活垃圾治理力度、梯次推进农村生活污水治理、建立农村污染治理长效管护机制，加快推进农村生活垃圾污水治理。

第四，通过持续推进化肥及农药减量增效、加强秸秆资源化利用、加强农膜废弃物资源化利用、大力推进生态化种植模式、实施耕地分类管理、开展涉镉等重金属重点行业企业排查整治，有效防控种植业污染。

第五，通过推进养殖生产清洁化和产业模式生态化、加强畜禽粪污资源化利用、严格畜禽规模养殖环境监管，着力解决养殖业污染。

第六，通过强化渔业水域生态环境保护、转变水产养殖方式，加强水产养殖污染防治和水生生态保护。

第七，通过严守生态保护红线、强化农业农村生态环境监管执法，提升农业农村环境监管能力。

3. 治理农业农村环境突出问题

《云南省乡村振兴战略规划（2018—2022年）》提出，聚焦土壤污染、水环境治理、农业面源等重点和热点环境问题，加大污染管控和修复治理力度，提高农业农村环境监管能力，营造美丽乡村碧水蓝天净土环境。[①]

强化土壤污染管控和修复　在全面完成土壤污染状况详查的基础上，到2020年完成重点行业企业用地土壤污染状况调查。实施农用地分类管理，严格保护未污染或轻微污染耕地，安全利用轻度和中度污染耕地，严格管控重度污染耕地。到2020年，完成农用地土壤环境质量类别划定，建立耕地土壤环境质量分类清单，完成国家下达的受污染耕地安全利用、受污染耕地治理与修复、重度污染耕地种植结构调整或退耕还林还草等3项面积指标任务。严格建设用地准入管理，建立疑似污染地块名单和污染地块名录并实现动态管理。建立污染地块联动监管机制，将建设用地土壤环境管理要求纳入用地规划和供地管理，强化暂不开发污染地块的环境风险管控，严格土壤污染重点行业企业搬迁改造过程中拆除活动的环境监管。有序开展污染地块类和农用地类土壤污染治理与修复技术应用试点，探索开展土壤污染综合防治先行区试点建设。

加大乡村水环境治理力度　强化农村水环境治理，着力解决部分农村水系紊乱、河塘淤积、水质恶化等问题，有效提升农村水生态环境。全面推进村级河长清河行动、水污染防治行动、入河排污口清理整治行动，扎实推进河流湖泊管理保护工作。因地制宜实施农村河湖水系自然连通，确定河道砂石禁采区、禁采期。加强农村饮用水水源地保护，重点强化集中式饮用水水源保护区划定，开展饮用水水源规范化建设，实施水质不达标水源地限期达标治理。到2020年，全面完成乡镇及以上饮用水水源保护区划定，单一水源供水的城镇完成备用水源或应急水源建设。

集中治理农业面源污染　加强农业面源污染治理，实施源头控制、过程拦截、末端治理与循环利用相结合的综合防治。以农业主体功能区保护为重点，建立农业生态环境保护综合协调机制，开展重要农业资源台账制度试点工作，探索建立有关部门协同合作的农业资源台账数据共建共享机制，推进耕地、水、气候、农业生产废弃物等农业资源台账数据采集、更新工作。健全完善农业资源监测体系，定期监测农业资源环境承载能力，及时发布预警和通报监测信息。强化农业空间整治，从源头上控制农业面源污染。减少化肥农药施用量，禁止高毒高风险农药使用，推进有机肥替代化肥、病虫害绿色防控替代化学防治，减少和消除农残影响及环境污染。严格依法落实秸秆禁烧制度。强化畜禽禁养区划定管理，探索建立"企业主体、政府推动、市场运作、保险联动"的病死畜禽专业无害化处理和收集体系运行模式。防治畜禽水产养殖污染，从严控制网箱养殖。严格落实农业资源保护法律法规，依法严惩农业资源环境违法行为。严格工业和城镇污染处理、达标排放，严禁未经达标处理的城镇污水和其他污染物进入农业农村，建立健全监测体系，强化经常性执法监管，推动环境监测、执法向农村延伸。

①　云南省乡村振兴战略规划（2018—2022年）[EB/OL].（2019-02-11）[2019-02-18]. http://yn.yunnan.cn/system/2019/02/11/030197639.shtml.

八、筑牢生态屏障

《云南省国民经济和社会发展第十三个五年规划纲要》提出，通过构建"三屏两带一区多点"生态安全格局、深入推进"森林云南"建设、提高湿地生态保护水平、保护生物多样性、加强水生态保护、强化重点地区生态治理、保护和发展生态文化，加强生态保护与建设，全面提升生态系统功能，推进重点区域生态修复，扩大生态产品供给，巩固我国西南生态安全屏障。

1. 严格守生态保护红线

（1）划定并严守生态保护红线

开展云南省生态保护红线划定工作，将重点生态功能区、生态环境敏感区和脆弱区及禁止开发区划入生态保护红线。结合资源环境承载力综合评价，建立生态保护红线负面清单，切实做好红线区的边界核定、落地及命名工作。逐步建立生态保护红线监测网络、监测平台及分级管理的长效机制。加快建立健全生态保护红线管控法律法规体系，研究制定生态补偿机制与政策，建立生态保护红线的绩效保护评估制度，将红线的保护纳入地方领导干部的政绩考核。严守生态保护红线，实施分级分区分类管理，严格执行"性质不改变、功能不退化、面积不缩小、管理要求不降低"的"四不原则"。以生态保护红线为基础构建云南省科学合理的生态安全格局，加强生态节点保护及生态廊道建设，保障国家和区域生态安全，提高生态服务功能。①

严守生态保护红线要明确和落实生态保护红线管控要求，以县为单位，针对农业资源与生态环境突出问题，建立农业产业准入负面清单，因地制宜制定禁止和限制发展产业目录，明确种植业、养殖业发展方向和开发强度，强化准入管理和底线约束。生态保护红线内禁止城镇化和工业化活动，生态保护红线内现存的耕地不得擅自扩大规模。在六大水系、九大高原湖泊和牛栏江的敏感区域内，严禁以任何形式围垦河湖、违法占用河湖水域，严格管控沿河环湖农业面源污染。②

（2）云南生态保护红线的基本格局

《云南省生态保护红线》划定了云南省生态保护红线面积11.84万平方千米，占云南省总面积的30.90%。基本格局呈"三屏两带"，"三屏"是青藏高原南缘滇西北高山峡谷生态屏障、哀牢山—无量山山地生态屏障、南部边境热带森林生态屏障；"两带"是金沙江、澜沧江、红河干热河谷地带和东南部喀斯特地带。云南省生态保护红线包含生物多样性维护、水源涵养、水土保持三大类型和11个分区。③

滇西北高山峡谷生物多样性维护与水源涵养生态保护红线　位于云南省西北部，涉及保山、大理、丽江、怒江、迪庆5个州市，面积3.54万平方千米，占全省生态保护红线面积的29.90%，是全省海拔最高的地区，为典型的高山峡谷地貌分布区。受季风和

① 云南省环境保护厅关于印发《云南省环境保护"十三五"规划纲要》的通知 [EB/OL]. （2017-11-30）[2019-09-01]. http://sthjt.yn.gov.cn/ghsj/hjgh/201711/t20171130_174532.html.
② 云南省农业农村污染治理攻坚战作战方案 [EB/OL]. （2019-01-11）[2019-03-01]. http://sthjt.yn.gov.cn/shjgl/nchjgl/nczzsdsf/201901/t20190111_187416.html.
③ 云南省人民政府关于发布云南省生态保护红线的通知 [EB/OL]. （2018-06-29）[2019-03-01]. http://www.yn.gov.cn/yn_zwlanmu/qy/wj/yzf/201806/t20180629_33212.html.

地形影响，立体气候极为显著。植被以中山湿性常绿阔叶林、暖温性针叶林、温凉性针叶林、寒温性针叶林、高山亚高山草甸等为代表。重点保护物种有滇金丝猴、白眉长臂猿、云豹、雪豹、金雕、云南红豆杉、珙桐、澜沧黄杉、大果红杉、油麦吊云杉等珍稀动植物。已建有云南白马雪山国家级自然保护区、云南高黎贡山国家级自然保护区、香格里拉哈巴雪山省级自然保护区、三江并流世界自然遗产地等保护地。

哀牢山—无量山山地生物多样性维护与水土保持生态保护红线　位于云南省中部，地处云贵高原、横断山脉和青藏高原南缘三大地理区域的结合部，涉及玉溪、楚雄、普洱、大理4个州市，面积0.86万平方千米，占全省生态保护红线面积的7.26%。受东南季风和西南季风影响，干湿季分明。植被以季风常绿阔叶林、中山湿性常绿阔叶林等为代表。重点保护物种有西黑冠长臂猿、绿孔雀、云南红豆杉、篦齿苏铁、银杏、长蕊木兰等珍稀动植物。已建有云南哀牢山国家级自然保护区、云南无量山国家级自然保护区等保护地。

南部边境热带森林生物多样性维护生态保护红线　位于云南省南部边境，涉及红河、文山、普洱、西双版纳、临沧5个州市，面积1.68万平方千米，占全省生态保护红线面积的14.19%。地貌以中、低山山地为主，宽谷众多，常年高温高湿。植被以热带雨林、季雨林、季风常绿阔叶林、暖热性针叶林等为代表。重点保护物种有亚洲象、印度野牛、白颊长臂猿、印支虎、苏铁、桫椤、望天树、华盖木等珍稀动植物。已建有云南西双版纳国家级自然保护区、云南纳板河流域国家级自然保护区、云南金平分水岭国家级自然保护区、云南黄连山国家级自然保护区、富宁驮娘江省级自然保护区等保护地。

大盈江—瑞丽江水源涵养生态保护红线　位于云南省西部，涉及德宏州，面积0.33万平方千米，占全省生态保护红线面积的2.79%。该区域山脉纵横，地势高差明显，沿河平坝与峡谷相间。受西南季风影响，雨量充沛，全年冷热变化不显著。植被以热带雨林、季雨林、季风常绿阔叶林、中山湿性常绿阔叶林等为代表。重点保护物种有白眉长臂猿、印度野牛、熊猴、云豹、东京龙脑香、篦齿苏铁、云南蓝果树、萼翅藤、鹿角蕨等珍稀动植物。已建有瑞丽江—大盈江国家级风景名胜区、云南铜壁关省级自然保护区等保护地。

高原湖泊及牛栏江上游水源涵养生态保护红线　位于云南省中西部，地势起伏和缓，涉及昆明、玉溪、红河、大理、丽江5个州市，面积0.57万平方千米，占全省生态保护红线面积的4.81%，是云南省构造湖泊和岩溶湖泊分布最集中的区域。植被以半湿润常绿阔叶林、暖温性针叶林、暖温性灌丛等为代表。重点保护物种有白腹锦鸡、云南闭壳龟、鱇浪白鱼、滇池金线鲃、大理弓鱼、宽叶水韭、西康玉兰等珍稀动植物。已建有云南苍山洱海国家级自然保护区、金殿国家森林公园、抚仙—星云湖泊省级风景名胜区、石屏异龙湖省级风景名胜区等保护地。

珠江上游及滇东南喀斯特地带水土保持生态保护红线　位于云南省东部和东南部，涉及昆明、曲靖、玉溪、红河、文山5个州市，面积1.45万平方千米，占全省生态保护红线面积的12.25%。岩溶地貌发育，是红河、珠江等重要河流的源头和上游区域，以中亚热带季风气候为主。植被以季风常绿阔叶林、半湿润常绿阔叶林、暖温性针叶林、石灰岩灌丛等为代表。重点保护物种有灰叶猴、蜂猴、金钱豹、黑鸢、华盖木、云南拟单性木兰、云南穗花杉、毛枝五针松、钟萼木等珍稀动植物。已建有云南文山国家级自然保护区、石林世界自然遗产地、丘北普者黑国家级风景名胜区等保护地。

怒江下游水土保持生态保护红线 位于云南省西南部，怒江下游地区，涉及保山、临沧2个市，面积0.32万平方千米，占全省生态保护红线面积的2.70%。地貌以中山山地与宽谷盆地为主，兼具北热带和南亚热带气候特征。植被以季雨林、季风常绿阔叶林、中山湿性常绿阔叶林等为代表。重点保护物种有白掌长臂猿、灰叶猴、孟加拉虎、绿孔雀、黑桫椤、藤枣、董棕、三棱栎、四数木等珍稀动植物。已建有云南永德大雪山国家级自然保护区、镇康南捧河省级自然保护区等保护地。

澜沧江中山峡谷水土保持生态保护红线 位于云南省西南部，澜沧江中下游，涉及保山、普洱、大理、临沧4个州市，面积1.07万平方千米，占全省生态保护红线面积的9.04%。以中山河谷地貌为主，降水丰富，干湿季分明。植被以季雨林、季风常绿阔叶林、落叶阔叶林、暖热性针叶林、暖温性针叶林为代表。重点保护物种有蜂猴、穿山甲、绿孔雀、巨蜥、蟒蛇、苏铁、千果榄仁、大叶木兰、红椿等珍稀动植物。已建有临沧澜沧江省级自然保护区、景谷威远江省级自然保护区、耿马南汀河省级风景名胜区等保护地。

金沙江干热河谷及山原水土保持生态保护红线 位于滇川交界的金沙江河谷地带，涉及昆明、楚雄、大理、丽江4个州市，面积0.87万平方千米，占全省生态保护红线面积的7.35%。以中山峡谷地貌为主，气候高温少雨。植被以干热河谷稀树灌木草丛、干热河谷灌丛、暖温性针叶林等为代表。重点保护物种有林麝、中华鬣羚、穿山甲、黑翅鸢、红瘰疣螈、攀枝花苏铁、云南红豆杉、丁茜、平当树等珍稀动植物。已建有云南轿子雪山国家级自然保护区、楚雄紫溪山省级自然保护区、元谋省级风景名胜区等保护地。

金沙江下游—小江流域水土流失控制生态保护红线 位于云南省东北部，涉及昆明、曲靖、昭通3个市，面积0.73万平方千米，占全省生态保护红线面积的6.17%，是高原边缘的中山峡谷区，四季分明，夏季高温多雨、冬季温和湿润。植被以半湿润常绿阔叶林、落叶阔叶林、暖温性针叶林、亚高山草甸等为代表。重点保护物种有金钱豹、云豹、小熊猫、大灵猫、大鲵、南方红豆杉、珙桐、连香树、异颖草等珍稀动植物。已建有云南大山包黑颈鹤国家级自然保护区、云南药山国家级自然保护区、云南乌蒙山国家级自然保护区、云南会泽黑颈鹤国家级自然保护区等保护地。

红河（元江）干热河谷及山原水土保持生态保护红线 位于云南省中南部，红河（元江）中下游地区，涉及玉溪、楚雄、红河3个州市，面积0.42万平方千米，占全省生态保护红线面积的3.55%。以中山河谷地貌为主，降水量少，气温高。植被以季风常绿阔叶林、干热河谷稀树灌木草丛等为代表。重点保护物种有蜂猴、短尾猴、绿孔雀、巨蜥、蟒蛇、桫椤、元江苏铁、水青树、鹅掌楸、董棕等珍稀动植物。已建有云南元江国家级自然保护区、建水国家级风景名胜区、个旧蔓耗省级风景名胜区等保护地。

2. 深入实施生物多样性保护

（1）保护生物多样性

《云南省国民经济和社会发展第十三个五年规划纲要》提出，实施生物多样性保护重大工程，开展生物多样性观测站点建设，实施生物多样性保护、恢复与减贫示范，加强生物多样性监管基础能力建设。强化生物多样性保护优先区域、重点领域、重要生态系统的保护。建立以就地保护为主、迁地保护和离体保护为辅的生物多样性保护体系。加强野生动植物保护管理，重点做好国家重点保护物种、极小种群物种和地方特有物种的拯救、保护、恢复和利用，完善中国西南野生生物种质资源库。强化自然保护区和森林公园的建设与管理，改善野生动植物栖息地条件。加强野生动物疫源疫病监测体系建设。强化自然保护区建设和管理，加大热带雨林等典型生态系统、物种基因和景观多样性保护。严防外来有害物种入侵和物种资源丧失，严格野生动植物进出口管理。建立健全云南省生物多样性保护法规体系。

云南为了加大生物多样性保护力度，制定了《云南生物多样性保护工程（2007—2020）》《滇西北生物多样性保护规划纲要（2008—2020）》《云南省生物物种资源保护与利用规划纲要（2011—2020）》《云南省极小种群物种拯救保护规划纲要（2010—2020）》《云南省实施生物多样性保护重大工程方案（2010—2020）》《云南省生物多样性保护战略与行动计划（2012—2030）》《云南省生物多样性保护优先区域规划（2017—2030）》等一系列规划计划；先后发布了《云南省生物物种名录（2016版）》《云南省生物物种红色名录（2017版）》，《云南省生态系统名录（2018版）》收录了从热带到高山冰缘荒漠等各类自然生态系统共计14个植被型、38个植被亚型、474个群系，建立了云南省生态系统多样性数据库。云南是我国生物多样性最丰富的省份，也是全球34个物种最丰富且受到威胁最大的生物多样性热点地区之一，在中国乃至全球占有十分重要的生态地位。

2019年1月1日，《云南省生物多样性保护条例》正式施行，内容包括总则、监督管理、物种和基因多样性保护、生态系统多样性保护、公众参与和惠益分享、法律责任、附则七章四十条。《云南省生物多样性保护条例》建立了科学合理的管理体制、生物多样性保护规划或者计划编制制度、生物物种名录及生物物种红色名录和生态系统名录编制制度，规定了制定相关规划应当与生物多样性保护规划或者计划衔接、将生物多样性保护内容纳入环境影响评价。这是中国出台的第一部生物多样性保护的专项地方性法规，对云南保护生物多样性，保障生态安全，推进生态文明建设，促进经济社会可持续发展，实现人与自然和谐共生将发挥重要作用。

（2）推进生物多样性优先区保护①

编制与实施优先区域保护规划　联合相关部门开展生物多样性保护优先区域保护规划编制工作，积极推动将优先区域保护规划纳入本地区经济和社会发展规划，争取政策和资金支持并组织实施。严格按照有关法律法规和规划的要求开展优先区域保护和

---

① 云南省环境保护厅关于印发《云南省环境保护"十三五"规划纲要》的通知 [EB/OL].（2017-11-30）[2019-09-01]. http://sthjt.yn.gov.cn/ghsj/hjgh/201711/t20171130_174532.html.

管理，优先区域内新增规划和项目的环境影响评价要将生物多样性影响评价作为重要内容。根据优先区域生物多样性特点和社会经济发展状况，研究制定保护和管理措施，形成"一区一策"，努力做到区域内自然生态系统功能不下降，生物资源不减少。

优化生物多样性保护网络 完善云南省保护地体系建设。开展国家级自然保护区规范化、生物廊道、保护小区建设。开展优先区域内现有自然保护区的保护效果评估，分析保护空缺的基础上，优化自然保护区空间布局；通过新建保护区或提高保护级别等措施，加强对优先区域内典型生态系统、珍稀、濒危和特有野生动植物物种的天然集中分布区的保护；通过建设生物廊道，增强片段化保护区间的连通性，提高整体保护水平。加强保护小区建设，保护面积较小的重要野生动植物分布地。推动中国生物多样性博物馆建设。

提高优先区保护基础能力 配合国家生物多样性保护重大工程的实施，编制并实施《云南省生物多样性保护重大工程方案》，开展优先区域生物多样性和相关传统知识调查编目，构建生物多样性观测站网，对优先区域保护状况、变化趋势及存在问题进行评估。优先支持在优先区域内开展生物多样性保护试点示范及农村环境连片整治示范工作。建设云南省生物多样性大数据平台。加强优先区域生物多样性保护宣传，积极鼓励和正确引导社会公众参与优先区域监督管理。强化优先区监管。

（3）加强生物多样性法规与制度建设①

完善生物多样性保护法规 在《云南省生物多样性保护条例》实施的基础上，加强生态环境部门管理的国家级自然保护区的规范化建设和生物多样性保护示范，推进会泽黑颈鹤国家级自然保护区"一区一法"建设。

完善生物多样性保护管理机制 推动建设云南省生物多样性保护协调机制，加强基层保护和管理机构的能力建设。加强省、州（市）和地方管理机构之间的沟通和协调，协调建立打击破坏生物多样性违法行为的跨部门协作机制。综合运用法律、经济和必要的行政手段，推动各项政策措施的落实。鼓励进行有利于生物多样性保护的政策、制度创新。

加快建立生物多样性保护评价体系 进一步开展相关研究工作，建立适合云南省的生物多样性保护的评价体系。在县域生态环境质量考核工作基础上，将生物多样性的变化趋势、生态资产保持率、保护绩效等方面列入评价指标体系，科学客观评判全省生物多样性保护工作。建立基于生物多样性指数的生态环境质量评价指标体系。

（4）开展生物多样性保护恢复与减贫示范

选择一批珍稀濒危物种，开展物种种群恢复示范。在既是生物多样性保护优先区域又是集中连片特殊困难地区，围绕替代生计、生态旅游、特色产业、遗传资源获取与惠益分享等开展生物多样性保护与减贫示范建设。研究建立生物多样性保护与减贫相结合的激励机制，促进地方政府及基层群众参与生物多样性保护。促进自然保护区与社区和谐发展。在依法对区内相关生产生活行为进行限制的同时，保护区管理机构应充分协调

① 云南省环境保护厅关于印发《云南省环境保护"十三五"规划纲要》的通知[EB/OL].（2017-11-30）[2019-09-01]. http://sthjt.yn.gov.cn/ghsj/hjgh/201711/t20171130_174532.html.

和调动各种资源，为保护区周边社区提供倾斜性扶持和帮助，协同政府引导当地村民转产。通过促进地方脱贫，降低对当地野生生物资源的依赖程度，达到生物多样性保护与发展的双赢。

3. 严格自然保护区和国家公园管理

适应云南的自然保护区和国家公园建设，《云南省环境保护"十三五"规划纲要》《云南省国民经济和社会发展第十三个五年规划纲要》提出，严格自然保护区和国家公园管理。

（1）严控自然保护区调整

认真贯彻《国务院办公厅关于做好自然保护区管理有关工作的通知》的要求，进一步严格自然保护区调整和管理工作。严格审核省级自然保护区调整理由，坚决杜绝不合理的调整。在具有较高价值的自然保护区调整中，核心区只能扩大，不能缩小或调换。严守调整程序，强化调整材料初审、遥感监测和实地考察，并充分征求公众意见，及时公布调整结果。建立健全责任追究机制。

（2）完善自然保护区规划

制定实施《云南省自然保护区发展规划（2016—2025）》，优化自然保护区结构与布局。科学合理确定自然保护区的范围和界线，优化自然保护区各功能区划分，确保受保护对象得到妥善保护。对于历史原因造成的明显不合理的规划，在充分论证、严格审批的基础上逐步调整，进行规划修编。开展自然保护区资源环境本底调查及勘界确权。

（3）强化自然保护区监管

严格涉及自然保护区建设项目环评审核　涉及国家级自然保护区的建设项目，要严格执行环境影响评价制度《涉及国家级自然保护区建设项目生态影响专题报告编制指南（试行）》编制生态影响专题报告。及时组织开展涉及国家级自然保护区建设项目跟踪评价。对经批准同意在自然保护区内开展的建设项目，要加强对项目施工期和运营期的监督管理，确保各项生态保护措施落实到位。督促自然保护区管理机构开展动态监测，科学评价项目建设和运行对自然保护区产生重大不利影响，并及时向环境保护主管部门报告。

强化自然保护区监督管理　严格按照《关于进一步加强涉及自然保护区开发建设活动监督管理的通知》，配合有关部门对辖区内自然保护区开发建设活动全面检查，利用卫星遥感动态监测国家级、省级自然保护区人类活动情况，严打各类违法活动。配合有关部门定期组织开展自然保护区管理评估和监督检查，将管理评估和监督检查的结果向社会公开，并按照《党政领导干部生态环境损害责任追究办法（试行）》等有关规定，对造成自然保护区破坏的相关党政领导干部进行责任追究。

（4）开展国家公园体制试点和建设

积极开展国家公园体制试点和建设，到2020年，初步建成布局合理、功能完善、建设规范、管理高效且兼具云南特色的国家公园体系。

4. 完善生态补偿制度

（1）完善生态补偿制度和资源有偿使用制度

《云南省国民经济和社会发展第十三个五年规划纲要》提出，建立健全有利于自然保护区、森林公园、国家公园、湿地公园等保护地的生态保护补偿机制，加大对重点生态功能区的财政转移支付力度，探索建立横向和流域生态补偿机制，完善生态保护成效与资金分配挂钩的激励约束机制。建立和完善反映市场供求状况、资源稀缺程度和环境损害成本的资源性产品价格形成机制。完善土地、矿产资源有偿使用制度。推行市场化机制，推动用能权、碳排放权、排污权、水权等交易，推进环境污染第三方治理。

实施生态补偿脱贫。对居住在生态脆弱或生态保护区、但不具备搬迁条件的贫困人口，结合生态保护修复工程实施和生态保护补偿机制的建立，发展绿色经济，探索生态脱贫新路子。促进天然林保护、防护林建设、石漠化治理、湿地保护与恢复、自然保护区建设、地质灾害防治等工程向贫困地区倾斜，提高贫困人口参与度和受益水平。合理调整贫困地区基本农田保有指标，贫困地区25度以上基本农田纳入退耕还林还草范围，确保应退尽退。建立和完善贫困地区生态补偿机制，增加重点生态功能区转移支付，健全公益林补偿标准动态调整机制，完善草原生态保护补助奖励政策。结合建立国家公园体制，创新生态资金利用方式，使用生态补偿和生态保护工程资金将当地有劳动能力的部分贫困人口转为护林员等生态保护人员。[1]

（2）健全生态保护补偿机制的原则、目标任务和措施[2]

基本原则 权责统一，合理补偿；统筹协调，共同发展；循序渐进，先易后难；多方并举，合力推进。

目标任务 到2020年，全省森林、湿地、草原、水流、耕地等重点领域和禁止开发区域、重点生态功能区、生态环境敏感区/脆弱区及其他重要区域生态保护补偿全覆盖，生态保护补偿试点示范取得明显进展，跨区域、多元化补偿机制初步建立，基本建立起符合省情、与经济社会发展状况相适应的生态保护补偿制度体系，促进形成绿色生产生活方式。

措 施 通过建立生态保护补偿资金投入机制、完善生态功能区转移支付制度、创新重点流域横向生态保护补偿机制、探索市场化、社会化生态保护补偿新模式、创新生态保护补偿推进精准脱贫机制、健全配套制度体系、创新政策协同机制和推进生态保护补偿制度化和法制化，着力抓好体制机制创新；通过加强组织领导、加强督促问效、加强舆论宣传，狠抓落实，确保生态保护补偿机制建设取得实效。

（3）云南生态保护补偿的重点领域和任务[3]

森 林 进一步完善森林分类经营，逐步提高省财政对省级公益林的生态保护补偿标准，实现国家级、省级公益林补偿和管护同标准、全覆盖。建立统一管护体系，切实加强公益林资源保护管理，鼓励公益林区在保持生态系统完整性和不影响生态功能的前提下，发展林下经济和开展非木质资源的开发利用，积极开展碳汇造林项目试点，探索

① 云南省人民政府关于印发云南省国民经济和社会发展第十三个五年规划纲要的通知[EB/OL].（2016-05-05）[2019-02-09]. http://www.yn.gov.cn/yn_zwlanmu/qy/wj/yzf/201605/t20160505_25013.html.

② 云南省人民政府办公厅关于健全生态保护补偿机制的实施意见[EB/OL].（2017-01-20）[2019-02-09]. http://www.yn.gov.cn/yn_zwlanmu/qy/wj/yzbf/201701/t20170120_28252.html.

③ 云南省人民政府办公厅关于健全生态保护补偿机制的实施意见[EB/OL].（2017-01-20）[2019-02-09]. http://www.yn.gov.cn/yn_zwlanmu/qy/wj/yzbf/201701/t20170120_28252.html.

与天然林保护工程、森林生态效益补偿等制度相协调的生态保护补偿方式，鼓励供水、水力发电、生态旅游景点等单位作为森林生态效益的直接受益者，创新"水补林""电补林""票补林"等补偿方式。全面停止天然林商业性采伐。

草　　原　落实草原生态保护补助奖励政策，扩大天然草原退牧还草工程和岩溶地区草地治理工程实施范围，推动农牧交错带已垦草原治理、牧区草原畜牧业转型示范、南方现代草地畜牧业建设，改善人工饲草地、舍饲棚圈、青贮窖和储草棚等草原基础设施，充实草原管护公益岗位。

湿　　地　在稳步推进大山包、纳帕海国际重要湿地退耕还湿试点建设基础上，适时扩大试点范围，对退化湿地生态系统进行科学修复。探索湿地资源开发利用制度，建立鼓励公民、法人和其他组织参与或者开展湿地保护和恢复活动的机制，建立九大高原湖泊等重要湿地退耕还湿占用基本农田的动态调整机制。积极申报国家湿地公园，争取国家在我省国家级湿地自然保护区、国际重要湿地、国家重要湿地率先开展补偿试点。

水　　流　以六大水系、九大高原湖泊、具有重要生态功能的大型水库以及集中式饮用水水源地为重点，全面开展生态保护补偿，加大水土保持生态效益补偿资金筹集力度。加速推进以保持水土、护坡护岸、涵养水源为主的生态保护，加大生态清洁型小流域建设，实施河道生态治理，建立抚仙湖、洱海、泸沽湖和符合条件的大中型电站库区等良好水质湖泊生态环境保护长效机制，因地制宜实施地下水开发利用和保护修复措施。支持纳入国家和省级规划、具有重要饮用水源和重要生态功能的湖泊制定生态保护补偿办法。加大乡镇供水、污水和生活垃圾设施建设投入，支持在珍稀濒危水生野生动植物物种集中分布区建设自然保护区和水产种质资源保护区，在重点渔业水域建设水生野生动物增殖、保护、救护站。

耕　　地　建立以绿色生态为导向的农业支持保护补贴制度，对拥有耕地承包权的种地农民给予资金补助。开展生态严重退化的石漠化地区耕地轮作休耕试点。严格执行占用耕地补偿制度，积极开展耕地开垦费调整更新。加大退化、污染、损毁农田改良和修复力度，推行土壤环境保护试点示范和"以奖促保"试点。将全省25度以上坡耕地、重要水源地和石漠化地区15—25度非基本农田坡耕地、严重污染耕地纳入国家退耕还林还草和我省陡坡地综合治理范围。

（4）完善生态保护补偿机制[①]

对全省森林、湿地、草原、水流、耕地等实行生态保护补偿全覆盖，继续实施国家和省级公益林森林生态效益补偿。鼓励采取赎买、租赁、置换、协议、混合所有制等方式加强重点生态区位森林保护，落实草原生态保护补助奖励政策和各类禁止开发区域生态保护补偿政策，建立全省重点流域生态补偿金，全面开展六大水系、九大高原湖泊和具有重要生态功能的饮用水水源地生态保护补偿。争取国家在我省国家级湿地自然保护区、国际重要湿地、国家重要湿地率先开展补偿试点。严格执行占用耕地补偿制度，积极推动省际省内横向生态保护补偿及市场化、多元化生态补偿，鼓励供水、水力发电、

---

① 云南省乡村振兴战略规划（2018—2022年）[EB/OL].（2019-02-11）[2019-02-18]. http://yn.yunnan.cn/system/2019/02/11/030197639.shtml.

生态旅游景点等单位作为森林生态效益的直接受益者，创新"水补林、电补林、票补林"等补偿方式。开展贫困地区生态综合补偿试点，优先支持贫困地区开展碳汇交易。建立完善以生态价值补偿为主体、生态质量考核奖惩为辅助的生态功能区转移支付制度体系。重点生态功能区转移支付向贫困地区倾斜。

5. 深化生态文明建设示范区和环保模范城市创建[①]

（1）完善创建机制

强化分类指导，根据地方自然禀赋、发展基础和主体功能定位，构建特色鲜明、各有侧重的差异化指标要求。完善全省生态文明创建激励机制，探索对生态文明创建实施政策资金倾斜和生态补偿资金分配挂钩等具体正向激励方案。完善生态文明示范区建设协同推进机制，统筹生态文明建设示范区环境保护模范城市创建等"方向一致、要求不同"的地方生态文明建设行动，在确保规定动作"不走样"的同时，在任务层面应坚持立足地方实际和已有成果，统筹安排项目资金，不搞重复建设、低水平建设，提高投资绩效。

（2）提升创建成效

高位推动国家生态文明建设示范区创建工作，在西双版纳州和石林县、保山市、华宁县成功成为国家生态文明建设示范市县的基础上，争取更多市县入选。持续推动省级生态文明州市、县区的创建工作，力争2020年前50%的乡镇创建为省级生态文明乡镇，累计创建40个省级生态文明县（市、区），2—3个州（市）创建为省级生态文明州市。指导昆明市、玉溪市、丽江市、景洪市等开展国家环保模范城市创建工作，力争在2020年前实现全省国家级环保模范城市"零突破"。依据国家生态文明建设示范区指标体系，推动国家生态文明示范村镇和国家生态文明建设示范县（市）规划的编制以及生态文明建设示范区的创建工作。加强创建工作的培训和指导，强化成功创建地区的宣传和示范推广。进一步加强生态文明建设示范区建设，强化创建工作与农村环境综合整治、新型城镇化建设、美丽乡村建设等工作的结合，整合资源，统筹推进，提高创建质量与成效。

九、强化检测监管

1. 完善生态环境监测网络

通过完善水环境质量监测网络、完善环境空气质量监测网络、加快土壤环境质量监测网络建设、强化声环境质量监测网络建设，完善环境质量监测网络。

通过加强重要生态功能区生态监测、巩固强化高原湖泊水生生态监测、强化生态环境监测网络一体化建设，构建天地一体的生态环境监测网络。

通过强化污染源监督性监测、全面实施排污企业自行监测和信息公开，完善重点污染源监测。

通过建立覆盖全省的辐射环境质量监测网络和全面开展辐射环境质量的常规监测，

[①] 云南省环境保护厅关于印发《云南省环境保护"十三五"规划纲要》的通知[EB/OL].（2017-11-30）[2019-09-01]. http://sthjt.yn.gov.cn/ghsj/hjgh/201711/t20171130_174532.html.

完善辐射环境监测网络

2. 加强环境监察监测机构及队伍建设

通过推进环境监测机构标准化建设、推进环境监察机构标准化建设、强化人才队伍建设，强化环境监察监测队伍建设。

通过理顺生态环境监测管理机制、强化第三方监测机构监督管理，理顺环境监测监管机制。

3. 提高生态环保信息化水平

通过建立环保云计算服务中心、建立"同城—异地"灾备中心、升级全省网络和基础能力建设，加强环境信息化能力建设。

通过开展"互联网+绿色环保"建设、完善环境应急与监察执法平台、完善污染源信息化管理建设，开展"智慧环保"体系建设。

通过建设生态环境大数据中心、建设大数据管理平台、开展大数据研究与分析，开展生态环境大数据建设。

通过全面加强全省环境信息安全体系建设，健全全省环保业务信息化安全管理体系，建立和完善云南省"智慧环保"决策机制、技术指导机制、效益评估机制和维护管理机制，加强环境信息安全及运维体系建设。

十、完善治理体系①

1. 推进环境法治建设

通过强化地方立法、完善地方标准体系建设，完善环保法规。

通过健全行政执法与刑事司法"两法"衔接机制，推进环境司法。

围绕"十三五"环境保护工作重点，抓住《中央宣传部、司法部关于在公民中开展法治宣传教育的第七个五年规划（2016—2020年）》开展实施的契机，营造良好的环境法治环境，加大环保普法力度。

2. 推进环境治理基础制度改革

通过严格的空间环境准入制度、建立严格的产业环境准入制度、实施严格的总量控制环境准入制度、建立环境准入科学决策及考核机制，建立严格的环境准入机制。

通过战略和规划环评落地、深化建设项目环评改革，推进环评制度改革。

通过排污许可的制度体系、健全排污许可的技术体系，落实排污许可证制度改革。

以编制城市环境总体规划搭建衔接"多规合一"的平台，加快推动县市城乡环境总体规划组织编制工作，从源头奠定城乡环境保护格局，完善环境规划体系，进环境规划机制创新。

3. 健全环境市场引导机制

按照《关于调整排污费征收标准等有关问题的通知》要求，制定和实施高于国家标准的收费水平，或扩大提标覆盖的污染物类型，实行差别收费政策，在全省大范围内推

---

① 云南省环境保护厅关于印发《云南省环境保护"十三五"规划纲要》的通知 [EB/OL].（2017-11-30）[2019-09-01]. http://sthjt.yn.gov.cn/ghsj/hjgh/201711/t20171130_174532.html.

广垃圾处理费捆绑水费征收的方式，动环境保护费改税落实，实施排污收费制度改革。

设定适应云南省情的排污权初始分配方案，搭建污染物监测、报告与核查体系框架，协调研究激活排污权交易市场的具体政策措施，推进排污权交易制度。

全面放开环境保护市场，推行环境供给市场化，培育环境治理和生态保护市场主体。

通过环境污染责任保险、强化企业绿色信贷、完善绿色投融资，建立绿色金融体系。

4. 构建社会共治格局

通过省下环保机构监测监察执法垂直管理制度、加强环保督察、落实党委政府生态环保责任，确保政府依法履行环保职能。

落实企事业单位环境信息公开制度、建立企业环境信用评价制度、推进生态环境损害赔偿制度改革，确保企业切实承担环保责任。

通过保障社会环境权益、引导公众履行环境保护义务、建立公众参与良性互动平台、完善环境公益诉讼，确保公众有效参与环境治理。

第十三章　云南国土空间开发格局

云南是中国通往东南亚、南亚的窗口和门户，地处中国与东南亚、南亚三大区域的接合部。截至2019年年底，云南省下辖8个地级市、8个自治州，17个市辖区、17个县级市、66个县、29个自治县。近年来，云南以国土资源环境承载力为基础，对国土空间引导管控、资源节约利用、生态环境保护、国土综合整治进行统筹安排和总体部署，打造绿色的国土空间开发格局。

第一节　云南优化国土空间开发格局的战略和目标

2014年1月，云南省人民政府印发了《云南省主体功能区规划》，这是推进形成云南省主体功能区的基本依据、科学开发云南省国土空间的行动纲领和远景蓝图，是国土空间开发的战略性、基础性和约束性规划。①

一、云南优化国土空间开发格局的指导思想

牢固树立生态文明理念，把生态文明建设放在突出位置，合理控制开发强度、调整空间结构，促进生产空间集约高效、生活空间宜居适度、生态空间山清水秀，构建天蓝、地绿、水净、富民、开放、和谐的美好家园，为建设绿色强省、民族文化强省、中国面向西南开放重要桥头堡，前瞻性、全局性地谋划好全省未来发展的空间战略格局。

二、云南优化国土空间开发格局的原则

尊重自然　工业化和城市化开发必须以保护好自然生态为前提，以水土资源承载力和环境容量为基础；农业开发要充分考虑水土资源条件和对生态系统的影响；能源矿产资源开发要避免对农业、生态环境带来不利影响；城市及交通等基础设施建设要避免对重要自然景观的分割。

优化结构　按照生产发展、生活富裕、生态良好的要求调整空间结构，保证生活空间，扩大绿色空间。

有限开发　根据各地区资源环境承载能力，在区划上考虑将相当比例的土地作为保障农产品供给安全和生态安全的空间。

集约开发　把城市群作为云南城镇化的主体形态，防止城镇布局杂乱无序。城市发展要充分利用现有建成区空间，农村居民点建设要适度集中，交通建设要尽可能利用现

---

① 云南省人民政府关于印发云南省主体功能区规划的通知 [EB/OL]. (2014-05-14) [2019-02-07]. http://www.yn.gov.cn/yn_zwlanmu/yn_gggs/201405/t20140514_13978.html.

有基础设施扩能改造。

协调开发 按照人口、经济、资源环境相协调的要求进行开发，实现城市和农村、沿边和内地、山区和坝区协调发展。

特色导向 坚持统筹兼顾建特色，充分发挥区域比较优势，因地制宜科学谋划区域产业布局，宜农则农、宜工则工、宜商则商、宜林则林、宜旅则旅。

三、云南优化国土空间开发格局的目标

云南优化国土空间开发格局的目的是推动各地区严格按照主体功能定位发展，构建科学合理的城市化格局、农业发展格局、生态安全格局，构筑协调、和谐、可持续的国土空间格局，实现经济社会又好又快发展。到2020年，推动形成主体功能区的主要目标是：

主体功能区布局基本形成 由重点开发区域为主体的经济布局和城市化格局基本形成，由限制开发区域为主体框架的生态屏障和农业格局基本形成，禁止开发区域和基本农田切实得到保护。

空间结构得到优化 产业布局适度聚集，人口居住相对集中。全省开发强度控制在2.85%以内，城市空间控制在3100平方千米以内，耕地保有量不低于59800平方千米，林地面积不低于227814平方千米。

空间利用效率得到提高 城市空间每平方千米生产总值提高到1950万元，粮食播种面积不低于433.33万公顷，粮食产量达到2000万吨，单位绿色生态空间生态功能增强。

城乡区域差距不断缩小 全省州（市）之间人均生产总值差距缩小到4倍左右，城镇居民人均可支配收入差距缩小到1.5倍左右，农村居民人均纯收入差距缩小到2倍左右，人均财政支出差距缩小到1.5倍左右。

面向东南亚、南亚的国际大通道基本形成 云南连接东南亚、南亚的中越、中老、中印的铁路、公路、航空和水运通道格局基本形成。

可持续发展能力得到增强 资源高效利用效率明显提高，生态系统稳定性明显增强，石漠化、水土流失、湿地退化、草原退化等面积减少，水、空气、土壤等生态环境质量明显改善，生物多样性得到切实保护，自然文化资源等保护功能大大提升，森林覆盖率提高到60%左右。

四、云南优化国土空间开发格局的战略布局

《云南省国民经济和社会发展第十三个五年规划纲要》提出，遵循自然规律、经济规律和社会规律，按照"做强滇中、搞活沿边、联动廊带、多点支撑、双向开放"的发展思路，以昆明中心城区和滇中新区为核心，以滇中城市经济圈、沿边开放经济带以及参与国家"孟中印缅"和"中国—中南半岛"经济走廊建设为重点，以澜沧江开发开放和金沙江对内开放合作经济带为重要组成部分，以滇中城市群、滇西城镇群、滇东南城镇群、滇东北城镇群、滇西南城镇群和滇西北城镇群为主体形态，加快构建"一核一圈两廊三带六群"全省经济社会发展空间格局。

五、构建云南空间治理体系

《云南省国民经济和社会发展第十三个五年规划纲要》提出，以市县级行政区为单

元，建立国土空间规划、用途管制、差异化绩效考核等构成的空间治理体系。以主体功能区规划为基础统筹各类空间性规划，创新规划编制方法，在资源环境承载能力评价的基础上，统一土地分类标准，推动城乡、土地利用、生态环境保护等规划"多规合一"和空间"一张图"管理，建立定位清晰、层次分明、功能互补、衔接协调的空间规划体系，规范开发秩序，逐步形成人口、经济、资源环境相协调的国土空间开发格局。实施国土资源调查评价和检测工程。提升测绘地理信息服务保障能力，开展地理省情常态化监测，健全覆盖全省国土空间的监测系统。

第二节　优化云南国土空间格局

一、优化云南国土生产空间

1. 构建现代产业空间格局

《云南省产业发展规划（2016—2025年）》[①]提出，突出"做强滇中、搞活沿边"，围绕区域差异化、园区集群化、产城一体化，发挥市场配置资源的决定性作用，促进优质资源向优势企业集中，优势企业向优势区域聚集，加快构建以滇中为核心、沿边为前沿、多点为支撑的"一圈一带多点"产业空间格局。

（1）突出滇中城市群产业发展核心作用

围绕把滇中城市群建设成为带动全省跨越式发展的核心区，产业创新的引领区，转型升级的示范区，面向南亚东南亚的区域性国际经济贸易中心、科技创新中心、金融服务中心和人文交流中心的目标，加快推进滇中城市群产业发展一体化，以昆明为全省产业创新核，推动滇中城市群围绕产业上下游协调联动发展，以加快发展战略性新兴产业、现代服务业、高原特色农业、冶金精深加工、石油化工和优化提升重化工业、烟草产业为重点，提升产业综合竞争力和辐射带动能力，打造特色优势产业集群。依托长水国际空港，发展临空经济。大力发展总部经济，积极吸引国内外知名企业到滇中地区设立总部机构或分支机构。发挥昆明区域性辐射带动作用，加快推进滇中城市群产业联动互补发展，打造产业整体优势。

（2）强化沿边开放经济带开放窗口作用

围绕把沿边开放经济带建设成为面向南亚东南亚辐射中心的前沿和窗口、外向型进出口加工基地、开放型经济建设新的增长极，创新开放型经济体制机制，用好沿边开发开放政策，以外向型和特色产业布局为导向，重点发展农产品深加工、旅游文化、商贸物流、沿边金融、清洁载能等产业，主动承接产业转移，大力发展机电装备、家电、轻纺、食品和消费品、林产品加工、进出口贸易等产业，积极参与国际产能合作，促进对外贸易优化升级。面向南亚东南亚市场，发挥区域比较优势，提升重点开发开放试验区、边（跨）境经济合作区、境外经贸合作区等开放平台功能，建设一批外向型产业园

① 云南省人民政府关于印发云南省产业发展规划（2016—2025年）的通知[EB/OL].（2017-01-06）[2019-02-18]. http://www.yn.gov.cn/yn_zwlanmu/qy/wj/yzf/201701/t20170106_28094.html.

区，积极承接国际国内加工贸易订单和加工贸易企业转移。

（3）构建多点支撑产业协同发展新格局

主动服务和融入国家"孟中印缅""中国—中南半岛"经济走廊建设，发挥滇中核心辐射作用和沿边开放带动作用，推进产业发展由区域垂直分工转向产业链扁平化分工，实现经济走廊、各经济带、城镇群产业联动互补发展，形成多点支撑产业协同发展新格局。根据资源环境承载力，引导产业合理布局和有序转移，打造信息、生物、装备、清洁能源、新型载能、冶金、化工、绿色农产品加工、旅游文化、商贸物流等特色优势产业集群。

2. 重点开发区域的布局

《云南省主体功能区规划》提出，云南重点开发区域的功能定位是支撑全省乃至全国经济增长的重要增长极，工业化和城镇化的密集区域，落实国家西部大开发战略、我国面向西南开放重要桥头堡战略，促进区域协调，实现绿色发展的重要支撑点。

（1）国家层面重点开发区域

云南省的国家层面重点开发区域位于滇中地区，分布在昆明、玉溪、曲靖和楚雄4个州（市）的27个县市区和12个乡镇，行政区面积为4.91万平方千米，占全省总面积的12.5%。

这一区域主要是构建以昆明为核心，加快滇中产业聚集区建设，促进形成昆（明）曲（靖）绿色经济示范带和昆（明）玉（溪）旅游文化产业经济带，重点建设昆明、曲靖、玉溪、楚雄4个中心城市，打造1小时经济圈；强化昆明的综合服务功能，发挥曲靖、玉溪、楚雄的比较优势实现优势互补、错位发展；完善国际运输大通道，强化陆路枢纽功能；建设高原特色农产品生产基地，发展农产品加工业；加强以滇池、抚仙湖为重点的高原湖泊治理和牛栏江上游水源保护。

（2）省级层面集中连片重点开发区域

云南的省级层面集中连片重点开发区域分布在滇西、滇西北、滇西南、滇东南和滇东北地区，共涉及16个县市区，按行政区统计面积为3.66万平方千米，占全省总面积的9.3%。

滇西地区　指以大理、隆阳、芒市、瑞丽为重点，以祥云、弥渡、腾冲等县城和猴桥、章凤、盈江等口岸为支撑的组团式条带状城镇密集区。构建以大理—瑞丽铁路和高速公路为纽带，以大理、隆阳、芒市、瑞丽为区域中心城市带的2小时经济圈；大力发展生物资源生产加工、清洁载能、珠宝玉石和出口加工等产业，巩固提升旅游产业，壮大商贸物流产业，加快发展"三头在外"的外向型产业，积极培育文化产业；推进瑞丽重点开发开放试验区建设，大力发展进出口加工、商贸流通、旅游文化、特色农业等优势产业，加快一般贸易、转口贸易、加工贸易转型升级和健康发展，推动瑞丽、畹町两个边境经济合作区加快建设；加强澜沧江、怒江、龙川江干流和洱海流域水污染治理，推进清洁生产、发展循环经济，加强生物多样性保护，合理开发矿产资源调整土地利用方式，保护农田生态环境，保护水源涵养地。

滇西北地区　指以丽江古城区为核心，香格里拉市建塘镇、泸水市六库镇等为支撑的据点式城镇发展区。构建以州际高等级公路为轴线，以丽江古城区为中心，以六库、片马、建塘等城镇为支点的3小时经济圈；发展特色农业、生物、旅游文化、清洁能源、矿产、轻工和出口加工等产业；有序推进澜沧江上游、金沙江中游和怒江流域干流水电开发，积极开发太阳能和生物质能；保护农业生态环境，防止水土流失，保护生物多样性。

滇西南地区　指以景洪、思茅、临翔3个中心城市为核心，宁洱、云县、澜沧、景谷等县城为节点，磨憨、孟定、南伞、打洛等口岸为支撑的组团式城镇发展区。构建以景洪、思茅、临翔为中心，以昆曼公路、泛亚铁路中线为轴线，以临沧—普洱、景洪—打洛等高速公路为支撑，辐射周边县城和城镇的3小时经济圈；加快发展热区农业、旅游文化、生物、能源、轻工、出口商品加工、商贸物流等产业；开发澜沧江干流水电；加快昆曼经济走廊建设和口岸建设，推进形成中老磨憨—磨丁跨境经济合作区，建设孟定清水河、孟连勐阿等边境经济合作区；打造物流产业；保护水环境，加大怒江、澜沧江流域的保护和治理实行退耕还林、封山育林工程和公益林、防护林建设，保护生物多样性和水源涵养地，防止有害物种入侵。

滇东南地区　指以个（旧）开（远）蒙（自）建（水）、文（山）砚（山）丘（北）平（远）为中心，以河口、天保、田蓬、金水河等口岸为前沿的双核心组团式城镇密集区。构建以蒙自、文山为中心，以个旧、开远、砚山、蒙自、丘北、河口等县城为支撑，以泛亚铁路东线和蒙文砚高速公路为纽带，辐射周边城镇的2小时经济圈，个（旧）开（远）蒙（自）建（水）形成1小时经济圈；重点发展观光农业、矿产、烟草、生物、旅游、商贸物流、出口加工等产业；构建昆河经济走廊，加快富宁港建设；对哀牢山西坡实行封山育林，减少土地退化，保护农田生态环境，加大石漠化治理力度，发展循环经济、推进清洁生产，改善大气污染状况，推进流域水环境综合治理，开展以异龙湖为重点的高原湖泊治理。

滇东北地区　指以昭阳区和鲁甸县一体化为核心，包括沿昆水公路重点城镇的带状组团式城镇密集区。构建以昭阳和鲁甸一体化为核心，以水富港为门户节点，以渝昆铁路、水富—昆明高速公路为纽带，辐射周边城镇的2小时经济圈；发展生态农业、能源、化工、矿产、商贸物流、旅游等产业；加快水富港的改扩建，形成集物流、能源、化工为一体的综合产业基地；加大水土流失和金沙江干热河谷植被恢复和生态修复，发展以经济林木（果）为主的生态林业及以商品粮为主的生态农业。

（3）其他重点开发的城镇

其他重点开发的城镇是指点状分布于农产品主产区和重点生态功能区中城镇的中心区域，主要进行"据点式开发"，包括重点县城41个、重点小镇24个、重点口岸镇15个。

重点县城镇要积极承接中心城市的产业辐射和转移、完善基础设施、优化居住环境、提升服务水平，大力发展碳汇经济和生态农业；重点小镇要以园区为重点，挖掘特色资源，促进特色产业聚集发展；重点口岸要努力打造区域性物流基地、进出口加工基地和商品交易基地。

3. 农产品主产区

《云南省主体功能区规划》提出，云南农产品主产区分国家和省级两个层面，国家层面农产品主产区包括49个县市、省级农产品主产区包括分布在重点开发区域和重点生态功能区的基本农田，以及农垦区、林木良种基地等零星农业用地，按行政区统计面积为15.9万平方千米，占全省总面积的40.3%。

《云南省乡村振兴战略规划（2018—2022年）》提出，乡村生产空间是以提供农产品为主体功能的国土空间，兼具生态功能，重点围绕高原特色农业现代化建设、打造世界一流"绿色食品牌"目标，优化绿色集约高效生产空间，落实农业功能区制度，科学合理划定粮食生产功能区、重要农产品生产保护区和特色农产品优势区，以及养殖业适养、限养、禁养区域，稳定粮食生产，重点建设以滇中、滇东北、滇东南、滇西、滇西北、滇西南"六区"，金沙江、红河、澜沧江、怒江、珠江流域高原特色农业产业示范"五带"，茶叶、水果、蔬菜、花卉、坚果、咖啡、中药材、肉牛、烟叶、糖料蔗、橡胶、油菜、猪禽鱼"十三类产品"为主体的农产品主产区，统筹推进农业产业园、科技园、创业园等各类园区建设。

《云南省高原特色农业现代化建设总体规划（2016—2020年）》提出，"十三五"期间，云南围绕高原特色农业现代化建设的目标任务，构建"一个核心发展区域，五大重点产业板块，一批优势农产品产业带，一批现代农业示范园区，一批特色产业专业村镇"的"15111"产业空间布局，加快形成布局合理、产业集中、优势突出的重点特色产业发展新格局。[①]

一个核心发展区域 即滇中地区各州（市）政府所在地现代农业建设区。要充分发挥滇中城市经济圈的核心和龙头作用，按照农业现代化的基本要求，充分挖掘资金、技术、人才、信息和市场优势，聚合生产要素，全产业链打造蔬果、花卉等重点产业。发挥昆明北部黑龙潭片区农业科研机构集中的优势，整合建设高原特色农业生物谷，为打造昆明"高原特色农业总部经济"提供科技创新支撑，并带动全省优势农业产业提质增效。到2020年，在全省率先实现农业现代化。

五大重点产业板块 根据高原特色现代农业发展现状和发展潜力，结合工业化、城镇化和生态环境保护需要，以产业化整体开发、优化配置各种资源要素为基本要求，以调结构转方式为抓手，建设产业重点县，推进农产品向优势产区集聚，打造区域特征鲜明的高原特色现代农业产业。滇东北重点发展中药材、水果、生猪、牛羊、蔬菜、花卉等产业。滇东南重点发展中药材、蔬菜、水果、生猪、牛羊、茶叶等产业。滇西重点发展核桃、牛羊、生猪、蔬菜、中药材、水果、食用菌等产业。滇西北重点发展牛羊、生猪、中药材、蔬菜、核桃、水果、食用菌等产业。滇西南重点发展茶叶、咖啡、热带水果、核桃、中药材、食用菌等产业。

一批优势农产品产业带 充分发挥对内对外开放经济走廊、沿边开放经济带、澜沧江开放经济带和金沙江对内开放合作经济带的辐射带动作用，充分挖掘资源、区位和特色优势，紧紧围绕精准产业扶贫的要求，补齐短板、跨越发展、促农增收，重点建设沿

---

① 云南省人民政府办公厅关于印发云南省高原特色农业现代化建设总体规划（2016—2020年）的通知[EB/OL].（2017-04-20）[2019-02-03]. http://www.yn.gov.cn/yn_zwlanmu/qy/wj/yzbf/201704/t20170420_29156.html.

边高原特色现代农业对外开放示范带、昭龙绿色产业示范带和澜沧江、金沙江、怒江、红河流域绿色产业示范带等一批优势农产品产业带，通过推进标准化生产基地建设，打造产业化经营龙头企业，打响品牌，培育一批参与国际国内市场竞争的拳头产品。

一批现代农业示范园区　以云南红河百万亩高原特色农业示范区、洱海流域100万亩高效生态农业示范区、石林台湾农民创业园、砚山现代农业科技示范园等为重点，加快建设一批配套设施完善、产业集聚发展、一二三产融合的现代农业示范园区，促进要素整合、产业集聚、企业孵化。

一批特色产业专业村镇　以蔬菜、花卉、中药材、畜牧养殖等为主业，建立一批特色明显、类型多样、竞争力强，生产区域化、专业化和集群化发展的特色优势产业专业村镇。

4. 能源与资源

《云南省主体功能区规划》明确了云南省能源、主要矿产资源、生物资源、旅游资源和水资源开发利用的原则和框架。

（1）能源开发与布局

重点在水能资源丰富的三江干流地区建设水电能源基地，在煤炭资源富集的滇东、滇东北、滇西南地区建设煤炭和火电基地，在中缅油气管道的省内落点昆明建设新兴石油炼化基地，依托太阳能和生物质能分布建设新能源示范基地，重点在滇中、滇东北、滇西北和滇南4个区域电网均建成1—2个输电通道。

（2）主要矿产资源开发与布局

打造4个国家级和省级大型矿产资源开发基地：滇西"三江"有色金属基地，滇东南锡、锌、钨、铟、铝基地，滇中磷、铁、铜、金、锗基地，滇东北煤、铅、锌、银基地。

重点打造形成7个对全省矿业经济起主要支撑作用的经济区：昆明—玉溪铁磷矿业经济区、曲靖—昭通煤炭矿业经济区、个旧—文山多金属矿业经济区、香格里拉—德钦—维西—兰坪有色金属矿业经济区、鹤庆—弥渡—祥云多金属矿业经济区、保山—镇康有色金属硅铁矿业经济区、澜沧—景洪铁铅锌矿业经济区。

（3）生物资源开发与布局

滇中片区　包括昆明、玉溪、楚雄、曲靖4个州（市）。以产业化方式加快发展生物医药，加快现代生物农业和生物制造业发展，建成全国最大的烟草、鲜切花生产基地和木本油料加工基地，全国重要的蔬菜出口基地和高原特色绿色食品加工基地，我国重要的专业性种质资源、基因资源保护保存、开发利用基地和生物技术研发及服务中心。

滇西片区　包括大理、保山、德宏3个州（市）。开展野生资源的开发和产业化利用，重点发展生物农业及农产品加工业，建设生物质能原料基地和加工基地。

滇西北片区　包括丽江、迪庆、怒江3个州（市）。探索合理的野生动植物驯化和产业化发展道路，加大对特有、濒危生物资源的人工培育或繁殖，发展高原特色生物农业。

滇西南片区　包括普洱、西双版纳、临沧3个州（市）。以产业化方式发展生物农业及农产品加工业，建设生物质能原料基地和加工基地，建设林产化工基地。

滇东北片区　主要是昭通市。产业化方式发展中药材种植和加工、生物农业及农产品加工业，建设生物质能基地，竹产业和非木材加工产业基地。

滇东南片区　包括红河、文山2个州。推进生物医药产业快速发展，以产业化方式推进生物农业发展，建设林产业基地、生物质能原料基地和加工基地。

（4）旅游资源开发与布局

滇中大昆明国际旅游区　以昆明市为中心，包括曲靖市、玉溪市和楚雄州，巩固发展观光旅游，大力开发休闲度假、科考探险、户外运动、会展商务等旅游活动，建设成为中国西南著名的观光度假国际旅游胜地、康体运动和会展商务旅游基地，以及云南连接海内外客源市场、面向东南亚和南亚的国内外旅游集散中心。

滇西北香格里拉生态旅游区　包括大理州、丽江市、迪庆州、怒江州，建成中国一流、世界知名的民族文化生态旅游区，大理、丽江、迪庆建成国际知名的旅游区和连接西藏、四川的旅游集散中心。

滇西南澜沧江—湄公河次区域国际旅游区　包括西双版纳州、普洱市、临沧市，深度开发生态旅游、森林旅游、跨境旅游、民族风情旅游精品，加强开发水电工业旅游产品，加快打造和推出澜沧江—湄公河黄金旅游线路，滇西南建成云南面向东南亚、大湄公河次区域的重要国际旅游区，景洪建成云南面向东南亚、大湄公河次区域的重要国际旅游集散中心，普洱市建成国际性旅游度假养生基地。

滇西火山热海边境旅游区　包括保山市和德宏州，重点开发建设健康旅游产品和跨境旅游产品，滇西建成重要的康体度假和边境旅游区、云南面向东南亚和南亚的重要旅游门户，腾冲火山热海及德宏边境旅游培育成国内外知名的旅游精品。

滇东南喀斯特山水文化旅游区　包括红河州、文山州以及昆明市、曲靖市的部分邻近地区，深度开发融合少数民族风情的喀斯特地貌旅游精品和面向越南的边境旅游产品，滇东南建成云南面向越南和连接广西、贵州的泛珠三角旅游区重要门户。

滇东北红土高原旅游区　昭通市以及昆明市、曲靖市的部分临近地区，重点开发红色旅游、生态旅游、休闲度假、康体运动、科考探险和自驾车旅游产品，着力打造西部千里大峡谷。

（5）水资源开发与布局

滇中水资源紧缺地区　涉及昆明、曲靖、玉溪、楚雄、红河、大理等州（市），地处金沙江、珠江、澜沧江、红河四大流域的分水岭。建设禄丰西河等骨干中型水库，加快实施牛栏江—滇池补水工程，推进滇中引水工程工作，加快推进滇池、抚仙湖、洱海等高原湖泊保护与治理，加强水源涵养林建设和南、北盘江等流域水污染防治。

滇西北高山峡谷区　涉及怒江、迪庆、丽江等州（市），处于金沙江、澜沧江、怒江流域上段的纵向峡谷区，重点实施解决城乡人畜饮水安全的"民生水利"工程，建设兰坪黄木等骨干中小型水库。

滇东北高寒山区　涉及昭通市，以建设鲁甸县月亮湾、巧家县小海子等一批骨干中小型水库及山区"五小"水利工程为主，加快金沙江干流水能资源开发与综合利用。

滇西南、滇南水资源丰富区　涉及保山、临沧、德宏、普洱、西双版纳等州（市），地处红河、澜沧江、怒江及伊洛瓦底等国际河流中下游地区，以建设镇康中山河灯骨干大中型水库工程、小型水库工程、应急抗旱水源工程和山区"五小"水利工程为主,加快红河、澜沧江、怒江等跨界河流的整治、中小河流治理、山洪灾害防治。

滇东南岩溶、石漠化区　涉及文山、红河、曲靖等州(市),重点建设曲靖阿岗、文山德厚等一批大中型骨干水库工程,加快小型水库、"五小"水利、节水灌溉工程建设,加快跨界河流整治,加快珠江、红河流域的石漠化及水土保持治理等。

统筹全省空中云水资源科学开发利用　进一步完善抗旱防雹、森林防火、水资源开发、生态修复等人工影响天气业务布局,建立飞机作业平台和若干地面作业基地,科学实施常态化、规模化人工影响天气作业,提高空中云水资源在全省范围内统筹开发利用水平。

5. 构建内畅外通的综合交通运输体系[①]

(1)铁　路

加快沪昆客专、云桂铁路、成贵铁路、广大铁路扩能改造、成昆扩能永广段、大瑞铁路、丽香铁路、昆明枢纽改造、昆玉扩能、昆明枢纽东南环线、玉磨铁路、大临铁路、弥蒙铁路、叙毕铁路等14个在建项目建设;新开工渝昆高铁、南昆铁路扩能、师宗—文山—蒙自、大理—攀枝花、临沧—清水河、临沧—普洱、曲靖—师宗—弥勒、芒市—腾冲猴桥、保山—泸水等铁路项目建设;积极联合西藏共同加快推进滇藏铁路香格里拉—邦达段铁路开工建设。到2020年,铁路营运里程力争达到5000千米。

(2)公　路

加快嵩明—昆明、澄江—江川—通海、宣威—曲靖、蒙自—文山—砚山、昆明绕城高速公路东南段、丽江—香格里拉、保山—泸水、玉溪—临沧、华坪—丽江、武定—易门、江底—召夸、小勐养—磨憨等高速公路建设;新开工建设弥勒—峨山—易门—楚雄等滇中高速公路项目,以及昭通—金阳、昆明—楚雄—大理扩能改造、临沧—清水河、元江—蔓耗、蔓耗—金平、元阳—绿春、蒙自—屏边、文山—天保、文山—马关、珠街—广南等高速公路项目;积极开展都匀—西昌—香格里拉云南段、大理—临沧、景洪—打洛、腾冲—猴桥等高速公路项目前期工作。到2020年,高速公路网覆盖所有州(市)、50万以上人口大县和滇中城市经济圈所有县市区,滇中环线高速公路基本贯通,实施沿边高等级公路贯通工程,高速公路通车里程达到60千米以上,县县通高等级公路,全面实现县乡公路油路化和行政村公路硬化。

(3)民　航

续建沧源、澜沧民用运输机场,新建红河蒙自、怒江、元阳、丘北、宣威等民用运输机场,迁建昭通民用运输机场,加快大理、普洱民用运输机场迁建前期工作适时建设;积极做好机场建设项目储备,推进勐腊、德钦、广南、楚雄、玉溪、景东、永善、会泽等新建民用运输机场项目前期工作或规划研究;实施昆明长水机场二期建设工程,改扩建丽江、西双版纳、芒市、腾冲、保山、普者黑等民用运输机场,加快芒市、腾冲

---

①　云南省人民政府关于印发云南省国民经济和社会发展第十三个五年规划纲要的通知 [EB/OL].
(2016-05-05) [2019-02-09]. http://www.yn.gov.cn/yn_zwlanmu/qy/wj/yzf/201605/t20160505_25013.
html.

等口岸机场建设。到2020年，全省运营和在建民用运输机场达20个，按照"成熟一个、建设一个"的原则建成陇川、兰坪、弥勒等通用机场50个，全省开通始发航线达460条以上，昆明长水、丽江、西双版纳民用运输机场旅客吞吐量分别达到7000万人次、1000万人次和900万人次左右。

（4）水　运

继续建设糯扎渡库区航运基础设施工程、昆明市滇池航运建设、金沙江中游一期航运基础设施等项目；新开工建设金沙江中游二期航运基础设施、金沙江向家坝—溪洛渡、澜沧江244号界碑—临沧港四级航道高等级航道，以及富宁港、水富港扩能工程和景洪港、临沧港建设等项目。到2020年，内河航道达到5000千米。

（5）城际铁路

规划建设滇中城市群城际铁路、市域铁路，推进安宁—嵩明、昆明南—彩云、安宁—楚雄、昆明—富民—禄劝（武定）、昆明—曲靖—宣威、呈贡—澄江—江川—玉溪等城际铁路建设。

（6）邮政快递

实施昆明新机场航空邮件处理中心二期等工程，建设昆明市一级快递、曲靖市三级快递、大理州三级快递、思茅城区三级快递等4个快递园区。

（7）交通枢纽

建设昆明市全国性综合交通枢纽和曲靖市、大理州、红河州等区域性综合交通枢纽以及大理市、景洪市、蒙自市、昭阳区、芒市、文山市等区域性中型客运综合交通枢纽；建设大理市、广通镇、蒙自市、昭阳区、麒麟区、临翔区、隆阳区、景洪市等铁路重要节点；规划建设大理市、麒麟区、红塔区、文山市、蒙自市、瑞丽市、景洪市、隆阳区、昭阳区、临翔区等公路枢纽。

6. 大力发展八大重点产业①

（1）生物医药和大健康产业

加快推进昆明国家生物产业基地以及昆明市现代中药与民族药、新型疫苗和生物技术药物产业集聚发展区建设，打造滇中新区生物医药和大健康产业集聚区，加强昆明、玉溪、楚雄高新技术产业开发区和文山三七产业园、大理经济技术开发区、昭阳工业园区等重点园区建设。

实施云南文山3.5万亩GAP优质三七原料药材生产基地建设、云南薏仁产业园等一批原料基地项目，实施云南白药集团七花有限责任公司搬迁扩建、昆药生物医药科技园、天士力三七系列药品精深加工项目、中国医科院医学生物所新型疫苗生产基地建设等一批生物医药工业项目，实施云南昊邦制药有限公司第三方健康服务平台、昆明圣火药业杏林大观园、高原体育产业基地等一批大健康领域项目，实施云南省医药有限公司物流中心二期建设、昆明鸿翔"互联网+"项目等一批商贸流通项目，实施灵长类表型与遗传科学设施、云南空港国际科技创新园生物医药公共服务平台等一批科技创新项目。

---

① 云南省人民政府关于印发云南省产业发展规划（2016—2025年）的通知 [EB/OL]. (2017-01-06) [2019-02-18]. http://www.yn.gov.cn/yn_zwlanmu/qy/wj/yzf/201701/t20170106_28094.html.

（2）旅游文化产业

加快旅游基础设施建设，新建续建昆明草海片区万达城（现为融创文旅城）、昆明滇池国际会展中心等旅游型城市综合体项目，实施安宁玉龙湾运动休闲主题社区等传统景区改造提升项目，推动转龙国际健康怡养度假区、澄江寒武纪乐园等新建在建旅游重大项目加快实施，建设云南旅游大数据中心等旅游信息化项目，加快自驾车房车露营地等其他类型旅游项目建设。加快推进云南大剧院等重大文化项目建设，努力建成20个年产值上亿元的文化产业园区。

（3）信息产业

将呈贡信息产业园区打造成全省信息产业核心集聚区和创新发展新高地。支持玉溪高新技术产业开发区、保山国际数据服务产业园等结合自身实际，打造新一代信息技术及特色产业集群。依托红河综合保税区、蒙自经济技术开发区、河口跨境经济合作区、砚山工业园区等发展外向型电子信息制造集群。

加快推进国际通信枢纽和信息基础设施建设项目、云智高科技红河州产业园等电子信息制造业项目、融创天下微总部经济园区等软件和信息技术服务业项目、云南信息化中心（首期）等新一代信息技术产业项目等建设。

（4）现代物流产业

围绕"一核心、四区域"物流产业布局，打造以昆明为中心、以滇中城市群为依托的中部物流产业核心区，以及东部、南部、西部、北部4个物流产业集聚区，规划建设一批物流园区。

在中部物流产业核心区加快推动昆明王家营、晋宁、安宁物流产业园和空港国际物流产业园等项目建设，在东部、南部、西部、北部等4个物流产业集聚区重点打造曲靖、文山、蒙自、大理、昭通、丽江等重点物流产业园等项目，推进河口、瑞丽、磨憨等重点口岸国际商贸物流项目建设，建设云南国际"现代物流云"综合信息服务平台等物流信息平台项目，积极引进国内外知名物流企业落户云南。

（5）高原特色现代农业产业

支持实施农业科技体系建设、基础设施建设、产业标准化基地建设、畜禽规模化养殖创建、农产品标准化体系建设、农产品质量安全可追溯体系建设、农业服务体系建设等项目。每年选择10个县市、100个乡镇开展农村产业融合发展试点示范，形成一批融合发展模式和业态。

（6）新材料产业

在安宁工业园麒麟片区和禄丰工业园土官片区规划建设云南省新材料产业生态集群示范园区。建成国际一流水平的云南贵金属新材料产业园、贵金属二次资源综合利用产业园，建成世界最大的锡新材料产业基地、国家级锗产业基地以及国内领先的钛材深加工产业基地。

实施HRB600E高强度抗震钢筋研发及产业化、年产6000吨高速轨道列车用高强高导铜合金产业化、新型显示器产业化、先进电池材料产业化、聚丙烯新材料及聚甲醛系列产品产业化、液态金属材料及器件产业化等项目。

（7）先进装备制造业

重点建设昆明、大理、曲靖、德宏、楚雄等汽车产业基地，在昆明、曲靖、玉溪、红河、楚雄、大理等地区重点建设高端装备制造基地，在德宏、保山、文山等地区重点建设出口加工机电产品基地。

加快北汽瑞丽汽车生产项目、瑞丽银翔摩托车产业园、智能机器人及智能家电生产基地等在建项目建设，加快云南德动汽车制造有限公司新能源汽车项目等新开工项目建设，加快北汽昆明新能源汽车项目等已签约项目落地，围绕先进装备制造业重点领域和布局，加大重大项目引进和落地力度。

（8）食品与消费品制造业

支持弥勒食品加工园、芒市食品加工园、呈贡工业园七甸片区绿色产业园区等食品工业特色园区建设，支持保山工贸园区、腾冲经济技术开发区、瑞丽市工业园区等消费品工业特色园区建设。

滚动实施一批食品与消费品制造业重点项目，打造普洱茶及红茶产业基地、云南小粒咖啡产业基地、轻纺产业基地、民族木雕家具产业园、日化工业生产基地、玩具及五金出口加工基地等。

7. 改造提升优势骨干产业[①]

推进信息化和工业化深度融合，坚持绿色发展，重塑产业链、价值链、市场链，改造提升烟草、冶金、能源、建材、石油和化学工业、建筑业等优势骨干产业。

（1）烟　草

加快烟草配套产业发展。以玉溪、昆明、红河为重点区域布局，推动行业整合，加快新型包装印刷、辅料生产、烟草机械配套产业发展，培育做大香精香料产业，逐步形成配套完整、品种齐全、质量一流，集研发生产于一体的国内最大烟草配套产业。

重点推进昆明卷烟厂打叶复烤易地技改及烟叶仓储物流、红河卷烟厂易地技改、曲靖卷烟厂打叶复烤易地技改及新建烟叶仓库、玉溪卷烟厂就地技改、大理卷烟厂打叶复烤原地技改、昭通卷烟厂打叶复烤原地技改及新建烟叶仓库、云南中烟再造烟叶有限责任公司易地技改等项目实施。

抓住国家加快打造卷烟境外产销基地建设的历史机遇，加强市场研究评估，实施分类市场管理，加大对重点目标市场的投入力度，加快推进目标市场销售网络建设，扎实推进境外卷烟产销基地建设。

（2）冶　金

加快云南文山铝业60万吨氧化铝提质增效项目，云南迪庆有色金属有限公司普朗铜矿一期采选工程，云南锡业股份有限公司锡冶炼异地搬迁升级改造项目及10万吨锌、60吨铟冶炼项目，云铜冶炼加工总厂和云铜锌业本部搬迁项目，云南嵩明县杨林钢结构产业基地，云南新铜人实业有限公司高端专用铜材技术改造项目，昆明钢铁股份有限公司抗震耐火耐候板、型材钢研发项目，云南铝业昭通灾后恢复重建水电铝示范项目，云南

[①]　云南省人民政府关于印发云南省产业发展规划（2016—2025年）的通知 [EB/OL].（2017-01-06）[2019-02-18]. http://www.yn.gov.cn/yn_zwlanmu/qy/wj/yzf/201701/t20170106_28094.html.

锗业提锗二次炉渣回收、低品位锗矿资源化利用研究及产业化等项目建设。

推进云南铝业股份有限公司老挝中老铝业有限公司1000千吨/年氧化铝及配套矿山项目、越中矿产与冶金有限责任公司老街钢铁厂、云南铜业（集团）有限公司刚果（金）处理400千吨铜精矿湿法铜冶炼项目、昆钢向南亚东南亚及非洲转移300万吨优质钢铁项目产能等境外投资项目建设。

（3）能　源

电　网　根据负荷增长情况，适时新建500千伏变电站11座（马金铺、白邑、吕合一期、荣兴、富宁、登高、永昌、腾冲、德茂、西双版纳、龙陵），扩建500千伏变电站8座（仁和、吕合二期、甘顶、富宁、黄坪、永昌、思茅、多乐），建设500千伏开关站1座（铜宁）、金沙江中游电站直流输电工程、800千伏澜沧江上游滇西北直流输电工程、云南电网与南网主网背靠背直流异步联网工程及配套交流工程、澜沧江上游电站、乌东德水电站送出工程、白鹤滩—江西特高压直流输电工程。加强各州（市）200千伏及以下输变电工程建设，加强农村电网建设。加快推进中泰、中老、中缅联网工程国内段前期工作，适时开工建设。

天然气支线管线及配套设施　全省规划建设32条天然气支线管道，"十三五"期间，重点建设昭通支线、陆良支线、永平支线、楚雄—攀枝花支线、泸西—弥勒—开远支线、富民支线、红河支线、临沧支线、腾冲支线、施甸支线、祥云支线、龙陵支线、南华支线、大理—双廊—上关—洱源—剑川支线、玉溪—普洱支线、怒江支线、丽江—香格里拉天然气支线等17条天然气支线管道。新建液化天然气（LNG）生产厂4座、压缩天然气（CNG）母站9座、天然气卫星站50座、加气站252座。

（4）建　材

推进先进陶瓷基地建设，加快推进昆明禄劝县石材加工生产线改造、易门陶瓷特色工业园区、重庆大业新型建材集团有限公司特种砂浆新型建材生产、文山市石材开采及精深加工、保山南郡实业有限公司年产300万平方米保山米黄大理石板材生产线、云南双菱年产60万平方米大理石板材生产线、保山佳金矿业年产300万平方米大理石板材生产线、西畴县石材产业园、鲁甸万隆化工有限公司磷石膏制砖等项目建设，建设昆明、保山、楚雄等天然石材基地。

（5）石油和化学工业

推动云南千万吨级炼油基地配套石化项目、云南石化产业园、年产100万吨聚酯切片项目、云南云天化石化有限公司年产15万吨聚丙烯项目、云南云天化石化有限公司年产24万吨工业异辛烷、云南明东化工有限公司5万吨/年固体磷酸、云南正邦科技有限公司年产12万吨环保型胶黏剂等重大项目建设。

二、优化云南国土生活空间

1. 加快新型城镇化步伐

（1）云南省城镇化空间布局

以大城市为引领，以中小城市为重点，以特色城镇为基础，构建大中小并举、分布合理、优势互补、特色鲜明、协调发展的城镇体系，促进全省各级城镇协调发展。推动建设以昆明为核心的区域性国际城市，增强城市辐射带动功能。提升曲靖、玉溪、楚雄、红河、大理、昭通等区域性中心城市综合服务功能，发挥其在吸纳人口和产业发展中的重要作用，逐步培育成为大城市。培养促进安宁、宣威、祥云、景洪、芒市等州（市）域中心城市发展，完善市政基础设施和公共服务设施配置，逐步培育成为中等城市。充分发挥县城中心城镇在沟通城乡中的桥梁和纽带作用，发展特色县域经济，推动县城扩容提质，促进发展为中小城市。加快特色城镇建设步伐，形成广大农村地区城镇化的空间载体。结合城镇资源环境承载能力，引导城镇组团发展。加快推进麒沾马、昭鲁、个开蒙、文砚、禄武等同城化进程。促进芒市和瑞丽、大理和祥云、楚雄和南华、思茅和宁洱、云县和凤庆等一体化发展。[①]

（2）强化昆明核心作用

《云南省国民经济和社会发展第十三个五年规划纲要》提出，全力推进昆明中心城区与滇中新区融合发展，加快形成全省最具活力的增长核心。

提升昆明中心城市功能 着力提升昆明作为全省政治、经济、科技、文化、金融、创新中心的作用，努力把昆明建设成为面向南亚东南亚的区域性国际中心城市。着力加强昆明市与曲靖市、玉溪市、楚雄州、红河州互联互通基础设施网络建设，重点推进城际间快速轨道交通建设，促进各种运输方式有效衔接，努力将昆明市建设成为全国性和我国面向南亚东南亚区域性综合交通枢纽。到2020年，昆明中心城市人口达到400万人左右。

加快推进滇中新区建设 云南滇中新区由国务院2015年9月正式批准设立，位于昆明市主城区东西两侧，初期规划范围包括安宁市、嵩明县和官渡区部分区域，面积约482平方千米。有机融入昆明城市发展，坚持高标准规划、高起点建设、分步骤实施，把滇中新区建设成为我国面向南亚东南亚辐射中心的重要经济增长点、西部地区新型城镇化综合试验区、全省战略性新兴产业集聚区和高新技术产业创新策源地。

（3）充分发挥滇中城市经济圈支撑作用

滇中城市经济圈是指包括云南省中部的昆明市、曲靖市、玉溪市和楚雄州全境并拓展延伸至红河州北部（蒙自、个旧、建水、开远、弥勒、泸西、石屏7个县市）组成的经济圈，面积11.46万平方千米，占全省面积的29%，区域集中了全省2/3的坝区、44%的人口、65%的生产总值。要牢固树立协同发展理念，打造整体优势，把滇中城市经济圈建设成为我国面向南亚东南亚辐射中心的核心区、我国高原生态宜居城市群，在全省率先全面建成小康社会。

---

① 云南省人民政府关于印发云南省国民经济和社会发展第十三个五年规划纲要的通知 [EB/OL]. （2016-05-05）[2019-02-09]. http://www.yn.gov.cn/yn_zwlanmu/qy/wj/yzf/201605/t20160505_25013. html.

（4）推动六个城镇群互动发展①

统筹城镇规划建设，推动城镇群内部各城镇之间的互动发展，将城镇群建设成为"四化"同步发展、集聚人口及各类生产要素的核心区。

重点发展滇中城市群　提升滇中城市群对全省经济社会的辐射带动力，加快建设昆明省域中心城市，曲靖、玉溪、楚雄区域性中心城市，安宁、晋宁、嵩明、宜良、富民、石林、马龙、宣威、澄江、易门、禄丰等中小城市以及小城镇构成的四级城镇体系，推动大中小城市协调发展，不断增强城镇承载能力和可持续发展能力，打造滇中城市群1小时经济圈，把滇中城市群建设成为全国城镇化格局中的重点城市群，全省集聚城镇人口和加快推进新型城镇化的核心城市群。到2020年，户籍人口城镇化率达到50%。

加快发展滇西城镇群　加快发展以大理为中心，以祥云、隆阳、龙陵、腾冲、芒市、瑞丽、盈江为重点的滇西次级城镇群，将滇西城镇群建设成为国际著名休闲旅游目的地，以生态环保产业、旅游文化产业、生物多样性保护与开发、外向型产业为重点的产业基地，支撑构建孟中印缅经济走廊的门户型城镇群。形成"一脊两轴、两核一区"的空间结构，即依托西出南亚的国际大通道构成城镇群的发展脊带，形成联系滇东南—临沧—隆腾芒都市圈—猴桥至密支那方向的跨区域发展轴，联系滇西南—大理都市圈—丽江至西藏方向的区域发展轴，形成大理城市都市圈、隆腾芒都市圈两大发展核心以及瑞丽国家重点开发开放试验区。到2020年，户籍人口城镇化率达到40%。

加快发展滇东南城镇群　加快发展以蒙自为中心，以个旧、开远、建水、河口、文山、砚山、富宁、丘北为重点的个开蒙建河、文砚富丘滇东南次级城镇群，将滇东南城镇群建设成为云南面向北部湾和越南，开展区域合作、扩大开放的前沿型城镇群和全省重要经济增长极，以新型工业、生物等特色优势产业为重点的产业基地。形成"一心双核三圈层、三轴七向多支点"的空间结构，即"个开蒙建""文砚丘平"两个子城镇群共同组成滇东南城镇群的发展中心，以"个开蒙建"子城镇群为发展的主核心，以"文砚丘平"子城镇群为发展的次核，形成核心圈层、拓展圈层、辐射影响圈层3个圈层，沿主要交通干线形成"大字型"的3条城镇发展主轴，通过多条交通干线的联系，形成一个全方位的开放系统，在核心区的东、南、西、北4个方向沿交通干线分别形成拓展圈层支点。到2020年，户籍人口城镇化率达到40%。

培育发展滇东北城镇群　积极培育以昭阳、鲁甸一体化为重点的滇东北城镇群，将滇东北城镇群建设成为长江上游生态屏障建设的"示范区"，攀西—滇东北—六盘水经济区的重要新型工业化基地，云南连接成渝、长三角经济区的枢纽型城镇群。形成"一主三副七点，一轴四区两带"的区域空间结构，即以昭鲁中心城市形成区域发展主核，水富、镇雄、会泽形成区域发展副中心，绥江、盐津、永善、巧家、大关、威信、彝良成为区域发展支点，构建一条中部城镇发展轴，形成以昭鲁中心城市为中心的核心发展区以及以3个副中心城市为中心的3个重点发展区，形成沿金沙江城镇带、新型工业化城

---

① 云南省人民政府关于印发云南省国民经济和社会发展第十三个五年规划纲要的通知 [EB/OL].（2016-05-05）[2019-02-09]. http://www.yn.gov.cn/yn_zwlanmu/qy/wj/yzf/201605/t20160505_25013.html；中共云南省委　云南省人民政府关于印发《云南省新型城镇化规划（2014-2020年）》的通知 [EB/OL].（2014-04-19）[2019-02-07]. https://www.kunming.cn/news/c/2014-04-19/3539711.shtml.

镇带2条城镇发展带。到2020年，户籍人口城镇化率达到30%。

培育发展滇西南城镇群 加快培育以景洪、思茅、临翔为重点的滇西南城镇群，将滇西南城镇群建设成为全国绿色经济试验示范区，以能源产业、旅游文化产业、生物产业、出口商品加工贸易为重点的产业基地，云南省最具民族风情和支撑构建"孟中印缅"和"中国—中南半岛"经济走廊的沿边开放型城镇群。形成"两核、四极、四轴"的空间结构：形成普景都市区、临沧都市区2个发展核心；构建4个经济增长极（磨憨—勐腊发展极，孟连—澜沧—西盟发展极，孟定—镇康—沧源发展极，云县—凤庆发展极）；形成滇西南区域产业、城镇密集发展的4条发展轴，分别为"昆曼经济走廊"发展轴（北连接昆明，南接东南亚各国的发展主轴）、"昆孟国际大通道"发展轴（云南出国入海最便捷的通道，向东直通昆明，向西连接南亚并接通孟加拉湾、印度洋等）、"沿边对外开放经济带"发展轴（沿边城镇产业聚集和产业转移的走廊，是加速外向型产业分工协作的经济带，从北至南依次连接缅甸、老挝、越南的重要经济区和口岸）、"广大经济走廊"发展轴（两广地区经文山、红河进入滇西南，并联系滇西地区的通道，将成为东部地区产业转移，生产力布局，西部地区产品运输的重要产业走廊）。到2020年，户籍人口城镇化率达到35%。

培育发展滇西北城镇群 加快培育以丽江、香格里拉、泸水为重点的滇西北城镇群，将滇西北城镇群建设成为国家重要的生态安全屏障区，云南重要的水能基地和矿产资源开发区，联动川藏的国际知名旅游休闲型城镇群。形成"两心三区三轴"的城镇空间结构，在区域内形成城镇化集中发展区、流域协调发展区和山地分散发展区3类地区，采用不同策略促进发展，构建丽江—玉龙、香格里拉2个次区域增长极，带动州（市）及周边地区发展，形成川滇发展轴、滇藏发展轴、怒江发展轴3条城镇发展轴。到2020年，户籍人口城镇化率达到30%。

（5）促进区域中心城市和州（市）域中心城市发展①

区域中心城市 曲靖、玉溪、楚雄、大理、保山、瑞丽、蒙自、文山、昭通、普洱、景洪、丽江12个中心城区。

州（市）域中心城市 安宁、嵩明、宣威、会泽、通海、禄丰、祥云、宾川、腾冲、芒市、开远、个旧、弥勒、砚山、富宁、水富、镇雄、宁洱、景谷、临沧、云县、耿马、泸水、香格里拉24个中心城区。

（6）加快特色城镇和新型城市建设②

充分挖掘和利用云南优美的生态环境、多样的民族文化等资源优势，加快现代农业型、工业型、旅游型、商贸型、边境口岸型、生态园林型六类特色城镇的发展，统筹布局教育、医疗、文化、体育等公共服务基础设施，配套建设居住、商业等设施，改善镇域生产生活环境，增强特色城镇就近就地吸纳人口集聚经济的能力，逐步发展成为小城

---

① 中共云南省委 云南省人民政府关于印发《云南省新型城镇化规划（2014-2020年）》的通知 [EB/OL]. (2014-04-19) [2019-02-07]. https://www.kunming.cn/news/c/2014-04-19/3539711.shtml.

② 云南省人民政府关于印发云南省国民经济和社会发展第十三个五年规划纲要的通知 [EB/OL]. (2016-05-05) [2019-02-09]. http://www.yn.gov.cn/yn_zwlanmu/qy/wj/yzf/201605/t20160505_25013.html.

市。到2020年，全省建成210个特色小城镇：安宁市八街镇、弥勒市竹园镇、祥云县刘厂镇等68个现代农业型特色小镇，东川区阿旺镇、麒麟区东山镇、个旧市大屯镇等34个工业型特色小镇，贡山县丙中洛镇、建水县西庄镇、贡山县独龙江乡等60个旅游型特色小镇，富民县款庄镇、石屏县龙朋镇、南华县沙桥镇等27个商贸型特色小镇，腾冲市猴桥镇、耿马县孟定镇、孟连县勐马镇等12个边境口岸型特色小镇，大理市上关镇、芒市三台山乡、德钦县奔子栏镇等9个生态园林型特色小镇。

深入推进昆明等创新型城市建设，加快五华区、蒙自市、弥勒市、大理市、玉溪市、文山市等智慧城市建设，积极推进玉溪市、大理市、丽江市、保山市等开展海绵城市建设，大力推进临沧、玉溪、曲靖、楚雄、红河等地创建国家森林城市，积极推进普洱等建设绿色城市，延续历史文脉推进丽江、建水等建设人文城市。

2. 建设生态宜居美丽乡村

（1）加快建设美丽宜居村庄

乡村生活空间是以农村居民点为主体、为农民提供生产生活服务的国土空间。《云南省乡村振兴战略规划（2018—2022年）》提出，重点围绕世界一流"健康生活目的地"建设目标，打造宜居适度生活空间。坚持集约用地，遵循乡村传统发展肌理和格局，划定空间管控边界，明确用地规模和管控要求，确定基础设施用地位置、规模和建设标准，合理配置公共服务设施，引导生活空间尺度适宜、布局协调、功能齐全。充分维护原生态村居风貌，保留乡村景观特色，保护自然和人文环境，注重融入时代感、现代感和民族风情，强化空间利用的人性化、多样化，着力构建便捷的生活圈、完善的服务圈、繁荣的商业圈，让乡村居民过上更舒适的生活。

建设云南的生态宜居美丽乡村，要加强乡村生态保护与修复，加快转变生产生活方式，实施"美丽乡村建设万村示范行动"，打造生活环境整洁优美、生态系统稳定健康、人与自然和谐共生的生态宜居美丽乡村。以农村生活垃圾污水治理、农村厕所革命和村容村貌提升为主攻方向，加快建设"产业生态化、居住城镇化、风貌特色化、特征民族化、环境卫生化"的美丽宜居村庄。

推进农村生活垃圾治理　采取"村收集、镇转运、县处理""组收集、村（镇）转运、镇（片区）处理""源头减量、就近就地处理"等多种模式，逐步实现农村生活垃圾全处理。原则上每户配备垃圾桶，每村（组）至少配备1个以上垃圾收储设施，每个乡（镇）配备必要的垃圾收运车辆和转运站；边远地区和不具备外运条件的农村生活垃圾，各地区可结合实际制定垃圾分类处理办法，进行源头分类减量，通过卫生填埋、堆肥或建设符合环保要求的小型垃圾焚烧设施等就近还田或就地处理。加强农村医疗废物收集、运输、处理的监管。在农村生活垃圾分类和资源化利用示范县等有条件的地区，建立与垃圾分类相适应的再生资源回收体系，积极探索形成垃圾处理产业链。在建立村庄保洁和垃圾清运收费制度的基础上，设立村庄保洁公益岗位，稳定保洁队伍，优先安排建档立卡贫困人口担任村庄保洁员。开展非正规垃圾堆放点排查整治。

推进农村生活污水治理　根据农村不同区位条件、村庄人口集聚程度、污水产生规模，因地制宜采用污染治理与资源利用相结合、工程措施与生态措施相结合、集中与分散相结合的建设模式和处理工艺，逐步实现农村生活污水全处理。加大污水处理设施建设力度，优先整治九大高原湖泊、饮用水水源地周边重点区域。推动城镇污水管网向周边村庄延伸覆盖，逐步消除农村黑臭水体。积极推广低成本、低能耗、易维护、高效率的污水处理技术，鼓励采用生态处理工艺。加强生活污水源头减量和尾水回收利用。

推进农村厕所革命　在乡（镇）政府和行政村村委会所在地公厕建设全覆盖的基础上，逐步消除旱厕，改造建设水冲式厕所。积极推进乡村旅游厕所改造建设。加快推进农村卫生户厕改造建设，推广水冲式卫生厕所改造模式，同步实施厕所粪污治理，原则上以"水冲厕+装配式三格化粪池+资源化利用"方式为主，推进厕所革命。按照"人畜分离、厨卫入户"的要求，配套建设农村卫生户厕。鼓励各地区结合实际，单独建立猪、牛、羊等大型牲畜集中养殖区，集中建圈，科学养殖，推进畜禽粪污资源化利用。建立完善厕所建设运营管理机制。

提升村容村貌　推进村庄"七改三清"人居环境提升行动。建好、管好、护好、运营好"四好农村路"，推广建设"两站两员"机制，加强农村道路交通安全管理，加大农村公路两侧绿化、美化和垃圾治理力度，加快推进"直过民族"地区、沿边地区和深度贫困地区通村（组）道路建设，加快推进入户道路建设，形成"畅安舒美"的通行环境。实施农村饮水安全巩固提升工程，推进"以电代柴""以气代柴"。加快农村电网改造升级，完善村庄公共照明、通信等设施。整治村庄公共空间、庭院环境和各类架空管线，消除私搭乱建、乱堆乱放。加大传统村落民居和历史文化名镇名村保护力度，加强历史建（构）筑物及古树名木保护并进行挂牌管理。根据规划风貌管控要求，重点对村庄原有房屋屋顶、外立面等整体外观和门、窗、梁柱外部节点等进行风貌整治。新建农房严格管控宅基地面积、高度和外观风貌。推进乡村增绿添美行动，形成道路河道乔木林、房前屋后果木林、公园绿地休憩林，做到拆墙透绿、建路配绿、腾地造绿、借地布绿和见缝插绿，积极创建国家、省市县森林乡村和美丽庭院。推动卫生乡镇、卫生村庄创建工作。

完善长效管护机制　各地区各有关部门、运维单位要制定明确的制度和措施，县级负责建立县、乡、村三级有制度、有标准、有队伍、有经费、有督查的村庄人居环境长效管护机制。鼓励专业化、市场化建设和运行管护。在农村厕所改造建设、生活垃圾污水治理和村庄风貌提升中，实行"统一规划、统一建设、统一运行、统一管理"。建立并实施环境治理依效付费制度，健全服务绩效评价考核机制。探索建立污水处理农户付费制度，完善财政补贴和农户付费合理分担机制。按规定简化农村人居环境整治建设项目审批和招投标程序，降低建设成本。县（市、区）和乡（镇）建立健全工程质量安全责任制，确保工程建设质量。

（2）提升云南乡村人居环境整治重大行动

农村生活垃圾治理　建立健全村庄保洁体系，因地制宜确定农村生活垃圾处理模式。总结推广澄江县、大姚县、弥勒市、宾川县4个全国农村生活垃圾分类和资源化利用百县示范经验，基本覆盖所有具备条件的县（市、区）。到2018年年底，乡（镇）镇区生活垃圾实现全收集全处理。到2022年，村庄生活垃圾实现全收集全处理。

农村生活污水治理　有条件的地区推进城镇污水处理设施和服务向城镇近郊的农村延伸，在离城镇较远、人口密集的村庄建设污水处理设施进行集中处理，人口较少的村庄推广建设户用污水处理设施。鼓励具备条件的地区采用人工湿地、氧化塘等生态处理模式。到2020年，乡（镇）镇区生活污水处理设施基本实现全覆盖，旅游特色型、美丽宜居型村庄和九大高原湖泊周边的村庄生活污水处理设施基本实现全覆盖。

农村厕所革命　到2020年、2022年，新建改建公路交通沿线、景区（点）、自驾车营地及休息区、旅游特色小镇、旅游村、加油站点、铁路沿线旅游厕所分别达到2700座、3400座；农村卫生厕所普及率分别达到85%、90%以上。

乡村增绿添美行动　全面实施乡村绿化行动，严格保护乡村面山和古树名木，坚持乡土气息、适地适树原则，重点推进村内绿化、围村片林、农田林网、美丽庭院建设，基本实现"山地森林化、农田林网化、村屯园林化、道路林荫化、庭院花果化"的乡村绿化格局。

（3）建设特色村寨

《云南省国民经济和社会发展第十三个五年规划纲》提出，充分发掘和保护云南的传统村落、传统民居、古树名木及古建筑、民俗文化等历史文化遗迹遗存，村寨建设有机融入森林景观、田园风光、村落民俗、山水资源、民族特色和乡村文化等特色元素，建设生态环境良好、文化内涵丰富、风貌特征鲜明的特色村寨。

《云南省农村人居环境整治三年行动实施方案（2018—2020年）》提出，把云南村庄划分为旅游特色型、美丽宜居型、提升改善型、自然山水型、基本整洁型5种类型，在继续深入推进城乡"四治三改一拆一增"、村庄"七改三清"行动的基础上，结合云南实际，突出问题导向，全面完成加强村庄规划编制与实施管理、全面推进农村生活垃圾治理、深入推进农村生活污水治理、大力推进农村厕所革命、着力提升村容村貌、建立完善长效管护机制六项重点任务。①

三、优化云南国土生态空间②

1. 强化重点生态功能区保护

云南的重点生态功能区是指在行政区域范围内资源环境承载能力较弱、大规模聚集经济和人口、条件不够好、生态系统十分重要，关系全省乃至全国更大范围的生态安全，不适宜进行大规模、高强度工业化和城镇化开发，需要统筹规划和保护的重要区域。

云南的重点生态功能区分国家和省级两个层面，共包括38个县市区和25个乡镇，其中国家级包括18个县市，省级包括20个县市区和25个乡镇。行政区统计面积为14.93万平方千米，占全省总面积的37.9%（国家级21.9%、省级16%）。这些地区要以保护和修复生态环境、提供生态产品为首要任务，因地制宜地发展不影响主体功能定位的适宜产业，引导超载人口逐步有序转移。

① 云南省农村人居环境整治三年行动实施方案（2018—2020年）[EB/OL].（2018-08-02）[2019-03-01]. http://sthjt.yn.gov.cn/shjgl/nchjgl/nczzsdsf/201808/t20180802_183655.html.
② 云南省人民政府关于印发云南省主体功能区规划的通知[EB/OL].（2014-05-14）[2019-02-07]. http://www.yn.gov.cn/yn_zwlanmu/yn_gggs/201405/t20140514_13978.html.

云南重点生态功能区分为水源涵养、水土保持、生物多样性保护3种类型。

水源涵养 滇东北三峡库区上游生态功能区：禁止非保护性林木采伐，植树造林，退耕还林、涵养水源，防止水土流失；高原湖泊生态功能区：禁止非法取水、过度捕捞、不达标的生产和生活污水直接排入湖中。

水土保持 滇东喀斯特石漠化防治区：退耕还林、封山育林育草，种草养蓄，实行生态移民，改善耕作方式，发展生态产业优势和优势非农业产业；沿金沙江干热河谷生态功能区：退耕还林、还草，综合治理、防止水土流失，降低人口密度。

生物多样性保护 滇西北森林及生物多样性生态功能区：在已明确的保护区域保护生物多样性和多种珍稀动物基因库；南部边境森林及生物多样性生态功能区：扩大保护区范围，加强对热带雨林和重要保护动物栖息地的保护，严禁砍伐森林和捕杀野生动物；哀牢山、无量山森林及生物多样性生态功能区：禁止非保护性采伐，涵养水源，保护动植物生物多样性。

2. 加强禁止开发区域保护

禁止开发区域是指在行政区域范围内，有代表性的自然生态系统、珍稀濒危野生动植物物种的天然集中分布地、有特殊价值的自然遗产所在地和文化遗址等点状分布的区域。

云南的禁止开发区域分国家和省级两个层面，总面积为76847平方千米，占全省总面积19.5%，呈斑块状或点状镶嵌在重点开发和限制开发区域中，禁止开发区是国家和云南省保护自然文化资源的重要区域及珍贵动植物基因资源保护地，主要任务是加大生态建设、加快人口有序转移、加强法律保护、加大扶贫力度、发展生态旅游。具体包括：

自然保护区 国家级自然保护区20个，面积为14935平方千米，占全省总面积3.76%；省级自然保护区39个，面积为6994平方千米，占全省总面积1.77%；州（市）级61个，面积为4727平方千米，占全省总面积1.2%；县级自然保护区50个，面积为2304平方千米，占全省总面积0.58%。

世界遗产 5个，面积为17920平方千米，占全省总面积4.55%。

风景名胜区 国家级风景名胜区12个，面积为14743平方千米，占全省总面积3.74%；省级风景名胜区54个，面积为6363平方千米，占全省总面积1.59%。

森林公园 国家级森林公园27个，面积为1126平方千米，占全省总面积0.29%；省级森林公园14个，面积为437平方千米，占全省总面积0.11%。

地质公园 世界级地质公园1个，面积为350平方千米，占全省总面积0.09%；国家级地质公园9个，面积为3216平方千米，占全省总面积0.82%。

水源保护区 49个，面积为3124平方千米，占全省总面积0.82%。

湿地公园 4个，面积为166平方千米，占全省总面积0.04%。

水产种质资源保护区 16个，面积为298平方千米，占全省总面积0.08%。

牛栏江流域上游保护区水源保护核心区 1个，面积为344平方千米，占全省总面积0.09%。

3. 乡村生态空间保护

《云南省乡村振兴战略规划（2018—2022年）》提出，乡村生态空间是具有自然属性、以提供生态产品或生态服务为主体功能的国土空间。重点围绕把云南建设成为全国生态文明建设排头兵、中国最美丽省份的目标，构建山清水秀生态空间。统筹山水林田湖草系统治理，构建生态保护红线、环境质量底线、资源利用上线和环境准入负面清单"三线一单"制度。结合云南生态区位条件、生态功能和生态脆弱区域分布特点，形成"三屏两带"的生态保护红线基本格局。以六大水系、九大高原湖泊、自然保护区等为重点，加快修复重要区域生态系统。坚持保护优先、绿色发展，修复和改善乡村生态环境，提升生态功能和服务价值，打造环境优美、宜业宜居的乡村生态系统。全面实施产业准入负面清单制度，推动各地区因地制宜制定禁止和限制发展产业目录，明确产业发展方向和开发强度，强化准入管理和底线约束。

第三节　实施云南国土综合整治

《云南省土地整治规划（2016—2020年）》提出了云南省土地整治工作部署，统筹安排各项土地整治活动和高标准农田建设任务，明确土地整治重点区域和重大工程，提出规划实施保障措施。[①]

一、大力推进农用地整理

1. 加快推进高标准农田建设

大规模建设高标准农田　"十三五"期间确保建成1200万亩，力争建成1500万亩高标准农田。积极实施滇中粮食主产区高标准农田整治工程和滇西南生态建设区农田整治工程，加大粮食生产功能区和油菜、天然橡胶、糖料蔗等重要农产品生产保护区高标准农田建设，加大革命老区、贫困地区高标准农田建设。

实施基本农田保护示范区建设　实施陆良县、祥云县、姚安县基本农田保护示范区建设，严格执行高标准农田建设评定标准，进一步发挥典型示范带动作用。

加大高标准基本农田建设示范县投入　在宜良县等29个县（区、市）加大投入高标准基本农田示范县建设，满足农业机械化和现代化发展要求。

推动生态良田示范县创新　在陆良县等17个县（区）积极推动生态良田示范县建设，建成集水土保持、生态涵养、特色农产品生产于一体的生态型基本农田。

推动国土综合整治试点　在寻甸县等15个县（区、市）开展国土综合整治试点，带动地方农村经济发展和城乡统筹发展。

完善基本农田基础设施　开展土地平整田块归并，加强田间灌排水利设施建设，完善田间道路，加强农田防护工程建设。

加强高标准农田建后管护　落实高标准农田基础设施管护责任，通过国土资源遥感

---

① 云南省国土资源厅　云南省发展和改革委员会关于印发《云南省土地整治规划（2016—2020年）》的通知 [EB/OL]. （2018-03-15）[2019-02-22]. http://www.yndlr.gov.cn/html/2018-4/83988_1.html.

监测"一张图"和综合监管平台，实现有据可查、全程监管。

2. 落实耕地数量保护和质量建设

严格保护耕地　坚守耕地红线不突破，严格控制非农建设占用耕地，加强优质耕地的保护。2020年，耕地保有量不低于8768万亩，粮食综合生产能力稳定在1800万吨。

科学合理补充耕地数量　拓展补充耕地途径，完成补充耕地97.76万亩，合理适度开发耕地后备资源，禁止毁林、毁草开荒、破坏生态环境。

加强耕地质量建设和产能提升　增加耕地土壤有机质含量，提高补充耕地质量，改造中低等耕地700万亩左右，科学合理安排实施提质改造49万亩，加强新增耕地后期培肥改良，有效提高耕地产能。

积极开展特色农业土地整理　挖掘油菜花、梯田、红土地、热带水果、橡胶、甘蔗等区域特色资源利用潜力，推动特色农业资源的开发与保护。

3. 实行耕地修复养护

加强退化土地修复　开展农田防护与生态环境建设，加强小流域综合治理，石漠化地区，加大保水保肥保土能力建设。

开展耕地退耕还林还草　全省25度以上坡耕地退耕还林还草998万亩，15—25度重要水源地和石漠化地区非基本农田退耕还林还草278万亩。

积极治理污染土地　加强污灌区域、工业用地周边地区污染土地防治，着力控制土壤污染源，加强重金属污染土地治理。

4. 积极推进其他农用地整理

合理引导农业结构调整　坚持保护生态、农地农用，加大非耕农用地整理，合理开发荒地、荒山、滩地等未利用地，综合整治养殖池塘。

加强园地整理　积极开展中低产园地整理，发展特色品种、农产品加工和休闲农业。

加强林地改造利用　合理利用现有经济林资源，严格限制"九大高原湖泊"等自然保护区以及水源涵养区、生态脆弱区的草地开发，全面停止天然林商业性采伐。

二、积极开展城乡建设用地整理

1. 优化农村建设用地布局

统筹乡村土地利用　按照生产发展、生活宽裕、乡风文明、村容整洁、管理民主的要求，编制乡村土地利用规划。

优化农村居民点布局　按照发展中心村、保护特色村、整治空心村的要求，建设规模适度、设施完善、生活便利、产业发展、生态环保、管理有序的新型农村社区，加快农村地区住房建设和村庄环境整治。

2. 积极推进农村建设用地整理

优先开展易地扶贫搬迁村庄整理　按照易地扶贫搬迁要求，以"空心村""危旧房""搬迁户"整治改造为重点，推进农村建设用地整理。

积极推进美丽宜居乡村建设　统筹协调和引导农村基础设施及公共设施建设，引导改造空心村，探索云南特色发展道路，盘活闲置土地和存量土地，保护具有传统风貌的村落，协调村庄保护与发展。

加强乡村特色景观保护　保护自然环境和人文景观，促进自然环境和人文景观相和谐，传承村落风貌，农村新居建设要保持当地农村特色和风貌。云南省入选中国传统村落名录的有502个村落。

3. 加快推进城乡建设用地增减挂钩

全面实行增减挂钩政策　按照严格保护耕地和节约集约用地的要求，以增减挂钩为抓手，推进土地综合整治，优化城乡建设用地结构布局。

规范增减挂钩项目管理　减挂钩项目区设置要优先考虑省级统筹城乡发展试点县市、云南省整村推进工程、易地扶贫搬迁工程、"空心村"以及散乱、废弃、闲置、低效利用的农村建设用地，增减挂钩拆旧建新区设置要符合土地利用总体规划、土地整治规划和村庄规划等，加强拆旧复垦监管。

支持易地扶贫搬迁　增减挂钩指标安排向贫困地区、革命老区以及灾后重建等地区倾斜，支持当地运用增减挂钩政策推动扶贫开发和易地扶贫搬迁等工作。

切实维护农民权益　尊重农民意愿，维护农民和农村集体经济组织的主体地位。

加强全程监督管控　严格项目区（拆旧地块和建新地块组成）上图入库、在线备案监管和全程监控，加强工程质量管理，加强增减挂钩项目区资金使用管理，加强项目区实施监督检查。

4. 积极推进城镇低效用地再开发

加强规划统筹引导　依据土地利用总体规划和城镇建设规划，编制城镇低效用地再开发专项规划，确保城镇低效用地再开发健康有序推进。

合理确定整治范围　合理确定城镇低效用地再开发范围，重点加强滇中城市群城镇低效用地再开发。

建立完善激励机制　按照统筹兼顾、多方共赢的要求，协调好参与改造开发各方的利益，鼓励和引导社会资本参与改造开发，调动市场主体参与积极性。

三、积极推进土地生态整治和土地复垦

1. 加强生态保护和修复建设

促进生态安全屏障建设　实施山水林田湖综合整治，大力建设生态国土。加强对青藏高原南缘、哀牢山—无量山南部边境、金沙江干热河谷、珠江上游喀斯特地带等重要生态保护区、水源涵养区、江河源头区和湿地的保护，严格控制对天然林、天然草地、湿地等的开发，加强土地生态修复和建设，提高土地生态服务功能。

开展土地生态整治　大力开展土地生态保护与整治工作，提高区域生态治理和植被覆盖率，维护高原生态良性循环，力争植被覆盖度达到70%。

加强生态景观建设　积极推进生态景观技术应用，整合破碎、边缘土地资源，尽量维系和提升地域景观特征，挖掘乡村景观美学和文化价值，促进乡村休闲旅游经济发展。

2. 积极推进土地复垦

及时复垦生产建设活动新损毁土地 加强生产建设用地节约集约利用管理，严格落实土地复垦政策，做到资源开发和土地复垦同时进行，坚持土地复垦和生产建设相结合，加大对建设过程中临时用地的复垦力度。

加快复垦自然灾害损毁土地 及时开展灾毁耕地复核，对灾毁程度较轻的土地，鼓励受灾农户和土地权利人自行复加大历史遗留损毁土地复垦。安排实施6万亩历史遗留损毁土地复垦，确保土地复垦规范有序开展，吸引社会资本进行复垦。

严格控制土地复垦质量 推广应用土地复垦先进技术，提高复垦土地质量，加强复垦土地后期管护，注重土地复垦与生态恢复、景观建设相结合。

3. 加强矿山环境恢复治理

加大闭坑矿山、废弃矿山生态环境治理力度，将矿山生态环境治理恢复与矿山公园建设、生态建设相结合，"谁开发、谁保护，谁受益、谁补偿，谁污染、谁治理，谁破坏、谁修复"。

4. 开展工矿废弃地复垦再利用

稳妥推进工矿废弃地复垦利用试点，促进工矿废弃地复垦，改善区域生态环境，优化建设用地布局，坚持因地制宜、综合治理，复垦后的土地不得改变农业用途，采取综合措施确保复垦耕地质量。

四、助力打赢精准脱贫攻坚战

1. 加大深度贫困地区土地整治力度

实施就地脱贫土地整治项目，优先实现10个深度贫困乡和100个深度贫困村脱贫，开展就地脱贫土地整治项目，同时积极探索开展产业扶贫、资金收益扶贫等机制创新，有效助推贫困区农户脱贫，计划整治耕地面积124万亩，助推40万人脱贫。

2. 积极开展城乡建设用地增减挂钩支持脱贫攻坚

重点支持贫困市县的扶贫开发及易地扶贫搬迁工作，优先在贫困地区开展易地扶贫搬迁增减挂钩，允许节余指标在省域范围内使用，将增减挂钩节余指标流转收益全额返还贫困地区，专项用于脱贫攻坚。规划实施农村建设用地整理规模16万亩，计划为搬迁贫困户整治优质耕地35万亩。

3. 大力实施精准扶贫土地整治工程

根据集中连片特殊困难地区的实际情况开展土地整治，提高耕地质量，结合易地扶贫搬迁等工作，促进农村居民点合理布局，积极申报"乌蒙山云南片区土地整治重大工程""滇东南石漠化集中连片特殊困难地区土地整治工程""滇西边境集中连片特殊困难地区土地整治工程"等重大工程，计划整治耕地面积335万亩，助推92万人脱贫。

4. 促进贫困地区产业发展和生态改善

土地整治促进产业发展，助推脱贫 通过土地整治和高标准农田建设，促进贫困农户稳步增收。逐步实现农产品由初级加工向精深加工的转变，由数量增长向质量和效益提高转变，全面提升云南贫困地区现代农业发展水平展，助力精准脱贫攻坚。

加强农田防护建设，改善生态环境　加强农田防护和生态环境保持工程建设，加大贫困地区退耕还林还草、水土保持、天然林保护等重点生态修复工程建设力度和资金投入，加快推进泥石流、山体滑坡、崩塌等地质灾害防治和石漠化治理、干热河谷区生态修复。

5. 探索推进整村土地整治

在耕地相对集中、产业发展有一定基础、群众积极性较高的贫困地区探索实施整村土地整治，激发多元主体参与土地整治积极性，创新土地整治实施模式。

五、分区分类开展土地整治

1. 区域土地整治方向

滇中统筹城乡发展整治区　位于云南省中部，包括51个县（市、区），土地总面积15750万亩，占全省土地总面积的27.4%。调整产业布局和结构，提高土地的利用率和集约化水平，积极推进"山水林田湖"综合整治，确保滇中高原湖泊环湖地区生态安全。

滇西南高效农业整治区　位于云南省西南部，包括31个县（市），土地总面积17583万亩，占全省土地总面积的30.6%。重点加强水利和交通设施建设，改善农业生产条件，提高耕地规模化、集约化经营和粮食生产能力，建设商品粮基地。

滇东南生态修复整治区　位于云南省东南部，包括20个县（市），土地总面积9290.25万亩，占全省土地总面积的16.2%。加强生态友好型土地整治工程的开展，加大以坡改梯、五小水利工程建设、基本农田建设为主的土地整理开发，重点保护和恢复植被，促进生态修复治理。

滇西北高原生态整治区　位于云南省西北部，包括13个县，土地总面积9418.5万亩，占全市土地总面积的16.4%。加强生态环境的保护，提高环境承载力，发展高山特色农业，提高土地利用率，将开发与保护有机地统一起来，加强对林地、湿地、重要水源地等土地的特殊保护。

滇东北扶贫攻坚整治区　位于云南省东北部，包括14个县（市、区），土地总面积5436万亩，占全省土地总面积的9.5%。发展山区生态农业，营造适合喀斯特山原地区的绿色经济体系，推进坡改梯、农田"五小水利"工程、退耕还林（还草）工程、长江防护林工程、天然林保护工程和退化草坡整治开发工程，改善土地利用的生态条件。

2. 实施差别化土地整治

平坝区土地整治　集中连片建设高标准农田，补充和完善农田基础设施，田间基础设施占地率不宜高于8%，田间道路通达度不宜低于90%，加大耕地污染的防治力度。

丘陵区土地整治　建设高标准农田和生态示范良田，因地制宜确定新增耕地指标，调整土地利用结构，探索开展针对农地经营者用地需求的土地整治项目试点，将农地整理、城镇化、新农村建设、生态文明建设与脱贫攻坚等工作有机整合起来。

六、土地整治重点区域和重点任务

1. 土地整治重点区域

农用地整理重点区域　农用地整理潜力8009.38万亩，其中耕地6258万亩，其他农用地1751.38万亩，共86个县（市、区）。

农村建设用地整理重点区域　农村建设用地整理潜力64.29万亩，共35个县（市、区）。

城镇低效建设用地整理重点区域　城镇低效建设用地整理潜力3.7万亩，共19个县（市、区）。

土地复垦重点区域　土地复垦潜力103.15万亩，包括基础设施建设损毁土地复垦潜力32.4万亩、自然灾害损毁土地复垦潜力3.09万亩、现有采矿用地复垦潜力61.66万亩、历史遗留损毁土地复垦潜力6万亩，共68个县（市、区）。

宜耕后备土地资源开发重点区域　宜耕后备土地资源开发潜力447.64万亩，占耕地后备资源总潜力的80.92%，共62个县（市、区）。

提质改造重点区域　提质改造潜力138.97万亩，共30个县（市、区）。

2. 土地整治重大工程

云南省高标准农田整治重大工程　涉及昆明市、楚雄州、玉溪市、曲靖市和红河州5个州（市），共33个县（市、区），实施规模244万亩，预计新增耕地7.32万亩。

乌蒙山云南片区土地整治重大工程　涉及昆明市、曲靖市、昭通市、楚雄州4个州（市），共15个县（市、区），实施规模235万亩，预计新增耕地4.7万亩。

滇东南石漠化集中连片特殊困难地区土地整治工程　涉及曲靖市、红河州、文山州3个州（市），共11个县，实施规模55万亩，预计新增耕地2.2万亩。

滇西边境集中连片特殊困难地区土地整治重大工程　涉及丽江市和大理州2个州（市），共14个县，实施规模45万亩，预计新增耕地1.8万亩。

西部生态建设地区云南省农田整治重大工程　涉及临沧市、保山市、德宏州、普洱市、西双版州5个州（市），共14个县（区），实施规模60万亩，预计新增耕地2.4万亩。

滇西南宜耕后备资源集中区补充耕地工程　涉及保山市、德宏州、临沧市、普洱市、西双版纳州5个州（市），共13个县（市、区），实施规模15万亩，预计新增耕地9万亩。

滇中城乡统筹区域农村建设用地整理示范工程　涉及昆明市、曲靖市、楚雄州、玉溪市4个州（市），共25个县（区），实施规模2万亩，预计新增耕地0.8万亩。

重点矿山土地复垦工程　涉及云南省16个州（市），共51个县（市、区）的68个矿山，实施规模7.5万亩，预计新增耕地3万亩。重点矿山环境治理恢复与矿区土地复垦包括68个矿山。

重大基础设施土地复垦工程　主要包括高速公路、重点国铁干线项目、重点水利建设项目等土地复垦工程，涉及云南省16个州（市），共74个县（市、区），工程实施规模23.5万亩，补充耕地9.4万亩。

城镇低效用地再开发工程 涉及昆明市、曲靖市、楚雄州、红河州4个州（市），共12个县（市、区），实施规模1.5万亩。

3. 土地整治重点项目

云南省土地整治重点项目的类型主要包括高标准农田建设重点项目、土地复垦重点项目、宜耕后备土地资源开发重点项目、农用地整理重点项目、农村建设用地整理重点项目、城镇工矿建设用地整理重点项目、土地综合整治重点项目。"十三五"期间共计划安排土地整治重点项目287个，整治规模384.59万亩。

4. 土地整治示范项目

高标准农田建设示范项目 通过实施"田、水、路、林、村"综合整治，建设田成方、路成网、渠相连、旱能灌、涝能排、保水保肥、旱涝保收的高标准农田示范区，"十三五"期间计划安排高标准农田建设示范项目8个，整治规模7.56万亩。

农村建设用地整理示范项目 主要选择在农村建设用地整理重点区域和国土综合整治示范县，"十三五"期间计划安排农村建设用地整理示范项目5个，整治规模0.24万亩。

土地复垦示范项目 选择在土地复垦重点区内，规划期间计划安排土地复垦示范项目6个，整治规模0.78万亩。

土地综合整治示范项目 选择在农用地整理重点区、农村建设用地整理重点区、宜耕后备土地资源开发重点区相重叠的区域内。"十三五"期间计划安排土地综合整治示范项目6个，整治规模4.68万亩。

整村推进示范项目 在贫困地区且耕地相对集中连片的区域，按照先易后难、循序渐进的方式，逐年安排整村推进土地整治示范项目，"十三五"期间计划安排示整村推进土地整治范项目15个，整治规模4.76万亩。

生态土地整治示范项目 选择在促进流域水土保持、促进生物多样性保护、促进石漠化治理、促进生态景观建设、促进高原湖泊流域治理等方面为重点的区域内，"十三五"期间计划安排生态土地整治示范项目7个，整治规模1.39万亩。

第十四章　云南区域协调发展

近年来，云南省的经济和社会平稳较快发展，但发展不充分、不平衡、不协调、不可持续问题仍然突出，要推进云南生态文明建设的不断发展，重点促进城乡区域协调发展，促进经济社会协调发展，促进新型工业化、信息化、城镇化、农业现代化同步发展，促进硬实力与软实力同步提升，不断增强发展整体性。通过"一核一圈两廊三带六群"空间格局的构建，促进各地联动发展、协同发展、共同发展。

第一节　发展中心城市作用推动区域协调发展

一、发展中心城市的龙头和支撑作用①

1. 发挥昆明在经济社会发展中的龙头作用

充分发挥昆明市人才资源和各类创新平台集聚的优势，大力发展高新技术产业，全面提升创新能力，打造区域性产业创新中心。充分考虑滇池盆地资源环境承载能力，向外转移和扩散重化工业和一般加工业，腾出空间重点发展战略性新兴产业和现代服务业。着力提高昆明城市规划、建设和治理能力，改善城市人居环境，建设开放型、国际化城市。昆明中心城市包括五华、盘龙、西山、官渡、呈贡5个区，重点发展先进装备制造、电子信息、生物医药、新材料、金融、科技及信息服务、现代物流、旅游、文化创意、会展、健康服务等产业，打造总部经济和昆明国家生物产业基地，积极构建区域性金融中心、物流中心、采购中心、研发中心、中介服务中心、培训中心、旅游集散和会展服务中心，使之成为全省对外开放合作的中心城市、引领全省经济社会跨越发展的龙头。

2. 发挥滇中城市经济圈支撑作用

加快建设适应滇中新区发展的交通、水利、能源、信息网络等基础设施，重点推动昆明主城区的交通走廊向安宁片区、嵩明—空港片区延伸。依托安宁工业园区、杨林经济技术开发区、昆明空港经济区等重点园区，加快发展现代生物、先进装备制造、新一代信息技术、新材料、节能环保、新能源等战略性新兴产业和以金融、现代物流、健康服务、文化创意等为重点的现代服务业。突出产城融合发展，完善市政配套设施和生活服务设施。创新体制机制，搭建开放合作平台，完善政策措施，推进形成支持新区建设的良好氛围。

---

① 云南省人民政府关于印发云南省国民经济和社会发展第十三个五年规划纲要的通知 [EB/OL]. (2016-05-05) [2019-02-09]. http://www.yn.gov.cn/yn_zwlanmu/qy/wj/yzf/201605/t20160505_25013.html.

加快推进基础设施一体化 推动路网、航空网、能源保障网、水网、互联网的统筹规划和共建、共享，努力形成适度超前、互联互通的现代基础设施体系。进一步加快路网建设，重点建设滇中城市经济圈高速公路网环线、连接线，加强国省道改造和农村公路建设，积极推进高铁、国铁及联络线建设，利用既有国家铁路、新建国家铁路和新建城际铁路，形成城际铁路客运网，鼓励主要城市发展城市轨道交通，打造昆明市全国性综合交通枢纽和曲靖市、红河州等区域性综合交通枢纽。着力构建国际化广覆盖航空网，加快推进民用机场、航线网络和昆明长水国际航空枢纽"两网络一枢纽"建设，适时推进有关新建、改扩建机场建设项目，建设一批通用机场。完善能源保障网，构建以昆明、玉溪、曲靖、红河为主的滇中负荷中心，推进城市、工业园区电网建设，升级改造县城及农村配电网，提高城乡供电质量和用电水平，依托中缅油气管道和安宁石油炼化基地，完善成品油管网布局，开展成品油储备应急设施建设，配套建设压缩天然气母站及液化天然气项目，加快天然气储气库、城市应急调峰储气设施建设，不断推进城镇燃气输配管网建设。加强水网建设，重点加快推进滇中引水工程及配套工程，建设一批大中型水库和大中型灌区，完善供排水渠系和管网。加强互联网建设，超前建设信息网，建设面向南亚东南亚的国际通信枢纽、区域信息汇集中心，加快第四代移动通信（4G）网络建设，实现城市、重要场所和行政村连续覆盖，超前部署下一代移动通信（5G）网络，所有行政村实现光纤通达。到2020年，实现经济圈州（市）通高铁、县县通高速，铁路运营里程达到2600千米以上，高速公路里程达2400千米；形成滇中全线双环电网，城市管道气化率超过90%。

加快推进产业发展一体化 加快培育战略性新兴产业，加强产业对接和整合，引导优势生产要素聚集，积极培育新材料、先进装备制造、节能环保、现代生物、新能源汽车、电子信息等战略性新兴产业。巩固提升传统优势产业，促进烟草、有色金属、钢铁、煤炭等产业改造升级，继续做强电力交换枢纽。大力发展旅游文化、金融、现代物流、健康养生、咨询服务等现代服务业。发展高原特色农业，建设外销精细蔬菜生产基地、温带鲜切花生产基地和高效林业基地。健全产业合理分工的利益补偿和分享机制，大力推进昆曲绿色经济示范带和昆玉红旅游文化产业经济带建设，加快构建分工协作、优势互补、差异竞争、合作共赢的产业发展新体系。推动大众创业、万众创新，释放新需求，创造新供给，推动新技术、新产业、新业态蓬勃发展。推动产能过剩企业开展跨区域、跨所有制兼并重组，开展国际产能合作，推动钢铁、水泥等行业走出国门，有效化解过剩产能。到2020年，经济圈三次产业结构不断优化，战略性新兴产业增加值占GDP比重达到20%，农产品加工转化率超过70%。

加快推进市场体系一体化 突破行政分割、市场壁垒束缚，构建统一、开放、竞争、有序的区域性大市场，不断提高各类市场运行效率、资源配置效率，加快推进昆明综合保税区物流基地、红河综合保税区物流基地、楚雄综合物流园区、玉溪研和综合物流园区等物流基地和园区建设，促进资本、人才、技术、服务以及其他生产要素的自由流动，加快推进市场体系一体化。到2020年，经济圈电子商务的交易份额占批发交易的比重提高到15%以上。

加快推进基本公共服务和社会管理一体化　整合、优化、提升公共服务和社会管理资源，构建资源共享、制度对接、流转顺畅、城乡统一、待遇互认、公平透明的基本公共服务体系，建立协调统一的跨行政区域社会公共事务管理机制。建立基本医疗保险关系转移接续制度，在省内率先推动社会保障卡"一卡通"，推动实现经济圈内三甲医院之间检查结果的互认。到2020年，经济圈九年义务教育巩固率达到98%、高中阶段毛入学率达到95%以上、每千常住人口医疗机构床位数达到6张。

加快推进城乡建设一体化　强化昆明、曲靖、玉溪、楚雄、蒙自等中心城市辐射带动力，构建布局合理、功能互补、山坝结合、城乡一体、特色鲜明的城镇体系，抓好曲靖市、红河州国家城镇化综合试点工作，增强城市整体竞争力、吸引力、承载力、文化魅力，全面提升城镇发展品质。加大对"三农"的支持力度，形成城乡经济社会全面发展、共同繁荣的城乡统筹发展新格局。到2020年，经济圈城镇人口达到1560万人，户籍人口城镇化率达到50%。

加快推进生态环保一体化　促进区域生态同保共育，完善生态安全格局，强化区域环境联防联控，建立滇中城市经济圈大气污染联防联控机制，切实加强跨界水污染和区域性大气、土壤及固体废弃物污染等整治，加大滇池流域、抚仙湖流域、牛栏江流域的保护与治理，加快环保基础设施共建共享，搭建环境监管协作平台，共建宜居宜业的生态文明家园。到2020年，经济圈三大水系监测断面水质达标率超过85%，城镇生活垃圾无害化处理率和城镇污水处理率超过90%，工业废水排放达标率达到100%。

3. 推进产城融合发展

坚持产业和城镇良性互动，促进形成以产兴城、以城聚产、产城联动、融合发展的良好局面。争取玉溪市、普洱市、楚雄市产城融合示范区纳入国家支持范畴，在全省范围内推进建设滇中新区等一批产城融合示范区。

强化新城新区产业支撑　按照新城新区发展定位规划建设产业园区，把产业园区融入新城新区建设，以产业园区建设促进新城新区扩展，通过产业集聚促进人口集中，实现新城新区与产业园区各种公共设施和服务平台的有机联系，依托城市服务功能为产业园区发展创造条件，实现基础设施共建共享，产业园区发展与城市发展相互依托、同步建设，防止呈贡等新城新区空心化。

提升园区城镇功能　加快完善园区交通、能源、通信等市政基础设施与医疗、卫生、体育、文化、商业等公共服务设施配套，推进中心城区优质公共服务资源向园区延伸，推动园区由单一的产业功能向城市综合功能转型，提高园区的综合承载能力和吸引力，为促进人口集聚拓展新的空间。

二、统筹城乡发展空间

《云南省乡村振兴战略规划（2018—2022年）》提出，按照主体功能定位，对国土空间的开发、保护和整治进行全面安排和总体布局，推进"多规合一"，形成山区、坝区、边境一线布局合理、功能互补的空间格局。

1. 强化空间用途管制

增强国土空间规划对各专项规划的指导约束作用，统筹自然资源开发利用、保护和修复，加快构建包括生态空间、城镇空间、农业空间和生态保护红线、永久基本农田、城镇开发边界的"三区三线"空间管控体系。①从严控制生态空间转为城镇空间和农业空间，禁止将永久基本农田转为城镇空间，鼓励城镇空间和符合国家生态退耕退牧条件的农业空间转为生态空间。推动主体功能区战略格局在州（市）、县（市、区）层面精准落地，各州（市）重点结合经济社会发展和资源禀赋，协调和管理行政区域内县（市、区）三类空间，各县（市、区）重点将图斑精准落位。开展资源环境承载能力和国土空间开发适宜性评价，合理确定开发强度和保护力度，完善负面清单、转移支付、生态补偿、土地指标等差异化政策，建立差异化绩效考核评价体系，形成与主体功能区要求相匹配的政策引导和利益保障机制。

2. 完善城乡布局结构

构建"县城—中心集镇—村庄"协调发展格局，增强城镇对乡村的带动能力。

做强县城　推动城乡接合部、新城区开发建设以及旧城区改造提升；强化基础设施建设，提升公共服务水平和层次；推进城市综合体建设；做精做强"一县一业"，加快产业园区发展，强化要素集聚和产业带动能力；推动农业转移人口向县城集中，实现县城居民市民化。

做优集镇　因地制宜发展特色鲜明、充满魅力的特色小镇和小城镇；推进小城镇扩权赋能，补齐基础设施和公共服务设施短板，完善提升商贸集市功能，促进发展基础好的小城镇升级为中心集镇；发挥中心集镇在联结城乡发展中的桥梁和纽带作用，加强以乡镇政府驻地为中心的农民生活圈建设，以镇带村、以村促镇，推动镇村联动发展。

做美村庄　以"守护绿水青山、彰显特色优势、发挥多重功能、提供优质产品、传承乡村文化、留住乡愁记忆"为导向，加强村庄规划管控和人居环境整治，提升村容村貌，实现"一村一品"，打造"产业生态化、居住城镇化、风貌特色化、特征民族化、环境卫生化"的美丽宜居村庄。

3. 合理布局"两区一线"

结合云南山区广阔的地形地貌特征，立足边境线长、守边任务重的实际，科学统筹山、坝、边规划建设，强化山区生态屏障功能，提升坝区发展效能，优化抵边村庄布局。

山区空间　按照适度集中的原则，推进迁村并户，引导村庄向宜建山地布局。除边境一线村庄外，对30户以下不具备发展条件的村庄不再配套建设各项设施和批准新建农房。鼓励山区农民进城。加强山区农村生态建设和环境保护，大力实施退耕还林还草工程。强化水土流失治理以及滑坡、泥石流等地质灾害防治。推进山区综合开发，发展山

---

① "三区三线"空间管控是指："三区"是在规划期内，生态、农业、城镇空间比例控制为71∶25.5∶3.5，并进一步优化。"三线"是在规划期内，生态保护红线划定面积占国土比例≥30.9%，城镇空间开发控制≤3.5%；到2020年，全省耕地保有量在8768万亩以上、永久基本农田7341万亩以上，到2022年，达到国家下达指标要求。空间治理体系：到2020年，全省空间规划大数据平台基本建成，以县级为基本单元，建立省、州（市）、县（市、区）三级空间治理体系。

地生态农业和林下经济，大力发展适宜山地的旅游、休闲、康养等产业。科学规划山区村庄基础设施、教育医疗等公共服务设施以及房屋建设。构建高低错落、人与自然和谐相融的山水画卷，建设具有云南特色的山、水、林、田、房交相辉映的山地村庄。

坝区空间　优化坝区村庄布局，引导布局零乱、居住分散、闲置低效的自然村及居民点向县城、中心集镇和中心村集中，控制村庄无序散乱蔓延。引导村庄向坝区边缘的宜建山地布局，实现依山而建、依山而居。强化坝区江河湖泊湿地等环境保护与治理，加大周边面山治理力度。推动城镇基础设施向周边坝区村庄延伸，扩大公共服务设施服务半径，实现资源共享，促进靠近城镇的村庄逐步融入城镇发展。加快坝区村庄产业集聚发展，建设产业园区和田园综合体，提高土地利用效率和产出。原则上坝区非规划用地一律不再审批宅基地和农房建设，确保农房数量在现有基础上一律只减不增。深入推进"两违"建筑处置，严刹乱建、乱挖、乱砍、乱垦、乱葬之风，清理整治"大棚房"，减少对坝区空间的割裂。把坝区乡村打造成为阡陌有序、田园美丽、河湖清澈、土壤肥沃的宜居宜业村庄集聚区。

边境一线　充分发挥自然村守边固边的重要节点作用，严控抵边自然村撤并。提高抵边村镇基本公共服务水平和保障能力，鼓励边境非一线地区人口向一线村镇搬迁安置。筑牢沿边生态安全屏障。加快推进边境地区界河治理，因地制宜实施界河整治。

4. 推进城乡统一规划

按照"县（城）—乡（镇）—村—房"四个层级，建立完善"村庄布点规划—村庄规划—村庄设计—农房设计"实用性规划设计层级体系。坚持县（城）域规划先行；统筹谋划县城产业发展、基础设施、公共服务、生态保护等布局；推动县域空间规划、村庄布点规划等各类规划的协调整合，合理确定保留村、拆并村、新建村的空间布点和数量。细化乡（镇）域乡村规划；落实县（市、区）域规划内容；深化细化乡（镇）域村庄空间体系、布点规模、实施布局和村庄整治。推动村庄规划管理全覆盖；以行政村为单元，采取"多规合一"的方式，加快编制村庄土地利用规划、实用性建设用地规划、村庄修建性详细规划；明确村庄建设用地四至边界、农房设施布局及建设规模、产业发展、风貌指引等内容；实现"一村一规划"，避免千村一面，防止乡村景观城市化。注重农房单体个性设计；严格农房宅基地和农房建设审批管理，强化新建农房设计刚性管控；对风貌不协调的民居，改造提升房屋外观风貌，并结合易地扶贫搬迁、农村危房改造、生态搬迁等工程的推进，加大统一风貌的实施力度，实现农房单体个性和风貌协调相统一。鼓励设计下乡，引导和支持懂建设、有情怀、爱农村的规划、建筑景观、市政、艺术设计、文化策划等领域设计人员下乡服务，提升乡村规划建设水平。

三、分类推进乡村发展

《云南省乡村振兴战略规划（2018—2022年）》提出，顺应村庄发展规律和演变趋势，立足不同村庄的资源禀赋、区位条件、发展现状、民族特色、文化脉络，合理确定发展方向和发展路径，因村施策，分类推进村庄建设。

1. 城郊融合型

城市近郊区以及县城城关镇所在地的村庄，具备成为城市后花园的优势，也具有向城市转型的条件。加强城乡统一规划引导，加快基础设施互联互通，推进产业互融互补，促进公共服务共建共享，逐步强化服务城市发展、承接城市功能外溢、满足城市消费需求能力。利用区位等优势，发展农产品加工和乡村旅游，加快农村一二三产业融合发展。充分发挥资源优势和鲜明特色，在有条件的地方规划建设特色小镇和各类产业园、创业园，加速周边村落与特色小镇、园区融合发展，使其成为新型城镇化的重要纽带。在形态上保留乡村风貌、治理上体现城市水平，强化人口集聚，引导部分靠近城市的村庄逐步纳入城区范围或向新型农村社区转变。

2. 集聚提升型

现有规模较大的中心村和其他仍将存续的一般村庄，占乡村类型的大多数，是乡村振兴的重点。精准分析比较优势，科学定位村庄发展方向，在原有规模基础上有序推进改造提升，配套完善村庄基础设施和公共环境，提升集聚发展承载能力。选准、激活、做强优势主导产业，形成"一村一品"，发挥产业带动能力，建成一批农业融合、乡村旅游、康体养生等专业化村庄。加强国有农场及林场规划建设。大力提升农村人居环境，实现村容整洁、道路通达、环境卫生、适宜居住。

3. 特色保护型

生态环境良好、自然风光优美、文化底蕴深厚、民族风情多样、乡土气息浓厚、产业资源独特的村庄，具有将生态、人文资源优势转化为经济优势的区域，是彰显云南乡村特色的重要载体。统筹保护、利用与发展的关系，遵循村庄发展肌理，注重保持村庄的完整性、真实性和延续性。切实保护村庄的传统选址、格局、风貌以及自然和田园景观等整体空间形态与环境，全面保护人类遗迹、文物古迹、传统民居，传承和保护农村非物质文化遗产，展现世界文化遗产、历史文化名镇名村和传统村落魅力。抓好民族文化静态保护和活态传承，尊重原住居民生活形态和传统习惯，突出民族村寨自然风貌、人文风俗保护，优先对"直过民族"、人口较少民族地区村落进行保护发展。合理利用村庄特色资源，发展乡村旅游和特色产业，形成特色资源保护与村庄发展的良性互促机制。

4. 搬迁撤并型

对位于生存条件恶劣、生态环境脆弱、自然灾害频发、地方病严重等地区的村庄，因重大项目建设需要搬迁的村庄，人口流失特别严重不具有保留价值的村庄，根据相应条件和规定采取易地扶贫搬迁、生态宜居搬迁、重大项目建设搬迁、农村集聚发展搬迁等方式，实施村庄搬迁撤并，统筹解决村民生计、生态保护等问题。坚持村庄搬迁撤并与易地扶贫搬迁、生态移民搬迁、新型城镇化、农业现代化相结合，依托交通沿线、小城镇、产业园区、休闲农业和乡村旅游集聚区等适宜区域进行安置，避免出现新建孤立的村落式移民社区。搬迁撤并后的村庄原址，因地制宜复垦或还绿，拓展乡村生产生态空间。搬迁撤并村庄必须保障农民知情权、参与权和受益权，尊重农民意愿并经村民会议同意。到2022年，全省自然村在2018年规模基础上搬迁撤并10%以上。

5. 守边固边型

实施兴边富民、守边固边等工程，建设设施完善、环境优美、产业发展、和谐稳定的宜居宜业宜游边境乡村，持续保持边民不流失、守边不弱化、边境和谐稳定繁荣发展。推进边境沿线民族团结进步示范村、民族特色旅游村寨、国门村寨创建，打造一批边境民族风情小镇。加快边民互市、跨境旅游、特色种养殖及加工等产业发展，通过产业发展带动边民就地就近就业创业。加大提升人居环境的支持力度，加强基础设施建设，提高公共服务覆盖面，夯实守边固边基础。深化"国门党建"，切实发挥基层党组织和党员队伍在固边、稳边、兴边中的战斗堡垒和先锋模范作用。

第二节 经济走廊和经济带建设

一、打造面向南亚东南亚国家的经济走廊

主动服务和融入国家"孟中印缅"和"中国—中南半岛"经济走廊，积极推动铁路、公路、航空等互联互通基础设施建设，加快推进云南省与南亚、东南亚国家的国际产能和装备制造合作，发挥好在"孟中印缅"和"中国—中南半岛"经济走廊建设中的主体省份作用。[①]

1. 积极参与国家"孟中印缅"经济走廊建设

面向印度洋，以中缅铁路、公路等国际运输通道为依托，打造以昆（明）保（山）芒（市）瑞（丽）为主轴，以保山—腾冲（猴桥）—泸水（片马）和祥云—临沧—孟定（清水河）为两翼的对外开放经济带。以沿线节点城镇为支撑，以互联互通、投资贸易、产业发展、能源资源、人文交流等为重点，以瑞丽国家重点开发开放试验区、临沧边境经济合作区、腾冲边境经济合作区、瑞丽跨境经济合作区等为平台，创新开放合作机制和模式，推动自由贸易协定签署和"孟中印缅"自由贸易区建设，全面推进与沿线国家和地区特别是南亚国家的交流与合作，积极参与国家"孟中印缅"经济走廊建设，全面提升云南西向开放合作的层次和水平。

2. 积极参与"中国—中南半岛"经济走廊建设

面向太平洋，以中越、中老铁路、公路等国际运输通道为依托，以建设昆（明）磨（憨）、昆（明）河（口）经济带为抓手，以沿线节点城镇为支撑，以旅游文化、农业发展、轻工产品、绿色经济和人文交流等为重点，以勐腊（磨憨）重点开发开放试验区、昆明综合保税区、红河综合保税区、河口跨境经济合作区、磨憨跨境经济合作区等为平台，争取实现中越准轨铁路连通，积极参与大湄公河次区域合作，全面推进与东南亚国家的交流与合作，积极参与"中国—中南半岛"经济走廊建设，全面提升云南南向开放合作的层次和水平。

---

① 云南省人民政府关于印发云南省国民经济和社会发展第十三个五年规划纲要的通知 [EB/OL]. （2016-05-05）[2019-02-09]. http://www.yn.gov.cn/yn_zwlanmu/qy/wj/yzf/201605/t20160505_25013. html.

二、建设沿边、沿江经济带

坚持"开放合作、互利共赢、错位发展、联动开发"的原则，挖掘发展潜力、厚植发展优势、拓展发展空间，加快建设沿边开放、澜沧江开发开放和金沙江对内开放合作经济带，打造和培育全省新的经济增长带。①

1. 着力增强沿边开放经济带发展活力

沿边开放经济带包括保山市、红河州、文山州、普洱市、西双版纳州、德宏州、怒江州、临沧市等8个州（市）中的腾冲、龙陵、河口、金平、绿春、麻栗坡、马关、富宁、澜沧、西盟、孟连、江城、景洪、勐海、勐腊、芒市、瑞丽、盈江、陇川、泸水、福贡、贡山、镇康、耿马、沧源等25个沿边县（市）。该区域与缅、老、越3个周边国家接壤，总面积共9.25万平方千米，占全省总面积的23.5%；人口占全省的14.3%，少数民族人口占全省20%，生产总值占全省的11%，人均生产总值为全省平均水平的70%。

以扩大开放为主线，以深入实施"兴边富民"工程为抓手，以加强基础设施建设、培育壮大特色产业、建设沿边城镇、加大脱贫攻坚、推动沿边开放合作、巩固沿边生态屏障、建设和谐边疆为重点，努力把沿边开放经济带建设成为全省面向南亚东南亚辐射中心的前沿和窗口。

实施沿边铁路、公路贯通工程，建成沿边高等级公路，推动沿边铁路建设，完善沿边地区交通网络布局。重点建设沿边跨境新通道，积极推进红河蒙自、怒江等机场建设，争取新开口岸机场，建设一批沿边通用机场，形成外接周边国家，内连省内腹地的综合交通、能源管网、物流通道和通信设施。强化沿边能源资源加工产业基地、面向周边市场的出口加工基地、区域性国际商贸物流中心建设，充分发挥瑞丽国家重点开发开放试验区、勐腊（磨憨）重点开发开放试验区、临沧边境经济合作区等开放平台的功能作用，推动磨憨、河口等跨境经济合作区建设，建设一批高起点、高标准、高质量的外向型产业园区，积极承接国际国内加工贸易订单和加工贸易企业转移，大力发展烟草、蔗糖、茶叶、橡胶、水果、淡水渔业、畜牧、木本油料等高原特色现代农业，积极拓展跨境旅游业，逐步形成沿边地区外向型特色优势产业体系，真正将沿边地区的区位优势转化为开放优势、发展优势。优化沿边城镇空间发展布局，加强芒市、腾冲、景洪、普洱等城市建设，建设好龙陵、金平、绿春、麻栗坡、马关、富宁、澜沧、西盟、孟连、江城、勐海、勐腊、盈江、陇川、泸水、福贡、贡山、镇康、耿马、沧源等边境特色县城，建设瑞丽、磨憨、河口、孟定等重要口岸城镇，全面提升城镇综合承载能力。加大怒江州全境、红河州南部山区、文山州石漠化片区脱贫攻坚力度，深入推进精准脱贫，确保沿边地区与全省同步全面建成小康社会。支持边境地区加强生态保护和恢复，实施边境重大疾病、动物疫病和有害物种入侵屏障建设工程，积极探索跨境生态共保模式，维护沿边地区各族群众的生态福祉，建设沿边绿色生态走廊。开展爱国主义教育，加强麻栗坡老山、龙陵松山等爱国主义教育基地建设，提高沿边地区各族人民的国土意识、

---

① 云南省人民政府关于印发云南省国民经济和社会发展第十三个五年规划纲要的通知 [EB/OL]. （2016-05-05）[2019-02-09]. http://www.yn.gov.cn/yn_zwlanmu/qy/wj/yzf/201605/t20160505_25013. html.

国家意识，切实增强沿边地区各民族守边固边的荣誉感和责任感，维护沿边地区民族团结进步，建设和谐繁荣稳定边疆。

2. 加快培育澜沧江开发开放经济带

澜沧江开发开放经济带是云南省国土开发开放空间重要的南北轴线，是大湄公河次区域合作前沿，在区域发展和对外开放总体格局中具有重要战略地位。区域范围包括迪庆州的德钦县、维西县，怒江州的兰坪县，大理州的大理市、漾濞县、宾川县、永平县、云龙县、洱源县、剑川县、鹤庆县、南涧县、巍山县，保山市的隆阳区、昌宁县，临沧市的临翔区、凤庆县、云县、永德县、双江县、耿马县、沧源县，普洱市的思茅区、孟连县、镇沅县、景谷县、澜沧县、西盟县、江城县、景东县、宁洱县，西双版纳州的景洪市、勐海县、勐腊县，共7个州（市）34个县（市、区），地域面积13.08万平方千米，占全省的33%。人口占全省的21.6%，少数民族人口占全省少数民族人口的55%，地区生产总值占全省的17.6%，人均生产总值为全省平均水平的81%，森林覆盖率为67%。

以绿色发展为主线，以发展生态旅游文化产业为重点，统筹推动区域联动、资源整合、整体开发，努力把澜沧江开发开放经济带建设成为全省面向南亚东南亚开放合作前沿带、绿色经济发展的示范带。实施沿江基础设施建设工程，力争经济带沿线高速公路基本贯通，积极推进沿江经济带铁路连通，加快推进滇藏铁路等经济带外联铁路通道建设，加密布局建设德钦支线机场及一批通用机场，推动澜沧江—湄公河航道和港口升级，加快农村公路建设步伐，形成互联互通的综合交通网络。统筹推进水利、能源、信息、口岸等基础设施建设，加快推进实施澜沧江引水灌溉工程。打好绿色生态牌，巩固提升茶、蔗糖、咖啡、橡胶等优势农产品，因地制宜发展清洁能源、生物医药、旅游文化等特色产业，建设普洱绿色经济试验示范区，把澜沧江经济带建设成为我国重要清洁能源基地、高原特色农产品生产加工基地和国际知名旅游目的地。深化大湄公河次区域经济合作，积极参与中国—东盟自由贸易区，大力发展开放型经济，拓宽经济发展的领域和空间，使澜沧江经济带成为联结南北、内外联动、全面开放合作的经济带。聚焦贫困群体，加大支持力度，健全基本公共服务体系，大力推进基本公共服务均等化，深入推进滇西边境山区片区扶贫，坚决打赢脱贫攻坚战。建设滇西北"三江"并流、哀牢山—无量山、南部边境生态屏障，走出一条绿色发展、生态富民的科学发展之路。

3. 加快培育金沙江对内开放合作经济带

金沙江对内开放合作经济带是云南省融入长江经济带建设前沿，是全省重要的资源富集区，是云南省开展省际合作的重点区域。区域范围包括迪庆州的香格里拉市、德钦县、维西县，丽江市的古城区、玉龙县、永胜县、华坪县、宁蒗县，大理州的鹤庆县、宾川县，楚雄州的大姚县、永仁县、元谋县、武定县，昆明市的东川区、禄劝县，曲靖市的会泽县，昭通市的昭阳区、鲁甸县、巧家县、永善县、绥江县、水富县，共7个州（市）23个县（市、区），地域面积8.27万平方千米，占全省的21%。人口占全省的16.3%，地区生产总值占全省的11.8%，人均生产总值为全省平均水平的72.6%。

以融入长江经济带为主线，以加强与周边省（区、市）和长江中下游地区合作为重点，努力把金沙江对内开放合作经济带建设成为长江上游重要的生态安全屏障和长江上游的重要经济增长极。

坚持生态优先、绿色发展，实施重大生态修复工程，加强沿江开发规划和空间管制，统筹推进岸线开发利用、水污染防治和生态廊道建设，推进区域生态共同建设、共同保护、共同监管，确保一江清水流出云南。联合四川、贵州和重庆周边省（市），推动建设昭攀大（丽）铁路和高速公路、渝昆高铁、沿江高速公路等跨省大通道，打造丽江区域性旅游枢纽机场，建设一批通用机场，加强水富等港口建设和金沙江航道整治，实施农村公路通畅工程，构筑沿江综合交通网。坚持承接产业转移与优化升级相结合，强化与周边省（区、市）合作，主动与沿江下游省（市）对接，探索联合共建产业园区和承接产业整体转移，推动产业错位发展，打造清洁能源及载能、生态旅游、生物等产业集群和临水产业基地，加强金沙江中下游农业综合开发，提高农产品加工转化率。按照沿江集聚、组团发展、互动协作、因地制宜的思路，增强楚雄、昭通、丽江、香格里拉等城市辐射带动力，合理发展县城和小城镇，构建"层级合理、多点支撑、良性互动"的城镇发展新格局。以昭通镇彝威革命老区、迪庆藏区和丽江小凉山等为重点，加大脱贫攻坚力度，提高贫困地区人民群众的文化素质和就业能力。

第三节　建设面向南亚东南亚辐射中心

云南要主动服务和融入国家"一带一路"发展战略，以南亚东南亚为重点方向，围绕政策沟通、设施联通、贸易畅通、资金融通、民心相通，全面提升开放合作的层次和水平，充分发挥我国与南亚东南亚双向开放重要门户的作用，提升服务内陆省（区、市）走向南亚东南亚的能力水平，建设我国面向南亚东南亚辐射中心。

一、加快形成全面开放新格局

全面推进双向开放，促进通道完善畅通、国内国际生产要素有序流动、资源高效配置、市场深度融合。

1. 完善对外开放战略布局

坚持"深耕周边、拓展欧美、培育新兴市场、联动国内腹地"，推动形成外引内联、双向开放、通江达海、联通两洋、八面来风的全面开放新格局。

深耕周边　筑牢政治互信，扩大经济互惠，积极主动参与中国—中南半岛、孟中印缅经济走廊建设以及中国东盟自贸区、澜沧江—湄公河次区域经济合作。加强与周边国家高层互访、经贸往来、民间交流，密切与周边华人华侨联系，厚植社会和民意基础，深化利益融合，推动在互联互通、投资贸易、产业发展、能源资源和人文交流与合作等领域取得新突破。

拓展欧美　拓展与欧美等发达经济体经济技术合作，着力引进资金、品牌、技术、人才和先进管理模式。应对跨太平洋伙伴关系协定（TPP）、跨大西洋贸易与投资伙伴关系协定（TTIP）等世界经贸新规则，推动建立区域全面经济伙伴关系（RCEP）新机制，联动周边国家，扩大与欧美等发达国家贸易规模。

培育新兴市场　扩大与印度、俄罗斯、巴西、南非等新兴市场国家的交流与合作，加强友好往来、宣传推介、市场推广和咨询服务，扩大贸易往来，推进产能与装备制造合作，推动形成对外贸易新增长点。

联动国内腹地　全面融入长江经济带建设，共同打造国家生态文明建设先行示范带、创新驱动带、协调发展带。深化泛珠三角区域合作，积极参与构建区域互动合作机制，加强通道连接、资本引进、市场对接，深度开展资本和产业合作，联合、借力国内腹地增强对外开放支撑。有机衔接成渝、黔中及北部湾经济区发展，推进珠江—西江经济带、赣湘黔滇和粤桂黔滇高铁经济带、左右江革命老区、文山—百色跨省经济合作区、北海云南临海产业园建设。提升滇粤、滇浙等省际合作水平，加强与川渝黔桂藏等周边省（区、市）合作。完善沪滇对口帮扶合作机制，深化产业转移与承接、园区共建、金融中心建设、科技创新、人才培养等方面合作。深化与香港、澳门和台湾地区的合作发展。

2. 推动周边互联互通

依托中国—中南半岛、孟中印缅经济走廊建设以及中国东盟自贸区、澜沧江—湄公河次区域经济合作，加快形成内连西南及东中部腹地、外接南亚东南亚的互联互通格局，强化双向开放的基础保障与支撑。构建连接周边交通运输通道。加快建设出省出境高速公路，有效对接周边省（区、市）和周边国家；主动参与中老泰铁路建设，积极推动中越、中缅和孟中印缅交通基础设施互联互通，以缅甸胶漂项目开发为牵引，重点推进中缅铁路建设；重点开辟南亚东南亚、拓展西亚东亚、加快开辟昆明至欧美澳非等国家的航线；加快推进澜沧江—湄公河次区域高等级国际航道建设，推动中缅陆水联运通道建设；面向广阔国际市场，积极发展陆空、陆水、公路铁路等多式联运。推进中缅、中老、中泰电力联网等重大跨境电力通道建设，形成连接境内外的高效安全电网，打造跨区域电力交换枢纽。完善昆明区域国际通信出口局功能，扩容互联网出口带宽，打造面向南亚东南亚通信枢纽。积极推动与周边国家就便利人员往来等事项进行磋商，促进人员往来便利化。推动签署中缅双边汽车运输协定，推进跨境运输车辆牌证互认，提高跨境运输的服务保障水平。深化沿边金融综合改革，促进人民币周边化，推进资金融通。

3. 加快对外贸易优化升级

推动外贸向优质优价、优进优出转变，推动一般贸易和加工贸易协同发展、货物贸易和服务贸易相互促进。培育壮大进出口主体，积极创造条件发展转口贸易、跨境物流、跨境金融。实施"云品工程"，促进出口产品向高技术含量、高附加值转化。发展符合云南特点的加工贸易，培育一批加工贸易承接转移示范基地。稳定拓展物流运输、跨境旅游、文化、传媒、中医药等传统服务出口，扩大金融、通信、咨询等现代服务出口。顺应市场需求，鼓励进口短缺资源、先进技术、关键零部件、高端消费品等，争取扩大与周边国家能源资源合作项目的初级加品、农产品等进口。培育一批外贸综合服务机构，搭建跨境电子商务平台，大力推进跨境电子商务发展。支持昆明等地积极申报国家级服务外包示范城市。

4. 推进国际产能和装备制造合作

围绕电力、装备制造、冶金、化工、建材、轻工及物流等重点领域，建设实施一批重点产能合作项目，培育一批具有国际竞争力和市场开拓能力的骨干企业，建成一批境外产能合作基地，着力打造境外国际产能和装备制造合作试验示范区。积极融入区域产业链、价值链、物流链，积极承接劳动密集型产业和汽车、先进装备制造、家用电器、建材、电子信息、生物医药等产业转移，加快建设外向型产业基地和进出口商品生产加工基地。依托南亚东南亚等地区的能源、资源、市场，开展产业对接和产能合作，鼓励企业以多种形式参与基础设施、资源能源、园区开发等投资建设，开展电力、装备制造、冶金、化工等领域的产能合作，建立综合服务保障体系，带动云南设备、技术和服务"走出去"。推动优势企业在境外建立生产基地、研发平台和营销网络。积极参与投资、建设和管理老挝赛色塔综合开发区、老挝磨丁经济开发专区、缅甸皎漂经济特区等重要园区、港口。推动建立部省协同推进机制，打造国际产能和装备制造合作新样板。大力发展海外工程承包和劳务合作。

二、着力建设区域性国际经济贸易中心

依托独特的区位优势，良好的交通物流综合配套设施和口岸，以及与周边国家传统的经贸基础，联动国内长三角、珠三角和成渝经济圈等发达地区市场，积极拓展与南亚东南亚乃至非洲和欧美的经济贸易往来，深化与香港、澳门和台湾地区的经贸合作。着力提高贸易便利化程度，促进贸易要素顺畅流通，着力推进由单纯口岸贸易向口岸贸易、服务贸易、离岸贸易转变。进一步完善市场功能体系和市场机构体系，提升服务层级，形成具有国际国内两个市场资源配置功能、服务经济发展的区域性国际贸易中心功能框架。加快推进服务贸易的发展，形成货物贸易与服务贸易同步发展的总体格局。围绕提高贸易全程便利化程度，继续积极推进电子口岸建设。推进昆明以及重要口岸城市商业结构调整，形成多层次的免税商业业态。构建形成区域商贸要素高度聚合、商贸环境开放宽松、服务业高度发达的我国面向南亚东南亚的区域性国际经济贸易中心。到2020年，外贸进出口总额达500亿美元。

健全商品与要素市场，推动形成具有区域影响力的糖、粮食、木材、矿产品等大宗商品交易中心，花卉、果蔬、农机产品等商品交易市场，打造天然橡胶、三七、有色金属等一批具有辐射带动力和定价影响力的专业市场交易平台。积极推进构建面向国际的碳汇交易中心建设。大力发展总部经济，积极争取国际知名大型企业在云南设立总部、区域性总部、生产基地、研发中心、采购中心、结算中心等功能机构。依托口岸、城镇和交通干线，扩大边境贸易、加工贸易规模，创新发展跨境经济合作区。大力发展跨境物流，加快中越、中老、中缅国际大通道建设，推动与沿线国家在运输标准、海关、检验检疫等方面形成制度对接。打造昆明、红河、磨憨、瑞丽、大理、曲靖、保山等一批物流枢纽，加快商贸物流、大宗货物中转物流、国际采购、国际配送、国际转口贸易等各类物流服务，推动云南更好融入全球生产流通体系。运营好昆明综合保税区和红河综合保税区，加快申报建设中国（云南）沿边自由贸易试验区。推动国家开展孟中印缅自

由贸易协定谈判，提高区域贸易投资便利化水平。

三、着力打造区域性科技创新中心

深入实施创新驱动发展战略，牢牢把握科技进步大方向、产业变革大趋势，以科技为切入点，通过创新驱动、深化改革、产业转型，在战略性新兴产业和区域特色优势领域实现重大突破，成为科技创新有效支撑产业转型升级的示范区。立足于培育区域性技术创新系统和"互联网+"为代表的网络经济，全面提高竞争层次。充分发挥国际国内创新资源交汇辐射带动功能，强化政府管理和服务创新，增强市场配置创新资源的作用，形成以企业为主体的产学研用相结合的技术创新体系，构建科技基础设施体系和统一开放的公共服务平台，形成国内外具有影响力的区域性科技创新中心，为建设面向南亚东南亚辐射中心提供强劲动力。

建立和完善科技入滇长效机制，争取跨国企业研发中心、国际知名大学和国内一流高校科研院所和创投基金（机构）等创新要素在云南集聚设立分部或区域性中心，深入推进与清华大学、北京大学、中国人民大学、南开大学、北京航空航天大学、北京理工大学等知名高校的战略合作，在云南合作建立创新能力强、特色鲜明的全球性博士后工作站和院士工作站，成为面向南亚东南亚创新资源交汇的中枢节点。创建有区域影响力的高水平研究大学，鼓励有实力的研发机构在基础研究和重大全球性科技领域，积极参与国际科技合作、国际大科学计划和有关援外计划。探索知识产权资本化交易，探索建立专业化、市场化、国际化的知识产权交易机构。打造区域性创新技术转化、推广核心市场平台和高级创新人才交流平台。加快建设中国—南亚技术转移中心和中国—东盟创新中心。在南亚东南亚国家合作建成一批联合研发机构、科技合作机构、示范基地、孵化器、科技产业园，推动二次研发的先进适用专利技术、专有技术、先进工艺、生产技术、管理经验等向南亚东南亚市场辐射、转移和扩散。加大力度选择国家科技前沿与南亚东南亚国家开展技术产业合作，对南亚东南亚青年科学家来滇学习科研提供必要的支持和倾斜。

四、着力打造区域性金融服务中心

以金融市场体系建设为核心，不断拓展金融市场广度和深度，丰富金融市场产品和工具，推进金融市场对外开放。着力推进金融改革开放创新先行先试，着力营造良好的金融发展环境，形成具有较强创新和服务功能的金融机构体系，推进形成南亚东南亚地区资金资产管理中心。加快推进离岸贸易和离岸金融功能的培育和发展，加快推进离岸金融业务的创新发展，不断完善离岸国际贸易和离岸金融示范区的政策与制度环境，积极争取国家监管部门的政策支持，逐步建立完善适应离岸贸易发展的宽松可控的外汇资金结算便利制度和具有竞争力的税收制度，为建设面向南亚东南亚辐射中心提供强劲支撑。

扎实推进沿边金融综合改革试点、昆明区域性国际金融中心建设，打造跨境人民币结算、非国际主要储备货币交易、国际票据交易等金融服务平台。推动跨境人民币业务创新，完善人民币跨境清算安排，促进人民币离岸市场发展，争取云南及早实现人民币资本项下可兑换，促进人民币周边化、区域化。积极加强与世界银行、亚洲基础设施投资银行、亚洲开发银行等国际金融组织以及丝路基金、中国—东盟合作基金等的合作，鼓励符合条件的国内外金融机构来滇设立分支机构，支持推动地方法人金融机构走向南亚东南亚。推动跨境保险业发展，为跨境贸易企业提供风险保障。努力建设面向南亚东南亚的大宗商品现货和期货交易中心、股权交易中心。引进和培养国际金融工作经验丰富、有全球视野的金融人才，提升金融业人力资本优势。加快建设昆明金融产业中心园区，打造金融机构、市场、产品、信息、基础设施、人才聚集地。

五、着力打造区域性人文交流中心

发挥云南边疆地域、民族文化、宗教文化、历史文化资源等优势，密切与周边华侨华人的联系，厚植与南亚东南亚合作的社会基础，积极开展与周边各国、欧美日韩友城间的高层互访、民间交流等活动，强化人脉资源建设，筑牢民间友好基础。强化与南亚东南亚国家旅游交流合作，加快发展跨境旅游，加强大湄公河次区域、孟中印缅等区域旅游合作，促进滇缅、滇老、滇越等边境跨境旅游交流合作，合力打造国际知名旅游目的地。依托已经建立的双边和多边合作机制、合作平台，加快建立区域性的国际文化市场。着力扶持一批创新性发展的特色文化企业，一批文化科技含量和附加值高的特色文化企业，一批具有较强国际竞争力、传播力和影响力的特色文化品牌和时尚文化精品，推动云南成为面向南亚东南亚文化融合发展的区域性人文交流中心。

建立健全人文社会领域交流合作机制，积极争取更多南亚东南亚国家在昆明设立领事机构和分支机构。争取大湄公河次区域电力协调中心、铁路联盟秘书处等更多国际区域合作机构落户云南。提升中国—东盟科技论坛、中国—南亚论坛、澜沧江—湄公河六国文化艺术节、云南文博会等影响力。依托云南大学、昆明理工大学、云南师范大学、云南农业大学、云南民族大学、中国（昆明）南亚东南亚研究院、云南省社会科学院等高校和科研机构和云南省第一人民医院、昆明医科大学第一附属医院等医疗机构，搭建人文领域专业化对外交流与合作平台，积极发挥大理大学、滇西应用技术大学、红河学院等院校作用，推进中国（云南）国际职业培训中心建设，打造区域性国际人才培训基地、医疗服务基地、学术交流和文化交流中心。支持面向南亚东南亚的民族语言文字出版，加强与南亚东南亚民族文化交流合作。推动与南亚东南亚国家学历互认，扩大来滇留学生规模，设立供留学生交流学习、生活创业的南亚东南亚留学生之家。鼓励更多的云南学生赴南亚东南亚留学，学习了解周边国家语言文化，继续推进教育国际化进程。加大友城缔结力度，务实合作、打造范例。支持引导主流媒体以多种形式"走出去"，营造良好的舆论导向。

六、健全开放合作体制机制

加快构建沿边开放型经济新体制，加速培育提升营商环境、规则标准、合作机制、开放平台等综合竞争优势。

1. 营造优良营商环境

完善法治化、国际化、便利化营商环境，健全有利于开放合作、共赢发展并契合周边实际、与国际贸易投资规则相适应的体制机制。创新通关模式，全面实施"单一窗口"、一站式作业、一体化通关。对外资全面实行准入前国民待遇加负面清单的管理制度。进一步推进农业、制造业等对外开放，有序推进服务业对内对外开放。放宽对外投资限制，进一步简化核准手续。鼓励支持重点口岸、边境城市、经济合作区在人员往来、加工物流、旅游等方面实行特殊方式和政策，提高投资和贸易便利化水平。

强化对外开放服务保障。健全外来投资跟踪协调服务机制，建立项目评价体系，开展区域投资环境评价。规范企业"走出去"行为，建立"走出去"综合保障体系，推进劳务服务等平台建设，为"走出去"企业提供权益保障、投资促进、风险预警等服务。继续发挥好辐射中心部际联席会议制度平台作用，健全涉外重大工程、项目、事项协调推进机制。提升市场、公共服务管理水平，强化金融、信息、人才支撑，搭建平台、优化服务，在国内省（区、市）与南亚东南亚交流合作中当好桥梁纽带。加强全省开放合作工作统筹和综合协调。

2. 完善交流合作新机制

深化经济、政治、社会、文化等各方面对外交往，健全政府、社会、企业等各层次间交流合作，完善多领域交流合作渠道，形成多双边并重、宽领域覆盖、多层次参与、全方位推进的对外交流合作新机制。

建立健全合作机制　积极参与打造中国—东盟自由贸易区升级版，深化澜沧江—湄公河合作机制，参与大湄公河次区域合作，推动孟中印缅经济走廊建设政府间常态化高效运行合作机制。巩固与老挝、泰国、越南、缅甸、印度、马尔代夫的双边合作，推动与以色列、法国、柬埔寨、孟加拉国、斯里兰卡等国建立稳固合作关系。鼓励各级政府、民间组织、工商企业等发挥建设性作用，建立交流合作机制。建设面向南亚东南亚应急管理与产业交流合作平台，共同应对自然灾害和公共卫生事件。推动建立健全与周边国家多层次国际联合执法、跨境传染病联防联控、边防合作等工作机制。

拓展对外交流渠道　全力办好中国—南亚博览会暨昆明进出口商品交易会，打造中国与南亚东南亚互利共赢的多边外交平台、经贸合作平台和人文交流平台。发挥好中国—东盟科技论坛、中国—南亚智库论坛、孟中印缅地区合作论坛、滇缅合作论坛、滇以创新论坛、云南与印度西孟加拉邦经济合作论坛（K2K）、滇孟对话会等作用。继续办好中国国际旅游交易会、孟中印缅四国汽车集结赛、中国·东盟足球公开赛及中越、中老、中缅边境交易会，积极引入国内外重大赛事、品牌展会、国际峰会、高端论坛等具有区域乃至国际影响的大型活动，力争每年取得若干国际性重大活动承办权，提高会展活动专业化、市场化运作水平。

3. 构建开放合作新平台

开放合作平台包括开放合作功能区、口岸、陆港。开放合作功能区是指争取在滇中新区设立中印、中孟、中泰等园中园，争取设立中国（云南）沿边自由贸易试验区，加快建设瑞丽、勐腊（磨憨）重点开发开放试验区以及临沧、畹町等国家级边境经济合作区，有序推进腾冲、麻栗坡（天保）、孟连（勐阿）、泸水（片马）申报建设国家级边境经济合作区，积极推动磨憨、河口和瑞丽跨境经济合作区建设，适时拓展红河综合保税区功能和范围，加快建设昆明综合保税区，研究规划在昆明市新南站火车站等地设立海关特殊监管区或保税监管场所。优化口岸布局，大力促进河口、昆明、瑞丽、磨憨、猴桥铁路口岸建设，积极拓展关累港、水富港、景洪港水运口岸，稳步发展芒市、腾冲、大理、香格里拉机场口岸，优化设置龙富、弄岛、勐龙（240）、勐满等沿边陆路公路口岸（通道），扩大开放猴桥、清水河、勐康、金水河口岸为第三国人员和货物出入境口岸，促进章凤、南伞、片马、孟连、永和、盈江、田蓬等原二类口岸转新开口岸。陆港是指推动昆明市、瑞丽市、景洪市、河口县加快建设国际陆港。

提升开放合作功能区发展水平 加强沿边、航空、铁路口岸基础设施建设，支持有条件的口岸建设多式联运物流监管中心，改善口岸通行条件。推动口岸对等设立和扩大开放，加快建设面向周边国家的开放门户和跨境通道。加快重点开发开放试验区、边（跨）境经济合作区、综合保税区等海关特殊监管区建设，创新体制机制，提升产业层次，完善开发开放、跨境合作、保税物流等功能，建成重要承接产业转移基地、加工贸易基地和保税物流基地。支持有条件的州（市）因地制宜规划设立各类海关特殊监管区，扩大海关和检验检疫机构覆盖面。依托滇中新区等国家级和省级开发区、产业园区，集中力量打造一批产业外向型、环境国际化、管理现代化的国别特色园区、省际合作园区，形成开放合作的亮点、平台和示范。积极申报建设国家产业转移示范园区。

打造开放合作综合性平台和复合性载体 进一步提升昆明省会城市辐射带动力，促进中心城区在开放合作、科技创新、金融服务等方面发挥引领作用。推动芒市、景洪、腾冲、河口等边境城市（镇）以及"两廊三带六群"重要节点城市（镇）优化基础设施，深化产城融合，完善城市功能，在经济技术合作、人文交流等方面形成各具特色的支撑平台。支持西双版纳、瑞丽等有条件的地区研究设立跨境旅游合作区。推动区域性交通枢纽加快建设物流基础设施网络、多式联运设施及物流大通道，搭建跨境电商服务平台，形成一批国际货运枢纽，打造现代化国际物流中心。

第十五章　云南低碳循环发展

发展低碳经济，是应对气候变化的一项重要措施，它可以促使技术创新，调整云南的产业结构，使有限的能源投入能有更多的产出，转变云南经济增长方式，形成一个新的经济增长极。2019年，云南的全年全部工业增加值达5301.51亿元，规模以上工业粗钢产量2154.68万吨，钢材产量2323.31万吨，10种有色金属产量405.08万吨，水泥产量12844.85万吨，卷烟产量699.29万箱，成品糖产量238.70万吨，规模以上工业企业累计实现利税2459.35亿元，全社会建筑业增加值2664.64亿元。[①]通过经济过程的资源综合利用，大力发展循环经济，推进云南工业的转型升级，使云南的经济活动对云南自然环境的影响降低到最小限度，实现云南经济的绿色发展。

第一节　促进云南低碳循环发展和工业转型升级

一、促进云南低碳循环发展

《云南省国民经济和社会发展第十三个五年规划纲要》提出，坚持绿色生产和生活方式，加强生产、流通、消费全过程资源节约，深入推动全社会节能减排，推动资源利用方式向集约高效转变，构建资源可持续利用体系。

1. 持续推动重点领域节能减排

严格按照国家下达的能源消费总量、主要污染物排放总量减少等指标，强化节能减排目标责任考核，对年度考核不合格或未能完成任务的地区实施建设项目环评区域和行业限批。加强工业、交通、建筑、公共机构、商业、农业等重点领域节能工作，实施能效"领跑者"制度和环保"领跑者"制度。削减主要污染物排放总量。实施重点节能、重点工业行业和重点领域减排工程。

2. 大力发展循环经济

加快构建循环型工业、农业、服务业体系，加强再生资源回收利用体系建设，推进尾矿、有色冶炼渣及工业石膏等大宗固体废弃物综合利用。加强普洱市、曲靖市、易门县、祥云县等国家循环经济示范城市（县）和普洱绿色经济试验示范区建设，推进资源综合利用"双百工程"建设，推行企业循环式生产、产业循环式组合、园区循环化改造。

---

① 云南省 2019 年国民经济和社会发展统计公报 [EB/OL].（2020-04-14）[2020-04-15]. http://www.yn.gov.cn/zwgk/zfxxgk/jsshtj/202004/t20200414_202429.html.

3. 加强资源节约高效利用

坚持最严格的节约用地制度，推广应用节地技术和模式，有序推进城镇低效用地再开发和低丘缓坡土地开发利用，推进建设用地多功能开发、地上地下立体综合开发利用，盘活农村闲置建设用地，加强矿产资源合理开发和综合利用。

4. 积极应对气候变化

主动控制碳排放，有效控制电力、钢铁、建材、化工等重点行业碳排放，有效控制二氧化碳等温室气体排放。建立全省温室气体排放统计核算考核体系、重点企（事）业温室气体排放报告制度、碳排放总量控制制度和分解落实机制，落实全国碳排放权交易市场建设工作，建立碳排放认证制度，强化云南气候变化科学研究和监测能力，扎实推进国家低碳试点建设，积极开展低碳产业园区、社区、城镇等示范项目建设。

5. 倡导勤俭节约的消费方式

引导民众树立绿色消费、绿色出行、绿色居住的观念，促进全社会形成环保、节俭、健康的绿色生活方式，力戒奢侈浪费，制止奢靡之风。在生产、流通、仓储、消费各环节落实全面节约，深入开展反过度包装、反食品浪费、反过度消费行动，推动形成勤俭节约的社会风尚。

二、建立云南低碳经济体系的主要目标

《云南省"十三五"控制温室气体排放工作方案》提出，到2020年，全省单位地区生产总值碳排放比2015年下降18%，昆明市碳排放强度下降23%，曲靖市、红河州碳排放强度分别下降22%，玉溪市碳排放强度下降20%，丽江市、楚雄州碳排放强度分别下降19%，大理州、文山州、临沧市碳排放强度分别下降18%，昭通市、保山市、普洱市、德宏州碳排放强度分别下降16%，西双版纳州、怒江州、迪庆州碳排放强度分别下降10%，碳排放总量得到有效控制。氢氟碳化物、甲烷、氧化亚氮、全氟化碳、六氟化硫等温室气体控排力度进一步加大。碳汇能力显著加强。全国低碳试点省建设深入推进，低碳试点示范不断深化，支持优化开发区域开展碳排放达峰先行先试。统计核算、评价考核和责任追究制度得到健全，碳排放权交易工作有序推进。减污降碳协同作用进一步加强，公众低碳意识明显提升。[1]

三、云南工业转型升级的思路和目标

1. 云南工业转型升级的总体思路

《云南省工业转型升级规划（2016—2020年）》明确提出了云南工业转型升级的总体思路，以跨越式发展为目标，以供给侧结构性改革、供需两端共同发力为主攻方向，以转型升级为主线，以智能制造为突破口，大力培育壮大新兴重点产业，改造提升传统优势产业，积极发展生产性服务业，激发工业增长新动能，建设开放型、创新型和高端化、信息化、绿色化现代产业新体系，努力构建面向南亚东南亚的工业辐射中心，打造云南工业经济升级版。

---

[1] 云南省人民政府关于印发云南省"十三五"控制温室气体排放工作方案的通知[EB/OL].（2017-03-28）[2019-03-06]. http://www.yn.gov.cn/yn_zwlanmu/qy/wj/yzf/201703/t20170328_28901.html.

2. 云南工业转型升级的主要目标

《云南省工业转型升级规划（2016—2020年）》提出，"十三五"期间，全省全部工业增加值年均增长7.5%，其中规模以上工业增加值年均增长7%，工业结构进一步优化、技术创新能力明显提升、绿色制造纵深推进。

结构优化目标　全省形成新兴产业、传统优势产业和生产性服务业协同发展的现代产业体系，装备制造、生物医药、信息等新兴产业新动能初步形成，对全省经济的支撑作用初步显现；烟草、钢铁、有色、化工、建材等传统优势产业转型升级成效显著；生产性服务业取得突破发展。生物医药、新材料、先进装备制造、食品与消费品制造、信息等产业主营业务收入占全部工业的比重力争达到16%。

创新驱动目标　全省规模以上工业企业研发经费支出占主营业务收入的比重达到1%；国家级企业技术中心达到24个，省级认定企业技术中心达到400个；工业企业专利授权年均增长25%以上，工业企业专利申请量占全省专利申请量的比例达到50%以上。建设60个智能制造示范车间，培育省级质量标杆15个以上。

绿色发展目标　全省绿色制造体系初步建立，全部工业企业实现"三废"达标排放，规模以上工业万元工业增加值能耗降低16%，万元工业增加值用水量降低到65立方米以下，工业固体废物综合利用率达到56%，规模以上工业用水重复利用率达到90%以上。

第二节　建立云南低碳经济体系

一、发展绿色能源，实现能源转型

1. 优化开发绿色能源，建成国家清洁能源基地[①]

《云南省能源发展规划（2016—2020年）》提出，发挥清洁电力优势，打造云南水电品牌，协调发展新能源，支撑和促进云南跨越式发展，将资源优势转化为经济优势，力争到2020年，清洁电力发电能力3000亿千瓦时左右，实现以水电为主的清洁电力在一次能源生产的比重提高到50%以上，成为国家清洁可再生能源西电东送基地，为全国提供清洁能源和节能减排效益，在全国率先实现由"以煤为主"转向"以水电为主"的主体能源更替。

稳步开发水电　"十三五"期间，在做好生态保护和移民安置的前提下，遵循水资源综合利用原则，积极有序开展水电开发、建设工作，同时完成重点河流、河段的规划论证工作，充分发挥水电在增加非化石能源供应中的主力作用。争取国家协调电力消纳市场，继续推进澜沧江和金沙江水电建设，按照国家总体部署，研究怒江水电开发，支持对流域存量中小水电的整合，鼓励中小水电就地利用，加强水资源综合利用。到2020年，基本形成金沙江中游、下游和澜沧江上游、中下游等4大电源带，水电装机力争达到

---

① 云南省人民政府关于印发云南省能源发展规划（2016—2020年）和云南省能源保障网五年行动计划（2016—2020年）的通知 [EB/OL].（2018-07-25）[2019-03-06]. http://www.china-nengyuan.com/news/126810.html.

7000万千瓦。

适宜区域适度发展风电 "十三五"期间,发挥风电在云南电源结构中与水电的互补作用,统筹风能资源分布、电力输送、市场消纳和环境容量,有序布局风电项目。坚持"生态优先",妥善处理好风电开发与环境保护的关系。

适度发展光伏发电 按照集中开发与分布式利用相结合的原则,在适宜区域适度建设地面光伏电站,发挥太阳能利用对扶贫开发的带动作用,合理进行地面光伏发电建设布局。

深入研究生物质供热和发电 以高效利用农业剩余物质,保障民生,增加农村替代燃料,深度处理城市垃圾,减少环境污染为出发点,在全省深入研究发展小型、微型生物质发电。

研究地热能利用 发挥地热能分布广的优势,加快地热资源勘察,加强地热开发利用规划管理,提高地热能开发利用技术水平和开发利用规模,统筹规划和有序开展地热直接利用。

2. 引领能源体系低碳转型[①]

实施能源消费总量和强度指标双控 着力推进能源生产利用方式转变,优化能源供给结构,提高能源利用效率,努力构建清洁低碳安全高效的现代能源体系。到2020年,能源消费总量控制在国家下达指标内,单位地区生产总值能源消费比2015年下降14%,非化石能源消费比重达到42%左右,大型发电集团单位供电碳排放控制在国家要求的550克二氧化碳/千瓦时以内。

推进能源节约 坚持节约优先的能源战略,严格执行节能审查制度,加快省、州(市)、县三级节能监察体系建设。全面加强工业、建筑、交通运输、公共机构、商业和农业等重点领域节能降耗,实施全民节能行动计划和工业能效引领行动。到2020年,在工业、建筑、交通、公共机构等重点领域组织实施150个合同能源管理项目。

加快非化石能源发展 优化开发绿色能源,建成国家清洁能源基地,继续推进澜沧江和金沙江等水电建设;控制和规范风电及光伏发电发展,深入研究生物质供热和发电,合理开发利用地热能。加强智慧能源体系建设,积极拓展非化石能源电力消费市场。到2020年,清洁电力发电能力3000亿千瓦时左右,实现以水电为主的清洁电力在一次能源生产的比重提高至50%以上,水电装机力争达到7000万千瓦。

优化利用化石能源 降低煤炭消费比重,推进煤炭深加工和洁净化利用,完善煤炭产品质量和利用技术装备标准。积极推进工业窑炉"煤改气""煤改电"。大力推进天然气利用,扩大居民生活用气和公共服务设施用气,积极发展天然气汽车和内河船舶。积极发展天然气发电及分布式能源,开展新能源微电网试点和推广。在煤基行业开展碳捕集、利用和封存研究。积极开发利用煤层气、页岩气。到2020年,煤炭、石油、天然气占能源消费的比重分别达到38.4%、15.1%、2.8%。

---

① 云南省人民政府关于印发云南省"十三五"控制温室气体排放工作方案的通知 [EB/OL]. (2017-03-28)[2019-03-06]. http://www.yn.gov.cn/yn_zwlanmu/qy/wj/yzf/201703/t20170328_28901.html.

二、构建低碳产业体系[①]

1. 加快产业结构调整

将低碳发展作为新常态下经济提质增效的重要动力，推动产业结构转型升级。依法依规淘汰落后产能和过剩产能，培育壮大新兴产业，运用高新技术和先进适用技术改造提升传统产业，加快承接产业转移，着力发展八大重点产业，打造绿色低碳供应链。到2020年，战略性新兴产业增加值占地区生产总值比重达到15%，服务业增加值占国内生产总值的比重达到50%。

2. 控制工业领域排放

有效控制能源、钢铁、有色金属、化工、建材等重点行业碳排放总量，2020年钢铁、水泥行业碳排放总量基本稳定在"十二五"末的水平。积极推广低碳新工艺、新技术，加强企业能源和碳排放管理体系建设，实施低碳标杆引领计划，积极控制工业生产过程温室气体排放。到2020年，单位工业增加值碳排放比2015年下降22%左右。

3. 控制农业领域排放

降低农业领域温室气体排放。发展节约农业，推广测土配方施肥，控制农田甲烷排放，实施耕地质量保护与提升行动，加大农业残膜回收与利用，推广建设畜禽养殖场大中型沼气工程，控制畜禽温室气体排放，推进畜禽废弃物综合利用。到2020年，规模化养殖场、养殖小区配套建设废弃物处理设施比例达到75%以上。

4. 增加生态系统碳汇

加快造林绿化步伐，着力增加森林碳汇，减少森林碳排放，增强湿地固碳能力，积极增加草原碳汇，增加城市绿地碳汇。到2020年，全省森林覆盖率（含一般灌木林）达到60%以上，森林蓄积量达到19.01亿立方米。

三、推动低碳城镇化建设进程

1. 加强城乡低碳化建设和管理

在城乡规划中践行低碳理念，优化城市功能和空间布局，科学划定城市开发边界，探索集约、智能、绿色、低碳的新型城镇化模式。开展城市碳排放精细化管理，加强建筑全寿命周期管理，在农村地区推动建筑节能和建设绿色低碳村镇，推广屋顶和墙体绿化，采用先进的节能减碳技术和建筑材料，推行合同能源管理，推广绿色施工和住宅产业化建设模式，积极开展绿色生态城区试点示范，探索零碳排放建筑示范。到2020年，城镇绿色建筑占新建建筑比重达到50%。

2. 建设低碳交通运输体系

加快发展铁路，推进航空和公路运输低碳发展，发展绿色低碳物流，完善公交优先的城市交通运输体系，积极推进车用替代能源的应用，鼓励使用节能、清洁能源和新能源运输工具，完善配套基础设施建设，严格控制交通运输车辆燃料消耗量和碳排放量。

---

① 云南省人民政府关于印发云南省"十三五"控制温室气体排放工作方案的通知 [EB/OL]. (2017-03-28) [2019-03-06]. http://www.yn.gov.cn/yn_zwlanmu/qy/wj/yzf/201703/t20170328_28901.html.

与2015年相比，营运车辆单位运输周转量碳排放下降5%，营运船舶单位运输周转量碳排放下降6%，节能与新能源城市公交汽车占全省城市公交车辆比例达到30%。

3. 加强废弃物资源化利用和低碳化处置

健全生活垃圾分类回收、资源化利用、无害化处理相衔接的收运和处理体系，推进餐厨垃圾无害化处理和资源化利用。在曲靖、红河、玉溪、文山等地区鼓励发展垃圾焚烧发电，有效减少全社会的物耗和碳排放。开展垃圾填埋场、污水处理厂甲烷回收利用。

4. 倡导低碳生活方式

树立绿色低碳的价值观和消费观，鼓励使用节能低碳节水产品，推行政府低碳采购，反对过度包装，提倡低碳餐饮，遏制食品浪费，制定合理的住房消费标准。积极倡导绿色低碳出行方式，鼓励购买小排量汽车、节能与新能源汽车，鼓励共乘交通和低碳旅游。

四、建立云南低碳经济体系的措施①

1. 加快区域低碳发展

推进低碳发展试点示范 深化国家低碳省、城市和城镇试点建设，制定云南减排路线，编制州（市）低碳发展规划。选择条件成熟的地区开展近零碳排放区示范工程，到2020年争取建设3个示范项目。持续推动昆明市国家低碳城市试点、呈贡国家低碳城镇试点建设，争取玉溪市、普洱市思茅区列入国家低碳城市试点。继续组织开展低碳产业园区、低碳社区、低碳旅游区、低碳交通、低碳建筑、低碳学校、低碳商业、低碳机关、低碳医院等试点示范项目建设，到2020年推动开展5个低碳产业园区试点、50个低碳社区试点，争取创建1个国家低碳产业园区试点、5个国家低碳示范社区。探索开展低碳投融资试点工作。形成一批各具特色的绿色低碳发展模式。

支持贫困地区低碳发展 探索将低碳发展纳入扶贫开发目标任务体系，形成适合不同地区的差异化低碳发展模式，避免盲目接收高耗能、高污染产业转移，建立扶贫与低碳发展联动工作机制，推进"低碳扶贫"，鼓励并帮助指导贫困地区碳减排项目进入国内外碳排放权交易市场。

2. 建立碳排放权交易制度

落实全国碳排放权交易市场建设 制定云南省落实全国碳排放权交易市场建设实施方案，建立碳排放权交易市场分级管理体制，积极参与国家碳排放权交易规则制定，确定云南省参与全国碳排放权交易主体，建立健全重点企（事）业单位年度碳排放监测、报告和第三方核查制度，建立碳排放权交易总量设定与配额分配方案，建设碳排放权交易数据信息管理平台。

运行和完善碳排放权交易市场 对全省范围内重点碳排放企业开展配额分配，建设运行碳排放权交易市场，加强碳金融体系建设，建立碳排放权交易市场风险预警与防控机制。到2020年，建立相对成熟的碳排放权交易市场体系。

---

① 云南省人民政府关于印发云南省"十三五"控制温室气体排放工作方案的通知 [EB/OL]. （2017-03-28）[2019-03-06]. http://www.yn.gov.cn/yn_zwlanmu/qy/wj/yzf/201703/t20170328_28901.html.

强化碳排放权交易基础支撑能力　深入开展碳排放权交易能力建设，针对不同对象制定系统的培训计划并组织开展分层次的培训，开展形式多样的碳排放权交易宣传教育活动，持续开展碳排放权交易重大问题跟踪研究。

3. 加强低碳科技创新

加强气候变化基础研究　加强云南省气候变化背景下的气象要素变化监测和预测研究，着力推进气候变化对水资源、农业、林业、生态系统、防灾减灾等关键领域的影响研究，加强大数据、云计算等互联网技术与低碳发展融合研究，加强生产消费全过程碳排放计算、核算体系及控排政策研究，开展低碳发展与经济社会、资源环境的耦合效应研究。

加快低碳技术研发与示范　在能源、工业、交通、建筑、农业、林业等重点领域，加大低碳技术研发力度，集中力量攻克关键性和前瞻性技术难题，鼓励企业进行碳足迹及碳资产管理示范应用研究，引导创业投资基金等市场基金。

加大低碳技术推广应用　把减排效果好、应用前景广阔的技术和产品申请进入国家推广目录，加快建立政产学研用有效结合机制，提升节能减排降碳领域科技整体水平。

4. 强化基础能力支撑

健全应对气候变化地方法规和标准体系　切实发挥能源、节能、可再生能源、循环经济、环保、农业、林业等相关领域法律法规对推动应对气候变化工作的保障作用，鼓励开展重点工业行业低碳技术、温室气体管理等标准化探索，加强碳排放认证能力建设，进一步扩重点企业开展低碳产品认证工作，索建立高原特色优势农产品低碳标准、标识。

加强温室气体排放统计与核算　加强应对气候变化统计工作，完善应对气候变化统计指标体系和温室气体排放统计制度，定期编制省级温室气体排放清单，完善温室气体排放计量和监测体系，逐步建立完善省、州（市）两级能源碳排放年度核算方法和报告制度，步建立温室气体排放信息披露制度。

完善低碳发展配套政策　加大财政投入对低碳发展的支持力度，完善涵盖节能、环保、低碳等要求的政府绿色采购制度，依法落实国家支持节能、环保、新能源、生态建设等税收优惠政策，加快推进能源资源价格改革。

加强机构和人才队伍建设　加快培养技术研发、政策研究等各类专业人才，加强人员技术对外交流，建立规范化、制度化的低碳人才培养、技能认定机制。

第三节　云南工业绿色发展

一、加快云南新兴重点产业发展

《云南省工业转型升级规划（2016—2020年）》提出，加快新兴重点产业发展是"十三五"时期云南工业转型升级三大重点领域之一。[①]

[①]　云南省人民政府办公厅关于印发云南省工业转型升级规划（2016—2020年）的通知[EB/OL].（2017-06-09）[2019-03-06]. http://www.yn.gov.cn/yn_zwlanmu/qy/wj/yzf/201607/t20160726_26257.html.

1. 生物医药产业

坚持继承和创新并重,优先发展具有特色治疗优势的中药、民族药。重点打造三七、灯盏花、天麻等特色产品,进一步拓宽产业发展领域,使特色产品发挥更大的经济效益。对特色中药、民族药品种进行二次开发,鼓励疫苗等生物制品创新发展。加快云南天然药物资源、民族医药资源的开发利用,开发具有云南特色的高质量天然保健品。把握全球生物技术药物市场快速增长的重大机遇,依托优势企业,开发研究一批自主创新生物药物和仿制药。抓住近几年一批专利药专利保护即将到期的时机,加快专利药的仿制;重视化学原料药及制剂新产品、新技术引进,提高化学原料药及制剂仿制的起点和水平,加快化学原料药及制剂产品的更新。推进医学与信息、材料等领域新技术交叉融合发展。大力发展远程医疗工程及健康维护有关产品,发展医疗器械产品,积极开发新型生物医药材料。打造"云药"品牌,积极争取"云药"产品进入国家基本药物和医保目录。

生物医药产业"147"发展战略:围绕1个目标(打造服务全国、辐射南亚东南亚的生物医药和大健康产业中心)、建设4大基地(建设国内最优质的天然药物和健康产品原料基地、特色鲜明的生物医药产品研发和生产基地、国内外知名的医疗养生服务基地、国际化的生物医药和大健康产业商贸基地)、实施7大工程(道地药材培育、产业园区建设、龙头企业培育、"云药"品牌打造和市场推广、研发创新服务、人才团队培引、重大项目推引7大工程)。

2. 新材料产业

立足云南丰富的矿产资源和较为健全的原材料产业体系,着力布局打造滇中新区等一批以金属、非金属功能材料为主的特色新材料产业基地,构建以企业为主体、科研机构为支撑、军民深度融合、产学研用相互促进的新材料产业体系。以加快原材料产业转型升级、满足战略性新兴产业和重大技术装备需求为主攻方向,以技术、体制机制和管理全面创新为目标,以开放和自主发展为路径,重点培育贵金属新材料、基础金属新材料、稀有金属新材料、光电子和电池材料、化工新材料、前沿新材料六大重点领域。大力推进云南贵金属新材料产业园、贵金属二次资源综合利用产业园、锡基新材料研发中心及锡基新材料产业基地、铜基新材料产业基地、铝基新材料产业基地、铅锌新材料产业基地、钛材深加工产业基地、铟深加工基地、国家级锗产业基地、光电子新材料及器件等建设。

新材料产业发展实施八大工程:①领军企业培育工程。到2020年,培育主营业务收入超500亿元企业1户、超200亿元2户、超100亿元3户。②产业集聚发展工程。推进云南省新材料产业生态集群示范园区、昆明高新技术产业开发区有色金属多功能新材料产业基地,昆明经济技术开发区锡基新材料产业、光电子材料产业,曲靖经济技术开发区稀贵金属深加工产业发展;进一步提升"个开蒙"锡合金和锡基新材料产业,楚雄禄丰钛合金和钛基新材料产业,玉溪稀贵金属资源二次回收产业,宣威液态金属产业集聚发展水平,推动形成若干产业链完善、配套齐全、竞争力强的特色产业集聚区。③协同创新建设工程。重点建设云南省新材料制造业创新中心、新材料性能测试评价中心、贵金属材料基因技术研究平台。④标准体系建设工程。主持或参与制修订一批新材料国标或行业标准，新制定一批新材料企业标准。⑤市场培育对接工程。实施重点新材料应用示范保险补偿试点及开展重点新材料应用示范。⑥人才培育引进工程。组建新材料产业创新团队50个，培育云岭产业技术领军人才10名、行业内有较大影响力的科技领军人才100名、技术创新骨干人才1万名。⑦开放融合发展工程。鼓励企业主动服务和融入"一带一路"等国家发展战略，加大与南亚东南亚等区域经济合作力度。⑧"互联网+"工程。鼓励企业利用大数据、云计算、物联网等，积极探索互联网条件下的协同创新模式。

3. 先进装备制造业

加快发展高端装备制造业，积极发展智能制造业，促进传统装备产品向数字化、智能化、绿色化、服务化发展，涌现一批在行业中具有明显竞争优势的龙头企业和"专精尖"企业，努力实现云南先进装备制造业的跨越发展。依托云南装备制造业产业基础和发展优势，进一步细分市场，打造集设计、研发、制造、服务于一体的先进装备制造业产业链。重点发展汽车及新能源汽车、电力装备、电子设备制造业；加快发展大型铁路养护机械及轨道交通装备、自动化物流装备及民用机场装备等优势特色制造业；积极发展机器人、无人机、增材制造、通用航空、北斗卫星应用终端等高端装备制造业。组织实施汽车、电力装备、高端和智能装备制造、电子设备制造等专项工程。围绕做强滇中，搞活沿边，辐射南亚东南亚，科学规划产业布局，在昆明、曲靖、玉溪、红河、楚雄、大理等地重点建设先进装备制造业基地，在德宏、保山、文山等地重点建设出口加工机电产品基地。

先进装备制造业实施六大工程：①汽车发展专项工程。鼓励现有企业升级改造，扩大规模，提升品质。加强招商引资，重点引进乘用车及关键零部件企业。着力培育新能源汽车产业，重点发展新能源汽车整车设计、关键技术研发、生产制造和运营商业模式创新。②高端和智能装备发展专项工程。积极研发高铁、动车大型养护机械，打造世界一流的轨道交通养护机械制造基地；加快大型自动化物流装备、民用机场装备、自动引导车AGV等高端智能装备发展；依托国家实施高档数控机床与基础制造科技重大专项、智能制造专项行动，支持开发一批高速、复合、精密大型数控机床及智能单元、柔性智能化生产线，继续推进柔性制造系统FMS研究开发，将云南建设成为国内重要的数控机床研发和生产基地；积极培育工业机器人、服务机器人、增材制造、可穿戴设备、通用航空飞机等市场前景大的智能装备制造业。③电力装备专项工程。以国家高原电器产品质量监督检验中心、全国高原电工产品环境技术标准化技术委员会为依托，围绕云南及周边地区能源基础设施、输配用电设备建设和维护的广大市场，发展高原型、湿热型高可靠水电、风电、光伏、生物质能发电设备，大型节能高压、超高压、特高压电力变压器，电力输配用高原型开关成套电器，微电网关键设备，电动汽车充电站（桩）关键设备，智能配电网关键设备，大截面、大跨距钢芯铝绞线，高效节能电机等高技术产品。鼓励电力装备企业抱团"走出去"，开展国际装备产能合作。④电子设备制造发展专项工程。大力支持红外和微光夜视、金融电子、远程医疗、精密双面自动精磨抛光机、LED半导体照明单晶炉等省内优势装备发展，积极培育集成电路、北斗卫星导航设备等装备制造。⑤农林机械发展专项工程。围绕云南及周边国家和地区特点，研发适合高原立体气候、土壤、地理环境的农林机械及生物资源加工设备。⑥重化矿冶工程机械等专用设备发展专项工程。充分发挥靠近市场的优势，大力发展盾构机、自动控制技术矿山机械成套设备、大型煤磷盐和石油化工装备。

4. 食品与消费品制造业

以培育龙头企业为重点，以品牌建设为基础，以技术创新为动力，以转型升级为主线，以质量安全为保障，推动消费和投资良性互动，产业升级和消费升级协同共进，以制度创新、技术创新、产品创新增加新供给，创造新消费，形成新动力。走特色化、差异化、区域化发展道路，依托专业化重点工业园区，加快承接产业转移，积极开拓国内外市场，促进食品与消费品制造业"增品种、提品质、创品牌"。加快发展现代食品工业，推广应用高效分离、节能干燥、非热杀菌等先进技术，开发健康、营养、保健、方便食品。重点做好制糖、精制茶、酒制造、果蔬加工、软饮料制造、肉类加工、乳制品制造、食用菌加工、食用油加工、烘焙制造等特色食品行业。加快环境友好型生态胶园建设，大力推进橡胶资源和行业整合，加快下游产品研发和生产，促进橡胶精深加工。推动塑料制品行业向多功能、复合型、环保化、高科技方向发展。加快林（竹）、浆、纸一体化建设。着力推进重大林纸一体化项目及自有造纸原料基地建设。将家具制造与设计、会展相结合，加大传统木料及高端红木、柚木等产品设计开发力度，打造云南家具高端品牌。将传统文化内涵与现代科学技术相结合，不断汲取和借鉴全新的设计理念、工艺技术，提高云南珠宝玉石、斑铜、斑锡、银制手工艺品、民族服装等特色工艺品的艺术含量和附加值。积极开发以松香松脂、天然香料、中药材、植物、花卉为原料的洗涤、清洁产品及护肤品、化妆品、香水、精油等绿色健康日用消费品，打造国际天然资源供应市场及深加工基地。充分挖掘边境优势，积极承接产业转移，大力发展高原特色农产品加工、家电、纺织服装、塑料制品、五金等出口导向型产品制造。

食品与消费品制造业实施六大工程：①龙头企业培育工程。依托一批主营业务收入百亿元、十亿元龙头企业，加强专业分工协作，带动中型企业做大，小（微）企业做精，形成各类企业协调发展的食品与消费品制造业格局。②品牌产品打造工程。鼓励企业争创品牌，对成功申报中国驰名商标、云南地理标志、中华老字号产品的企业进行奖励。实施品牌招商，加大品牌宣传，提高"云品"系列产品知名度。③创新驱动工程。坚持政府引导，依托云南龙头企业、高校、科研院所的有关技术中心、重点实验室、工程研究中心等各类技术研发平台，搭建云南食品与消费品制造业技术设计、研发、创新的专业平台，突破关键共性技术，支撑产业发展。推进一批技术创新项目，到2020年，建设国家级技术中心1个；省级企业技术中心170个，其中食品工业100个，消费品工业70个。④重点项目推进工程。到2020年，省级层面滚动实施食品与消费品制造业重点项目50个。重点支持弥勒食品产业园、芒市食品产业园、保山轻纺工业园、宾川高原特色食品加工产业园、剑川木雕产业园等，加大园区招商引资力度，积极承接产业转移，壮大食品与消费品制造业规模，培育产业集群，打造辐射国内及周边国家和地区的现代特色园区。⑤服务平台建设工程。依托原料储备平台，承担粮、油、肉等重点行业的国家战略储备中转工作；依托市场交易与预警平台，完善大宗农产品现货和期货交易中心、茶叶交易市场、咖啡交易市场、橡胶交易市场、花卉交易市场等重点行业交易中心；依托电子商务平台，加快云南跨境电子商务公共服务平台、中国—东盟自由贸易区商务门户平台、中国—南亚自由贸易区商务门户平台、GMS（大湄公河次区域）企业电子商务平台发展，推动云南与阿里巴巴、京东、苏宁等知名电商企业的战略合作；依托冷链物流网络平台，建设好省冷链物流中心；依托公共服务体系平台，健全质量体系认证、质量检测、质量追溯服务、工程咨询与设计、科技研发等第三方服务体系。⑥质量安全保障工程。开展与国内外中高端食品与消费品制造企业对标，引导云南重点食品与消费品企业参照国内外先进标准组织生产。引导龙头企业深入开展全面质量管理，加强从原料采购到生产销售全流程质量管控。提高产品性能稳定性和质量一致性。推广先进质量管理模式和管理体系，树立质量标杆企业。推进质量检验检测和认证，建立质量追溯管理体系专门认证制度。

5. 信息产业

实施"云上云"行动计划，坚持"政府引导、企业为主，统筹推进、重点突破，创新驱动、融合发展，因地制宜、开放发展"的原则，按照"龙头带动、集群发展、产业配套"的思路，打造新一代信息技术、信息通信服务、电子信息制造、软件和信息服务、移动互联网和物联网、区域信息服务六大产业集群。重点发展云计算、大数据、互联网、物联网、移动互联网、电子商务、软件信息服务、北斗导航、呼叫中心、泛亚语种软件等产业及业务。大力培育面向南亚东南亚的信息通信设备、物联传感设备、北斗导航设备、电子产品、机电产品、电子元器件、机器翻译产品等制造产业。打造一批外向型信息产品制造和出口加工基地，提高产业辐射能力，做大电子基础材料、金融电子、光电子等优势特色产业。重点发展国产基础软件、操作系统、工控系统、嵌入式应用软件，重点打造与电子产品高端装备制造出口配套的小语种操作系统和配套软件，力争形成国家面向南亚东南亚的小语种软件研发基地和产业化中心；着力培育翻译软件产业，打造国家面向南亚东南亚的机器翻译产业集聚地；大力发展即时通信翻译软件等翻译应用软件；促进软件产品和信息技术服务产业化。重点发展移动电商、移动支付、移动娱乐、可穿戴设备等移动互联网产业。加快物联网建设，增强物联网核心元器件和传感设备的研制能力，实施工业、农业、服务业等重点领域的物联网应用示范工程，构建物联网产业体系。加快发展区域通信增值服务、互联网运用服务等；依托大数据资源，培育国际互联网数据服务和信息技术服务产业；推进区域信息门户、社交网站、跨境电商、北斗导航等平台建设，做大做强区域大数据服务和信息技术服务业。

信息产业的三大重点领域是：①光电与电子设备产业。重点依托昆明经济技术开发区，发展适用于光纤宽带网络的低成本光纤光缆、光纤预制棒及有关光器件，推进光学锗镜头及元件、大功率半导体激光器、高功率气体激光器、光纤激光器、紫外激光器等光电仪器和电子专业设备研发与产业化，提升光电及配套产业竞争力。②新一代信息技术产业。重点依托呈贡信息产业园区、昆明经济技术开发区、昆明高新技术产业开发区、保山工贸园区、大理经济技术开发区等，重点发展云计算、大数据等产业，加快建设服务于智能制造、协同制造的工业大数据平台。支持高安全性工业控制智能产品及系统研发与应用，加快研究新一代工业控制计算机体系结构，积极开展工业控制计算机软硬件基础平台和安全性、可靠性技术等研究。③电子信息产品制造业。重点依托蒙自经济技术开发区、红河综合保税区、云南省昆明空港经济区、河口进出口加工工业园、砚山工业园区等，瞄准电子信息产业加工制造环节，积极承接国内外智能电子产品制造业转移，重点发展计算机、通信设备、智能手机、智能家电及可穿戴设备等新兴消费电子产品，打造承接电子信息产品制造业向西南地区转移的主阵地。

二、促进云南传统产业转型发展

《云南省工业转型升级规划（2016—2020年）》提出，促进传统产业转型发展是"十三五"时期云南工业转型升级三大重点领域之一。

1. 烟草及配套产业

继续提升烟草制造业智能化水平，完善配套产业。调整卷烟产品结构，努力发挥品牌效应，打造中国烟草规模价值兼具的卷烟品牌集群。充分把握市场发展趋势，着力突破一批减害降焦核心技术。加强减害降焦综合技术集成应用。做大做强新型包装印刷，高起点发展铜版纸、白卡纸等卷烟用纸，整合做强铝箔纸、BOPP薄膜、金拉线及以烟用纸箱等卷烟原材料配套企业。突出优势，着力发展辅料生产，重点发展以天然植物提取的香精香料，开发安全、环保的新型烟用添加剂。

烟草产业转型升级方向是：通过整合重组和技术改造，聚焦"云烟""玉溪""红塔山"三大全国性知名品牌，着力做精"玉溪"、做大"云烟"、做强"红塔山"，加快香料烟、晾晒烟等烟叶品种发展。重点以研发卷烟调香、育种培育、特色烟草配方组合工艺、推进降害减焦为主攻方向，积极发展生态型、安全型产品，提高一、二类烟比重；通过技术创新链和烟草配套产业链"双链"延伸，推进烟草企业改革，提升"云产"卷烟市场地位和品牌价值，巩固国家优质卷烟生产基地地位，打造国内最大、国际领先的卷烟企业。

2. 有色金属产业

依托云南有色金属工业基础优势，进一步延伸产业发展链条，大力发展精深加工产品。以提高性能、降低成本为方向，加快发展高性能铜合金材料、铅锌镍各种合金及其他功能材料。以发展精深加工、提升品种质量为重点，以轻质、高强、大规格、耐高温、耐腐蚀、低成本为发展方向，大力发展铝、镁、钛等高强轻合金材料。鼓励发展电力电气、交通运输等行业用铜产业链，进一步拓展高效节能铸铜转子、高强高导新型铜合金接触导线等高技术含量产品发展空间，适时发展铜板带箔及复合材料。加快发展锌基合金及锌化工产业链。加快拓展锡金属应用领域和空间，进一步巩固和提升全球市场话语权。围绕有色金属工业发展重点和难点，在矿产资源勘查、节能减排、提高资源利用率、先进材料制备等领域，着力突破核心关键技术和共性基础技术，进一步完善"政产学研用"体系，打造全国有色金属生产、研发、应用基地和贸易中心。

有色金属产业转型升级方向是：巩固发展铜产业，提升发展铅锌产业，优化发展锡产业，适度发展"水电—铝—铝加工"产业，培育发展钛、镍、镁、锑、钼、钨等新型金属产业，加快发展锗、铟等稀散金属产业，稳步发展稀土、稀贵金属产业，全面发展有色稀贵金属回收再利用产业。推动有色金属产业积极适应现代制造业发展要求，延伸下游产业链，重点开发有色金属、稀贵金属新材料，促进基础原材料向高端新材料升级换代，进一步做全、做大、做强并延伸有色稀有金属产业链，加快推进与战略性新兴产业有关的"小金属"新材料产业发展，发展新型合金、锡化工，大力发展高纯贵金属材料、半导体材料、石英晶体材料、电子浆料。加速把云南打造成为国内重要、国际知名的有色金属、稀贵金属新材料产业基地。

3. 化工产业

依托现有产业优势，发挥龙头企业带动效应，延伸产业链条，加大技术创新力度，构建石油化工、煤化工、磷化工、天然气化工和生物能源化工有机结合的发展体系。着力推进中石油云南炼化项目一期炼油项目的炼油副产品综合利用，建设清洁低碳、安全环保、循环可持续发展的石化产业园。延伸通用合成材料、化工新材料和专用化学品等中下游产业链，打造面向南亚东南亚的石化产业平台。推进煤气化"云煤技术"推广应用和改造升级。推进现代煤化工关键技术工程化和产业化，适时推动煤化工与石油化工耦合发展。支持磷矿资源分级利用，鼓励中低品位磷矿综合利用。控制压缩黄磷产能，重点推进先进节能管理技术改造、延伸黄磷产业链、强化"三废"资源化综合利用及生产环境综合治理。调整优化化肥品种结构，鼓励发展高效复合肥、水溶性肥、专用肥、生物有机肥等新型产品，加快生物农药研发及产业化、规模化发展，发展以资源循环利用、产业链延伸为重点的高效、低毒、低残留化学合成农药。

化工产业转型升级方向是：推进以褐煤为原料的褐煤提质及新型清洁能源产业发展，推动煤制合成氨企业实施原料和动力路线提升改造。总量控制高浓度磷复肥发展规模，规范优化中低浓度磷肥产业发展，调整化肥、农药等农资产品结构，引导高效复合肥、专用肥、生物有机肥健康发展。充分发挥中缅油气管道综合效能，科学规划、合理布局、产业耦合，以炼油副产品为原料基础延伸发展石油化工产业，择优发展天然气化工。适时发展以有机原料、合成树脂、塑料加工、加工助剂、精细化学品及建筑材料为主的石化产业深加工群，并向新型材料、纺织等有关产业辐射延伸。依托先进适用的产业化技术，推进煤制烯烃、煤制乙二醇等现代煤化工产业发展。全面推进精细磷化工技术研发和产业化开发。

4. 建材产业

对生铁、粗钢等初级产品，严禁新增产能，加快淘汰落后产能。着力建设高性能抗震钢生产基地，联合橡胶钢铁企业，建立橡胶隔震装置示范产业园区。加快提升现有传统建筑钢材等级和品质，重点发展高强度棒材和高速线材，大力生产和推广使用500兆帕以上建筑钢材。充分利用国家节能减排、资源综合利用和循环经济优惠政策，重点发展以磷（硫）石膏、粉煤灰、煤矸石、高炉矿渣、冶炼渣、电石渣等大宗工业废渣和城市污泥、生活、建筑垃圾等为主要原料的各种符合建筑规范和质量要求的新型建筑材料，适时推进其他建材产业发展。持续推进建筑装饰天然及人造石材产业体系建设，加快玄武岩纤维产业化基地建设，推进发展新型不定型耐火材料、碳化硅纤维、新型玻璃纤维等新材料产业发展，夯实硅藻土、高岭土等精细化利用的产业化基础，形成一批特色非金属材料产业集聚区。严格控制水泥熟料总量，采用综合措施倒逼淘汰能耗高、污染大的落后产能退出。优化区域布局，推进企业兼并重组，积极发展绿色建材产品。在重点城市周边布局绿色建筑材料加工基地。促进玻璃材料深加工集聚发展。支持高标准建设建筑卫生陶瓷材料基地。

建材产业转型升级方向是：推进钢材产品精深加工，巩固提升高强度建筑用钢，延伸完善钢铁产业链。推广新型干法水泥生产工艺，引导开发高性能专用混凝土、高性能外加剂等水泥制品及新型建筑材料。有序发展优质浮法玻璃、特色石材。重点发展石材精深加工及配套产业。大力发展节能环保的新型建筑材料，发展多样化、轻质化、节能化、利废化、复合化和改善建筑功能的新型墙体材料，开发高档化、系列化、多功能和无公害的新型绿色建材。

三、加快云南生产性服务业平台化发展

《云南省工业转型升级规划（2016—2020年）》提出，加快生产性服务业平台化发展是"十三五"时期云南工业转型升级三大重点领域之一。

1. 生产性物流业

推进生产制造业与物流业联动发展，完善与生产制造相配套的物流供应链管理体系，促进重点产业园区与物流园区建设有机结合，提高物流业对生产制造业的支撑服务功能。重点推动供应链物流技术改造，实现生产制造与物流高效对接和互动发展，促进物流装备标准化和信息化，构建生产性物流和综合信息服务平台，提升生产性物流自动化和智能化水平。推进产业园区物流基础设施建设，引导物流要素向产业集聚区集中，提高物流组织效率。加快多式联运发展，推进多式联运示范项目建设，创新生产性物流组织模式，引导生产制造企业加快物流业务整合、分离和外包，降低物流成本，推动传统物流企业向现代物流企业转型，为生产制造企业提供定制化服务。推动物流战略联盟及物流产业链延伸，培育壮大物流龙头企业，加快主要产业、产品物流发展，满足重点产品产销需求。

生产性物流业实施七大工程：①制造业物流与供应链管理工程。指导和促进生产制造业物流业务外包，优化企业供应链管理，提升联动发展水平，提高企业核心竞争力。②"互联网+"物流工程。利用"互联网+"，将互联网创新成果与物流产业深度融合，推动物流技术进步、物流效率提升和物流组织变革，构建物流信息共享互通体系，提升实体经济创新力和生产力，形成更广泛的以互联网为基础设施和创新要素的物流业发展新形势。③生产性物流园区示范工程。重点建设物流园区转运基础设施、现代化立体仓库和信息平台以及发展先进运输方式、物流技术、设备应用等。遴选并支持一批省级物流示范园区。④多式联运重点工程。建设现代化中转联运设施，包括铁路和公路转运货场、集疏运设施、铁路集装箱场站、内陆城市和港口集装箱场站、空港物流等。⑤物流企业培育提升工程。重点扶持A级以上物流企业或专业性物流企业，培育和提升云南龙头物流企业。⑥国际班列与跨境物流工程。加快发展国际"公、铁、海"多式联运，提

高国际货物中转能力，促进国际物流加快发展。⑦冷链物流工程。重点支持物流园区冷链物流工程建设，带动云南高原特色农业发展。

2. 金融服务业

吸引境内外金融机构到云南设立分支机构，支持驻滇金融机构在云南设立区域功能性总部。支持地方银行、证券、保险等法人金融机构加快发展，适时到境外设立分支机构。深入推进各县、市、区农村信用社改制成为农村商业银行。鼓励金融机构创新金融产品和服务，完善融资担保机制，加大金融对实体经济的支持力度。支持云南符合条件的企业上市融资，发行企业债券、短期融资券、中期票据、中小企业集合债及集合票据，到"新三板"挂牌交易。鼓励企业利用期货市场开展套期保值，进行风险管理。积极支持民间资本设立私募股权投资基金和创业（风险）投资基金。提升保险服务水平，支持保险产品和服务创新，大力发展出口信用保险，积极推广跨境保险适用范围，开展与边境贸易和国际物流有关的保险业务试点。复制和推广云南沿边金融综合改革试验区改革创新试点工作成效，推动面向南亚东南亚金融服务中心建设，加快推进"一网五平台"、农村信用体系、中小企业信用体系等金融基础设施建设，优化地方金融发展环境。

3. 科技服务业

大力发展研发设计服务。提升高校和科研院所面向市场的研发服务能力，培育第三方研发机构，在滇中地区设立工业设计服务中心和研发服务中心，促进研发服务集群发展。充分利用现代信息技术及平台，逐步培育发展一批工业设计领域的研究院和专业化服务机构。积极引进国际著名工程设计、工业设计公司在云南设立研发中心，培育机制灵活、特色鲜明、注重创意的民营设计机构。积极发展检验检测认证服务。重点发展面向设计开发、生产制造、售后服务全过程的分析、测试、检验、计量等服务，促进检验检测技术服务机构由提供单一认证型服务向提供综合检测服务延伸。完善科技中介服务。鼓励社会资本投资设立专业化、市场化的科技成果转化服务实体。加快发展节能环保服务业，为工业绿色、低碳、可持续发展提供技术支撑。

四、云南工业转型升级的主要任务

《云南省工业转型升级规划（2016—2020年）》提出了"十三五"时期云南工业转型升级的主要任务。①

1. 促进工业投资增长

加强投资机制建设　进一步完善省、州（市）、县三级工业投资分类协调推进制度，分级分类推动产业招商和落地建设。以年度省级"3个100"工业转型升级重点项目、智能制造示范项目为重点，组织有效力量，分类梳理和积极协调解决项目建设的困难和问题，营造项目建设的良好环境，进一步增强各类投资主体信心。集中梳理工业有

---

① 云南省人民政府办公厅关于印发云南省工业转型升级规划（2016—2020年）的通知 [EB/OL].（2017-06-09）[2019-03-06]. http://www.yn.gov.cn/yn_zwlanmu/qy/wj/yzf/201607/t20160726_26257.html.

关优惠政策，结合实际，认真研究制定贯彻实施方案，进一步提升政策精准性和着力点。贯彻落实国家和云南省出台降低企业用地成本、政策性融资担保、信贷引导等稳增长政策措施，引导企业用足用活鼓励类产业目录、固定资产加速折旧、进口设备免税、首台（套）重大技术装备保险补偿机制等政策，不断优化企业发展环境，持续提升企业投资预期，提高民间资本在工业投资中的比重。继续完善工业投资考核机制，在考核体系中增加地区主导产业投资占工业投资比重、高新技术产业投资占工业投资比重、工业投资效果系数和大项目数量等投资效益性指标权重。省级工业和信息化专项资金安排要对工业投资总量大、增长速度快、主导产业培育成效显著、主导产业投资完成情况好的州（市）加大分配额度。

优化项目资金管理方式　充分发挥政府资金的引导带动作用，通过各级工业发展类资金集中支持工业转型升级重点项目，不断完善工业投资社会服务体系，提升投资效益。认真做好项目资金监管和督导督查，强化扶持项目建设进度责任目标管理。加大工业投资"僵尸"项目清理力度，对建设进度较慢的项目要加大督促力度。根据全省重点产业发展基金设立方案，依托省级融资平台，吸纳国内外优质基金公司和社会资本，采用母子基金形式，加快推进有关重点产业引导基金运作。

2. 加强工业园区建设

促进工业园区提档升级　围绕全省产业发展目标，完善国家级、省级、州（市）级工业园区三级产业空间载体服务功能，推进工业园区管理体制创新。按照"功能清晰、分工明确、错位发展"的原则，通过集中政策、资金、要素资源以及分层推进、分类指导、重点扶持等措施，积极推进工业园区产业转型升级。加强基础设施建设和配套能力，提升园区承载能力。全面提高园区招商引资质量和水平，逐步提高工业园区投入产出效率。推动绿色园区建设。加强产业技术创新平台和企业技术创新能力建设，积极构建园区技术创新体系。强化融资体系建设和区域合作，增强园区竞争力。按照"强化园区产业定位、形成错位发展格局"的思路，以资源、资本、技术等综合生产要素禀赋为基础，发挥区域比较优势，明确各园区主导产业和辅助产业，推动园区产业从同质同构型向特色差异型转变。实施"千百亿园区工程"，培育打造一批特色鲜明、主营业务收入达到千亿元、百亿元以上的专业园区，引领带动全省园区经济实现跨越发展。努力把工业园区建设成为推动全省经济发展的重要载体和主力军、创新驱动的先导区和引领区、面向南亚东南亚的辐射源。

加快培育特色产业集群　按照"资源共享、产业集群、集约发展"的要求，推动优势产业、优势企业、优势资源和要素保障向产业园区集中，除需独立选址的能源、矿产等项目外，新上工业项目必须进入工业园区；已在工业园区外取得土地审批、尚未征用土地和动工建设的工业项目，引导其调整到工业园区内进行建设。发挥工业园区内重点产业、骨干企业带动作用，促进专业化分工和社会化协作，建立相互配套、分工协作关系，形成相互关联、相互支撑、相互促进的发展格局。通过大企业、大项目引进落地，发挥龙头企业带动作用，吸引产业链上下游集聚配套，实现汽车、装备制造业、石油化工、信息等产业链式集群发展；通过区域品牌打造、市场驱动，培育本地中小企业协同发展，实现特色农产品加工、轻工、建材等产业横向集群发展；通过创新驱动，加快新技术产业化转化，吸引有关配套产业集聚，实现生物医药、新材料等产业集群式发展；立足资源优势，通过资源整合，延伸产业链和价值链，实现有色金属产业集群式发展。

工业园区产业功能分区 ①创新驱动引领区：依托昆明市、曲靖市、玉溪市、楚雄州，打造全省工业发展创新驱动引领区，以昆明为全省工业创新核心区，推动曲靖、玉溪、楚雄围绕产业上下游协调联动发展，以资本和技术密集型产业布局为导向，重点布局和发展先进装备制造、生物医药、电子信息、节能环保、新能源和新材料、生产性服务业等产业，巩固提升烟草、化工、冶金等传统产业优势，推动工业创新发展，提升产业综合竞争力和辐射带动能力，促进全省产业转型升级。②产业提速增效区：依托工业基础相对较好的大理州、保山市、红河州、文山州、昭通市，打造云南工业产业提速增效区，以生态环保型、清洁载能型、劳动密集型和外向型产业布局为导向，重点布局和发展生物医药、汽车、化工、清洁能源、冶金（黑色金属、有色金属加工）、电子产品等产业，加快与创新引领区互动发展，促进全省工业跨越发展，成为"云南速度"的重要支撑。③沿边开放与绿色发展区：依托德宏州、临沧市、普洱市、西双版纳州、丽江市、迪庆州、怒江州，以区域特色和资源优势为导向，重点布局和发展生物医药、旅游产品加工、食品与消费品制造（茶加工、农特产品深加工、林加工）、清洁能源、出口商品加工等生态型、外向型特色产业，打造沿边开放合作前沿阵地和绿色产业基地。

3. 加强技术创新进步

增强企业自主创新能力 完善以企业为主体、市场为导向、政产学研用相结合的技术创新体系。围绕关键基础材料、核心基础零部件（元器件）、先进基础工艺和技术等，支持优势企业开展政产学研用联合攻关，突破关键共性环节和重点工程产业化瓶颈。支持省内企业优先购置和使用云南首次自主研发和生产的成套装备或核心部件。支持和鼓励企业高水平建设企业技术中心、制造业创新中心（工业技术研究基地）、工程（技术）研究中心、重点实验室、工业设计中心等创新平台，引导优势龙头企业建立博士后工作站、院士工作站。支持企业整合现有研发资源，改革现有技术创新管理机制，加大技术创新投入，通过国际国内合作、产学研用相结合等多种模式快速提升企业技术创新能力。实施一批重点技术攻关和创新平台建设，支持一批能引领产业发展的关键核心技术成果产业化。支持军民技术相互有效利用，引导先进军工技术应用于民用领域，鼓励先进民用技术和产品在国防科技领域应用。

加强工业企业技术改造 储备和实施一批优质技术改造项目，不断扩大技术改造投资总量，优化投资结构。加大财政扶持力度，创新扶持方式，引导企业资金和社会资本重点投向用地少、消耗低、智能化程度高、绿色环保的技术改造项目建设。着重支持企业采用新一代信息技术、运用智能化工艺装备改造生产工艺和业务流程。加速装备智能化更新，支持企业在同等条件下优先选用省内重点推广应用的新技术新产品。建设一批智能车间（生产线、工厂）。支持钢铁、有色、化工、建材、轻工等传统行业有市场的企业高水平发展精深加工和延伸产业链，促进工业发展模式由粗放扩张型向质量效益型转变。严格执行国家产业政策和行业准入条件。制定年度企业技术进步指导意见，编制

年度重点转型升级和技术创新项目导向计划，为加快企业技术进步营造良好环境。

在智能制造上，深入贯彻落实《中国制造2025》精神，在云南新材料、生物医药、先进装备制造、电子信息等重点培育的新兴产业以及烟草、有色、冶金等传统优势产业领域，推动实施红云红河烟草（集团）有限责任公司曲靖卷烟厂卷烟制造智能工厂，云南白药集团股份有限公司气雾剂智能车间，云南云天化石化有限公司聚丙烯智能制造，昆明冶研新材料股份有限公司多晶硅智能车间，云南锡业股份有限公司铜业分公司铜电解智能车间，云南迪庆有色金属有限责任公司铜矿山采选数字化智能化生产线，云南建工钢结构有限公司钢构产品智能车间，昆药集团股份有限公司天然植物药创新基地三七提取智能车间，昆明中药厂有限公司中药综合智能制造，云南植物药业有限公司药品制造智能物流，昆明云内动力股份有限公司柴油发动机缸体、缸盖铸造、多缸小缸径柴油发动机制造数字化车间，云南力帆骏马车辆有限公司微型载货汽车焊装智能生产线等一批智能制造示范项目。

实施质量和品牌战略　提升工业产品质量，引导和鼓励优势企业采用国际和国内先进标准组织生产，提高工业产品标准水平；指导中小企业开展工业产品对标工作，加强标准执行情况监督，对重点工业产品实施达标备案管理，防范无标、违标、降标生产；实施质量管理体系建设及认证，开展质量标杆活动，推广先进生产管理模式和方法；建设一批省级工业产品质量控制和技术评价实验室，发挥实验平台在支持质量攻关、质量改进等方面的作用，开展工业产品质量状况分析；开展制造业单项冠军企业培育提升专项行动，支持企业走"专特优精"的单项冠军发展道路，打造一批国家级制造业单项冠军企业；完善质量监管体系，建立健全各级政府负总责、监管部门各负其责的质量安全监管体制机制，切实增强事前防范、事中控制和事后处置能力。壮大"云南制造"工业品牌，实施云南工业质量品牌提升专项行动计划，扶持一批品牌培育和运营专业服务机构，开展品牌管理咨询、市场推广等服务。建立公正、公平、公开的认定机制，培育一批拥有自主知识产权、具有较强市场竞争力的"云南制造"知名品牌和优势产品。培育和建设产业集群区域品牌，树立一批国家级品牌培育示范企业。鼓励企业争创中国驰名商标、云南省著名商标、云南名牌、地理标志产品、生产原产地保护产品、老字号等。

4. 加快民营经济发展

加快中小微企业发展　以推动科技创新、提高企业能力为支撑，以优化发展环境、提升政府服务效能、加快社会化服务体系建设为基础，着力营造透明高效的政务环境、竞争有序的市场环境、公平公正的法治环境、宽松便利的营商环境，推动民营中小企业健康较快发展。实施"两个10万元"微型企业培育、中小企业成长和"行业小巨人"培育三大工程。组合利用好"贷免扶补"与"两个10万元"微型企业培育工程等扶持政策，增加市场主体，推动大众创业、万众创新。继续实施中小企业成长工程。通过挂钩帮扶、要素保障、政策支持等措施，培育出一批竞争优势突出、特色鲜明、发展潜力大的骨干企业，走"专精特新"发展道路，提升云南中小企业发展水平和质量。研究出台支持"行业小巨人"发展的政策措施，集中各方资源，精准发力，培育打造一批处于细分行业领先地位的"行业小巨人"，发挥标杆引领作用。实施民营企业转型升级、"互联网+"小微企业、中小企业管理提升三大行动计划。推动传统产业民营企业提升数字化、网络化、智能化水平，引导民营制造企业向智能、绿色、低碳发展。利用"互联网+"发展众创、众包、众扶、众筹等新模式，支持第三方服务机构提供小微企业"互联网+"评估、诊断等服务，推动云服务平台提供面向小微企业的在线研发设计、优化控制、设备管理、质量监控与分析等软件应用服务。引导企业完善治理结构和管理制度，推动开展中小企业咨询服务，推广中小企业管理创新经营，加强人才引进和培养，实施国家中小企业银河培训工程。

完善民营经济服务体系　依托云南中小企业公共服务平台，根据产业和非公企业的现实服务需求，充分利用现有资源，引导高校、科研院所和专业服务机构等社会服务资源为全省民营经济服务。加强非公经济人才培养和引进，结合云南"高层次创新创业人才引进计划"，引进一批直接面向非公（民营）企业，具有综合管理和经营能力的海外高层次人才。建立院校人才培养与产业需求对接机制，搭建民营（中小）企业专业技工培训平台，切实解决民营（中小）企业高级技工人才缺乏的问题。加强创业辅导和政策引导。加大对创业创新服务载体的支持力度，通过财政补贴、场地建设补助、设立创投基金等方式加大对众创空间、小企业创业基地、科技孵化器、商贸企业集聚区、微型企业孵化园等支持，构建低成本、便利化、全要素、开放式的新型创业创新服务平台。依托新兴产业、地方支柱产业以及民营企业相对集中的开发区、园区等建立公共服务平台，引领民营企业产业升级，引导大众创业、万众创新。推动全省中小企业信用体系建设，切实开展企业信用信息征集和信用等级评价工作，建立互联互通、信息共享的信用信息资源及各方认可的信用评价体系。

5. 推进绿色协调发展

大力推进节能降耗　围绕绿色制造工程，实施钢铁、有色、化工、建材等传统产业生产工艺绿色化升级、能源消费系统节能低碳改造。大力推广应用节能新技术、新产品，加快淘汰落后机电设备和耗能装置。开展锅炉、窑炉、电机、变压器等终端用能设备能效提升专项行动，实施燃煤电厂节能改造。实施工业企业"以电代煤"和"以气代煤"原料、燃料路线改造，加快推进天然气、太阳能、生物质能等清洁能源在工业领域扩大应用。加快推进煤炭清洁、高效利用，建立完善清洁煤炭配送体系，淘汰落后燃煤工艺和装备，推广新型燃煤装置，加强煤炭消费总量管理，实现煤炭消费减量化。推进工业园区分布式能源建设，积极发展区域集中供热，开展园区能源梯级循环利用改造。推进企业能源管理中心建设，实施能源系统智能化、信息化改造，不断提高企业能源管控信息化水平。鼓励第三方平台服务公司开发"节能云服务"，对广大企业提供节能大数据、节能新技术、在线诊断和技术咨询等服务。有序推进全省重点用能单位能源在线监测。加快企业能源管理体系建设，开展能效对标达标活动和能效"领跑者"引领行动。强化主要工业产品能耗限额标准管理，加强重点用能企业节能目标管理和执法监察。

节能七大重点工程是：①工业能量系统优化工程。对钢铁、有色、化工、建材等重化工行业企业工艺、技术、装备系统优化，实施生产工艺绿色升级改造，能源系统节能低碳改造，重点耗能设备更新改造等。②区域能源优化工程。推广利用太阳能、风能、生物质能等绿色能源，加强分布式能源建设，实现多种能源相互补充。在条件适宜的工业园区和产业集聚区推行集中供热，在有条件的区域对现有火电厂进行供热改造，实现对周边生产企业集中供热，积极探索储能商业应用。③锅炉（窑炉）节能综合改造工程。开展电厂锅炉节能环保综合改造，采用新技术对磨煤、点火、燃烧、除尘、汽机、冷却等系统进行节能改造，不断降低发电煤耗。建立完善工业锅炉节能环保监测评价机制，开展节能环保标杆锅炉房创建活动。④电机系统、变压器能效提升工程。分批分类推进落后电机、变压器淘汰工作。示范推广稀土永磁无铁芯电机等高效节能电机技术设备；大力推广能效等级为一级和二级的中小型三相异步电动机、通风机、水泵、空压机。采用变频调速等技术对电机系统进行节能改造。⑤机电设备再制造工程。制定电机高效再制造的产品标准、设计与应用规范，建设电机高效再制造示范基地，开展再制造电机普查，实施老旧电机铸铜转子高效化再制造示范工程。⑥清洁能源替代工程。继续推进工业领域天然气利用。积极推进太阳能在工业领域应用。实施生物质能替代燃煤、燃油。⑦"互联网+节能工程"。以企业能源管理中心建设为支撑，全面推进用能单位能源管理信息系统（EMS）建设，不断提高用能单位能源管控信息化水平。

提升资源利用水平　推进工业园区循环化改造，在园区层级加强余热、余压、废热资源的回收利用和水资源循环利用，促进园区内企业废物资源交换利用，创建一批绿色园区。努力推进共伴生矿、工业废渣、废气、废液等资源综合利用，鼓励再生资源回收利用，支持鼓励建设再生资源回收利用集散市场，加强再生资源行业规范管理，支持引导推广应用先进适用技术装备，创建一批绿色工厂，培育一批资源综合利用示范企业（基地）。积极开展产业间资源循环利用，加强上下游企业间协调与协作，推动上下游企业共同提升资源利用效率，创建一批具备绿色供应链企业。依法推进重点区域、园区、行业、企业开展清洁生产，积极引导实施清洁生产技术改造。推进工业节水，推动实施水效"领跑者"引领行动，鼓励和引导企业采用先进适用节水技术进行改造，创建一批节水标杆企业和节水型园区。

加快化解过剩产能　积极贯彻落实国家关于化解过剩产能的有关政策，严禁产能严重过剩行业建设新增产能项目，禁止建设国家产业结构调整指导目录划定的淘汰类项目。严格新建铜、铅、锌、锡以及电石、焦炭、黄磷等生产项目审批。鼓励和支持原材料工业企业与上下游企业、关联企业开展横向、纵向兼并联合重组，整合压缩过剩产能，优化产业布局，引导部分企业逐步转产或退出。鼓励有能力的企业发展市场调研、产品设计、技术开发、工程总包和系统控制等业务，推动企业由生产型向生产服务型转变。努力建立有利于落后产能退出的市场机制，充分发挥政策约束作用和技术标准门槛作用，依法淘汰落后产能。

6. 提高工业开放水平

更好利用国际国内两种资源、两个市场，主动服务和融入国家发展战略，建设我国面向南亚东南亚辐射中心。大力支持企业"走出去"，深度参与区域分工，拓展对外投资合作领域，推动优势产业和企业在境外建立生产基地、研发平台和营销网络，引导"走出去"企业整合资源、抱团合作。依托国际大通道，以市场为导向，积极参与国际产能和装备制造业合作，大力发展外向型优势产业。加快开发开放试验区、边（跨）境经济合作区、保税区等平台建设力度，探索形成"两国一区、协同监管、境内关外、封闭运行"的跨国经济合作形态。坚持市场导向，大力承接医药、食品、轻工、有色金属、新材料、装备、建材等产业转移。依托边（跨）境经济合作区、出口加工保税区、重点开发开放实验区等，大力引进发展以轻工为主的进出口加工业，建设外向型特色产业基地。以沪滇对口帮扶、泛珠三角合作等机制和活动为平台，加强推动区域省际工业和信息化领域合作机制与平台工作对接，引导长三角、泛珠三角省（区、市）加大对云南投资与合作力度。充分利用中国—南亚博览会等平台，宣传推广云南工业产品。采用以商招商、产业链招商等多种形式，提高招商引资水平和效率。

7. 促进"两化"深度融合

深入贯彻落实《云南省两化融合专项行动计划（2014—2020）》，全面推动云南"两化"融合水平评估评价体系建设，加快传统产业改造升级，全面提升企业竞争能力。推动互联网与工业全流程、多领域融合发展。实施重点行业"工业云"平台创新工程，鼓励重点行业龙头企业通过建设行业"工业云"平台，推动行业产业链延伸整合。推动提升企业应用电子商务能力和水平。支持大企业建设一批面向行业、领域的专业化电子商务平台，提高行业物流信息化和供应链协同水平。加快实施中小企业"上网通电"行动计划，提升中小企业信息化应用能力。打造制造业企业互联网"双创"平台，以推动移动互联网、云计算、大数据、物联网与制造业结合为重点，全面提升企业研发、生产、管理和服务的智能化水平，打造制造业企业互联网"双创"平台。鼓励大型企业集团建设"双创"平台，开放或有偿使用平台资源，服务周边地区和中小微企业。支持制造业企业与互联网企业跨界融合，鼓励互联网企业无缝对接制造业企业；运用新一代信息技术，提供产品、市场动态监控、预测预警和精准营销服务。推进"互联网+制造"，开展工业互联网创新融合试点，推动制造业企业开展线上线下、柔性制造、个性定制等制造模式创新试点，加快产品全生命周期、客户关系、供应链等管理系统推广应用，促进传统制造模式向基于消费者个性需求的新模式转变。加强工业信息系统安全监管和指导，提升工业信息系统信息安全管理水平和防护能力。

五、发展云南新业态新模式新经济

《云南省产业发展规划（2016—2025年）》提出，新经济是以技术创新为引领，以智力、技术、数据等新生产要素为支撑，以新技术新产业新业态新模式为核心，既包括新产业带来的新兴经济活动，也包括新技术向传统产业渗透形成的新经济活动。加快培育新动能壮大新经济是推进供给侧结构性改革的重要着力点，是创造有效供给，满足人民日益增长的物质文化需要，实现更高水平供需平衡的重要举措；是适应和引领经济发展新常态，实现新旧动能转换的必然要求；是打造国际竞争新优势，塑造更多依靠创新驱动、更多发挥先发优势的引领型发展的战略选择。

以分享经济、数字经济、生物经济、绿色经济、创意经济、智造经济为阶段性重点，形成适应性强、更加灵活的制度体系，保持新兴经济业态持续发展活力。打破新技术新业态新模式与传统产业融合的瓶颈障碍，制造新模式、农业新业态、服务新领域得到拓展深化。通过10年努力，云南省产业迈上中高端水平，新经济起到主导作用，资源配置效率和全要素生产率大幅提升，新的经济结构逐步形成；平台企业、创新型企业等新经济市场主体动力更足、能力更强，传统经济业态焕发新的生机，形成经济增长新格局；国内外竞争新优势充分体现，新旧动能平滑转换，新的经济发展动力得到强化。[①]

六、发展云南工业互联网

随着信息化和工业化的深度融合与不断演进，工业化正加速向数字化、网络化、智能化发展。以工业互联网为支撑，"互联网+先进制造"为方向，加快数字经济与实体经济融合发展，已成为转方式、调结构，构建现代化工业经济体系的主攻方向。

《云南省工业互联网发展三年行动计划（2018—2020年）》[②]提出，通过夯实网络基础、提升全省工业互联网应用基础支撑能力以建设工业互联网基础设施，通过着力打造工业互联网行业应用平台、着力构建工业互联网应用配套服务、大力培育工业互联网APP、构建工业互联网平台试验测试中心以打造工业互联网平台体系，通过推动重点企业实施三化改造、引导鼓励企业上平台应用、开展工业互联网新模式创新试点、组织开展两化融合管理体系贯标以推动企业三化改造和上平台应用，通过着力培育工业互联网产业企业、构建公共支撑服务能力、推动产业集群发展以构建产业生态融通发展体系，通过构建工业互联网安全保障体系、夯实安全保障基础以强化工业互联网安全保障，到2020年，实现云南省工业互联网"网络、平台、安全"体系基本建立，烟草、绿色能源、有色、绿色食品等重点行业骨干企业的三化改造取得实效，制造业重点领域数字生产线、数字车间、数字工厂标杆示范成效明显，企业上平台应用及资源汇聚共享取得突破性进展，工业互联网产业体系基本构建，工业数字经济培育初见成效，转型升级迈上新台阶。

建立完善工业互联网"网络、平台、安全"体系　按照"企业主体，市场运作"原则，基本建成全省工业互联网基础设施，打造5个左右重点行业的工业互联网应用平台，基于工业互联网平台的研发创新、工业电商、产业链配套、生产性服务、协同制造等应用服务能力显著提高，初步建立网络、设备、平台、数据、应用安全保障体系。

三化改造和上平台应用取得实效　围绕优势行业，组织重点企业和有条件的中小企业实施三化改造和上平台应用，获得各类应用服务，参与协同制造和产业链配套，遴选一批国家级两化融合管理体系贯标试点企业，到2020年全省两化融合发展水平达到全国中等水平。

工业互联网产业体系基本构建　围绕"网络、平台、安全"三大体系建设，着力培育一批网络服务、平台支撑、供应链配套、生产性服务、集成应用、数据开发企业，扶持一批研发创新、中介服务、技术支撑机构，构建完善的产业体系。

---

① 云南省人民政府关于印发云南省产业发展规划（2016—2025年）的通知 [EB/OL].（2017-01-06）[2019-03-06]. http://www.yn.gov.cn/yn_zwlanmu/qy/wj/yzf/201701/t20170106_28094.html.

② 云南省人民政府关于印发云南省工业互联网发展三年行动计划（2018—2020年）的通知 [EB/OL].（2018-11-29）[2018-12-01]. http://www.yn.gov.cn/zwgk/zcwj/zxwj/201811/t20181129_143188.html.

第十六章　云南高原农业特色发展

　　高原特色农业是在高原地区充分利用高原独特的水土光热等自然条件，以特色农业资源为农业发展基础，以特色农业生产为主要依托，以特色农产品的生产为核心，具有明显的区域性特点的农业。云南地处低纬度高原，气候条件优越，有优质的水源、充足的阳光，为发展特色农业提供了独特的区位优势。近年来，云南依靠独特的低纬度气候资源，发掘自身丰富农业资源基础，逐步走出一条具有高原特色的农业发展之路，农业农村经济呈现快速、健康、持续发展的良好态势，农业、农村面貌发生了深刻的变化。

第一节　云南高原特色农业的发展现状

一、云南农业发展概况

　　云南农业农地以山地为主，但也分布有大量的山间盆地，称"坝子"，坝子地势平坦，有河流经过，土壤层较厚，农业耕作条件好，是云南农业生产的主要集中区，也是云南古代农业经济发展较好的地区。这种地势上的高差以及纬度上的差异，导致影响农业形成多元立体的分布格局。

　　云南有七大综合农业区：滇中区、滇西区、滇东南区、滇西南区、南部边缘区、滇东北区和滇西北区，勾画了全省不同热量条件的南北差异；在分区基础上又呈现明显的"立体性"，由于这种立体性差异将农业用地划分为高寒山区、山区、半山区、坝区、低热河谷等农业类型，还可以归纳为"三层六类"：高寒层（高寒山区、高寒坝区）、中暖层（中暖山区、中暖坝区）、低热区（低热山区、低热坝区）。[①]

　　云南大部分地区在新石器时期就已经有原始农业的生产与食物加工，历史上也一直是"刀耕火种"农业的主要分布区，同时云南也是世界上稻作农业比较早的地区。2011年11月，云南正式提出了大力发展高原特色农业。近年来，云南经济作物的种植规模与体量越来越大，产品在国际国内市场上的影响力日益扩大，改变了传统农业的生产格局，以家庭农业种植为主向企业农业种植的转变。其中最具有代表性的产业包括茶叶、烤烟、咖啡等经济作物的种植与加工。此外，还包括大量的区域特色农作物的种植，文山三七种植、昭通天麻种植等，在云南农业经济发展中占有重要地位。

　　2019年，云南的农业总产值达4935.74亿元，其中农业产值2680.16亿元、林业产值395.54亿元、牧业产值1600.73亿元、渔业产值105.39亿元、农林牧渔服务业产值153.92

---

① 《云南农业地理》编写组. 云南农业地理 [M]. 昆明：云南人民出版社，1981.

亿元。全年粮食总产量达1870.03万吨、油料产量62.51万吨、烤烟产量81.00万吨、蔬菜产量2304.14万吨、园林水果产量802.73万吨、茶叶产量43.72万吨、鲜切花产量139.00亿枝。全年猪、牛、羊、禽肉总产量达404.43万吨，牛奶产量59.87万吨，禽蛋产量35.80万吨。[①]

二、云南高原特色农业的发展成就

"十二五"时期，云南立足区位优势和资源禀赋，创新发展思路，突出高原粮仓、特色经作、山地牧业、淡水渔业、高效林业和开放农业六大建设重点，打造"丰富多样、生态环保、安全优质、四季飘香"4张靓丽名片，高原特色农业取得丰硕成果，成为全国现代农业发展的4种模式之一。

2015年，云南高原地区的特色农业经济产值突破2405.55亿元，带动农业领域的整体产值上升1236亿元，特色农业产品的整体产量得到很大提高，生产总量上突破1863万吨。[②]

近年来，云南特色产业得到了稳健的发展。截至2015年，云南的蔬菜、花卉、茶叶、水果、甘蔗、油料、咖啡、马铃薯、橡胶、蚕桑10大类特色经作种植面积6088.7万亩，其中茶叶产值623亿元、蔬菜产值608亿元、花卉产值400亿元、水果产值230亿元，甘蔗、马铃薯产业产值均接近百亿元；畜牧业产值1031亿元，渔业总产值81.7亿元，水产养殖面积213.3万亩，产量93.7万吨；林业总产值317亿元。农业利用外资达2825万美元，农产品出口到116个国家和地区，出口额达40.55亿美元，水果、蔬菜成为第一和第二大宗出口农产品。

发展特色农业的基础条件显著改善。截至2015年，累计建成高标准农田1287万亩，农田有效灌溉面积占比、农业科技进步贡献率、主要农作物耕种收综合机械化率分别达45%、55%和44.5%，良种覆盖率超过95%，仓储物流设施配套率达25%，畜禽规模养殖比重达40%，现代设施条件和技术支撑农业发展的格局基本形成。

发展特色农业的新型主体逐步壮大。截至2015年，全业产业化龙头企业达3279户，实现销售收入1967亿元，销售收入亿元以上农业龙头企业310户，农民专业合作社37382个，合作社成员75万户，家庭农场9094个，多种形式土地适度规模经营占比达18%。

同时，品牌效应及质量安全水平也明显提高。截至2015年，累计有效认证"无公害、绿色、有机农产品"850个，地理标志登记保护农产品70个，"云南名牌农产品"达80个，累计制修订农业地方标准1250项，生产技术规程和技术要求5000个。全省农产品质量安全综合抽检合格率达97%，位居全国前列。[③]

---

① 云南省2019年国民经济和社会发展统计公报 [EB/OL].（2020-04-14）[2020-04-15]. http://www. yn.gov.cn/zwgk/zfxxgk/jsshtj/202004/t20200414_202429.html.

② 转引自：张京勤. 基于高原特色农业战略的云南农业技术推广问题及对策 [J]. 北京农业，2013（33）.

③ 云南省人民政府办公厅关于印发云南省高原特色农业现代化建设总体规划（2016—2020年）的通知[EB/OL].（2017-04-20）[2019-02-03]. http://www.yn.gov.cn/yn_zwlanmu/qy/wj/yzbf/201704/ t20170420_29156.html.

三、云南高原特色农业的特色

云南高原特色农业的特色是"丰富多样、生态环保、安全优质、四季飘香"。

丰富多样 基于云南丰富的生物多样性而言的，由于云南农作物种类、畜禽品种和渔业资源十分丰富，加之农业覆盖面广，类型多样，产品丰富，因此产业功能拓展性强，能满足不同层次和不同消费群体的需求。

生态环保 云南高原特色农业发展的基本要求，不能走环境破坏型农业发展道路，要将云南逐步建成我国无公害、绿色、有机、优质、生态特色农产品重要基地。

安全优质 这是基于云南优越的农业生产条件而言的，云南空气污染少、水质清，区域性原生态农产品生产条件优越。

四季飘香 与云南具有的独特的四季性和立体性特征有关，各种农产品一年四季都能生产，季季都有农产品的芳香。

四、云南高原特色农业存在的问题和面临的挑战

1. 云南高原特色农业存在的问题

（1）自然条件的局限

从自然资源分布上看，云南农业资源的地域差异较大，难以形成大片区的农业集约化生产。云南省大部分耕地分布在山区，山区水源条件差，农田水利设施相对滞后，不利于大规模的机械化生产，导致种植业以人工或小型农机为主，长期以来形成的山区、坝区农业生产格局的差异性依旧存在。大部分的山区农田，仍然多"靠天吃饭"，农户自身抗灾能力较差，2009—2012年云南发生百年不遇大旱，仅云南地区的干旱就直接导致经济损失超过458亿元，而农业生产的损失最为惨重。[①]导致云南大旱原因中气候异常是关键因素，但也与长期以来，人类在农业、经济开发中对环境的破坏有极大关系，其中对云南气候有极大调节作用的热带雨林在近些年遭到严重破坏，而破坏的雨林大多被经济作物橡胶取代，导致区域植被单一化、生态系统脆弱化，削弱了自然本身的协调抗灾能力。

（2）引进植物种植的负面影响

1948年，西双版纳开始引进橡胶，1953年开始形成橡胶园。20世纪60—70年代，国家从保障战略工业原料安全的高度出发，从内地组织大量汉族移民到西双版纳发展国营橡胶种植。从橡胶种植的植物习性上看，主要分布在海拔800米以下的区域，但是前些年随着橡胶价格的上涨，橡胶种植盲目扩张，不断突破橡胶种植的海拔与坡度限制。橡胶的大面积种植，导致一系列生态问题的出现，诸如区域小气候的变化，橡胶种植区由早年的湿热向干热转变，湿度下降，也对依靠湿热、水雾生长的植物产生影响，如茶叶的品质与雾气密切相关。胶林地区也出现了水土流失、水源涵养功能减弱、生物多样性减少等消极现象。

（3）传统农业仍占较大比重

云南农业生产中，传统农业仍占较大比重，未完全突破传统农业"土里扣食"的思

---

① 科学家发现2009—2012年云南大旱为过去250年之最 [J]. 科学通报，2016（27）：3064.

维定式，这种模式占用大量土地，消耗大量资源，加剧了人地矛盾，部分地区还是不断出现新的水土流失、土地荒漠化，对生态环境造成不利影响，而这又反过来制约着云南农业的发展，形成了恶性循环。因此，云南农业目前存在着产业化水平不高、农业基础建设不足、科技化程度不高以及农民增产增收与社会生态环境之间存在矛盾等诸多问题。

（4）农产品附加值较低

从农作物的附加值方面看，云南的农业产品仍有极大的开发空间。农产品中很多产业仍处于初级加工阶段，深加工水平较低，除个别具有全国优势的产业，如烟草行业具有较大的产业优势，其他大量农产品的附加值仍未被充分发掘，农产品的品牌价值还有极大的拓展空间。

（5）人力资源开发滞后

从人力资源方面看，云南存在严重的劳动力缺失与不足问题，农民综合素质不高，新旧农民之间的过渡转型存在严重问题，传统时期懂农业、会种地的农民逐渐老年化，而年轻一代或不愿在农村，或无法真正掌握农业生产基本技能与技术，农村呈现出"老、弱、病、残、妇、孺"在农业生产第一线的景象。农业生产中，劳动力素质存在严重短板。没有充足、高质量的劳动力，要深化农业革新，任务艰巨。通过培育优质农产品，吸引更多高素质劳动力回到农村从事农业生产，带动农业的发展。

2. 云南高原特色农业的面临的挑战①

（1）面临实施精准扶贫和全面小康的双重任务

一方面，中央提出以脱贫攻坚统揽经济社会发展全局，把脱贫攻坚作为发展头等大事和第一民生工程。贫困人口的主体是农民，主要地区是边远农村，发展农业生产是脱贫的重要支撑。另一方面，"小康不小康关键看老乡，中国要强农业必须强，中国要美农村必须美，中国要富农民必须富"。在全面建成小康社会的发展战略中，通过农业现代化建设实现农业增效、农民增收、农村繁荣的任务尤为艰巨。

（2）面临国际国内市场的双重竞争

一方面，随着经济全球化，国际农产品贸易格局正在发生深刻变化，全球经贸主导权竞争日益激烈，世界贸易保护主义抬头，我国在国际农业贸易竞争中面临的竞争环境越来越严峻。另一方面，国内其他省（区、市）通过发展设施农业开发特色优质农产品，对云南利用独特的自然资源优势发展高原特色现代农业形成一定的冲击，如何将云南的自然资源优势转化为产业优势和市场优势，推进高原特色农业现代化建设的难度明显加大。

（3）面临资源和环境的双重约束

一方面，云南总面积中山区面积占94%，是典型的山地农业。水资源在空间和时间上分布不均，水利化程度不高，对大宗农作物和特色经作种植影响大。低温、雪灾、干旱、大风、冰雹、洪涝等自然灾害及次生衍生灾害，各种病虫害等危害频繁发生，应对

① 云南省人民政府办公厅关于印发云南省高原特色农业现代化建设总体规划（2016—2020年）的通知[EB/OL].（2017-04-20）[2019-02-03]. http://www.yn.gov.cn/yn_zwlanmu/qy/wj/yzbf/201704/t20170420_29156.html.

的压力不断增大。长期粗放的农业生产方式导致土壤肥力下降，产出率降低。另一方面，农业开发周期长、见效慢，土地、资金和劳动力大量流向城市，工业对农业、城市对农村资源要素"虹吸"效应更加凸显，农业发展要素在工农和城乡之间的均衡配置面临很大挑战。工业化和城镇化的快速发展，导致部分高产稳产农用地被占用，规模化、标准化产业基地建设空间被压缩。

（4）面临"保饭碗"和"保生态"的双重要求

一方面，云南人口总量增加和旅游业快速发展带来了食品消费量增加，粮食等主要农产品需求刚性增长的态势不可逆转。提高口粮生产和保障能力，是经济社会发展对农业的基本要求。另一方面，农业资源过度开发、农业投入品过量施用、农业环境污染日益突出，保护农业生态环境，推进绿色发展成为新的更高要求。

（5）面临补贴见顶和成本抬升的双重压力

一方面，21世纪以来，我国采取的粮食最低收购价、良种补贴、农资综合补贴与农机具购置补贴等支持农业发展的"黄箱"政策已经见顶。另一方面，农业开发"门槛"低，大量工商资本投入农业，引发租地和用工成本上升，抬升了农业生产成本。农业发展在补贴见顶和成本抬升的双重挤压下，开发市场需求旺盛的生态安全、优质特色农产品，保护好高原特色农产品金字招牌的难度越来越大。

（6）面临基础设施薄弱和产业发展粗放的双重制约

一方面，云南农田水利基础设施差，耕地有效灌溉面积仅占耕地面积的40%左右，高稳产农田占耕地面积不到1/3。畜牧生产设施设备落后，规模养殖比例小。农机装备水平低，农机耕种收综合机械化水平低于全国平均水平20个百分点。另一方面，产业链短、附加值低、经营主体弱、市场竞争力不强，散、小、弱短板突出。农产品加工业产值与农业总产值比为0.65∶1，低于全国2.2∶1的平均水平。实用技术示范、推广滞后，良种良法推广应用率和科技成果转化率低。新型经营主体培育滞后，国家级龙头企业仅占全国总数的2%，经工商登记的农民合作社仅占全国总数的3%，经农业部门认定的家庭农场仅3500个，仅占全国总数的1%。

五、发展云南高原特色农业的机遇

云南在国家"一带一路"和长江经济带建设等战略中具有独特的区位优势，开展农林牧渔业、农机及农产品加工等领域深度合作是推进"一带一路"建设的重点，是建设利益共同体和命运共同体的最佳结合点，为发展云南高原特色农业提供了很好机遇。

云南具有多样性资源的独特基础，为发展高原特色农业，走产出高效、产品安全、资源节约、环境友好的现代农业发展道路，提供了很好的条件。中央对农业农村改革做出了一系列新的重大部署，将有效盘活农村资产，拓展农村经济发展空间，形成以工促农的良好局面。云南省委、省政府始终坚持把解决"三农"问题作为工作的重中之重，连续出台了一系列加快推进高原特色农业发展的重要文件，为云南高原特色现代农业发展营造了良好的政策环境，为加快高原特色农业现代化建设注入了新的动力。

随着路网、航空网、能源保障网、水网和互联网等基础网络建设的加快推进，云南与南亚、东南亚市场将随之连为一体，成为辐射南亚东南亚、中东、欧美等地的高原特色农产品集散交易中心的基础条件日臻完善。同时农业基础设施不断改善，有利于降低农产品物流成本，提升农产品竞争力，为高原特色农产品"走出去"创造更加便利的条件。

云南高原特色优质农产品参与国际国内市场的竞争潜力巨大、前景广阔，云南农业与南亚、东南亚国家有极强的互补性，生产的温带农产品销往这些国家，而这些国家生产的热带农产品也正通过云南供应到全国市场。伴随人们收入水平的提高，市场对农产品的需求已由普通农产品逐渐升级为无公害、绿色、有机农产品，尤其是对具有地方特色、原生态、高品质农产品的需求巨大，优越的生态环境为云南提供高品质农产品创造了其他地区难以复制的产地优势。[①]

六、加快高原特色农业现代化建设

2016年4月，云南省人民政府印发了《云南省国民经济和社会发展第十三个五年规划纲要》，提出以云贵高原独特自然生态环境孕育的特色生物资源为基础，以构建现代农业经营体系、生产体系和产业体系为重点，转变农业发展方式，走适度规模、产出高效、产品安全、资源节约、环境友好的高原特色农业现代化建设之路。通过发展多种形式适度规模经营、培育壮大新型农业经营主体，转变农业经营方式；通过依法推进农村土地承包经营权有序流转、深化集体林权制度改革、推进农垦和粮食流通改革发展，创新农村产权制度；通过强化农业科技创新、加快高标准农田建设、推进农业生产信息化发展、加强农产品新型物流体系建设、完善农业支持保护体系，完善农业要素支撑体系；通过推进农业产业内部协调发展和农村一二三产业融合发展，增强农业产业协调融合发展能力；通过加强品牌建设和标准化生产、确保农产品质量安全、推进农业废弃物资源化利用和生态治理、大力发展节水农业和循环农业，促进农业绿色安全发展。

加快云南高原特色农业现代化建设，要着重打造高原特色农业现代化建设重点工程，主要包括农业小巨人打造工程、现代种业建设工程、新型经营主体培育工程、粮食收储供应安全保障工程、名特优农产品生产基地培育工程、林下经济发展工程、高标准农田建设工程、灌区建设工程、云南知名农产品品牌打造工程、现代饲草料产业建设工程、农村一二三产融合发展试点示范工程、农业生态治理工程和跨境动物区域化管理及产业发展试点工程等。

第二节　云南高原特色农业的发展目标、重点和措施

一、云南高原特色农业的发展目标

1. 总体目标

到2020年，高原特色农业现代化建设取得明显进展，高原特色现代农业产业体系、生产体系和经营体系不断完善，供给效率明显提升，物质技术装备条件显著改善，产业

[①] 云南省人民政府办公厅关于印发云南省高原特色农业现代化建设总体规划（2016—2020年）的通知[EB/OL].（2017-04-20）[2019-02-03]. http://www.yn.gov.cn/yn_zwlanmu/qy/wj/yzbf/201704/t20170420_29156.html.

结构逐步优化，产业发展有机融合，资源利用和生态环境保护水平不断提高，农业质量、效益和竞争力明显提升。把云南打造成为在全国乃至世界有影响的高原特色农产品生产加工基地。[①]

2. 具体目标

云南高原特色农业发展的具体目标是：

经济总量持续增加 到2020年，农业总产值达4800亿元，农业增加值达3000亿元，农产品加工产值达3300亿元。农村常住居民人均可支配收入达1.3万元以上。

生产及供给水平全面提升 高原粮仓进一步夯实，粮食播种面积稳定在6500万亩以上，粮食产量稳定在1800万吨左右；特色经作快速发展，以蔬菜、花卉、茶叶、水果、甘蔗、油料、咖啡、马铃薯、橡胶、蚕桑10大类为主的特色经作面积发展到7000万亩；山地牧业快速增长，以"云岭牛""小耳朵猪""黑山羊""武定壮鸡"等云南地方特色优势品种为重点的山地畜牧业得到大发展，肉类总产量达900万吨，禽蛋产量达100万吨，奶类产量达100万吨；淡水渔业持续增长，高原淡水鱼健康养殖面积超过300万亩，总产量达120万吨；高效林业稳步推进，生态承载力明显增强，森林覆盖率达60%以上，以核桃、油茶、澳洲坚果、油橄榄等为主的木本油料种植面积达5200万亩，林下经营面积发展到1亿亩；开放农业加快发展，国际国内两大资源和市场得到充分利用，农产品年出口额超过55亿美元。

质量效益水平全面提升 高原特色农产品加工转换比例进一步提高，质量安全监管和动植物疫病风险防控能力显著增强，现代农业产业体系基本构建，基本形成粮食与特色农产品协调发展，农林牧副渔结合、种养加一体、一二三产融合的发展格局，规模经营主体基本实现标准化生产、品牌化经营。

可持续发展水平全面提升 农业资源保护永续利用水平明显提高，基本实现农业灌溉用水总量不增加，化肥、农药使用量零增长，畜禽粪便、农作物秸秆、农膜资源化利用率不断提高，生态文明建设取得明显进展，有利于生产高原特色农产品的良好生态环境得到较好保护，农村人居环境显著改善。到2020年，农作物秸秆综合利用率超过85%，规模畜禽养殖场（区）废弃物综合利用率达75%，当季农膜回收率达80%。

技术装备水平全面提升 农业科技创新能力达到全国平均水平，良种化、机械化、信息化水平大幅度提高，农林牧副渔的生产、加工和仓储物流设施装备条件明显改善。到2020年，主要农作物耕种收综合机械化水平、农产品仓储物流设施配套率和农业科技进步贡献率分别达50%、35%和60%以上。

适度规模经营水平全面提升 高原特色现代农业经营体系基本构建，新型农业经营主体和新型农业服务主体成为推进农业现代化建设的骨干力量，新型职业农民数量大幅增加。适度规模经营面积比重达30%以上。

---

① 云南省人民政府办公厅关于印发云南省高原特色农业现代化建设总体规划（2016—2020年）的通知[EB/OL].（2017-04-20）[2019-02-03]. http://www.yn.gov.cn/yn_zwlanmu/qy/wj/yzbf/201704/t20170420_29156.html.

3. 远景谋划

到2035年，茶叶、花卉、蔬菜、水果、坚果、中药材、肉牛、咖啡八大高原特色现代农业重点产业产值占农业总产值的比重超过50%，农产品加工产值与农业总产值比达到5∶1以上，农业结构得到根本性改善，世界一流"绿色食品牌"全面建成。[①]

二、做强云南高原特色农业的重点产业

《云南省高原特色农业现代化建设总体规划（2016—2020年）》提出，坚持市场导向，优化农业产业结构，建设大基地、打造大品牌、开拓大市场、培育大产业。立足资源优势，积极发展高原粮仓、特色经作、山地牧业、淡水渔业、高效林业和开放农业，重点做强生猪、牛羊、蔬菜、中药材、茶叶、花卉、核桃、水果、咖啡和食用菌等特色产业。

1. 优化产业布局

"十三五"期间，围绕高原特色农业现代化建设的目标任务，构建"一个核心发展区域，五大重点产业板块，一批优势农产品产业带，一批现代农业示范园区，一批特色产业专业村镇"的"15111"产业空间布局，加快形成布局合理、产业集中、优势突出的重点特色产业发展新格局。

一个核心发展区域　即滇中地区各州（市）政府所在地的现代农业建设区。要充分发挥滇中城市经济圈的核心和龙头作用，按照农业现代化的基本要求，充分挖掘资金、技术、人才、信息和市场优势，聚合生产要素，全产业链打造蔬果、花卉等重点产业。发挥昆明北部黑龙潭片区农业科研机构集中的优势，整合建设高原特色农业生物谷，为打造昆明"高原特色农业总部经济"提供科技创新支撑，并带动全省优势农业产业提质增效。到2020年，在全省率先实现农业现代化。

五大重点产业板块　根据高原特色现代农业发展现状和发展潜力，结合工业化、城镇化和生态环境保护需要，以产业化整体开发、优化配置各种资源要素为基本要求，以调结构转方式为抓手，建设产业重点县，推进农产品向优势产区集聚，打造区域特征鲜明的高原特色现代农业产业。滇东北重点发展中药材、水果、生猪、牛羊、蔬菜、花卉等产业，滇东南重点发展中药材、蔬菜、水果、生猪、牛羊、茶叶等产业，滇西重点发展核桃、牛羊、生猪、蔬菜、中药材、水果、食用菌等产业，滇西北重点发展牛羊、生猪、中药材、蔬菜、核桃、水果、食用菌等产业，滇西南重点发展茶叶、咖啡、热带水果、核桃、中药材、食用菌等产业。

生猪产业重点县：宣威、会泽、富源、陆良、广南、隆阳、罗平、麒麟、弥勒、沾益、腾冲、建水、镇雄、昌宁、泸西、石屏、师宗、施甸、丘北、巧家、蒙自、凤庆、云县、禄丰、寻甸、禄劝、祥云、昭阳、永德、玉龙等县市区。

牛羊产业重点县：会泽、宣威、富源、师宗、陆良、马龙、广南、丘北、隆阳、昌宁、腾冲、龙陵、禄劝、寻甸、弥勒、泸西、建水、云县、永胜、玉龙、云龙、巍山、

---

① 云南省乡村振兴战略规划（2018—2022年）[EB/OL].（2019-02-11）[2019-02-18]. http://yn.yunnan.cn/system/2019/02/11/030197639.shtml.

南涧、剑川、楚雄、双柏、大姚、芒市、兰坪、香格里拉等县市区。

蔬菜产业重点县：元谋、建水、隆阳、施甸、盈江、景谷、石屏、宾川、华宁、泸西、昭阳、陆良、会泽、师宗、罗平、宣威、麒麟、弥渡、祥云、晋宁、嵩明、禄丰、宜良、通海、江川、澄江、富源、丘北、砚山、马关等县市区。

花卉产业重点县：呈贡、宜良、嵩明、石林、晋宁、罗平、麒麟、宣威、师宗、沾益、元江、通海、江川、红塔、泸西、弥勒、开远、大理、鹤庆、剑川、永胜、玉龙、古城、楚雄、禄丰、腾冲、隆阳、昌宁、龙陵、丘北等县市区。

中药材产业重点县：昆明高新技术产业开发区和东川、寻甸、禄劝、彝良、镇雄、沾益、师宗、新平、华宁、腾冲、昌宁、武定、双柏、泸西、金平、文山、砚山、思茅、景谷、景洪、云龙、剑川、鹤庆、芒市、玉龙、兰坪、维西、永德、双江等县市区。

茶叶产业重点县：腾冲、龙陵、昌宁、绿春、广南、思茅、宁洱、墨江、景东、景谷、镇沅、江城、澜沧、孟连、西盟、景洪、勐海、勐腊、南涧、芒市、梁河、盈江、临翔、云县、凤庆、永德、镇康、耿马、沧源、双江等县市区。

核桃产业重点县：永平、云龙、漾濞、巍山、鹤庆、洱源、宾川、剑川、南涧、祥云、弥渡、凤庆、云县、永德、临翔、大姚、南华、楚雄、双柏、弥勒、鲁甸、永胜、兰坪、会泽、新平、景东、香格里拉、隆阳、昌宁、腾冲等县市区。

水果产业重点县：宜良、昭阳、鲁甸、绥江、麒麟、会泽、陆良、华宁、新平、元江、隆阳、元谋、蒙自、建水、河口、泸西、石屏、弥勒、金平、开远、马关、景谷、江城、景洪、勐腊、祥云、宾川、大理、洱源、瑞丽、玉龙、华坪、古城、永德、耿马等县市区。

咖啡产业重点县：隆阳、思茅、宁洱、墨江、孟连、澜沧、芒市、盈江、镇康、耿马、云县、景谷、江城、景洪、临翔、双江、永德、沧源、宾川、泸水、勐海、河口、麻栗坡、凤庆、陇川、瑞丽、龙陵等县市区。

食用菌产业重点县：禄劝、会泽、沾益、麒麟、马龙、陆良、易门、新平、隆阳、施甸、昭阳、玉龙、永胜、景东、思茅、宁洱、双江、凤庆、楚雄、牟定、南华、姚安、大姚、禄丰、石屏、建水、丘北、砚山、景洪、祥云、南涧、巍山、永平、云龙、剑川、梁河、兰坪、香格里拉、德钦、维西等县市区。

一批优势农产品产业带 充分发挥对内对外开放经济走廊、沿边开放经济带、澜沧江开放经济带和金沙江对内开放合作经济带的辐射带动作用，充分挖掘资源、区位和特色优势，紧紧围绕精准产业扶贫的要求，补齐短板、跨越发展、促农增收，重点建设沿边高原特色现代农业对外开放示范带、昭龙绿色产业示范带和澜沧江、金沙江、怒江、红河流域绿色产业示范带等一批优势农产品产业带，通过推进标准化生产基地建设，打造产业化经营龙头企业，打响品牌，培育一批参与国际国内市场竞争的拳头产品。

一批现代农业示范园区 以云南红河百万亩高原特色农业示范区、洱海流域100万亩高效生态农业示范区、石林台湾农民创业园、砚山现代农业科技示范园等为重点，加快建设一批配套设施完善、产业集聚发展、一二三产融合的现代农业示范园区，促进要素整合、产业集聚、企业孵化。

一批特色产业专业村镇　以蔬菜、花卉、中药材、畜牧养殖等为主业，建立一批特色明显、类型多样、竞争力强，生产区域化、专业化和集群化发展的特色优势产业专业村镇。

2. 稳定粮食生产

认真落实粮食安全行政首长负责制和各项补贴政策，稳定粮食生产，增强粮食自我平衡能力。严守耕地保护红线，实施藏粮于地、藏粮于技战略，推进农田水利、土地整治、中低产田地改造和高标准农田建设，推进70个粮食产能县、市、区基地建设。积极开展粮食绿色高产高效创建和耕地质量保护与提升行动，继续实施百亿斤粮食增产计划，以提高单产和复种指数为主攻方向，加快推进测土配方施肥，大力推广高产优质高效生产技术。突出稻谷、玉米、马铃薯等主要品种，实施种子工程、科技增粮工程、沃土工程、植保工程和农机化工程，建立完善科技创新、粮食安全预警监测和防灾减灾体系。推动建设境外粮食生产和边境粮食贸易及转运基地。确保每年粮食播种面积保持在6500万亩以上，粮食总产量稳定在1800万吨左右。

3. 做强特色经作

充分发挥区域比较优势，优化配置各种资源要素，推进优势农产品和产业集群发展，提质增效。在不断扩大规范化、标准化和规模化特色经作种植基地的同时，延伸产业链，以精深加工为突破口，做大做强市场前景广阔的特色经作产业。启动高原特色现代农业产业强县创建行动，重点推进蔬菜、花卉、中药材、茶叶、水果、咖啡和食用菌等特色优势产业发展，加大野生植物培育利用。打好生态和气候两张牌，积极开发绿色无公害农产品，大力发展冬季农业，错季开发一批具有云南特色的秋冬季农产品。深入开展标准化生产，加快新品种、新技术、新模式、新机制的普及推广应用。到2020年，建成标准化种植基地4000万亩，实现蔬菜、花卉、茶叶和中药材产业产值均达1000亿元以上，水果、咖啡、食用菌（野生食用菌）产业产值分别达400亿元、300亿元、200亿元以上。

4. 壮大山地牧业

以打造全国重要的南方常绿草地畜牧业基地、生猪生产基地和畜禽产品加工基地为目标，推进云南山地牧业快速发展。依托云南"名猪""名羊""名牛""名鸡"等优势资源和品牌特色，加快畜禽良种繁育体系建设，加大地方优良奶（水）牛、奶山羊等资源的保护和开发利用力度。发展畜禽标准化适度规模养殖，扶持规模养殖场建设，提高饲养水平。健全现代饲草料产业体系，推广牛羊舍饲、补料、青贮、氨化、种草养畜以及畜禽养殖废弃物资源化利用等标准化养殖综合配套技术，努力提高标准化饲养管理水平。强化动物防疫体系建设，提升边境与澜沧江沿线动物疫病防控能力和动物卫生监督执法能力，加快开展跨境动物区域化管理及产业发展试点工作，推动建设境外动物疫病防控区，深化跨境动物疫病防控合作，提高兽医公共服务和社会化服务水平。实施草原生态奖补等十大工程，健全草原科技推广、草原科技支撑、草原监测预警、草原执法监督、草原信息化管理等五大体系，以挖掘饲草料资源潜力为重点，大力推进草原保护建设及草料业发展。到2020年，生猪和牛羊产业综合产值分别达1300亿元和1000亿元以上，建成100个万亩高原生态牧场、200个肉牛规模养殖场、200个肉羊规模养殖场、10个奶牛规模养殖场、300个年出栏1万头以上和5000个年出栏500头以上的生猪规模养殖场、200个年出栏10万羽以上的肉鸡蛋鸡养殖示范场。

5. 做大淡水渔业

坚持"生态优先、养捕结合、以养为主、种养协调"方针，提高渔业标准化、集约化、规模化、产业化程度，加快形成养殖、捕捞、加工、物流、商贸、旅游业相互融合的一体化发展格局。引进和推广罗非鱼、鲟鱼、鳟鱼、大宗淡水鱼类等良种，做好丝尾鳠、滇池高背鲫、大头鲤、滇池金线鲃、白鱼、云南裂腹鱼"六大名鱼"为主的土著鱼类的保护性研究与开发利用。充分利用大型电站库区，推进健康养殖，发展标准化网箱养殖。建立产品质量追溯体系，稳步提升池塘精养水平。以"增殖放流"为重点，推进生态渔业建设。以稻田养鱼为重点，促进稳粮增效。以鱼片、鱼子酱等加工出口为突破口，延伸产业链条。到2020年，水产养殖规模达300万亩以上，稻田养鱼面积达400万亩以上，建成160万亩湖泊天然渔场、200万亩库区生态渔场、100万亩库区网箱标准化生产基地，渔业产值达300亿元。

6. 提升高效林业

按照"生态建设产业化、产业发展生态化"的发展思路，全面深化林业改革，推进林业产业转型升级、提质增效。完善林下经济发展规划，因地制宜，突出特色，统筹考虑，合理确定发展规模和方向，稳步推进林下种植、林下养殖和野生食用菌等产业发展，加快林下经济和绿色特色产业示范基地建设。扎实推进以核桃、澳洲坚果、油茶、油橄榄等为重点的木本油料产业发展。推进国家储备林基地建设，加快短周期工业原料林、速生丰产用材林、珍贵林木、观赏苗木等产业发展。改善基础设施建设，培育一批龙头企业，推动集约化经营、集群式发展，提高林业资源综合利用率。以国家公园、自然保护区、森林公园、湿地公园、动植物园、国有林场、林区特色乡村等为主要载体，大力发展生态休闲服务业。到2020年，木本油料面积达5200万亩，产值达1000亿元；林下经济经营面积达1亿亩，实现综合产值1200亿元。

三、发展云南高原特色农业的措施[①]

1. 夯实农业基础

强化高标准农田建设　实行水、电、路、渠、林等综合治理，重点实施土地平整、排灌沟渠、机耕路、农田林网等配套建设，协调推进、紧密衔接骨干排灌水工程、田间工程、输配电设施等建设，强化土壤改良和地力培肥，积极改善农田生态系统环境。"十三五"时期，规划新建高标准农田1200万亩，力争达到1500万亩。

强化水利基础设施建设　集中建设一批大中型水利骨干工程，优先发展"五小水

---

① 云南省人民政府办公厅关于印发云南省高原特色农业现代化建设总体规划（2016—2020年）的通知[EB/OL].（2017-04-20）[2019-02-03]. http://www.yn.gov.cn/yn_zwlanmu/qy/wj/yzbf/201704/t20170420_29156.html.

利"工程，加快大中型灌区续建配套与节水改造，突出抓好粮食主产区、生态环境脆弱区、水资源开发过渡区等重点地区高效节水灌溉工程建设，大幅提高有效灌溉面积。到2020年，全省新增有效灌溉面积500万亩，有效灌溉率达55%以上。

强化技术装备能力建设 优化农机装备结构，合理确定农机具补贴目录，研发和推广适宜山区半山区的先进适用、安全可靠、节能减排、生产急需的农机设备和高效节水农业设备，加快农机化主推技术示范应用，。深入开展主要农作物关键生产环节机械化推进行动，推广精量播种、保护性耕作、复式作业等农机农艺融合技术，提升装备水平。到2020年，全省农机装备总量力争达4000万千瓦以上，主要农作物耕种收综合机械化水平达50%以上。

强化科技创新能力建设 高标准搭建农业关键共性技术研发平台和创新服务平台，打造区域创新中心，力争重点领域和核心技术上实现突破，着力加强新品种、新技术、新模式、新机制"四新"协调和良种、良法、良壤、良灌、良制、良机"六良"配套，强化先进适用技术推广，加大地方优势特色种质资源的收集、保存和利用研究，建立农业科技创新激励机制，强化新型农业经营主体在技术创新和推广应用中的主体地位。到2020年，全省水稻、玉米、马铃薯、麦类、豆类、油菜等主要农作物良种覆盖率达96%以上，生猪、肉牛（水牛）、肉羊良种覆盖率分别达90%、55%和32%，造林良种使用率达75%；种猪、种牛、种羊、禽苗和水产苗种自给率分别达90%、60%、80%、70%和85%以上。

强化市场体系建设 加快农产品市场体系转型升级，完善优势特色农产品的区域性市场网络，创新市场建设机制，积极培育农产品批发商联合体，继续推进农超、农校、农企、农餐等多种形式的产销对接，加快电子商务进农村综合示范，促进农产品供应链、物联网、互联网的协同发展。到2020年，基本建成布局合理、设施先进、功能完善、交易规范的农产品和农资流通网络体系。

强化信息体系建设 制定和实施"互联网+"现代农业行动计划，提高农业智能化和精准化水平，建立共享化农业信息综合数据库和网络化信息服务支持系统，构建高原特色现代农业大数据中心，建立农业数据共享和交换平台，加快推进设施园艺、畜禽水产养殖、质量安全追溯等领域物联网示范应用，深入推进信息进村入户工程。到2020年，基本建成覆盖农业全产业链，集数据监测、分析、发布和服务于一体的云南数据云平台。

强化质量安全体系建设 进一步健全省、州（市）、县、乡四级农产品质量安全检测检验体系和监管体系，完善质量安全可追溯制度，加强农业执法监管能力建设，建立健全监测结果通报制度、质量诚信体系和农产品质量安全风险评估机制，推进出口农产品质量安全示范区和国家级、省级农产品质量安全县建设，实施"三品一标"特色产品证明商标和原产地标识认证，开展农产品质量认证和企业质量管理体系认证，完善农业地方标准，强化动植物疫病防控体系建设，规范口岸动植物检疫。到2020年，全省农产品综合抽检合格率达99%以上。

强化社会服务体系建设 健全完善现代农业科技创新推广和服务体系，探索建设乡镇农业公共服务中心，进一步完善农业中介服务机构，鼓励社会资本参与农业公共服务体系建设，创新服务供需对接机制，开展政府购买公益性服务试点，构建新型农业社会化服务体系。到2020年，实现公益性服务在农业产前、产中、产后的农资供应、农产品流通、农村服务等重点领域和环节的全覆盖。

强化防灾减灾体系建设　完善灾害监测网站，划定灾害重点防范区，增强灾害预警评估和风险防范管理能力，提高重特大灾害的工程防御能力，加大空中云水资源利用工作，提高人工影响天气和农业减灾防灾能力，加强农业防灾减灾科技支撑能力建设，建立健全防灾减灾体系，加强森林防火和有害生物防治，加强灾害应急处置能力建设。

2. 壮大经营主体

发展家庭农场　坚持以户为单位的家庭经营的基础性地位，建立家庭农场认定制度，着力培育一批产业特色鲜明、经营管理规范、综合效益好、示范带动强的家庭农场，以农户为主体开展农业生产经营活动，鼓励家庭农场采用种养结合的循环生产模式，实行标准化生产、规范化管理，开展农产品质量安全认证，推行品牌化销售。

规范合作组织　充分发挥农民专业合作社带动农户、组织大户、对接企业、联结市场的作用，开展农民专业合作社示范社创建行动，鼓励采取"公司+基地+合作社+农户""合作社+基地+农户""合作社+农户"等多种经营模式，鼓励农民专业合作社之间的合作与联合。到2020年，全省农户入社率达30%以上、县级以上农民专业合作示范社1万个以上。

打造小巨人　深入实施"农业龙头带动"战略，鼓励农业龙头企业开展资本运作，着力培育壮大农业小巨人，不断扩大农业小巨人的基地建设规模，提升加工技术水平，完善市场营销体系，建立龙头企业联农带农激励机制，推进农业龙头企业成为高原特色农业现代化建设的领军力量。到2020年，培育年销售收入10亿元以上的农业小巨人100户。

培育职业农民　实施现代青年农场主精准培育计划、"乡土专家工程"和"阳光工程"，加快培养一批有文化、懂技术、会经营的生产经营型、专业技能型和社会服务型新型职业农民，广泛开展普及性培训、职业农民培训、农民创业培训，实施农民继续教育工程，加强农民教育培训体系条件能力建设，开展基层农机人员培训，加大新型农村人才培养。

增强农垦实力　创新管理体制和经营机制，加快转变农垦发展方式，加快垦区高原特色农业现代化建设，认真组织实施国家《天然橡胶生产能力建设规划》，构建天然橡胶电子商务和仓储物流体系，建设国内一流、有国际竞争力的"大胶商"，积极支持农垦承接国家农业援外项目，支持农垦企业对外合作。

3. 转变发展方式

推进适度规模经营　发展多种形式的农业适度规模经营，鼓励工商资本参与农业经营活动，加强监管和风险防范，实行分级备案、资格审查、项目审核和风险保障金制度，引导龙头企业集群集聚发展。到2020年，国家级农业产业化示范基地达20个，省级农业产业化示范区达100个。

推进加工转型升级　支持粮食主产区发展粮食深加工，组织开展产地初加工，发展农产品精深加工和综合利用加工，逐步构建农产品加工体系，加大对农产品加工龙头企业扶持和农业招商力度，建设一批销售收入5亿元以上的以农产品加工为支撑的农业产业化集群，支持农产品加工企业参与农产品原料基地建设，实现种养加、产供销、贸工农一体化。"十三五"期间，打造一批在全国同行业有竞争力的农产品加工龙头企业、一批销售收入超过50亿元的农产品加工园区、一批农产品加工销售收入超过100亿元的县、市、区。

推进品牌建设　建立和完善品牌培育工作格局，加快推进品牌农业发展，增强农产品市场竞争力，开展农产品品牌创建示范区建设，着力打造一批知名区域品牌和产品品牌，形成云茶、云菜、云菌、云花、云果、云薯、云鱼、云畜、云咖、云药等"云系"品牌，用3—5年的时间，全力打造几个在全国乃至全世界有影响力的优质特色农产品，把云南高原特色现代农业打造成为具有全国乃至世界影响力的大产业。

推进三产融合发展　协同推进高原特色农产品开发与加工业发展，开发原生态云南地方特色优质农产品，开展农产品加工副产物综合利用行动，大力发展休闲农业、观光农业、体验农业、养生农业、乡村旅游和生态农业，加强重要农业文化遗产发掘、保护、传承和利用，推进农业与旅游、教育、文化、健康等产业深度融合，实施一批农村产业融合试点示范工程，引导农村二、三产业向县域重点乡镇及产业园区集中，创新三产融合机制。到2020年，基本建成农村一二三产融合的现代农业产业体系，形成产业链条完整、功能多样、业态丰富、利益联结紧密、产城融合协调、城乡一体发展的新格局。

4. 推进绿色发展

严格保护耕地　落实国家最严格的耕地保护制度，坚守耕地红线，实施耕地质量保护与提升行动，因地制宜改良土壤、培肥地力、控污修复、保水保肥，全面推进建设占用耕地复垦利用，力争到"十三五"末全省耕地质量平均提高0.5个等级（别）。

发展节水农业　全面推进节水农业建设，升精准灌溉水平，积极引进和推广节水灌溉技术，实施旱作节水农业示范，推广水技术模式，大力发展农业高效节水灌溉，逐步建立农业灌溉用水量控制和定额管理制度。到2020年，力争全省节水灌溉面积达2000万亩。

发展循环农业　因地制宜积极发展生态型复合种植，推广玉米、大豆间作套作，发展冬季农业，推动种养业废弃物资源化利用无害化处理，开展优质饲草料种植推广补贴试点，加大对粮食作物改种饲草料作物的扶持力度，积极开展种养结合循环农业试点示范，开展综合种养技术新模式，大力发展立体种养新模式。

加强环境保护　严格落实农业资源保护法律法规，加强农业生态资源保护，维护生物多样性，完善野生动植物资源监测和保存体系，强化外来物种入侵和出口生物遗传资源丧失防控，统筹推进流域水生态保护与治理，开展化肥农药使用量零增长行动，发展的病虫害防治专业化服务组织，实施草原生态保护补助奖励政策，加强万亩生态牧场建设，加大水生生物增殖放流力度。

5. 强化政策措施

深化农业农村改革　稳定农村土地承包关系，完善土地所有权、承包权、经营权

"三权"分置办法,依法推进农村承包土地经营权有序流转,深化集体林权制度改革,建立完善统一的农村水权确权、登记、颁证制度,制定农村水权登记管理办法和工作流程,有序推进国有林场、农垦、供销社和粮食流通改革发展。

落实强农惠农政策　落实用地保障政策,支持农业龙头企业承担农业综合开发土地治理项目,建设优势农产品生产基地,对相关农业龙头企业建设用地,按照规定享受土地规费有关优惠政策和安排用地,支持新型农业经营主体合理利用农村集体土地,落实用电优惠政策,规范和降低超市及集贸市场收费,全面落实鲜活农产品运输"绿色通道"政策,降低农产品物流成本。

加大资金投入力度　优化支农资金投向,加大各级财政对"三农"投入力度,严格落实各项政策,扩大财政支农项目由农民专业合作组织和家庭农场实施承接的范围,建立健全财政支农资金整合机制,加大涉农项目资金整合力度,采取贴息、补助、参股、担保等措施,鼓励和引导社会资本投入农业农村领域,鼓励加大政银企合作力度,建立省级高原特色现代农业产业基金。

提升金融保险服务　进一步完善涉农风险补偿奖励机制,充分发挥财政贴息作用,着力实施金融支持新型农业经营主体"双百"行动,继续加大对农业产业化龙头企业专项贷款,推进农村产权抵押贷款融资试点,培育支持符合条件的农业龙头企业上市融资、"新三板"挂牌和债券融资,鼓励股权投资基金服务"三农",大力发展农业保险,充分发挥出口信用保险风险保障、融资促进和市场开拓功能,鼓励支持有意愿、有条件的地区开展相互保险创新试点,探索建立农村互助保险组织。

强化人才队伍建设　增加人力资本投入,加强创新型人才、专业技术人才和团队建设,实施"云岭产业技术领军人才""乡土专家认定及培养""新型职业农民培训"等工程,鼓励高层次人才开展科技创业,激励各类人才转换科研成果,建立政府科技成果转换与创业投资扶持机制,创新人才激励政策,建立人才合理流动机制,加大与发达地区劳动力的对口输出,支持返乡农民投身农业现代化建设,推进建立专家基层工作站,建立激励专业技术人员到基层服务的机制。

促进农业交流合作　不断提高农业开放合作水平,优化对外交流合作布局,培育开放型农业领军企业,提升农业对外交流合作水平,加强动植物检验检疫对外合作交流,建立和完善边境动物疫病防控预警体系,建设跨境动物疫病联防联控体系,积极开展农业领域的项目引进、交流与合作。建设"国际农业技术人员培训基地",推进农产品出口物流体系建设,发展跨境农业电子商务,加强出口农产品生产基地建设。力争到2020年,完成800万亩农产品出口基地备案工作,建成500个畜产品出口外销规模养殖场、60个水产品出口外销示范基地。

6. 保障规划实施

加强组织领导　在高原特色现代农业产业推进组的统一领导下,各部门要加强协调配合,统筹推动规划实施,把推进高原特色农业现代化作为农业农村工作的首要任务。各州(市)、县、区要建立高原特色现代农业产业推进工作机制,加强规划宣传,整合各类农业投资资金,集中投向主要任务和主要工程。

加强衔接落实 各地、有关部门制定的"十三五"农业产业发展等专项规划要服从和服务于《云南省高原特色农业现代化建设总体规划（2016—2020年）》，要形成上下贯通、目标一致、逐级分解的规划落实体系，确保各项规划任务落到实处。

加强监督考核 建立高原特色农业现代化监测评价体系，建立规划实施第三方评价机制，考核纳入涉农部门年度考核内容，建立规划实施检查监督制度，明确责任领导和责任部门，加大对规划执行不力的政府和部门的责任追究力度。

四、发展现代农业庄园

农业庄园一般指地理景观上的乡村田园房舍或是大面积的农庄，本质上是以农业现代化和产业化为依托，以农业生产、加工、产品和乡土自然及人文景观资源的多功能开发为重要途径，通过庄园经济带动产业结构优化、升级，实现城乡统筹发展。建设云南的现代农业庄园，可以使高原特色的农产品种植、加工得到发展，高原农业旅游休憩功能得到开发，找到农业与第二、三产业的结合点，满足农业生产、生活（包括观光、休闲、科普、养生、度假）和生态（生态保育、生态修复、生态健康）的综合功能。

2014年7月，云南省委、云南省人民政府印发了《关于大力发展现代农业庄园的意见》，明确了大力发展现代农业庄园的重要意义，坚持产业高效化、发展生态化、产品特色化、生产标准化、经营规模化、品牌高端化"六化"发展要求，按照有主体、有基地、有加工、有品牌、有展示、有文化"六有"发展内容，突出产业开发型、科技研发型、休闲养生型"三型"发展重点，高起点、高标准、高水平规划，集中力量、集聚要素、分步实施，加快建设一批现代农业庄园。通过建设省级示范精品农业庄园，带动云南高原特色农业的深入发展，打造了一批以茶叶、烟草、花卉、咖啡、核桃、特色水果、珍贵药材等生态农业庄园。

在云南庄园农业发展中，玉溪一直走在全省前列。2014年，玉溪市出台了《关于大力发展现代农业庄园的实施意见》，加大了对现代农业庄园的扶持力度。其他地区也凭借其自身独具的高原特色农业的资源禀赋和丰富的旅游资源，形成了一批具有特色的现代农业庄园，如"柏联普洱茶庄园""玉溪凤窝庄园""爱泥咖啡庄园""褚橙庄园"以及如"一丘田庄园"等一些小型的地方庄园。

第三节 云南高原特色农业的主要内容

一、水果产业

云南具有独特立体气候，是面向南亚、东南亚的开放门户，水果品质高，错季优势明显。水果种植面积居全国第十位，产量居第十六位，出口创汇金额居全国第一，出口数量居全国第二。2017年，全省水果种植面积达到790万亩，总产量795万吨，综合产值达304亿元。

《云南省高原特色现代农业"十三五"水果产业发展规划》提出，到2020年，全省水果种植面积发展到750万亩，产量超过900万吨，实现总产值500亿元，实现农村人均居民增收725元；生产大县水果种植面积占全省总面积70%以上，水果产量占全省总产量的80%以上，出口量和出口额占全省的90%以上；果品全部达到无公害食品标准，绿色及有机食品认证达到20%，优质果率达到80%以上，产品商品化处理率达60%，精（深）加工率达20%以上。

依据气候类型，将全省水果生产划分为温带水果优势生产区、亚热带水果优势生产区、热带水果优势生产区，以苹果、香蕉、柑橘、梨、桃、葡萄、杧果等种植面积大、具有较强区域品牌的大宗果种为重点，兼顾新兴的、具有较大市场潜力的大樱桃、蓝莓、猕猴桃等果种，在城市周边发展观光型、休闲型、采摘性强的果种。

围绕水果主产区域，以昆明、大理、曲靖、红河、昭通、楚雄为重点，支持和培育一批大型水果企业加强分级、包装、冷藏、冷运环节建设，建设完善的水果预冷设施；以玉溪、楚雄、文山、普洱、保山为重点，提高水果商品化处理包装率，旺储淡销，增强市场调剂能力，降低市场风险；以丽江、德宏、西双版纳为重点，配置相应的预冷设施、整理分级车间、冷藏库以及清洗、分级、包装等设备，提高产品的储藏保鲜能力。

围绕品种的分布和加工产品的开发，苹果以昭阳为重点，培育和引进2—3个企业做好苹果醋和苹果汁的加工；梨以泸西、禄丰为重点，培育2—3个企业扩大加工规模；杧果以华坪为重点，引进和培育3—5个企业做好杧果汁、杧果干、杧果粉及其他系列产品开发；葡萄以弥勒和德钦为重点，在现有基础上加大投入，继续扩大加工规模，对现有果品加工企业进行厂房和技术改造，增强对基地的辐射带动能力。

"十三五"时期，水果产业发展的主要任务是：建设良种繁育基地、建设标准化生产基地、建设质量监管体系、创新生产经营模式、提高水果加工能力、建设市场物流体系、培育区域品牌、建设绿色生态果园。[①]

《云南省水果产业三年行动计划（2018—2020）》提出，到2020年，全省水果种植面积达到850万亩，产量达到900万吨，水果产业综合产值达600亿元。为了实现云南水果产业发展目标，要紧扣绿色有机水果生产基地建设、果品商品化发展、企业规模化发展、"U鲜云果"品牌化发展和支撑平台建设5个关键环节，推进建设绿色有机水果生产基地、支持绿色有机水果生产基地认证、建设绿色有机果园示范区、强化水果采后商品化处理、加快建设果品分等分级生产线、支持企业发展果品精深加工、内培外引新型经营主体、建立"U鲜云果"标准和认证体系及质量追溯体系、坚持"三位一体"（"U鲜云果"整体品牌为引领、区域公用品牌为支撑、企业品牌和产品品牌为主体）战略、成立云南水果绿色产业创新联盟、成立云南水果精深加工工程技术研究中心、建设中国—东盟水果交易中心12项重点任务，实现云南水果产业发展方式转变和产业转型升级。[②]

二、中药材产业

云南省中药材资源有6559种，占全国药材品种的51.2%，资源和品种居全国第一。

① 云南省高原特色现代农业"十三五"水果产业发展规划[EB/OL].（2017-06-29）[2019-02-03]. http://www.ynagri.gov.cn/news13904/20170629/6901230.shtml.

② 云南省水果产业三年行动计划（2018—2020）[EB/OL].（2018-12-24）[2019-02-03]. http://www.ynagri.gov.cn/news13904/20181224/7009930.shtml.

2017年种植面积达747万亩，种植规模居全国第一。云南白药系列、三七系列、灯盏花素系列等产品在国内占有重要地位。

《云南省高原特色现代农业"十三五"中药材产业发展规划》提出，到2020年，全省中药材产业稳步发展，生产科技水平大幅提升，产业龙头企业和品牌带动力显著增强，现代生产流通体系初步建成，质量安全水平大幅提高，濒危中药材得到有效保护，中药材产销信息渠道畅通，建成全国中药材种植养殖的重要基地。中药材产业总产值达1000亿元，增加值538亿元，从业农民年人均来自中药材产业收入3500元，中药材种植面积稳定在800万亩左右，建设200个以上省级中药材良种繁育基地、300个以上省级中药材规范化种植养殖示范基地，中药生产企业使用产地确定的中药材原料比例达到50%以上。

发展重点：种植品种以三七、天麻、滇重楼、灯盏花、云木香、云当归、白及、滇黄精、云茯苓、滇龙胆、薏苡、滇草乌、雪上一枝蒿、金铁锁、胡黄连、南板蓝根、鸡血藤、云防风、乌梅、珠子参、何首乌、天冬、羌活、桔梗、续断、秦艽（粗茎秦艽）、生姜（罗平小黄姜）、金银花、银杏、通关藤、党参、厚朴、柴胡、杜仲、黄芩、白术、云黄连、八角、肉桂、美登木、葛根、石斛、草果等为重点；养殖品种以美洲大蠊、水蛭、穿山甲、梅花鹿、麝等为重点；南药品种以龙血树、千年健、诃子、苏木、千张纸、阳春砂仁、白豆蔻、儿茶、槟榔、沉香、肾茶等为重点。

总体布局：在滇中、滇南、滇东南、滇西北、滇东北等种植适宜区发展道地优势大宗药材，在保山、红河、文山、普洱、西双版纳、德宏、临沧等地发展南药种植。在全省中药材种植（养殖）主产区布局30个重点县市区。配套建设标准化、规模化、集约化中药饮片加工基地。在昆明、曲靖、大理、昭通、红河、文山等交通物流中心和大宗药材聚散地建设完善中药材专业交易市场及仓储物流中心。形成基地建设、精深加工、现代物流、市场销售为一体的滇中现代中药材产业经济圈。

种养区域布局：滇中以昆明、曲靖大部、楚雄、玉溪、大理大部为重点，主要发展三七、滇重楼、云当归、滇草乌、附子、白及、黄芩、续断、茯苓、滇黄精、小黄姜、薏苡、银杏等；滇南滇西南主要以普洱、西双版纳、临沧、保山、德宏为重点，主要发展石斛、滇重楼、阳春砂仁、滇黄精、白及、滇龙胆、续断、银杏、美洲大蠊、水蛭、党参、诃子、大黄藤、金银花、茯苓、丹参、佛手、傣百解、倒心盾翘藤、草果、胡椒等；滇东南主要以文山、红河、曲靖南部县区为重点，主要发展三七、灯盏花、石斛、滇重楼、阳春砂仁、葛根、草果、八角、滇黄精、白及、银杏等；滇东北主要以昭通、曲靖的会泽、宣威，昆明的东川为重点，主要发展天麻、滇重楼、滇黄精、党参、滇草乌、厚朴、黄芩、花椒等；滇西北主要以丽江、迪庆、怒江和大理的剑川、鹤庆等为重点，主要发展滇重楼、云当归、云木香、粗茎秦艽、续断、白及、羌活、桔梗、金银花、金铁锁、雪上一枝蒿、胡黄连、珠子参、草乌、草果等。

加工基地布局：以滇中、滇南滇西南、滇东南、滇东北、滇西北五大重点片区为基础，优化中药材产业加工布局，引导加工企业向产业核心区、产业基地发展片区和产业增长极集聚。"十三五"期间，以昆明为核心建设中药材原料产品精深加工、产品技术创新、企业孵化中心，依托文山、昭通、楚雄、玉溪、曲靖、红河、大理、保山、临沧等医药加工园区，布局建设以三七、灯盏花、天麻、石斛、滇龙胆、银杏、当归、美洲大蠊、茯苓、诃子等大宗特色药材为重点的中药饮片和提取物加工基地。

交易市场布局：在昆明、文山、昭通、曲靖、大理、丽江、红河、临沧、普洱、保山等中药材主要产区、大宗药材聚散地和交通物流中心建设完善中药材专业交易市场及仓储物流中心。以昆明为中心建设集初加工、包装、仓储、质量检验、追溯管理、电子商务、现代物流配送于一体的中药材仓储物流中心，开展社会化服务。

"十三五"时期，中药材产业发展的主要任务是：加强资源保护、强化良种推广、推进基地建设、发展加工生产、培育产业龙头、增强科技创新、完善质量体系、打造知名品牌、构建流通体系、建设信息平台。①

《云南省中药材产业三年行动计划（2018—2020）》提出，到2020年，全省中药材种植面积达800万亩，产量100万吨，综合产值1128亿元，药农中药材产业收入4500元。针对云药产业发展目标，紧扣有机、商品、规模、名牌、市场、创新六个关键点，采取建设有机药材基地、大力发展商品生产、壮大产业发展规模、打造绿色云药品牌、完善市场平台建设、创新研发技术体系六项重点行动措施，实施培育产业品牌和经营主体、搭建市场平台、支持创新研发、加大扶持力度等政策措施，把云南打造成为全国中药材产业强省、国内重要的中药材集散中心，建设成为世界一流的中药材生产基地。②

三、蔬菜产业

云南具有"天然温室"和"天然凉棚"的优势，四季生产出品种丰富、生态优质的蔬菜产品，蔬菜产业是云南特色经作的重要产业之一，每年近70%的蔬菜产品销往全国150多个大中城市和30多个国家和地区，云南已逐步成为重要的"南菜北运"和"西菜东运"基地。2017年，全省蔬菜种植面积达到1950万亩，总产量2860万吨，综合产值760亿元。

《云南省高原特色现代农业"十三五"蔬菜产业发展规划》提出，到2020年，蔬菜种植面积达到2100.0万亩，总产量3560.0万吨，外销量2428.0万吨，综合产值1267.0亿元，乡村从业人员人均从蔬菜获得收益3981.8元。蔬菜标准化生产比例达60%，商品化处理率达75%，产业化经营比例达80%，"三品一标"产品认证数量800个以上，产品抽样检测合格率达到97%以上。

生产基地布局：将蔬菜生产规划为夏秋蔬菜优势产业区，冬春蔬菜优势产业区，常年蔬菜优势产业区，在优势产业区重点培育30个重点县，辐射带动50个生产大县。夏秋蔬菜优势产业区包含昭通市、大理州、丽江市、文山州、怒江州、迪庆州，建设6个蔬菜生产重点县，辐射发展15个蔬菜生产大县；冬春蔬菜优势产业区包含保山市、普洱市、西双版纳州、德宏州、临沧市、红河南部以及低热河谷县，建设6个蔬菜生产重点县，辐射发展20个蔬菜生产大县；常年蔬菜优势产业区包含昆明市、曲靖市、玉溪市、楚雄州以及红河州北部县市，建设18个蔬菜生产重点县，辐射发展15个蔬菜生产大县。

① 云南省高原特色现代农业"十三五"中药材产业发展规划 [EB/OL].（2017-06-29）[2019-02-03]. http://www.ynagri.gov.cn/news13904/20170629/6900876.shtml.
② 云南省中药材产业三年行动计划（2018—2020）[EB/OL].（2018-12-24）[2019-02-03]. http://www.ynagri.gov.cn/news13904/20181224/7009940.shtml.

加工基地布局：以昆明、曲靖、玉溪为重点，培育大型蔬菜加工企业，重点加强分级、包装、冷藏、冷运环节建设，建设完善的蔬菜预冷设施；以红河、文山、楚雄、大理为重点，重点加强低温分拣加工、冷藏运输工具、冷藏等冷链设施设备配置；在保山、丽江和澜沧江低热河谷区生产大县及外销量较大的区域，配置相应的预冷设施、整理分级车间、冷藏库。

"十三五"时期，蔬菜产业发展的主要任务是：建设标准化蔬菜生产基地、培育经营主体、强化科技支撑、建设质量安全保障体系、提升加工能力、强化"云菜"品牌培育、建设市场流通体系、建设信息化服务体系。[①]

《云南省蔬菜产业三年行动计划（2018—2020）》提出，到2020年，全省蔬菜种植面积达到2100万亩，总产量3560万吨，综合产值1045亿元。针对蔬菜产业发展目标，紧扣基地提升和绿色有机生产示范、增强蔬菜商品化生产与销售、定向招商和壮大龙头企业、打造云菜品牌、建立科技创新平台5个关键环节，推进"夯实绿色生产基础，稳步推进有机生产""改造升级加工设备，提高产品商品化""内培外引，增强龙头企业规模化带动作用""推进认证认定，打造云菜品牌""建设创新平台，保障蔬菜全产业有机化"5个方面的重点任务，构建云南现代蔬菜产业体系、生产体系和经营体系，打造千亿云菜产业。[②]

四、食用菌产业

《云南省高原特色现代农业"十三五"食用菌产业发展规划》提出，力争到2020年，全省食用菌产量达到100万吨，产值200亿元，其中野生食用菌12万吨、产值120亿，栽培食用菌88万吨、产值80亿。

生产基地布局：野生食用菌封育促繁基地以云南"四大世界名菌（松茸、牛肝菌、块菌、鸡油菌）"的主产区为重点，进一步加强40个封育促繁区重点基地建设，以迪庆、丽江、大理为主辐射保山、临沧、楚雄、昆明建设松茸封育促繁区，以楚雄、玉溪、普洱为主辐射大理、临沧、昆明建设牛肝菌封育促繁区，以楚雄、保山、丽江为主建设块菌封育促繁区，以昆明、曲靖、楚雄、迪庆为主建设鸡油菌封育促繁区，以昆明、楚雄、曲靖、红河为主建设鸡枞菌封育促繁区，以迪庆、丽江为主建设羊肚菌封育促繁区，以昆明、玉溪、曲靖、楚雄为主建设干巴菌封育促繁区，在曲靖、玉溪、楚雄、昆明、文山、德宏等地区为栽培食用菌生产基地重点建设40个栽培食用菌规范化生产基地，大力发展人工菌栽培，重点发展平菇、姬菇、杏鲍菇、金顶侧耳、香菇、双孢菇、金针菇、茶树菇、姬松茸、大球盖菇、鸡腿菇、黑木耳等人工食用菌种植、牛肝菌工厂化栽培。

加工基地布局：野生食用菌加工布局以现有野生食用菌加工龙头企业分布的县市区为重点，在昆明市、楚雄州、玉溪市、大理州、丽江市、迪庆州构建6个食用菌精深加

---

① 云南省高原特色现代农业"十三五"蔬菜产业发展规划 [EB/OL].（2017-06-29）[2019-02-03]. http://www.ynagri.gov.cn/news13904/20170629/6901315.shtml.

② 云南省蔬菜产业三年行动计划（2018—2020）[EB/OL].（2018-12-24）[2019-02-03]. http://www.ynagri.gov.cn/news13904/20181224/7009929.shtml.

工区；栽培食用菌加工布局以曲靖、玉溪、楚雄、昆明、大理、保山、文山、德宏等栽培菌主产区为重点，开展鲜品保鲜、保藏加工），鼓励和支持发展其他精深加工产品开发，积极拓展沿边市场。

流通市场布局：在全省食用菌资源集聚的重点县区，新建及改扩建食用菌交易市场，配套建设加工处理和物流配送设施设备。在昆明、玉溪、楚雄、大理、迪庆、丽江、曲靖、普洱等州（市），新建及改扩建大中型食用菌专业批发市场15个，重点在昆明建设一个集交易、仓储、物流配送、信息交汇、市场准入、流通网络等多功能为一体的大型食用菌专业市场。

综合服务布局：以昆明、曲靖、楚雄为中心，开展食用菌精深加工技术研发，加快产业成果转化，重点在适用技术推广应用上取得突破，建立覆盖全省的产业服务机构。

"十三五"时期，食用菌产业发展的主要任务是：强化基地建设、提升加工水平、拓展流通市场、培育经营主体、增强科技支撑、保障质量安全、打造"云菌"品牌。[①]

五、生猪产业

《云南省高原特色现代农业"十三五"生猪产业发展规划》提出，到2020年，生猪产值达1500亿元，全省生猪养殖从业人员人均收入6122.4元，全省农民来自生猪的人均收入2880元，生猪存栏达到5000万头，出栏达到7350万头，猪肉产量达到680万吨；畜产品质量监测合格率99.8%，畜产品中"瘦肉精"抽检合格率保持100%。加工企业猪肉系列产品全面达到无公害的要求；生猪规模养殖比重提高10个百分点，达到52%以上，其中年出栏500头以上的规模养殖比重达35%以上；推进种养结合、粪污综合利用、清洁生产、有机肥等为主体的环境保护措施，产业布局合理，粪污处理与综合利用率80%以上。

根据云南省生猪产业发展现状和发展潜力，结合工业化、城镇化和生态环境保护需要，突出特色、规模和综合经济效益，优化区域布局，科学规划全省生猪养殖区域。将昆明、曲靖、玉溪3市列为稳定发展区，将保山、昭通、丽江、普洱、临沧、楚雄、红河、文山、西双版纳、大理和德宏11州（市）列为加快发展区，将怒江和迪庆2州列为特色发展区。

"十三五"时期，生猪产业发展的主要任务是：大力推进现代生猪种业建设、持续推进标准化规模养殖、提升饲料企业综合能力、完善生猪疫病防控体系建设、构建质量安全可追溯体系、加强生猪屠宰管理、推进一二三产业融合发展、推动废弃物综合利用。

六、牛羊产业

《云南省高原特色现代农业"十三五"牛羊产业发展规划》提出，到2020年，出栏肉牛620万头以上，出栏肉羊1320万只以上，牛羊肉产量100万吨以上，牛羊综合产值突破1000亿元，其中一产产值660亿元以上，二产产值100亿元以上，三产产值260亿元以上，带动农民增收231亿元以上，从事牛羊养殖户人均增收1599元，牛羊规模化养殖比重

---

① 云南省高原特色现代农业"十三五"食用菌产业发展规划 [EB/OL]. (2017-06-29) [2019-02-03]. http://www.ynagri.gov.cn/news13904/20170629/6901344.shtml.

分别达35%、45%，牛羊肉加工能力30万吨以上，骨干龙头企业50家以上，组织化程度进一步提高，龙头企业带动能力不断增强。

生产基地布局：肉牛产业的稳定发展区为昆明市、曲靖市、大理州、楚雄州和昭通市，加快发展区为红河州、文山州、临沧市、保山市、普洱市、德宏州和西双版纳州，特色发展区为怒江州、迪庆州、丽江市和玉溪市；肉羊产业稳定发展区为昆明市、曲靖市、大理州、楚雄州、玉溪市、德宏州和西双版纳州，加快发展区为红河州、昭通市、文山州、临沧市、保山市和普洱市，特色发展区为怒江州、迪庆州和丽江市。30个重点产业基地为会泽县、宣威市、富源县、师宗县、陆良县、马龙县、广南县、丘北县、保山市隆阳区、昌宁县、腾冲市、龙陵县、禄劝县、寻甸县、弥勒市、泸西县、建水县、云县、永胜县、玉龙县、巍山县、南涧县、剑川县、云龙县、楚雄市、武定县、大姚县、芒市、兰坪县和香格里拉市。

加工基地布局：牛羊产品加工基地为富民县、寻甸县、马龙县、大关县、广南县、砚山县、个旧市、建水县、普洱市思茅区、景洪市、沧源县、耿马县、巍山县、永平县、龙陵县、瑞丽市、芒市、永胜县、香格里拉市和禄丰县；草料加工基地为宜良县、云县、洱源县、曲靖市沾益区、马龙县、香格里拉市、泸西县和永善县，皮革加工基地为玉溪市红塔区和保山市隆阳区。

流通市场布局：6个面向省内大中城市牛羊产品供给的专业批发市场为昆明市官渡区、昆明市盘龙区、寻甸县、马龙县、新平县和禄丰县，8个面向国内大中城市外销的牛羊产品批发市场为会泽县、宣威市、昭通市昭阳区、砚山县、富宁县、广南县、开远市和弥勒市，13个面向国内外销售的牛羊产品批发和交易市场为昌宁县、腾冲市、芒市、瑞丽市、巍山县、南涧县、祥云县、云县、耿马县、澜沧县、孟连县、勐腊县和勐海县，3个面向省内外销售的特色牛羊产品批发市场为兰坪县、玉龙县和香格里拉市。

综合服务布局：按照构建现代牛羊产业体系、生产体系、经营体系，加快推进农业现代化的要求，布局综合服务体系。良种繁育推广服务布局以省草地动物科学研究院、省畜牧兽医科学院、省种畜繁育推广中心、省种羊繁育推广中心、大理州冻精站为重点布局4个肉牛核心育种场、10个云岭牛扩繁场、2个肉羊核心育种场、2个冻精生产工作站，以州（市）为重点布局16个冷冻精液中转站，以县（市、区）为重点布局125个肉牛冷冻精液供应站，以肉牛养殖乡（镇）为重点布局1000个肉牛冻精改良点，以肉羊养殖生产大县为重点布局20个肉羊良种扩繁场，以地方牛羊遗传资源所在地为重点布局10个肉牛保种场和15个肉羊保种场；科技推广服务布局以省草地动物科学研究院等为重点布局2个牛羊关键技术攻关工程中心、4个技术推广中心，以州（市）、县（市、区）、乡（镇）为重点布局16个州（市）级推广中心、125个县（市、区）级推广中心、1371个乡（镇）级推广站；动物疫病防控服务布局以省畜牧兽医科学院为技术依托，以省、州（市）、县（市、区）、乡（镇）、村为重点，布局3个生物安全3级实验室、16个生物安全2级实验室、129个生物安全1级实验室、1371个动物疫病采样室、12788个动物疫病防疫室。

"十三五"时期，牛羊产业发展的主要任务是：在生态牧场建设上，新建年出栏

1000个羊单位以上的高原生态牧场100个（总量达200个）；在产业基地建设上，30个牛羊基地县牛羊肉产量、产值分别占全省的47.5%和48%；在经营主体培育上，使牛羊养殖专业合作组织达100个以上；在产业融合发展上，重点培育三产融合发展的经营主体50个；整合科研院所力量，加大农业科技支撑；在品牌营销打造上，重点打造3个公共品牌、25个区域品牌、1000个企业品牌；在服务体系建设上，建立健全良种繁育、草料保障、疫病防控、科技推广、质量安全、网络信息服务体系。①

2017年，云南肉牛出栏526.2万头，肉产量63.8万吨，实现肉牛产业综合产值724亿元。《云南省肉牛产业三年行动计划（2018—2020）》提出，到2020年，云南肉牛达到出栏620万头，肉产量75万吨，实现肉牛产业综合产值1000亿元。按照"大产业+新主体+新平台"的思路，以全力打造世界一流"绿色食品牌"为抓手，通过建设绿色有机肉牛生产基地、配套种植绿色有机饲草饲料、提高绿色有机化良种水平推进有机化发展，通过.提升产品加工能力、提升市场开拓能力推进商品化发展，通过千方百计招大商、重点培育大龙头推进规模化发展，通过重点培育云南牛肉名牌、重点打造区域公用品牌推进名牌化发展，实现把云南打造成为中国最大的绿色有机肉牛生产基地和新产品新业态创新基地，把"云岭牛"打造成为中国肉牛第一品牌，把肉牛产业打造成为1000亿级产业的目标。②

七、茶产业

云茶产业具有独特的大叶种品种资源优势、良好的生态环境优势、较好的产业基础规模优势、较完备的加工体系优势、特色明显的普洱茶和滇红茶品牌优势、较为完整的市场营销体系优势、丰富多彩的民族茶文化优势。截至2017年年底，全省茶叶面积619.5万亩，产量38.7万吨，均位居全国第二，综合产值742亿元，茶农来自茶产业人均收入3280元。

《云南省高原特色现代农业"十三五"茶产业发展规划》提出，到2020年，全省茶叶面积稳定在630万亩左右，其中高优生态茶园面积达到300万亩，有机茶园面积达到100万亩，茶叶产量达到38万吨，一产产值达到190亿元，二产产值达到380亿元，三产产值达到430亿元，努力实现综合产值达到1000亿元，茶农来自茶产业的人均收入达到4000元以上，茶叶精深加工比重提高到80%以上，省级以上龙头企业达到100户，打造150个茶叶示范园（区），培育茶叶专业合作社1000个，家庭农场1500个，茶业小巨人综合实力增强，产品结构不断优化，品牌带动力明显提高，现代市场营销体系基本形成，实现政府、茶企、茶农三方共赢，把云南建设成国内外知名的茶叶生产、加工、贸易、文化和茶旅游重要基地。

生产基地布局：全省择优确定30个面积10万亩左右、产量近万吨、综合产值5亿元以上的县（市、区）为产业重点县（腾冲、龙陵、昌宁、绿春、广南、思茅、宁洱、墨

---

① 云南省高原特色现代农业"十三五"牛羊产业发展规划 [EB/OL]. (2017-06-29) [2019-02-03]. http://www.ynagri.gov.cn/news13904/20170629/6901594.shtml.

② 云南省肉牛产业三年行动计划（2018—2020）[EB/OL]. (2018-12-24) [2019-02-03]. http://www.ynagri.gov.cn/news13904/20181224/7009941.shtml.

江、景东、景谷、镇沅、江城、澜沧、孟连、西盟、景洪、勐海、勐腊、南涧、芒市、梁河、盈江、临翔、云县、凤庆、永德、镇康、耿马、沧源、双江），着力建设300万亩生态高效茶叶基地和100万亩有机茶园，改造低质低效茶园200万亩。

加工基地布局：省级重点扶持亿元以上茶企50个，其中着力打造年产值30亿元以上茶企2个、5亿元以上茶企10个，州（市）县重点扶持规模以上（年产值1000万元以上）茶企200个。改造提升茶叶初制所1000个，打造50个"龙头企业+合作社+基地+农户"的产业化高效经营组织，推进茶叶加工园区提升建设，重点打造凤庆、勐海、思茅区三大茶叶加工园区，实现加工园区产值达100亿元以上。以滇南、滇西南普洱市、西双版纳州、临沧市等州（市）为重点，择优确定20个县（市、区）为普洱茶重点县（腾冲市、昌宁县、思茅区、宁洱县、墨江县、景东县、景谷县、镇沅县、澜沧县、景洪市、勐海县、勐腊县、南涧县、芒市、临翔区、云县、凤庆县、永德县、镇康县、双江县），实现全省普洱茶产量达15万吨；以滇西保山市、临沧市等州（市）为重点，择优确定10个滇红茶重点县（腾冲市、龙陵县、昌宁县、思茅区、澜沧县、芒市、云县、凤庆县、耿马县、沧源县），实现全省滇红茶产量达8万吨；以滇南、滇西南和滇东南茶叶主产州（市）为重点，择优确定20个滇绿茶重点县（腾冲市、昌宁县、绿春县、广南县、思茅区、宁洱县、墨江县、景东县、江城县、澜沧县、孟连县、西盟县、景洪市、南涧县、芒市、梁河县、盈江县、云县、耿马县、沧源县），实现绿茶产量达10万吨。

流通市场布局：建立云茶交易中心、滇红茶交易中心，积极利用普洱茶交易中心平台，升级改造昆明及茶叶主产州（市）茶叶交易市场，实现茶产品线上线下销售协同发展。大力实施"走出去"战略，巩固广东、广西、香港、台湾为重点的传统市场，开拓北京、上海、辽宁、黑龙江、吉林、山西、河北、内蒙古、山东、陕西等新兴市场，培育湖北、湖南、四川、重庆、宁夏、西藏等潜力市场；以一线城市为中心，在全国重点区域的大中城市择优建设云茶展示贸易中心，辐射延伸至二三线城市。借助国家"一带一路"发展机遇，积极拓展国际市场。

"十三五"时期，茶产业重点实施"基地提升、龙头培育、品牌打造、科技创新、质量保障、市场开拓、文化引领"七大工程，全面推进云茶产业转型升级做大做强。[1]

《云南省茶叶产业三年行动计划（2018—2020）》提出，到2020年，全省茶叶面积稳定在630万亩，产量40万吨左右，综合产值达到1000亿元，茶农来自茶产业人均收入达到4000元。按照"大产业、新主体、新平台"总体要求，以"创名牌、育龙头、抓有机、建平台、占市场"为主线，通过"实施有机化战略，抢占中国茶业发展的'风口'""实施商品化战略，争创中国茶产业发展的引领者""实施规模化战略，打造中国茶叶综合实力第一强省""实施品牌化战略，做强中国茶业第一品牌（普洱茶）""深耕茶文化内涵，提升茶叶新业态融合发展附加值"等措施，努力打造"中国茶业综合实力第一强省、中国茶业第一品牌（普洱茶）、世界一流茶产品"。[2]

---

[1]　云南省高原特色现代农业"十三五"茶产业发展规划 [EB/OL]. (2017-06-29) [2019-02-03]. http://www.ynagri.gov.cn/news13904/20170629/6901663.shtml.

[2]　云南省茶叶产业三年行动计划（2018—2020）[EB/OL]. (2018-12-24) [2019-02-03]. http://www. ynagri.gov.cn/news13904/20181224/7009926.shtml.

八、花卉产业

云南物种资源丰富、区位优势明显，与非洲（肯尼亚）、南美洲（哥伦比亚、厄瓜多尔）并称为世界三大最适宜花卉生产地区。2017年，全省花卉种植面积156.2万亩，实现综合产值503.2亿元，鲜切花产量110.3亿支，花农收入121.1亿元，鲜切花和盆花在国内市场占有率达到75%以上，鲜切花生产面积和产量位居全球第一、产值居全球第二，斗南花卉交易市场是亚洲第一、世界第二大鲜花交易市场，在全国和亚洲地区拥有产品定价权和市场话语权。

《云南省高原特色现代农业"十三五"花卉产业发展规划》提出，到2020年，花卉总面积200万亩，总产值1000亿元，其中农业产值650亿元，加工业产值100亿元，服务业产值250亿元；鲜切花产量150亿支，花卉产品外销比例90%，花卉出口2.6亿美元；花农收入250亿元，年收入人均达3.8万元，年均增收4400元；实现一二三产融合发展，二三产比重提高至40%；科研、生产、服务行业带动产业全面推进，使云南省成为亚洲花卉生产、交易和信息中心，并成为世界花卉重要产销地。

产业布局：到2020年，花卉生产分布全省16个州（市），形成"一个辐射中心、三个产业带"和"六大核心区"。"一个辐射中心"是以滇中为主的花卉产业辐射中心，"三个产业带"以滇西北、滇东北为主的冷凉花卉产业带、以滇西为主的地方特色花卉产业带、以滇南为主的热带花卉产业带。"六大核心区"以嵩明、红塔等为重点的花卉种业核心区，以呈贡、晋宁、通海等为重点的鲜切花核心区，以楚雄、大理、保山等为重点的盆花与地方特色花卉核心区，以陆良、沾益、建水、安宁、普洱、西双版纳等为重点的加工用（药用、食用和工业用）花卉核心区，以宜良、开远、弥勒等为重点的绿化观赏苗木核心区，以大理、丽江、腾冲等为重点的花卉旅游核心区。

"十三五"时期，花卉产业发展的主要任务是：提升花卉科技创新水平、提高优质花卉生产规模、培育壮大花卉经营主体、推进加工业健康发展、健全社会化服务体系、促进三产融合发展。

"十三五"时期，花卉产业发展的重点工程是：建设优质花卉核心示范区和实施花卉科技支撑、产业融合发展、"互联网+花卉"、社会化服务体系四大工程。[1]

《云南省花卉产业三年行动计划（2018—2020）》提出，到2020年，全省花卉生产总面积稳定在160万亩左右，实现综合产值1000亿元，鲜切花产量达到150亿支，盆花产量5亿盆，花农收入220亿元以上，花农人均年收入达到3.5万元以上，将云南建设成为世界一流、亚洲第一的花卉创新中心和交易集散中心、全球最大的高品质花卉生产地。要实现云南花卉产业的发展目标，要围绕"品种、品质、品牌"三个重点，通过"建设现代花卉种植园，以集聚化发展破解土地、设施等关键性难题，推动产业转型升级""建设国际一流的花卉交易集散中心，提升花卉物流体系关键环节的处理能力""强化云南在花卉种业领域的引领地位，以科技创新实力提升产业核心竞争力"等措施，将云南建

① 云南省高原特色现代农业"十三五"花卉产业发展规划 [EB/OL]. (2017-06-29) [2019-02-03]. http://www.ynagri.gov.cn/news13904/20170629/6901645.shtml.

设成为亚洲最大的鲜切花和盆花生产、交易集散与科研中心。[①]

九、咖啡产业

云南具有种植小粒种咖啡的优越自然条件，是中国最大的咖啡种植地、贸易集散地和出口地，咖啡种植规模和产量已占全国的98%以上，"云咖"已成为独具特色的"云系"农产品的重要组成部分。

《云南省高原特色现代农业"十三五"咖啡产业发展规划》提出，到2020年，全省咖啡种植面积稳定在200万亩左右，年产咖啡生豆20万吨，实现总产值292亿元以上。其中农业产值50亿元、工业产值82亿元、第三产业产值160亿元，出口创汇2亿美元以上，咖农140万人，咖农人均收入2857元，精品咖啡比重由5%左右提升到8%以上，精深加工比重提高到30%以上，省级以上龙头企业达到20个，标准化生产示范园达到20个，高标准的初加工厂达到50座。

种植区域布局：生产大县为隆阳、思茅、宁洱、墨江、孟连、澜沧、芒市、盈江、镇康、耿马、云县11个种植面积10万亩、产量5000吨以上的县，主产县为景谷、江城、景洪、临翔、双江、永德、沧源7个种植面积5万亩、产量3000吨以上的县，特色县为宾川、泸水、勐海、河口、麻栗坡、凤庆、陇川、瑞丽、龙陵9个地域特点突出、区域产品价值明显、有发展潜力的县。

加工布局：初加工布局是面积达到500亩左右的咖啡种植基地必须建立咖啡湿法初加工厂。精深加工布局是在发展基础好、潜力大的州（市），合理布局咖啡精深加工生产线，重点在昆明市、普洱市思茅区、保山市隆阳区、德宏州芒市、临沧市临翔区等地布局咖啡豆、粉及速溶咖啡加工厂。配套加工业布局是在普洱市思茅区、保山市隆阳区、德宏州芒市、临沧市临翔区等地布局咖啡机械设备制造业、咖啡专业肥、包装等配套加工业。

市场布局：构建以普洱为总部，以保山、德宏、临沧等主要产区为集货中心和交易分中心，以昆明为交割仓的覆盖全国、辐射东南亚南亚的省内市场。建立与上海、重庆、成都等地咖啡交易中心的利益共享机制，支持龙头企业在国内重点消费区建设"云咖"体验中心的国内市场。加强与美国精品咖啡协会和国际咖啡品质学会的战略合作伙伴关系，推进云南咖啡融入世界精品咖啡体系，建立国际市场。

咖啡庄园布局：以普洱市、西双版纳州、临沧市、大理州、保山市、德宏州为重点，建成一批集咖啡种植、加工、品饮、旅游观光、休闲养生为一体的国际性、高档次、高品位的咖啡庄园，拓展咖啡价值空间。

"十三五"时期，咖啡产业发展的主要任务是实施基地建设、质量安全、经营主体培育、科技体系、品牌培育、市场开拓六大工程。[②]

《云南省咖啡产业三年行动计划（2018—2020）》提出，到2020年，全省咖啡种

---

① 云南省花卉产业三年行动计划（2018—2020）[EB/OL].（2018-12-24）[2019-02-03]. http://www.ynagri.gov.cn/news13904/20181224/7009927.shtml.

② 云南省高原特色现代农业"十三五"咖啡产业发展规划[EB/OL].（2017-06-29）[2019-02-03]. http://www.ynagri.gov.cn/news13904/20170629/6901631.shtml.

植面积稳定在200万亩左右，产量达到20万吨；实现绿色标准咖啡17万亩，5年以后达到60万亩以上；高级商业咖啡豆（75分以上）比重由10%左右提升到40%，精品咖啡比重由5%左右提升10%，5年后达到20%的世界平均水平；云南咖啡国内市场占比由不足20%提升到40%以上；实现对亚洲咖啡生产国50万吨的贸易量和10万吨的精深加工量；实现咖啡综合产值300亿元以上，面对亚洲国家的咖啡贸易、精深加工和仓储物流等配套服务300亿元，使咖啡产业总产值达到600亿元以上。采取"推进绿色种植，打造有机咖啡园""制订产业标准，推进商品化发展""推进标准化、规模化发展，实现产业升级""积极开拓市场 推进产品名牌化"四项行动措施，实施"鼓励咖啡企业走出去，在东南亚国家拓展咖啡业务""对达到标准化及绿色加工标准的企业给予补贴或税收优惠""支持云南国际咖啡交易中心做大做强"等政策措施，树立云南咖啡产业国际化的发展方向，建立云南咖啡精深化的发展模式。[①]

十、坚果产业

坚果产业是云南高原特色现代农业的重点产业，是云南山区农民受益最广、最可持续、最具特色的生态产业，惠及2622.3万山区群众。截至2017年年底，全省核桃种植面积4300万亩、产量116万吨，澳洲坚果种植面积220万亩、产量1.6万吨，云南已成为全球最大的核桃、澳洲坚果种植和生产地区。

《云南省坚果产业三年行动计划（2018—2020）》提出，到2020年，核桃种植面积4300万亩、投产面积3024万亩、干（壳）果产量173万吨、综合产值650亿元，澳洲坚果种植面积400万亩、投产面积130万亩、干（壳）果产量10万吨、综合产值30亿元，主产区农民人均坚果产业收入3000元，标准化初加工能力建设达80%，初加工机械及先进技术应用比例为70%，集散交易市场5个，产值30亿—50亿元龙头企业1户、产值10亿—30亿元龙头企业3户、产值1亿—10亿元龙头企业30户，核桃产业中的省级龙头企业143个、专业合作组织1759个，澳洲坚果产业中的省级龙头企业12个、专业合作组织100个。通过坚果产业绿色发展行动，到2020年，核桃有机基地面积278万亩、绿色基地面积1100万亩、有机产品认证62项、绿色产品认证125项、有机产品产量7万吨、绿色产品产量100万吨、有机认证主体59个、绿色认证主体125个，澳洲坚果有机基地面积22万亩、绿色基地面积100万亩、有机产品认证7项、绿色产品认证37项、有机产品产量1万吨、绿色产品产量5万吨、有机认证主体6个、绿色认证主体37个。

为了把云南建设成为全国坚果产业有机种植面积第一、有机产品产量第一的省份，要通过开展有机产品产地环境调查、推进有机基地建设认定、加大有机产品认证主体培育、建立有机坚果产品质量追溯体系、建立坚果产业有机认证体系、创建国家级云南有机坚果技术创新平台以推进全域有机化工程，通过建立坚果产业贸易监测机制、开展有机坚果采后处理标准化试点、提升精深加工技术研究推广及应用、建设"云南国际坚果交易中心"、开拓国内外市场、推进有机坚果产品大宗贸易、开展电商平台线上专场营销活动以实施产品商品化转化工程，通过做强做大本土企业、培育新型经营组织、引进

---

① 云南省咖啡产业三年行动计划（2018—2020）[EB/OL]．（2018-12-24）[2019-02-03]．http://www.ynagri.gov.cn/news13904/20181224/7009932.shtml.

培育新主体实施经营主体规模化培育工程，通过健全有机坚果品牌支撑体系、扩大云南有机坚果宣传推介、实施名品培育计划打造品牌名牌化工程，将云南坚果产业打造成为具有世界影响力和话语权的绿色食品产业。[①]

① 云南省坚果产业三年行动计划（2018—2020）[EB/OL].（2018-12-24）[2019-02-03]. http://www.ynagri.gov.cn/news13904/20181224/7009931.shtml.

第十七章　云南林业绿色发展

林业的绿色发展是生态文明建设的重要组成部分。云南是森林资源大省，自实施"生态立省"战略以来，云南围绕生态持续改善、产业持续发展、林农持续增收的目标，"森林云南"建设快速推进，林业生态文明建设取得巨大进展。2019年，全年全省完成人工造林面积263708公顷，当年新封山育林53192公顷。我国重要的生物多样性宝库和西南生态安全屏障的建设，有力地促进了云南生态文明建设的进程。

第一节　云南林业发展的现状

2016年7月，云南省林业厅印发了《云南林业发展"十三五"规划》，总结了云南林业发展的成就，客观分析了云南林业发展的机遇，指出了云南林业发展面临挑战。[①]

一、云南林业发展的成就

生态建设成效显著　加快推进生态治理与修复，深入实施天然林保护、退耕还林还草、陡坡地生态治理、防护林工程、石漠化治理、森林抚育、农村能源等一批重大林业生态建设工程。全省完成营造林3634万亩，建成国家储备林基地和珍贵用材林基地41.44万亩，石漠化治理重点工程县扩大到65个，新建沼气池50万户、农村改灶69.06万户、农村太阳能热水器59.03万台，森林生态系统服务功能价值达1.48万亿元/年。

林业产业跨越发展　创新发展方式，优化产业结构，壮大产业集群，打造产业品牌，着力推进木本油料、林下经济、生态旅游、观赏苗木等绿色富民产业提质增效、转型升级，引导木材加工、竹产业、林化工、林浆纸、野生动物驯养繁殖等传统产业健康发展。全社会林业总产值从2010年的840亿元，增加到2015年2800亿元；木本油料种植面积达到4900万亩，产量达90万吨，实现产值290亿元；建成观赏苗木基地4000余个，经营面积30万余亩，实现产值45.69亿元；年均商品材产量393万立方米，木材加工产值超200亿元，林浆纸产业实现产值9.09亿元，松香、松节油、紫胶、桉叶油、天然香料等林化工产业快速发展；全省林下经济经营面积达6500万亩，主要产品产量700万吨，产值600亿元；森林旅游实现年收入50.2亿元，野生动物驯养繁殖、经营利用单位和养殖户超过1000家，实现年产值20亿元；林业企业由2010年的8300多户发展到2015年的1.5万多户，林农专业合作社5000多家；2015年林权抵押贷款和林业贷款余额分别达到162.87亿元和185.65亿元，招商引资签约涉林项目109个，签约资金359亿元。

---

① 云南省林业厅. 云南林业发展"十三五"规划 [R]. 2016.

林业改革全面推进 云南省委、云南省人民政府印发了《深化林业改革实施方案》，通过深入推进集体林权制度改革、扎实推进行政审批制度改革、稳步推进自然保护区管理体制改革、全力推进林业生态文明体制改革、积极推进国有林场改革，使云南各项林业改革有力推进。制定了《云南省自然保护区管理机构管理办法（试行）》，完成了《云南省生态文明先行示范区实施方案》的编制，出台了《云南省国家公园管理条例》，完成了《自然保护区建设管理规范》。

森林生态效益补偿扎实推进 全省划定公益林面积18840.6万亩，公益林补偿面积扩大到13207万亩，补偿资金增加到每年17.9亿元，"十二五"期间落实公益林管护和生态效益补偿资金74.42亿元，直接惠及700多万农户近2385万人。

生物多样性保护得到加强 启动实施了云南省生物多样性战略与行动计划，生物多样性保护范围由滇西北扩大到滇西南，保护重点扩大到9个州（市）44个县（市、区）。野生动物疫源疫病监测体系逐步完善，已建成10个国家级和54个省级监测站。率先实现了野生动物肇事公众责任保险全覆盖。国家公园、森林公园、自然保护区的数量分别达到8个、27个、159个，保护面积占全省总面积的8.5%。90%的典型生态系统和85%的重要物种得到了有效保护。

国家公园建设取得突破 率先开展国家公园建设试点，率先建立中国大陆第一个国家公园，全省已建立了8个代表国家形象的国家公园实体，出台了《关于推进国家公园建设试点工作的意见》，编制了《云南省国家公园发展规划纲要（2009—2020年）》，发布了《国家公园基本条件》《国家公园资源调查与评价技术规程》等8项地方推荐性标准，制定了第一部国家公园管理体制地方立法——《云南省国家公园管理条例》。

湿地保护与恢复取得新进展 颁布了《云南省湿地保护条例》，出台了《云南省人民政府关于加强湿地保护工作的意见》，全面完成全省第二次湿地资源调查，发布了《云南省第二次湿地资源调查公报》，印发了《云南省湿地生态监测规划》，湿地管理组织机构进一步完善，建立了国家湿地公园建设评估机制，制定了《云南省国家湿地公园试点建设评估办法》，国家湿地公园已达12处，有国际重要湿地4个，已建立各种级别的湿地类型自然保护区17处。

生态文化蓬勃发展 积极开展森林城市创建活动，深入开展生态文明教育基地创建工作，大力开展生态文化示范基地建设，不断加大生态文化宣传力度，形成了全社会关注林业、关心林业、支持林业，人人、事事、时时崇尚生态文明的社会氛围。

资源管理不断强化 切实加强了林政管理，建成全省林地"一张图"；森林火灾防控得到加强，年均发生森林火灾、受害森林面积、受害率与"十一五"相比分别下降了52%、3.6%、43.7%；有害生物防治加强，林业有害生物年均发生面积控制在550万亩以下，成灾率控制在1.88‰，防治率达到90.02%，测报准确率达到94.49%，种苗产地检疫率达到99.3%；自然灾害防控及时有效，应急能力水平不断提升。

支撑保障稳步提升 加强了林业法制体系建设，制定出台了《云南省森林防火条例》等；加强科技支撑能力建设，累计投入资金3.4亿元，新建林业科技研发机构31个，科技推广机构121个，林业科技人才达1.4万人；高度重视林业人才队伍建设，努力加强职能、机构建设，拓宽干部成长空间；林木种苗工作顺利推进，建成林木种子生产基地50.47万亩、林业苗圃10.4万亩；林业基础设施进一步完善，编制实施了《云南省乡镇林业站建设规划》；大力推进林业信息化建设。积极推进"中国林业大数据中心"和"中国林权交易中心"建设。

二、云南林业的发展机遇

1. 生态文明建设展带来重大历史机遇

党的十八大以来，党中央、国务院更加重视林业。森林覆盖率和蓄积量成为国家经济社会发展的约束性指标，林业建设和生态保护成为党政领导干部政绩考核、县域经济发展考评的重要内容。云南省成为生态文明建设先行示范区后，云南的战略定位是"我国民族团结进步示范区、生态文明建设排头兵、面向南亚东南亚辐射中心"，云南省委、云南省人民政府出台了《关于加快推进生态文明建设排头兵的实施意见》，使云南林业发展面临重大的历史机遇。

2. 国家"一带一路"及"长江经济带"建设的战略机遇

云南是"一带一路""长江经济带"建设两大发展战略的交汇点。《推动共建丝绸之路经济带和21世纪海上丝绸之路的愿景与行动》提出，加强生态环境、生物多样性和应对气候变化合作，共建绿色丝绸之路。《国务院关于依托黄金水道推动长江经济带发展的指导意见》提出，要强化沿江生态保护和修复，坚定不移实施主体功能区制度，率先划定沿江生态保护红线，强化国土空间合理开发与保护，加大重点生态功能区建设和保护力度，构建长江中上游生态屏障。云南林业建设必须积极融入"一带一路""长江经济带"发展战略，突出云南在长江上游水功能治理的重要区位，加大重点生态功能区建设和保护力度，构建绿色生态安全屏障，努力把云南建设成为丝路之上的绿色明珠，长江上游的绿色水塔。

3. 国家践行新发展理念为林业发展带来新机遇

绿色发展要求林业承担起筑牢生态安全屏障、夯实生态根基的重大使命，加大力度保护和修复自然生态系统。绿色发展要求林业承担起创造绿色财富、积累生态资本的重大使命，提供更多优质的生态产品。绿色发展要求林业承担起引领绿色理念、繁荣生态文化的重大使命，大力提升保护自然、热爱自然、人与自然和谐相处的生态意识，努力创造人与自然和谐共生的人文财富。

4. 国家实施扶贫攻坚的重大机遇

林业是农民增收致富的主要渠道之一，是实施精准扶贫、长效扶贫的重要手段。党的十八大以来，国家对扶贫开发工作做出一系列重大部署。云南省委、云南省人民政府出台了《关于举全省之力打赢扶贫开发攻坚战的意见》，明确提出加强生态环境保护，实施生态建设工程，提高云南4个集中连片特困地区的森林覆盖率，把绿水青山和金山银山统一起来，把改善生态环境与增加贫困群众收入结合起来。《关于打赢脱贫攻坚战的决定》提出"发展特色产业脱贫""结合生态保护脱贫"等精准扶贫方略，赋予林业在脱贫攻坚中的重要使命，对林业发展是重大机遇。

三、云南林业发展面临的挑战

1. 资源保护压力进一步加大

云南处于工业化和城镇化快速发展阶段，资源保护压力持续增加。林地保护与利用的矛盾并存，到2020年云南森林保有量、林地保有量将分别达到32145万亩、37305万亩以上，2011—2020年间占用征收林地总额确保控制在103.65万亩以内，平均每年占用征收林地面积约为10.36万亩，而各类建设工程项目年均需占用征收林地面积约为30万亩，保供压力巨大。自然湿地的占用和垦殖现象还未得到根本遏制，生物多样性保护形势依然严峻，边境生态安全备受社会关注。

2. 生态修复难度进一步增加

随着可造林地的结构和分布的变化，目前云南的宜林荒山荒地主要集中于生态环境恶劣、自然立地条件差、造林成本高的造林困难立地区域，投资标准较低、科技支撑能力弱、自然灾害频繁，造林成果巩固困难。

3. 林业在全面建设小康社会中的支撑能力不足

森林、湿地等自然生态系统的生态产品供给和生态公共服务能力，尚不能满足需求。生态空间、生产空间、生活空间错配突出，人口密集区生态承载力不足。木本油料、森林食品、道地林药等绿色产品供给不足，高附加值产品比重低，供给侧结构性矛盾突出。林产业"大资源、小产业、低效益"的状况还没有根本改变，林产业对林农增收致富的支撑能力不足。

4. 林业投入持续增长压力进一步增大

在我国经济由高速增长转向中高速增长新常态的大背景下，林业投入持续增长压力进一步增加。但同时，在生态文明建设上升为国家战略的新形势下，全省林业建设进入爬坡攻坚阶段，林业资金投入还存在很大缺口。

第二节　推进"森林云南"建设

加快森林云南建设是构建西南生态安全屏障的重要一环，对维护国家生态安全有重要的意义，也是推进云南生态文明建设的重要内容，《云南林业发展"十三五"规划》提出了云南林业绿色发展的原则、目标、总体布局、主要任务和重点工程[①]。

一、云南林业绿色发展的原则

保护优先　林业发展必须坚持保护优先，在发展中保护，在保护中发展。以自然恢复为主，与人工修复相结合。实现产业建设生态化，始终注重生态保护。

绿色发展　生态文明建设与林业产业开发、农民增收、区域经济发展相结合，坚持绿色发展，推进林业产业特色化、高效化，把生态优势转化为发展优势，把资源优势转化为经济优势，促进山区经济发展、农民增收。

---

① 云南省林业厅. 云南林业发展"十三五"规划 [R]. 2016.

深化改革　林业治理体系，解决相关制度缺失问题，破除体制机制性障碍，围绕建设美丽中国深化生态文明体制改革，解决林业面临的突出矛盾和问题。

科技兴林　技创新作为发展林业和建设生态文明的战略选择和基本理念，改革科技兴林的体制机制，坚持创新驱动发展，形成有利于"大众创业、万众创新"的生动局面，充分发挥科技第一生产力的关键作用。

依法治林　推进科学、民主立法，构建完备的林业地方性法规体系，依法行政提高林业治理体系和治理能力水平，加强法制宣传教育，增强法治观念。

二、云南林业绿色发展的目标

到2020年，云南生态建设取得显著成效，生态承载力明显增强，国土生态安全屏障更加稳固，森林覆盖率达到60%以上，森林蓄积量达到19.01亿立方米以上；绿色产业结构进一步优化，形成高效的民生林业体系，全社会林业总产值达到5000亿元，农民从林业中获得的人均收入超过5000元；建成现代林业重点县20个；生态公共服务能力不断提高，绿色亲民、文化惠民、产业富民能力不断增强，森林年生态服务价值达到1.6万亿元，国家森林城市达到5个，国家公园达到15个，国家湿地公园15处以上；基础保障和治理能力得到明显提高。

三、云南林业绿色发展的总体布局

落实主体功能区规划，优化林业发展空间布局，构建与主体功能区相适应的生态安全格局和林产业发展布局。

1. 林业生产力总体布局

结合云南森林资源分布现状、水土流失状况、城市发展布局等，林业生产力总体布局实施"东建、西保、北治、南休、中增绿"。

东建　东部少林地区，石漠化严重，无林地面积大，是全省提升森林覆盖率的潜力所在。主攻方向是加强生态建设，着力实施石漠化治理和退耕还林工程，加速造林绿化，提高森林覆盖率。

西保　西部森林资源丰富，生物多样性富集。主攻方向是加强现有森林、湿地资源保护，突出自然保护区建设，保护生物多样性；依托森林资源发展生态休闲服务业。

北治　滇北金沙江流域，地处高山峡谷、干热河谷，水土流失仍十分严重，极大影响长江流域水安全。主攻方向是加强水土流失治理，大力实施退耕还林、防护林工程，提升森林保持水土、涵养水源的功能。

南休　南部沿边区域，天然林过度利用，尤其热带雨林破坏严重，导致森林退化。主攻方向是实施天然林保护工程，推进天然林休养生息，恢复退化自然生态系统；利用优越自然条件，规划一定面积的林地，实行集约经营，建设短轮伐期工业原料用材林、速生丰产用材林和珍贵用材林，为社会提供木材供给。

中增绿　以滇中城市群为重点，大力发展城市林业，推动森林城市、森林县城、森林城镇创建，增加城市绿色元素，建设优美多样的城市森林景观，提高城市绿化覆盖率，拓展城市绿色生态空间，改善人居环境。

2. 生态安全格局

综合考虑国家和云南省主体功能区规划，结合云南生态区位条件、生态功能和生态脆弱区域分布特点，构建云南"三屏两带一区多点"的生态安全格局。

青藏高原东南缘生态屏障　包括香格里拉市、维西县、德钦县、玉龙县、贡山县、福贡县、兰坪县、泸水市、剑川县。地处云南的西北部，怒江、澜沧江、金沙江自青藏高原平行南下，在云南形成了"三江并流"的壮丽景观，高原湿地分布广泛，是三江水源涵养的重要区域。原始森林和野生珍稀动植物资源丰富，是滇金丝猴等重要物种的栖息地，是世界物种分化中心，生物多样性丰富，在生物多样性维护方面具有十分重要的意义。主要生态保护措施是：加强天然林和高原湿地保护；加强自然保护区建设；加强封山育林，恢复自然植被；防止外来物种入侵与蔓延；提高水源涵养林等生态公益林的比例；实施退耕还林；对边远山区、高寒山区实施生态移民。

哀牢山—无量山生态屏障　包括南涧县、南华县、楚雄市、双柏县、景东县、镇沅县、新平县、元江县。哀牢山是世界同纬度生物多样化、同类型植物群落保留最完整的地区，被誉为镶嵌在植物王国皇冠上的一块"绿宝石"。哀牢山横跨热带和亚热带，形成南北动物迁徙的"走廊"和生物物种"基因库"。该区域生物多样性保护意义重大，同时对红河上游水源涵养、水土保持具有重要作用。主要生态保护措施是：以保护山地垂直生态系统的完整性及生物物种栖息地为重点，加强公益林及自然保护区管理，保护原始森林及生物多样性，加强天然林保护，加大封山育林和防护林建设力度，巩固和扩大退耕还林成果，提高区域的水源涵养能力，防止生境恶化和水土流失。调整土地利用方式，保护基本农田和林地，控制化肥和农药的使用。

南部边境生态屏障　包括耿马县、沧源县、西盟县、孟连县、澜沧县、勐海县、景洪市、勐腊县、江城县、绿春县、金平县、河口县、屏边县。位于云南南部边境，与缅甸、老挝和越南三国接壤，为热带北缘与亚热带南部的交错地带，发育有我国特有的热带季节雨林、季雨林、山地雨林和湿润雨林，生态系统多样性和物种多样性极高，是亚洲象、绿孔雀、望天树等重要保护物种的分布地。植物种类占全国的1/5，动物种类占全国的1/4，素有"动物王国""植物王国"和"物种基因库"的美称，是我国乃至世界生物多样性重点保护区域，该区对维护边境生态安全具有重要意义。主要生态保护措施是：加强热带雨林、季雨林和重点保护野生动物栖息地保护，严禁捕杀野生动物，保护天然林，防止有害物种入侵，合理利用森林、湿地景观资源，发展生态休闲服务业。

干热河谷地带　包括宁蒗县、永胜县、华坪县、古城区、大姚县、永仁县、元谋县、武定县、禄劝县、东川区、会泽县、巧家县、鲁甸县、昭阳区、永善县、大关县、盐津县、绥江县、水富县、镇雄县、威信县、彝良县。该区域以金沙江流域为主，山高坡陡，坡耕地面积大，土壤侵蚀严重；受地形影响，河谷地带发育了以干热河谷稀树灌草丛为基带的山地生态系统。区域生态系统对保障长江流域生态安全和"长江经济带"建设具有重要支撑作用，系统功能的好坏对下游大型水利设施安全、航运、生产生活用水、预防洪涝灾害等影响十分重大。主要生态保护措施是：加大退耕还林力度，加强防护林建设，在立地条件差的干热河谷区实施生态修复工程；建设水利设施，为植被恢复提供必要的用水保障；合理布局和发展林果业，带动区域经济增长；对人口超载区域实施生态移民，降低人口密度。

滇东—滇东南喀斯特地带　包括沾益区、宣威市、富源县、罗平县、师宗县、文山市、富宁县、广南县、麻栗坡县、马关县、丘北县、西畴县、砚山县、开远市、泸西县。该区域既是珠江源头汇水区和上游地区，又是我国滇桂黔石漠化重度发育地区，又是滇桂黔古特有植物分布中心区域，极小种群物种分布相对集中，生态环境十分脆弱，土壤一旦流失，生态恢复难度极大。该区域对保障珠江流域生态安全意义重大。主要生态保护措施是：全面实施天然林保护工程、退耕还林、石漠化综合治理，实施生态移民，加强植被恢复和水土流失防治，尽快遏制生态恶化趋势。

高原湖泊区　该区包括以滇池、洱海、抚仙湖、程海、泸沽湖、杞麓湖、异龙湖、星云湖、阳宗海九大高原湖泊为主的重要湿地。高原湖泊区是全省生态系统的重要组成部分，对区域水资源平衡、物种保护、局部小气候和候鸟迁徙等影响显著。主要生态保护措施是：加强湖泊流域区公益林建设，提升区域植被涵养水源、保持水土功能，加强自然湿地和重要人工湿地生态系统保护，科学修复退化湿地生态系统，建立湿地分级、分类保护管理体系。

多点重要生态区域　主要包括159个自然保护区（其中国家级20个、省级38个，州县级101个）、8个国家公园、40个森林公园为主的保护地、12处国家湿地公园及水源保护区等保护地，属禁止开发区域。主要生态保护措施是：明确功能、范围、界线和规模，强化保护管理能力及基础设施建设，减少人为干扰，发挥生物多样性保护、涵养水源、保持水土功能，强化作为生态文明宣传育基地的作用。

3. 产业发展布局

以森林资源禀赋为基础，结合交通区位、产业发展现状，按各具特色、集群发展的思路进行产业发展布局，重点发展九大林业产业。着力促进木本油料、林下经济、生态休闲服务、观赏苗木等优势绿色林产业提质增效，引导木材加工、林化工、林浆纸、竹产业、野生动物驯养繁殖等传统产业健康发展。

木本油料产业　核桃：全省除西双版纳州以外的15个州（市）；澳洲坚果：临沧、普洱、德宏、西双版纳、保山、红河；油茶：文山、保山、红河；油橄榄：楚雄、迪庆、丽江、玉溪。

林下经济产业　全省16个州（市）。

生态休闲服务业　全省16个州（市）。

观赏苗木产业　昆明、红河、临沧、大理、普洱、德宏、怒江、玉溪、丽江、文山、楚雄。

木材加工产业　昆明、普洱、临沧、文山、红河、西双版纳、德宏、玉溪、楚雄。

林化工产业　西双版纳、普洱、德宏、楚雄、临沧、红河。

林浆纸产业　普洱、临沧、德宏、保山、红河。

竹产业　临沧、普洱、德宏、红河、昭通、保山、西双版纳。

野生动物驯养繁殖产业　全省16个州（市）。

四、云南林业绿色发展的主要任务

1. 筑牢生态安全屏障

稳步推进重点生态功能区、生态脆弱区的生态系统修复，自然修复与人工促进相结合，以点带面，综合治理，提升生态服务功能；强化生物多样性保护，构建以自然保护区为主体、其他保护地和保护小区为补充的自然保护体系，保护、修复和扩大珍稀濒特野生动植物栖息地，开展濒危野生动植物抢救性保护，加强物种基因保存；加强湿地资源保护与恢复；以高原湿地为保护重点，加大对高海拔、脆弱地区沼泽湿地及湖滨带、面山及汇水区植被的保护，维护湿地生态系统的结构和生态功能，建立完善全省湿地保护管理体系；科学开展森林经营，加快培育多目标多功能的健康森林，大力推进人工商品林集约经营，合理开展天然林经营，积极探索创新经营模式；完善森林资源监测体系，完善林地保护利用规划和林地"一张图"建设，严格林地保护管理，创新林木采伐管理，强化森林资源保护管理。

2. 全面深化林业改革

全面深入推进林业发展重大改革，深化国有林场改革，进一步完善集体林权制度改革，增加林业发展内生动力，到2020年，全省国有林场森林蓄积量增加2000万立方米，森林面积增加200万亩，森林覆盖率达到80%以上；着力推进林业供给侧结构性改革，继续补齐生态短板，注重发展绿色产业，强化创新驱动，改进和扩大有效供给注重，林产业的一二三产业融合发展，集中力量打造优势产业；培育新型经营主体，促进适度规模经营，完善集体林权制度改革；抓好国家公园建设试点，为建立统一规范的中国特色国家公园体制提供经验；深化自然保护区管理体制改革，建立统一规范的自然保护区管理体制和经费投入长效机制，全面理顺自然保护区管理体制。

3. 做优做强林业产业

充分利用林业产业在绿色发展、绿色经济、绿色增长中的优势和潜力，发展特色产业，扶持新兴产业，提升传统产业，壮大产业集群，打造产业品牌，优化产业结构，推进林业一二三产业融合发展。加大产业园区建设，集中打造一批集林产品加工、研发、物流、商贸、信息为一体的林产业园区；促进优势产业提质增效，做大做强木本油料产业，大力发展林下经济产业，开展以特色乡土景观绿化树种为重点的观赏苗木基地建设；加快木竹加工、林产化工、制浆造纸和林业装备制造业转型升级，全面构建技术先进、生产清洁、循环节约的新业态，大力扶持战略性新兴产业发展，培育林业生物产业、生物质能源和新材料产业，加强林业生物产业高效转化和综合利用。

4. 实施林业精准扶贫

依托云南丰富的自然资源，充分发挥行业优势和部门作用，增加生态护林员、结合生态建设工程、发展林产业、积极支持易地扶贫搬迁，全面实施林业精准扶贫、精准脱贫。

5. 发展生态公共服务

满足广大人民群众对良好生态的新期待，努力把良好的生态成果和生态效益转化为生态公共服务，构建内容丰富、规模适度、布局合理、满足不同群体需要的生态公共

服务网络。始终坚持文化引领，大力发掘、传承和弘扬民族生态文化，大力弘扬生态文化；充分发挥森林在改善城市宜居环境和城市现代风貌方面的独特作用，着力推动森林城市建设，为城市营造绿色安全的生产空间、健康宜居的生活空间、优美完备的生态空间；积极稳妥推进农村生态建设，建设富有云南特色的"宜居、宜业、宜游"美丽乡村，让广大乡村"留得住青山绿水，记得住乡愁"。

6. 提升林业基础保障

加强林业基层站所建设、森防体系建设、生态监测评价体系、林木种苗保障能力建设，推进林业信息化建设，加快林区设施装备建设，重点解决林业基础设施薄弱、装备条件差、管理手段粗放、应急能力不足、信息化落后、科技含量低等突出问题，全面提升林业设施装备保障能力，奠定林业现代化基础。

7. 切实加强依法治林

完善林业法治体系，提高林业法治水平，为林业发展提供可靠保障。推动省级和地方层面林业立法工作相互补充、相互完善、良性互动，着力构建贯穿林业保护建设发展全过程、覆盖森林湿地生态系统和生物多样性的林业法律法规体系；强化林业执法体系，整合执法资源，强化执法监督，加强执法能力建设；强化法制宣传教育，增强依法治林意识，完善林业普法体系。

五、云南林业绿色发展的重点工程

1. 天然林资源保护工程

全面停止国有天然林商业性采伐　全省非天然林资源保护工程区的3个州（市）57个县全面启动实施天然林保护，天然林资源保护工程的实施范围从13个州（市）的72个县（市、区）和3个重点森工企业扩大到全省。

切实加强森林资源保护及培育　把全省的森林管护任务落实到具体的山头地块，森林管护责任落实到每个实施单位和具体责任人，以县为单位建立统一管护体系，继续实施天保工程公益林建设和森林抚育，加快生态修复步伐。对天保工程区内15232万亩天然林进行全面管护，积极争取国家支持把全省9287万亩国有天然林全部纳入保护范围。到2020年，完成天然林资源保护工程公益林建设任务740万亩，其中人工造林200万亩、封山育林540万亩，完成森林抚育任务685万亩。

全面实施森林生态效益补偿　认真贯彻落实"管补分离"政策措施，严格生态效益补偿绩效考核，积极推进生态效益补偿，探索新的补偿机制。全省区划公益林面积18840.6万亩，其中国家级公益林11877.7万亩、省级公益林5946.9万亩、州县级公益林1016万亩。

不断提升天然林资源保护能力　积极推进国有林区、国有林场、集体林区森林管护基础设施建设，加大重点国有林区公益性基础设施建设力度，重点推进林区公益性基础设施建设。

2. 退耕还林工程

积极争取国家加大对云南省新一轮退耕还林还草工程支持力度，将云南25度以上坡耕地全部纳入国家新一轮退耕还林还草工程实施范围，同时争取将15—25度重要水源地及石漠化地区非基本农田坡耕地一并纳入新一轮退耕还林还草工程实施范围。稳步推进省级陡坡地生态治理工程，优先安排江河两岸、城镇面山、公路沿线、湖库周围等生态区位重要、生态状况脆弱、集中连片特殊困难地区陡坡地实施生态治理。进一步完善退耕还林后续政策，切实巩固退耕还林成果。

退耕还林工程建设重点是：力争完成新一轮退耕还林还草工程1278万亩，争取完成15—25度重要水源地及石漠化地区非基本农田坡耕地278万亩；继续稳步推进陡坡地生态治理，实施陡坡地人工造林100万亩；建立退耕还林工程生态效益监测和服务价值评估体系。

3. 生物多样性保护工程

自然保护区建设　健全自然保护区管理机构，加强基础设施和能力建设，完善省级自然保护区勘界、综合科学考察和总体规划编制工作，建立和完善国家级和省级自然保护区巡护和监测体系，加强科研平台、教学实习基地及生态科普教育与体验基地建设，积极推进国家级自然保护区规范化管理，加强各级自然保护区机构能力。全省保护区面积达到4500万亩，国家级保护区数量达到21个，建立完善的网络和巡护监测体系，保护区生态科普教育、体验基地、科研平台及教学实习基地分别达到20处，初步建成5—6处具有先进管理水平的示范自然保护区。

国家公园建设　新建6个国家公园，完成管理政策研究和技术标准3项，加强国家公园的基础设施建设，完善监测与巡护体系建设，支持国家公园建立规范化的解说体系，开展机构能力建设。

森林公园建设　完成20处国家级森林公园资源本底调查和总体规划编制工作；加强基础设施建设；完成2个国家级森林公园的解说体系建设项目，5个国家级森林公园的林下改造项目。

极小种群物种的拯救保护　完成60个极小种群物种拯救保护项目，建立极小种群物种资源数据库，新建20个极小种群物种保护小区或保护点、10个野生植物近地保护园、20个野生动植物迁地保护种群，回归10个极小种群野生植物种群；建成极小种群野生动植物迁地保护、科研和良种繁育基地10处，物种保护公众宣教基地5个。

亚洲象等重点野生动物保护工程　新建、扩建一批亚洲象等珍稀濒特野生动物保护地；建设亚洲象、长臂猿、野牛等种群的基因交流通道，在生境斑块之间规划建设生物廊道，重点对关键地区进行植被恢复和改造、种植结构调整等工程建设。建设一批珍稀濒特物种的研究基地、研究站、繁育中心等研究繁育机构；开展保护亚洲象、滇金丝猴、长臂猿等珍稀濒特物种的专题宣传教育活动；开展亚洲象监测预警主动防范工程建设，并建立肇事补偿长效机制。

古树名木保护　全面开展古树名木资源编目、建档、挂牌，抢救和复壮树势衰弱受威胁的古树名木，加强古树名木周边生态建设和环境治理。制定《云南省古树名木保护条例》。

野生动物肇事补偿机制　建立野生动物肇事补偿长效机制，完善野生动物肇事伤害保险机制，实现全覆盖。

4. 湿地保护与恢复工程

到2020年，建立比较完善的湿地保护体系、科普宣教体系和监测评估体系，湿地保护管理能力明显提高。

湿地保护工程 开展湿地碳库、高原湿地生态状况等调查，完善湿地资源数据库。初步建立湿地资源监测体系，规范数据的上报、汇总和发布。新建国家湿地公园3处以上，在全省形成布局合理、特色鲜明的国家湿地公园体系。在国际重要湿地、省级以上湿地类型自然保护区和国家湿地公园续建和新建湿地保护工程。

湿地恢复工程 开展退化湿地恢复，在重要湿地恢复与综合治理12万亩，对重要湿地及其周边范围内可退耕地实施退耕还湿、恢复湖滨植被，采取栖息地修复、生态补水、清淤疏浚等措施，提升湿地生态功能。

可持续利用示范 加快各类高原湿地恢复、湿地管理评估、湿地生态质量等评估标准的制定和出台。探索公益组织、企业参与湿地保护以及乡村湿地建设等方式，在保护湿地的前提下，开展湿地资源可持续利用示范。实施可持续利用示范面积6万亩。

湿地机构能力建设 建立科研、监测平台，加强人员湿地管理技能培训。加强湿地科普设施建设，继续加大湿地宣传，引导公众认识湿地，自觉参与湿地保护。建设1个省级湿地生态监测中心、12个湿地生态监测站和3个湿地生态监测点；实施科研监测能力建设15项，建设湿地宣教基地5处。

5. 重点生态治理修复工程

防护林体系建设 建成结构合理、功能完善的防护林体系，调整防护林体系内部结构，完善防护林体系基本骨架，提高重点区域防护林建设标准和整体功能，重点构建长江、珠江流域防护林体系。到2020年，人工造林40万亩，封山育林60万亩，退化林修复100万亩。

石漠化综合治理 在65个重点县开展石漠化治理，争取国家支持实施人工造林200万亩，封山育林600万亩，使重点区域石漠化基本得到遏制，石漠化地区生态环境质量显著提高到2020年，巩固石漠化综合治理成果，实施人工造林、封山育林、现有林功能提升改造。

热带雨林保护与恢复 实施热带雨林保护工程，特别保护以西双版纳、德宏铜壁关为代表的特殊、罕见和不可替代的热带雨林，把热带雨林划入公益林，纳入各级各类保护地，禁止采伐，促进受损热带雨林的生态恢复。"十三五"期间，保护森林面积860万亩。

困难立地植被恢复 在全省15个州（市）126个县（市、区）开展困难立地的植被修复，完成困难立地治理390万亩。通过营造经济林果和水土保护林，减少水土流失，增加生态经济效益。

农村能源建设 推广太阳能热水器100万台，推广太阳能路灯15万盏，农村户用废旧沼气池修复改造5万口，推广省柴节煤炉灶75万台，高效低排放节能生物质炉灶5万台，构建80个农村绿色能源低碳示范乡村，建设沼气综合示范项目150个，新建乡村服务网点1000处。到2020年，实现农村能源由注重建设向建管并重转变，建立健全全省农村能源管理、技术服务及质量监测体系，政府补助的农村清洁能源使用比例达到50%以上，生态保护重点地区农户生活用能问题基本得到解决。

边境生态安全屏障建设　全面加强全省25个边境县生态安全建设，完善保护地体系，有效保护边境地区特有生态系统及生物多样性，实施边境生态修复，完善防火通道及防火隔离带，建立边境生态监测网络体系，防控有害生物和加强野生动物疫源疫病监测，强化边境地区森林公安警力配备，改善装备条件，建立边境野生动植物非法贸易联合执法机制及跨境生态安全国际合作机制。

山体生态修复试点示范　在滇东、滇中和滇西等州（市），选择10个亟待修复的区域或地块，开展山体生态修复试点示范。

6. 森林经营工程

采取森林抚育、低效林改造等措施，促进培育健康稳定优质高效的森林生态系统，加快提高森林质量，增强森林功能，增加森林资源总量。

建设国家储备林　通过集约经营提高林地生产力、改善林分质量，建设国家储备林1950万亩。

森林经营　加强国有林场森林保护和培育，强化公益林抚育管护，加快人工林集约经营，促进林木生长，实施森林抚育1500万亩，低效林改造500万亩。

碳汇林建设　开展森林碳汇造林和经营试点，经营培育示范林100万亩，碳汇林示范基地10个。

7. 产业提质增效工程

推进林业产业建设重心向提质增效和转型升级转变，以技术、政策、机制、品牌创新为着力点，以推进产业园区建设为推手，着力促进木本油料、林下经济、生态休闲服务业、观赏苗木等优势绿色产业提质增效，引导木竹加工、林化工、林浆纸等传统产业转型升级，支持开展品牌建设，增强产业综合竞争力，促进林业产业高效、绿色、健康、持续发展，充分发挥林产业在促生态、调结构、稳增长、惠民生以及全面建成小康社会中的重要作用。

（1）木本油料产业

到2020年，木本油料林基地面积达5200万亩，加工处理能力达200万吨，产值达1000亿元，把云南建设成为全国重要的木本油料产业基地。

核桃　实施核桃核桃提质增效1000万亩。到2020年，核桃基地面积稳定在4230万亩，加工能力达180万吨，核桃综合产值达到500亿元。布局重点：大理、楚雄、临沧、保山、曲靖、昆明、玉溪、昭通、怒江、普洱、丽江、迪庆。

澳洲坚果　实施澳洲坚果丰产栽培250万亩。到2020年，澳洲坚果基地面积达400万亩以上，加工处理能力达5万吨。布局重点：临沧、普洱、德宏、西双版纳、保山、红河。

油茶　实施油茶丰产栽培30万亩。到2020年，油茶基地面积稳定在400万亩以上，加工处理能力达10万吨。主要布局：文山、保山、红河、德宏。

油橄榄　实施油橄榄丰产栽培10万亩。到2020年，油橄榄基地面积达20万亩，加工处理能力达5万吨。主要布局：楚雄、迪庆、丽江、玉溪。

其他木本油料 实施油用牡丹、油桐、漆树等其他木本油料丰产栽培10万亩，其他木本油料基地达150万亩以上，促进八角、花椒等提质增效，积极探索特色木本油料产业的小区域试验示范。

（2）林下经济产业

力争到2020年，林下经济经营面积1亿亩，实现产值1200亿元，野生菌实现综合产值100亿元以上。

林下种植 发展林药120万亩、森林花卉80万亩、香料植物90万亩、森林蔬菜200万亩、人工促繁野生食用菌（含人工菌栽培）1450万亩。

林下养殖 充分利用林地空间，开展家畜、家禽及蜂类养殖。到2020年，林下养殖规模达1000万（头、箱、只）。

林下产品保育与采集 到2020年，实现林下产品采摘加工能力达215万吨。其中食用菌17万吨、林药16万吨、森林蔬菜80万吨、香料12万吨、森林保健食品50万吨、养殖产品40万吨。

森林景观利用 在城镇附近，依托林地和森林建设特色森林人家、森林庄园、森林体验/森林养生基地、森林康养基地，开展休闲、体验活动，到2020年，建成森林景观休闲基地500个。

（3）生态休闲服务业

到2020年，打造20个以上国内知名的森林和湿地旅游品牌，游客人数达6000万人次，旅游收入达150亿元。

自然保护区森林旅游 全面推进白马雪山、碧塔海、纳帕海、玉龙雪山、泸沽湖、拉市海、无量山、高黎贡山、永德大雪山、铜壁关、哀牢山、轿子山、西双版纳、沾益海峰、大山包、文山老君山、永平金光寺、云龙天池、剑川剑湖等自然保护区森林生态旅游建设，为公众提供高质量的森林旅游产品。

国家公园 全面推进香格里拉普达措、香格里拉梅里雪山、白马雪山、丽江老君山、高黎贡山、怒江大峡谷、独龙江、大山包、轿子山、普洱、南滚河、大围山、西双版纳、楚雄哀牢山、苍山洱海等国家公园建设，为公众提供精品森林湿地旅游产品。

森林公园 重点提升灵宝山、新生桥、来凤山、磨盘山、龙泉、鲁布革、五峰山、珠江源、铜锣坝、双江古茶山等森林公园基础设施建设，提升游客旅游体验和品质。

湿地公园 重点推进红河哈尼梯田、洱源西湖、普者黑喀斯特、盈江、鹤庆东草海、石屏异龙湖、滇池、玉溪抚仙湖等国家湿地公园，打造国内、国际知名湿地旅游胜地。

动植物园 重点建设云南野生动物园、昆明植物园和西双版纳热带植物园，昆明树木园、西双版纳建成亚洲一流野生动物园和国际一流的植物园、树木园。

（4）观赏苗木产业

到2020年，实现观赏苗木产业布局更加合理，提质成效显著，生产经营面积稳定在40万亩以上，实现产业产值100亿元。

观赏苗木基地建设 "十三五"期间，新建良种化、标准化、精品化观赏苗木10

万亩，全面推进现有30万亩观赏苗木基地基础设施建设、特色苗木培育和提质增效，到2020年，观赏苗木经营面积稳定在40万亩以上。

组建云南省观赏苗木技术工程研发中心　依托科研单位和龙头企业，组建云南省观赏苗木技术工程研发中心，并以6大生产经营区现有树木园为基础，建立特色观赏植物种质资源基因库或收集圃，开展观赏苗木新品种、新技术、无公害基质研发。

特色观赏苗木标准化示范基地建设　加大对专业化生产龙头企业的扶持，建立特色观赏苗木标准化示范基地。到2020年，将建成集新技术研发、标准化示范为一体的多功能示范基地6万亩。

（5）木材加工产业

用材林基地建设　建设规模700万亩，到2020年，建成木材加工生产基地1000万亩，实现生产木材产值超100亿元。其中，短轮伐期工业原料林基地的建设规模400万亩，重点布局于昆明、楚雄、曲靖、大理、临沧、德宏、西双版纳、普洱、红河、文山、玉溪等州（市）；珍贵用材林基地的建设规模300万亩，重点布局于普洱、西双版纳、临沧、保山、德宏、迪庆、大理、丽江、文山、楚雄、红河等州（市）。

木材加工能力建设　到2020年，力争实现锯材生产能力达300万立方米，人造板生产能力达到500万立方米，地板条生产能力达1000万平方米，实现木材加工产值超400亿元。

（6）林化工产业

力争到2020年，实现林化工深加工产品生产能力达120万吨，林化工产值达200亿元。

传统林化工原料林基地建设　实施规模700万亩，传统林化工产业基地达2300万亩以上。主要布局于普洱、临沧、西双版纳、文山、红河、楚雄等州（市）。

林化工加工能力建设　到2020年，松香、松节油、紫胶、白蜡、桉叶油等深加工能力达70万吨，橡胶深加工制品生产能力达50万吨。

（7）林浆纸产业

力争到2020年，实现林浆纸纤产业产值200亿。

林浆纸原料林培育　建设规模500万亩，使林（竹）浆纸产业基地达1700万亩，主要布局于临沧、德宏、保山、红河、普洱等州（市）。

林浆纸加工能力建设　扩大纸浆木本纺织纤维生产规模40万吨，各类纸产品生产规模80万吨，力争到2020年，林（竹）纸浆、木本纺织纤维等生产能力达70万吨，各类纸产品产能超过100万吨。

（8）竹产业

到2020年，力争竹产业基地达1200万亩，竹产业总产值150亿元。

竹产业基地建设　建设规模700万亩，其中竹丰产栽培500万亩、低效竹林改造200万亩。主要布局于双江、沧源、墨江、景谷、澜沧、芒市、盈江、陇川、弥勒、金平、河口、盐津、大关、绥江、水富、峨山、新平、景洪、勐海、昌宁等20个竹产业发展重点县。

竹产品加工能力建设　各类竹材人造板生产能力达10万立方米，生产鲜笋20万吨，加工各类竹笋产品产量达10万吨，竹炭加工2万吨，其他原竹利用材料35万吨。

建设云南省丛生竹高效培育与利用工程研究中心　针对云南大型丛生竹特殊的生物学特性与笋材的理化性质开展研发，并将科研成果与工程化、产业化结合，推进云南竹产业发展。

（9）野生动物驯养繁殖产业

到2020年，力争养殖规模达300万头（只），实现产值60亿元。

生物医学动物驯养繁殖及产品研发基地建设　以驯养繁殖梅花鹿、大壁虎、犀牛、黑熊为主，主要布局于昆明、西双版纳、保山、红河、德宏、大理、曲靖、文山等州（市）。

毛皮和食用动物驯养繁殖及其产品加工基地建设　以鳄鱼、梅花鹿、水鹿、野猪、麂类、鸵鸟、雉类、鸵鸟、胡蜂等为主，主要布局于昆明、曲靖、楚雄、丽江、德宏、普洱、文山等州（市）。

实验动物驯养繁殖及产品研发基地建设　以食蟹猴和猕猴驯养繁殖及产品研发为主，主要布局于昆明、西双版纳、德宏、临沧等州（市）。

观赏动物驯养繁殖基地建设　以小熊猫、蝴蝶、甲虫类饲养为主，主要布局于昆明、大理、丽江等州（市）。

8. 林业科技创新与成果转化工程

科技创新　重点开展木本油料林木良种选育及产业化栽培技术集成与示范、林下经济资源培育及高效加工利用、热带雨林和退化林等生态系统工程恢复、珍贵用材林培育技术、乡土观赏苗木开发利用技术、速生丰产林高效培育技术、特色经济林优良品种的选育及提质增效关键技术、大型丛生竹原竹防护处理技术与原竹利用技术、丛生竹竹笋活体保鲜技术、林业有害生物防控技术、难造林地造林技术、生态脆弱区恢复与重建等研究与示范，重点开展有市场前景的林产品研发，为延长产业链增加附加值服务；编制适应现代林业发展主要树种林业数表；开展主要树种碳汇计量模型研究，以填补绝大多数树种生物量模型及碳计量参数的空白；开展与应用研究相关的基础研究，提升林业科技档次和水平；竹藤资源高效培育与加工利用；全省林业发展战略研究。

科技推广　做好产、学、研三个环节的有机衔接，以林业第一、二产业为技术推广主体，重点推广科技创新示范技术。主要推广60项技术，建立示范基地160个，示范面积8万亩，辐射带动发展300万亩；开展技术骨干培训100期，培训技术人员5000人次、多形式培训林农50万人次以上；编制实用技术手册50种。使科技成果转化率达到60%，科技进步贡献率达到55%，林木良种使用率80%以上。

标准化建设　建立适应现代林业发展的行业标准化工作机制，积极开展以木本油料、林下经济资源、观赏苗木、竹林产品加工、高原湿地、自然保护区、国家公园等行业标准和地方标准制（修）订，大力开展标准化示范区建设。力争每年完成行业标准和地方标准制（修）订10个以上。

科技创新平台　重点加强国家、部省级重点实验室、工程技术研究中心、生态定位站、林产品质量检验检测中心、科研示范基地等建设。新建1个林下经济重点实验室、1个竹藤工程技术研究中心、1个乡土观赏苗木绿化工程技术研究中心、6个生态定位站、2

个林产品质量检验检测中心（林下经济产品质检中心和红木家具质检中心）、5个生物产业示范基地、1个国家级木本油料工程技术研究中心和1个林下经济创新团队、楚雄州野生菌重点实验室；中国—新西兰森林植物资源培育与开发利用重点实验室；云南林业科技成果与林产品展示中心、亚太森林组织林业科技信息与技术服务平台、林木基因工程实验室。

科技人才培养　建立健全人才选拔、培养、使用和合理流动机制及有利于创新人才成长的文化环境，制定破格选拔任用特殊人才的机制，设立人才培养和引进高层次人才的专项经费和标准，引进国际先进科学技术人才，培养、引进中青年学术技术带头人和技术创新人才，加快林业科技高层次人才培养步伐，加强现有人力资源能力建设。

9. 林业基础及信息化建设工程

（1）森防体系建设

森林防火体系建设　进一步健全森林防火"预防、扑救、保障"体系，传统防火向依法治火和科技防火转变，直接扑火向间接和综合扑火转变，风力灭火向风水灭火转变，力争森林火灾当日扑灭率保持在98%以上、查处率80%以上，森林火灾受害率稳定控制在1‰以下，瞭望覆盖率提高到85%，阻隔系统密度提高到1.27米/公顷，全省森林防火语音通信平均覆盖提高到92%以上。

有害生物防控体系建设　建立全省林业有害生物监测数据库和监测信息处理系统，完善云南省林业有害生物防治检疫局等9个全省林业有害生物检验鉴定专业机构检验鉴定实验室设备购置，建设各级检疫除害处理设施，补充完善检疫执法装备，建设省级应急防控指挥系统和应急物质储备库，加强宣传教育系统和各级标本馆（室）建设。到2020年，实现林业有害生物成灾率控制在4‰以下，无公害防治率达到85%以上，测报准确率达到90%，种苗产地检疫率达到100%，主要林业有害生物常发区监测覆盖率达到100%。建立比较完善的省、州（市）、县三级监测预警、检疫御灾、防治（应急）减灾和服务保障四大体系。

野生动物疫源疫情监测体系建设　完善省、州（市）、县野生动物疫源、疫病、疫情监测与防控体系，探索建立野生动物检疫检查站，配备执法装备和检疫处理设施，建设应急防控指挥系统和应急物资储备库。

森林资源管理、林政执法及林区治安防范体系建设　建立生态公益林监测体系，建立和巩固森林资源监测体系，健全各级森林资源管理机构，规范森林资源资产评估工作，开展简易森林经营方案编制试点工作，全面推进森林公安队伍正规化、执法规范化、警务信息化、保障标准化、警民关系和谐化建设。

（2）林木种苗工程建设

林木种质资源保护工程　完成30种以上主要造林树种种质资源调查工作；在滇中、滇西南、滇西、滇东南、滇西北、滇东北建立种质资源原地保存库6处，总面积0.9万亩，每处保存主要造林树种20种以上；在16个州（市）建立种质资源异地保存库16处，总面积0.96万亩；在现有林木种质资源库中选择30处作为省级重点林木种质资源库进行改扩建。

林木良种基地建设工程 在现有良种基地中选择50处作为省级重点林木良种基地进行改扩建，新建良种基地20处，总面积1.5万亩。

保障性苗圃建设工程 分别在16个州（市）建设保障性苗圃42个，总面积0.9万亩。

林木良种推广示范工程 建立17个主要造林树种的良种示范林基地，总面积15万亩，推广育苗实用技术4项，对80处省级重点林木良种基地和林木种质资源库实施良种繁育补贴，实施良种苗木培育补贴1.2万株。

木种苗基础设施与配套工程 完成1个省级、16个州（市）、42个县级林木种苗质量监督检验站基础设施建设和设备配置；改扩建省级种子低温库1处，面积500平方米；新建州（市）级种子贮备库16处，总面积3200平方米，配套种子晒场8000平方米；配置种子加工调制设备16套；完成1个省级、16个州（市）、129个县级林木种苗管理机构信息管理系统基础设施建设和设备配置。

（3）林业站所基础设施和能力建设

基础设施建设 建成全省774个标准化林业站所，50个国家一级木材检查站，146个标准化林木种苗站。

能力建设 省、州（市）、县三级政府逐年安排专项资金，切实做到"五有"（有办公场所，有一套自动化办公设备，有一整套规章制度，有基本交通工具和相关技术保障条件，有一支能够应对林业灾害的基层队伍），全面实施基层站点能力提升工程。

（4）林业信息化建设

全面建成省、州（市）、县三级上下互联互通的林业电子政务传输网络，完善业务应用，实现三级联网率100%、信息化基础平台建成率100%、无纸化办公率100%、行政许可项目在线处理率100%、核心业务信息化覆盖率90%以上。健全林业信息化标准与规范体系，并在全省林业信息化建设中得到应用与实施，建成主要业务数据库服务体系及应用系统框架，建成与国家信息化平台兼容的信息化基础平台。

（5）生态监测评价体系建设

建立健全省、州（市）、县三级生态监测体系，建立1套集数据采集、数据加工、数据分析、信息提取、价值评估于一体的自然生态状况监测评估信息系统，建立森林生态系统定位研究站、湿地生态系统定位研究站、石漠化及干热河谷区生态系统定位研究站、自然生态监测评估研究中心，建立健全省生态监测体系。

10. 城乡绿化工程

（1）森林城市建设

创建国家森林城市 根据城市建设的规模、性质、布局、气候特征等规划出城市森林建设布局、规模和数量，统筹考虑城市森林覆盖率、森林生态网络、森林健康、公共休闲、生态文化、乡村绿化等指标，建设完整、结构合理的城市林业体系。"十三五"期间，进一步巩固昆明、普洱"国家森林城市"建设成果，积极推进临沧、曲靖、楚雄、红河、大理等州（市）创建国家森林城市，到2020年，国家森林城市达5个以上。

创建省级森林城市、森林县城、森林城镇 加强城镇乡村绿化建设，完善城市森林生态网络，推动城市森林健康发展，通过推进城镇绿地系统建设、打造绿色景观廊道、修复面山生态植被的抓点、连线、造面，形成立体多维的城市森林系统。创建30个以上省级森林城市、森林县城、森林城镇。

（2）美丽乡村建设

建设秀美、富裕、魅力、幸福、活力的富有云南特色的"宜居、宜业、宜游"美丽乡村，全面改善农村生产生活条件，提升农民生活品质。结合生态村、生态乡（镇）创建，使美丽乡村绿化覆盖率达15%以上，每年推进500个以上美丽乡村建设。

（3）推进城乡绿化一体化

开展以"绿色城市、绿色村镇、绿色通道、绿色屏障"为重点的城乡绿化一体化"四绿"工程，以城市（包括县城、城镇）为核心，实施增绿、提质改造，城市、城郊、农村"三位一体"，林网、路网、水网"三网合一"的城乡绿化新模式，点、线、面整体推进的城乡绿化一体化新格局。

第三节　云南湿地保护与修复

2018年3月，云南省林业厅、发改委和财政厅印发了《云南省湿地保护与修复"十三五"规划》，系统总结了云南湿地保护的情况，围绕建设西南生态安全屏障和争当生态文明排头兵的战略要求，明确了云南湿地保护与修复的指导思想、发展目标、主要任务和政策措施。[①]

一、云南湿地概况

截至2017年底，云南已建立国际重要湿地4处、省级重要湿地15处、湿地类型自然保护区17处（国家级2处、省级9处、州（市）级4处、县级2处）、国家湿地公园18处、水源保护区49处。全省湿地保护面积308.55万亩，湿地保护率为36.5%，其中自然湿地保护面积246万亩，自然湿地保护率41.8%。初步形成了以湿地自然保护区和湿地公园为主体，其他形式互为补充的湿地保护体系，抢救性保护了一批珍贵的湿地资源。

1. 湿地类型多样，湿地率低

根据第二次湿地资源调查，云南省湿地有4个湿地类14个湿地型，是我国内陆湿地类型最多的省份之一。境内的湿地资源形成了以河流湿地为主体，人工湿地和湖泊湿地为辅，沼泽湿地为补充的分布格局。全省湿地总面积845.2万亩，其中自然湿地总面积588.8万亩，占总面积的69.67%，人工湿地256.4万亩，占总面积的30.33%。自然湿地中，河流湿地362.8万亩，占总面积的42.92%；湖泊湿地177.7万亩，占总面积的21.03%；沼泽湿地48.3万亩，占总面积的5.72%。云南的湿地率（占国土总面积的比例）仅为1.47%，在全国各省区排名第29位，湿地率较低，同时也凸显湿地资源弥足珍贵。

2. 湿地生物多样性富集，特有种多

云南的湿地生态系统不仅拥有丰富的湿地植物，同时更是云南脊椎动物最为集中分

---

① 云南省湿地保护与修复"十三五"规划 [EB/OL].（2018-05-28）[2019-02-09]. http://www.ynly. gov.cn/yunnanwz/pub/cms/2/8407/8415/8471/114953.html.

布的区域，分布有全国67%的湿地鸟类、42%的淡水鱼类、25%的爬行类和43%的两栖类。全省湿地植被共有189个群系。记录湿地植物2274种，分属204科876属。生活型较严格归于湿地植物的种类1619种，分属于171科642属。全省湿地野生脊椎动物有5纲、37目、104科、1006种。此外还记录有软体动物2纲、4目、16科、156种，节肢动物虾蟹类共记录2目、5科、86种。生境多样和特殊小生境广泛存在，孕育了众多特有物种，众多特有物种所携带的遗传基因资源是国家的重要战略遗传种质资源。

3. 湿地生态系统脆弱，极易受到影响

云南湿地生态系统具有变异敏感度高、空间转移能力强、稳定性差等生态脆弱性特征，是环境阈值较小的脆弱生态系统。湖泊湿地平均深度低，集水区面积及径流量小，多为封闭型和半封闭型，易受面源污染而富营养化；河流湿地的河谷地区多为干热性或干暖性气候，是生态系统的脆弱地段；高原湿地在空间上相互隔离，单个物种种群数量较小且栖息地较为狭窄，遭到干扰和破坏后极易处于濒危状态；沼泽湿地面积小而分散，极易受到气候变暖、干旱等自然因素的影响而萎缩甚至消失。

4. 区位重要，生态功能突出

云南湿地生态系统是我国西南生态安全屏障的重要组成部分。境内六大水系具有巨大的储水功能，是"中国水塔"和"亚洲水塔"的重要组成部分，具有极高的生态区位。云南沼泽湿地是温室气体的重要储存库，对区域碳循环以及大气温室气体的平衡起着重要作用。占云南面积1.43%的湿地周边承载着近2000万人口，为区域经济发展和社会稳定提供了物质基础和环境保障。

5. 湿地景观独特，价值高

云南高原湿地在较小的景观尺度上具有河流、湖泊、草甸、沼泽、高山、森林一起构成的复杂多样的景观类型，有虎跳峡、金沙江第一湾、三江并流、怒江大峡谷等高山峡谷奇观，有滇池、抚仙湖、洱海、泸沽湖等九大高原湖泊，有作为候鸟栖息地的大山包、拉市海等高原湖泊及沼泽湿地，在我国湿地类型中独具特色，具有很高的美学、观赏、文化和艺术价值。

二、云南湿地保护现状

1. 湿地保护与恢复成效显著

湿地生态效益补偿试点初见成效　大山包、纳帕海2个国际重要湿地开展湿地生态效益补偿试点工作，使2.06万亩湿地得到休养生息，为全国建立湿地生态效益补偿制度提供了成功做法和经验。

改善湿地保护基础设施　在10处省级以上湿地类型自然保护区、10处国家湿地公园，进行了管理、巡护设施的建设和科研监测以及宣教设施设备的购置。

生物多样性保护成效明显　各项目地生物多样性尤其是水禽的保护成效明显。大山包通过对黑颈鹤栖息和觅食区的8000亩农耕地进行生态补偿，有效改善了黑颈鹤等珍稀水禽的栖息和觅食环境。

2016年，全省湿地生态服务功能价值达5043多亿元。当地社区群众通过参与湿地保

护，增加了收入，湿地保护意识明显提升。

2. 湿地保护法规政策体系不断完善

云南省先后印发了《关于进一步加强我省湿地保护工作的督查通知》《云南省人民政府关于加强湿地保护工作的意见》《云南省全面推行河长制的实施意见》《关于贯彻落实湿地保护修复制度方案的实施意见》，制定或修订了《云南省湿地保护条例》《云南省滇池保护条例》《云南省大理白族自治州湿地保护条例》《云南省大理白族自治州洱海保护管理条例》《云南省抚仙湖保护条例》等湿地保护的地方法规，为云南的湿地保护与修复提供了良好的法治环境。

3. 湿地保护长效机制逐步建立

云南省湿地保护专家委员会成立后建立了湿地保护决策咨询机制，出台了《省级重要湿地认定》（DB53/T626—2014）地方标准，印发了《云南省省级重要湿地认定办法》，建立了湿地资源变化年度核查制度，印发了《云南省全面推行河长制的实施意见》，建立了省、州（市）、县（市、区）、乡（镇、街道）、村（社区）五级河长体系，初步建立了湿地考核考评制度，积极探索社会力量参与湿地保护机制，探索了湿地管理评估制度。

4. 湿地保护体系不断完善

初步建立了以湿地类型的自然保护区、湿地公园为主的湿地分类分级保护体系，湿地分类保护管理体系逐步形成。一些湿地也纳入国家公园、森林公园、风景名胜区、重点水源地、水产种质资源保护区和国家地质公园等保护地，并得到有效保护。建立了国家湿地公园建设评估机制，制定了《云南省国家湿地公园试点建设评估办法》和《云南省国家湿地公园试点建设进展评估表》。

5. 湿地保护管理机构及能力不断提升

云南省湿地保护管理办公室成立后，一些州（市）成立了湿地保护管理办公室，一些县（区、市）建立了专门的湿地保护机构。制定出台了《省级重要湿地认定》《湿地生态监测》《云南省湿地标牌体系建设指南》等系列技术标准、规范，组织开展了"云南高原湿地生态需水及补水对策前期研究""云南高原湿地应对干旱的作用和保护对策研究""云南省湿地生态服务功能研究""云南省生态效益补偿研究"等专项研究，建立了较为完善的社区参与管护机制，湿地保护管理机构能力和管理人员的执行力得到明显提升。

6. 湿地调查监测得到强化

完成了云南第二次湿地资源调查，出版和编撰了《中国湿地资源·云南卷》《云南常见湿地植物图鉴》《云南湿地外来入侵植物图鉴》等。编制了《云南省湿地生态监测规划》，出台了《云南省湿地生态监测管理办法》。通过项目的实施，使监测监管能力得到有效提升。

7. 湿地宣传力度不断加强

各级各部门通过采取各类媒体宣传、湿地标牌体系建设以及印发宣传材料、开展科普知识竞赛、发布保护公告、执法宣传、编印乡土教材等多形式、多角度，开展专项湿地宣传和环境教育，利用"湿地日""爱鸟周"，通过网络、电视、报纸和书籍等媒介宣传湿地及其生物多样性保护知识，使湿地保护渐入人心。

三、云南湿地保护的原则

全面保护、科学修复　对湿地生态系统进行全面保护，使湿地生态系统自然性、完整性、稳定性得到不断增强。以自然恢复为主，对退化的自然湿地生态系统实施生态修复，增强湿地生态功能。

合理布局、突出重点　合理布局各类湿地保护与修复项目建设，以省级以上重要湿地、湿地保护区和湿地公园的保护、修复及建设为重点，引导带动地方的湿地保护与恢复。

落实目标、分步实施　落实"十三五"期间云南湿地保护的目标任务，有目的有计划分步骤实施。

科技支撑、人才为本　强化湿地保护、修复、监测和管理的科技支撑，积极推进湿地技术创新、管理创新和体制机制创新，建设具有较高专业水平的管理和技术人才队伍。

四、云南湿地保护的目标

全面保护湿地，实施湿地资源面积总量管控和用途管控，合理划定纳入生态保护红线的湿地范围，建立健全湿地分级、分类的保护管理体系。到2020年，湿地总面积不低于845万亩，其中自然湿地增加到630万亩；新建湿地公园、水源保护区、水利风景区、湿地保护小区等各类湿地保护地面积132万亩以上，湿地保护率不低于52%，自然湿地保护率不低于51%，认定各级重要湿地不低于100处，一般湿地认定率不低于60%。

增强湿地生态功能，以高原湿地生态系统及其生物多样性保护与修复为重点，以自然恢复为主，科学修复退化湿地，有效提升湿地生态功能。到2020年，湿地恢复和修复40万亩，重要江河湖泊水功能区水质达标率提高到87%以上，湿地野生动植物种群数量保持稳定。

五、云南湿地保护的主要任务

1. 全面保护湿地

湿地保护与修复　以大山包、会泽黑颈鹤、拉市海、碧塔海、纳帕海、泸沽湖、腾冲北海、剑川剑湖、沾益海峰、寻甸黑颈鹤、普者黑等自然保护区及周边，滇池、洱海、上沧海、香格里拉千湖山、富源小海子、永善黑颈鹤栖息地等重要湿地及周边，普者黑喀斯特、石屏异龙湖、玉溪抚仙湖、江川星云湖、通海杞麓湖、洱源西湖、沾益西河、兰坪箐花甸、保山青华海等国家湿地公园及周边为重点，实施湿地恢复，通过退化湿地恢复、湿地生态修复、野生湿地动植物生境恢复等措施，扩大湿地面积，改善湿地生态状况，提升湿地生态功能，维护湿地生态健康。规划开展湿地恢复与修复40万亩，其中昆明1.49万亩、曲靖2.03万亩、玉溪7.05万亩、保山1.47万亩、昭通2万亩、丽江7.72万亩、普洱0.8万亩、临沧1万亩、楚雄0.5万亩、红河3.46万亩、文山1.8万亩、西双版纳0.5万亩、大理7.99万亩、德宏0.69万亩、怒江0.5万亩、迪庆1万亩

退耕还湿　与耕地保护相衔接，有序开展退耕还湿，扩大湿地面积，改善耕地周边

生态状况，通过水系连通、微地形改造、植被恢复等措施提升湿地功能。在国际重要湿地、国家重要湿地和省级重要湿地、省级以上湿地类型自然保护区、国家湿地公园及其周边范围内实施退耕还湿，拟退耕还湿的土地要有水源供给的保障条件，即有明确的水源供给来源和满足生态用水的用水量。规划开展退耕还湿10.55万亩，其中昆明1万亩、曲靖0.5万亩、玉溪0.75万亩、保山0.8万亩、昭通2.5万亩、红河2万亩、大理3万亩。

水污染防治　全面落实水污染防治行动计划，维护好洱海、抚仙湖、泸沽湖等水质优良湖库和长江、珠江、澜沧江、红河、怒江、伊洛瓦底江六大水系优良水体的水生态环境质量；提升阳宗海、牛栏江、礼社江、黑惠江、波罗江、小河底河、芒市大河、勐波罗河等河湖水环境质量，提高优良水体比例；加强南盘江、元江、盘龙河、沘江、南北河等重点流域污染治理和环境风险防范，保障水环境安全；逐步消除滇池以及鸣矣河、龙川江、螳螂川等劣Ⅴ类水体，恢复水体使用功能。到2020年，水环境质量得到阶段性改善，六大水系优良水体稳中向好，重要江河湖泊水功能区水质达标率提高到87%以上。

加快湿地认定　加快推进重要湿地认定和一般湿地认定，及时公布重要湿地和一般湿地名录，实行动态管理，及时更新，到2020年基本完成重要湿地和一般湿地认定。重要湿地不低于100处，一般湿地不低于60%。认定后的湿地应明确湿地边界及管理主体，设立界桩界标，根据资源条件，建立湿地公园、水源保护区、水利风景区及湿地保护小区等保护地并进行分类管理，按照相关要求，开展湿地资源保护和合理利用。

完善湿地保护体系　结合河（湖）长制、饮用水水源地保护等工作，加快湿地公园、水源保护区、水利风景区和湿地保护小区等保护地建设，增加湿地保护面积，确保全省湿地保护率不低于52%。加强现有18个国家湿地公园建设，规划新建各级湿地公园不低于162处，增加湿地保护面积39.62万亩以上，制定出台《云南省级湿地公园建设管理办法》及《云南省级湿地公园总体规划导则》等，规划建设省级湿地公园73处，省级湿地公园达到申报条件的按规定申报晋升国家湿地公园，规划建设州（市）级、县级湿地公园89处；全省216处县级以上城市集中饮用水水源地中及适合建水源保护区的水库，在现有保护地基础上新建水源保护区不低于83处，其中城市集中饮用水水源地68处，适合建立水源保护区的水库15处，增加湿地保护面积12.7万亩以上；在人工库塘湿地中，将单个面积在0.9万亩以上的库塘湿地（水电站库区）建立15处水利风景区（涉及8个州（市），19个县），增加湿地保护面积68.3万亩；县区作为设立湿地保护小区的主体，要将湿地保护小区作为全面保护湿地的重要内容予以重视和推进，并加强监督和管理，在已认定的省级重要湿地、一般湿地及湖泊湿地、沼泽湿地、重要河流中，无保护地类型且不适合建立自然保护区、湿地公园等保护地的湿地，采取建立湿地保护小区的形式进行保护，规划通过建立湿地保护小区增加湿地保护面积50.8万亩以上。

2. 加强重点湿地建设

加强云南列入全国湿地保护"十三五"实施规划的会泽黑颈鹤、大山包黑颈鹤2个国家级自然保护区以及滇池、石屏异龙湖、洱源西湖、普者黑喀斯特4个国家湿地公园保护与恢复工程建设。在国际重要湿地、国家重要湿地、省级重要湿地、省级以上（含省级）湿地公园、湿地类型自然保护区，实施湿地保护、科研监测、宣教、基础设施建设项目，提升保护管理能力。

昆明市　晋宁南滇池国家湿地公园、寻甸黑颈鹤省级自然保护区、7处省级湿地公园、9处水源保护区。

曲靖市　会泽黑颈鹤国家级自然保护区、沾益海峰湿地省级自然保护区、沾益西河国家湿地公园、6处省级湿地公园、10处水源保护区。

玉溪市　通海杞麓湖国家湿地公园、玉溪抚仙湖国家湿地公园、江川星云湖国家湿地公园、5处省级湿地公园、4处水源保护区。

保山市　腾冲北海湿地省级自然保护区、保山青华海国家湿地公园、6处省级湿地公园、1处水源保护区。

昭通市　大山包黑颈鹤国家级自然保护区、3处省级湿地公园、5处水源保护区。

丽江市　拉市海高原湿地省级自然保护区、泸沽湖省级自然保护区、4处省级湿地公园、2处水源保护区。

普洱市　普洱五湖国家湿地公园、5处省级湿地公园、21处水源保护区。

临沧市　2处省级湿地公园、4处水源保护区。

楚雄彝族自治州　8处省级湿地公园、4处水源保护区。

红河哈尼族彝族自治州　红河哈尼梯田国家湿地公园、蒙自长桥海国家湿地公园、石屏异龙湖国家湿地公园、泸西黄草洲国家湿地公园、7处省级湿地公园、7处水源保护区。

文山壮族苗族自治州　丘北普者黑省级自然保护区、普者黑喀斯特国家湿地公园、4处省级湿地公园、5处水源保护区。

西双版纳傣族自治州　2处省级湿地公园、2处水源保护区。

大理白族自治州　剑川剑湖湿地省级自然保护区、洱源西湖国家湿地公园、鹤庆东草海国家湿地公园、8处省级湿地公园、6处水源保护区。

德宏傣族景颇族自治州　盈江国家湿地公园、梁河南底河国家湿地公园、2处省级湿地公园、3处水源保护区。

怒江傈僳族自治州　兰坪箐花甸国家湿地公园、1处省级湿地公园。

迪庆藏族自治州　碧塔海省级自然保护区、纳帕海省级自然保护区、3处省级湿地公园。

已经建立自然保护区或湿地公园的国际重要湿地或国家重要湿地，依托保护区及湿地公园开展湿地保护与恢复，包括：开展大山包、会泽黑颈鹤2处国家级自然保护区保护工程建设项目；拉市海、碧塔海、纳帕海、剑湖、泸沽湖、普者黑、沾益海峰、腾冲北海和寻甸黑颈鹤等9处湿地类型省级自然保护区保护工程建设项目；红河哈尼梯田、洱源西湖等16处国家湿地公园保护工程建设项目；73处省级湿地公园保护工程建设项目；83处水源保护区保护工程建设项目。

3. 可持续利用示范

退耕还湿地可持续利用示范项目　拟在红河州、洱源县、鹤庆县、会泽县等区域开展湿地的生态种植、生态养殖、湿地产品加工、生态旅游等可持续利用示范。

湿地文化保护传承示范　加强湿地生态文明建设，弘扬云南各少数民族长期与自然相依相存中形成的优秀湿地生态文化，开展湿地文化建设与展示，主要内容包括湿地文化体验、湿地文化旅游开发利用、湿地文化宣传等。拟选择1处湿地开展湿地文化遗产保护的传承利用和湿地文化遗产保护传承示范项目，主要内容包括湿地合理利用的技术培训、项目推广应用、生态旅游资源的开发利用等。

4. 提升湿地保护管理能力

湿地管理与技术支撑体系建设　购置管理培训、技术培训、信息化建设相关设备；开展湿地保护与恢复技术、湿地退化机理、湿地生态预警机制、泥炭沼泽碳库、湿地生态系评价等方面的科学研究；制定相关湿地保护、恢复、评估等技术标准和规范。

湿地调查监测体系建设　开展云南省第三次湿地资源调查，泥炭沼泽碳库调查及数据库构建，高原湿地鸟类调查，国际、国家重要湿地和国家级、省级湿地自然保护区及国家湿地公园为野外监测站点建设。

湿地信息化建设　完善与更新全省湿地资源数据库，建立湿地生态监测数据库；建立全省范围内的国家级、省级、州（市）级、县级湿地自然保护区、湿地公园等湿地资源管理信息系统。

完善湿地科普宣教体系　在滇池建设省级湿地科普宣教中心，在2个湿地国家级自然保护区、9个湿地省级自然保护区、18个国家湿地公园建立科研、监测、宣教平台并设置27个宣教点，以带动全省湿地科普宣教活动开展；分区域开展6期人员培训，"十三五"期间培训人员500人次以上，使保护机构科普宣教能力得到明显提升。

第十八章　云南科技创新发展

近年来，云南科学技术发展取得了巨大的成就。2019年，年末共有国家批准组建的工程技术研究中心4个、省级工程技术研究中心124个，国家重点实验室6个，省重点实验室93个，创新型企业268家，创新型（试点）企业418家，全年共登记科技成果711项，主持2项科技成果获得2019年度国家科学技术奖励，已建立国家级高新技术产业开发区3个，省级高新技术产业开发区29个，全年专利申请35240件，获专利授权22324件，认定登记技术合同3327项，成交金额达82.82亿元。[①]科学技术作为生态文明建设的技术路线，为云南生态文明建设的快速推进提供了强大的技术支撑。

第一节　促进云南科技创新发展

在国家加快实施"一带一路"、新一轮西部大开发、长江经济带建设战略的背景下，云南省做出了推进"五网"建设、重点发展八大产业、实施八大民生工程等重大部署。《云南省"十三五"科技创新规划》总结了云南科技创新的成就，明确了云南科技创新的原则和目标，提出了云南科技创新的重点任务。[②]

一、云南科技创新的成就

1. 科技创新能力显著提升

云南在"十二五"期间综合科技进步水平全国排名提升1位。全省财政科技投入、研究与试验发展（R&D）经费支出、获国家科技经费支持均实现翻番。科研论文综合指标全国排名第9位，猴基因编辑技术等基础研究取得重大突破。专利申请量、专利授权量、每万人口发明专利拥有量均实现翻番；获国家级科技成果奖系数全国排名第10位。技术成果市场化指标全国排名第22位；技术合同成交金额实现翻两番。高新技术企业918户，数量位列全国第17位、西部第3位；创新型（试点）企业338户；科技型中小企业3288户；有R&D活动的企业占比全国排名第14位。

2. 战略性新兴产业和高新技术产业发展迅速

六大战略性新兴产业培育取得重大突破，突破关键技术1000余项，开发新产品1000

---

① 云南省2019年国民经济和社会发展统计公报[EB/OL].（2020-04-14）[2020-04-15]. http://www.yn.gov.cn/zwgk/zfxxgk/jsshtj/202004/t20200414_202429.html.

② 云南省人民政府关于印发云南省"十三五"科技创新规划的通知[EB/OL].（2017-02-28）[2019-02-09]. http://www.sto.ynu.edu.cn/info/1013/2357.htm.

多个，战略性新兴产业增加值占地区生产总值比重达7.6%。高新技术产业化水平综合指标全国排名第17位，高新技术产业化效益全国排名第7位。国家级高新技术产业开发区增至2个，技工贸总收入、高新技术企业销售收入保持两位数以上持续增长。自主研发的世界首个Sabin株脊髓灰质炎灭活疫苗、肠道病毒71型灭活疫苗达到国际先进水平；氯化法钛白粉量产技术、车用柴油发动机、高端数控机床、大型枢纽机场行李处理系统、大型铁路养护机械、红外技术及产品等全国领先；稀贵金属材料制备技术、电子级多晶硅生产技术、微型OLED显示器、EYE-BOOK穿戴式计算机等全国先进。

3. 科技支撑传统产业转型升级取得新突破

富氧顶吹炼铅工艺综合能耗、低温低电压铝电解技术吨铝电耗低于行业平均水平，国际领先；密闭直流电弧炉高钛渣生产、中低品位胶磷矿浮选、碳钢与不锈钢复合材料制备等技术国际先进；甲醇转化制汽油大型反应器、均四甲苯分离提纯结晶器等生产装置填补国内空白；"两段中和+组合膜分离"、长距离固液两相输送、一步法煤变油、高浓度磷复肥生产、聚甲醛生产、合成氨生产等技术全国领先；高速铁路专用铜合金导线、高强度铝合金圆杆、宽幅铝合金板带、高强度钢筋、石油/天然气用管线钢、有色冶金工业阳极等一批具有全国领先水平的新产品实现产业化生产。

4. 科技支撑高原特色现代农业发展成效显著

累计获国家植物新品种保护授权量居全国前列；粮食产量实现"十三连增"，超级稻新品种"楚粳28号"创百亩连片平均亩产世界纪录；农业生物多样性与病虫害控制理论及技术应用全国领先；杂交水稻、杂交玉米、马铃薯、烟草、甘蔗、茶叶、橡胶、核桃、咖啡、澳洲坚果等品种选育及种植技术研发水平保持全国先进；花卉新品种数和种类居全国第1位，拥有自主知识产权的大宗鲜切花新品占全国90%以上；烤烟种子供种占全国75%以上；甘蔗糖分含量、出糖率、蔗糖单线生产规模居全国第1位；玉米种植创造海拔2000米以上地区亩产1132千克全国纪录；自主培育的"云岭牛"成为我国首个自主培育的三元杂交肉牛品种，累计扩繁云岭牛及其杂交肉牛5.9万头；国家级农业科技园区增至11个；国家农村信息化示范省建设试点工作取得重大进展，建成县、乡、村三级信息示范服务站10971个。

5. 科技人才培养引进和条件平台建设持续加强

截至2015年，培引科技领军人才、高端科技人才121名，中青年学术和技术带头人后备人才、技术创新人才培养对象1540名，创新团队149个；全省研究与试验发展（R&D）人员达5.29万人。国家级和省级创新平台（含重点实验室、工程实验室、工程/技术研究中心、企业技术中心）分别为31个、519个；专家基层科研工作站、博士后科研流动站和科研工作站220个；云南空港国际科技创新园开工建设；云南省大型科学仪器设备协作共用网络平台建成运营，设备利用与共享水平居全国第19位。

6. 科技创新不断增进民生福祉

中医药治疗艾滋病、早孕期一站式产前筛查等技术处于国内先进水平，建立了国内领先的自然周期体外授精—胚胎移植技术平台，肝移植技术研究成果应用于全国数十家大型肝脏移植中心，9种体外诊断试剂填补国内空白，高原损伤性皮肤病研究及综合防治技术取得重大进展；中药、化学药、疫苗申报注册71项，获得临床批件13项，获生产批件9项，三七龙血竭胶囊获新药证书，认定"云药之乡"56个，8个中药材品种的15个基地通过良好农业规范（GAP）认证；高原湖泊治理、生态保护与修复、城市污泥资源化综合利用等一批关键技术应用示范取得新成效；建设国家级和省级可持续发展实验区19个；森林火情预警、灾害气候预报、太阳能光伏取水、太阳能公共照明等技术得到广泛应用；选派7814名科技人员服务"三区""三农"；科普人员达8.5万人以上，公民具备科学素质的比例达3.29%。

7. 科技创新环境持续改善

实施建设创新型云南行动计划，修订《云南省科学技术进步条例》，出台加快实施创新驱动发展战略30条突破性政策以及深化科技体制改革、加快发展科技服务业和发展众创空间等重大举措；深入实施知识产权战略行动计划，改革科技经费配置方式，推进科技金融结合，深化科技部、国家自然科学基金委、中科院与省人民政府以及省科技厅与州（市）人民政府等会商机制。

8. 全方位推进科技合作创新取得新进展

推进科技入滇常态化，深化京滇、沪滇、滇港澳台、泛珠三角区域等科技合作，集聚国内优势科技资源，200个科研平台、89户科技型企业、387项科技成果、134个人才和团队入滇落地，建立院士专家工作站197个，全国111位两院院士及其团队在云南工作。加强与欧、美、澳、俄等发达国家和地区合作，启动建设中国—东盟创新中心、中国—南亚技术转移中心，建设面向南亚东南亚科技创新中心，建设国家级和省级国际科技合作基地65个，推进与老挝、斯里兰卡等国共建国家联合实验室，在老挝、越南、柬埔寨等国合作建立一批农业科技示范园，实现一批农作物品种和先进适用技术在周边国家转移转化。科技合作指标居全国第14位。

二、云南科技创新的基本原则

坚持改革创新 破除不利于科技创新的体制机制障碍，建立系统完整的科技创新制度体系，加强创新法治保障，加快政府职能从研发管理转向创新服务，打通科技成果向现实生产力转化的通道。

坚持需求导向 立足云南经济社会跨越式发展需求，发挥市场对技术研发方向、路线选择和各类创新资源配置的决定性作用，更好地发挥政府引导作用，重点规划部署市场不能有效配置资源的关键领域。

坚持扩大开放 全方位开放创新，深入推进科入滇，集聚创新资源，提升面向南亚东南亚的科技创新辐射能力，拓展发展新空间。

坚持重点突破 聚焦经济社会发展重大科技需求，重点突破一批共性、核心关键技术，构建发展新优势。

坚持人才优先 把人才资源开发放在科技创新最优先的位置，创新培养、用好和吸引人才的机制，建立人才创新创业的制度环境。

三、云南科技创新的主要目标

到2020年，云南力争区域创新能力排名全国中等、西部前列，进入创新型省份行列，支撑服务民族团结进步示范区建设取得新成效，支撑引领生态文明建设排头兵取得新突破，面向南亚东南亚科技创新中心建设取得新进展，为与全国同步全面建成小康社会提供强大动力。

创新能力大幅提升　研究与试验发展经费投入强度力争达到全国平均水平；规模以上工业企业研发经费支出占主营业务收入的比例达到1%以上；每万人口发明专利拥有量达到3.5件以上。科技创新整体水平由跟跑为主向并跑为主转变，局部领域实现领跑。

科技支撑引领作用显著增强　科技进步贡献率超过60%；知识密集型服务业增加值占国内生产总值比例达到15%；技术合同成交金额大幅增长；高技术产品出口额占商品出口额比重达到30%。形成一批自主创新产品品牌和技术标准，打造一批具有强大辐射带动作用的创新增长极，新产业、新经济成为创造财富和高质量就业的新动力，创新成果更多为人民共享。

创新创业生态更加优化　激励创新的制度体系和法规政策更加健全，知识产权得到有效保护，创新治理能力建设取得重大进展，创新资源配置效率大幅提高；人才、资本、技术、知识流动更加顺畅，创新活力竞相迸发，创新价值得到更大体现；创新创业文化氛围更加浓厚，公民科学文化素质明显提高。

四、云南科技创新的重点任务

1. 实施重大科技专项

组织实施生物医药、电子信息与新一代信息技术、生物种业和农产品精深加工、新材料、先进装备制造、节能环保6个重大科技专项。到2020年，部分技术达到世界先进水平，一批新产品达到国内领先水平，涌现一批具有区域影响力的创新型企业，形成具有一定影响力的产业化基地，部分高新技术产业达到国内先进水平。

生物医药　在中药（民族药）、天然药物、生物技术药、化学药等领域，积极支持新产品研发、上市品种二次开发及质量标准提升，开展创新产品的国际化研究，推动形成新产品、新工艺、新装备、新品种、新业态、新模式，为打造具有云南特色的生物医药和大健康产业提供支撑。

电子信息与新一代信息技术　以支撑实施"云上云"行动计划为目标，加快云计算和大数据关键技术研究开发，推进在若干重点领域的示范应用；军民融合推进卫星遥感、通信、北斗导航技术的综合应用，以及空间技术、其他信息技术融合应用，提升光电子产品技术水平；打造具有自主知识产权的金融电子装备品牌产品，科技创新推动信息制造业和服务业加快发展。

生物种业和农产品精深加工　围绕确保粮食安全和主要农产品有效供给的战略需要，加快传统育种技术与生物育种技术的研究及集成，积极开展粮经饲作物、林木、畜禽和水产优良品种的选育，扶持培育一批现代种业龙头企业，构建以产业为主导、企业为主体、基地为依托，产学研相结合、"育繁推一体化"的现代种业体系。发展农产品加工业，研究开发一批新产品、新工艺、新技术、新标准，延伸农业产业链，提升农业产业化水平和效益。

新材料　突破新材料设计、制备加工、高效利用、安全服役、低成本循环再利用等关键技术，研发新型功能材料、先进结构材料和高性能复合材料等关键基础材料，提高关键材料供给能力和新产品研发能力，抢占新材料应用技术和高端制造新材料制高点。

先进装备制造　强化重大技术集成创新，攻克整机和功能部件制造关键技术，开发大型精密数控机床、自动化物流成套设备、轨道交通和铁路养护设备等先进装备，推进主机与功能部件协同发展；开发机器人、增材制造（3D打印）装备、新能源汽车及关键零部件，推进示范应用，支撑"中国制造2025"云南行动计划实施。

节能环保　强化节能环保技术和设备研发，突破污染防治和生态修复、清洁生产与循环经济、技术集成与装备研发等技术瓶颈，提升节能环保产业自主创新能力和市场竞争力，支撑绿色发展、产业转型升级、生态文明建设。

2. 增强创新源头供给

依托基础研究计划、NSFC—云南联合基金等，推进优势基础学科建设，加强重点领域基础、应用基础及前沿技术研究，强化科学研究实验设施和科技资源信息平台建设，提升原始创新能力。

推进优势基础学科建设　巩固提升生态学、植物分类学、植物化学、天然药物化学、动物遗传学、微生物学、天文学、古生物学、矿产地质学、地震地质学、地方病学和民族医学等优势基础学科水平，积极拓展新兴学科，推进学科交叉融合，加强生物多样性保护与利用、资源与环境、人口与健康、新材料与矿产资源综合利用等领域的基础研究，推进有特色高水平大学和科研院所建设，完善梯级人才资助体系，强化对优秀中青年人才和创新团队的培养，保持优势基础学科在国际国内的优势地位，为应用学科的发展奠定基础。

加强重点领域基础、应用基础及前沿技术研究　围绕生物多样性、农林业、人口与健康、资源与环境、材料与矿冶、先进制造、电子信息等重点领域，组织开展重大基础、应用基础及前沿技术研究，鼓励高等学校、科研院所和企业联合开展研究，增强创新驱动产业发展和社会进步的源头供给。

强化科学研究实验设施和科技资源信息平台建设　围绕培育壮大战略性新兴产业、加快传统产业转型升级和建设重点学科的需要，整合、新建、提升一批重点实验室。围绕生命科学、空间和天文科学等领域，依托现有资源，推进农业、生物等若干领域的科学大数据中心、自然科技资源库和科学研究实验设施建设。加强对我省生态环境的科学考察，支持对植物志等重要科技文献、志书、典籍和图件的编研。鼓励建设学科交叉、综合集成的大型科研基地和基础设施。到2020年，力争建成1个国家实验室，新增2个以上国家重点实验室，新增30个省级重点实验室。

3. 加强重点领域科技创新

围绕经济社会发展重点领域，针对产业发展瓶颈、关乎民生福祉和社会发展重点问题，开展重大社会公益性研究和产业共性关键技术研究与产品研发，为国民经济和社会发展提供支撑。

支撑工业转型升级　围绕烟草、冶金、化工、能源、矿山、建筑建材、食品等传统优势产业，突出绿色化、信息化、智能化技术发展导向，研发工业节能技术、可再生能源综合利用技术、绿色化无害化资源回收再利用处理技术、矿山视频在线监控技术、机械化换人自动化减人技术、食品现代加工关键技术等行业先进适用技术，推动技术创新成果的推广应用，淘汰落后工艺和装备。推动工业化和信息化深度融合，支持传统产业在产品研发、生产装备和过程、企业管理和营销等方面广泛应用信息技术，推动制造业特别是流程制造业的绿色化、智能化、数字化和柔性化，加强应用示范，提升自动化和信息化技术集成创新能力。

强化高原特色现代农业科技创新　围绕高原粮仓、特色经作、山地牧业、淡水渔业、高效林业和开放农业六大内容，建立健全现代农业产业技术体系。加快主要粮食作物、特色经济作物、地方特色畜禽资源、淡水鱼类、林木等新品种推广应用，提高良种良法覆盖率。加快特色农作物优质高产、标准化生产等关键技术、畜禽水产健康养殖技术和林业资源培育与利用技术等研发与集成应用，保障主要农产品有效供给。加强化肥农药减施增效、污染农田治理与修复、农业重大灾害防控关键技术等研究，提高农业生态保护能力。推动信息技术在农业生产各领域的广泛应用和集成，以及"互联网+现代农业"、云计算等现代信息技术和农业智能装备在农业生产经营领域的应用，提高农业智能化和精准化水平。

加快现代服务业科技创新　围绕文化、旅游、商贸和物流等领域，实施"互联网+现代服务业"科技行动，利用云计算、大数据、物联网、移动互联网等新一代信息技术，加强网络信息技术集成创新和商业模式创新，发挥互联网在促进现代服务业迈向高端、高质、高效新业态和新模式发展中的作用，推进现代服务业提速发展。

加强生态文明建设科技创新　深入开展生态文明建设科技创新，坚持以生态安全防控和环境治理为抓手，重点在污染治理、生态修复、生态安全保障、资源循环利用等方面加强研发与推广应用，推进多种污染物综合防治，加强生态环境治理和生物多样性保护，巩固和提升环境质量，有力支撑生态文明建设。

提升人口健康水平　围绕重大疾病防控、优生优育、毒瘾戒断等领域，实施一批重大新技术研发和专项研究，建立更为完善的疾病监控、诊断技术体系，攻克一批中药材种植（养殖）关键技术，开发一批天然健康产品、中药系列产品、植物提取物及新资源食品、医疗器械产品，全面提升云南边疆重大疾病预防诊疗水平和各族人民健康水平，促进民族团结和社会和谐稳定。

增强公共安全科技保障能力　重点围绕食品安全、防灾减灾、安全生产、突发公共事件防范等领域，研发应用一批食品安全检测与保障，灾害监测、评估及防治，隐患排查与风险防控，突发事件应急与快速处置等技术，初步建成公共安全保障技术体系，提升应对与处置能力。

推进新型城镇化与城市发展　在新农村建设、新型城镇化建设、现代交通运输等领域，加强新技术、先进适用技术的引进、集成创新和推广应用，大力建设智慧城市，提高城镇化与城市发展水平。

4. 强化技术创新引导

健全技术创新的市场导向机制和政府引导机制，通过风险补偿补助、创投引导等引导性支持方式，发挥财政资金杠杆作用，加大普惠性财税政策落实力度，运用市场机制引导和支持企业技术创新活动，促进企业真正成为技术创新决策、研发投入、科研组织和成果转化的主体。

强化企业技术创新主体地位 要培育壮大科技型企业，引导和支持行业领军企业编制产业技术发展规划和技术路线图，支持大企业强化集成创新和产业应用，支持大中型企业和有条件的中小企业建立企业研究院，鼓励中小微企业开展研发活动，完善科技型中小企业创新服务体系，鼓励商业模式创新。到2020年，新增科技型中小企业3000户以上，高新技术企业达1500户以上，培育一批创新型领军企业，推动科技型企业集群化发展。建立企业主导的产业技术创新机制，扩大企业在创新决策中的话语权，市场导向明确的科技项目由企业牵头、政府引导、联合高等学校和科研院所实施，对企业技术创新的投入方式逐步转变为普惠性财税政策支持。

深化产学研协同创新机制 推进政产学研用创紧密结合，改革完善产业技术创新战略联盟的形成和运行机制，加强产学研结合的中试基地和共性技术研发平台建设，探索企业主导、院校协作、多元投资、成果分享的多种形式的产学研协同创新模式，从省内外高等学校、科研院所中选拔一批企业科技特派员，派驻到有关企业、高新区、科技园区、产业园区等开展产学研结合工作。

5. 推动大众创业万众创新

大力发展科技服务业，重点发展研究开发、技术转移、检验检测认证、创业孵化、知识产权、科技咨询、科技金融、科学技术普及等专业和综合科技服务。培育壮大科技服务业市场主体，培育科技服务新业态。顺应大众创业、万众创新的新趋势，形成创新创业的综合支撑和服务体系。

组建产业共性技术创新大平台 构建和完善生物、新材料、先进装备制造、节能环保、新能源与新能源汽车、信息和现代服务等战略性新兴产业技术创新大平台；构建生物育种、动物疫病防控和诊疗等高原特色现代农业和农业大数据共性技术服务平台。整合现有平台资源，建设集实验动物质量检测、疾病动物模型产品研发、动物实验技术服务、产业化于一体的国际一流现代实验动物公共服务平台。支持行业龙头骨干企业组建实体型产业技术研究院，提高产业共性技术研发和服务能力。

构建开放共享互动的创新网络 创新组织模式，构建一批技术研发协作平台和科技资源共享平台，优化布局一批重点实验室、工程（技术）研究中心、工程实验室、企业技术中心，加快发展第三方检验检测、知识产权等技术创新服务平台，推进大型科研仪器设备、科技文献、科学数据等科技基础条件平台建设应用，构建开放共享互动的创新网络。到2020年，新增国家工程实验室、国家工程（技术）研究中心2—3个、国家级产品质量监督检验中心2个，新增省级企业技术中心100个、省级工程（技术）研究中心/工程实验室50个、省级产品质量监督检验中心5个。

强化技术转移转化服务　培育和发展全省技术市场，建设科技成果信息系统，建立集技术供需、知识产权、政策法规、专业人才、融资服务、中介服务于一体的数据平台，建设线上线下（O2O）相结合的科技成果交易市场，完善云南农业科技成果展示与交易平台建设，培育一批专业服务机构和技术经纪人，制定实施"鼓励卖方、补助买方、支持中介"的补助政策，完善技术转移政策体系。到2020年，新增国家技术转移示范机构10个、省级技术转移示范机构70个，建设科技成果转移转化示范区1—2个。

建设服务实体经济的创业孵化体系　建设一批"双创"基地，形成高效快捷的创业孵化体系，加强众创空间等创业载体建设，完善创业孵化服务链条，积极支持参与国家创新创业大赛。

推动科技金融深度融合　加快推进科技成果转化与创业投资基金建设运营，探索发展天使投资，大力培育发展创业投资和风险投资，支持符合条件的科技型企业进行IPO融资，鼓励上市公司利用资本市场再融资、并购重组支持科技创新，支持科技型中小企业到全国中小企业股份转让系统挂牌，鼓励科技型企业发行公司债券，鼓励商业银行设立科技支行或科技金融专营机构，大力发展科技保险，开展科技金融结合试点，健全金融机构及科技管理部门联合协调机制，建立"风险补偿金"等金融机构风险补偿制度。

创新创业公共服务平台建设工程主要包括：战略性新兴产业技术创新大平台建设工程、现代生物育种创新平台建设工程、众创空间建设工程（到2020年，建成众创空间150个以上）、科技创新云服务平台建设工程。

6. 加快科技人才队伍建设

把人才作为支撑跨越式发展的第一资源，立足重点产业发展需求，坚持引进与培养相结合，把创新创业教育融入人才培养，遵循人才成长规律，改革完善人才发展机制和创新政策，构建科学规范、开放包容、运行高效的人才发展治理体系，形成具有较强竞争力的科技人才制度优势，提高创新创业的环境吸引力，以科技创新专业人才、科技型企业家、科技管理服务人才"三支队伍"建设为重点，构建"金字塔"型人才结构，建设一支规模宏大、结构合理、素质优良的科技人才队伍。

优化科技人才结构　大力建设科技创新专业人才队伍，到2020年，科技领军人才培养对象达25名以上，力争新增1名以上院士，高端科技人才达110名以上，海外高层次人才达150名以上，选拔认定云岭产业技术领军人才达200名，海外高层次人才达150名以上，选拔认定云岭产业技术领军人才达200名，新增中青年学术和技术带头人后备人才、技术创新人才培养对象500名以上，新增创新团队100个以上；建设科技型企业家队伍，到2020年，培育科技型企业家1000名以上；建设科技管理服务人才队伍，培养一支业务水平高、管理能力强、具有现代科学素质、创新意识和战略眼光的复合型、专业化、职业化科技管理人才队伍，造就一支懂技术、懂市场、懂管理的专业化、职业化科技创新创业服务人才队伍。

加强科技人才引进培养载体建设　加强院士专家工作站、专家基层科研工作站、博士后科研流动站和科研工作站建设。到2020年，新建院士专家工作站100个、专家基层科研工作站220个、博士后科研流动站和科研工作站20个。

加强新型科技创新智库建设 组建由科技界、产业界和经济界知名专家组成的科技创新智库。整合现有科技创新智力资源，造就一支在省内外具有较大影响力的专业化决策咨询队伍。到2020年，建成特色鲜明、制度创新、引领发展的新型科技创新智库，充分发挥科技创新智库支撑决策、资政建言、理论创新、社会服务等重要功能。

完善人才发展机制 改进科研人员薪酬和岗位管理制度，健全科技人才流动机制；完善科技人才评价和激励机制，建立适应不同创新活动特点和人才成长规律的分类评价机制，强化科技计划支持人才导向，允许科学家自由畅想、大胆假设、认真求证，赋予领衔科技专家更大的技术路线决策权、经费支配权、资源调动权，深化高等学校、科研院所人事制度和收入分配制度改革，探索年薪制、协议工资制等多种分配方法，深化科技奖励制度改革；依托国家高新技术产业开发区和经济技术开发区、滇中新区、云南空港国际科技创新园等建设科技人才创新试验区，建设科技人才创新试验区；

7. 扩大科技对外开放

主动服务和融入国家发展战略，充分发挥和利用"一带一路"、长江经济带以及中国—中南半岛经济走廊、孟中印缅经济走廊在我省交汇叠加的优势，努力建设面向南亚东南亚科技创新中心，构建全方位开放创新格局，积极创造优惠条件和优良环境，吸纳国内外创新资源，加强区域协同创新，探索创制区域性国际科技合作公共产品，构建发展理念相通、要素流动畅通、科技设施联通、创新链条融通、人员交流顺通的创新共同体，打造面向南亚东南亚的科技创新辐射源。

深化国际（地区）科技合作 集聚国际（地区）创新资源，开展与美国、加拿大、欧盟国家、俄罗斯等独联体国家、澳大利亚、新西兰、以色列、日本、韩国、中国港澳台等发达国家和地区的创新合作；鼓励引导外资研发机构参与承担科技项目；组织实施一批特色鲜明的科技合作重点研发项目；鼓励外商投资新兴产业、高新技术产业、现代服务业；到2020年，建设区域科技信息中心、区域现代农业研发中心、区域国际创新创业中心以及国际科技合作和技术转移基地、生物医药和大健康产业基础服务基地、科技人员交流与教育培训基地等；支持企业、高等学校、科研院所按照国际规则并购、合资、参股国外创新型企业和研发机构，或设立海外研发中心、产业化基地，推进海外人才离岸创新创业基地建设。

提升面向南亚东南亚科技辐射能力，建立健全对外开放辐射机制，进一步建立健全与南亚东南亚国家科技合作机制，强化中国—东盟创新中心、中国—南亚技术转移中心、大湄公河次区域农业科技交流合作组织、中国—南亚农业科技交流合作组等示范带动作用；提升沿边州（市）对外科技合作水平，到2020年新建20个以上境外或跨境科技产业基地和示范园区；面向南亚东南亚布局创新网络，到2020年在南亚东南亚主要国家新建联合创新平台5个，与南亚东南亚国家联合新建科技企业孵化器、技术转移和成果转化基地5个；加大科技对外援助力度，到2020年培训南亚东南亚科技人员10000人次以上，新选派国际科技特派员30名。

深入推进科技入滇 主动服务和融入长江经济带建设，深化京滇、沪滇、泛珠三角区域等科技合作，实现科技入滇常态化，大力承接东中部地区产业技术转移。到2020

年，推动一批企业在省外建立研发机构，新增入滇落地的科研平台100个、科技型企业100户、科技成果500项、科技人才和团队200个。

对外科技合作重大建设工程主要涉及中国—东盟创新中心、中国—南亚技术转移中心、面向南亚东南亚育种中心、南亚东南亚农业联合研究中心、东南亚生物多样性研究中心。

8. 打造区域创新高地

围绕"一核一圈两廊三带六群"区域发展新空间，形成若干特色鲜明的区域创新高地，推动跨区域协同创新，加快区域转型发展，推动区域特色产业和社会事业发展，形成经济转型与产业升级的增长极、增长带。

加快以滇中城市群为核心的区域创新中心建设　以云南空港国际科技创新园为核心，围绕生物、新材料、先进装备制造、"互联网+"、大数据、云计算等新兴产业，强化体制机制创新、科研平台载体创新和产业技术创新；把滇中城市群打造成我国面向南亚东南亚科技创新中心的核心区、科技创新与技术转移高地和创新创业示范区；在滇西、滇东南、滇东北、滇西南、滇西北等城镇群，选择基础条件好的区域建设若干区域创新中心。

推动园区提质增效　发挥高新技术产业开发区、重点工业园区、农业科技园区等各类园区的核心载体作用，重点支持各类科技园区完善创新创业服务支撑体系，推动创新主体聚集、创新资源聚合、创新服务聚焦、新兴产业聚变。到2020年，力争创建国家级自主创新示范区1个，新增国家级高新技术产业开发区2个以上、省级高新技术产业开发区10个以上，新增国家级农业科技园区10个、省级农业科技园区20个以上。

建设县域科技成果转化中心和科技成果转化示范县　建设县域科技成果转化中心，建设一批科技成果转化示范县。到2020年，建成县域科技成果转化中心129个、科技成果转化示范县30个。

推进可持续发展实验区建设　选择若干特色区域创新驱动和实验示范，大力推进先进科技成果转化应用和推广普及，完善实验区管理和评价机制，加快推进实验区联盟的成立和运行。到2020年，力争新增国家级可持续发展实验区5个以上、省级可持续发展实验区20个以上。

9. 实施科技扶贫行动

创新科技扶贫模式，整合全省科技资源，加大科技扶贫力度，以点带面，精准发力，构建科技扶贫体系，提升全省贫困地区发展能力和水平，科技助农增收致富。

完善省、州（市）、县三级联动科技扶贫机制　立足县域脱贫科技需求，链条部署，精准施策，集成省、州（市）、县三级创新资源，形成合力。

科技支撑特色产业加快发展　以科技型企业和农村经济合作组织为依托，加强先进适用技术转移示范，促进特色产业加快发展。

强化科学素质提升和新型职业农民队伍建设　加强农业生产技术培训、农民务工技能培训，加快培育一支有文化、懂技术、会经营的新型职业农民队伍，带动贫困地区群众脱贫致富。

支持面向"三农"的创新创业载体建设 实施科技特派员创业行动。以贫困地区农业科技园区、科技型农村经济合作组织、农产品深加工科技型企业等为载体,打造"星创天地"50个以上,推进一二三产业深度融合。

支持科技人员服务"三区" 以"滇西边境片区、乌蒙山云南片区、迪庆片区、滇桂黔石漠化云南片区"为重点,实施"边远贫困地区、边疆民族地区、革命老区"科技人员专项计划,为贫困地区经济提供科技人才支持和智力服务。

加强农村信息服务体系建设 推动信息化与农特产品、乡村旅游、乡村医疗相结合,形成覆盖全省县、乡、村三级的信息服务体系,全面建成国家农村信息化示范省。

科技扶贫行动主要包括科技对口帮扶行动、农村科技特派员行动、产业技术扶贫行动、科技金融帮扶行动和农民科学素质提升行动。

10. 全面深化科技体制改革

通过健全科技创新治理机制、深化科技计划管理改革、改革科技项目和经费管理、完善科技成果转移转化机制、深化科技评价制度改革、推动科研院所改革创新和扩大科研自主权,深化科技管理体制改革,推动政府职能从研发管理向创新服务转变,构建更加高效的科研体系,健全科技成果转移转化机制,建立激励创新的良好生态,提高创新体系整体效能。

第二节 加快发展云南信息产业

2016年12月,云南省人民政府发布了《云南省信息产业发展规划(2016—2020年)》,提出构建"云上云"行动计划的信息产业支撑服务体系。[①]"云上云"行动计划是云南为加快信息化建设和信息产业发展而制定的系列发展计划,是通过加强信息化基础设施建设,统筹布局和推进以云计算、大数据、移动互联网、物联网、"互联网+"等为基础的信息化发展进程,带动经济社会转型升级。大力发展"云上云"行动计划,能为云南的传统产业转型升级创造重大契机和新兴产业培育壮大带来强劲动力,还能为打造服务全国、服务周边的区域性国际信息辐射中心奠定坚实基础。

一、云南信息产业发展的思路和目标

1. 云南信息产业发展的总体思路

大力实施"云上云"行动计划,把信息产业作为推进云南供给侧结构性改革、补齐产业短板的重要抓手和核心内容,充分发挥比较优势,加强规划布局,坚持以市场为导向,以产业集聚为主线,以重点企业和产业园区(基地)为载体,以推进重大项目实施为重点,以创新能力提升为驱动,以加大投入和多元化投融资为支撑,加快打造云南经济发展的新动能。

---

① 云南省人民政府关于印发云南省信息产业发展规划(2016—2020年)的通知 [EB/OL]. (2017-01-09) [2019-02-01]. http://gxt.yn.gov.cn/publicity/ghjh/12511.

2. 云南信息产业发展的原则

政府引导，企业为主　进一步完善政策法规，为产业发展营造良好环境。充分发挥市场在资源配置中的决定性作用，激发企业参与信息产业发展的动力和积极性。

统筹推进，重点突破　加强统筹规划和协调，坚持突出特色与全面推进相结合，加强分类指导，推进重点领域标准、技术、产品和服务产业化。引导企业和新项目向园区（基地）集中，加快信息产业集聚发展和优化升级。

创新驱动，融合发展　把握信息技术演进和产业发展趋势，提升创新能力，围绕新型工业化需求，大力推广先进适用的信息技术，加快新一代信息技术与传统产业融合创新发展。

因地制宜，开放发展　立足产业基础和优势，围绕全产业链，精准招商，大力引进龙头企业落地发展，同时培育扶持骨干企业，逐步完善产业配套体系。

3. 云南信息产业发展的主要目标

经过5年左右的努力，基本构建"云上云"行动计划的信息产业支撑服务体系，培育形成一批开放型、创新型和高端化、信息化、绿色化的信息产业骨干龙头企业和特色产业集群。

力争到2020年，全省信息经济总体规模突破5000亿元，信息产业主营业务收入超过1600亿元，年均增速20%。

二、云南信息产业发展的主要任务

1. 实施"云上云"行动计划

推进云计算、大数据、互联网、物联网、移动互联网等新一代信息通信基础设施建设。重点推进政务云、工业云、农业云、商务云、益民服务云、智慧城市云、区域信息服务云建设。推动教育、医疗、旅游、林业、交通物流等重点领域的行业云和大数据中心建设，力争成为支撑全国相关行业发展的大数据服务平台。

2. 打造国际通信枢纽和区域信息汇集中心

加快面向南亚东南亚的国际光缆和国际通信枢纽建设，拓展区域国际通信基本服务和增值业务。大力推进区域信息汇集中心建设，强化信息汇集支撑能力，丰富信息服务内容，提升云南面向南亚东南亚信息辐射中心的地位、功能和作用。

建设具备国家互联网一级骨干承载能力的国家级互联网骨干直联点，提高骨干网络容量和网间互通能力。大力推进"宽带云南"建设，建成覆盖全省城镇和行政村以及80%以上自然村的光纤宽带网络和4G无线网络；推进5G实验网建设，加快5G商业化进程。

3. 加快产业支撑体系建设

加快构建适应信息产业创新发展的综合性服务体系。鼓励建设国家级、省级重点实验室及工程（技术）研究中心、企业技术中心、专业孵化器等产业创新公共服务平台，建设一批云计算、大数据、物联网、互联网、移动互联网、北斗导航、高端软件技术研发和应用开发的公共服务平台，完善基础研究、决策支持研究机构建设，加快电子信息产品公共测试、软件评测、互联网安全检测、信息技术标准化研究、智能工控软件研究等支撑中心建设，完善信息产业服务保障体系。

4. 突出重点，培育产业集群

重点围绕新一代信息技术、信息通信服务、电子信息制造、软件和信息技术服务、移动互联网和物联网、区域信息内容服务六大领域和方向，集中力量打造符合云南实际的信息产业，力争形成"龙头带动、集群发展、产业配套"的特色产业集群。

新一代信息技术产业 重点发展云计算、大数据、互联网、物联网、移动互联网、电子商务服务、高端软件和信息技术服务、北斗导航、呼叫中心、泛亚语种软件、数字内容加工、信息内容服务、数据存储、容灾备份、人工智能等产业。

信息通信传输服务业 依托国际通信枢纽和区域信息汇集中心的支撑带动，着力培育国际通信增值业务和互联网业务，做大国际通信服务业。巩固提升"宽带云南""全光网省""4G全覆盖"水平，提升省内州（市）及省与省之间网络带宽质量，满足普遍服务需要。

电子信息制造业 大力培育面向南亚东南亚的信息通信设备、物联传感设备、北斗导航设备、电子产品、机电产品、电子元器件、机器翻译产品制造等。打造一批外向型信息产品制造和出口加工基地，提高产业辐射能力，做大电子基础材料、金融电子、光电子等优势特色产业。

软件和信息技术服务业 重点发展国产基础软件、操作系统、工控系统、嵌入式应用软件；重点打造与电子产品高端装备制造出口配套的小语种操作系统和配套软件，力争形成国家面向南亚东南亚的小语种软件研发基地和产业化中心；着力培育翻译软件产业，打造面向南亚东南亚的机器翻译产业集聚地；大力发展即时通信、门户网站、社交翻译软件和跨境电商、物流、呼叫中心、金融结算等翻译应用软件。积极发展咨询设计、信息技术管理、信息系统工程监理、软件测试评估、信息技术服务标准（ITSS）等信息服务，以咨询服务为牵引，通过信息系统集成服务和软件产品研发应用互动，促进软件产品和信息技术服务产业化。

移动互联网和物联网产业 重点发展移动电商、移动支付、移动娱乐、移动阅读、移动社交、移动定位、移动教育、移动医疗、可穿戴设备、移动车联网等移动互联网产业。加快物联网建设，增强物联网核心元器件和传感设备的研发制造能力，实施物联网在云南工业、农业、服务业重点领域应用示范工程，提高物联网应用普及率，构建物联网产业发展体系。

区域信息服务业 加快发展区域通信增值、信息内容、数字内容、互联网运用等服务；加快发展区域北斗导航、空间地理信息服务产业；依托区域信息汇集中心形成的大数据资源，培育国际互联网数据服务和信息技术服务产业；加强与区域间各国合作开发信息服务内容，推进区域信息门户网站、社交网站、跨境电商、数字信息内容分发、文化旅游、北斗导航、空间地理信息、机器翻译、呼叫中心等平台建设，合作开发服务内容，扩大业务种类、创新服务模式，做大做强区域大数据服务和信息技术服务业。

5. 提升研发创新能力

深化新技术集成应用，加快构建新型研发、生产、管理和服务模式。促进技术产品创新和经营管理优化，提升企业整体创新能力和水平。加强基础软件核心技术研发，突破一批关键核心技术。加强"政产学研资用"协同及科技成果转化，提高软硬件产品研发及产业化水平。扶持一批技术创新团队。推进创新能力建设，支持现有省级工程（技术）中心创建和申报国家级中心；引导建设一批云计算、大数据、物联网、移动互联网等工程技术应用中心和研究机构；依托高等院校和科研院所设立工程技术实验室，提高专业化技术研究水平；加快技术和成果转化，为信息产业发展提供智力和技术支撑。

6. 培育信息经济新业态

大力培育"互联网+"产业的新业态、新模式、新服务，推动传统经济跨界、融合、创新发展；加快发展"众创空间"、产业孵化器及各类创客组织；建设支撑大众创业、万众创新的各类专业化信息服务平台，推动创意、创新、研发设计、生产制造、产业链配套、电商、生产性服务、资本等生产及服务要素向产业互联网云平台汇集；探索建立"互联网+定制（订单）农业"和"互联网+智能制造"新型生产制造体系，推动传统生产制造向个性化、定制订单生产制造和服务化转型。全面贯彻落实《中国制造2025》，组织全省规模以上工业企业、重点企业贯彻"两化"融合管理体系标准。

三、云南信息产业发展的规划布局

合理规划产业布局，着力打造"一核四群一带"的产业发展新格局，促进带动全省信息产业协调发展。

1. 信息产业核心集聚区和创新发展新高地

充分发挥昆明人才、技术、资金密集的优势，依托呈贡信息产业园区，打造全省信息产业核心集聚区和创新发展新高地。重点发展云计算、大数据、移动互联网、芯片和集成电路、软件和信息技术服务、北斗导航、空间地理信息、呼叫中心、信息内容分发、泛亚语种软件、机器翻译、数字内容加工、信息内容服务、数据存储及容灾备份等产业及业务，逐步形成支撑全省信息产业发展的研发设计、生产制造、检验检测、技术创新及投融资体系等产业生态，将其打造成全省信息产业核心集聚区、技术创新高地和新一代信息技术产业核心区。到2020年，呈贡信息产业园区主营业务收入达到300亿—500亿元。

2. 新一代信息技术产业基地

依托滇中、滇西、滇东北、滇西北4个城市（镇）群，打造新一代信息技术产业基地，充分发挥4个城市（镇）群资源优势，围绕信息产业重点发展的六大领域和方向，结合自身优势，建设特色产业基地，打造产业集群，形成与昆明核心区相互支撑配套的产业发展新格局。

重点依托昆明高新技术产业开发区，发展高端软件和信息服务业，移动互联网、空间地理信息、互联网金融、物联网、跨境电商、北斗导航、泛亚语种软件、机器翻译、数字内容加工、信息内容服务、远程医疗等信息服务；依托昆明经济技术开发区，发展半导体材料、光电子材料及产品、金融电子产品、物流分拣系统，面向南亚东南亚的信息通信设备、物联传感器件设备、北斗导航设备、电子产品、软件产品、机器翻译产品等；依托曲靖经济技术开发区，发展光电子、电子材料、智能终端、汽车电子、物联网、智能工业等；依托玉溪高新技术产业开发区，发展LED显示器件、太阳能光伏、云计算大数据中心、大数据分析挖掘、呼叫中心外包、物联网、移动互联网、跨境电商等；依托保山工贸园区，发展云计算和大数据中心、数据分析应用、数据存储及容灾备份、内容分发网络（CDN）、数字内容加工、信息内容服务，面向南亚东南亚云计算大数据应用中心、软件外包及信息服务、国际数据服务外包等；依托西安隆基硅材料股份有限公司单晶光伏产业龙头项目，在红河、保山、德宏、楚雄、丽江等地，整体引进和带动产业链上下游配套产业，打造电子硅材料产业集群。到2020年，4个城市（镇）群信息产业主营业务收入达到950亿—1800亿元。

3. 外向型电子信息制造及配套产业基地

依托对外开放经济走廊和对外开放经济带，打造外向型电子信息制造及配套产业基地。充分发挥对外开放经济走廊和沿边对外开放经济带优势，重点依托昆明空港经济区、蒙自经济技术开发区、红河综合保税区、河口进出口加工工业园、砚山工业园区等，瞄准电子信息产品加工制造环节，积极承接国内外电子信息产品制造业转移，重点发展计算机、通信设备、智能终端、智能家电及可穿戴设备等新兴产品，打造承接电子信息产品制造业向西南地区转移的主阵地、面向南亚东南亚的小语种软件研发基地及产业化中心，力争形成我国面向南亚东南亚的机器翻译产业集聚地。到2020年，对外开放经济走廊和对外开放经济带信息产业实现主营业务收入达到550亿—1100亿元。

四、云南信息产业发展的重点项目

1. 国际通信枢纽和信息基础设施建设项目

加快国际光缆和国际通信枢纽建设，中国电信云南分公司、中国联通云南省分公司、中国移动云南公司分别建成国际通信出入口，大力发展国际数据和互联网业务。加快区域信息汇集中心建设，提高信息汇集支撑能力，大力发展信息内容的国际服务业务；加快全省互联网建设，实现光网、互联网全覆盖，提高普遍服务能力和水平。

重点支撑项目包括：

国际光缆通道和国际通信枢纽　在东南亚方向，建设3个方向的国际光缆干道，与东盟10国骨干传输网实现互联互通；在南亚方向，建设沿印度洋陆地光缆，实现与南亚东南亚8国骨干传输网的互联互通，建设昆明国际数据专线节点，开通面向南亚东南亚国家的国际数据专线业务；建设区域性国际互联网出入口，与南亚东南亚国家的运营商实现对等互联。

区域信息汇集中心　围绕物流、商贸、旅游、金融结算、地理空间、智能交通、科教文卫、边境出入境等服务，建设一批具有带动性、基础性的区域重大信息服务平台；加快建设涵盖大数据服务、信息应用、信息资源管理、互联网信息交换、信息发布、信息呼叫、地理空间基础数据应用、卫星定位应用、数字证书认证、网络与信息安全管理、数据灾备等一批公共支撑中心，增强区域信息汇集中心支撑能力。

"宽带云南"建设项目　实现省内互联网接入商公平接入，实施光纤入户、光纤到楼；提高骨干通信网络支撑能力、实施IP城域网扁平化改造，大幅提高出省网络带宽；完成城镇和农村移动通信网全覆盖、城镇热点地区和公共场所WLAN全覆盖，加强4G网络对交通干道（高速铁路、高速公路、轻轨）等覆盖盲点的覆盖，启动特殊行业应用区域的室外覆盖，实现WLAN100%城市覆盖，提高业务承载能力和业务可达范围。

"全光网省"和"4G全覆盖"项目　加快光纤通信网络建设，实现国际网络全面扩容，承载网络全面升级，光纤网络全面覆盖，光网业务全面提速。城镇家庭100M光宽带覆盖率达到100%；行政村家庭光宽带接入能力达到50M以上；光纤网络全面覆盖城市和农村；互联网省际出口总带宽达到8.5Tb。

"三网"融合项目　推进业务、网络和终端等相互融合，实现电信网、广电网、互联网"三网"融合、互联互通、互动发展，促进"三网"业务运营相互准入、对等开放、合理竞争。按照"政府主导，电信运营商、广电网络配合"的模式，加快有线电视网络双向化建设和改造，加快电信网、有线电视网和互联网相互渗透、互相兼容并逐步整合成为统一的信息通信网络。

2. 电子信息制造业项目

重点支持开发半导体材料、光伏材料、光电材料和有色金属导电材料及元器件等产业化项目；红外显示微热成像、OLED双色红外探测、双光融合型热成像监控技术及产业化项目；芯片、集成电路研发及产业化；稳定的电子级多晶硅产业化项目；金融电子、消费电子产品研发及产业化项目；支持数字视听设备、车载电子设备等产业化项目。

重点项目包括：西安隆基硅材料股份有限公司千亿级硅基产业集群项目、红河云智高科技集团有限公司红河州产业园项目、云南宏龙动力科技有限公司龙陵动力锂离子电池项目、惠科股份有限公司惠科产业园项目、中星微电子有限公司视频芯片研发及产业化项目、昆明冶研新材料股份有限公司电子级多晶硅项目、瑞丽市启升液晶电视科技有限公司瑞丽启升科技园项目、砚山工业园区系列项目、正威电子有限公司信息产业园、云南临沧鑫圆锗业股份有限公司滇中中国电子信息产业基地、云南滇中锦翰智慧产业园、烽火通信科技股份有限公司烽火通信产业基地、安飞电子科技集团滇中产业基地、富士康科技集团智能显示屏项目等。

重点支撑园区包括：呈贡信息产业园区、蒙自经济技术开发区、红河综合保税区、河口进出口加工工业园、昆明高新技术产业开发区、文山砚山电子信息产业园、保山国际数据服务产业园、瑞丽工业园区、楚雄工业园区、大理经济技术开发区、祥云财富工业园区等。

3. 软件和信息技术服务业项目

重点支持国产操作系统软件、工控软件、嵌入式应用软件、行业应用软件研发及产业化项目；面向南亚东南亚的小语种软件、机器翻译软件研发及产业化项目；区域多语种信息内容服务、数字内容服务、音视频节目、动漫游戏、社交网络、呼叫中心等研发应用项目；软件和信息技术服务外包项目。

重点项目包括：昆明呈贡科技信息产业创新孵化中心、融创天下微总部经济园区、云南智慧旅游大数据挖掘和应用平台、远程可视医疗综合服务平台、亿赞普（北京）科技有限公司西南大数据跨境贸易平台、北斗导航基础平台、中科院软件所小语种软件机器翻译研发及产业化、戴德梁行中国数字文化内容原创与集成产业基地、甲骨文OAEC人才产业基地、中国普天创业产业园昆明孵化器、重庆猪八戒网创新平台、彩立方智慧社区、春城慧谷智慧社区、掌上云医大健康信息服务平台等项目。

重点支撑园区包括：呈贡信息产业园区、昆明高新技术产业开发区、昆明经济技术开发区、玉溪高新技术产业开发区、保山国际数据服务产业园等。

4. 新一代信息技术产业项目

重点支持产业及重点行业领域公共云平台、大数据中心及研究机构建设项目；政府及城乡居民基本公共服务和基本生活服务的大数据开发应用项目；智能工业、智能环保、智能交通、感知旅游、智慧灾害防控、感知农业、智慧公共安全、智慧医疗、感知物流、智慧城市等物联网应用平台建设项目；移动互联网、物联网、车联网环境下的新兴服务业项目；空间地理、北斗导航数据获取与处理能力建设项目；空间地理信息及北斗导航服务在生态保护、国土空间开发、新型城镇化、城乡规划与管理、高原特色现代农业、文化旅游、交通物流、应急救灾、社会管理等应用平台项目及国际合作与应用服务等项目。

新一代信息技术产业重点项目包括：

云计算 云上云·云南信息化中心（首期）、玉溪华为西南云计算中心、浪潮昆明云计算产业园（一期）、保山工贸园区国际数据服务产业园、中国电信泛亚云计算中心、中国联通玉溪云计算数据中心项目、云南艾普通信科技有限公司数据中心项目等。

大数据 中国移动云南呈贡大数据中心、中国数码港大数据产业园、曙光星云云南大数据中心及超算中心项目、华唐大数据服务外包产业示范基地、九次方大数据创新创业产业基地、省政务大数据中心项目、林业大数据双中心、旅游大数据中心等。

智能工业及物联网 城市物联网接入管理与数据汇集平台、中星微电子有限公司西南总部SVAC国家标准安防监控物联网系统研发应用产业化项目、云南聚力工业4.0智能工厂、云南工控网络安全感知与智能防护平台等。

空间地理信息 地理信息公共服务平台、基于北斗卫星高精度监测技术在中小型水库中的应用、"一带一路"天基信息综合应用服务平台等。

5. 园区（基地）提升承载能力项目

重点支持重点产业集群承载园区建设，特色信息产业园区（基地）承载能力提升项目；各类信息和通信技术（ICT）产业孵化器、"双创中心"研究及中介机构能力提升项目；信息数据、知识产权等交易平台能力提升项目；信息产业众创、众筹、众包服务平台项目。

6. 企业培育和引进落地项目

重点支持云南优势特色企业做大、做强、做特，支持本省企业与重点引进的战略合作伙伴企业合作、合资、重组，鼓励企业"走出去"，拓展南亚东南亚市场。

围绕重点产业领域和产业链建设，瞄准中国电子信息100强、中国软件100强、中国互联网100强、全球软件500强企业，开展专业化精准招商，着力引资、引技、引智。

龙头企业培育包括：

通信服务业　中国电信云南分公司、中国联通云南省分公司、中国移动云南公司、中国铁塔云南省分公司、云南广电网络集团有限公司、云南艾普通信科技有限公司等。

电子信息制造业　红河以恒科技集团有限公司、红河云智高科技集团有限公司、北方夜视科技集团有限公司、云南南天电子信息产业股份有限公司、云南昆船电子设备有限公司、云南临沧鑫圆锗业股份有限公司、昆明云锗高新技术有限公司、昆明冶研新材料股份有限公司、贵研铂业股份有限公司、个旧圣比和实业有限公司、云南蓝晶科技股份有限公司、云南山灞图像传输科技有限公司、玉溪玉昆科技有限公司等。

新一代信息技术产业　云南云上云信息化有限公司、云南能投浪潮科技有限公司、云南中星电子有限公司、云南北斗卫星导航平台有限公司、云南彩立方数据科技有限公司、昆明东电科技有限公司（上海交大信息安全学院信息内容分析国家实验室云南创新中心）、昆明雄越科技有限公司等。

软件和信息技术服务业　中通服网络信息技术有限公司、云南南天电子信息产业股份有限公司、昆明昆船物流信息产业有限公司、云南思普投资有限公司、盛云科技有限公司、昆明安泰得软件股份有限公司、云南云电同方科技有限公司、云南金隆伟业科技有限公司、云南新锐和达信息产业有限公司、科海电子有限公司等。

重点引进落地企业包括：阿里巴巴网络技术有限公司、北京百度网讯科技有限公司、深圳市腾讯计算机系统有限公司、华为技术有限公司、中兴通讯股份有限公司、浪潮集团有限公司、华三通信技术有限公司、中星微电子有限公司、曙光星云信息技术（北京）有限公司、九次方大数据信息集团有限公司、四维数创（北京）科技有限公司、中唐国盛信息技术有限公司、亿赞普（北京）科技有限公司、重庆猪八戒网络有限公司、中芯国际集成电路制造有限公司、青岛海尔股份有限公司、中国电子信息产业集团有限公司、TCL集团股份有限公司、京东方科技集团股份有限公司、亚信科技（中国）有限公司、乐视网信息技术（北京）股份有限公司、创维集团有限公司、赛伯乐投资集团、启迪控股股份有限公司、科大讯飞股份有限公司、四川九洲视讯科技有限公司、全维智码信息技术（北京）有限公司、西安隆基硅材料股份有限公司等。

第三节　发展云南新一代人工智能

人工智能是国际竞争新焦点、经济发展新引擎、社会建设新机遇。新一代人工智能作为一项变革性技术，与社会经济各领域的应用结合，会产生效率倍增的赋能作用。云南人工智能发展具备一定基础，发展空间广阔。2019年11月，云南省人民政府印发了《云南省新一代人工智能发展规划》[①]，强调充分发挥新一代人工智能的赋能作用，有助

---

① 云南省人民政府关于印发云南省新一代人工智能发展规划的通知 [EB/OL].（2019-11-22）[2019-11-25]. http://www.yn.gov.cn/zwgk/zcwj/zxwj/201911/t20191122_185001.html.

于构建云南的数字经济体系，促进云南的社会治理和公共服务水平提高，不断缩小与发达地区的差距。

一、发展新一代人工智能对云南的意义

人工智能经过60多年的演进，在移动互联网、大数据、超级计算、传感网、脑科学等新理论新技术以及经济社会发展强烈需求的共同驱动下，进入了具备深度学习、跨界融合、人机协同、群智开放、自主操控等新特征的新发展阶段。新一代人工智能作为引领未来科技创新发展的变革性技术，成为世界主要发达国家提升国家竞争力和维护国家安全的重大战略。我国高度重视人工智能发展，明确提出以加快人工智能与经济、社会、国防深度融合为主线，以提升新一代人工智能科技创新能力为主攻方向，加快建设创新型国家和世界科技强国，并出台了一系列把握方向、抢占先机的政策措施。

经过多年发展，云南拥有基础材料、半导体功能材料、光电子器件、传感元件、显示器件、工业电子装备、数控机床等与人工智能有关的产业基础；在人工智能数据资源、计算资源、应用技术工具、垂直领域解决方案等多个环节已有所布局；一批重点骨干企业在智能机器人、数字化车间、智能制造、智能环保、智能交通、智慧旅游、智慧灾害防控、数字农业、智慧公共安全、智慧医疗、感知物流、智慧城市等领域开展了应用，获得了广泛关注与认可。随着国家"一带一路"建设深入推进及"数字云南"的加快部署，云南区位优势和发展潜力进一步凸显，生物特征识别、自然语言理解、多语种机器翻译等人工智能技术在智慧旅游、公共安全、跨境贸易、跨境物流等领域有非常大的应用潜力，但也存在整体创新能力不足、关联产业薄弱、龙头企业缺乏、应用程度不够等问题。

充分发挥新一代人工智能的赋能作用，将为云南经济社会发展带来新机遇。新一代人工智能作为一项变革性技术，与社会经济各领域的应用结合，会产生效率倍增的赋能作用。面对世界经济发展新形势新挑战和我国在新一代人工智能领域的战略部署，全省必须统一认识，结合民族团结进步示范区、生态文明建设排头兵、面向南亚东南亚辐射中心的定位要求，抓住发展机遇，加快人工智能发展。要主动求变应变，顺应发展趋势，把握发展特点，坚持以应用换市场、以应用换产业的发展路径，鼓励支持人工智能技术和产品在经济社会各领域的应用，助力传统产业提升和新兴产业培育，努力打造世界一流"三张牌"，构建数字经济体系，促进社会治理和公共服务水平提高，不断缩小与发达地区的差距，助力云南高质量跨越式发展。

二、发展云南新一代人工智能的思路和目标

1. 云南新一代人工智能的发展思路

全力推进"数字云南"建设，以优化信息基础设施建设为支撑，以丰富人工智能技术应用为先导，以实施"一部手机"系列项目和重点示范工程为抓手，以实现数据汇聚和共享为突破，构建开放协同的人工智能科技创新体系，推进人工智能、云计算、大数据、物联网、移动互联网、区块链等新兴技术的综合应用以及与实体经济、政府治理、公共服务等方面的深度融合，促进新旧动能转换和云南高质量跨越式发展。

2. 发展云南新一代人工智能的基本原则

政府引导，统筹布局　充分发挥政府在规划、政策、环境等方面的引导作用，积极争取国家优势资源支持，统筹推进重大项目、重点工程、重大布局，奠定人工智能和数字经济发展基础。

市场主导，应用驱动　以市场需求和科技发展方向为引领，以人工智能技术在云南经济社会多领域应用为切入点，以市场化运作为主要方式，带动研发攻关和产业培育，形成创新链和产业链深度融合。

人才为本，分类引导　提高人工智能人才培引和市场需求的结合度，加大政策对各类人才的激励程度，发挥人才的创新创造积极性。分类施策人工智能理论研究和应用技术创新，促进科技成果转化。

重点突破，开放发展　推进人工智能技术在旅游、能源、农业、制造、政务、公安、城市、医疗、教育、交通、环保、林业等重点领域的示范应用，实现人工智能的赋能作用。积极发挥区位优势，发展面向南亚东南亚的人工智能应用产业。

3. 发展云南新一代人工智能的主要目标

到2020年，云南新一代人工智能技术应用取得阶段性进展，示范领域进一步拓展，智能产业生态开始形成。网络基础设施持续优化升级，重要场景和重点景区实现5G网络覆盖，窄带物联网（NB-oT）和工业互联网基础设施基本建立。

到2025年，云南省新一代人工智能产业体系日益完备，部分特色领域达到全国先进水平，科技创新体系逐步完善，面向云南周边、南亚东南亚地区输出人工智能技术产品和应用服务。大数据、高效能计算、边缘计算等人工智能基础设施达到一定水平。

到2030年，形成涵盖核心技术、关键系统、支撑平台和智能应用的较为完备的新一代人工智能产业体系。

三、发展云南新一代人工智能的主要任务

积极顺应新一代人工智能发展态势，鼓励人工智能技术在经济社会领域的应用，拓展重点领域应用深度和广度，立足云南优势和特色，构建创新体系，培育发展智能新兴产业和创新企业，营造可持续发展的人工智能研发应用环境。

1. 大力推动人工智能示范应用

结合云南支柱产业发展基础和优势，推进人工智能示范应用，选择社会治理与民生服务相关重点领域积极推进人工智能技术应用示范，尽快形成示范带动效果，提升智能化应用水平，促进云南智能经济、智能社会发展。

（1）加快优势产业智能化升级

推动计算机视觉、自然语言处理、认知计算、知识计算引擎与知识服务技术、智能机器人、智能客服等人工智能技术产品在生产制造、营销推广、质量保障、精细服务、产品溯源等全产业链规模应用，推进智慧旅游、智慧能源、数字农业、智能制造四大板块人工智能技术应用，着力提升云南特色优势产业智能化水平。

智慧旅游　充分发挥"一部手机游云南"平台的标杆示范作用，促进物联网、生物

特征识别、智能语音交互、情感计算、智能导航导览、多语言实时翻译、虚拟现实、增强现实、自动驾驶、视频识别、预测预警、决策支持、精准营销等人工智能技术在文化和旅游行业的推广应用。实现人工智能技术对旅游大数据的深度分析，持续优化提升旅游综合服务平台与监管平台功能布局，优化旅游公共服务资源配置，不断提升旅游便捷化智慧化水平，实现"一部手机游云南"平台从"可用"变为"好用"、旅客爱用，助力打造世界一流"健康生活目的地牌"。建设一批智慧旅游示范城市、智慧旅游特色小镇和智慧旅游景区。

智慧能源　推进物联网、信息物理系统（CPS）、智能无人机、智能机器人、智能电表、智能决策分析、智能传感器、边缘计算等技术产品在智能电网、煤炭安全生产、油气输送等行业的应用和融合创新，促进能源安全生产、储能、用能的预警预测、监测监管、应急处理智慧化和能源消费智能化，打造世界一流"绿色能源牌"。加速发展智能电网，推动跨流域、跨区域能源调度，打造区域性国际电力交易平台、能源大数据平台、智慧能效监测平台，构建能源综合服务中心。

数字农业　充分发挥"一部手机云品荟"平台对做强做优绿色食品产业的积极作用，全力打造世界一流"绿色食品牌"。推进智能传感器、物联网、卫星导航、遥感、空间地理信息等技术在农业生产中应用，加强对农业生产环境的信息采集和监测。依托云南农业农村大数据5+N工程，开展花卉、果蔬、咖啡、茶叶等行业大数据、物联网、农副产品质量安全追溯、绿色食品电子身份认证、储运监管、农资服务、智能监测、分析预警等农业智能化应用示范。支持腾冲、红河等现代高效农业示范园建设，示范带动农业生产流程数字化升级，并向数字集成化、高度自动化和数字农业定制化方向发展。加快符合高原特色现代农业需求的智能农机装备、农产品加工自动装备的研发和应用，提高农业生产加工智能装备水平。推进人工智能技术在病虫害防治、栽培管理、测土配方施肥、应急服务等环节的应用，提高农业科技水平。

智能制造　推广流程智能制造、离散智能制造、网络化协同制造、远程诊断与运维等新型制造模式。发挥云南烟草、生物医药等领域智能制造和智能装备试点项目的示范作用，推进冶金、化工等流程型行业实现基于模型的先进控制和在线优化；推进装备制造、电子信息等离散型行业建设柔性智能制造单元，提升设备运转效率和产品质量稳定性。引导企业开展高危生产环境中的智能化改造，鼓励企业通过"机器换人"提高生产效率和安全生产、智能化生产水平。推进企业上云和企业流程再造，推进烟草、绿色食品、先进装备制造等领域工业互联网应用示范，培育产品智能检测和全产业链追溯等工业互联网新模式。积极发展基于智能技术应用的自动监测、预警预测、过程诊断、在线管理、产品质量安全追溯等生产性服务业，提升产品安全和服务质量，推进制造业服务化。

（2）全面推进公共服务智能化

应用物联网、人工智能、大数据等新兴技术和产品，推进智慧政务、数字公安、智慧城市、数字医疗、智慧教育、智慧交通、数字环保、数字林业等领域示范带动，逐步构建较为完备的智能化服务体系，为公众提供多元化、便捷化、个性化、安全化的高品质服务。

　　智慧政务　高标准建设"一部手机办事通"平台，提升公共服务数字化供给能力，打造"办事不求人、审批不见面、最多跑一次"的政务服务环境。探索搭建面向全省政府职能部门的通用化、智能化、高效性、便捷性新型政务办公体系，利用智能分析、流程规划等技术，精简跨部门跨层级审批、核准、备案等流程，提升政务办公效率。持续推进人脸识别、智能语音交互等技术产品在自助查询、身份认证等方面的深度应用，提升政府服务的个性化、人性化。大力发展智能政务自助服务终端、智能政务机器人、智能政务APP等，构建面向用户的精准化、个性化政务服务体系。开发适于政府服务与决策的人工智能平台，加强政务信息资源整合和公共需求精准预测。研制面向开放环境的决策引擎，在复杂社会问题研判、政策评估、风险预警、应急处置等重大战略决策方面推广应用。

　　数字公安　促进人工智能在公共安全领域的深度应用，推动构建公共安全智能化监测预警与控制体系。围绕社会综合治理、新型犯罪侦查、反恐等迫切需求，集成研发及应用多种智能安防、消防与警用产品，建立完善智能化公共安全监测平台，提升治安防控、侦查破案、社会管理、服务群众等能力。积极推进公共安全视频联网应用试点工作，加快重点公共区域安防设备的智能化改造升级。多渠道采集并整合客流、交通、消防设施、通信网络、环境要素、质量标准和水、电、燃气等涉及公共安全的数据资源，构建公共安全大数据资源服务体系，实现公共安全领域的数据深度共享和业务高效协同。强化基于大数据挖掘分析的人工智能技术在食品安全、重大自然灾害、应急保障等公共安全方面的应用，构建智能化监测预警与综合应对平台。

　　智慧城市　推动建筑信息模型（BIM）、数字孪生技术在推动地上建筑物、构筑物、市政公用设施、园林绿化、环境卫生、地下管线、综合管廊等城市设施数字化展示、可视化管理中的应用，构建多元异构数据融合的城市运行管理体系，加强对城市基础设施和重要生态要素的感知。开展以智慧服务终端、智慧充电桩、智能停车系统等为载体的智慧建筑、智慧社区的示范应用，建设高效、智能的城市服务网络。加强大数据、人工智能技术在城市规划中的应用，促进产城结合、城乡融合发展。积极借鉴杭州、南宁等地智慧城市建设经验，从应用需求入手，提高城市管理实效和市民体验。鼓励昆明、玉溪持续推进新型智慧城市建设，积极探索可复制推广的经验做法。

　　数字医疗　围绕大健康产业，开展智能医疗新技术、新模式应用，构建安全便捷的智慧康养体系。推进人工智能技术及智能医疗设备在病例筛查、疾病预测、诊疗辅助、辅助制药、健康管理中的应用，让医生更"聪明"。探索远程医疗、智慧医院、互联网医院建设，综合运用虚拟现实、影像识别、智能导诊、医疗影像云等技术，辅助临床诊断、降低就诊成本、提升诊断准确度。推动血糖管理、血压管理、用药提醒等方面的健康管理可穿戴设备和智能检测监测设备的应用，建立慢病管理系统，实时动态监测健康数据，为居民提供个性化的健康管理方案和定制医疗服务。实施全民健康智能管理，完善人口家庭信息、电子健康档案、语音电子病历和医疗卫生基础资源数据库，构建全省公共卫生大数据监测体系。

　　智慧教育　推动搭建基于语音识别、图像识别、大数据等技术应用的智能学习教育平台，推动教育管理、教育教学和教育科研实现智能化、网络化和个性化。推进智能辅导系统（ITS）、无监督学习、虚拟个人助理等智能教育服务。推动数字教材在线开放和移动教育应用软件研发。加快人工智能技术在作业批改、阅卷、辅导答疑、口语学习测试等教学工作中的应用。加强师生教与学行为的伴随式数据采集，智能分析学生成长轨迹，发挥人工智能在促进个性化教育中的作用，提升教育教学质量。

智慧交通　建设基于建筑信息模型（BIM）的高精度、全要素数字化路网。加快推进智能传感器、计算机视觉、复杂环境识别、导航定位等技术在交通领域的应用。建设智能路侧设施、监测设施，推广交通工具安装智能安全管理装备，加强信息采集处理，提升交通基础设施建管养智能化水平。打造互联互通交通信息系统和公共数据共享平台，推广建设综合交通大脑，实时监测道路交通运行情况，采用异常检测、图像识别、视频分析等技术，辅助开展以数据为基础的智能交通管理和决策，加强交通风险隐患主动安全预警。以数字化手段掌控各停车泊位情况，实现"智慧停车"，促进城市和县城静态交通效能整体优化。依托数字化路网，探索车路协同自动驾驶应用试点，推广公路收费站ETC+无感智能支付，探索基于北斗技术的无站自由流收费试点。结合云南道路交通特点，探索建立城市路网运行指数评价体系。

数字环保　利用智能监测设备，移动互联网、物联网、地理信息系统（GIS）及三维仿真技术，以水、大气、噪声、土壤、自然植被等各类生态要素为监测因子，构筑覆盖全省的"天地一体化"智能监测网。完善污染物排放在线监测系统，加强对滇池、抚仙湖、洱海、泸沽湖等九大高原湖泊以及重点流域、水电站库区、自然生态保护区等典型生态区的环保监测。强化生态环境质量监测预报预警能力。加大人工智能技术在废旧资源回收、垃圾处理中的应用，开展废旧资源信息采集、数据分析、流向监测、强化废旧资源回收利用智能化管理，构建网络化废旧资源回收利用体系，推广智能化的循环经济模式。

数字林业　依托亚洲象智能预警保护体系和森林资源年度监测项目和红外热成像技术优势，推进智能自动识别森林火灾和动植物物种等适用于林业和草原管理的智能传感器研究及应用。结合云南现有的高分卫星林业应用中心的卫星遥感资源和中国林业大数据中心、中国林权交易（收储）中心的林业大数据，构建天、空、地综合智能监测体系，实现集森林、草原、荒漠化等生态系统和退耕还林、天然林保护、公益林建设、自然保护地管理等生态保护项目一体化的林业资源管理服务平台，在数据收集、信息识别、行政审批和绩效评估过程中推进人工智能应用，实现林业资源管理精准化、实时化和高效化，显著提高云南生物多样性和森林资源状况的监测能力，为云南生态文明建设提供技术保障，为全国生物多样性和森林资源的智能监测提供示范样本。

2. 积极培育智能新兴产业

结合云南及南亚东南亚市场发展需求，加快开发应用框架、系统解决方案、智能传感器等智能基础软硬件，积极应用多语种软件及多语种人工智能语言处理技术，发展智能制造与机器人、虚拟增强现实、智能驾驶、智能产品制造及服务、多语种信息产业等新兴智能产业。顺应国家集成电路产业集约化发展导向，统筹推进产业链上下游相关项目。

智能机器人产业 发挥云南机器视觉及工业机器人视觉传感器技术、产品、应用等方面研发和生产优势，积极发展面向市场和行业需求的新型视觉智能机器人和相关控制、测量、检测系统。推动无人机飞控、智能机器人动力系统核心零部件等技术研发，形成整机—核心双重驱动效应，积极发展农林植保等无人机整机产品、服务机器人、工业机器人、农业机器人、救灾机器人、小语种智能翻译机等产品。

虚拟现实与增强现实产业 加快虚拟现实及增强现实技术产品与旅游、教育、文化娱乐等行业的融合应用。推动高性能软件建模、内容拍摄生成、光学器件、增强现实与人机交互、集成环境与工具等关键技术的研发创新。充分发挥云南在红外热成像、微光夜视、微型OLED器件等方面的技术和产业优势，加强军民融合、深度发展、积极研发和生产市场前景广阔的MicroLED显示屏、光学镜头、红外热成像仪整机等人工智能配套产品，培育壮大产业规模。

智能驾驶产业 结合新能源汽车发展导向，积极承接东部电子信息产业转移，发展车载导航、车载音响、车载显示屏等车载电子和车联网产品，推动道路识别系统、驾驶员分析系统、车辆控制系统等智能辅助驾驶系统的研发和应用推广。推进北斗高精度形变监测在大型结构体的应用以及北斗地基增强站的建设，满足无人驾驶厘米级高精度需求，依托5G网络部署和全省高精度高分辨率影像数据资源，发展智能无人驾驶产业。

智能产品制造及服务产业 依托智慧旅游、智慧能源、数字农业、智慧政务、数字公安、智慧城市、数字医疗、智慧交通、数字环保、数字林业等重点示范领域重大项目，引进龙头骨干企业和培育壮大本土企业并重，积极发展支撑新一代物联网的高灵敏度、高可靠性智能传感器件及终端产品制造集成、定制软件系统开发、平台及运维服务、数据挖掘、预测预警等新兴制造及数据服务产业。

多语种软件信息服务业 发挥云南民族语言和面向南亚东南亚小语种信息技术优势，加快应用基础研究和技术创新，组织省内外骨干企业和高校联合，加速推进多语种软件开发、自然语言处理技术开发，积极申请国家多语种软件及多语种人工智能产业示范园落户我省，发展软硬件研发制造、信息技术服务、文化内容服务等，壮大面向南亚东南亚的多语种软件及多语种人工智能产业。

3. 构建开放协同的人工智能科技创新体系

加强人工智能创新能力建设，推进人工智能关键技术在特定领域应用的创新研究和适用技术、产品、系统的研发及产业化升级，完善人工智能基础研究。打造研发公共服务平台和应用技术平台。探索开展人工智能创新试验，推动成果转化、重大产品集成创新和示范应用，构建开放协同的人工智能科技创新体系。

加快推进智能特色应用领域技术创新 鼓励省内企业与高校、科研院所紧密合作，推动烟草、有色、化工、能源、环保、医药等重点领域智能系统研发和应用。创新协同机制，支持面向市场需求的铝工业工程研究中心、硅工业工程研究中心、稀贵金属材料基因工程等在核心技术研究和产业化应用示范中采用人工智能技术。围绕建设面向南亚东南亚的国际交流、跨境电商、双语和多语网站、呼叫中心、文化传播等重大项目和应用的技术需求，集中力量突破一批基于双语或多语言的人工智能核心技术，力争在面向南亚东南亚多种自然语言处理、智能语音识别、机器翻译、新型人机交互、多语言软件处理等领域和方向，形成云南独有的技术研发和创新优势。结合农业、医药、边境安全等云南特有应用场景，探索开展人工智能创新试验，强化基于病虫害图像识别、医药生产异物图像识别及追踪、药物研发、特殊场景下边境安防图像识别等人工智能技术研发和应用。

加强前沿基础理论及技术应用研究　鼓励高校、科研院所及其他科研机构结合云南实际，加大对人工智能基础理论和跨学科研究的探索，加强人工智能最新成果的应用研究。以自然语言理解和图像图形分析为核心，研究大数据驱动的人工智能理论和方法、自然语言深度语义分析、跨语言检索、多语言机器翻译的核心技术等。研究面向虚拟对象的智能行为建模方法，提升虚拟现实中智能对象行为的社会性、多样性和交互逼真性。研究跨媒体信息统一表征、关联理解与知识挖掘、知识图谱构建与学习、多模态智能信息处理等技术。

推动关键共性技术创新　支持省内高校、科研院所与骨干企业联合攻关，突破人工智能产业链发展瓶颈，为相关行业发展提供强有力支撑。鼓励面向图像与视觉处理及应用、信息检索、智能语音交互、控制决策、机器翻译、感知交互等基础共性领域开发智能化解决方案，持续推进虚拟现实与增强现实、机器人、无人机等智能终端技术，鼓励发展智能传感器等核心硬件技术。支持高校、科研院所开展人工智能学院和重点实验室建设，注重人工智能与大数据、区块链、云计算、物联网等技术的融合创新。鼓励企业开展集成创新，提高关键共性技术研发及产业化能力，提升生产管理及设备产品的智能化水平。

构建人工智能公共服务平台　建立人工智能计算资源开放共享平台，通过计算资源租赁等，降低中小企业、初创企业、科研院所、开发者的研发成本，构建良好的创新创业环境。支持企业、科研院所与高校联合建设人工智能研发支撑平台，重点布局大数据人工智能开源软件基础平台、终端与云端协同的人工智能云服务平台、新型多元智能传感器件与集成平台，推进人工智能关键技术研发与产业化。支持建设面向旅游、能源、制造、政务、公安等重点领域的人工智能应用评测平台，提高行业智能应用水平。积极建设智慧能源与智能电网、智能网联汽车、智能传感器、智能制造与机器人等人工智能相关领域制造业创新平台。加速推进开放共享的多语种软件开发、自然语言处理技术开发、通用软件应用部署平台等公共平台建设。

4. 积极培育人工智能创新企业

发挥企业作为人工智能技术应用和推广的主体作用，积极落实"双创"政策措施，通过推进一批优势企业自身智能化升级、引进一批人工智能领军企业、孵化一批人工智能企业，逐步壮大人工智能创新企业群体。

推动一批优势企业智能化升级　支持和引导企业在设计、生产、管理、物流和营销等核心业务环节应用人工智能技术，构建新型企业组织结构和运营方式，打造制造与服务智能化融合的业态模式，发展个性化定制和柔性生产，扩大智能产品供给。鼓励和引导企业建设工厂大数据系统、网络化分布式生产设施等，系统提升制造装备、制造过程、行业应用的智能化水平，积极培育壮大人工智能应用本土企业。

引进一批人工智能领军企业　发挥招商引资重要作用，积极引入国内外在人工智能领域有核心技术的团队、有发展前景的"独角兽"企业和有重大发展潜力的项目。支持企业加强与人工智能相关的专利布局，牵头或参与国家、行业标准制定。鼓励高校、科研院所与企业合作建设产学研用紧密结合的人工智能专业化创新平台。

孵化一批人工智能企业　推动省内相关创新创业平台载体将人工智能作为优先支持和服务领域。支持建设面向人工智能领域的创业服务机构，加强针对核心技术、产品应用和客户市场的培训辅导。打造开放式人工智能创新创业基地，构建开源开放平台，加快人工智能科技成果转移转化和创新创业企业的孵化培育。

5. 加快促进人工智能产业集聚

依托高新区、经开区、园区、科技创新园、制造业创新中心、创新创业示范基地等载体平台，加强科技、人才、金融、政策等要素的优化配置和组合，建设人工智能产业园、人工智能产业创新示范基地等。依托云南大学、昆明理工大学等高校及科研院所、骨干企业搭建人工智能领域新型创业服务机构，依托呈贡信息产业园、玉溪双创中心、保山国际数据产业园、安宁军民结合创智产业园、数字小镇等重大项目，围绕智能语言、计算机视觉、深度学习、生物特征识别、人工智能数据分析、超大规模深度学习新型计算集群、认知计算等领域引进一批人工智能企业，建设人工智能众创基地，促进人工智能产业集聚发展。充分发挥人工智能在数字经济开发区建设中的作用，丰富区块链技术场景应用，加速推动人工智能等信息技术与实体经济深度融合，大力打造数字经济、数字技术的试验场、聚集区。

6. 着力强化智能基础设施建设

积极部署5G网络，加快建设支撑人工智能发展的高速、融合、安全、泛在的信息网络基础设施和高效能计算、大数据基础设施。

优化升级信息网络基础设施　加快推进骨干网、城域网、接入网扩容升级，加快提升高速宽带网络能力。完善4G网络覆盖、推进5G网络建设部署，全面推进社会杆塔资源开放共享，提高行政审批效率，满足5G快速规模组网要求。进一步推进无线通信网络在景区景点、乡村旅游点、宾馆机场车站等重点旅游集散地、贫困地区和边远山区的深度覆盖。推进国际光缆、国际通信枢纽、高精度导航定位网络、智能感知物联网建设，发展支撑智能化的工业互联网、面向无人驾驶的车联网等。加快建设天地一体化信息网络，推进天基信息网、未来互联网、移动通信网的全面融合。

完善高效能计算和大数据基础设施　继续加强高效能计算基础设施、分布式计算基础设施和云计算中心建设，构建可持续发展的高性能计算应用生态环境。拓展完善国家农业农村大数据云南分中心、中国林业大数据中心、中国林权交易（收储）中心、国家禁毒大数据云南中心等功能和应用，积极争取更多的国家级数据中心落户云南。完善全省人口、法人单位、自然资源和空间地理、宏观经济以及政府治理、公共服务、产业发展、技术研发等领域大数据基础信息数据库，支撑开展大数据和人工智能应用。积极探索以市场应用为导向的行业大数据中心建设运营模式。

加强信息安全风险智能化识别和防范　确保智能系统平台物理安全、应用安全、数据安全和管理安全。加强重点行业公共安全信息系统的智能化安全防护，提升威胁感知、智能分析、快速抵御和持续防御能力。加强新型人工智能平台的安全防护，提高系统的透明度和信任度，提升系统的可解释性、可验证性与可确认性，防护智能系统免受攻击。加强工业控制系统安全管理，确保连接、组网、配置、设备选择与升级、数据和应急管理等方面安全可控，有效提升工业控制系统信息安全管理水平。加强物联网安全保障，加强智能终端与移动应用智能化安全保障和网络安全态势感知的体制机制建设。

第十九章　云南基础设施网络发展

生态文明建设的推进离不开基础设施的发展，建设绿色的网络型基础设施将加快云南绿色发展的步伐。《云南省国民经济和社会发展第十三个五年规划纲要》提出，全力推动路网、航空网、能源保障网、水网、互联网建设，建成互联互通、功能完备、高效安全、保障有力的现代基础设施网络体系，破解跨越式发展瓶颈，为云南与全国同步全面建成小康社会提供强有力的支撑和保障。①

第一节　构建云南内外畅通的路网

云南以发展畅通、快捷、安全、大容量、低成本交通运输为目标，加快"八出省、五出境"铁路骨架网、"七出省、五出境"高速公路主骨架网、广覆盖的航空网、"两出省、三出境"水运通道建设，构建与全面小康社会相适应、辐射南亚东南亚的综合交通运输体系。

一、构建内通外联的综合交通走廊

以铁路、高速公路为重点，全面打通出省出境通道，建设昆明—保山—腾冲猴桥通往缅甸和印度、昆明—临沧—孟定（清水河）通往缅甸、昆明—景洪—勐海（打洛）通往缅甸、昆明—思茅—澜沧—孟连（勐阿）通往缅甸、昆明—墨江—江城（勐康）通往老挝、昆明—文山—麻栗坡（天保）通往越南、昆明—蒙自—金平（金水河）通往越南、昆明—香格里拉通往西藏、昆明—昭阳—彝良—威信通往四川、昆明—大理—攀枝花通往四川和重庆，促进形成昆明—拉萨、昆明—水富、昆明—富宁、昆明—河口、昆明—瑞丽、昆明—磨憨和沿边7个交通走廊。

二、建设功能明晰的综合交通网络

1. 建设广覆盖的基础运输网

构筑以航空为先导，干线铁路、高速公路为骨干，城际铁路、支线铁路、国省干线公路、水运为补充，农村公路畅通、城市公共交通设施完善、层次分明、功能明晰、覆盖广泛的基础运输网络。加强邮政基础设施建设，提升邮政普遍服务能力。

2. 建设高品质的快速运输网

加快推进上海—昆明、广州—昆明等高速铁路、高速公路云南段及昆明—玉溪、

① 云南省人民政府关于印发云南省国民经济和社会发展第十三个五年规划纲要的通知[EB/OL]．（2016-05-05）[2019-02-09]．http://www.yn.gov.cn/yn_zwlanmu/qy/wj/yzf/201605/t20160505_25013.html．

昆明—楚雄—大理高速铁路建设，尽早开工建设北京—昆明云南段高速铁路，畅通云南与华北、华中、华南、西北地区的联系。加快昆明长水机场国际航空枢纽建设，打造丽江、西双版纳区域性旅游枢纽机场，加快建设干线、支线、通用机场，形成以昆明长水机场为核心、干支线机场为支撑、通用机场为补充的机场体系。开辟连接国内外重点城市、重点旅游景区（景点）的联程航线和直达航线，重点开辟昆明—南亚、东南亚国际航线，逐步开辟欧洲、北美洲、澳洲、非洲的洲际航线，构建国际、国内、省内三级航线网络。强化机场属地政府对机场净空保护的主体责任。完善快递服务网络，推动配送网络延伸至乡村，大力发展便捷、高效快递服务。

3. 逐步建成专业化的货物运输网

推进交通基础设施、运输装备的标准化，以综合交通枢纽为载体，加强设施一体化和运营组织衔接，推进公铁、空铁联运。加快城际间货物快运、集装箱国际联运，打通铁路货运国际通道。发展全货运航线航班，优化国际国内货运中转联程、联程联运和通关流程。

4. 建设高效便捷的城际轨道交通网和城市公共交通网

以轨道交通和高速公路为主，国省干线公路为辅，推进城市群内多层次城际轨道交通网络建设，建成6个城镇群城际交通网络。通过提高运输能力、提升服务水平、增强公共交通竞争力和吸引力，构建以公共交通为主的城市机动化出行系统，同时改善步行、自行车出行条件。

三、打造一体化衔接的综合交通枢纽

按照"统一规划、同步建设、协调管理"的原则，建成集铁路、公路、机场、城市轨道交通等多种交通方式高度融合、顺畅衔接、高效集疏的综合性交通枢纽，实现各种运输方式在综合交通枢纽上的便捷换乘、高效换装。构建昆明内联外通、立体复合的全国性综合交通枢纽，加快建设曲靖、大理、红河等区域性综合交通枢纽，推动其他各类专业化的公路枢纽、铁路枢纽、航空枢纽、物流枢纽等加快发展。

四、推动交通运输服务智能绿色安全发展

实施交通"互联网+"行动计划。建设多层次综合交通公共信息服务平台、票务平台、大数据中心，推进综合交通服务管理水平提高和智能化发展。切实推进低碳绿色交通系统建设。完善安全管理体制和制度，加强安全监管、安全设施投入和安全队伍建设，全面提高运输安全性和应急保障能力。加强省市县乡村道路交通安全防护设施建设。

第二节　建设云南区域性国际化能源保障网

继续抓好以水能为主的清洁能源建设，加快建设高效安全电网，继续打造跨区域电力交换枢纽，构建云电云用、西电东送和云电外送协调的输电网络。依托中缅油气管道，以石油炼化基地支撑中缅原油管道的规模化，实现原油通道的常态化。加快省内天然气网络及场站建设，建成国家重要的跨区域能源互联互通枢纽。

一、构建高效安全电网

加快省内500千伏主网架建设，重点建设大型电源澜沧江上游梯级、金沙江下游梯级电站送出工程，构建负荷中心主电网；加强220千伏电网建设，建成区域内输电网；以6个城镇群为重点，推进城市、农村电网建设，升级改造县城及农村配电网，提高城乡供电质量和用电水平。构建以昆明、玉溪、曲靖、红河为主的滇中负荷中心，以滇西南、滇西北、滇东北为电源支撑基地，形成全省16个州（市）供电网络的"一中心三支撑全覆盖"电网格局，到2020年，全省35千伏及以上电压等级电网交流线路总长度达到10.5万千米。

二、建设跨区域电力交换枢纽

继续实施国家西电东送战略，积极推进东送输电通道建设。在满足云南自身用电的前提下，稳定广东市场，抓牢广西市场，推动向华东、华中受端市场和云贵水火互济的送电工程，增强向东部市场的送电能力。加快与周边、邻近国家的跨区域电力联网，并依托大湄公河次区域的电力资源，建设中国面向南亚东南亚的电力交易中心，打造跨区域电力交换枢纽。到2020年，西电东送总规模达到3270万千瓦。

三、建成成品油输送体系

依托中缅油气管道，完成中石油云南炼化基地一期建设，力争开工建设二期，全面建成国家西南国际经济合作圈油气国际大通道。完善成品油管网和仓储设施布局。到2020年，成品油管道线路力争达到3516千米，总设计输送能力力争达到3028万吨/年。

四、配套完善天然气基础管网

加快省内天然气支线管网建设，配套建设压缩天然气母站及液化天然气项目，加快天然气储气库、城市应急调峰储气设施建设，不断推进城镇燃气输配管网建设，形成以中缅天然气干线管道为主轴，由近及远逐步覆盖全省的天然气支线管网以及布局合理、科学储配、辐射边远的天然气输配网络体系。到2020年，力争天然气管道长度达到4200千米，居民气化率滇中城市群达到80%，州（市）级中心城市达到60%，一般县级中心城市达到40%。天然气输送能力达到100亿立方米/年，年消费量达到32亿—40亿立方米。

第三节　建设云南共享互联网

加快构建高速、移动、安全、泛在的新一代信息基础设施，优化信息基础设施布局，拓展万物互联、人机交互、天地一体的网络空间。

一、加快"宽带云南"建设

大力推动全光网省建设，加快推进光纤宽带网络升级改造，适度超前建设高速大容量光通信传输系统，建设国家级互联网骨干直联点和省互联网交换中心，加强以昆明为中心，连接国内外、辐射南亚东南亚的光纤骨干网建设，积极利用普遍服务补偿机制，推动农村地区宽带网络覆盖和能力升级。普及第四代移动通信（4G）网络，实现城市、重要场所和行政村连续覆盖，打通边远山区信息孤岛，加速推动第五代移动通信（5G）实验网、试商用和商用网络建设，在全省旅游景点景区范围实现无线局域网（WLAN）免费全覆盖。全面推进三网融合。到2020年，省级出口总带宽达到1万吉比特每秒（Gbps）以上，长途光缆长度达到7.2万千米，移动基站达到27万个。绝大部分城镇地区提供1000兆以上接入服务能力，全省所有设区市城区和大部分非设区市城区家庭具备100兆比特每秒（Mbps）光纤接入能力，所有行政村提供100兆以上接入服务能力，农村家庭用户宽带实现50兆以上灵活选择。

二、建设国际通信枢纽和区域信息汇集中心

以建设规模化数据中心为依托，推动网络、感知终端、存储、计算、系统等软硬件资源设施的合理布局，统筹基础数据库建设，推进建设面向南亚东南亚的国际数据中心。完成中国电信昆明区域性国际通信出入口业务扩展工程。积极扩展国际通信和互联网业务，推广国内运营商的信息化产品。加快建设行业云及大数据平台等新兴应用基础设施，引进互联网、物联网、云计算企业来云南设立总部或区域基地。发挥云南区域信息汇集中心作用，建设支撑区域各国交流合作的信息应用服务平台。

三、加强信息网络新技术应用

适时启动第五代移动通信（5G）商用，引导5G与车联网等行业应用融合发展。超前布局下一代互联网，推进向互联网协议第6版（IPv6）演进升级，推进未来网络体系架构、技术体系、安全保障体系建设。积极开展国家下一代互联网示范城市建设，加快骨干网、城域网、接入网和互联网数据中心、支撑系统演进升级，推进下一代互联网规模商用。构建下一代互联网与工业融合网络基础设施，面向大规模智能设备和产品的在线连接，推进大数据、云计算关键技术和新兴人工智能技术的应用，突破自主操作系统、高端工业软件关键技术，加快信息网络新技术应用，使我省能够在信息技术应用和信息经济培育方面实现弯道超车。完善网络与信息安全基础设施，加强信息通信基础网络安全防护，强化基础信息网络和信息安全监管。

四、推进宽带网络提速降费

开展网络提速降费行动，简化电信资费结构，提高电信业务性价比。引导和推动基础电信企业主动作为，多措并举，降低网费，增强服务能力，丰富业务品种，提高服务质量。按照国家加强电信市场监管的有关要求，进一步强化对电信市场经营、网络建设、服务质量、资费行为、宽带接入服务及互联网间通信质量监管。

五、互联网基础设施建设重大工程

1. 城市宽带接入网络改造提升工程

对县辖乡镇驻地家庭用户实施光纤接入覆盖，在全省逐步推进接入网络改造提升工程。2017—2020年，进行网络优化升级及宽带用户推广。

2. "宽带乡村"工程

加快实现全省行政村光纤全覆盖，实现宽带基础设施向下延伸。2017—2020年，进行宽带网络优化升级及宽带用户推广。

3. 移动宽带网络覆盖工程

推进"无线城市"建设，到2020年，新建移动通信铁塔5万个、移动基站14.5万个、无线局域网接入点4.3万个，实现移动宽带网络覆盖全省县城和主要乡镇。

4. 数据中心建设项目

实施"云上云"行动计划，加快云南省政务信息中心、昆明中国移动国际数据中心、华为玉溪云计算数据中心、浪潮昆明云计算中心、保山国际数据服务产业园、呈贡信息产业园等项目建设。充分利用绿色节能和IPv6等先进技术提升数据中心能效和资源利用率。2020年以前，完成对现有传统数据中心的改造升级。

5. 跨境光缆建设工程

在中国电信中老陆缆跨境段传输系统扩容建设工程、中国电信与缅甸MPT、LTC公司传输系统扩容工程基础上，继续推进与包括MPT、LTC等在内的多家运营商开展网络互通建设。继续推进中国移动中老国际光缆建设项目、中国联通中缅国际光缆建设项目和中国电信中越国际光缆建设项目。与缅甸、老挝、越南电信运营商互联传输系统扩容到10G通道容量，南亚东南亚互联网基础设施互联互通能力大幅提升。

第二十章 云南水生态文明建设

水是生命之源，水资源是影响经济和社会持续发展的重要因素。以生态文明理念为指导，保持人、水、社会的和谐发展，改善和优化人与水之间的关系，建设有序的水生态运行机制和良好的水生态环境，这样才能建设水生态文明。近年来，云南强调把水生态文明建设工作放在更加突出的位置，尤其加大了九大高原湖泊生态环境的保护和综合治理，从局部水生态治理向全面建设水生态文明转变。

第一节 云南水生态环境的现状

一、云南水生态环境概况

云南水生态环境良好，拥有六大水系，高原湖泊众多。云南属山地高原地形，干湿季节分明，降水在季节上和地域上的分配极不均匀。5—10月的湿季（雨季）集中了全年85%的降雨量，11月至次年4月的干季（旱季）降水量占全年的15%。《2018年云南省水资源公报》显示，2018年全省平均降水量1337.5毫米，折合降水总量5125亿立方米；地表水资源量2206亿立方米，折合径流深575.8毫米；地下水资源量772.8亿立方米，地下水径流模数20.2万立方米/平方千米；水资源总量2206亿立方米，产水模数为57.6万立方米/平方千米，人均水资源量4569立方米；入境水量1653亿立方米（从邻省入境水量1628亿立方米，从邻国入境水量22.55亿立方米），出境水量3720亿立方米（流入邻省1525亿立方米，流入邻国2159亿立方米）；供河道外用水的11座大型水库、240座中型水库以及小型水库和坝塘的年末蓄水总量89.14亿立方米；滇池、洱海、抚仙湖、程海、泸沽湖、杞麓湖、星云湖、阳宗海、异龙湖称九大高原湖泊年末容水量293.4亿立方米。[①]

2019年，云南省六大水系出境跨界断面水质全部稳定达标，国控省控断面水质优良率同比明显上升，劣于Ⅴ类比例明显下降，九大高原湖泊水质稳中向好。

目前，云南的水安全保障能力还存在不少差距，水资源时空分布不均、水旱灾害频发、工程性缺水严重、民族贫困地区水利设施建设滞后等老问题仍未根本解决，水资源短缺、水生态损害、水环境污染等新问题更加凸显，新老水问题相互交织，水利基础设施仍然是云南基础设施的明显短板。

---

① 2018年云南省水资源公报[EB/OL].（2019-10-14）[2019-10-15]. http://www.wcb.yn.gov.cn/arti?id=68147.

二、云南水环境质量

1. 云南主要河流水环境质量

2019年，六大水系中红河水系、澜沧江水系、怒江水系、伊洛瓦底江水系水质优，珠江水系水质良好，长江水系水质轻度污染。六大水系主要河流受污染程度由大到小排序依次为：长江水系、珠江水系、澜沧江水系、怒江水系、红河水系、伊洛瓦底江水系。在154条主要河流（河段）的265个国控、省控断面中，178个断面符合Ⅰ—Ⅱ类标准，水质优，占67.2%；46个断面符合Ⅲ类标准，水质良好，占17.3%；25个断面符合Ⅳ类标准，水质轻度污染，占9.4%；10个断面符合Ⅴ类标准，水质中度污染，占3.8%；6个断面劣于Ⅴ类标准，属重度污染，占2.3%。按断面水质达到水环境功能类别衡量，265个断面中240个断面水环境功能达标，占90.6%，全省主要河流水质保持稳定。全省主要河流（河段）水质的主要污染指标为化学需氧量、总磷、生化需氧量、高锰酸盐指数。[①]

2. 云南出境、跨界河流水质状况

2019年，全省26个出境、跨界河流监测断面中共有25个断面符合Ⅱ类标准，水质优，占96.2%；1个断面符合Ⅲ类标准，水质良好，占3.8%。其中六大水系干流出境、跨界主要断面水质符合Ⅱ类标准，均达到水环境功能要求。[②]

3. 云南湖泊、水库水质状况

2019年，开展水质监测的67个主要湖泊和水库中共有46个符合Ⅰ—Ⅱ类标准，水质优；9个符合Ⅲ类标准，水质良好；6个符合Ⅳ类标准，水质轻度污染；3个符合Ⅴ类标准，水质中度污染；3个劣于Ⅴ类标准，水质重度污染。全省湖泊、水库优良率为82.1%，水质总体优良。67个湖泊、水库中共有51个水质达到水环境功能要求。

2019年，67个湖泊、水库开展富营养化状况监测，处于贫营养状态的湖库11个，中营养状态的46个，轻度富营养状态的5个，中度富营养状态5个。

滇　池　草海水质类别为Ⅳ类，水质轻度污染，达到水环境功能要求，湖库单独评价指标总氮为劣Ⅴ类，五日生化需氧量由Ⅲ类好转为Ⅰ类，化学需氧量由Ⅲ类好转为Ⅰ类，营养状态为轻度富营养。外海水质类别由Ⅳ类降为Ⅴ类，水质中度污染，未达到水环境功能要求，湖库单独评价指标总氮由Ⅳ类好转为Ⅲ类，超标指标为化学需氧量和总磷，化学需氧量由Ⅳ类下降为Ⅴ类，氨氮由Ⅱ类好转为Ⅰ类，营养状态为轻度富营养。

阳宗海　水质类别为Ⅲ类，水质良好，未能达到水环境功能要求，湖库单独评价指标总氮为Ⅲ类。超标指标为化学需氧量，总磷由Ⅲ类好转为Ⅱ类。营养状态为中营养。

洱　海　水质类别为Ⅲ类，水质良好，未达到水环境功能要求，湖库单独评价指标总氮为Ⅲ类。超标指标为化学需氧量，总磷由Ⅲ类好转为Ⅱ类。营养状态为中营养。

抚仙湖　水质类别为Ⅰ类，水质优，达到水环境功能要求，湖库单独评价指标总氮为Ⅰ类。营养状态为贫营养。

---

① 云南省生态环境厅. 2019年云南省环境状况公报[EB/OL]. (2019-06-03) [2019-06-04]. http://sthjt.yn.gov.cn//ebook2/ebook/2019.html.

② 云南省生态环境厅. 2019年云南省环境状况公报[EB/OL]. (2019-06-03) [2019-06-04]. http://sthjt.yn.gov.cn//ebook2/ebook/2019.html.

星云湖　水质类别为劣Ⅴ类，水质重度污染，未达到水环境功能要求，湖库单独评价指标总氮为Ⅳ类，超标指标为总磷、化学需氧量、高锰酸盐指数，五日生化需氧量由Ⅰ类下降为Ⅲ类，氨氮由Ⅱ类好转为Ⅰ类。营养状态为中度富营养。

杞麓湖　水质类别为Ⅴ类，水质中度污染，未达到水环境功能要求，湖库单独评价指标总氮为劣Ⅴ类，超标指标为总磷、化学需氧量、五日生化需氧量、高锰酸盐指数，总磷由Ⅳ类下降为Ⅴ类。营养状态为于中度富营养。

程　海　水质类别为Ⅳ类（不包含pH、氟化物），水质轻度污染，未达到水环境功能要求，湖库单独评价指标总氮为Ⅲ类。超标指标为化学需氧量。营养状态为中营养。

泸沽湖　水质类别为Ⅰ类，水质优，达到水环境功能要求，湖库单独评价指标总氮为Ⅰ类。营养状态为于贫营养。

异龙湖　水质类别由劣Ⅴ类好转为Ⅴ类，水质中度污染，未达到水环境功能要求，湖库单独评价指标总氮为Ⅴ类。超标指标为化学需氧量、高锰酸盐指数、五日生化需氧量，其中化学需氧量由劣Ⅴ类好转为Ⅴ类，总磷由Ⅳ类好装为Ⅲ类，五日生化需氧量由Ⅲ类下降为Ⅳ类。营养状态为中度营养。[1]

4. 云南集中式饮用水水源地水质状况

州（市）级集中式饮用水水源地　全省47个州（市）级饮用水水源地取水点中46个符合或优于地表水Ⅲ类标准，占97.9%；1个取水点符合Ⅳ类标准，占2.1%。

县级集中式饮用水水源地　全省109个县的176个县级城镇集中式饮用水水源地中（地表水源168个、地下水源8个），174个符合或优于Ⅲ类标准，占98.9%，2个符合Ⅴ类标准，占1.1%。

地下水　全省地下水动态监测网包括7个监测地区，分别是昆明、玉溪、曲靖、楚雄、大理、开远和景洪，控制面积2872平方千米。地下水动态监测点204个（水位水质共用18个，流量水质共用13个），开展了水位、水质、流量及水温监测。在监测控制区域地下水方面，孔隙水水位保持基本稳定态势；基岩水总体呈基本稳定，少部分为弱下降趋势。在监测控制区地下区域地下水水质状况方面，地下水质量按照《地下水质量标准》（GB/T14848—2017），对监测点选用pH值、总硬度、溶解性固体、硫酸盐、氯化物、铁、锰、铜、锌、挥发性酚类、耗氧量、氨氮、硫化物等24项作为评价指标：孔隙水Ⅰ类占2.8%、Ⅱ类占8.3%、Ⅲ类占25.0%、Ⅳ类占44.4%、Ⅴ类占19.5%，主要超标指标为pH、锰、氨氮、硝酸盐、化学需氧量等，个别出现铅、汞超标；基岩水Ⅰ类占3.6%、Ⅱ类占31.3%、Ⅲ类占45.5%、Ⅳ类占11.6%、Ⅴ类占8.0%，主要超标指标为锰、亚硝酸盐、氨氮、pH、氟、硫酸盐，个别出现砷、汞超标。[2]

三、云南水土保持现状

云南省各级水行政部门认真贯彻落实《中华人民共和国水土保持法》和《云南省水

① 云南省生态环境厅. 2019年云南省环境状况公报[EB/OL]. (2019-06-03)[2019-06-04]. http://sthjt.yn.gov.cn//ebook2/ebook/2019.html.
② 云南省生态环境厅. 2019年云南省环境状况公报[EB/OL]. (2019-06-03)[2019-06-04]. http://sthjt.yn.gov.cn//ebook2/ebook/2019.html.

土保持条例》，围绕云南省委、省政府一系列重大生态环境保护决策，水土保持工作取得显著成效，改善了云南水生态环境，有力地促进了云南水生态文明建设的进程。[1]

水土流失治理成效显著，水土流失面积减少　截至2015年，全省累计综合治理小流域9000余条，实施生态修复3.56万平方千米，较好地改善了治理区的生态环境，促进了当地农民持续增收，为云南经济社会发展和生态文明建设做出了重要贡献。1999—2015年，全省水土流失总面积呈下降趋势，水土流失总面积由14.13万平方千米减少到12.06万平方千米。

治理区生产生活条件改善，农民收入大幅增长　通过综合治理，大量坡耕地改造为梯田，并配套农田道路和水利设施，有效提高了土地生产力；荒山荒坡变为林地草地，农村生产生活基本条件得以改善；同时水土保持与特色产业发展紧密结合，促进了农村产业结构调整，农业综合生产能力明显提高。截至2015年，全省共修筑梯田66余万公顷，治理区充分发挥了项目带动作用，增加了农民收入。

林草植被覆盖逐步增加，生态环境明显趋好　坚持山水田林路统一规划，多部门协调合作，通过大面积封育保护、造林种草、退耕还林还草等植被建设与恢复措施，林草植被面积大幅增加，森林覆盖率达到55.7%，林草覆盖率达到59.7%，生态环境明显趋好。截至2015年，全省累计完成造林种草2.27万平方千米，经济果木林1.16万平方千米，封育治理2.44万平方千米。

蓄水保土能力不断提高，减沙拦沙效果日趋明显　通过合理配置水土保持措施，蓄水保土能力不断提高，土壤流失量明显减少，有效拦截了进入江河湖库的泥沙，延长了水库等水利基础设施的使用寿命。截至2015年，全省累计兴建谷坊、拦沙坝1.78万座，可新增拦泥沙库容3.48亿立方米；兴修坡面水系12万千米，塘坝、蓄水池等小型蓄水保土工程52.05万座，可新增蓄水能力达4.82亿立方米，减少土壤流失量3.9亿吨。

水源涵养能力日益增强，水源地保护初显成效　通过在江河源头区采取预防保护、生态修复等措施，在水源涵养功能区采取天然林保护、退耕还林还草、营造水源涵养林措施，同时在重要水源地开展生态清洁小流域建设工程，水源地保护初显成效，水源涵养与水质维护能力日益增强。截至2015年，全省累计建成生态清洁小流域10余条，有效维护了水源地水质。

第二节　加快云南水生态文明建设

一、云南水生态文明建设的主要任务

2017年3月，云南省发改委、水利厅编制了《云南省水利发展规划（2016—2020年）》，提出了云南水利建设的主要任务。

---

[1]　关于《云南省水土保持规划（2016—2030年）》公开征求意见的通知 [EB/OL].（2017-02-21）[2019-03-05]. http://www.wcb.yn.gov.cn/arti?id=61820.

1. 全面推进节水型社会建设

"十三五"期间，要按照"节水优先"的方针，从节水制度、节水领域、节水机制、节水意识四个方面全面推进节水型社会建设。节水制度方面，以强化节水约束性指标管理、强化水资源承载能力刚性约束、强化水资源安全风险监测预警等方式，基本形成节水型社会制度框架。节水领域方面，以加大农业节水力度、深入开展工业节水、加强城镇节水三方面措施，进一步提高水资源利用效率。节水机制方面，通过落实节水支持政策、培育发展节水产业、强化节水监督管理等，充分运用市场机制节约用水。节水意识方面，以积极开展节水宣传教育、扩大社会参与度等方式，构建全民节水观念，培养节水意识。到2020年，全省万元国内生产总值用水量、万元工业增加值用水量较2015年分别降低29%和30%，农田灌溉水有效利用系数提高到0.55以上

2. 加快完善水利基础设施网络

"十三五"期间，要以保障全省供水安全、优化水资源配置格局、完善江河流域防洪体系为重点，按照"确有所需、生态安全、可以持续"的原则，在科学论证的前提下，集中力量建设一批打基础、管长远、促发展、惠民生的重大水利工程，加强水利突出薄弱环节建设，加快构建云南供水安全保障网，完善水利基础设施网络。以加快重点水源工程建设、实施一批引调水工程、鼓励非常规水源利用、加快抗旱水源工程建设、加强城市应急和备用水源建设等方式，通过加快滇中水网及区域性水网建设，打好水网建设五年大会战，初步构建供水安全保障网雏形。"十三五"期间，全省新增蓄水库容20亿方米，新增供水能力42亿立方米。通过进一步加快防洪薄弱环节建设、提高城市排水防涝和防洪能力等措施，进一步完善江河综合防洪减灾体系，提高我省防洪减灾能力，使"十三五"全省洪涝灾害和干旱灾害年均直接经济损失占同期GDP的比重分别控制在0.6%和0.8%以内。

3. 进一步夯实农村水利基础

"十三五"期间，加快完善贫困地区水利基础设施网络，着力改善贫困地区供水、灌溉条件，努力打好水利扶贫攻坚战。加强直接惠及民生的农村水利工程建设，大兴农田水利，补齐农村水利基础设施短板，进一步提高农村地区、民族地区、贫困地区水利保障能力。着力推进水利扶贫攻坚，确保贫困群众小康路上"不掉队"；实施农村饮水安全巩固提升工程，全面提高农村饮水安全保障水平，促进农村饮水安全工程向"安全型""稳定型"转变；加快灌区建设，提高粮食产能和农业综合生产能力；加快农业高效节水建设，减少农业面源污染排放，改善农业生产条件，大幅度提高农业用水效率和效益；加快小型农田水利建设，打通农田水利"最后1公里"；强化农村水电综合利用功能，促进农村水电科学发展。到2020年，农村自来水普及率达到80%以上，农村集中式供水工程供水率达到85%以上，新增农田有效灌溉面积500万亩，新增高效节水灌溉面积500万亩，完成中低产田地改造1200万亩，建成高标准农田2400万亩。

4. 大力推进水生态文明建设

"十三五"期间，着眼争当全国生态文明建设排头兵，坚持节约与保护优先、自然恢复与治理修复相结合，加强水资源及河湖生态保护与修复，加强水土流失综合治理。

通过加大水资源保护力度、加强河湖水生态保护与修复、加强水土保持生态建设、加强地下水监测管理、推进重点流域水污染防治、加强水文化建设等方式，改善河湖水生态环境，筑牢水生态安全屏障。到2020年，全省重要江河湖泊水功能区水质达标率提高到87%以上，5年新增水土流失综合治理面积2.36万平方千米。

5. 深化水利重点领域改革

加大水利重点领域和关键环节改革攻坚力度，推进水价、水权、工程投融资机制和建管体制改革，着力构建系统完备、科学规范、运行有效的水管理体制机制。水价改革方面，要着力推进农业水价综合改革，建立健全合理反映供水成本、有利于节水、农田水利体制机制创新、与投融资体制相适应的农业水价形成机制；加快水利工程供水价格改革，建立合理反映供水成本、有利于节约用水、提高用水效率和效益、促进水资源健康可持续利用为核心的水利工程水价形成机制和水价体系。水权制度方面，要建立健全水权初始分配制度，积极培育和发展水市场，建立水生态补偿机制。水利投融资机制方面，要加大各级公共财政对水利建设的投入力度，鼓励和引导社会资本参与水利建设和运营，做实做强水利投融资平台，落实水利金融支持相关政策，逐步改变现状过度依赖财政投资的局面，加快完善多渠道水利投入稳定增长机制。深化水利工程建设和管理体制改革方面，推进水利工程建设管理体制改革，建立健全水利工程市场化管养维护体制机制，推进小型水利工程管理体制改革，明确工程所有权和使用权，落实管理主体、责任和经费，促进工程良性运行。

6. 全面强化依法治水管水

围绕加强水利建设、改革和管理的需要，全面加强水利法治建设，加快水行政职能转变，强化涉水事务社会管理，切实提高水利行业能力，为水利发展提供有力的法治、科技和人才队伍保障。加快水行政管理职能转变，进一步提高水行政服务水平，完善各级水利政务服务体系；稳步推进水利事业单位分类改革和行业社团改革，完成政社分开，社团实现依法自治，发挥行业指导作用，强化行业自律。全面加强水法治建设，要推进重点领域水利立法，依法履行职能，全面落实执法责任制，健全水利依法决策机制，提高水利立法质量；加强水行政综合执法，健全水利行政复议案件审理机制，对水利违法或不当行政行为坚决予以纠正，努力化解水行政争议，提高政府公信力；全面加强水利依法行政，依法履行各项水利管理职能，推进水利行政机构、职能、权限、责任法定化，推进政府水管理清单制度，明晰各级水管理事权。加强涉水事务管理方面，要加强河湖水域管理与保护，推进水利工程运行管理现代化，加强水利建设市场监管，加强防汛抗旱应急管理。提升水利行业能力方面，要加强科技创新，大力实施和推进水利人才战略，加强水利规划和基础工作，加强基层水利服务体系建设，加强水文基础设施、监测设施和水土保持监测设施建设，加快推进水利信息化建设。

二、实施"兴水强滇"战略

2016年4月，云南省人民政府印发了《云南省国民经济和社会发展第十三个五年规划纲要》，提出深入实施"兴水强滇"战略，坚持水资源节约高效利用，统筹考虑区域之间、流域内外、地上地下水资源的供需平衡，推进供水安全保障网、城镇供水工程网、农村供水工程、农田灌溉渠系工程、污水处理网、智能化系统等建设，促进水资源的优化配置和高效利用。

1. 构建供水安全保障网

以滇中引水为骨干、大中型水电站水资源综合利用工程为依托、大中型水库工程为支撑、连通工程和农田灌溉渠系工程为基础，加快构建干流和支流水资源开发利用并重，大水电、大型水库与中小型水库联合调度的供水保障新模式，打造"河湖连通、西水东调、多源互补、区域互济"的立体性、综合型、多功能的云南供水工程安全保障升级版。到2020年，新增蓄水库容20亿立方米以上，水利工程年供水能力达到200亿立方米以上，水保障能力大幅提高。

2. 提高城乡供水保障能力

以城市群为主体，建设点线面相结合的城镇供水网，实施农村饮水安全巩固提升工程，改善城乡供水结构，提高城乡供水保障率。到2020年，中心城市人均供水200—300升/天·人，管网漏损率控制在12%以内，水质合格率达到95%；建制镇人均供水100—200升/天·人，管网漏损率控制在15%以内，水质合格率达到95%。

3. 加快城镇污水处理设施建设

建设与经济社会发展水平相协调，与城镇发展和规划相衔接，与环境改善要求相适应的污水处理网。到2020年，全省设市城市污水处理率达到95%、县城污水处理率达到85%，重点建制镇污水处理率达到45%。

4. 大力倡导全社会节约用水

落实最严格的水资源管理制度，实施水资源消耗总量和强度双控行动，强化水资源承载能力刚性约束，逐步建立健全节水激励机制，深入推进节水型社会建设。推广高效节水技术和产品，加强农业高效节水灌溉。到2020年，全省新增高效节水灌溉面积500万亩。推进火力发电、化工、造纸、冶金、食品加工等高耗水行业企业节水改造。加快城镇供水管网节水改造，加强再生水、雨水、矿井水等非常规水源的开发利用。

5. 水利基础设施建设重点工程

引调水工程　滇中引水及其配套工程。

水利综合枢纽　泸水水利综合枢纽。

水电站水资源综合利用工程　金沙江龙开口、曲靖市毛家村、大理州苗尾、德宏州龙江、澜沧江小湾等14件。

大型水库　文山州德厚水库、曲靖市阿岗水库、曲靖市车马碧水库、剑川县桃源水库、沾益区黑滩河水库、宾川县海稍水库（扩建）、牟定县小石门水库、丘北县清水河水库、景谷县黄草坝水库。

中型水库　昆明市石林鱼龙、曲靖市富源补木、玉溪市华宁矣则河、保山市隆阳阿贡田、昭通市镇雄坝口河、丽江市永胜大长坪、普洱市澜沧肯半、临沧市镇康帮东河、楚雄州永仁直苴、红河州大田、文山州广南赛京、西双版纳州景洪曼灯河、大理州鹤庆枫木河、德宏州梁河湾中河、迪庆州维西拉多阁等139件。

大型灌区 昆明市嵩明灌区、昭通市昭鲁灌区、德宏州盈江灌区、曲靖市曲靖灌区、楚雄州蜻蛉河灌区和元谋灌区、大理州祥云灌区和宾川灌区、红河州蒙开个灌区、文山州平远灌区和丘北灌区、西双版纳州勐海灌区、昆明市柴石滩灌区、德宏州麻栗坝灌区、临沧市耿马灌区。

三、云南水土保持方略

水土保持是发展的生命线，是国民经济和社会发展的基础，是国土整治、江河治理的根本，是生态文明建设的重要组成部分。《云南省水土保持规划（2016—2030年）》明确水土保持的目标、任务、布局和对策措施，有力地促进云南水生态文明建设。[①]

1. 云南水土保持的基本原则

坚持以人为本，人与自然和谐相处 注重保护和合理利用水土资源，以改善群众生产生活条件和人居环境为重点，充分体现人与自然和谐相处的理念，重视生态自然修复。

坚持全面规划，统筹兼顾 实行全面规划，统筹兼顾省与州（市）、城市与农村、开发与保护、重点与一般、水土保持与相关行业。

坚持分区防治，合理布局 在水土保持区划的基础上，紧密结合区域水土流失特点和经济社会发展需求，因地制宜，分区制定水土流失防治方略，科学合理布局。

坚持突出重点，分步实施 充分考虑水土流失现状和防治需求，在水土流失重点预防区和重点治理区划分的基础上，突出重点，分期分步实施。

坚持制度创新，加强监管 分析水土保持面临的机遇和挑战，创新体制，完善制度，强化监管，进一步提升水土保持社会管理和公共服务水平。

坚持科技支撑，注重效益 强化水土保持重大基础理论研究、关键技术攻关和科技示范推广，不断创新水土保持理论、技术与方法，加强水土保持信息化建设，进一步提高水土流失综合防治效益。

2. 云南水土保持的目标

近期目标 到近期规划水平年2020年，初步建成与云南省经济社会发展相适应的水土流失综合防治体系，重点防治地区的水土流失得到有效治理，生态趋向好转。全省新增水土流失治理面积2.36万平方千米，水土流失面积和侵蚀强度有所下降，人为水土流失得到有效控制；林草植被得到有效保护与恢复；输入江河湖库的泥沙有效减少，年均减少土壤流失量0.5亿吨。

到2020年，各州（市）水土流失综合治理规模：昆明1470平方千米、曲靖2280平方千米、玉溪770平方千米、保山1220平方千米、昭通1970平方千米、丽江1010平方千米、普洱1890平方千米、临沧1490平方千米、楚雄2240平方千米、红河2190平方千米、文山2620平方千米、西双版纳700平方千米、大理1730平方千米、德宏510平方千米、怒江640平方千米、迪庆870平方千米。

---

① 关于《云南省水土保持规划（2016—2030年）》公开征求意见的通知 [EB/OL].（2017-02-21）[2019-03-05]. http://www.wcb.yn.gov.cn/arti?id=61820.

远期目标 到远期规划水平年2030年，基本建成与云南省经济社会发展相适应的水土流失综合防治体系，使全省水土保持监管体系更加完善，使全省生态环境和经济社会效益相得益彰、协调发展。努力使全省新增水土流失面积急剧减少，土壤侵蚀强度呈良性趋势发展，全省新增水土流失治理面积7.62万平方千米，人为水土流失得到全面控制；林草植被得到全面保护与恢复；输入江河湖库的泥沙大幅减少，年均减少土壤流失量0.8亿吨。

到2030年，各州（市）水土流失综合治理规模：昆明4760平方千米、曲靖7230平方千米、玉溪2520平方千米、保山3900平方千米、昭通6570平方千米、丽江3190平方千米、普洱6350平方千米、临沧4980平方千米、楚雄7050平方千米、红河7110平方千米、文山8470平方千米、西双版纳2220平方千米、大理5480平方千米、德宏1610平方千米、怒江2050平方千米、迪庆2710平方千米。

3. 云南水土保持的总体方略

预 防 保护林草植被和治理成果，强化生产建设活动和项目水土保持管理，实施封育保护，促进自然修复，全面预防水土流失。重点构建"四保"预防格局，即"三江"并流、生态屏障带、重要饮用水水源地和"九大"高原湖泊等水土保持重点预防项目。

治 理 在水土流失地区，开展以小流域为单元的山水田林路综合治理，加强坡耕地、石漠化的综合整治。重点构建"四治"治理格局，即坡耕地水土流失治理、西南诸河高山峡谷水土流失治理、金沙江中下游水土流失治理和滇东岩溶石漠化水土流失治理等水土保持重点治理项目。

监测及信息化 完善监测站网，强化水土保持动态监测，实现水土保持监测信息化。

综合监管 建立健全综合监管体系，创新体制机制，建立和完善水土保持社会化服务体系，提升水土保持公共服务水平。

4. 云南水土保持的区域布局

滇东北低山保土减灾区 包括彝良县、威信县、镇雄县3个县，土地总面积约0.79万平方千米，水土流失面积0.38万平方千米。水土流失防治途径为：①加强坡耕地整治及其水土流失综合治理，发挥水土保持项目带动作用，引导产业结构调整，促进区域农业发展，增加农民收入；②保护现有森林植被，巩固提高退耕还林还草成果和自然修复，扩大林草覆盖面积、减少人为活动对现有林地的干扰，减轻土壤侵蚀；③防治山洪灾害，实施沟道治理，采取沟头防护和沟道拦挡、排导及固岸削坡等工程措施，抑制滑坡、崩塌、泥石流发展。健全滑坡泥石流预警体系；④注重不合理农林开发、新型农业化和土地流转带来的新型水土流失综合治理。

滇中高原湖盆水源涵养蓄水区 包括峨山县、红塔区、江川区、通海县、石屏县、澄江县、华宁县、宜良县8个县（区），土地总面积约1.14万平方千米，水土流失面积0.34万平方千米。水土流失主要防治途径为：①加强对高原湖泊和饮用水水源地的保护，采取生态治理模式，建设生态清洁小流域；实施坡耕地水土流失治理、区域面源污染防治、人居环境整治及沟道整治工程；②搞好周边山区，尤其是山区向盆地过渡地带生态修复工程，植树种草、疏林地补植补种，采用对现有林地、疏幼林地进行封山育林管护等措施来调节径流、改善水质，提升生态系统稳定性，增强该区域水源涵养能力；③以小流域为单元，以蓄水和保水为核心，着重建设坡面水系及小型水利水保工程，拦截、分流和蓄积地表径流；④加强生产建设项目综合监管，加强高原湖泊保护工作，限制或禁止在湖泊保护区进行生产建设活动，开展以阳宗海、抚仙湖、杞麓湖、异龙湖和星云湖为重点的高原湖泊水土流失综合治理。

滇东高原水源涵养生态维护区　包括宣威市、沾益区、马龙县、麒麟区、富源县、陆良县、师宗县、罗平县、石林县、泸西县10个县（区），土地总面积约2.64万平方千米，水土流失面积0.91万平方千米。本区水土流失防治应从预防保护出发，主要防治途径为：①保护与建设江河源头区水源涵养林，培育和合理利用森林资源，维护重要水源地水质；②搞好山区地带生态修复工程，营造水土保持林和水源涵养林，对现有林地、疏幼林地进行封山育林管护等措施来调节径流、改善水质，提升生态系统稳定性，提高植被覆盖率，增强区域水源涵养能力；③实施小型水利水保工程、沟道治理和坡耕地水土流失治理，改善农业生产条件；④加强农村能源建设，改善能源结构，更多推广省柴节煤炉灶，利用太阳能、电能等，提高生物质能的利用效率，减少对薪材的需求和对植被的破坏。

滇南中低山宽谷蓄水水源涵养区　包括弥勒市、建水县、开远市、个旧市、蒙自市5个县（市），土地总面积约1.34万平方千米，水土流失面积0.53万平方千米。水土流失防治途径为：①根据岩溶区地表水分布规律，配套发展小水塘、水池、水窖等小微型集雨工程；②以小流域为单元，实施"沃土工程"，修筑石坎、土坎梯田，建设一批高稳产基本农田，改善生产条件，调整农业种植结构，培植推广耐旱作物、发展农艺节水和工程节水技术，增加农民收入；③对现有林地进行生态修复工程，以退耕还林还草、封山育林为基本内容，实施补植补种和封山育林管护等措施来调节径流、改善水质，提升生态系统稳定性，增强区域水源涵养能力。

滇东南岩溶丘陵蓄水保土区　包括丘北县、砚山县、文山市、广南县、马关县、西畴县、麻栗坡县、富宁县共8个县（市），土地总面积约3.14万平方千米，水土流失面积1.34万平方千米。本区水土流失防治应以岩溶区蓄水保土为主，主要防治为：①改造坡耕地和建设小型蓄水工程，强化岩溶石漠化治理，保护耕地资源，加快群众脱贫致富，同时注重中草药种植、新型农业化和土地流转带来的新型水土流失治理；②注重自然修复，推进陡坡耕地退耕，保护和建设林草植被，营造适应岩溶区生长的山地水土保持林，提高林草覆盖率。

滇中中低山减灾蓄水区　包括宁蒗县、永胜县、华坪县、永仁县、元谋县5个县，土地总面积约1.73万平方千米，水土流失面积0.56平方千米。水土流失主要防治途径为：①封山育林育草，维护和修复金沙江干热河谷植被；②注重经济产业林和不合理农林开发带来的水土流失治理，减轻土壤侵蚀；③防治山洪灾害，实施沟道治理，采取沟头防护和沟道拦挡、排导及固岸削坡等工程措施，抑制滑坡、崩塌、泥石流发展，健全滑坡泥石流预警体系；④实施坡耕地、小流域综合治理，配套建设坡面水系工程，拦截、分流和蓄积地表径流。

滇中东中低山减灾拦沙区　包括巧家县、鲁甸县、昭阳区、会泽县、东川区、禄劝县、武定县7个县（区），土地总面积约2.18万平方千米，水土流失面积1.03万平方千米。本区水土流失防治以治理为主，控制泥沙下泄，主要防治途径为：①加强生态环境保护，扩大林草覆盖面积等措施，提高林草覆盖度，减轻土壤侵蚀；②实施沟道治理工程，采取沟道拦挡、排导及固岸削坡等工程措施，抑制滑坡、崩塌、泥石流发展；③实施坡耕地、小流域综合治理，建设坡面水系工程，拦截、分流、蓄积、排泄坡面径流，防止冲刷和泥沙下泄。

滇东北中低山减灾保土区　包括绥江县、水富县、盐津县、永善县、大关县5个县，土地总面积约0.77万平方千米，水土流失面积0.29万平方千米。本区水土流失防治以治理为主，主要防治途径为：①加强坡耕地水土流失综合治理，发挥水土保持项目带动作用，引导产业结构调整，促进区域农业发展，增加农民收入，同时注重不合理农林开发、新型农业化和土地流转带来的新型水土流失综合治理；②加强生态环境保护，扩大林草覆盖面积，减轻土壤侵蚀；③防治山洪灾害，实施沟道治理，采取沟头防护和沟道拦挡、排导及固岸削坡等工程措施，抑制滑坡、崩塌、泥石流发展，健全滑坡泥石流预警体系。

滇西北中高山生态维护区　包括泸水市、兰坪县、玉龙县、古城区、云龙县5个县（市、区），土地总面积约1.93万平方千米，水土流失面积0.51万平方千米。本区水土流失防治主要以预防保护为主，防治途径为：①加强对自然保护区和天然林的保护，保护生物多样性，加强水土保持法律法规宣传；②加强预防保护，实施封禁治理及生态修复措施，完善生态补偿机制；③加大扶持力度，对生存条件恶劣等区域的群众进行生态移民；④加强生产建设活动监管，减小水电开发或矿产开采对生态环境造成的影响；⑤加强农村能源建设，改善能源结构，更多推广省柴节煤炉灶，利用太阳能、电能等，提高生物质能的利用效率，减少对薪材的需求和对植被的破坏。

滇西北中低山水源涵养蓄水区　包括剑川县、鹤庆县、永平县、洱源县、漾濞县、巍山县6个县，土地总面积约1.4万平方千米，水土流失面积0.42万平方千米。水土流失防治途为：①加强山区生态修复工程，植树种草、疏林地补植补种，对现有林地、疏幼林地进行封山育林管护等措施来调节径流、改善水质，提升生态系统稳定性，增强区域水源涵养能力；②以蓄水和保水为核心，着重建设坡面水系及小型水利水保工程，拦截、分流、蓄积地表径流；③加强生态环境保护，扩大林草覆盖面积，减轻土壤侵蚀。

滇中中山蓄水水源涵养区　包括大理市、祥云县、弥渡县、南华县、牟定县、姚安县、大姚县、宾川县、楚雄市、禄丰县、易门县11个县（市），土地总面积约2.7万平方千米，水土流失面积1万平方千米。水土流失主要防治途径为：①以蓄水和保水为核心，着重建设坡面水系及小型水利水保工程，拦截、分流和蓄积地表径流；②加强对高原湖泊和饮用水水源地的保护，采取生态治理模式，建设生态清洁型小流域，实施坡耕地水土流失治理、区域面源污染防治、人居环境整治及沟道整治工程；③加强山区向盆地过渡地带生态修复工程，植树种草、疏林地补植补种，对现有林地、疏幼林地进行封山育林管护等措施来调节径流、改善水质，提升生态系统稳定性，增强区域水源涵养能力；

④加强生产建设项目综合监管，加强洱海保护，限制或禁止在洱海保护区进行开采等活动，开展以洱海为重点的高原湖泊水土流失综合治理。

滇中高原湖盆人居环境维护蓄水区　包括五华区、盘龙区、官渡区、西山区、富民县、嵩明县、寻甸县、安宁市、晋宁区、呈贡区10个县（市、区），土地总面积约1.13万平方千米，水土流失面积0.34万平方千米。水土流失防治途径为：①加强城市水土保持，落实城市弃渣综合利用和集中管理措施，美化绿化城市环境，提高城市环境质量；②加强城市面山区域生态屏障带建设和现有植被的预防保护措施；③结合城市河道治理、河湖连通等工程开展滨河滨湖植被保护带建设，建设生态清洁小流域；④注重生产建设项目、新型农业化、不合理农林开发及土地流转等项目水土流失监管，有效地控制人为水土流失，建设良好宜居环境；⑤在编制有关基础设施建设、矿产资源开发、城镇建设等方面的规划时，组织编制机关应当提出相应水土流失预防、治理和综合监管等对策措施，实现水土流失和生态环境由事后治理向事前预防保护的转变。

滇西中低山宽谷减灾生态维护区　包括瑞丽市、芒市、盈江县、陇川县、梁河县、腾冲市6个县（市），土地总面积约1.68万平方千米，水土流失面积0.4万平方千米。本区水土流失防治着重从水土保持防灾减灾和生态维护功能出发，水土流失防治途径为：①防治山洪灾害，实施沟道治理，采取沟头防护和沟道拦挡、排导及固岸削坡等工程措施，抑制滑坡、泥石流发展。健全滑坡泥石流预警体系；②实施生态修复及综合治理工程，加强生态环境及生物多样性保护，加大封山育林和防护林建设；③加强农村能源建设，改善能源结构，更多推广省柴节煤炉灶，利用太阳能、电能等，提高生物质能的利用效率，减少对薪材的需求和对植被的破坏。

滇西中低山宽谷保土减灾区　包括隆阳区、施甸县、龙陵县、昌宁县、凤庆县、云县、永德县7个县（区），土地总面积约2.35万平方千米，水土流失面积0.84万平方千米。水土流失防治途径为：①加强坡耕地水土流失综合治理，发挥水土保持项目带动作用，引导产业结构调整，促进区域农业发展，增加农民收入；②加强生态环境保护，扩大林草覆盖面积，减少人为活动对现有林地的干扰，减轻土壤侵蚀；实施沟道治理，采取沟头防护和沟道拦挡、排导及固岸削坡等工程措施，抑制滑坡、泥石流发展；④注重不合理农林开发、新型农业化和土地流转等带来的新型水土流失综合治理。

滇南中低山宽谷减灾生态维护区　包括红河县、绿春县、金平县、屏边县、河口县、元阳县、新平县、元江县、双柏县9个县，土地总面积约2.5万平方千米，水土流失面积0.86万平方千米。本区的水土流失防治着重从水土保持防灾减灾功能入手，防治途径为：①防治山洪灾害，实施沟道治理，采取沟头防护和沟道拦挡、排导及固岸削坡等工程措施，抑制滑坡、泥石流发展。健全滑坡泥石流预警体系；②实施生态修复及综合治理工程，加强生态环境及生物多样性保护，加大封山育林和防护林建设；③加强农村能源建设，改善能源结构，更多推广省柴节煤炉灶，利用太阳能、电能等，提高生物质能的利用效率，减少对薪材的需求和对植被的破坏。

滇西中山宽谷土壤保持区　包括西盟县、孟连县、澜沧县3个县，土地总面积约1.18万平方千米，水土流失面积0.3万平方千米。水土流失防治途径为：①加强坡耕地水土流失综合治理，发挥水土保持项目带动作用，引导产业结构调整，促进区域农业发展，增加农民收入；②加强森林植被的保护及生态修复，保障南部边缘生态屏障；③加强生态环境保护，扩大林草覆盖面积，减少人为活动对于现有林地的干扰，减轻土壤侵蚀。

滇西中山宽谷生态维护保土区　包括镇康县、耿马县、沧源县、双江县4个县，土地总面积约1.08万平方千米，水土流失面积0.32万平方千米。本区水土流失防治主要以重点预防保护为主、局部治理为辅，防治途径为：①加强森林植被的保护及生态修复，实施天然林保护、防护林建设和中幼林抚育等措施，维护和提升区域生态系统稳定；②对生产建设活动加强综合监管，限制或禁止在生态脆弱地区开展可能造成水土流失的生产建设活动；③加强生态维护重点治理工程，实施坡改梯工程，严禁陡坡耕种，预防石漠化。加强农村能源建设，改善能源结构，更多推广省柴节煤炉灶，利用太阳能、电能等，提高生物质能的利用效率，减少对薪材的需求和对植被的破坏。

滇西南中低山宽谷保土蓄水区　包括景谷县、宁洱县、南涧县、景东县、镇沅县、墨江县、临翔区7个县（区），土地总面积约2.93万平方千米，水土流失面积0.65万平方千米。本区水土流失防治主要以保土蓄水为主，防治途径为：①加强坡耕地水土流失综合治理，保护耕地资源，发挥水土保持项目带动作用，引导产业结构调整，促进区域现代化农业发展；②实施坡面水系工程和小型集雨引蓄工程（小水塘、水池、水窖），控制坡面水土流失；③对陡坡耕地实行退耕还林还草，加强生态环境保护，减少人为活动对于现有林地的干扰，减轻土壤侵蚀；④在适宜治理的地区主要建设经济林、水土保持高效林，配套建设蓄水设施。

滇南中低山宽谷生态维护区　包括景洪市、勐腊县、思茅区、勐海县、江城县5个县（市、区），土地总面积约2.63万平方千米，水土流失面积0.46万平方千米。本区水土流失防治主要以预防保护为主，防治途径为：①保护和恢复热带雨林，保护生物多样性，治理坡耕地及橡胶园等林下水土流失；②实施退耕还林、封山育林和公益林、防护林建设，控制热区经济作物种植带来的水土流失影响。

滇西北高山峡谷生态维护水源涵养区　包括贡山县、德钦县、香格里拉市、福贡县、维西县5个县（市），土地总面积约2.94万平方千米，水土流失面积0.65万平方千米。本区水土流失防治主要以预防保护为主，防治途径为：①维护独特的高原生态系统，保护山地区天然林，加强草场保护，建设人工草地，治理退化草场，提高江河源头区水源涵养能力，构筑高原水源涵养生态维护预防带；②加强生产建设活动监管，限制或禁止在生态脆弱地区开展可能造成水土流失的生产建设活动；③加强河谷农区小流域综合治理，实施生态维护重点工程，加强农村能源建设，改善能源结构，更多推广省柴节煤炉灶，利用太阳能、电能等，提高生物质能的利用效率，减少对薪材的需求和对植被的破坏；④在治理难度大、水土流失严重、国家禁止开发区、边远高山高寒、交通等基础设施十分薄弱的地区，结合生态补偿机制及《全国"十三五"易地扶贫搬迁规划》，进行生态移民、生态补偿等政策型水土保持措施。

5. 云南水土保持的重点防治区

水土流失重点预防区　共划分了6个水土流失重点预防区，涉及33个县（市、区）

的195个乡（镇），乡镇面积7.80万平方千米，占全省土地总面积的20.36%，其中重点预防面积3.94万平方千米。重点预防区中，国家级重点预防区1个，涉及11个县（市、区）64个乡（镇），重点预防面积1.52万平方千米；省级重点预防区5个，涉及22个县（市、区）131个乡（镇），重点预防面积2.42万平方千米。

水土流失重点治理区　共划分了7个水土流失重点治理区，涉及85个县（市、区）的746个乡镇，乡镇面积19.69万平方千米，占全省土地总面积的51.39%，其中重点治理面积6.08万平方千米。重点治理区中，国家级重点治理区4个，涉及67个县（市、区）633个乡镇，重点治理面积5.09万平方千米；省级重点治理区3个，涉及18个县（市、区）113个乡镇，重点治理面积0.99万平方千米。

6. 云南水土保持预防保护范围和重点项目

（1）预防范围

全省水土保持预防范围主要包括：①"三江"并流国家级重点预防区、境内六大水系两岸一级山脊线以内的范围及珠江的源头、大型水库径流区、全国重要饮用水水源地、全国水土保持区划三级区以水源涵养和生态维护为主导基础功能的区域；②省级水土流失重点预防区；③六大水系一级支流两岸一级山脊线以内的范围，金沙江和珠江一级支流源头；④"九大"高原湖泊和中型水库径流区；⑤省级人民政府公布的重要饮用水水源保护区；⑥云南省水土保持区划四级区以水源涵养、生态维护为主导基础功能的区域；⑦草甸、热带雨林和高寒山区；⑧其他需要预防的区域。

（2）重点预防项目

"三江"并流水土保持重点项目　主要涉及丽江市、大理州、怒江州和迪庆州4个州（市）的12个县（市、区），位于金沙江、澜沧江、怒江的上游，以封育保护为主，辅以综合治理，以治理促预防保护，控制水土流失，提高区域水源涵养能力。近期预防治理5309平方千米，其中预防保护4566平方千米，水土流失治理743平方千米；远期累计预防治理总面积15168平方千米，其中预防保护13045平方千米，水土流失治理2123平方千米。

生态屏障带水土保持重点项目　范围包括哀牢山—无量山生态屏障带、滇南生态屏障带，涉及玉溪市、普洱市、楚雄州、大理州、红河州和西双版纳州6个州（市）的15个县（市、区），以封育保护为主，辅以综合治理，实现生态自我修复，建立可行的水土保持生态补偿制度，以提高生态维护功能、控制水土流失、保障区域生态安全。近期预防治理2040平方千米，其中预防保护1698平方千米，水土流失治理342平方千米；远期累计预防治理总面积6564平方千米，其中预防保护5488平方千米，水土流失治理1076平方千米。

重要饮用水水源地水土保持重点项目　涉及全省16个州（市）、44个县（市、区），主要为州（市）级以上城市重要集中式饮用水水源地，保护和建设以水源涵养林为主的植被，加强封育保护，加强区域面源污染和水土流失综合治理，促进重要水源地15—25°坡耕地退耕还林还草，减少入河（湖、库）的泥沙及面源污染物，维护水质安全。近期预防治理958平方千米，其中预防保护738平方千米，水土流失治理220平方千米；远期累计预防治理总面积2742平方千米，其中预防保护2111平方千米，水土流失治理631平方千米。

"九大"高原湖泊水土保持重点项目　涉及昆明市、玉溪市、大理州、丽江市和红河州5个州（市）的17个县（市、区），保护和建设以水土保持林、水源涵养林为主的植被建设，加强远山封育保护，山腰实施以林草植被建设、坡耕地整治为主的水土流失综合治理，村镇区建设垃圾收集、污水处理等人居环境整治措施，种植区采取农业面源污染控制措施，滨湖建设植物保护带和湿地，减少入湖泥沙及面源污染物，维护水质安全。近期预防治理1033平方千米，其中预防保护795平方千米，水土流失治理238平方千米；远期累计预防治理总面积3005平方千米，其中预防保护2314平方千米，水土流失治理691平方千米。

7. 云南水土保持的治理规划

（1）治理范围

治理范围主要包括：六大水系干流、重要支流和湖库淤积影响较大的水土流失区域；威胁土地资源，造成土地生产力下降，直接影响农业生产和农村生活，需开展保护性治理的区域；涉及集中连片特殊困难地区、少数民族聚居区等特定区域；直接威胁生产生活的山洪滑坡泥石流潜在危害区域。

（2）重点治理项目

重点区域水土流失综合治理　涉及全省89个县（市、区），水土流失面积共9.46万平方千米，包括全省国家级水土流失重点治理区和省级水土流失重点治理区及其他水土流失相对严重区域，以小流域为单元，山水田林路综合规划，工程、林草和农耕措施有机结合，坡沟兼治，生态与经济并重，优化水土资源配置，提高土地生产力，发展特色产业，促进农村产业结构调整，持续改善生态，保障区域经济社会可持续发展。近期治理面积8064平方千米，远期累计治理面积29057平方千米。

坡耕地综合整治重点项目　涉及全省15个州（市）的73个县（市、区），主要分布在坡耕地相对集中、水土流失严重的区域，坡耕地面积共约4000万亩，控制水土流失，保护耕地资源，提高土地生产力。适宜的坡耕地改造成梯田，配套道路、水系，距离村庄远、坡度较大、土层较薄、缺少水源的坡耕地发展经济林果或种植水土保持林草，禁垦坡度以上的陡坡耕地退耕还林还草。近期坡耕地综合整治重点项目规模为307平方千米，远期累计治理面积1077平方千米。

水土流失综合治理示范区建设　包括水土保持生态文明建设示范区和高效水土保持植物资源利用示范区（园）。水土保持生态文明建设示范区选择具有典型代表性、治理基础好、示范效果好、辐射范围大的区域，重点考虑水土保持生态文明工程所在区域。维护和提高所在区域的水土保持功能，突出区域特色，注重农业产业结构调整和农业综合生产能力提高，在现有治理状况的基础上，吸纳实用先进、适应于本区域的水土保持技术，进行科学合理的组装配套，形成具有推广带动效应的示范区。规划示范区6个，每个示范区水土流失综合治理面积不小于200平方千米。高效水土保持植物资源利用示范区（园）根据总体布局，遵循适地适树（草）以及生态建设与产业开发相结合的原则，充分考虑当地水土保持植物资源利用及产业化发展状况，选定可开发利用的树种草种，建设水土保持植物资源利用示范区（园），示范引导和培育主导产业，以点带面，促进农民增收和区域经济社会发展。开展有关高效植物的种植、加工和产业配套等示范工程建设，逐步推广到区域水土流失重点治理项目，提高水土保持生态工程的经济效益，吸引群众和社会力量参与水土保持。

第三节　云南省九大高原湖泊保护治理

保护好云南九大高原湖泊的生态系统，对于全面加强云南的生态环境保护，推进云南水生态文明建设进程又起着重要的作用，《云南省九大高原湖泊保护治理攻坚战实施方案》明确提出了九大高原湖泊保护治理攻坚战的总体要求和主要任务，要求扎实推进河长制湖长制，坚决打好九大高原湖泊保护治理攻坚战。[①]

一、九大高原湖泊保护治理的基本原则

1. 保护优先，绿色发展

坚持绿水青山就是金山银山的理念，坚持共抓大保护、不搞大开发。把维护湖泊生态系统完整性放在首位，严守生态保护红线、环境质量底线、资源利用上线和环境准入负面清单"三线一单"，形成节约资源和保护生态环境的产业结构、增长方式和消费模式。

2. 严格管控，强化约束

坚持用最严格制度最严密法治保护生态环境，以制度和环境承载力为约束，坚守湖泊生态保护红线，坚持人与自然和谐共生，科学划定生产空间、生活空间和生态空间，强化流域空间管控和生态减负，确保九湖生态环境质量只能更好、不能变坏。

3. 一湖一策，精准治理

紧紧围绕九湖水环境状况和流域生态特点，因地制宜，对湖泊保护治理形势做出精准判断，坚持"一湖一策"治理思路，制定差别化的保护策略与管理措施，实施精准治理，集中力量解决突出问题。

4. 综合施策，系统整治

以革命性措施抓好九湖保护治理，彻底转变"环湖造城、环湖布局"的发展模式，先做"减法"再做"加法"；彻底转变"就湖抓湖"的治理格局，解决岸上、入湖河流沿线、农业面源污染等问题；彻底转变"救火式治理"的工作方式，解决久拖不决的老大难问题；彻底转变"不给钱就不治理"的被动状态，健全完善投入机制，实现从"一湖之治"向"流域之治"、山水林田湖草生命共同体综合施治的彻底转变。

---

① 省委省政府办公厅印发《云南省九大高原湖泊保护治理攻坚战实施方案》[EB/OL].（2019-03-09）[2019-03-15]. http://yn.xinhuanet.com/newscenter/2019-03/09/c_137880809.htm.

二、九大高原湖泊保护治理的工作目标

抚仙湖、泸沽湖水质稳定保持Ⅰ类；滇池草海水质稳定达到Ⅴ类，到2020年年底，滇池外海水质达到Ⅳ类（COD≤50mg/L）；洱海湖心断面水质稳定保持Ⅱ类；阳宗海水质稳定保持Ⅲ类；程海水质稳定保持Ⅳ类（pH和氟化物除外）；到2020年年底，星云湖水质达到Ⅴ类（总磷≤0.4mg/L），杞麓湖水质达到Ⅴ类（COD≤50mg/L）；到2019年年底，异龙湖水质达到Ⅴ类（COD≤60mg/L）。到2020年，九湖流域污染风险得到有效管控，水生态环境明显改善，生态系统稳定性提升，生态功能基本恢复，湖泊污染全面遏制，水质持续改善，努力达到考核目标要求。到2035年，九湖生态环境质量全面改善，生态系统实现良性循环和稳定健康，基本形成河湖水质优良、生态系统稳定、人与自然和谐的生态安全格局，构建人水和谐美丽家园。

三、九大高原湖泊保护治理的主要任务

1. 加强湖泊流域空间管控

严格落实"三线一单"　科学测算流域环境容量，以环境承载力为约束，制定并落实九湖流域控制性环境总体规划。严格落实湖泊流域生态保护红线，设置规范标志，严格空间管控执法，严禁在生态保护红线内从事不符合有关规定的开发建设和经营活动。

严格管控沿湖开发利用　要在保护的前提下进行开发，保持湖泊岸线自然形态。严格管控环湖周边旅游地产开发，严格控制跨湖、穿湖、临湖建筑物和设施建设。湖泊保护区内的建设项目和活动，严格执行工程建设方案审查、洪水影响评价审批、环境影响评价等制度。严格执行新改扩建入河排污口、取水口审批等制度。根据湖泊流域各地区的主体功能定位，进一步强化国土空间规划管控。沿湖土地矿产开发利用和产业布局应与岸线分区管理要求相衔接，以规划环评优化湖泊流域产业发展布局。

加快推动生态搬迁　坚决打赢生态搬迁攻坚战，全面实施拆除违建、"四退三还"（退人、退田、退房、退塘，还湖、还水、还湿地）。抚仙湖2020年年底前完成"四退三还"工作，泸沽湖2019年年底前完成生态保护红线范围内违法违规建筑拆除和核心区存在的旅游问题整改，洱海2019年年底前完成蓝线、绿线、红线落地工作，杞麓湖、星云湖、异龙湖、程海、阳宗海2019年年底前完成一级保护区内违法违规建筑拆迁退出，滇池巩固"四退三还"成果。妥善安置搬迁群众，建立完善流域生态补偿机制，全力巩固好"三线"生态搬迁成果。

2. 加强水资源保护

加强九湖流域水资源保护管理　按湖泊流域范围制定相应的生态保护红线、环境质量底线、资源利用上线指标，严控水资源开发利用强度，严控湖体取用水量，统筹九湖水资源与城市再生水、农田和城市雨洪水的分质利用，全面提升用水效率。到2020年，九湖流域农田灌溉水有效利用系数达到0.55以上。结合海绵城市建设，推行低影响开发建设模式，加强对雨洪水的调蓄及综合利用。科学制定引水、补水方案，采取科学调水、合理控水等措施，加快湖泊水体循环交换。

建立健全节约用水机制　强化行业用水监管，提高用水效率，到2020年基本完成九

湖流域范围内州（市）级缺水城市节水型城市建设。推进再生水配套工程建设，大力发展九湖农田节水灌溉，加快推进农田水利改革进程，实施环湖地区农业节水提升改造工程。

3. 加强水污染防治

加强污染物达标排放管理　落实排污许可证制度，严格按照九湖限制排污总量控制入湖污染物总量。入湖污染物总量超过水功能区限制排污总量的湖泊，制定实施限期整治方案，明确年度入湖污染物削减量；抚仙湖、泸沽湖突出流域管控与生态系统恢复，洱海、阳宗海和程海继续强化污染监控和风险防范，滇池、星云湖、杞麓湖和异龙湖坚持综合治理、提高湖泊水资源承载能力和水环境质量。加强九湖污染物达标排放监管，将治理任务落实到九湖流域内各排污单位。对流域不符合排放标准的污染企业一律实行搬迁改造或关闭退出，对环评不通过、生产工艺不达标的项目一律叫停。

加强湖泊流域面源污染防治　杜绝"大药大水大肥"的种植方式，坚定不移推进有机化绿色化，全面禁止使用农药和化肥，努力实现湖泊保护与产业发展双赢。九湖流域要最大限度削减农业面源污染负荷，调整流域种植结构，推广生态种植模式，加快开展九湖流域农田径流污染防治，积极引导和鼓励农民使用测土配方施肥、生物防治、精细农业等技术。加强抚仙湖径流区种植业结构调整，推广休耕轮作；持续推进洱海流域农业结构调整，大幅度减少农业用水和含氮磷化学肥料用量；建成星云湖环湖生态拦截型沟渠、库塘与湿地的连通系统；在滇池、异龙湖、杞麓湖试行退地减水，从源头控制农业面源入湖污染负荷；在程海流域大力发展绿色、生态和观光农业；积极调整优化泸沽湖、阳宗海流域农业结构，最大限度降低农业面源污染对湖泊水质的影响。严格执行禁养区制度，依法科学合理确定限养区内养殖总量，到2020年畜禽粪污综合利用率达到85%以上。

加强内源污染治理　决不让大面积水质恶化风险发生。对污染严重的湖泊，采取底泥疏挖、植物残体清除等措施，减少内源污染。加大湖泊蓝藻水华防治力度，完善滇池、星云湖蓝藻水华防控体系，制定完善蓝藻水华预警方案，防范洱海蓝藻水华风险，到2020年滇池蓝藻水华程度明显减轻，滇池外海北部水域发生中度以上蓝藻水华天数明显减少，洱海不发生规模化蓝藻水华。

4. 加强水环境整治

加强流域控源截污　全面抓好环湖截污工程建设，加快雨污分流改造以及次干管、支管建设。全面推动完善滇池精准治污体系，强化全流域精细化管理。全面推进抚仙湖保护治理三年行动，实行城镇生活垃圾实现全收集全处理，生活污水处理设施和农村垃圾收集处理基本实现全覆盖。洱海巩固环湖截污和"三线"划定成果，2019年全面连通截污管网，洱海流域范围内农村生活污水治理实现全覆盖。加快泸沽湖环湖截污治污基础设施建设，2019年年底前新建垃圾处理设施投入运行，流域内生活垃圾收集实现全覆盖；推进川滇共管、共治泸沽湖，2020年年底前完成环湖截污管网和污水处理厂建设，实现环湖全面截污；加快旅游特色小镇建设，引导游客向流域外疏散转移。加快程海沿湖城镇、村落截污治污工程建设及提升改造，确保生产废水"零排放"。进一步消除阳宗海砷污染风险，综合防治周边污染，加强开发区和农村生活"两污"治理，农村生活垃圾收集处理基本实现全覆盖。加快完善杞麓湖、星云湖流域城镇、农村污水处理设施及配套管网建设，2020年年底前城市污水处理设施收集处理率提升到90%以上。全面提速异龙湖水体达标综合治理，全面提高截污治污效果。

加强入湖河道环境综合整治　不让劣质水体流入湖泊，全面落实省、市、县、乡、村五级河长制湖长制，入湖河流制定实施"一河（渠）一策"方案。加快推进九湖主要入湖河流的水环境综合整治，重点对九湖流域内污染较严重的入湖河流实施治理。洱海要治理好29条入湖河流，确保2020年年底彻底消除Ⅴ类及以下入湖水体。到2020年，纳入国家考核的九湖主要入湖河流达到国家考核水质目标。

加强流域饮用水水源地保护　实施饮用水水源地安全保障达标和规范化建设，科学划定饮用水水源保护区，清理整治水源地保护区内排污口、污染源和违法违规建筑物，设置饮用水水源地隔离防护设施、警示牌和标识牌，开展饮用水水源地安全保障达标建设，到2020年，州（市）、县级集中式饮用水水源地水质达标率分别达97.2%、95%。

5. 加强水生态修复

强化山水林田湖草系统治理　决不让湖滨生态再受伤害，开展生态圈建设，实施九湖流域面山修复、陆地生态修复、湖滨生态廊道修复、湖滨生态湿地建设、入湖河道清水产流机制修复、湖内生态保育等生态建设。以水生植物群落恢复和重建为重点，开展退化水生态系统修复；以推进"四退三还"为重点，开展入湖河道生态化治理，加强湖泊岸带生态恢复、优化湖滨带生态系统结构、完善和提升湖滨带生态功能；以湖泊面山治理为重点，以本土树种、生态林木为主，林、乔、灌、草结合，实施流域绿化工程，提高流域森林覆盖率，有效涵养水源，拦截地表径流。恢复抚仙湖流域自然水生态系统、建立抚仙湖流域用水外循环系统、用水排水控制系统。

加强湿地保护和恢复　全面保护湿地，确保到2020年九湖湖泊湿地面积总量不减少。以湿地类型自然保护区、国家湿地公园为重点，实施一批湿地保护项目，强化湿地生态系统的保护和恢复；进一步加强对国家湿地公园建设的指导，提升湿地保护管理水平；做好九湖流域国家重要湿地认定，全面推进九湖流域湿地保护。

加强九湖水生生物资源保护　开展珍稀濒危水生野生动植物保护工作，加强水生动植物自然保护区和水产种质资源保护区的管理。加大水生生物增殖放流力度，降低捕捞强度，改善渔业种群结构，防治外来物种入侵，开展生物治理。加大对"绝户网"等非法捕捞的打击力度，严格涉渔工程水生生物环境影响评价审批。

6. 全面加强依法监管

加大执法监管力度　抓紧修订洱海等湖泊保护治理法规，适应更高标准的保护要求。构筑全方位执法监管网络，定期排查环境安全隐患，加大九湖水质监测预警体系建设，2020年年底形成从湖体到流域全覆盖的水质监测预警体系，开展专项监察和综合督查，严厉打击重点环境违法问题，切实做到依法治湖，全面清理违法违规乱占、乱采、乱堆、乱建行为。

建立日常监督巡查制度　完善监督考核机制，加强湖泊督察巡查巡视。按照属地管理权限，各湖泊管理机构要建立湖泊日常监督巡查制度，细化巡查职责、内容、频次、要求、奖惩等。推进河长制、湖长制信息平台建设，逐步建立各级湖泊动态监管系统，实行九湖动态监管。

第二十一章　云南旅游绿色发展

　　云南独特的地质地貌、生态环境和立体气候条件，造就了"东部岩溶地貌、西部三江并流、北部雪山冰川、南部热带雨林、中部高原湖泊"等丰富多样的高品位自然风光；25个世居少数民族中有15个独有少数民族，孕育了包括民族特色建筑、服饰、节庆、歌舞、饮食、工艺品等绚丽多彩的民族文化资源；大量的古生物古人类化石、历史文物古迹和近现代革命遗址，构成了包括遗产文化、边地文化、古道文化、红色文化、抗战文化、宗教文化、生态文化农耕文化等悠久多元的历史文化资源；与东南亚、南亚国家山水相连的特点，形成沿边对外开放的区位优势条件。尤其是丰富多彩的民族历史文化与绚丽多姿的自然风光、舒适宜人的生态环境有机结合，赋予了云南旅游文化神秘、神远、神韵的魅力，对国内外游客形成了强烈的吸引力。①大力促进云南旅游的绿色发展，以满足日益增长的旅游休闲消费需求和保护生态环境的需要，促进绿色消费，建设生态文明。

第一节　云南旅游发展现状

一、云南旅游资源和旅游业发展状况

　　云南拥有昆明滇池国家旅游度假区、阳宗海国家旅游度假区、西双版纳国家旅游度假区，有野象谷国家生态旅游示范区、玉溪庄园国家生态旅游示范区、七彩云南·古滇文化旅游名城国家生态旅游示范区；普达措国家公园是我国10个国家公园体制试点之一；国家级旅游景区232个，国家级A级以上景区134个，其中列为国家级风景名胜区的有石林、大理、西双版纳、三江并流、昆明滇池、丽江玉龙雪山、腾冲地热火山、瑞丽江—大盈江、宜良九乡、建水、普者黑、阿庐，列为省级风景名胜区的有陆良彩色沙林、禄劝轿子雪山等53处，列为AAAAA级景区的有石林风景名胜区、玉龙雪山景区、崇圣寺三塔文化旅游区、丽江古城景区、中国科学院西双版纳热带植物园、迪庆香格里拉普达措景区、保山腾冲火山热海旅游区、昆明世博园旅游区；有昆明、大理、丽江、建水、巍山和会泽6座国家级历史文化名城，有腾冲、威信、保山、会泽、石屏、广南、漾濞、孟连、香格里拉、剑川、通海11座省级历史文化名城，有禄丰县黑井镇、会泽县娜姑镇白雾街村、剑川县沙溪镇、腾冲市和顺镇、云龙县诺邓镇诺邓村、石屏县郑营村、

---

① 云南省人民政府办公厅关于印发云南省旅游文化产业发展规划及实施方案的通知 [EB/OL].（2016-12-07）[2019-02-07]. http://www.yn.gov.cn/yn_zwlanmu/qy/wj/yzbf/201612/t20161207_27734.html.

巍山县永建镇东莲花村、孟连县娜允镇8座国家历史文化名镇、名村，有14个省级历史文化名镇、14个省级历史文化名村和1个省级历史文化街区。丽江古城（1997年7月）、红河哈尼梯田（2013年6月）被列入世界文化遗产名录，三江并流（2003年7月）、石林（2007年6月）、澄江古生物化石地（2012年7月）被列入世界自然遗产名录，丽江纳西东巴古籍文献被列入世界记忆遗产名录。[①]

"十二五"时期，新建成昆明滇池国际会展中心等一批高端接待服务设施，形成了石林、大理、丽江、西双版纳、腾冲、香格里拉等一批国内外知名的旅游目的地，"七彩云南·旅游天堂"知名度和影响力进一步提升，为云南的旅游产业发展奠定了坚实基础。

云南独特的自然环境、优越的地理区位、良好的生态和生态系统多样性以及生物物种和景观多样性、民族众多和文化多元性，为云南旅游的绿色发展奠定了坚实的基础。

近年来，云南旅游经济快速增长，产业体系不断完善，竞争能力显著提高，旅游业的综合带动效应进一步增强。2019年，全年接待海外入境旅客（包括口岸入境一日游）1484.93万人次，实现旅游外汇收入51.47亿美元，接待国内游客8亿人次，国内旅游收入10679.51亿元，全年实现旅游业总收入11035.2亿元。[②]

二、云南旅游发展的机遇

随着现代经济社会发展和城乡居民人均可支配收入不断增加，现代旅游文化活动已经从传统"走马观花"式的观光游向以文化为核心的生态旅游、文化娱乐、休闲度假、康体养生等个性化、品质化、时尚化、高端化转变。许多发达国家和发展中国家都把旅游文化产业纳入国家战略，作为开展经济竞争、促进就业、改善民生、输出本国价值取向和文化观念的重要途径。根据有关机构预测，全球国际入境旅游人数和世界旅游总消费以4.2%—5%的增长率持续快速发展，到2020年将分别达到16亿人次和15万亿美元，旅游文化产业增加值占世界经济比重达到10%以上。我国目前已跨入旅游文化转型升级发展新阶段，旅游文化消费能力持续增强，出游规模不断扩大，旅游文化产品更加丰富，新产品新业态不断增加，旅游文化产业进入快速发展的上升期。预测到2020年，全国旅游市场规模将达到80亿人次，旅游消费总额将达到8万亿元，旅游文化产业对国民经济的综合贡献率将超过10%。国内外旅游文化产业持续快速发展，为云南旅游文化产业跨越发展带来广阔的市场空间和发展机遇。

主动服务和融入国家发展战略，闯出一条跨越式发展的云南之路，努力成为我国民族团结进步示范区、生态文明建设排头兵、面向南亚东南亚辐射中心，这是新的历史时期云南发展的新定位，为云南旅游产业转型升级和绿色发展带来了新的历史机遇。

随着国家推进"一带一路"和长江经济带建设，继续实施西部大开发，加大脱贫攻坚力度，推进供给侧结构性改革，支持旅游业和有关服务业发展，进一步促进旅游投资和消费等，一系列重大发展战略在云南交汇叠加，为云南旅游产业发展带来了重大战略机遇。

---

① 参见：旅游资源 [EB/OL].（2018-05-29）[2019-02-07]http://www.yn.gov.cn/yn_tzyn/yn_tzhj/201805/t20180529_32701.html.

② 云南省 2019 年国民经济和社会发展统计公报 [EB/OL].（2020-04-14）[2020-04-15]. http://www.yn.gov.cn/zwgk/zfxxgk/jsshtj/202004/t20200414_202429.html.

基础设施滞后一直是云南发展的瓶颈，产业弱小更是云南发展的软肋，加快重点产业发展，符合云南正处于制造业追赶、服务业加快发展以及工业化、城镇化双加速的阶段性发展特征，是主动适应经济发展新常态、加快推进供给侧结构性改革的重要举措，云南抓路网、水网、航空网、能源网、互联网"五网"建设，全面推进生物医药和大健康产业、旅游文化产业、信息产业、现代物流产业、高原特色现代农业产业、新材料产业、先进装备制造业、食品与消费品制造业八大产业发展，全力补齐"短板"，云南旅游产业发展的优势将更加突出、发展空间将更加广阔。[①]

三、云南旅游发展面临的问题

1. 发展观念转变不足、统筹力度偏弱

云南旅游业还处在初期的发展阶段，地方政府片面追求经济效益，提高当地经济收入提升政绩，快速开发旅游景区，景区游客承载容量超过上限，造成景区的生态破坏和环境污染现象时有发生，景区发展生命较短；经营者未形成长远的建设思路、科学的规划，配套的生态法规制度体系不完善，缺乏对旅游行业绿色的正确引导；从业者专业化服务水平不高，服务质量有待提高，在向游客介绍景区时，由于对生态旅游的理解不够深入，不能为游客介绍旅游特色，对云南生态旅游的宣传作用不足，制约了旅游业的进一步发展；旅游地居民素质尚需提高，当地居民在旅游绿色发展中参与度不高；国内游客大多为参观游玩式旅游模式，游客责任意义急需增强，尚未参与到生态旅游建设中，环境破坏等不文明行为经常发生，没有在欣赏大自然生态风光的同时学习当地人文文化，保护生态旅游景区，并向身边的群体传播生态旅游理念。

在旅游业发展中，由于顶层设计、规划和制度设计的不完善，机构和工作的融合度欠缺，旅游产品的融合、业态的融合等跟不上经济和社会发展的要求，旅游公共服务设施和公共文化服务设施的融合还很不够，致使旅游业发展统筹力度偏弱。

2. 基础设施建设滞后、供需矛盾突出

近年来，云南旅游快速发展，但基础设施和旅游配套设施大多还是旅游业发展初期遗留下来的设备，现存的旅游配套设施落后，基础设施方面改善投入不足，数量、质量等方面都已经落后于云南现代旅游发展的需求，制约着云南旅游绿色发展的步伐。云南需要对旅游相关基础设施如餐饮、住宿、购物、娱乐等配套设施进行全方位的绿色和现代化升级，在未来的生态旅游的市场竞争中增强硬件竞争力。

3. 转型升级进展缓慢、综合效益不高

云南旅游市场存在"不合理低价游"现象、对旅游团队的运行监管力度欠缺、打击涉旅违法犯罪行为不够、处置涉旅警情不够快速，旅游服务"云南标准"、旅游服务评价体系、旅游服务动态管理机制尚不健全，旅游目的地的品牌打造、高品质旅游景区的建设、"厕所革命"的推进、自驾旅游线路服务配套的完善、汽车旅游营地的建设、高

① 参见：云南省人民政府关于印发云南省旅游产业"十三五"发展规划的通知 [EB/OL].（2016-10-28）[2019-02-07]. http://www.yn.gov.cn/yn_zwlanmu/qy/wj/yzf/201610/t20161028_27360.html；云南省人民政府办公厅关于印发云南省旅游文化产业发展规划及实施方案的通知 [EB/OL].（2016-12-07）[2019-02-07]. http://www.yn.gov.cn/yn_zwlanmu/qy/wj/yzbf/201612/t20161207_27734.html.

速公路服务区旅游功能的提升、知名品牌旅游企业的引进和培育、旅游智慧化水平的提升跟不上经济和社会发展的要求，行业自律管理不够、属地管理责任不严格、旅游投诉快速处置机制不健全、旅游综合监管考评不完善，致使云南旅游业转型升级进展缓慢、综合效益不高，针对云南旅游产业存在的突出问题、面临的严峻形势和难得的发展机遇，要全力推动"旅游革命"，深化旅游市场秩序整治、构建云南旅游诚信体系、提升旅游供给能力、重构旅游管理机制，加快推进云南旅游转型升级。

4. 体制机制创新不足、智慧旅游发展薄弱

云南旅游快速发展的同时暴露出旅游行业的管理方面的问题，旅游行业管理涉及多领域和多部门，需要文化旅游、农业、生态环境、林业、公安等相关部门协同配合，旅游行业制度规范不完善，缺少对旅游景区破坏者必要的处罚制度，面对污染景区环境的行为，规章制度的不完善和缺失导致执法不严，对云南旅游品牌产生了负面影响。

云南生态旅游开发目前尚处于实践探索阶段，先期可发挥部分生态旅游资源的优势带动云南旅游业发展。要创新体制机制，统筹规划云南旅游布局，初步形成集旅游观光、休闲度假、民族文化、生活体验于一体的生态旅游发展布局，在实践中逐步完善生态旅游发展。旅游绿色发展缺乏系统科学的规划，旅游文化相关方面开发不足，没有促进旅游景区的民族文化传播发展，特别是民族文化在旅游业经济利益的驱动下，忽略了自身的核心文化价值，导致民族文化的过度商业化和庸俗化，只追求短期商业价值，破坏了原有的文化核心，造成了民族文化的没落和消退。

随着人工智能时代的到来，智慧旅游（智能旅游）正在兴起。利用云计算、物联网等现代信息技术，通过互联网/移动互联网，借助便携的终端上网设备，主动感知旅游资源、旅游经济、旅游活动、旅游者等方面的信息，使虚拟世界和现实世界有机结合起来，旅游主管部门及时发布相关信息，让人们能够及时了解这些信息，及时安排和调整工作与旅游计划，从而达到对各类旅游信息的智能感知、方便利用效果。这种智慧旅游在旅游体验、旅游管理、旅游服务和旅游营销的4个层面体验，云南还明显薄弱。

第二节　云南旅游绿色发展的内容

一、云南旅游绿色发展思路和目标

2016年10月，云南省人民政府印发了《云南省旅游产业"十三五"发展规划》[①]，结合国内外旅游消费需求发展趋势和云南旅游产业发展实际，分析了云南旅游产业发展基础和形势，提出了云南旅游产业发展思路和目标，对云南旅游产业进行了总体布局，明确了云南旅游产业的主要任务，实施云南旅游产业的重点工程和项目，并出台了保障措施。

1. 云南旅游绿色发展的总体思路

紧紧围绕云南发展"三个定位"和产业"两型三化"发展要求，按照"优存量、强

---

① 云南省人民政府关于印发云南省旅游产业"十三五"发展规划的通知 [EB/OL]. (2016-10-28) [2019-02-07]. http://www.yn.gov.cn/yn_zwlanmu/qy/wj/yzf/201610/t20161028_27360.html.

增量、调结构、补短板、重品质、提效益"的工作思路，以国际化、高端化、特色化为方向，以优化结构、转型升级、提质增效为主线，以改革创新和融合发展为动力，以加快重大重点项目建设为突破口，全面实施创新驱动、全域旅游、品牌引领、集聚融合、项目带动、绿色发展战略和重点建设工程，着力提升传统旅游产品、积极培育旅游新业态、推动旅游强县富民、壮大旅游市场主体、加快发展智慧旅游、扩大旅游对外开放、提升旅游服务质量和整治城乡环境，进一步推动旅游产业转型升级，做强做大做精做优旅游产业，全面构建旅游综合实力强、市场竞争力强、带动功能强、产业贡献强和安全有保障的现代旅游产业体系，实现从旅游大省向旅游强省的跨越。

2. 云南旅游绿色发展的基本原则

以人为本、特色发展　着力打造多样化、高端化、国际化的旅游产品，加快培育旅游新业态，彰显地方特色文化，提高旅游服务质量，不断满足人民群众日益增长的旅游消费需求，增强云南旅游吸引力和市场竞争力。

市场导向、统筹协调　面向旅游消费需求，以"旅游+"融合和全域旅游发展为重点，以重大重点项目建设为抓手，统筹整合各级各部门力量，加快旅游开发建设，促进产业集聚发展，带动贫困群众脱贫致富，促进城乡居民生活质量和水平不断提高。

深化改革、扩大开放　充分发挥市场配置资源的决定性作用，转变旅游发展方式，深化体制机制改革，以品牌引领旅游产业转型升级，扩大旅游对外开放，加强区域旅游合作，全面提升旅游产业国际化水平。

创新驱动、可持续发展　实施"科技兴旅、人才强旅"战略，加大旅游信息化发展和人才教育培训力度，正确处理好旅游建设发展与生态环境保护的关系，不断增强旅游业可持续发展能力。

3. 云南旅游绿色发展的目标

努力把云南建设成为国内一流、国际著名的旅游目的地和面向南亚东南亚的旅游辐射中心，把旅游产业培育成全省经济社会发展的重要战略性支柱产业和人民群众更加满意的现代服务业。到2020年，全省接待海内外旅游总人数突破6亿人次，年均增长13%以上；旅游总收入突破8500亿元，年均增长21%以上；旅游增加值占全省GDP比重10%以上，旅游直接就业人数达到200万人，间接带动就业人数960万人以上，累计带动80万贫困人口脱贫致富。

4. 云南旅游绿色发展的战略

创新驱动战略　转变发展方式，加强规划引导，推进开发建设，促进旅游要素合理流动和区域集聚发展。积极推进"旅游+互联网"融合，加大旅游大数据平台、智慧旅游建设力度，激发大众创新创业活力，促进旅游新产品开发和新业态发展，不断提升全省旅游发展质量和水平。

全域旅游战略　充分发挥和释放旅游产业的综合带动功能，推进"旅游+"融合，打造旅游集群区和产业园区，大力发展旅游新业态，构建高端旅游产品体系，不断拓展旅游新空间、培育新动能和壮大新供给，形成全域旅游发展新格局。

项目带动战略　加快推进世界遗产旅游地、国家旅游度假区、国家公园、旅游城镇、精品景区、旅游型城市综合体、旅游基础设施、旅游要素服务设施、公共服务设施等重大重点项目建设，全面提升云南旅游知名度、吸引力和市场竞争力。

品牌引领战略　着力打造品牌旅游区、精品景区、旅游名城名镇、旅游节庆会展和旅游演艺品牌，推进沿边跨境旅游合作区建设发展，加强国际区域旅游合作与交流，加快与国际旅游服务标准接轨，全面提升云南旅游国际化水平。

绿色发展战略　更加重视资源环境保护，积极推进生态文明建设，大力发展旅游循环经济，倡导低碳旅游和文明旅游，构建文明和谐旅游发展环境，促进全省旅游产业可持续发展。

二、云南旅游绿色发展的总体布局

1. 着力建设滇中国际旅游城市圈

加快推进昆明区域性国际旅游城市和玉溪、曲靖、楚雄等次中心旅游城市以及一批旅游城镇建设，加快推进滇中旅游集群区和重大重点项目建设，完善提升旅游接待服务和公共服务设施，不断丰富旅游产品体系和完善旅游产业体系，着力把滇中国际旅游城市圈建成云南旅游的中心区、面向南亚东南亚开放的区域性国际旅游目的地和旅游辐射中心。

2. 重点建设四大旅游经济带

沿边跨境旅游经济带　积极推进沿边跨境旅游合作区、边境旅游试验区和旅游重大重点项目建设，加强国际区域旅游合作，全面提升旅游国际化发展水平，为扩大沿边开放和"兴边富民"做出积极贡献。

金沙江沿江旅游经济带　依托沿江资源、环境、区位等优势，加快沿江交通基础设施和旅游重大重点项目建设，推进沿江地区旅游产业发展，将金沙江沿江地区打造成全省旅游产业转型升级的新兴旅游经济带，带动乌蒙山区、滇西边境片区、迪庆地区群众脱贫致富。

澜沧江沿江旅游经济带　积极推进沿江交通基础设施、流域区旅游重大重点项目建设，加快沿江地区旅游产业发展，将澜沧江沿江地区打造成全省旅游产业转型升级的新兴旅游经济带，带动澜沧江流域地区群众脱贫致富，促进经济社会持续快速发展。

昆玉红旅游文化产业经济带　以滇中国际旅游城市圈为依托，进一步提升交通基础设施条件，加快重大重点项目建设，创新旅游新产品新业态，将昆玉红旅游文化产业经济带打造成全省旅游产业转型升级的重要引擎和旅游与文化产业融合发展的新高地。

3. 优化发展五大旅游片区

滇西北香格里拉生态文化旅游区　巩固提升丽江古城世界文化遗产旅游地、大理苍洱旅游区、迪庆普达措国家公园等，重点建设"三江并流"世界自然遗产旅游集群区，加快推进香格里拉生态旅游区建设发展，将滇西北打造成国内外著名的生态文化旅游区。

滇西南澜沧江—湄公河国际旅游区　巩固提升西双版纳国家旅游度假区，加快中国磨憨—老挝磨丁跨境旅游合作区、勐腊（磨憨）边境旅游试验区、普洱国家公园等建设发展，推进国际区域旅游合作，将滇西南打造成连接大湄公河流域国家的区域性国际旅游区。

滇西跨境国际旅游区　加快建设中国瑞丽—缅甸木姐、中国腾冲—缅甸密支那等跨境旅游合作区和德宏瑞丽、保山腾冲等边境旅游试验区，加强孟中印缅国际旅游走廊合作，将滇西打造成面向南亚的区域性国际旅游区。

滇东南岩溶风光跨境旅游区　加快建设昆玉红旅游文化产业经济带、中国河口—越南老街、中国麻栗坡—越南河江等跨境旅游合作区和红河河口、文山麻栗坡等边境旅游试验区，推进重大重点项目建设，将滇东南打造成连接越南和面向中南半岛国家的区域性国际旅游区。

滇东北高峡平湖旅游区　积极开发向家坝、溪洛渡、白鹤滩等电站旅游、水上旅游、高峡平湖旅游产品，加强与四川、重庆等区域旅游合作，将滇东北打造成国内外知名的金沙江旅游带和连接川渝的旅游集散地。

三、云南旅游绿色发展的主要任务

1. 强化品牌引领，推进旅游集聚发展

打造五大世界遗产品牌旅游地　充分发挥世界遗产地的国际品牌优势，着力打造丽江古城、石林、三江并流、元阳哈尼梯田和澄江古生物化石群5个世界遗产旅游地，建成国内一流、世界著名的国际品牌旅游地，提升云南旅游的国际知名度和吸引力。

建设一批旅游度假区　完善提升昆明滇池、阳宗海、西双版纳等10个国家级、省级旅游度假区，推动20个省级旅游度假区创建，重点培育20个以上温泉康养度假区，形成旅游产品多样化、休闲度假品质高、游客接待容量大、旅游服务质量好，并辐射带动周边地区的旅游产业集群化，带动传统旅游产品向高端休闲疗养和康体养生度假转变。

发展一批生态旅游区　加快建设和提升完善迪庆普达措、普洱、怒江大峡谷等15个国家公园，重点建设40个旅游森林公园和45个旅游湿地公园，努力打造国内一流、国际知名的生态旅游精品集聚区。

提升一批精品旅游景区　以打造精品旅游景区为目标，加快改造提升50个传统旅游景区，新建一批高品质旅游景区，力争形成100个以上的5A级、4A级精品旅游景区，进一步提升全省旅游核心竞争力。

2. 推动"旅游+"，打造新产品新业态

着力构建新型旅游城镇体系　推进旅游开发与城镇建设融合，加快建设20个旅游型城市综合体，推进25个城市创建云南特色旅游城市和现代休闲目的地，60个旅游重点县创建云南旅游强县，60个旅游小镇创建云南旅游名镇，提升全省旅游城镇的集聚力和吸引力。

打造文化旅游精品名牌新产品　推进旅游与文化深度融合，重点建设10个以上文化旅游产业园区、主题文化游乐园和红色文化旅游区，打造20条以上民族文化休闲街区，着力培育10个国内一流、国际知名的旅游节庆品牌、20个云南特色节庆活动和10—15个旅游演艺品牌，形成旅游与文化产业一体化发展新格局。

积极发展休闲农业旅游新产品　推进旅游与高原特色农业深度融合，着力打造10个以上休闲农业区，建设50个全国休闲农业与乡村旅游示范点，进一步拓展农业休闲功能，延伸农业产业链条，提升农业附加值。

积极推进工业旅游新业态发展 推进旅游与现代工业深度融合，重点建设培育一批以烟草、生物、钢铁、电力、医药、花卉、民族商品、珠宝玉石、食品等为特色的旅游产业园区和10个工业旅游示范点，建设发展一批旅游商品加工业、旅游装备加工业和制造业，开发特色工业旅游产品，促进工业旅游新业态健康发展。

大力发展旅游新产品新业态 积极推进旅游与现代服务业深度融合，建设100个类型多样的养老养生旅游项目，发展一批养老养生旅游产品；加快发展300个左右自驾游露营地产品，打造"自驾友好型旅游目的地省"；加快建设20个医疗健康旅游项目，着力打造以治疗、康复、保健休闲度假为重点的医疗健康旅游产品；创建10个以上国家级、省级体育旅游基地，打造50个左右国内知名体育旅游品牌；建设打造20个通用航空旅游产业基地，开发航空体验、翼装飞行、滑翔伞、热气球、直升机等航空旅游特色项目；大力发展高铁旅游业、养生养老休闲业、医疗健康服务业、体育旅游业、会展旅游业、商贸服务业和旅游咨询业等旅游新业态，着力打造旅游经济增长的新引擎。

积极推进旅游与生态建设融合 建立健全旅游开发与生态环境保护的良性互动运行机制，积极推进旅游与生态文明建设融合发展，巩固提升已建3个国家生态旅游示范区，创建10个国家级生态旅游示范区和10个旅游循环经济试点，促进生态环境保护和旅游可持续发展。

3. 加大旅游扶贫，大力发展乡村旅游

加大精准旅游扶贫力度 实施乡村旅游富民工程，分期分批建设乡村旅游扶贫重点村，重点扶持100个建档立卡贫困村，通过旅游扶贫开发，带动贫困群众脱贫致富。推进旅游规划扶贫公益行动，对口帮扶贫困村行动，加大旅游扶贫重点村政策、资金扶持力度，支持有条件贫困乡村发展乡村旅游，激发乡村旅游发展内生动力。

重点建设一批旅游特色村 把旅游发展与培育特色产业、带动农民增收、改善民生等紧密结合，以"建设美丽乡村，打造特色旅游"为目标，提升改造350个旅游特色村，新建300个民族旅游特色村寨、250个旅游古村落，力争"十三五"末，全省形成1000个左右"乡村环境美、文化特色浓、市场前景好、扶贫带动大、乡风文明美"的宜居宜业宜游旅游特色村，提升乡村居民生活品质。

提升乡村旅游质量和水平 积极探索乡村旅游发展新途径和新方式，加快开发建设200个"环境优美、特色鲜明、功能齐全、层次较高"的精品旅游农业庄园；扶持培育6000个具有特色的乡村精品客栈，着力培育1万个农家乐，促进全省乡村旅游大发展。

4. 调优产业结构，提升旅游发展质量

强化旅游基础设施建设 以打造无缝对接、便捷舒适、服务优质的旅游交通体系为重点，积极推进高速公路、高等级公路、航空机场、高铁和城际铁路、水运码头及城乡基础设施建设，加快建设一批连接旅游景区、旅游城镇、旅游特色村的旅游专线公路，打通旅游环线断头路，全面提升旅游通达能力和条件，营造更加舒适优美的城市旅游环境。

壮大旅游产业要素体系 按照"生态、绿色、健康、舒适、文明"的要求，着力构建高中低档相结合的旅游餐饮体系和结构合理的旅游住宿体系；大力推进旅游商品开发，着力构建集设计、生产、加工、销售和物流于一体的旅游购物体系；以补齐娱乐旅

游"短板"为重点开发建设一批主题娱乐旅游区，更好地满足人们娱乐旅游消费需求。

完善旅游公共服务体系 继续推进旅游公共服务设施建设，新建和改建100个游客服务中心、200个游客休息站点和2000座以上旅游厕所，加快建设500个旅游停车场，在全省交通主干线和主要旅游道路新建和提升一批旅游标识标牌。

优化旅游产品结构 适应全面建成小康社会的旅游需求新变化和新特点，巩固提升生态观光游览、民族风情体验等传统旅游产品，着力打造康体健身、红色文化、边境跨境、休闲农业、乡村旅游、自驾车游等大众休闲度假旅游产品，积极发展商务会展、养生养老、医疗保健、科考探险、研学旅行、户外运动、航空旅游等专项旅游产品，力争"十三五"末，全省休闲度假旅游和专项旅游比重达50%—55%。

扩大旅游客源市场 以扩大旅游市场规模、优化旅游市场结构为目标，创新旅游营销理念和方式，巩固发展传统客源市场，积极开拓新兴客源市场，培育发掘潜在客源市场，大力发展入境旅游、国内旅游和规范发展出境旅游，进一步提高海外入境游客、省外赴滇游客比重。

5. 深化改革开放，增强旅游产业活力

深化管理体制机制改革 转变政府管理职能，创新行政服务方式，加大政策支持和引导力度，建立符合旅游产业发展规律的精简、高效、务实的管理体制和运行机制。积极探索对国家公园、旅游度假区、跨境旅游试点区等实行"统一规划、统一管理、统一保护、统一开发、统一营销"的权责对等、高效运转的集中管理模式。积极鼓励旅游规划策划、旅游市场咨询研究等中介组织发展，进一步提升旅游规划质量和水平。

推动建设沿边跨境旅游合作区 重点建设中国磨憨—老挝磨丁、中国麻栗坡—越南河江、中国瑞丽—缅甸木姐、中国河口—越南老街、中国腾冲—缅甸密支那5个跨境旅游合作区，启动建设西双版纳勐腊（磨憨）、德宏瑞丽、红河河口、保山腾冲、文山麻栗坡5个边境旅游试验区，进一步带动其他沿边跨境旅游合作区建设发展。

推进旅游综合试验区改革发展 加快推进保山腾冲、玉溪抚仙湖—星云湖、大理苍洱地区、昆明世博新区等旅游综合改革试验区改革发展，积极推动昆明滇池国家旅游度假区旅游综合改革发展。

加强国际区域旅游合作 推进澜沧江—湄公河次区域、孟中印缅经济走廊、中国—中南半岛经济走廊国际旅游合作，培育打造澜沧江—湄公河、孟中印缅、滇老缅（中南半岛）、滇越4大跨国旅游走廊和国际精品旅游线路，促进边境旅游、跨境旅游和国际入境旅游发展。加快沿边交通基础设施、口岸设施和配套服务设施建设，落实好口岸签证、过境免签等政策措施，提升跨境旅游通达通行条件。

加强国内区域旅游合作 推进"泛珠三角区"、川滇藏"香格里拉生态旅游区"、金沙江流域、滇黔桂四大区域旅游合作；强化滇港、滇澳、滇台合作，吸引更多港澳台游客赴滇旅游；深化与上海、广东的旅游合作，强化"边海优势互补"，形成两头对外、陆海互动的国际旅游发展新格局；进一步强化滇黔渝和滇川藏旅游合作，打造便捷的旅游交通网络，培育精品旅游线路，推进区域无障碍旅游。

加快"引进来、走出去"步伐 积极引进国内外知名品牌企业，到2020年，全省

累计建成运营60家以上国际知名品牌酒店，10个以上国际性健康服务公司、赛事经纪公司、户外运动公司、养生养老机构等参与云南旅游开发、项目建设和经营管理。鼓励和引导一批省内有条件、有实力、有信誉的旅游企业"走出去"开发旅游资源、开展旅游经营、开拓旅游市场。

6. 推进智慧旅游，提升科技应用水平

推进"旅游+互联网"融合发展　结合建设云南国际旅游大厦，充分应用现代信息技术推动旅游产品业态创新、发展模式变革、服务效能提高，提升全省旅游信息化水平。

建设中国旅游大数据中心　全面汇聚旅游行业信息和服务信息，实现旅游有关领域和各业态单位数据的集中统一采集、存储、处理，形成相互之间的信息互通、互联、共享、查询，实现与南亚东南亚国家的旅游数据交互，为云南乃至全国旅游产业转型升级提供数据分析和决策支撑。

建设我国面向南亚东南亚网络交易平台　为企业和游客提供企业与企业（B2B）、企业与游客（B2C）业务模式，构建线上与线下相结合、品牌和投资相结合的发展模式，实现跨区域的在线报团、预订、支付、授信、财务结算分销管理。

建设全省统一的旅游应急指挥平台　构建"省—州（市）—旅游企业"三级一体的应急管理联动体系，实现基于大数据的景区智能客流量预测预警和时空分流、景区实时监控、旅行团队运行监管、旅游数据矢量运算、应急指挥通信互联互通等多项应用，提升旅游应急服务能力和水平。

建立智慧旅游营销系统　构建跨区域、跨平台、跨网络、跨终端的旅游目的地网络营销体系，建立全媒体信息传播机制，实现基于信息化的精准营销，提高云南旅游目的地营销推广效果。

完善智慧旅游服务体系　推动以旅游目的地信息系统、数字化旅游城市、智能化景区和旅游饭店为重点的智慧旅游城市、智慧景区、智慧饭店、智慧旅游乡村建设，建立健全覆盖全省的旅游信息服务体系，全面提升旅游信息化和智能化水平。

实施创新创业行动计划　创新现代科技运用机制和强化鼓励政策，大力发展旅游科技型企业，支持旅游创新平台、创客空间、创新基地等旅游新型众创空间发展，建设云南旅游专家智库，促进旅游理论研究，提升策划规划水平，为全省旅游产业发展提供智力支持。

7. 规范市场秩序，全面提升服务质量

加强综合执法体系建设　推进旅游综合执法改革，推广旅游警察队伍试点建设经验，逐步扩大旅游警察覆盖范围，发挥好旅游警察对维护旅游市场秩序的重要作用；加强基层旅游质监执法机构建设，完善旅游市场综合执法机制。健全旅游行政执法监督管理制度，完善旅游重大案件审查制度、游客投诉高效处理机制和旅游商品信誉担保理赔等机制。建立游客满意度评价制度，不断完善游客满意度调查机制。

加大旅游市场整治力度　推进旅游标准化建设，建立涵盖旅游要素各领域的旅游标准体系。充分发挥各州（市）旅游市场监管综合调度指挥中心作用，开展旅游联合执法，形成统一调度、综合指挥、快速反应、高效处置的旅游市场综合监管工作格局。定

期发布主要旅游线路产品成本价，引导旅游者理性消费、文明出游。推行旅游企业及从业人员计分管理办法，完善旅游市场准入退出机制。建立旅游经营者和从业人员的信用评价制度，推行大众评价和社会监督，形成优胜劣汰的引导机制。

培育旅游市场主体　积极引进国内外有实力的知名旅游企业入滇投资建设，打造一批跨界融合的大型产业集团，做大做强10户以上综合型龙头旅游企业，做精做优120户专业型骨干旅游企业，做特做活1000户中小型特色旅游企业，扶持10户以上大型旅游企业上市或在新三板挂牌。

大力推进无障碍旅游　完善旅游市场运行规则，建立公开透明的市场准入标准，允许和鼓励本行政区域外的旅行社、旅游汽车公司、导游和旅游车辆在本地合法自主经营，打破行业、地区壁垒，实现跨区域连锁经营或合作经营，努力营造公平透明、良性竞争的旅游市场环境。

建立健全行业诚信体系　加强旅游诚信宣传教育，积极宣传旅游诚信典型事例，评选表彰旅游诚信企业和从业人员，弘扬旅游正能量。建立旅游诚信公示制度，定期公布违规企业和从业人员"旅游失信行为记录"。建立健全旅游诚信经营服务制度、企业资质等级评定制度和失信惩戒淘汰制度等，构建诚信服务机制，发挥旅游行业协会的行业自律和诚信倡导作用，促进旅游诚信经营和诚信服务，维护云南旅游良好形象。

四、云南旅游绿色发展的重点建设工程和项目

1. 实施九大重点建设工程

实施智慧旅游和基础设施建设工程、传统旅游产品提升工程、旅游新业态培育工程、全域旅游富民工程、旅游对外开放工程、市场主体培育工程、旅游商品和装备制造业建设工程、旅游服务质量提升工程、城乡环境整治工程九大旅游重点建设工程，明确建设目标和重点、落实责任单位和建设时限，确保主要任务和各项工作落到实处，加快云南旅游产业转型升级，推动旅游强省建设。

2. 建设项目和投资计划

全省建设项目分为旅游重大重点建设项目428个、旅游基础设施建设项目38个、旅游公共服务设施建设项目5类、旅游城镇体系建设项目145个、旅游特色村建设项目650个等5大类，计划总投资为11485.97亿元。

3. 2019年云南旅游产业的转型升级工程①

2019年，云南积极推进文化、旅游转型升级，特别是在旅游产业转型升级上推出"九大工程"。

"一部手机游云南"完善提升工程　紧盯把云南建设成为世界一流旅游目的地的目标，持续完善提升"游云南"APP平台功能，推动线上线下紧密对接，建设旅游综合管理平台，提高管理服务水平。

旅游厕所建设工程　针对云南厕所管理不到位、分布不均、供给不足的突出问题，

在主要旅游景区新建和改建厕所1660座，全面消除旅游景区旱厕，在全省2条精品自驾旅游示范线路沿线新建和改建厕所48座，在重点旅游城镇新建和改建厕所6000座以上，并全部达到国家A级旅游厕所标准。

智慧景区建设工程　云南将编制智慧景区建设标准，推进旅游景区信息基础设施建设和景区智慧管理、智慧服务、智慧营销等平台建设，强化科技支撑，提升旅游供给品质和游客体验。

旅游品质提升工程　将以全面提升云南旅游服务质量为目标，积极开展涉旅企业诚信评价并实现全覆盖，加快建立诚信评价机制，不断完善云南旅游服务"地方标准"，进一步提升云南旅游品质。

自驾旅游推进工程　为适应游客出行新方式、新要求，云南按照"整条打造、分步实施、分期推出"的思路，优选滇藏、昆曼2条示范线路，全面提升旅游连接道路通达条件和沿线公共服务设施建设，打造自驾旅游新亮点。

康养旅游建设工程　在推进旅游与体育、康养等相关产业深度融合发展方面，将在全省新建和改造提升10条徒步旅游线路，组织举办11个体育旅游赛事活动，提升改造6个温泉养生旅游项目。

全域旅游发展工程　围绕打造世界一流"三张牌"和建设国际一流旅游目的地的目标，积极开展17个省级全域旅游示范区、34个高A级旅游景区创建工作，推动650家精品酒店（客栈、民宿）和50个重大旅游项目建设，推动云南从景点旅游模式向全域旅游模式转型，形成供给完备、结构合理、要素完整的全域旅游供给体系。

文旅品牌塑造工程　以"一部手机游云南"全面上线运营为契机，围绕"云南国际旅游年"宣传主题和"智·游云南"宣传口号，加大旅游宣传营销力度，推介云南十大文旅品牌，打造云南十大节庆活动，提升一批旅游演艺节目，推进一批文旅融合示范项目建设，不断提升全省旅游供给品质和文化内涵。

旅游市场持续严打严管工程　紧盯旅游市场突出问题，以根除"不合理低价游"、加强旅游团队运行监管、加大"诉转案"力度、提高"行刑衔接"效能等为重点，严打严管违法违规行为，持续保持旅游市场秩序整治高压态势，不断提升旅游服务质量。

2019年，云南旅游宣传主题为"云南国际旅游年"，宣传口号是"智·游云南"，将围绕云南国际旅游年开展系列宣传活动，通过"解码—奇遇—探味—茗享"全面诠释新云南。

解码·新云南　用云南非遗、民族、节庆元素，在国际舞台上讲好云南故事。

奇遇·新云南　用云南本土的音乐、赛事、游戏等IP结合特色项目，打造旅游新体验。

探味·新云南　让云南时令物产、饮食文化成为游客选择旅游目的地的一个强大拉力。

茗享·新云南　以茶山故事为主线，以茶山的非凡体验为路径，探索挖掘不一样的云茶文化，研发文旅新产品和新线路。

五、发展云南旅游文化产业

旅游文化产业，是以游客为消费主体，以旅游文化资源为依托，以旅游文化产品为核心，以文化创意创新为手段，以旅游活动方式为载体的现代服务业。2016年11月，云南省人民政府办公厅印发了《云南省旅游文化产业发展规划（2016—2020年）》和《云南省旅游文化产业发展规划实施方案（2016—2020年）》[①]，全面促进旅游文化产业转型升级和跨越发展，实现建成旅游文化强省的总目标。

1. 做强观光游览业

打造一批精品旅游景区　巩固提升昆明石林、西双版纳热带植物园、大理崇圣寺三塔、丽江古城、丽江玉龙雪山、迪庆普达措、腾冲火山热海、昆明世界园艺博览园8个国家5A级景区，推动大理古城、元阳梯田、建水古城、云南民族村、罗平九龙瀑布群、禄丰世界恐龙谷、鹤庆银都水乡新华村、宾川鸡足山、水富西部大峡谷温泉度假区等争创国家5A级景区，巩固提升和创建一批国家4A级景区，力争精品旅游景区达到100个左右。

打造一批生态旅游区　重点建设打造迪庆普达措、梅里雪山、白马雪山、普洱菜阳河、西双版纳、丽江老君山、高黎贡山、临沧南滚河、屏边大围山、昭通大山包、怒江大峡谷、独龙江、楚雄哀牢山、昆明轿子山、大理苍山洱海等一批生态环境优美、休闲度假舒适、避寒避暑、四季皆宜的生态旅游区。

打造一批民族文化旅游园区　巩固提升云南民族村、西双版纳傣族园、昭阳彝族六祖分支祭祖园、鲁甸伊斯兰风情园、罗平布依风情园、楚雄彝人古镇、南华咪依噜风情谷、中国彝族十月太阳历文化园、丽江东巴谷等一批民族文化旅游区，加快建设昆明轿子山彝人圣都、永善马楠苗族文化旅游区、富源古敢水族乡民族文化生态旅游区、牟定彝和园文化旅游区、弥勒东南亚民族文化生态园、西盟佤部落旅游区、勐海贺开古茶拉祜文化景区、大理嘉逸民族文化旅游度假区、云南景颇园、傣王宫遗址公园等一批民族文化旅游园区。

打造一批红色文化旅游区　以红军长征过云南和其他革命历史文化遗址遗迹为依托，重点建设威信（扎西）、寻甸柯渡、会泽水城、禄劝皎平渡、玉龙石鼓渡、元谋龙街渡、镇雄乌蒙回旋战、宣威来宾虎头山、香格里拉金江镇、昆明市"一二·一"四烈士墓、祥云王家庄、彝良英雄故里、麻栗坡英雄老山圣地等一批红色文化旅游区；以抗击侵略者战场遗址遗迹为依托，重点建设腾冲抗战文化旅游区（含国殇墓园）、龙陵松山抗战遗址文化旅游区、怒江驼峰航线旅游区、沧源班洪抗英遗址文化旅游区、畹町南侨机工文化旅游区等一批抗战文化旅游区。

打造一批边境旅游线路　依托跨境旅游合作区和边境旅游试验区建设，重点打造好中国河口县—越南广宁省，中国畹町（瑞丽）市—缅甸腊戌，中国瑞丽市—缅甸八莫，中国瑞丽市—缅甸曼德勒、中国河口县—越南沙巴、中国麻栗坡县—越南河江、中国勐海县—缅甸猛拉、景栋，中国景洪港（水路）—老挝南塔省班相果—老挝波乔省敦蓬—金三角会晒—老挝琅勃拉邦，中国腾冲—缅甸甘拜地—昔董—密支那，中国西双版纳磨憨口岸（陆路）—老挝琅勃拉邦—中国西双版纳国际机场（航空），中国西双版纳国际机场（航空）—老挝琅勃拉邦—中国西双版纳磨憨口岸（陆路），中国西双版纳景洪港（水路）—

① 云南省人民政府办公厅关于印发云南省旅游文化产业发展规划及实施方案的通知[EB/OL].（2016-12-07）[2019-02-07]. http://www.yn.gov.cn/yn_zwlanmu/qy/wj/yzbf/201612/t20161207_27734.html.

老挝琅勃拉邦—中国西双版纳磨憨口岸（陆路），中国西双版纳景洪港（水路）—老挝琅勃拉邦—中国西双版纳国际机场（航空），中国清水河口岸（陆路）—缅甸清水河—果敢—滚弄—腊戌—中国清水河，中国清水河口岸（陆路）—缅甸清水河—果敢—滚弄—中国清水河，中国南伞口岸（陆路）—缅甸果敢—中国南伞，中国勐康口岸（陆路）—老挝丰沙里省—老挝乌多姆塞省—老挝琅勃拉邦省—中国勐康口岸，中国勐康口岸（陆路）—老挝丰沙里省—老挝乌多姆塞省—中国勐康口岸，中国勐康口岸（陆路）—老挝乌多姆塞省—老挝琅勃拉邦省—中国勐康口岸，中国勐康口岸（陆路）—老挝丰沙里省—中国勐康口岸，中国勐康口岸（陆路）—老挝乌德县—中国勐康口岸等边境旅游线路，全面提升边境跨境旅游品质，进一步提高入境旅游规模和国际化水平。

2. 做强休闲度假业

建设一批世界遗产旅游区　着力打造丽江古城世界文化遗产旅游区、红河哈尼梯田世界文化遗产旅游区、三江并流世界自然遗产旅游区、石林世界自然遗产旅游区、澄江帽天山化石群世界自然遗产旅游区、元谋古人类历史文化旅游区、禄丰恐龙文化旅游区等一批世界级遗产旅游区。

建设一批国家、省级旅游度假区　巩固完善昆明滇池、昆明阳宗海、西双版纳3个国家旅游度假区，积极推进大理、玉溪抚仙湖、保山腾冲、丘北普者黑、丽江玉龙雪山、宁蒗泸沽湖、迪庆香格里拉等省级旅游度假区争创国家旅游度假区，积极推动创建一批省级旅游度假区。

建设一批自驾车房车露营地　针对自驾游、家庭游等个性化、品质化、定制化发展趋势，以旅游目的地、高等级公路等为依托，加快建设一批自驾车房车露营地，完善配套服务设施。

建设一批特色休闲街区　以旅游文化城镇建设为依托，结合建设打造旅游型城市综合体，突出地方文化、民族文化和休闲娱乐等特色，重点建设一批文化主题鲜明、旅游内容丰富、休闲环境舒适、功能完善配套的特色休闲街区、休闲广场等。

3. 做强健康养生业

建设一批温泉养生度假区　重点建设提升以安宁温泉养生度假区、阳宗海柏联温泉度假区、腾冲热海温泉旅游区、水富西部大峡谷温泉度假区、洱源大理地热国、弥勒湖泉温泉康养旅游区等一批温泉养生度假区。

建设一批户外运动和体育旅游基地　建设提升中信·嘉丽泽国际度假区、寻甸天湖岛康体旅游区、东川乌蒙巅峰运动公园、昭通大山包国际翼装飞行训练基地、绥江湖滨休闲运动旅游区、弥勒湖泉金秋休闲运动度假区、普洱蓝眉山运动养生旅游度假村、丽江老君山黎明生态康体运动区等一批户外运动和体育旅游基地。

建设一批医疗健康旅游项目　重点建设一批医疗健康旅游项目，打造以治疗、康复、保健、美容等为重点，以休闲度假为补充的"养体养心"医疗健康旅游产品，建成国际著名、国内一流的医疗健康旅游目的地。

建设一批养老养生旅游基地　重点建设一批养老养生基地，大力开发多样化、多层次的养老养生旅游产品，不断丰富养老养生内容，满足日益增加的养老养生旅游需求。

建设一批森林康复疗养产品　大力开发以"天然氧吧""森林康体浴"等为特色的森林康复疗养产品。

4. 做强特色娱乐业

培育打造一批主题游乐园　巩固提升和新建昆明古滇名城水上乐园、石林冰雪海洋世界、云南野生动物园、安宁玉龙湾森林公园游乐园、云南七彩熊猫谷、太平大连圣亚海洋公园、云南杂技马戏城、水富西部大峡谷水上乐园、沾益西河主题公园、麒麟水乡乐园、澄江寒武纪乐园、禄丰世界恐龙谷、禄丰长隆水世界乐园、弥勒湖泉温泉水世界乐园、西双版纳万达水乐园、腾冲国际户外运动乐园、瑞丽湾植物园、丽江雪山花海花卉主题园区等一批旅游文化主题公园和游乐园。

培育打造一批演艺精品名牌　巩固提升以《印象丽江》等为代表的大型山水实景演出类产品；以云南民族村少数民族歌舞表演、"澜沧江·湄公河之夜"原生态歌舞篝火晚会等为代表的景区综艺表演类产品；以《西双版纳傣秀》《丽江千古情》《丽水金沙》为代表的剧场演出类产品；以《云南映象》《走进香格里拉》《梦幻彩云南》等为代表的国内外巡演加驻场演出类产品；以《大理吟》《木府古宴秀》等为代表的宴舞演出类产品；加快打造《云南的响声》《吴哥的微笑》《梦幻腾冲》《我家红河》《天赐普洱》《快乐拉祜》《族印司岗里》《鹤舞高原》、德宏目瑙纵歌、保山巍巍松山等一批旅游文化演艺新产品和杂技、马戏等文化旅游新产品，积极推动旅游度假区、重点景区培育打造一批新的旅游演艺产品和品牌。

培育打造一批民族文化节庆精品　培育打造中国（云南）民族赛装节、彝族火把节、傣族泼水节、白族三月街、哈尼族长街宴、苗族花山节、花腰傣花街节、回族古尔邦节、景颇族目瑙纵歌节、傈僳族阔时节、普米族情人节、独龙族卡雀哇节、佤族木鼓节、佤族摸你黑狂欢节、拉祜族葫芦节等民族文化节庆精品产品。

培育打造一批特色文化旅游活动品牌　积极培育打造德宏中缅胞波狂欢节、墨江双胞胎节、罗平油菜花文化旅游节、南华野生菌美食节、弥勒阿细跳月节、建水孔子文化节、丘北普者黑花脸节、孟连娜允神鱼节、勐海嘎汤帕节、漾濞核桃文化节、鲁甸樱桃文化旅游节、剑川石宝山歌会、丽江三多节、迪庆香格里拉赛马会、德钦新春弦子节、云县澜沧江啤酒节、临沧亚洲微电影艺术节等特色文化旅游节庆活动品牌。

培育打造一批知名体育旅游赛事品牌　培育打造格兰芬多国际自行车赛、昆明高原马拉松赛、"一带一路·七彩云南"国际汽车拉力赛、阳宗海国际高尔夫挑战赛、东川泥石流越野赛、昭通大山包翼装飞行、梅里雪山越野跑、大理铁人三项赛、保山史迪威公路汽车拉力赛、丙中洛—察隅自驾车越野赛、昆明—曼谷汽车拉力赛、异龙湖环湖自行车赛等知名体育旅游赛事品牌。

5. 做强商务会展业

打造区域性国际商务会展中心　加快建设完善昆明滇池国际会展中心配套服务设施，积极推进大理、曲靖、玉溪、楚雄、景洪、丽江等重点城市会展设施建设，着力培育打造以昆明为中心，连接大西南、面向南亚东南亚的区域性国际会展商务经济圈，形成以中国—南亚博览会、中国国际旅游交易会等大型会展为龙头，集各类博览会、展销会和国际国内学术、商业会议为一体的会展商务大格局。

打造会展全产业链产品 鼓励支持跨国集团、大企业集团以云南为总部基地，举办面向南亚东南亚的各类重点展会、大型会议和奖励旅游等；积极引进国内外知名会展企业来滇创办会展企业，鼓励社会资本打造策划、代理、广告、宣传、工程等会展全产业链产品。

打造商务会展旅游文化品牌 培育提升"南博会""旅交会""农博会""文博会"等一批国际商务会展品牌。

6. 做强商品购物业

建设民族民间工艺品加工区 重点建设金银铜锡、木竹藤草、陶瓷泥塑、石雕石刻石砚、刺绣布艺染织等一批民族民间工艺品加工区，构建以"金、木、土、石、布"民族民间工艺品为重点的旅游文化商品体系。

建设旅游文化商品加工企业和基地 重点建设玉溪红塔烟草旅游集团、云县澜沧江啤酒集团、普洱天力士帝泊洱生物茶有限公司、临沧凤庆滇红茶厂、西双版纳勐海茶厂、瑞丽珠宝玉石加工基地、腾冲珠宝玉石加工基地、建水紫陶工艺加工基地、大理下关茶厂、剑川木雕工艺加工基地、红河云南红酒业基地、楚雄民族服装服饰加工基地、迪庆州香格里拉酒业、盈江古根木雕加工基地、陆良蚕丝工艺品基地、双江戎氏茶庄园等一批特色旅游文化商品加工基地。

开发农特旅游文化商品 依托云烟、云花、云茶、云药、云咖啡等特色产业，加大创意设计和市场营销力度，开发符合市场需求的农特产品、特色药材等旅游文化商品。

建设旅游购物街区 以区域中心城市、旅游文化城镇、重点旅游景区等为依托，着力建设打造一批旅游文化商品销售示范街区、购物中心和购物点等。

打造旅游文化商品品牌 建立旅游文化商品品牌认证和发布机制，推动旅游文化商品地域品牌、产品品牌、大师品牌的整体协调和互动提升，打造一批知名旅游文化商品品牌。

7. 做强餐饮住宿业

打造一批民族餐饮文化品牌 传承民族烹饪技艺和方法，开发彝族风味、白族风味、傣族风味等绿色生态、环保健康的特色民族餐饮。

打造一批"滇菜"餐饮品牌 重点打造汽锅鸡、高汤野生菌等一批高端风味滋补名菜，重点打造云南过桥米线、金钱云腿、野生菌等一批独特的美味佳肴。

打造一批云南餐饮名店名企 大胆创意创新餐饮产品，培育特色餐饮品牌，打造一批餐饮名店和餐饮名企，并"走出去"在全国乃至国外开办连锁餐馆，积极引进国际知名餐饮品牌。

积极引进国际知名酒店品牌 积极引进国际品牌酒店、连锁酒店和管理公司，打造丰富多样并与国际接轨的住宿产品，推进绿色饭店申报、创建和评审。

打造一批特色乡村住宿品牌 引导乡村居民大力发展乡村度假酒店、特色客栈、养生休闲山庄、私人定制农庄、农家乐联盟和家庭旅馆等多类型、多层次的乡村休闲度假设施。

8. 做大市场主体

打造旅游文化企业"航空母舰" 积极引进国内外大企业集团与省属国有企业进行战略重组，着力打造在全国有强大竞争力的旅游文化企业"航空母舰"和企业品牌。

打造一批大型旅游文化企业集团 重点打造云南世博旅游控股集团有限公司、省城市建设投资集团有限公司、云南文化产业投资控股集团有限责任公司等一批大型旅游文化企业集团。

打造一批专业旅游文化企业 重点培育10户大中型旅行社企业、20户本土特色旅游餐饮文化企业、50户旅文化精品酒店、10户旅游交通服务企业、20户旅游文化娱乐骨干企业、30户旅游文化景区企业和50户旅游文化商品生产和销售骨干企业、100户创新型旅游文化企业和1000户特色成长型中小旅游文化企业等。

9. 建设产业集群

建设一批旅游文化产业集群区 重点建设大昆明（含玉溪抚仙湖区域）旅游文化产业集群区，大苍洱（大理市和巍山、漾濞、洱源等县）旅游文化产业集群区，西双版纳—普洱旅游文化产业集群区，丽江（含古城区和玉龙、宁蒗、剑川、鹤庆等县）旅游文化产业集群区，香格里拉（含德钦、维西等县）旅游文化产业集群区，保山腾冲（含隆阳区和龙陵、施甸、梁河等县）旅游文化产业集群区，丘北普者黑—广南坝美旅游文化产业集群区，怒江大峡谷—独龙江旅游文化产业集群区，瑞丽江—大盈江旅游文化产业集群区，建水—元阳（含石屏县、蒙自市等）旅游文化产业集群区，楚雄—禄丰（含牟定、南华、双柏等县）旅游文化产业集群区、昭阳—水富（含鲁甸、大关、盐津、绥江、永善、彝良等县）旅游文化产业集群区等。

建设一批旅游文化产业创意园区 重点建设紫云青鸟·云南文化创意博览园、昆明金鼎文化创意产业园、镇雄水晶文化创意园、云南易门滇鉴陶文化创意产业园、龙陵黄龙玉文化产业园区、楚雄永仁·中国苴却砚文化旅游博览园、德宏瑞丽珠宝文化产业园、红河个旧锡文化创意产业园、剑川木雕文化产业园、腾冲文化产业创意园、云南杂技马戏城等旅游文化产业创意园区。

建设一批旅游文化融合示范区 重点建设昆明滇池国际会展中心、七彩云南·古滇文化旅游名城、云南凤龙湾国际旅游度假区、昆明花之城、石林冰雪海洋世界、澄江仙湖山水国际休闲旅游度假园（含立昌旅游文化小镇）、元谋古人类历史文化旅游区、禄丰世界恐龙谷、弥勒红河水乡旅游文化休闲城、普洱茶马古城旅游小镇、万达西双版纳国际旅游度假区、西双版纳告庄西双景旅游文化区、巍山古城旅游文化区、丽江古城旅游区、沧源摸你黑文化狂欢城等一批旅游文化融合示范区。

10. 发展特色城镇和村落

建设发展一批旅游文化名城 重点建设发展昆明、大理、丽江、景洪、腾冲、香格里拉、楚雄、建水、巍山、会泽、昭阳等一批旅游文化名城。

建设发展一批旅游文化古镇 重点建设昆明古滇文化城、官渡古镇、盐津豆沙古镇、昭阳乌蒙古镇、彝良牛街古镇、宣威可渡关古镇、腾冲和顺古镇、施甸姚关古镇、楚雄彝人古镇、禄丰黑井古镇、姚安光禄古镇、大姚石羊古镇、永仁中和古镇、建水西庄古镇、大理喜洲古镇、祥云云南驿古镇、剑川沙溪古镇、云龙诺邓古镇、玉龙石鼓镇、玉龙白沙古镇、广南坝美镇、凤庆鲁史古镇、孟连纳永古镇、临沧茶马古镇等一批特色旅游文化古镇。

建设发展一批旅游文化古村落　优选开发一批文化底蕴深厚、村落保护完好、交通道路便捷的传统村落，着力打造成特色鲜明、吸引力强的旅游文化古村落。

建设发展一批非物质文化遗产传承基地　重点建设打造云南民族村、官渡古镇、昆明牛街庄滇戏博物馆等一批国家级、省级非物质文化遗产传承基地，建设培育一批非物质文化遗产传习中心、传习馆（所）和传承点。

11. 加强交通基础设施建设

建设交通基础设施　推进一批旅游专线公路、旅游景区连接环路、断头路建设，提升4A级以上景区连接公路；推进一批航运设施、沿江码头建设，推进旅游城市慢行绿道、慢行核心区及大众休闲广场建设等。

建设航空快线工程　推进新建、续建、迁建、改扩建21个民用航空机场建设项目及建设10—20个通用机场和直升机场，完善省内旅游环飞航线，开通更多国际国内航线。

12. 加强公共服务设施建设

建设旅游公共设施　新建和改造提升100个游客服务中心，200个游客休息站点、500个自驾车（房车）露营地、500个旅游停车场、2045座旅游厕所及一批无障碍旅游设施，完善提升主要交通干道、交通节点、旅游城镇、特色旅游村、旅游景区景点的旅游标识系统等。

建设基层博物馆　新建和改扩建一批州（市）级综合性博物馆、文物大县博物馆、民族文化博物馆等，加快建立以古迹建筑群为内容的遗址博物馆、专题博物馆、民族文化展示馆等旅游文化设施和乡村文化公共设施。

13. 加快推进信息化建设

建设旅游信息化设施　重点建设云南国际旅游大厦、中国旅游大数据中心、我国面向南亚东南亚网络交易平台和云南旅游应急指挥平台等。

建设文化信息化工程　重点建设云南网拓展升级工程、云南广播电视台数字化工程、云报集团媒体融合全数字化系统工程、云南出版电子商务现代物流心工程、有线电视互联网平台建设工程、广播电视有线无线融合覆盖工程、IPTV升级融合播控平台工程等。

建设智慧旅游试点　重点建设丽江市、昆明市、大理市、景洪市、腾冲市5个智慧旅游试点城市，建设10个以上智慧旅游试点景区、20个以上智慧旅游试点乡村、50个以上智慧旅游试点酒店。

建设创客园区　开展以旅游文化需求为导向的在线旅游文化创新创业，支持旅游文化创新平台、创客空间、创新基地等新型众创空间发展，鼓励支持有条件的地区建立"旅游文化+互联网"创客园区和示范企业，建立创新创业孵化平台等。

14. 加强资源环境保护

实施珍贵文物保护修复工程　积极推进文物保护单位的保护和维修，加强对珍贵文物的日常巡查制度建设，推进珍贵文物修复规范化和常态化，及时抢救修复濒危珍贵文物，优先保护材质脆弱珍贵文物，分类推进珍贵文物保护修复。

实施非遗抢救保护工程 积极开展非物质文化遗产保护、项目申报及传承基地、传习馆（所）建设，制定非遗项目管理办法，修订完善传承人管理办法，加强代表性非遗传承人评审认定，实施非遗传承人群研修培训计划，举办各类非遗田野调查、项目申报、保护区规划编制、数字化抢救记录等培训班。

实施生态环境保护工程 切实加强生态环境保护，扩大旅游循环经济试点，开展绿色环保活动，对生态脆弱的重要旅游文化区、景区点实行游客容量控制和环境监测制度等。

实施城乡环境整治工程 实施旅游文化城镇容貌整治提升工程，建设提升城市休闲公园，营造生态文化景观，加强城镇生态环境绿化美化，加大城镇环境卫生整治力度，完善城镇旅游文化公共服务设施等。实施特色旅游文化乡村环境整治工程，清理村庄道路沿线、公共场所、小景区等可视范围内暴露的垃圾杂物等，整治各类管线，拆除违章建筑，加强乡村公共服务设施建设等。

实施道路沿线环境整治工程 加强高速公路、干线公路、旅游专线和景区连接道路的生态建设和环境绿化美化工作，提高交通沿线休息站点、旅游厕所接待能力和清洁水平，建成绿色旅游走廊。

15. 积极推进开放合作

推进对外开放与合作 重点建设一批跨境旅游合作区和边境旅游试验区，加快组建澜沧江—湄公河旅游城市合作联盟，推进中国—东盟自由贸易区、澜沧江—湄公河次区域、孟中印缅经济走廊、中国—中南半岛经济走廊、昆明—曼谷—新加坡跨国旅游文化廊道及与缅甸、老挝、越南等周边国家的旅游文化合作，加快沿边交通基础设施、口岸设施和配套服务设施建设，简化出入境手续，打造无障碍跨境旅游产品，鼓励省内旅游文化企业"走出去"打造国际精品线路。

推进对内区域合作 深化"泛珠三角"区域、川滇藏"大香格里拉"生态旅游区合作，推进滇川藏金沙江流域旅游区、滇黔桂喀斯特山水文化旅游区等区域旅游文化合作，巩固提升滇沪、滇粤及滇港、滇澳、滇台等旅游文化合作。

第三节 发展云南全域旅游

2018年8月，云南省人民政府办公厅印发的《关于促进全域旅游发展的实施意见》提出，按照"国际化、高端化、特色化、智慧化"的发展目标和"云南只有一个景区，这个景区叫云南"的理念，全面推进"旅游革命"，加快全域旅游发展，实现旅游转型升级，把云南建设成为世界一流旅游目的地。①

①　云南省人民政府办公厅关于促进全域旅游发展的实施意见[EB/OL].（2018-08-30）[2019-02-07]. http://www.yn.gov.cn/yn_zwlanmu/qy/wj/yzbf/201808/t20180830_33769.html.

一、打造全域旅游精品

创建一批全域旅游示范区 加强全域旅游示范区创建工作,重点推动实施50个国家、省级全域旅游示范区创建。

创建一批高A级旅游景区 到2020年,创建5A级景区15个以上,达到5A级创建标准的景区20个以上。每个县级全域旅游示范区创建单位至少有1个以上4A级景区,全省4A级以上景区超过100个。

建设一批国家、省级旅游度假区 到2020年,力争国家级旅游度假区达到10个,省级旅游度假区达到40个。

加快创建一批生态旅游示范区 到2020年,推动创建20个以上国家生态旅游示范区、旅游循环经济示范区等特色生态旅游产品。

打造一批自驾游、徒步精品旅游线路 到2020年,建成200个以上不同规模和类型的汽车旅游营地,打造推出20条以上精品徒步旅游线路,投放各类旅游租赁车辆10万辆以上。

建设一批旅游综合体 推动旅游产业与城市建设融合发展,打造一批休闲度假、会展会议、文化娱乐等不同主题的城市旅游业态集聚区,推动建设20个以上旅游综合体。

创建一批旅游名镇 加快推进城旅融合,依托特色小镇、康养小镇建设,强化旅游功能、完善旅游设施配套和强化管理服务,重点推动创建100个旅游名镇。

培育一批新产品新业态 到2020年,力争建成5个以上国家级体育旅游基地,30个山地运动、水上运动和洞穴探险体育旅游基地,打造10个以上国内知名体育旅游品牌;力争建成20个温泉养生养老度假项目、30个不同类型的养生养老示范项目,10个高端医疗健康项目、30个中医药健康旅游示范项目;推动建设20个通用航空旅游产业基地,形成低空旅游航线30条;重点建设10个以上文化旅游产业园区、主题文化游乐园和红色文化旅游区,打造20条以上民族文化休闲街区。

加快边境跨境旅游建设 到2020年,德宏瑞丽、红河河口、临沧耿马和西双版纳等边境旅游试验区,中老、中缅、中越跨境旅游合作区建设取得实质性进展,打造3条以上在国际市场具有一定影响力的跨境旅游黄金线。

创新开发一批特色旅游商品 积极推动旅游商品与农产品加工、传统工艺美术等深度融合,推动研发一批独具特色的"云南礼物",培育一批创新能力强、品牌影响力大的旅游商品研发、生产、销售企业,提升旅游商品文化、经济附加值。

大力发展精品节庆、演艺、会展旅游产品 重点培育10个国内一流、国际知名的旅游节庆品牌,20个云南特色节庆活动,10个以上精品演艺品牌;积极争取在云南举办有重大影响力的国际性、国家级大型活动,办好中国(昆明)国际旅游交易会、中国—南亚博览会等国际、国内重要展会;支持西双版纳、德宏、红河、保山等沿边州(市)面向周边国家发展会展旅游产品,支持重点旅游城市发展商务会议旅游产品。策划推出一批参与性强、市场认可度高的夜间旅游演艺、文化娱乐活动,推动夜间旅游观光项目建设和产品开发,丰富夜间旅游文化活动。

二、大力发展乡村旅游

推进旅游扶贫和旅游富民　重点推动建设怒江全域旅游扶贫示范州、20个旅游扶贫示范县、30个旅游扶贫示范乡镇、500个旅游扶贫示范村；培育10000户旅游扶贫示范户，到2020年，综合带动80万贫困人口增收脱贫。

创建一批旅游名村　到2020年，创建200个产业兴旺、生态宜居、乡风文明、治理有效、生活富裕的省级旅游名村。

建设一批花田（农业）旅游示范基地　建设一批乡村营地、乡村公园、艺术村、文化创意农园、农家乐、研学旅游基地等，重点创建30个花田（农业）旅游示范基地。

建设一批旅游生态农庄　推动建设100个以上农事体验、田园风光、农产品采摘、文化体验等类型的旅游生态农庄。

培育一批特色民宿客栈　突出云南特色，打造精品民宿品牌，发展生态、文化、休闲度假等主题民宿，重点培育一批品牌乡村精品民宿。

创建一批星级农家乐　推动1万个农家乐提升改造，新增5000个以上农家乐，到2020年，全省星级农家乐达到1万个以上。

培育一批乡村旅游示范户　到2020年，培育1万户乡村旅游示范户。

三、完善旅游公共服务基础设施

构建全域旅游交通体系　到2020年，通往全省4A级以上旅游景区连接公路基本达到二级公路及以上水平，推动开辟更多通往南亚东南亚、欧美澳非主要城市和成熟客源地、目的地的航线，构建覆盖全省主要旅游目的地和集散地的通用通勤航空网络，加强城市与景区之间交通设施建设和运输组织，加快实现从机场、车站、码头到主要景区公共交通的无缝对接，稳步适度发展水上旅游，推动旅游线路的全域串联。

提升公路服务区旅游功能　到2020年，实现10个以上高速公路服务区进入全国百佳示范服务区，50个进入全国优秀服务区行列。

持续推进"厕所革命"　到2020年，在全省主要旅游城市（城镇）、游客聚集公共区域、主要乡村旅游点、旅游小镇、旅游景区景点、旅游度假区、旅游综合体、旅游交通沿线新建、改建旅游厕所3400座以上。

加快停车场、旅游标识、无障碍设施建设　加快停车场、旅游标识等配套公共服务设施建设，建设完善游客主要集散区域无障碍设施。

完善旅游集散与咨询服务体系　在中心城市和重点旅游城市建设25个一级游客服务中心，在重点旅游城镇建设88个二级游客中心。到2020年，形成以一级游客服务中心为核心，延伸至各主要旅游目的地的游客集散与咨询服务体系。

推进公共休闲设施建设　鼓励中心城市和旅游城市规划建设环城市游憩带、休闲街区、城市绿道、慢行系统、休闲广场等，推动主要旅游目的地规划建设符合国际标准的旅游绿道、骑行专线、登山步道、慢行步道等旅游休闲设施。

四、提升旅游品质

加快旅游标准体系建设　制定完善旅游产品业态、旅游要素设施、旅游公共服务、生产运营管理、市场监督管理等领域的"云南标准"，推动云南旅游标准上升为行业标准和国家标准，提升"云南标准"的影响力。

构建旅游服务评价体系 建立旅游服务评价体系，实施旅游服务质量标杆引领计划和服务承诺制度，建立优质旅游服务商名录，创建优质旅游服务品牌。

提升标准化管理水平 推动旅游景区A级创建、旅游接待设施评级、旅游企业品牌创建，推行有关行业的国际服务标准、国际质量认证、国家标准和行业标准，规范服务设施、公共标识系统等外语环境建设。

培育壮大市场主体 重点打造10个以上综合型龙头旅游企业集团，培育100个以上旅游运输、旅行社、旅游景区、旅游商品生产、购物等专业型骨干旅游企业，优选培育1000个以上成长型旅游中小企业。

提升旅游智慧化水平 以"一部手机游云南"建设为抓手，加快推进智慧景区、智慧厕所、智慧停车场、高速公路无感支付等旅游公共服务设施智慧化建设，为游客提供高效便捷、权威诚信的智慧化服务。构建旅游投诉快速处置机制，创新旅游网络营销模式，尽快实现全省范围4G网络全覆盖，主要旅游目的地、重点旅游集散地、主要涉旅场所WIFI全覆盖。

五、加强全域旅游监管

强化旅游市场监管 坚持依法治旅、依法兴旅、依法行政，把旅游市场环境治理纳入社会综合治理范畴，强化属地管理，加快构建全省旅游市场统一监管、分级负责的指挥调度体系，建立旅游监管履职监察机制，严厉打击涉旅违法犯罪行为，强化旅游综合监管考核。

强化旅游安全保障 落实安全监管职责，加强旅游安全制度建设，开展旅游风险评估，建立安全风险管控、隐患排查长效机制，进一步健全完善各项安全应急预案，加强景区最大承载量管理、重点时段游客量调控和应急管理，加强对重点领域、重点环节的安全监管。

强化旅游行业自律 深化旅游行业协会改革，充分发挥行业协会在推进旅游产业转型升级、规范旅游市场秩序、促进旅游行业诚信自律建设中的积极作用，发挥协会联系政府部门、服务会员、推进行业自律的优势功能，建立结构合理、功能完善、竞争有序、诚信自律、充满活力的旅游行业协会体系。

加强导游管理 加强导游队伍建设和权益保护，创新导游激励机制，全面推行导游人员服务质量综合评价办法。

六、推进旅游共建共享

加强旅游资源环境保护 积极推动旅游发展生态化和生态建设旅游化，大力推进低碳旅游和旅游业节能减排，创新生态开发模式，完善生态旅游社区参与机制，加强生态旅游教育培训，提升社区居民素质和从业技能。

推进全域旅游环境整治 加强生态环境绿化美化和景观提升，开展主要旅游交通沿线风貌整治，推进旅游村"三改一整理"（改厨、改厕、改客房、整理院落）行动和垃圾无害化、生态化处理。

实施旅游惠民工程　大幅降低重点国有景区门票及景区内索道、接驳车船价格，落实带薪休假制度，推动博物馆、纪念馆、爱国主义教育示范基地、美术馆、公共图书馆、文化馆、科技馆等免费开放，制定针对特殊人群、特殊时段的旅游价格优惠政策。

营造良好社会环境　营造各地、有关部门和全社会广泛参与的全域旅游发展格局，形成"处处都是旅游环境，人人都是旅游形象"的全域旅游共建氛围，倡导文明旅游，组织开展志愿服务公益活动。

七、强化政策支持

加强规划引领　各地要将全域旅游发展与相关规划相衔接，编制全域旅游发展规划和创建工作方案，制定专项规划或行动计划，建立规划评估与实施督导机制。

加大财政金融支持　积极争取国家财政资金和政策性银行贷款支持，协调金融机构出台支持全域旅游发展的具体措施，制定出台全域旅游发展奖补政策，各州（市）、县、区要加大全域旅游财政支持力度，鼓励有条件的地区通过规范设立产业资金、政府和社会资本合作、特许经营等方式，引导各级各类资金参与支持全域旅游发展。

强化旅游用地保障　将旅游发展所需用地纳入土地利用总体规划、城乡规划统筹安排，适度扩大旅游产业用地供给，优先保障旅游重点项目和乡村旅游扶贫项目用地，依法实行用地分类管理制度。

实施旅游品牌营销　按照"云南只有一个景区，这个景区叫云南"的全域旅游发展理念，整合宣传资源和渠道，利用新媒体和传统媒体，打造跨区域、跨平台、跨终端、智慧化、精准化营销体系，形成全域营销机制，提升"七彩云南·旅游天堂"品牌影响力。

加强旅游人才保障及旅游专业支持　将旅游人才队伍建设纳入重点人才支持计划，加大旅游职业教育发展，推动旅游院校、科研单位、旅游规划单位及各类专业规划研究机构服务全域旅游建设。

八、强化统筹组织

加强组织领导　省旅游产业发展领导小组负责统筹全省全域旅游发展各项工作，研究解决全域旅游发展的重大问题。各地、有关部门要加强组织领导，主动整合部门资源，配套完善措施，确保全域旅游发展有序推进。

强化绩效考核　将全域旅游发展纳入各级政府年度目标责任制考核，要按照年初有计划、年中有检查、年底有考核的总体要求，加强对创建工作的指导和督查。

第二十二章 云南体制跨越发展

要推进云南生态文明建设的步伐，必须从制度上予以保障。坚持市场在配置资源中的决定性作用和更好发挥政府作用，平等保护各类市场主体合法权益，形成有利于跨越式发展和转型升级的体制机制，这是《云南省国民经济和社会发展第十三个五年规划纲要》对云南体制跨越发展提出的要求。

第一节 深化云南省域改革步伐

一、深化云南供给侧结构性改革

坚持需求引导，供给创新，在适度扩大总需求的基础上，着力加强供给侧结构性改革，通过"去产能、去库存、去杠杆、降成本、补短板"等途径，充分释放市场主体活力和内部增长潜能，提高供给体系质量和效率，实现供给需求在经济发展新常态下的调整、对接和更高水平的平衡。

用改革的办法矫正供需结构错配和要素配置扭曲，解决有效供给不适应市场需求变化，使供需在更高水平实现新的平衡。扩大有效供给，提高供给结构适应性和灵活性，改善供给品质，创造新供给、培育新需求。优化要素结构，盘活过剩产能沉淀的劳动力、资本、土地等生产要素，让生产要素从低效领域转到高效领域，从已经过剩的产业转移到有市场需求的产业，实现资源优化再配置，提高全要素生产率。优化投资结构，逐步提高产业投资在全社会固定资产投资中的比重，增强发展的可持续性和后劲。优化轻重工业比重，逐步提高轻工比重，生产更多有市场、与广大人民群众需求相匹配的轻工产品。加强对实体经济发展的支持，开展降低实体经济企业成本行动，实施涉企收费目录清单管理，完善监督机制，坚决遏制各种乱收费行为，切实降低企业制度性交易成本、人工成本、企业税费成本、社会保险费、财务成本、电力价格和物流成本。

二、深化云南行政管理体制改革

推动政府职能转变，协同推进简政放权、放管结合、优化服务，提高政府效能，激发市场活力和社会创造力。

1. 深化行政审批制度改革

进一步简政放权，坚持权力和责任同步下放，调控和监管同步加强，全面清理和取消非行政许可审批项目，做好行政审批项目的"放、管、服"。深入推进省、州（市）、县三级联网联动审批，构建纵横联动协管体系。

2. 推进政府机构改革

统筹机构设置，理顺部门职责，积极稳妥推进大部门制。严格控制机构编制和财政供养人员总量。稳步推进事业单位分类改革。推动公办事业单位与主管部门理顺关系和去行政化，建立事业单位法人治理结构和统一登记管理制度。积极开展行业协会商会与行政机关脱钩改革。加大政府购买服务力度，推进全省公共服务社会化。加快推进党政机关、事业单位、国有企业和金融企业公务用车制度改革。适时开展党政机关和国有企事业单位培训疗养机构改革。探索开展省直管县、扩权强镇改革试点。

3. 建立政府权责清单制度

以行政权力规范化和标准化为切入点，坚持职权法定、权责一致原则，建立健全权力清单、责任清单管理模式，落实国家负面清单管理要求，逐步实现"法无授权不可为、法定职责必须为"，有计划、有步骤地开放政府非涉密数据，建设法治、责任、阳光、效能、服务政府。

三、提升云南省域宏观调控能力和水平

充分发挥战略和规划的引导约束作用，综合运用财政、产业、价格等经济、法律手段和必要的行政手段，引导市场主体预期，促进宏观经济平稳运行和经济结构优化升级。

加强定向调控和精准调控，更好发挥投资的关键作用、消费的基础作用、出口的支撑作用。更好发挥财政政策的支持作用、价格杠杆的调节作用、金融服务实体经济发展的支持作用。促进土地高效配置和合理利用，强化资源环境约束机制和节能减排目标责任制。健全经济形势分析研判机制，及时发现苗头性、倾向性、潜在性问题，提高经济运行预研预判，加强政策储备。加强以煤电粮油气运为重点的要素保障，完善经济运行风险处置预案，创新经济运行调节手段。健全政府定价制度，加强成本监审和成本信息公开，推进政府定价公开透明。完善现代统计体系，运用统计云、大数据技术，提高经济运行信息的及时性和准确性。

第二节　建设云南现代产权制度和培育市场体系

一、加快云南产权制度改革

健全归属清晰、权责明确、保护严格、流转顺畅的现代产权制度，推进产权保护法治化，依法保护各种所有制经济主体财产权和合法权益。

1. 健全产权"三公"交易制度

围绕"有序流转、防止流失、优化配置、提升价值"的目标定位，通过整合机构资源、强化市场功能，构建与全国资本市场接轨的公开产权市场平台，引导各类资产在更大市场领域和范围优化配置。对企业以公开挂牌方式处置资产减少审批，建立完善规则、过程、结果"三公开"的国有产权交易制度，加强资产流转全过程监督，推动国有

产权公开、公平、公正交易，切实加快资产资本化、资本证券化进程，使各类资产产权在有序加速流转中实现优化合理配置。

2. 规范国有企业产权交易及资产处置

构建"风险为导向、制度为基础、流程为纽带、系统为抓手"的企业内控体系，有效发挥内部控制对保障企业稳健经营和防范风险的重要基础作用，建立完善资本化资产动态价值管理办法，落实闲置低效资产分析报告制度，推动资产产权有序流转，控制减少"僵尸企业"。完善市场定价机制，集合企业内部与外部两方面多种监督力量，形成联动互通的协同工作机制，强化对交易主体和交易过程监督。严格国有企业资产重组、股权转让审批程序，规范审计评估基础工作和第三方咨询服务，严控以非公开方式处置企业国有产权及土地使用权、矿业权等特殊大宗资产，推动企业资产管理和资本运作的规范化、"阳光化"。

3. 依法加大产权保护力度

坚持保护产权、维护契约、统一市场、平等交换、公平竞争、有效监管的改革导向，积极加快财产权决定人事权的改革步伐，落实资本在公司治理中的主导地位和基础作用，实现股东投资收益权与资产处置权协调统一，推进产权保护法制化，维护各种所有制经济主体合法权益。切实转变国有出资人履职方式，发挥公司章程的权威性和法定作用，落实企业自主经营权以及股东的知情权、决策参与权和资本收益权，保障非公有制企业和个人财产权不受侵犯。放开竞争性企业国有股持股比例限制，推动国有资本与社会资本融合。

二、推进和深化国有企业改革步伐

以市场为导向，以企业为主体，重组整合一批、创新发展一批、清理退出一批国有企业，大力推进国有企业改革。

1. 健全国有企业现代企业制度

建立健全权责对等、运转协调、有效制衡的决策执行监督机制，实现规范的公司治理。建立国有企业领导人员分类分层管理制度。探索建立职业经理人制度，畅通现有经营管理者与职业经理人身份转换通道。建立国有企业长效激励约束机制。深化企业内部劳动、人事、分配三项制度改革。

2. 分类实施国有企业改革

通过界定功能，将国有企业分为商业类和公益类，实行分类改革、分类发展、分类监管、分类定责、分类考核。商业类企业原则上实行公司制和股份制改革，积极引入其他国有资本和各类非国有资本实现股权多元化，稳妥发展混合所有制经济。国有资本可以绝对控股、相对控股，也可以参股，并着力推进企业上市和整体上市。公益类企业可以采取国有独资形式，具备条件的企业可以推行股权多元化，鼓励社会资本参与经营公共事业。

3. 完善国有资产管理体制

以推进国有资产监管机构职能转变、改革国有资本授权经营体制、推动国有资本合理流动优化配置、推进经营性国有资产集中统一监管为重点，依法履行出资人职责，建立监管权力清单和责任清单，明确职能定位和监管边界，规范监管行为，实现以管企业为主向管资本为主的转变，建立符合市场化、现代化、国际化发展要求的国有资产管理体制。

三、培育完善云南现代市场体系

加快形成统一开放、竞争有序的市场体系，建立公平竞争保障机制，打破地域分割和行业垄断，促进要素自由有序流动、平等交换，提高要素市场化配置效率。

1. 加快培育市场主体

推进要素市场化改革，努力做到资金向市场主体投放，空间为市场主体预留，人才向市场主体流动，技术向市场主体集聚，为市场主体发展提供要素保障。积极探索实现资本、技术、企业家才能有效结合的途径，探索金融资本与产业资本相互融合的形式和渠道。通过深化改革开放，继续简政放权、放管结合、优化服务等，真正放权于基层、企业、市场、社会，激发市场主体发展活力，激发企业家的创新、创业精神。

2. 鼓励非公有制企业发展

支持发展非公有资本控股的混合所有制企业，促进非公有制企业参与国有企业改革，引导非公有制企业建立现代企业制度。制定加快推进非公有制企业进入特许经营领域的具体办法，激发非公有制经济活力和创造力。在金融、油气、电力、铁路、资源开发、粮食仓储、公用事业等领域，持续推出示范带动项目吸引非公经济进入。

3. 规范有序发展混合所有制经济

提高国有资本配置和运行效率，全面推进国有股权开放型、市场化重组，分类、分层稳妥推进国有企业混合所有制改革。引导好少数公益类国有企业规范开展混合所有制改革，推进具备条件的企业实现投资主体多元化。探索在集团层面推进混合所有制，逐步调整国有股权比例。鼓励支持各类资本参与国有企业混合所有制改革，建立依法合规的操作规则。

4. 完善主要由市场决定价格的机制

坚持市场配置资源的决定性作用，全面放开竞争性领域商品和服务价格。按照市场化方向，深化能源、水资源、环境服务、医疗服务、交通运输、公用事业和公益性服务等重点领域价格改革，放开竞争性环节价格。实施有利于节能减排的价格政策，实施水利工程供水价格和农业水价综合改革。政府定价范围主要限定在重要公用事业、公益性服务、网络型自然垄断环节。建立健全行业管理体制改革与价格改革相配套、财政投入与价格调整相协调的机制。建立科学、规范、透明的价格监管制度和反垄断体系。

5. 深化电力体制改革

有序放开输配以外的竞争性环节电价，政府核定输配电价，妥善处理交叉补贴。开展电力市场化交易，组建电网企业相对控股的、开放的昆明电力交易中心，形成公平规范的市场交易平台。有序放开发用电计划，完善政府公益性调节性服务功能。有序向社会资本放开配售电业务，多途径培育市场售电主体。开放电网公平接入，建立分布式电源发展新机制，加强电力统筹规划和科学监管。探索贫困地区居民以留存电量、集体股权方式参与水电开发利益共享机制。

6. 建立城乡统一的建设用地市场

缩小征地范围，规范征收程序，完善被征地农民权益保障机制。扩大市场配置国有土地的范围，减少非公益性用地划拨。在符合规划和用途管制前提下，允许农村集体经营性建设用地出让、租赁、入股，实行与国有建设用地同等入市、同权同价。探索农村集体经营性建设用地流转新模式。

第三节　深化云南财税和投融资改革

一、深化云南财税体制改革

按照"完善立法、明确事权、改革税制、稳定税负、透明预算、提高效率"的基本思路，全面深化财税体制改革，努力建设统一完整、法治规范、公开透明、运行高效，有利于优化资源配置、维护市场统一、促进社会公平、推动可持续发展的现代财政制度。

1. 健全现代预算制度

完善政府预算体系，强化财政资金统筹，构建强化控制、突出绩效的预算编审体系。规范政府债务管理，完善政府债务风险预警机制。强化财政治理，推广政府与社会资本合作（PPP）模式。硬化预算约束，规范预算分配权。实施中长期财政规划管理，增强预算的前瞻性和可持续性。改变预算平衡方式，转变财政对经济的调节方式。改革完善省对下转移支付制度，加大一般性转移支付和定向财力转移支付的规模和比例。深化财政专项资金管理改革，转变财政支持发展方式，构建产业发展投资引导基金体系和财政金融互动政策体系。健全覆盖所有财政性资金和财政运行全过程的监督体系。健全优化使用创新产品、绿色产品的政府采购政策。

2. 完善税收制度

在国家税制改革统一框架下，加强地方税收体系建设，培育地方主体税种，改革税收计划下达方式，逐步推进指导性税收计划。发挥国税、地税各自优势，推动服务深度融合、执法适度整合、信息高度聚合，着力解决现行征管体制中存在的突出和深层次问题，不断推进税收征管体制和征管能力现代化。

3. 健全事权与支出责任相适应的制度

在中央与地方的事权与支出责任划分框架下，合理划分省以下政府间事权与支出责任，形成划分科学、权责对等、集散适度、调控有力的财政资源配置新格局。理顺各级政府事权，将部分外部性较大、统筹要求较高的事权作为省级事权，将部分社会保障、全省性公共服务、跨区重大项目建设维护等作为省与各地共同事权，区域性公共服务作为地方事权，省与各地按照事权划分原则相应承担和分担支出责任。对于应属州（市）

的事权，自身财力难以满足支出责任的，通过一般性转移支付保障其财政支出需求。清理、整合、规范专项转移支付项目，理顺省与各地收入划分，保持现有省与各地财力格局总体稳定。

二、深化云南投融资体制改革

加快构建市场引导投资、企业自主决策、融资方式多样、中介服务规范、政府宏观调控有效的新型投融资体制。

1. 规范政府投资行为

完善政府投资管理制度，实施全口径基本建设财政资金预算管理制度。加大基础设施、新型城镇化、产业转型升级、民生改善等重点领域投资，推动形成市场化、可持续的投入机制和运营机制，提高投资有效性和精准性。健全和完善投资调控体系，加强行业规划、产业政策、信息发布、区域布局等方面的引导。加快建立投资项目纵横联动的协同监管机制。完善社会稳定风险评估制度，健全重大项目审计、稽查、后评价制度，完善责任追究制度。

2. 增加有效投资

创新公共基础设施投资机制，充分发挥财政资金的引导和撬动作用，形成财政资金与社会资金、自有资金与信贷资金共同投入的有效机制。更好发挥投（政府投资）、贷（银行信贷）、融（社会融资）联动机制作用。积极争取国家专项建设基金倾斜支持，继续清理和盘活存量资金。加快政府投资与政策性金融、债券、基金、保险等资金的协调配合。推动全省政府融资平台专项改制进行市场化融资。优化财政资金支持方式，探索由直接支持具体项目向设立投资基金方式支持转变。

3. 扩大社会投资

改革创新企业投资项目管理制度，积极探索企业负面清单管理模式。推广政府与社会资本合作（PPP）模式，创新收益和分配机制，完善社会资本投资收益分享机制，鼓励和吸引社会投资参与公共服务、环境保护、生态建设、基础设施等重点领域建设运营，保障社会资本投资合理收益。

4. 建立健全多层次资本市场体系

加大上市后备资源发掘和培育力度，抓好上市（挂牌）后备资源的梯队建设，鼓励和支持企业多途径上市融资。引导创新型、创业型和成长型中小微企业到全国中小企业股份转让系统、区域性股权交易市场挂牌融资。支持上市公司再融资和并购重组。鼓励企业利用企业债、公司债、私募债和资产证券化等融资工具，拓宽直接融资渠道。规范培育私募市场，鼓励发展创业投资基金和私募股权投资基金，丰富中小微企业融资渠道。强化证券期货行业服务功能，促进资源和涉农行业稳定运行。支持证券期货经营机构广泛参与企业改制上市（挂牌）、债券发行、项目投融资和多层次资本市场建设，进一步拓宽服务实体经济的广度和深度。

5. 深化金融体制改革

推进跨境人民币业务创新、人民币跨境融资和跨境使用先行发展。吸引国内外金融机构来滇设立法人机构、区域管理总部或分支机构。鼓励各类金融机构向基层延伸设立服务机构和网点，培育民营银行，大力推进农村信用社改革。发展绿色金融，充分发挥金融的调节和杠杆作用，推进绿色发展、循环发展、低碳发展。发展普惠金融，开展县域三级金融改革创新和服务便利化试点，加强对中小微企业、农村特别是贫困地区金融服务，提高直接融资比重，有效增强对实体经济的资金供给。规范发展互联网金融。完善保险服务体系和保险经济补偿机制。

强化地方金融风险监管，防范化解金融风险，坚决守住不发生系统性和区域性风险的底线。加强全方位监管，规范各类融资行为，开展互联网金融风险专项整治，坚决遏制非法集资。依法处置信用违约，做好政府存量债务置换工作，推动政府融资平台市场化转型和融资，有效化解政府债务风险。落实属地管理责任和监管部门责任，进一步完善以政府为主导、金融监管部门为主体、执法部门密切配合的金融风险处置化解工作机制，加强风险监测预警。

第二十三章　云南文化繁荣发展

加快云南经济社会发展和科技进步，需要弘扬和传承云南的优秀民族文化，构建文化市场体系，发展文化产业展。截至2019年年末，云南共有各种艺术表演团体108个（国有文艺院团数）、文化馆149个、公共图书馆151个、博物馆147个，全省广播、电视人口覆盖率分别达到98.95%和99.14%，中、短波转播发射台52座，广播电台3座，电视台9座，广播电视台130座，有线电视实际用户402.14万户。[①]云南文化发展取得的成就，有力地促进了云南生态文明建设的进程。

第一节　云南文化发展的方向

为加快推进"十三五"时期文化发展改革，建设民族文化强省，结合云南文化发展的实际，2018年7月，云南省文化厅印发了《云南省文化厅"十三五"时期文化发展改革实施方案》，明确提出了云南文化发展的方向。[②]

一、云南文化发展的原则和思路

1. 云南文化发展的基本原则

坚持党的领导，坚持社会主义先进文化前进方向，坚持中国特色社会主义文化发展道路，坚持依法治国和以德治国相结合；坚持为人民服务、为社会主义服务，坚持百花齐放、百家争鸣，坚持创造性转化、创新性发展；坚持以人民为中心的发展思想和工作导向，坚持创新、协调、绿色、开放、共享的发展理念，坚持把社会效益放在首位、社会效益和经济效益相统一。把握好政治导向，牢固树立"四个意识"，坚定"四个自信"；把握好舆论导向，唱响主旋律，凝聚正能量；把工作做到群众中去，给人以信心和希望，更好地动员全省人民为谱写好中国梦的云南篇章团结奋斗。

2. 云南文化发展的总体思路

紧紧围绕全面建成小康社会这个总目标、服务云南发展新定位这个总要求、建设民族文化强省这个总抓手，强优势、补短板、抓特色、求突破，大力实施文化精品工程，加快构建和完善现代公共文化服务体系、优秀传统文化传承体系、现代文化产业体系、

---

① 云南省2019年国民经济和社会发展统计公报[EB/OL].（2020-04-14）[2020-04-15]. http://www.yn.gov.cn/zwgk/zfxxgk/jsshtj/202004/t20200414_202429.html.

② 云南省文化厅关于印发《云南省文化厅"十三五"时期文化发展改革实施方案》的通知[EB/OL].（2018-08-08）[2019-02-09]. http://www.whyn.gov.cn/publicity/view/41/7341.

现代文化市场体系、对外文化交流体系，做大文化事业、做强文化产业、做优文化产品、做活文化市场、做亮文化品牌，努力走出一条充满活力、凸显实力、独具魅力的边疆民族地区文化跨越发展新路子。

二、云南文化发展的主要目标

通过云南文化的发展改革，使云南人民群众精神文化生活更加丰富，文化参与的广度和深度不断拓展，国民素质和社会文明程度明显提高，与民族团结进步示范区、生态文明建设排头兵、面向南亚东南亚辐射中心建设相适应的文化发展格局基本形成，文化建设在云南经济社会发展中的作用更加凸显。

艺术创作生产持续繁荣发展，推出一批在全国有影响力的精品力作、文化品牌和文艺人才，民族歌舞艺术创作在全国的优势和地位得到巩固发展；现代公共文化服务体系基本建成，公共文化基础设施覆盖到村、基本公共文化服务和产品覆盖到人，公共文化服务标准化、均等化水平稳步提升，公共文化供需有效匹配；优秀传统文化传承体系不断完善，创造性转化创新性发展能力和水平明显提升，云南优秀民族传统文化得到更好保护、传承和利用，走在全国先进行列；文化产业整体实力和竞争力不断增强，文化市场更加繁荣有序，文化创意产品开发取得突破，国家级文化产业示范园区创建工作走在全国前列；基本建成面向南亚东南亚的文化交流中心，文化"走出去"能力明显增强，云南文化的国际影响力明显提高，在国家对外文化交流活动中的地位和作用更加突出；文化治理体系和治理能力现代化水平明显提升，文化管理体制和生产经营机制充满活力、富有效率。

到2020年，在文化基础设施上，州（市）级图书馆中一级馆占比达100%、文化馆中一级馆占比达100%，县级图书馆中三级馆以上占比达100%、文化馆中三级馆以上占比达100%，达到国家设置标准的乡镇（街道）综合文化站占比达100%，综合性文化服务中心村（社区）覆盖率达100%；在艺术创作生产上，入选国家级、国际性重要奖项和重要艺术活动作品5个（舞台艺术作品3个、美术作品2个），京剧、滇剧、花灯、话剧各有优秀保留剧目3台，白剧、彝剧、傣剧、壮剧各有优秀保留剧目1台，"文化大篷车·千乡万里行"送戏下乡惠民演出≥1万场次；在公共文化服务上，人均拥有公共图书馆藏量0.8册，公共图书馆年流通和服务人次1500万，公共博物馆年服务人次2000万，公共电子阅览室覆盖率达100%；在文物博物事业上，全国重点文物保护单位180处、省级文物保护单位400处，国有和非国有博物馆（纪念馆）150个，博物馆年举办陈列展览800个，文物系统文物保护单位开放率达80%；在非物质文化遗产保护利用上，国家级非遗保护名录项目130项、省级非遗保护名录项目500项，国家级非遗代表性传承人120人、省级非遗代表性传承人1500人，国家级、省级非遗生产性保护示范基地25个，国家级非遗保护利用设施项目14个，省级民族传统文化生态保护区100个，全省传承基地及传习馆（所、室）300个；在文化产业发展上，国家级文化产业示范园区1个，纳入国家藏羌彝文化产业走廊重点项目10个；在文化交流合作上，派出国（境）外文化交流项目30个，引进国（境）外文化交流项目5个，"七彩云南·文化周边行"文化交流活动10场次；在文化市场管理上，文化市场信息信用数据库涵盖全省文化市场经营主体的90%，文化市场技术与监管平台在全省县（市、区）文化行政部门和综合执法机构应用率达95%，文化市场管理与服务平台上线率达100%；在文化人才队伍上，公共文化服务机构从业人员培训3000人次，命名云南省优秀青年演员20名。

三、云南文化发展的布局

围绕构建和完善现代公共文化服务体系、优秀传统文化传承体系、现代文化产业体系、现代文化市场体系和对外文化交流体系，加快形成"一核、两群、四线、五廊、七区、十片、多点"的文化发展格局。

一核 充分发挥昆明作为全省政治、经济、文化中心的作用，打造区域性文化交流中心核心区，推动中华文化通过云南更好地走向南亚东南亚，提升云南民族文化的影响力。

两群 以省、州（市）博物馆（纪念馆）为龙头、县（市、区）博物馆（纪念馆）为依托、行业和非国有博物馆为补充、乡村非物质文化遗产展示馆和民俗文化陈列馆（室）为延伸，打造特色鲜明、内容独特、形式多样的博物馆集群和博物馆群落。依托文化资源优势，规划实施一批特色文化产业项目，打造一批有历史记忆、地域特点、民族特色的文化小镇和村寨，推动乡村特色文化产业集群发展。

四线 有效保护和开发利用丝绸之路"南亚廊道"云南段、茶马古道、滇越铁路和滇缅公路4条线性文化遗产，开展文化文物资源调查、规划编制和世界文化遗产价值研究，充分发挥文化遗产在面向南亚东南亚辐射中心建设中的功能和作用。

五廊 推进边疆数字文化长廊建设，提升边境地区公共文化服务能力和国门文化形象；加大国家藏羌彝文化产业走廊云南廊道建设，推动文化与旅游深度融合；建设茶马古道文化长廊，更好地服务和融入国家"一带一路"发展；建设跨境民族文化交流长廊，促进云南与周边国家文化联通、感情互通、民心融通；建设五尺道文化走廊，促进云南与川渝黔的区域文化交流合作。

七区 加大迪庆州、大理州两个国家级文化生态保护实验区建设力度，探索民族传统文化整体性保护与发展的方式路径；完善保山市、楚雄州两个国家公共文化服务体系示范区建设，推进曲靖市、昆明市等地创建国家公共文化服务体系示范区；结合滇越铁路保护利用工程，推动建设碧色寨近现代文化旅游示范区。

十片 加强以丽江古城、红河哈尼梯田为核心的两个世界文化遗产片区的保护和管理；推进以世界文化遗产预备项目"景迈山古茶林"为核心的茶文化生态片区的保护与发展；推进滇越铁路碧色寨车站近现代文物保护片区的保护和建设；规划建设以大理太和城遗址、晋宁石寨山古墓群、剑川海门口遗址、江川李家山古墓群、广南牧宜汉墓遗址、龙陵松山战役遗址等为核心的6个大遗址保护片区。

多点 加大省级民族传统文化保护区、非物质文化遗产生产性保护示范基地、文化产业示范园区（基地）、文化惠民示范村、中国传统村落等建设力度，充分发挥引领性、示范性和带动性作用。

第二节　促进云南文化繁荣发展

促进文明的繁荣发展是生态文明建设的根本要求。《云南省国民经济和社会发展第十三个五年规划纲要》提出，坚持社会主义先进文化前进方向，坚持以人民为中心的工作导向，坚定文化自信，增强文化自觉，加快文化改革发展，推动物质文明和精神文明协调发展，建设民族文化强省。

一、全面提高公民文明素质

加强中国特色社会主义和中国梦的宣传教育，大力弘扬社会主义核心价值观，以德育人、以文化人，全面提升公民文化素质和全社会文明程度。

1. 弘扬社会主义核心价值观

在全省深入开展理想信念宣传教育，使中国梦和社会主义核心价值观更加深入人心，用中国梦和社会主义核心价值观凝聚共识。深化对"四个全面"战略布局、五大发展理念和省委"富民强滇"重大部署的学习宣传，统一思想行动，汇聚发展力量。深入开展爱国主义教育，加强思想道德建设和社会诚信建设，大力弘扬中华传统美德，使爱国主义、集体主义、社会主义思想广泛弘扬，向上向善、诚信互助的社会风尚更加浓厚。积极开展群众性精神文明创建活动，开展全民艺术普及、全民阅读、全民健身、全民科普等公益活动，使人们思想道德素质、科学文化素质、健康素质和文明素质明显提升，为推动全省实现跨越式发展、与全国同步全面建成小康社会提供强有力的思想保证、精神动力和智力支持。

2. 推进哲学社会科学繁荣发展

实施哲学社会科学创新工程，构建具有全球视野、云南特色的哲学社会科学创新体系。组建云南智库战略联盟，以中国（昆明）南亚东南亚研究院等为重点，高起点推进、高水平建设一批高端智库。推进云南省中国特色社会主义理论体系研究中心等理论工作平台建设。加强哲学社会科学理论骨干的培养培训工作。提高社科规划管理科学化水平。

3. 牢牢把握正确舆论导向

坚持正确舆论导向，健全社会舆情引导机制。健全互联网管理体制和工作机制，形成正面引导和依法管理相结合的网络舆论工作格局。加强省级互联网及新媒体管理指挥平台建设，完善省、州（市）、县三级互联网监管体系，提高网络舆情引导和监管预警水平。加强网上思想文化阵地建设，实施网络内容建设工程，发展积极向上的网络文化，净化网络环境。推动传统媒体和新兴媒体融合发展，加快媒体数字化建设，打造一批具有强大传播力、公信力、影响力的现代新型传播媒体。

二、繁荣文化产品创作生产

1. 实施文化精品战略

用社会主义核心价值观引领文艺创作，把爱国主义作为文艺创作主旋律，聚焦中国梦这个时代主题，弘扬云南少数民族文化这一中华民族文化的重要瑰宝，推动创作生产更多有特色，思想性、艺术性、观赏性有机统一的优秀文化产品。牢固树立精品意识，加强创作生产规划引导，提高创作组织化程度。倡导文化工作者"扎根人民、深入生活"，推出讴歌人民、礼赞人民优秀作品的常态化机制。规范实施签约创作、招标创作、跨地联手创作和联合攻关创作，建立完善重点作品创作生产机制。实施云南文化精品工程、当代云南文艺创作工程、民族文化"双百"工程，扶持优秀文化产品创作生产。实施云岭文化名家工程，加强文化人才培养。繁荣发展文学艺术、新闻出版、广播影视事业，坚持重点作品重点扶持、重点项目重点攻关、重点生产主体重点培育，聚焦作品质量、聚力繁荣创作，打造云南文化品牌。加强和改进文艺评论工作。加强修史修志工作。加强地方戏曲保护传承，扶持云南世居少数民族文化艺术精品创作。推动文艺与科技有机融合，拓展艺术空间，增强艺术表现力和感染力。

2. 推进群众文化全面繁荣

充分尊重人民群众主体地位和首创精神，使蕴藏于群众中的文化创造活力充分迸发。健全群众文艺工作网络，发挥基层文艺协会、文艺组织、文化单位在群众文艺创作和文化服务中的引领作用。围绕重要时间节点，精心策划主题活动，提高社区文化、村镇文化、广场文化、企业文化、校园文化、网络文化建设水平，培育积极健康、多姿多彩的群众文化形态，引导群众在参与中自我表现、自我服务、自我教育、自我提高。完善群众文艺扶持机制，壮大民间文艺力量，引导业余文艺社团、民间剧团、演出队、老年大学以及青少年文艺群体、网络文艺社群、社区和企业文艺骨干、乡土文化能人等广泛开展文艺创作和文化服务活动。搭建交流平台、创新载体形式、建立激励机制，展示群众文艺创作成果，提升群众文艺发展水平。鼓励群众文艺与旅游、体育及民俗活动相结合。

3. 引领网络文化健康发展

加强重点文化传播网站建设，运用微博、微信、移动客户端等新型载体，促进优秀作品多渠道传输、多平台展示、多终端推送。创新管理方式，建设监管平台，规范传播秩序，促进网络文化绿色健康。鼓励作家、艺术家积极运用网络创作传播优秀作品、原创作品，推动网络文学、网络音乐、网络戏剧、网络演出、网络影视剧、网络动漫、微电影等新兴文化业态有序发展。

4. 实施文化繁荣发展工程

云南文化精品工程　通过扶持重点作品创作生产，扶持举办示范性重点文艺活动，表彰奖励优秀文艺作品等途径，促进文化精品创作生产。

云岭文化名家工程　在哲学社会科学、新闻出版、广播影视、文学艺术和文物博物、文化经营管理、文化科技等方面，培养选拔具有突出才能的领军人才，到2020年，力争培养造就100名文化名家。

地方戏曲振兴工程　扶持云南世居少数民族各创作1台（个）代表性艺术精品，白剧、彝剧、傣剧、壮剧等世居少数民族剧种各有1台优秀保留剧目，每3年能创作1台新作品，京剧、滇剧、花灯等至少有5台以上优秀保留剧目，并能持续不断推出新作品。定期举办全省新剧（目）展演、全省青年演员比赛、全省花灯艺术周活动。

三、激发文化创造活力

坚持把社会效益放在首位、社会效益和经济效益相统一，以激发文化创造活力为中心环节，进一步深化文化体制改革。

1. 加快文化企业现代企业制度建设

明确不同文化单位的功能定位，继续推进国有经营性文化单位转企改制。加快推动省属国有文化企业加快公司制、股份制改造，完善法人治理结构，建立健全现代企业制度。推动有条件的文化企业实现上市发展，探索国有文化企业职业经理人制度试点。通过政府购买服务、原创剧目补贴、以奖代补等方式扶持已转企的国有文艺院团艺术创作生产。

2. 深化公益性文化事业单位改革

坚持分类指导的原则，深化公益性文化事业单位人事、收入分配、社会保障、经费保障等制度改革，推动公共图书馆、博物馆、文化馆、科技馆等组建理事会。落实中央有关部委对电视剧、纪录片、动画、体育、科技、娱乐等节目栏目实行制播分离的实施办法，在坚持出版权、播出权特许经营的前提下，允许制作和出版、制作和播出分开。吸纳社会资本从事除出版环节以外的图书期刊前期制作和经营发行业务。规范推进党报党刊、电台电视台将广告、印刷、发行等经营部分转制为企业，发展壮大新闻宣传主业服务。

3. 推动文化行政管理体制改革

健全党委领导、政府管理、行业自律、企事业单位依法运营的管理体制，推进政府由办文化向管文化转变，理顺党政部门与其所属文化企事业单位的关系，赋予企事业单位更多的法人自主权。建立健全新型国有文化资产管理体制，实行管人管事管资产管导向相统一。推动州（市）、县、区文化、广电、新闻出版职能和机构整合。

4. 建立健全现代文化市场体系

完善现代文化市场基本管理制度，努力建设统一开放、竞争有序、诚信守法、监管有力的现代文化市场体系。进一步精简规范文化市场行政许可事项。消除市场壁垒，完善文化市场准入和退出机制，鼓励各类市场主体公平竞争、优胜劣汰。增强文化市场发展的内生动力，鼓励多种经营和业态融合，促进区域协作和市场一体化建设。加强市场主体建设，支持各种形式的小微文化企业发展，鼓励和支持民营文化企业向"专、精、特、新"方向发展，推进国有文化企业向现代企业法人治理结构改造，促进文化资源合理流动。培养多层次产品和要素市场，促进文化资源与金融资本、社会资本有效对接，拓展大众文化消费市场。建立健全以内容监管为重点，以信用监管为核心，覆盖文化市场事前事中事后的全过程、全领域监管体系。提高文化市场管理信息化水平。加强行业自律，发挥行业协会在文化市场建设中的作用。深化文化市场综合行政执法改革，完善全省文化市场行政执法机制。

四、弘扬和传承优秀民族文化

围绕民族文化强省建设，建立健全优秀民族民间文化弘扬和保护传承体系，丰富和发展云南民族文化的多样性，促进民族文化繁荣发展。

1. 保护民族文化的多样性

坚持尊重差异、包容多样的民族文化观，强化云南民族文化的保护传承和合理利用。开展全省文化资源调查，加强对传统文化、历史文化、民族文化的研究、挖掘和阐述。实施少数民族传统文化抢救保护工程，建设少数民族文化资源数据库。加强文化保护地方性立法。建立重点文物、非物质文化遗产、民族古籍合理保护开发机制。支持有条件的地区积极申报世界文化遗产、国家历史文化名城名镇名村和全国重点文物保护单位。完善非物质文化遗产项目传承人保护、资助、激励机制。加强民族传统文化生态保护区、民族民间文化艺术之乡和优秀民族文化传承基地、少数民族传统体育项目基地、展示中心、传习馆（所）的建设和管理。加强少数民族语言文字翻译出版工作。振兴传统工艺。实施地名文明遗产保护计划。加强农耕文化的保护与传承，建设一批带动作用明显的农耕文化示范区。

2. 扩大云南民族文化影响力

充分挖掘云南传统民族文化的独特价值和鲜明特色，积极构建与社会主义市场经济体制相适应的有利于民族文化发展的良性机制。汲取云南优秀传统民族文化的思想精髓，按照时代特点和要求，赋予其新的时代内涵和现代表达形式，对其内涵加以补充、扩展、完善，激活其生命力，增强其影响力和感召力。把传承弘扬优秀民族民间文化融入新型城镇化、新农村和美丽宜居乡村建设，发展有历史记忆、地域特色、民族特点的美丽城镇、美丽宜居乡村。加强面向南亚东南亚人文交流中心和国际传播能力建设，创新对外传播、文化交流、文化贸易方式，讲好民族故事，传播云南声音。

第三节　加快云南文化发展的步伐

《云南省文化厅"十三五"时期文化发展改革实施方案》明确提出了加快云南文化发展的步伐、促进云南文化繁荣发展的具体措施。

一、促进艺术创作繁荣发展

1. 把握正确创作导向

坚持社会主义先进文化前进方向，牢固树立以人民为中心的创作导向，坚持"二为"方向和"双百"方针，以中华优秀传统文化为根脉，以社会主义核心价值观为引领，以创作生产优秀产品为中心环节，加强云南重大革命和历史、现实生活、民族团结进步等题材创作，抓好中国梦和爱国主义主题文艺创作，讲好国家民族宏大故事，讲好云南改革开放生动故事，讲好百姓身边日常故事。倡导讲品位、讲格调、讲责任，抵制低俗、庸俗、媚俗。建立健全支持文艺工作者长期深入生活、扎根基层的长效保障机制，深入开展"教、学、帮、带"活动。

2. 创作生产优秀文艺作品

加强艺术创作生产规划和资源统筹，围绕"三出三评"（出精品、出人才、出效益，评奖、评论、评价），深入实施当代云南文艺创作工程、云南文化精品工程，积极争取国家艺术基金资助，加大对具有示范性、引领性作用原创精品的扶持力度，着力推出一批知名文化品牌。着力加大对现实题材艺术创作生产的引导和扶持力度，建设现实题材舞台艺术创作选题库，推出更多接地气、扬正气、有人气的优秀艺术作品。围绕党和国家重要时间节点，开展主题创作和展演展览活动。加大对剧本创作的扶持，新创、征选和储备一批优秀原创剧本，并积极推动投排。加强云南美术创作风格和内涵研究，提升美术馆专业化建设能力，提高创作和展览水平，推动形成"云南画派"。

3. 弘扬云南优秀民族传统艺术

实施云南地方民族戏曲振兴行动，加大对京剧、滇剧、花灯剧及少数民族剧种扶持力度，加强重点戏曲院团建设及剧种的传承、创作、演出及人才培养、理论研究、传播推广，鼓励地方民族戏曲流派及风格样式创新。实施云南民族民间歌舞乐扶持工程，抢救保护和挖掘整合云南民族音乐舞蹈资源，推出一批主题民族音乐舞蹈作品，打造具有鲜明云南风格和特色的传统艺术品牌。推动云南艺术档案建设，收集、整理和利用云南不同时期艺术活动形成的具有保存价值的各类史料，为云南文艺传承创新提供借鉴和支持。

4. 创新艺术创作生产机制

发扬学术民主、艺术民主，提升文艺原创力，推动文艺创新。采取委托创作、签约创作、招标创作、跨地联手创作和联合攻关创作等方式，实行重点作品重点扶持、重点人才重点培养、重点项目重点攻关、重点主题重点培育，不断完善精品创作生产机制。积极探索签约艺术家制度、重大文艺活动政府采购制度、重点剧目制作项目制、文艺领军人物项目负责制及"央地合作""省地合作"新模式。建立健全艺术交流合作机制，加强与国内外知名文艺院团、艺术机构、名家大师的合作。加强全省艺术科学研究规划及项目管理。

5. 完善文艺评价激励机制

进一步健全艺术评价体系，深化文艺评奖制度改革，进一步完善全省新剧目展演、青年演员比赛、民族民间歌舞乐展演、群众文化"彩云奖"等评奖机制，充分发挥文艺评奖的导向激励作用。加强马克思主义文艺理论与评论建设，加强文艺评论阵地、评论队伍建设和理论研究，发挥好《民族艺术研究》的艺术评论功能。

6. 加强优秀作品传播推广

加强对全省文艺活动的统筹，办好品牌艺术活动和重要文艺赛事。加大文艺作品宣传推广力度，开展获奖作品巡演巡展系列活动。创新艺术传播渠道，推动传统文艺与网络文艺创新性融合，促进优秀作品多渠道传输、多平台展示、多终端推送。深入开展文艺惠民演出活动，充分发挥"红色文艺轻骑兵"和"文化大篷车"的作用。持续推进地方民族传统戏曲进校园进乡村和高雅艺术进校园活动。

7. 推动国有文艺院团深化改革创新发展

以新的理念和体制机制组建云南演艺集团。推动各级文艺院团建立健全艺委会，促进形成科学的艺术决策机制。建立文艺院团考核评价指标体系，开展考核评估工作。积极探索和推动经典剧目演出、演出季演出、驻场演出、小剧场演出等，鼓励有条件的文艺院团推出优秀剧目演出的经典版、驻场版、巡演版。

8. 艺术创作生产工程

舞台艺术精品创作 制定全省舞台艺术创作规划和年度重点创作剧目选题计划，建立舞台艺术创作题材库和重点扶持剧目目录，打造原创精品剧目，支持复排演出优秀保留剧目。"十三五"期间，重点推出40部以上大型舞台艺术原创作品，力争5部以上作品入选全国性、国际性奖项或重要艺术活动。

云南地方民族戏曲振兴行动 开展戏曲剧种普查，抢救、保护戏曲文献资料。实施"名家传戏"，开展"戏曲名家走基层"活动，设立艺术名家工作室。加大对各级非物质文化遗产保护名录中传统戏曲项目的扶持力度。将地方戏曲演出纳入基本公共文化服务目录，推动戏曲进校园、进乡村。加强戏曲教育工作。"十三五"期间，扶持云南世居少数民族各创作1台（个）代表性艺术精品；白剧、彝剧、傣剧、壮剧各有1台优秀保留剧目，每3年创作1台新作品；京剧、滇剧、花灯等各有3台以上优秀保留剧目，并持续不断推出新作品。

云南民族民间歌舞乐扶持工程 开展全省民族民间歌曲、器乐和舞蹈的补充调查，建立云南少数民族艺术资源数据库，扶持重点民族歌舞、音乐文艺院团，组织重点剧（节）目创作演出。"十三五"期间，重点扶持3部以上原创民族舞剧，编创和提升20部跨领域综合歌舞节目，创作20部云南独有乐器独奏（合奏）作品、5—8部民族音乐剧，力争云南每个世居少数民族有1—2个本民族代表性声乐作品。

打造"云南画派" 实施美术创作提升计划，推动美术创作、研究、评论工作和美术人才队伍建设，力争创作100件以上优秀美术作品。实施美术收藏计划，以滇籍美术名家为重点建立美术收藏目录，开展作品和资料文献征集工作。实施美术展览提升计划，每年推出馆藏精品展出季，每两年在昆明举办一次双年展，每三年在国家美术馆举办一次作品展，每五年在全国开展一次巡回展。

办好重要文艺活动和赛事 办好云南省新剧目展演、云南省青年演员比赛、云南省花灯滇剧艺术周、云南省民族民间歌舞乐展演、云南省少数民族文艺汇演、云南省传统戏剧曲艺会演、云南省小剧场话剧全国邀请演出展、中国原生民歌节、昆明美术双年展等文艺活动和赛事。积极争取举办、承办和合办更多的国内外艺术展演和比赛，打造新的艺术活动品牌。

二、构建现代公共文化服务体系

坚持政府主导、社会参与、重心下移、共建共享，以人民群众基本文化需求为导向，以基本公共文化服务标准化均等化为突破口，补短板、填空白、强弱项，注重有用、适用、综合、配套，统筹建设、使用与管理，加快构建现代公共文化服务体系，全面推动文化小康建设。

1. 全面推进基本公共文化服务标准化均等化

以县（市、区）为基本单位全面落实基本公共文化服务国家指导标准和云南实施标准。健全公共文化设施运行管理和服务标准体系，制定基本公共文化服务清单，规范各级各类公共文化机构服务项目和流程。以标准化促进均等化，填平补齐公共文化资源，加大农村公共文化产品和服务供给力度，推进区域之间、城乡之间公共文化服务均衡协调发展。重视特殊群体文化权益，开发和提供适合老年人、未成年人、残疾人、农民工、农村留守妇女儿童、生活困难群众等特殊群体的公共文化产品和服务。推进我省国家公共文化服务体系示范区（项目）创建工作，打造公共文化服务品牌。

2. 完善公共文化设施网络

以公共图书馆、文化馆、博物馆、乡镇（街道）综合文化站、村（社区）综合性文化服务中心为重点，以流动文化设施和数字文化设施为补充，统筹规划、均衡配置，完善省、州（市）、县（市、区）、乡镇（街道）、村（社区）五级公共文化设施网络，县级公共图书馆、文化馆达到国家建设标准。采取盘活存量、调整置换、集中利用等方式，加快推进村（社区）综合性文化服务中心建设。加强流动服务点建设，配备流动文化服务设备器材，推动流动服务常态化。

3. 提高公共文化服务效能

创新公共文化管理体制和运行机制，充分发挥各级公共文化服务体系建设协调组的作用，推动基层党委和政府统筹实施各类重点文化工程和项目。加快推进以县级文化馆、图书馆为中心的总分馆制建设，促进资源共建共享和有效利用。提升公共图书馆、博物馆、文化馆（站）、美术馆等公共文化设施免费开放服务水平，提高群众参与程度。推动公共数字文化建设，加快数字图书馆、文化馆、博物馆、美术馆和公共电子阅览室建设。实施"互联网+公共文化服务"，建成"文化云南云"公共文化大数据平台。推进公共文化机构互联互通，开展公共文化"一卡通"服务，实现区域文化共建共享。建立健全群众文化需求反馈机制，推广"按需制单、百姓点单"服务模式，建立健全配送网络。建立健全基层公共文化服务监督评价机制，开展公共文化服务效能评估，探索建立第三方评价机制。

4. 推动公共文化服务社会化发展

促进公共文化服务项目化管理、市场化运作、社会化参与，激发各类社会主体参与公共文化建设的积极性。建立健全政府向社会购买公共文化服务工作机制，逐步拓宽购买范围。运用政府与社会资本合作、公益创投等多种模式，支持企业、社会组织和个人提供公共文化设施、产品和服务，推动有条件的公共文化设施社会化运营。充分发挥城乡基层群众性自治组织的作用，调动多方力量共同参与基层文化的管理和服务。鼓励和引导社会力量在符合条件的情况下，合理利用历史街区、民宅村落、闲置厂房等兴办公共文化项目。培育和规范文化艺术领域行业组织，引导其依法依规开展公共文化服务。加快推进各级文化志愿服务组织机构建设，提高文化志愿服务规范化、专业化和社会化水平。鼓励群众自办文化，支持成立各类群众文化团队。鼓励社会力量捐助公共文化设施设备。

5. 加大文化扶贫和文化小康工作力度

与脱贫攻坚战略相结合，精准实施文化扶贫。加快实施《"十三五"时期云南贫困地区公共文化服务体系建设实施方案》《云南"十三五"时期文化扶贫工作实施方案》，加大资金、项目、政策倾斜力度，实施一批公共文化设施建设项目，推动贫困地区公共文化建设跨越发展。加快推进贫困地区百县万村综合服务中心覆盖工程，补齐公共文化服务短板。建立健全"结对子、种文化"工作机制，加强城市对农村、民族地区文化建设的帮扶。推进"服务农民、服务基层"文化建设先进集体创建活动。

6. 加强边境地区文化建设

加强边境地区公共文化设施建设，实施边境县村级综合文化服务中心覆盖工程、"国门文化"建设工程。加快实施国家边疆万里数字文化长廊建设，建设一批数字文化驿站。加大边境地区文化遗产保护力度，推进文化遗产保护利用设施建设。挖掘和保护边境特色文化资源，扶持特色文化产业发展。建立边境地区文化市场执法协作机制，加大违法案件查办力度，维护文化安全。支持边境地区与周边国家开展形式多样、内容丰富的文化交流与合作，发展文化边贸。开展文化志愿者边疆行活动。

7. 广泛开展群众文化活动

完善群众文艺扶持机制，实施群众文艺创作提升计划，推动全省群众文艺创作繁荣发展。发挥基层文艺组织、文化单位在文化服务中的引领作用，培育积极健康、多姿多彩的社会文化形态。围绕重要时间节点，精心策划主题活动，打造示范性强、带动力大的群众文化活动品牌，提高社区文化、乡村文化、企业文化、校园文化等建设水平。挖掘传统节日、民族节庆、民俗活动资源，支持开展特色浓郁、群众广泛参与的文化活动。加强文化艺术普及工作。鼓励和扶持各类社会团体和机构开展群众性文化活动。引导广场文化活动健康、规范、有序开展。

8. 推进公共文化服务体系建设

重点公共文化基础设施建设 加快推进省话剧院迁建、云南文化艺术职业学院改扩建、省美术馆新馆提升改造等，积极争取省花灯剧院综合业务用房维修改造。对未建成或未达标的县（市、区）公共图书馆、文化馆进行新建和改扩建。推动县（市、区）国有文艺院团综合排练场所建设。到2020年，"两馆一站一中心"（图书馆、文化馆、乡镇综合文化站、基层综合性文化服务中心）达到国家规范化建设标准。

基层综合性文化服务中心建设 采取盘活存量、调整置换、集中利用等方式，整合建设集宣传文化、党员教育、科学普及、图书阅读、普法教育、体育健身等功能于一体的基层综合性文化服务中心，配套建设文体广场并配备阅报栏（屏）、灯光音响设备、广播器材、体育健身设施等。

"国门文化"建设工程示范项目 建设一批边境口岸国门文化交流中心、边民互市点（边境通道）国门文化友谊广场、边境较大自然村国门文化交流设施。

公共文化品牌建设 办好农民文化素质教育网络培训学校，推进农民演艺协会建设。持续开展"百团千队万场""文化大篷车·千乡万里行""彩云奖"评选及巡演、"大家乐"群众文化广场舞等活动，办好农民工文化节，创建一批老年大学示范校。

文化艺术普及计划 实施文化艺术普及技能提升培训工程，发挥各级文化馆、文艺院团、艺术院校作用，开展面向基层、面向学校的全民文化艺术普及活动和公益性演出。推动在高等院校和中小学普及艺术教育，持续推进高雅艺术进校园。依托公共文化机构开展多种形式的公益性艺术培训，规范引导社会艺术水平考级健康发展。

三、加强文物保护利用

全面贯彻"保护为主、抢救第一、合理利用、加强管理"的文物工作方针，切实加大文物保护力度，深入挖掘和系统阐发文物所蕴含的文化内涵和时代价值，推进文物合理适度利用，使文物保护成果更多惠及人民群众，推动中华优秀传统文化创造性转化和创新性发展。

1. 加强不可移动文物保护

实施国家修订完善的文物保护单位认定标准，进一步规范不可移动文物的调查、申报、登记、定级和公布程序。实施危急文物抢救保护工程，支持各地对存在重大险情的各级文物保护单位和尚未核定公布为文物保护单位的不可移动文物实时开展抢救性保护。加强文物保护单位日常巡查和监测，注重日常管养和维修。重视革命遗址、云南抗战遗迹等文物保护单位认定和维修保护，建立云南革命文物资源目录，加强对云南革命文物的研究阐释。加强对少数民族传统村落及民居建筑中的文物认定和维修保护。加强城乡建设中的文物保护，保护历史文化名城（镇、村、街区）和传统村落的整体格局和历史风貌。严格审批涉及各级文物保护单位建设控制地带和地下文物埋藏区的建设项目。加强基本建设中的文物考古调查、勘探、发掘和文物保护，做好边境一线和少数民族地区考古工作。规范文物保护工程管理，依法实行确保工程质量的招投标方式和预算编制规范，推行文物保护规划、维修工程方案第三方评审，强化文物保护项目经费绩效管理。加强文物保护单位"四有"工作。

2. 加强可移动文物保护

开展馆藏珍贵文物修复保护，及时修复濒危珍贵文物，优先保护材质脆弱珍贵文物。实施文物预防性保护工程，不断完善省、州（市）级博物馆和重点文物收藏单位的文物监测、抗震防护和保护管理工作。开展云南经济社会发展变迁物证征藏工作，重点征集新中国成立以来反映云南经济社会发展的重要实物。重视征集收藏少数民族文物、近现代纪念性文物，探索建立我云南民族文物分类和定级标准。加强古籍保护工作，加强云南历史文化古籍保护、民族文化古籍保护及善本再造，建立健全古籍普查、修复、保存、宣传、利用工作机制，推进古籍资源数字化。

3. 推进博物馆建设

实施云南博物馆集群和博物馆群落建设工程。支持革命老区、民族地区、贫困地区和边境地区博物馆建设，支持云南特有少数民族博物馆建设。鼓励在云南民族传统文化生态保护区、中国传统村落和中国少数民族特色村寨依托民居设立博物馆。实施博物馆展陈水平提升计划，不断提高展陈质量和藏品展出效率，促进馆藏展览交流共享；鼓励各级各类博物馆、文物收藏单位举办民族文物陈列；鼓励世界文化遗产地、文物保护单位、革命遗址等管理单位举办展陈活动。积极开展智慧博物馆建设，利用科技手段增强展览效果，提高展览的互动性和观众参与性。丰富博物馆服务内容和形式，加强博物馆讲解培训和志愿服务，增强博物馆吸引力和影响力。

4. 加强文化遗产保护管理和评估

加强对丽江古城、红河哈尼梯田的管理和监测。加快推进景迈山古茶林申报世界文化遗产工作，力争早日确定为我国申报世界文化遗产的年度项目并成功入选。实施茶马古道保护工程，维修展示茶马古道遗迹遗物，提升茶马古道保护利用水平。开展滇越铁路（包括个碧石铁路）、滇缅公路的世界文化遗产价值评估，开展丝绸之路"南亚廊道"云南段文化遗产资源调查，持续推进碧色寨等滇越铁路沿线重点文物的维修保护。

5. 加强文物安全管理

实施文物平安工程，完善文物建筑消防设施和古遗址、古墓群、石窟寺、石刻等防盗防破坏设施，完善文物收藏单位的技术防范设施和制度建设，提高抗安全风险能力。落实文物保护单位和文物收藏单位的管理主体责任，健全县、乡、村三级文物安全管理网络，逐级落实安全责任。发挥乡镇（街道）综合文化站作用，完善文物保护员制度，探索实行政府向社会购买日常看护巡查文物服务。加强文物安全监督工作，推动落实文物安全管理规定和"一项一策"等文物安全管理措施。

6. 拓展文物利用

深入挖掘文物价值内涵，发挥文物在传播优秀传统文化、引领社会文明风尚和社会主义核心价值观建设中的作用。与教育部门合作，建立中小学生定期参观博物馆长效机制，鼓励在博物馆组织"第二课堂"和社会实践活动；鼓励有条件的博物馆开展流动服务；支持文物考古单位、影视拍摄机构及有关组织举办考古夏令营、考古探秘、考古题材微电影拍摄、考古发掘报道等活动；实施"互联网+中华文明"行动计划，丰富人民群众尤其是广大青少年的精神文化生活。加强对工业遗产、老字号店铺等新型文化遗产的调查、认定和保护，将其开辟为参观和旅游场所，延续城市历史文脉、提升城市品位；对中国传统村落中的文物建筑分别实行整体保护、风貌保护、本体保护，切实保护好其原有格局和传统风貌，实现文物保护与使用功能延续、居住条件改善相统一。推进文物保护与旅游产业融合发展，积极推动文博创意产品开发。切实加强对文物市场和社会文物鉴定的规范管理，促进文物拍卖市场健康发展。

7. 鼓励社会力量参与文物保护

落实国家有关规定，积极指导和支持城乡群众自治组织保护管理使用区域内已核定公布或尚未核定公布为文物保护单位的不可移动文物。对社会力量自愿投入资金保护修缮州（市）、县级文物保护单位和尚未核定公布为文物保护单位的不可移动文物的，在不改变所有权的前提下，依法依规给予一定期限的使用权。积极培育以文物保护为宗旨的社会组织，发挥文物保护志愿者作用。鼓励民间合法收藏文物，支持非国有博物馆发展。提高对重大文物保护工程实施的公众参与度，充分听取专家和公众的意见建议。

8. 开展文物保护利用工程

考古遗址建设　支持大理太和城遗址、晋宁石寨山古墓群、剑川海门口遗址、江川李家山古墓群、广南牧宜汉墓遗址、龙陵松山战役遗址等进行规划建设，并积极申报国家考古遗址公园。

名人故旧居保护工程　调查全省名人故旧居情况，按照分类保护的原则，加强对名人故旧居的抢救、保护和合理利用。

数字博物馆建设　利用数字化手段和互联网技术，对馆藏文物进行数字化处理，建设数据库，实现文物信息共享。开展网上博物馆建设，提升博物馆藏品及展陈的宣传能力和水平。

文物数据库建设　依托省博物馆建立云南馆藏文物数据库，依托省考古所建立云南不可移动文物数据库，负责全省可移动文物和不可移动文物的信息登录和数据库建设。

四、提高非物质文化遗产保护传承水平

坚持"保护为主、抢救第一、合理利用、传承发展"的工作方针，完善非物质文化遗产保护制度，加大云南优秀民族传统文化保护传承力度，更好地传承弘扬中华优秀传统文化。

1. 加大非物质文化遗产项目保护力度

健全非物质文化遗产保护名录体系，实施非物质文化遗产代表性项目和代表性传承人记录工程。推荐具有重大保护价值的非物质文化遗产申报国家级保护名录和联合国"人类非物质文化遗产代表作名录"。推进迪庆州、大理州国家级文化生态保护实验区建设，启动省级民族传统文化生态保护区建设，提高整体性保护利用水平。传承发展提升农村优秀传统文化，切实保护好优秀农耕文化遗产，把更多符合条件的农事活动习俗评审公布为非物质文化遗产保护项目。积极探索与周边国家联合申报、联合保护同源共享的非物质文化遗产。

2. 增强非物质文化遗产传承活力

实施非物质文化遗产传承人群研修研习培训计划，扩大传承人群，提高传承能力，形成传承梯队，增强传承后劲。积极探索"双向培养"机制，把戏曲院团具备条件演员培养成非物质文化遗产传承人，把具有发展潜质的表演类非物质文化遗产传承人培养成文艺院团特邀演员。逐步提高各级非物质文化遗产项目代表性传承人的传承工作补助标准，鼓励其带徒授艺、组织传习和开展培训。将非物质文化遗产保护纳入国民教育体系，在有条件的普通高等院校、职业院校开设相应专业和课程，并在招生录取上给予照顾。鼓励非物质文化遗产项目代表性传承人参与教育教学。更加注重非物质文化遗产理

论研究，积极开展学术交流活动。

3. 推动保护传承更好地融入经济社会发展

充分发挥传统音乐、传统舞蹈、传统戏剧曲艺、传统医药、传统体育游艺和杂技类项目在社区、旅游景区（点）等建设中的作用。对具有发展潜力和市场前景的传统技艺、传统美术及传统医药类项目进行生产性保护，打造具有民族特色的传统工艺品牌。支持家庭作坊式的保护传承，鼓励企业开展以保护核心技艺为重点的生产性保护传承。鼓励企事业单位与保护责任单位合作，对项目和传承人进行展示宣传。鼓励企事业单位、大中专院校、旅游企业等合理利用非物质文化遗产资源进行文化创意产品开发。鼓励和支持社会力量在符合规定的条件下积极参与非物质文化遗产保护工作。充分发挥非物质文化遗产在对外文化交流中的作用。

4. 提升非物质文化遗产宣传展示展演水平

将非物质文化遗产保护成果展示纳入公共文化服务体系建设内容，充分利用公共文化机构举办经常性的非物质文化遗产实物展览、图片展示、技艺展演、学术讲座等活动。联合教育部门，将非物质文化遗产宣传教育作为对学生进行爱国主义和社会主义核心价值观教育的重要内容；联合新闻出版广电、旅游发展等部门，加强对非物质文化遗产及保护传承方面的知识普及、宣传报道和景区（点）开放服务。深入开展非物质文化遗产进校园、进社区、进景区（点）活动。在重要节庆、重大活动期间集中开展非物质文化遗产宣传展示展演。

5. 加强非物质文化遗产保护管理工作

加大检查考核力度，推行非物质文化遗产保护责任评估。推动各地设立或明确非物质文化遗产保护专门机构，配备与工作相适应的专职人员。加大培训力度，提高非物质文化遗产保护工作人员专业能力和业务水平。制定和推行非物质文化遗产保护工作规范和标准，完善非物质文化遗产保护名录推荐评审和代表性传承人认定标准，规范非物质文化遗产项目调查、申报、评审、公布、建档等程序。制定出台非物质文化遗产田野调查工作规范、非物质文化遗产保护名录及代表性传承人档案建设规范、非物质文化遗产保护名录管理办法、非物质文化遗产项目代表性传承人认定与管理办法、非物质文化遗产保护专项资金管理办法等。探索建立非物质文化遗产保护名录和代表性传承人退出机制。加强非物质文化遗产知识产权保护，开展非物质文化遗产知识产权维权援助。完善非物质文化遗产实物、资料的征集和保管制度。

6. 夯实非物质文化遗产基础工作

深化非物质文化遗产资源调查，加强非物质文化遗产数据库建设和信息共享。加强各级各类非物质文化遗产保护传承基地、传习馆（所、室）建设。建立云南省非物质文化遗产博物馆或活态展示中心，鼓励各州（市）、县（市、区）建立非物质文化遗产展示馆或展示中心。促进非物质文化遗产博物馆、展示馆或展示中心建设与民族博物馆建设相结合。选择一批具有较好传承潜力、与当地经济社会发展结合紧密且面临一定困难的非物质文化遗产项目，支持其改善保护、传承和利用的设施条件。

7. 开展非物质文化遗产保护传承工程

非物质文化遗产保护名录体系建设 逐步完善各级非物质文化遗产保护名录的类别构成、民族构成和地域构成，形成以国家级和省级名录为重点、州（市）级名录分布合理、县级名录基础良好的金字塔结构。到2020年，力争云南国家级保护名录增至130项以上，省级保护名录增至500项以上。

省级民族传统文化生态保护区建设 科学制定保护区规划，启动省级民族传统文化生态保护区建设。鼓励州（市）、县（市、区）政府设立民族传统文化生态保护区。到2020年，力争省级民族传统文化生态保护区达到100个。

非物质文化遗产保护利用设施建设 加快推进各级各类非物质文化遗产保护传承基地、传习馆（所、室）建设，开展非物质文化遗产展示基地创建。到2020年，力争云南国家级和省级非物质文化遗产生产性保护基地达到25个，传承基地和传习馆（所、室）达到300个以上，展示基地达到5个以上。

非物质文化遗产传承人群研修研习培训 委托高校和相关单位，开展非物质文化遗产项目代表性传承人群研修研习培训，增强传承发展后劲。到2020年，力争云南国家级代表性传承人达到120人，省级代表性传承人达到1500人。

五、推动文化产业加快发展

加快发展文化产业，促进产业结构优化升级，提高规模化集约化专业化水平，加快构建现代文化产业体系，培育形成新的经济增长点，推动文化产业成为云南国民经济支柱性产业。

1. 突出特色优势文化产业

推动歌舞演艺业、文化休闲娱乐业、民族民间工艺品业等加快发展。加强工艺类非物质文化遗产生产性保护开发，提升工艺技术自主研发能力和水平，做大做强民族民间传统工艺品产业。持续推进藏羌彝文化产业走廊云南廊道建设，合理规划和引导实施一批特色文化产业项目。支持转企改制文艺院团加大演艺市场开拓力度，打造具有市场号召力的演艺品牌。积极推进县域特色文化产业群建设，大力发展乡村特色文化产业，支持各地建设文化特点鲜明和主导产业突出的特色文化小镇、街区和乡村，充分发挥文化产业在脱贫攻坚中的积极作用。

2. 加快发展新兴文化产业

加快发展以文化创意为核心，依托数字技术进行创作、生产、传播和服务的数字文化产业，培育形成文化产业发展新亮点。支持原创动漫创作生产和宣传推广，加大对优秀动漫创意人才培养力度，促进移动游戏、电子竞技等新业态发展。调动各级博物馆、图书馆、美术馆、文化馆等文化文物单位和创意设计机构等社会力量，积极参与文化创意产品开发；重点做大做强文博创意产业，打造一批富有创意、特色鲜明、附加值高的文博创意产品和品牌。

3. 推动文化产业融合发展

推进文化创意和设计服务与实体经济深度融合，催生新技术、新工艺、新产品；

推进文化产业与制造、建筑、设计、信息、旅游、农业、体育、健康等相关产业融合发展，增加文化含量和附加值。推动文化产业与科技融合发展，促进文化产业转型升级；推动文化产业与网络融合发展，创新产业形态和商业模式；推动文化产业与金融业合作，引导金融资本更多支持文化产业发展；推动文化与旅游深度融合，提升文化旅游品位。做大做强旅游演艺产业，引导主要旅游城市、重点旅游景区开发旅游演艺产品，打造旅游演艺综合体。支持各地依托世界文化遗产地、历史名城（镇、村、街区）、中国传统村落、文化生态保护区、文物保护单位、博物馆等，打造文物旅游品牌。

4. 加大市场主体培育力度

鼓励和引导非公有制文化企业发展，营造公平参与市场竞争的环境。推动文化产业与"大众创业、万众创新"紧密结合，支持"专、精、特、新"小微文化企业发展，培育更多文化市场主体。加强国家级文化产业示范园区申报和创建工作，提升引领示范效应。引导各地根据文化资源禀赋和功能定位，打造集聚效应明显的文化产业示范园区，培育特色文化企业、产品和品牌，推动特色文化产业集群发展。加强文化领域行业组织建设，发展文化中介服务。

5. 培育和引导文化消费

推动文化产业供给侧结构性改革，促进文化消费转型升级。开拓大众文化消费市场，培育农村文化消费市场，引导文化企业提供个性化、多样化的文化产品和服务，培育新的文化消费增长点。推进扩大文化消费试点工作，支持各地采取措施促进文化消费。继续引导上网服务营业场所、游戏游艺场所、歌舞娱乐等行业转型升级，全面提高管理服务水平。鼓励在商业演出中安排低价场次或门票，鼓励网络文化运营商开发更多低收费业务。加强全民文化艺术教育，提高人文素养，提升全社会文化消费水平。

6. 文化产业发展

藏羌彝文化产业走廊云南廊道建设　合理规划、引导实施一批特色文化产业项目，争取纳入国家藏羌彝文化产业走廊重点项目库。积极争取将红河州纳入国家藏羌彝文化产业走廊建设。

国家级文化产业示范园区创建　指导和支持建水紫陶文化产业园创建国家级文化产业示范园区，推动区域内特色文化产业转型升级，打造特色文化产业集群。

乡村特色文化产业发展　主动服务和融入乡村振兴战略，引导实施一批乡村特色文化产业项目，推动其与旅游、体育、餐饮、养生等产业融合发展，推动各地发展有乡村记忆、地域特点、民族特色的乡村文化产业。

六、完善现代文化市场体系

完善文化市场准入和退出机制，建立统一开放、竞争有序、诚信守法、监督有力的现代文化市场体系，健全以内容监管为重点、信用监管为核心的文化市场事中事后监管体系，推动文化市场成为满足人民群众多样化文化需求的主渠道。

1. 完善多层次的文化产品市场

推动文化产品供给侧结构性改革，加强内容建设，丰富产品供给。鼓励文化企业加快创新、丰富业态、改造装备、改善服务环境、提供公共服务。引导文化企业开发面向大众、适合不同年龄层次的文化产品，提供差异化服务。发展基于互联网的新型文化市场业态，支持发展电子票务、演出院线等现代流通组织形式。加强网络文化内容建设和管理，引导市场主体提供弘扬社会主义核心价值观、体现中国精神的网络文化产品。

2. 推进文化要素市场建设

加强人才、技术、信息、产权和中介服务市场建设，支持文化中介机构发展，促进文化要素高效流转，提高文化资源配置率。推动各行业建立健全服务平台，为行业发展提供优质公共服务和行业指导。消除地区壁垒，促进区域协作和市场一体化建设。消除行业壁垒，鼓励多种经营和业态融合发展，支持有条件的地方探索建立文化娱乐综合体。

3. 健全文化市场监管体系

以文化市场信用信息数据库建设为基础，以信息公开为监督约束手段，以警示名单和黑名单为基本制度，以协会开展信用评价、分类评定为辅助，构建守信激励、失信惩戒和协同监管机制。加强行业信用评级制度建设及信用信息应用，开展文化市场经营场所分类评级。定期公布文化市场违法违规经营主体和文化产品黑名单、警示名单，对文化市场经营主体实行分级分类管理。全面实施"双随机一公开"制度，持续加大"放管服"工作力度。加强对网络表演市场日常巡查及网络表演者的信用约束。指导行业协会加强内部监督和行业自律。加强文化市场安全生产监督检查，提升公共突发事件防范处置能力。针对突出问题开展专项整治，持续深入开展"扫黄打非"，加大对重大案件督办督查工作力度。

4. 提升文化市场综合执法能力

加强文化市场综合执法队伍建设，提高专业化、规范化、信息化水平。建立文化市场信息报送和反馈系统。按照分级管理的原则，建设省、州（市）、县（市、区）文化市场执法指挥平台。完善文化市场综合执法机制，加强区域协作。加强执法培训，提高综合执法队伍办案能力。推进文化市场技术监管与服务平台在执法工作中的全面应用，提高文化市场管理与执法信息化水平。推动各地落实好综合执法机构设置、人员编制、经费和装备保障等规定

5. 文化市场监管体系建设

文化市场信用体系建设　加强文化市场信用体系建设，文化市场信用信息数据库涵盖全省90%以上文化市场经营主体。建立健全文化市场信用管理规章制度，指导协会开展行业规范化建设。与相关部门建立信用信息交互共享及联合惩戒机制，向管理部门和公众提供便捷及时的文化市场信用信息服务。

文化市场技术监管与服务平台建设　建成支撑文化市场宏观决策、市场准入、综合执法、动态监管和公共服务等核心应用的文化市场技术监管系统，形成统一的信息共享平台、信用服务平台、业务关联平台、应用集成平台和技术支撑平台。推动平台在全省各级文化行政部门和文化市场综合执法机构的应用率达到95%。

七、提高文化开放水平

坚持政府统筹、社会参与、官民并举、市场运作，充分发挥云南文化资源优势和区位优势，主动服务和融入国家"一带一路"建设，紧紧围绕面向南亚东南亚辐射中心建设，建机制、搭平台、做项目、塑品牌，加快构建较为完善的对外文化交流体系。

1. 提升对外文化交流水平

拓展对外文化交流和传播渠道，积极争取更多地参与国家举办的文化年、文化节、展会以及重要外事活动，加强与相关国际组织、重点文化艺术机构、知名艺术节的机制化合作，利用国家平台和国际舞台展示云南文化。加强与海外中国文化中心的对口合作，共同举办系列文化艺术活动，使之成为我省重要的文化交流平台和窗口。鼓励人民团体、民间组织、民营企业和个人从事对外文化交流，拓展民间交流合作领域。积极借鉴国外优秀文化成果。

2. 加快推进区域性人文交流中心建设

加快构建以昆明为中心、沿边城市为支撑、边境地区为窗口、驻外文化机构为前沿的面向南亚东南亚文化交流合作工作格局，做大做强做优澜湄国际文化品牌。深化部省合作，充分发挥缅甸仰光、柬埔寨金边中国文化中心基地平台作用。利用好双边、多边合作机制和平台，推动云南与南亚东南亚国家在舞台艺术创作生产、文化遗产研究保护利用、文化艺术人才培训等方面开展实质性交流合作。加快推进东南亚南亚考古研究与文物保护基地建设，力争启动西南国际文化交流中心建设项目。积极推动建立与周边国家文化部门对等互访和经常性联系机制。建立跨境民族文化交流合作机制。做好文物保护援外工作。

3. 大力发展对外文化贸易

提升中国—南亚博览会等重要展会的文化含量，办好专项文化会展。培育对外文化贸易主体，支持民族歌舞、杂技等文艺团体及工艺美术企业走出去，推动云南本土动漫游戏产业面向南亚东南亚国家发展。深入挖掘民族文化资源，建设核心文化产品资源库和项目储备库，着力培育对外文化贸易品牌。积极争取国家支持，创建面向南亚东南亚的对外文化贸易基地。支持文化企业参加重要国际性文化节展。

4. 加强与港澳台文化交流合作

建立长效交流合作机制，搭建形式多样的文化交流平台，提升对港澳台地区文化交流水平，促进民族认同、文化认同、国家认同，共同弘扬中华文化。

5. 文化交流与合作

对外文化交流品牌建设　推动澜沧江—湄公河流域国家文化艺术节、澜沧江—湄公河流域国家文化遗产保护与推广研讨会高端化机制化发展，打造国家级、国际性对外文化交流品牌。办好中国临沧亚洲微电影艺术节，扩大"文化中国·七彩云南""七彩云南·文化周边行"等系列文化交流活动的覆盖面和影响力。推动中缅胞波狂欢节、中老越三国丢包狂欢节、国际目瑙纵歌节等文化交流活动品牌化发展。

文物保护与考古交流合作　开展怒江、澜沧江、红河和大盈江等国际性河流流域以及古代云南对外对内交通线路的考古调查、发掘和研究。积极争取国家涉外考古和文物保护项目，主动寻求与南亚东南亚国家的文物保护与考古合作。加强与南亚东南亚国家的文物展览交流与合作。加快推进东南亚南亚考古研究与文物保护基地建设。

八、深化文化体制机制改革

牢牢把握文化创作生产传播的规律和特点，进一步发挥市场在文化资源配置中的积极作用，加强制度创新，完善文化管理体制，加快构建把社会效益放在首位、社会效益和经济效益相统一的体制机制，调动全社会参与文化发展改革的积极性、主动性、创造性。

1. 完善文化管理体制

建立健全党委领导、政府管理、行业自律、社会监督、企事业单位依法运营的文化管理体制，建立健全行政权力和责任清单制度，推动文化行政职能由办文化向管文化转变。按照政事分开、政企分开的要求，推动文化行政部门与其所属文化企事业单位管办分离，依法赋予文化企事业单位更多的法人自主权。深化文化文物领域"放管服"改革，推进行政审批制度改革，加强事中事后监管，促进简政放权、放管结合、优化服务。深化文化市场综合执法改革，逐步形成权责明确、监督有效、保障有力的文化市场综合执法管理体制，推进文化领域跨部门、跨行业综合执法。

2. 推进文化事业单位改革

深化公益性文化事业单位人事、收入分配、经费保障等制度改革，加强绩效评估考核。推动公共文化机构建立以理事会为主要形式的法人治理结构，吸纳有关方面代表、专业人士、各界群众参与管理，健全决策、执行和监督机制，提高管理水平和服务效能，增强公共文化机构活力。

3. 深化国有文化企业改革

按照产权清晰、权责明确、政企分开、管理科学的要求，建立健全有文化特色的现代企业制度。完善法人治理结构，健全国有文化企业党组织、董事会、监事会、经理层及其议事规则、决策程序。推动文化企业健全完善内部管理各项制度，提高生产经营决策能力和管理水平。加快国有文化企业公司制股份制改造，推动上市发展。建立社会效益和经济效益综合考核评价指标体系，确保国有文化企业把社会效益放在首位、实现社会效益和经济效益相统一。

4. 培育和规范文化艺术领域行业组织

加强引导、扶持和监管，促进文化艺术领域行业组织规范有序发展，加快构建结构合理、富有活力、服务高效、治理完备的文化艺术领域行业组织体系。加大政府购买服务力度，将适合由行业组织提供的公共文化服务事项交由行业组织承担。

九、加强文化人才队伍建设

坚持党管干部、党管人才，突出抓好思想政治建设，全面提高能力素质，加快培养造就一支政治上忠诚可靠、作风上务实过硬、业务上扎实精湛的文化人才队伍。

1. 加强思想政治建设和职业道德建设

选优配强厅直属文化单位领导班子，做到理想信念坚定，严守党的政治纪律和政治规矩，讲政治、强党性、敢担当、勇创新、严律己，带头践行"三严三实""两学一做"要求，带头弘扬社会主义核心价值观。大力加强马克思主义文艺观和职业道德教育，深入开展"深入生活、扎根人民"等主题实践活动。

2. 加大人才培养力度

以"云岭文化名家工程"、宣传文化系统"四个一批"人才、"云南文艺队伍十百千万工程"等为抓手，着力培养民族文化代表人物和文艺领军人物，培养文化艺术、文化遗产保护、文化经营管理、文化科技等方面的高层次人才。积极推送云南文化人才进入文化和旅游部相关人才培养计划，争取更多优秀文化人才入选国家和云南"千人计划""万人计划"以及宣传文化系统"四个一批"人才、"文化名家"。着力培养青年拔尖人才，形成高层次领军人物的重要后备力量。

3. 加强基层文化人才队伍建设

选齐配好乡镇、村和街道、社区文化工作人员，加大专业技术人才培养力度，支持贫困地区设立财政补贴的基层公共文化服务岗位。继续实施"三区"人才支持计划文化工作者专项，加强边远贫困地区、边境民族地区和革命老区文化人才队伍建设。加强群文艺术门类创作人才的培养，做好面向基层、面向剧团、面向百姓的文化活动策划人才、组织人才、专业人才的业务培训和技能培训。重视发现和培养扎根基层的乡村文化能人、民间文化传承人和各类文化活动骨干。

4. 拓展文化人才培养途径

建立健全文化艺术人才培养机制，通过岗位培训、短期进修、挂职锻炼、院校代培、出国深造等多种模式，不断拓宽人才培养渠道。加强与高等院校合作办学，支持文艺院团、公共文化服务单位与高等院校开展"订单式"联合培养。实施好滇沪合作艺术人才培养项目。加强云南文化艺术职业学院建设，进一步提升办学水平和人才培养质量。加强与教育行政部门的合作，推进中小学艺术普及教育，为培养艺术人才打下良好基础。

5. 健全文化人才培训体系

以提升业务水平和实践能力为核心，统筹推进分级分类分层培训，形成多层次、多形式的文化人才培训网络。注重普遍轮训与重点培训相结合，扎实开展初任培训、任职培训、岗位培训、专题培训、业务培训。加强培训质量管理，完善培训评价考核机制。

6. 文化人才队伍建设

基层文化队伍素质提升　根据基层文化工作现实需求，举办相关的专题培训班。"十三五"期间，对全省县级图书馆馆长、文化馆馆长、乡镇文化站站长和县级以上文化行政部门主要负责人进行一遍轮训；力争村级示范性培训实现全覆盖。

教育培训基地建设　发挥省文化馆在基层文化人才培训、群众文化艺术创作和群众文化活动方面的龙头作用，将其建设成为全省文化艺术普及人才培训基地和群众文化示范基地。发挥云南文化艺术职业学院在舞台艺术和应用型艺术人才培养方面的龙头作用，将其建设成为全省文化艺术专业人才培养基地。联合有关高等院校打造非物质文化遗产传承人群研修培训基地和传统工艺美术培训基地。

第二十四章　云南社会和谐发展

近年来，云南在经济平稳较快发展、产业结构不断优化的同时，城乡居民收入与经济增长保持同步，社会事业全面进步，公共服务体系基本建立、覆盖面持续扩大，新增就业持续增加，贫困人口大幅减少，各族群众生活水平和质量不断提高。为促进云南社会和谐发展，2016年5月印发的《云南省国民经济和社会发展第十三个五年规划纲要》提出，要提高云南社会治理水平，推进"幸福云南"建设，创建全国民族团结进步示范区。

第一节　提高云南社会治理水平

一、推进法治云南建设

同步推进依法治省、依法执政和依法行政，强力推动法治云南、法治政府、法治社会一体建设，为云南深化改革、推动发展提供坚强的法治保障。

1. 推进科学立法

坚持立法决策与改革决策相衔接，完善地方立法体制机制，立足市场经济、民主政治、先进文化、和谐社会和生态文明建设等重点领域强化地方立法工作，围绕维护公民权利、加强市场监督、扩大对外开放、激励科技进步、发展民族文化、推进基层民主、保障改善民生、创新社会治理、规范网络管理、反对恐怖活动、增进民族团结、维护边疆稳定、完善反腐机制等重点方面健全地方性法规规章。

2. 推进依法行政

努力建设职能科学、权责法定、执法严明、公正公开、廉洁高效、守法诚信的法治政府，依法全面履行政府职能，完善政府立法体制机制，建立健全依法决策机制，全面推进政府法律顾问制度，改革行政执法体制机制，严格规范公正文明执法，加强行政权力制约和监督，深入推进政务公开。

3. 保证公正司法

坚持分工负责、相互配合、互相制约、权责一致的司法权力运行体制，保证依法独立公正行使审判权、检察权，优化规范司法职权配置，推进司法公开民主，加强人权司法保障，强化司法活动监督，整合公共法律服务资源，完善法律援助制度。到2020年，全省拥有律师数达1万人以上。

4. 推动全民守法

坚持把全面普法和全民守法作为法治云南建设的长期性、基础性工作，使法律成为人民群众内心的拥护和真诚的信仰，切实发挥领导干部率先守法示范作用，健全和创新普法宣传教育机制，落实国家机关"谁执法谁普法"责任制，建设普法队伍，引导全民诚实守信、自觉守法、遇事找法、解决问题靠法，使遵法守法成为各族群众的共同追求和自觉行动。

5. 法治云南建设重大行动计划

严格执法 建设全省统一的行政执法主体及行政人员数据库；重点加强食品药品安全、工商质检、公共卫生、安全生产、文化旅游、资源环境、农林水利、交通运输、知识产权、程序建设等重点领域综合执法；逐步实现城市综合执法权、执法力量、执法手段三集中。

公正司法 加强建设民族地区、边疆地区法治专门队伍；改革法院立案审查制为立案登记制；改革以审判为中心的诉讼制度。

全民守法 积极开展"七五"普法行动；建设一批预防青少年犯罪警示教育基地；大力推进城市法治文化广场建设、边疆法治文化长廊建设、民族法治文化公园建设等宣传教育阵地建设；开展法治城市、法治县市区和民主法治示范村（社区）、依法诚信示范企业等法治创建活动；开展基层法律服务所（站）建设活动。

二、加强社会治理

围绕推进社会治理体系和治理能力现代化，扎实推进社会治理体制创新，加快形成党委领导、政府主导、社会协同、公众参与、法治保障的社会治理体制。

1. 完善社会治理体系

完善党委领导、政府主导、社会协同、公众参与、法治保障的社会治理体系，增强社会自我调节功能，完善公众参与机制，健全权益保障和矛盾化解机制。

2. 改进和创新社会治理

坚持系统治理、依法治理、综合治理、源头治理"四位一体"方向，促进社会管理向社会治理发展。推动治理理念从政府管控向主动服务转变，治理主体从政府包揽向政府主导社会共同治理转变，治理方式从管控规制向法治保障转变，治理手段从单一向多重综合运用转变，治理环节从事后处置向源头治理前移，治理重心从"治标"向"标本兼治"转变，治理投入从重城轻乡向城乡统筹转变。

3. 激发社会组织活力

建立健全社会组织管理体制，加大政府购买公共服务和财税扶持力度，坚持培育发展和管理监督并重，努力建成覆盖广泛、门类齐全、结构优化、布局合理、作用明显的社会组织体系。

4. 有效预防和化解社会矛盾

建立健全符合云南实际的社会矛盾预警、风险识别、风险评估机制，落实重大决策社会稳定风险评估制度，完善个人心理医疗服务体系和特殊人群专业心理疏导矫治救助体系，加强行业性、专业性人民调解组织建设，建立健全县、乡、村、组四级人民调解网络和衔接联动的矛盾纠纷调处化解机制、行政调解工作体制机制，健全行政复议案件审理机制，依法妥善处置涉及民族、宗教等因素社会问题，加强信访工作，加快平安库区建设。

5. 完善社会信用体系建设

进一步建立健全信用法律法规体系和信用标准体系，完善社会诚信体系，在全社会广泛形成守信光荣、失信可耻的浓厚氛围，提高全社会诚信水平。

6. 推进社会治安综合治理

加强社会治安防控体系建设，坚持预防为主、综合治理，完善毒品立体查控体系，加强艾滋病预防和源头控制，依法严厉打击极端暴力、恐怖主义、涉黑犯罪、邪教和黄赌毒等违法犯罪活动，严密防范宗教极端思想传播和坚决取缔非法宗教活动和组织，大力提升政府处置社会安全突发事件能力。

7. 加强边境治理

深入实施爱民固边战略和平安边境创建活动，进一步深化落实好支持军队改革的地方政府职责，加强跨境禁毒、反恐执法合作，加强军地、军警、军民、警民配合，严密防范和严厉打击越境非法开采资源及贩毒、走私、非法出入境等非法活动，加大境外边民"非法入境、非法居留、非法就业"管控遣返力度。

三、健全公共安全保障体系

牢固树立安全发展观念，坚持人民利益至上，加强安全意识教育，健全公共安全体系，为人民安居乐业、社会安定有序，编织全方位立体化的公共安全网，建设平安云南。

1. 强化公共安全预警监管

完善舆情管理体制，建立省、州（市）、县通达的监测预警和决策体系，完善安全生产、食品药品、道路交通、消防、自然灾害等监管预警处置和突发事件应急体系建设，完善和落实安全生产责任和管理制度，加强安全生产基础能力和防灾减灾能力建设，提升生产安全事故应急救援能力，强化政府食品药品安全监管责任和安全体系建设，构建社会火灾防控体系，健全周边动植物安全协作机制，加强安全教育，完善安全管控责任制度，加大网络空间依法管理力度，确保网络信息传播秩序和国家安全、社会稳定。

2. 提高防灾减灾和综合处置能力

全面加强地震、地质、气象、生物等自然灾害的防灾减灾和综合处置能力，完善灾害救助政策、救助标准、救助方法、救助效果、灾情评估、物资保障、社会动员、金融保险等手段，加强防灾减灾工程和人才队伍建设，全面加强气象灾害、生态环境灾害和化学灾害的处置能力建设，高度重视灾后处置和恢复重建工作。

3. 公共安全保障体系重点工程

公共安全预警监管工程　强化安全生产监管与应急能力建设、排污监测能力建设，建设气象防灾减灾预警指挥中心（含国家突发公共事件预警信息发布系统项目）、省减灾中心、省防灾减灾宣传教育基地，实施地震烈度速报预警工程、综合气象观测网和服务平台建设工程。

防灾减灾和综合处置工程 实施大震灾害应对综合能力强化工程、地质灾害应急能力建设工程、地质灾害防治工程、卫生计生应急建设工程、食品药品安全检验检测能力建设工程等。加快推进鲁甸、景谷等地震灾区恢复重建工作。

第二节 推进"幸福云南"建设

按照人人参与、人人尽力、人人享有的要求，坚守底线、突出重点、完善制度、引导预期，注重机会公平，保障基本民生，让全省各族人民共享改革发展成果，建设"幸福云南"。

一、促进就业创业

实施创业促进就业工程，突出抓好大学生、农民工、困难企业和产能过剩企业下岗职工等重点群体的就业工作，创造更多的就业岗位，完善创业扶持政策，鼓励以创业带动就业。

1. 以创业带动就业

坚持就业优先战略，大力发展就业容量大的服务业和劳动密集型产业，探索建立创业就业工作新模式。完善落实"贷免扶补"和创业担保贷款扶持政策，建立面向大众的创业服务平台，提高创业管理和服务水平。落实高校毕业生创业引领计划，带动青年就业创业。到2020年，全省城镇调查失业率控制在5.5%以内。

2. 完善公共就业服务体系

建立健全公共就业服务平台，统筹人力资源市场，打破城乡、地区、行业分割和身份、性别歧视，构建统一规范灵活、城乡一体化的人力资源市场体系，建立覆盖全省的公共就业和人才交流服务体系，提高劳动力素质、劳动参与率、劳动生产率，加强对灵活就业、新就业形态的支持，促进劳动者自主就业，加强就业援助。

3. 推行终身职业技能培训制度

加强重点地区、重点行业和重点人群职业技能培训，实施新生代农民工职业技能提升计划，开展贫困家庭子女、未升学初高中毕业生、农民工、失业人员和转岗职工、退役军人免费接受职业培训行动，推行工学结合、校企合作的技术工人培养模式，提高技术工人待遇，完善职称评定制度。

4. 建立和谐劳动关系

加快健全劳动关系协调、劳动人事争议处理、调解仲裁机构管理和劳动保障监察执法机制，逐步建立规范有序、公正合理、互利共赢、和谐稳定的新型劳动关系，建立企业和职工利益共享机制，全面实行劳动合同制度，消除影响平等就业的制度障碍和就业歧视。

二、提高城乡居民收入

坚持居民收入增幅高于经济增长速度，劳动报酬增长和劳动生产率提高同步，规范初次分配，加大再分配调节力度，持续增加城乡居民收入。

1. 提高劳动报酬

健全科学的工资水平决定机制、正常增长机制、支付保障机制，完善劳动、资本、技术、管理等要素按贡献参与分配的初次分配机制，完善最低工资增长机制、市场评价要素贡献并按贡献分配机制、适应机关事业单位特点的工资制度，规范国有企业负责人薪酬管理，多渠道增加居民财产性收入，重点提高基层一线职工工资水平。

2. 加强收入分配调节

加强收入分配调节，实行有利于缩小收入差距的政策，明显增加低收入劳动者收入，扩大中等收入者比重，规范收入分配秩序，保护合法收入，规范隐性收入，取缔非法收入，加快形成公正合理有序的收入分配格局。

三、健全社会保障体系

坚持全民覆盖、保障适度、权责清晰、运行高效的发展方向，实施社保扩面提标工程，稳步提高社会保障统筹层次和水平，建立健全更加公平、更可持续的社会保障体系。

1. 完善社会保险体系

实施全民参保计划，坚持精算平衡，扩大社会保险基金筹资渠道，健全社会保险关系转移接续机制，适当降低社会保险费率，完善社会保险体系。

完善职工养老保险个人账户制度，建立基本养老金合理调整机制，发展职业年金和企业年金，健全医疗保险稳定可持续筹资和报销比例调整机制，全面实施城乡居民大病保险制度，改革医保支付方式，改进个人账户开展门诊费用统筹，实医疗保障信息的"一站式"交换和跨省异地安置退休人员住院医疗费用直接结算，整合城乡居民医保政策和经办管理，鼓励发展补充医疗和商业健康保险，合并实施生育保险和基本医疗保险，健全完善失业保险制度，实行按项目、吨矿和经营面积等多种缴费参保方式。到2020年，城乡医保参保率稳定在95%以上。

2. 构建新型社会救助体系

统筹救助体系，强化政策衔接，推进制度整合，完善落实居民最低生活保障制度、低保金标准动态调整及低收入群体价格临时补贴与物价上涨挂钩联动机制，规范失业、最低生活保障、医疗、教育、住房、农村"五保"供养等救助制度，健全临时救助制度，广泛动员社会力量开展社会救济和社会互助、志愿服务活动。

3. 加快社会福利事业发展

健全与全省经济社会发展水平相一致的社会福利体系，不断提高面向老年人、孤儿、残疾人、流浪未成年人的社会服务水平，推进社会福利由补缺型向适度普惠型转变，大力发展养老服务事业和产业，培育养老服务产业集群，落实财税扶持政策，大力发展慈善事业。到2020年，每千名老年人拥有养老床位数达到35张。

4. 推进保障性住房建设

全面推进各类棚户区改造，着力解决低收入和中低收入家庭住房困难，把进城落户农民完全纳入城镇住房保障体系，以新农村重点建设村、农村危房改造和抗震安居工程、易地搬迁、工程移民搬迁及灾区民房恢复重建为重点，加快农村保障性住房建设。到2020年，城镇保障性住房覆盖率达到30%。

四、提升教育发展水平

全面贯彻党的教育方针，坚持教育优先发展，实施教育提质惠民工程，加快完善现代教育体系，促进教育公平，全面提高教育质量和水平。

1. 加快基本公共教育均衡发展

加快发展学前教育，到2020年，学前3年毛入园率达到70%以上。调整优化中小学布局，努力适应新型城镇化和新农村发展需求。全面改善义务教育薄弱学校办学条件，加快城乡义务教育公办学校标准化建设。探索推进学区制办学模式。关爱农村留守学生，完善进城务工随迁子女入学政策和保障机制。继续实行农村义务教育学生营养改善计划和寄宿生生活补助全覆盖。完善资助方式，逐步实现家庭困难学生资助全覆盖。扩大普通高中教育规模，推动普通高中多样化发展。率先从建档立卡的家庭经济困难学生实施普通高中免除学杂费。改善特殊教育学校办学条件，完善残疾学生资助政策。推进教育信息化，发展远程教育。

2. 建设现代职业教育体系

优化全省职业教育布局结构，推进产教融合、校企合作。努力扩大中等职业教育规模。创新发展高等职业教育，加快发展继续教育。加强职业教育基础能力建设，着力发展面向农村的职业教育。深入推进职业教育集团化办学、校企一体化办学、现代学徒制。加强职业教育师资队伍建设。完善职业教育对口帮扶机制。推进高等职业教育考试招生制度改革。有效整合各类优质教育资源，发展非学历教育学习和技能培训。加快构建终身教育体系。

3. 提高高等教育质量和开放合作水平

保持高等教育规模合理增长，加强大学联盟建设。优化学科专业布局和人才培养机制，加大对应用型本科高校建设支持力度。加快推进区域高水平大学和一流学科建设，重点支持优势学科和特色专业发展。加快建设滇西应用技术大学。深入推进卓越人才培养计划。推进高校教师队伍建设。进一步扩大教育对外开放，提高高等教育国际化水平。鼓励招收周边国家学生，不断扩大来滇留学生规模。

五、推进健康云南建设

建立健全基本医疗卫生制度，实现人人享有基本医疗卫生服务，促进人口均衡发展，大力发展中医药和体育事业，提高全民健康水平。

1. 完善公共卫生服务体系

加强公共卫生机构建设，稳步扩展和优化基本公共卫生服务内容，加强重大疾病防控工作，加强传染病、地方病、慢性病等重大疾病综合防治和职业病危害防治，继续做好艾滋病的防治工作，完善精神卫生防治体系，提高妇幼卫生保健服务能力，提高突发公共事件卫生应急处置能力，普及健康知识，强化卫生计生综合监督。到2020年，全省婴儿死亡率控制在10‰以下，以乡镇为单位适龄儿童免疫规划疫苗接种率达到95%，孕产妇死亡率控制在20/10万以下。

2. 健全医疗卫生服务体系

加大医疗卫生基础设施投入，全面提升基层医疗卫生服务能力，优先支持连片特困地区、人口大县和医疗资源缺乏地区发展，推进民营医院向规模化、专业化发展，加强以全科医生为重点的基层医疗卫生队伍建设，实施特岗医生招聘计划，大力推动卫生计生科技进步，大力引入国内外优质医疗资源，加快建设面向南亚东南亚的医疗卫生辐射中心，全面加强临床重点学科和重点专科建设，积极改善医疗服务，推进卫生计生信息化建设，加强医疗标准规范体系建设。到2020年，全省每千常住人口执业（助理）医师数达到2.5人。

3. 大力发展中医事业

坚持中西医并重，全力推动中医、民族医振兴发展，健全涵盖预防、医疗、康复、养生、保健的中医服务体系，合理规划配置中医医疗机构，加强中医人才队伍建设，健全中医管理体系和继承创新体系，繁荣中医文化，提升傣、藏、彝等民族医精髓的临床服务能力。

4. 促进人口均衡发展

坚持计划生育基本国策，实施人口均衡发展工程，全面实施一对夫妇可生育两个孩子的政策，继续提高出生人口素质，加大对生态脆弱地区人口调控力度，积极开展应对人口老龄化行动，建设以居家为基础、社区为依托、机构为补充的多层次养老服务体系，全面放开养老服务市场，坚持男女平等基本国策，保障妇女儿童和流动人口合法权益，健全扶残助残服务体系，实施出生缺陷三级干预工程和计划生育生殖健康促进计划，关爱农村留守儿童和空巢老人。到2020年，全省总人口达491万人，全省出生人口性别比为109。

5. 加快发展体育事业

完善公共体育服务体系，加强体育场馆和社区体育设施建设，继续实施"七彩云南全民健身工程"，积极培育后备人才，提高竞技体育水平，加强高原体育训练基地建设，加强足球场地基础设施建设，争创全天候国家足球训练基地。

六、推动社会事业改革创新

推进社会事业改革，完善公共服务体系，构建有利于基本公共服务均等化的体制机制。

1. 健全促进就业的体制机制

建立政府投资项目对就业拉动的评估机制，健全政府促进就业责任制度。建立和完善宏观决策的就业评估机制。实施更加积极的就业政策，建立和完善促进就业的政策体系。构建稳定就业和失业调控机制，提高就业稳定性。强化城乡统筹的公共就业服务体系建设。

2. 完善覆盖城乡的社会保障制度

提高社会保险基金统筹层次，建立健全合理兼顾各类人员的养老待遇确定和正常调整机制，完善城乡居民重特大疾病保障和救助机制，实现城乡医疗保险一体化，完善社会福利制度，健全覆盖城乡的新型社会救助体系，全面实施建筑业等高风险行业参加工伤保险"同舟计划"。

3. 深化教育领域综合改革

加快构建系统完备、科学规范、运行有效的制度体系，稳步推进国家教育体制改革试点转示范，加快形成教育与经济社会发展互动融合的现代教育体系，完善各级各类学校教师配备和编制标准，落实并深化考试招生制度改革和教育教学改革，建立个人学习账号和学分累计制度，完善教育督导，加强社会监督，支持和规范民办教育发展。

4. 深化医药卫生体制改革

实行医疗、医保、医药"三医联动"，建立覆盖城乡的基本医疗卫生制度，全面推进公立医院综合改革，鼓励社会力量办医，推进非营利性民营医院和公立医院同等待遇，实行分级诊疗，健全城乡医疗服务体系，完善基层医疗服务模式，巩固完善全民医疗保障体系，健全药品供应保障体系，建立健全药品医保支付标准，推进全科医生、家庭医生、急需领域医疗服务能力提高、电子健康档案等工作，加强医疗质量监管，完善纠纷调解机制。

5. 建立健全基本公共服务体系

创新基本公共服务均等化的多元投入机制、资源配置机制、服务保障机制、动态调整机制、供需协调机制，扩大财政支出中对公共服务支出的比重，建立多元化的供给制度，加大对教育、就业、社会保障、养老服务、医疗卫生、保障性住房等方面的支出，逐步缩小区域间基本公共服务差距。

七、公共服务重点工程和行动计划

1. 就业和社会保障

建设云南省公共创业实训基地，建设10个左右州（市）级公共职业技能实训基地、60个州（市）和县市区创业园、60个园区众创空间、100个校园创业平台，打造一批区域化、专业化、特色化、便利化的农民工返乡创业园。加快建设基层就业和社会保障公共服务设施，实现县乡基层就业和社会保障服务平台全覆盖。建立和完善社会保险基金监管、预警、智能审核及参保人生存认证系统。新建、改扩建98个城市公办养老机构、400所农村敬老院，新建1700个城乡居家养老服务中心。建设社区公共服务综合信息平台。

2. 教育

开展学前教育三年行动计划、义务教育质量提升计划、农村义务教育薄弱学校改造计划、乡村教师支持计划、普通高中建设攻坚计划、中等职业学校特聘教师计划、高等学校创新能力提升计划等，推进国门大学建设。实施义务教育学校标准化建设工程、区域性职教园区建设工程、职业教育产教融合工程、高等学校教学质量提升工程、中西部高校基础能力建设二期工程、区域高水平大学和一流学科建设工程、信息化建设工程等。

3. 全民健康

实施健康扶贫建设工程、妇幼健康和计划生育服务保障工程、公共卫生服务能力促进工程、疑难病症诊治能力提升工程、人口健康信息化建设工程、中医药传承与创新工程等。建设云南阜外心血管病医院和云南泛亚国际心血管病医院等名医名院入滇工程。

第三节　创建全国民族团结进步示范区

坚持和完善民族区域自治制度，坚定不移执行党的民族政策，充分发挥各民族在创建全国民族团结进步示范区中的主体作用，切实加强和改进新形势下的民族工作，把发展作为解决民族问题的根本途径，坚持建设小康同步、公共服务同质、法治保障同权、民族团结同心、社会和谐同创，以团结促进进步，以进步筑牢团结纽带，促进全省民族和谐、共同富裕。

一、构筑各民族共有精神家园

广泛开展民族团结和爱国主义教育，引导各族干部群众倍加珍惜团结、自觉维护团结、不断加强团结。

1. 深入开展民族团结进步教育

深入开展民族团结进步教育、爱国主义教育、公民教育和世情、国情、省情教育，大力弘扬以爱国主义为核心的民族精神和以改革创新为核心的时代精神，大力宣传各民族利益的共同性、一致性，自觉把热爱本民族与热爱中华民族结合起来，把热爱家乡与热爱祖国结合起来，使"汉族离不开少数民族，少数民族离不开汉族，各少数民族之间也相互离不开""各民族都是一家人，一家人都要过上好日子"的思想观念深入人心，牢固树立国家意识、公民意识和中华民族共同体意识，在思想深处形成和固守以社会主义核心价值观和中国梦为引领的中华民族共有精神家园。

2. 促进各民族交往交流交融

营造尊重少数民族文化、风俗习惯和宗教信仰的社会氛围，大力倡导各民族"各美其美、美人之美、美美与共"的民族文化发展观，扶持民族文学、艺术、歌舞、影视、戏剧和新媒体的创作传播，加大对少数民族语言文字出版物的开发、编写和出版支持力度，鼓励高校和职校开设民族文化艺术类学科，使各民族文化繁荣发展的过程成为各民族相知、相亲、相惜和相互尊重、相互借鉴、相互包容的过程。倡导和支持各地开展民族团结月、团结周、团结日等活动。推动建立相互嵌入式的社会结构和社区环境，促进各民族群众尊重差异、包容多样，共居、共学、共事、共乐，在中华民族大家庭中手足相亲、守望相助。

二、推动民族地区加快发展

把民族地区发展融入全省发展大局中，不断增强民族地区自我发展能力，努力使民族地区经济增长速度和城乡居民收入增长幅度超过全省平均水平，确保与全省同步全面建成小康社会。

1. 优先解决基础设施瓶颈制约

把加大民族地区基础设施建设作为推动全省经济社会加快发展的着力点和增长点，力争民族自治地方、边境县固定资产投资年均增幅高于全省平均水平，确保到2020年民族地区基础设施建设达到全省总体水平。大力推进民族地区交通、水利、能源、通信、环境保护、生态建设、基本农田地、农村基础设施、农村危房改造、地震安居工程、地质灾害防治、城镇基础设施等建设，优先安排与少数民族群众生产生活密切相关的中小型公益性项目，补短板，上台阶。加大民族地区重大项目前期经费投入，统筹和帮助民族地区建好项目储备库，确保在建一批、储备一批、论证一批。省级在民族地区安排的农村公路、饮水安全、流域治理、林业重点工程等公益性建设项目，取消民族地区县级及以下配套资金。

2. 大力发展特色优势产业

支持民族地区把资源优势转化为经济优势，建立和完善扶持特色经济发展的资金平台和机制。重点扶持一批具有比较优势、门槛低、产业链长、附加值高、能够带动各族群众就业和增收致富的特色产业发展。发展壮大民族地区旅游产业，促进旅游与城镇、文化、产业、生态、乡村建设和沿边开放"六位一体"融合发展，实现转型升级。充分挖掘民族民间医药资源，培育壮大民族医药产业，积极发展中药、生物医药、康复医疗、生命健康服务等产业。加快发展高原特色现代农业，支持绿色和有机品牌打造。大力支持民族地区农村物流快递和电子商务发展。鼓励工商企业到民族地区开发优势资源，做大种养基地和民族传统手工业，做强龙头企业。实施民贸民品"十强百企"工程。

3. 改善提升各族群众生产生活条件

推进公共服务均等化，以整村、整乡、整县、整州推进和整族帮扶为平台，系统连片地改善到乡到村到户的基础设施和基本公共服务，推动水、电、路、气、房、环境整治"六到户"。全面实现饮水安全、电力供应全覆盖。实现建制村通硬化路，30户以上自然村通路。实现30户以上自然村通邮、通信息网络及信号全覆盖。推动医疗卫生、创业就业、社会保障、住房保障、残疾人服务等公共资源优先向民族地区配置，不断提高民族地区新农合、新农保以及卫生、医疗、住房水平。鼓励各类企业吸纳当地少数民族员工，民族地区发展二、三产业，开发项目、建设重点工程，都要注重增加当地群众就业、促进当地群众增收。妥善解决历史遗留的自发搬迁、跨国婚姻等特殊群体户籍和社会保障问题。实行边境沿线建制村群众守土固边专项补助。加大对民族自治州、民族自治县、民族乡和直过民族的扶持力度，重点加快395个人口较少民族聚居建制村的脱贫发展步伐，对1179个佤族、拉祜族、傈僳族等直过民族聚居村进行重点帮扶，对少数民族聚居的贫困村贫困乡实施整村整乡推进，实现人口较少民族、直过民族和整体贫困程度较深的少数民族群体整族脱贫，让各族群众都有获得感。

4. 振兴民族教育

促进民族教育跨越发展，加快推进民族地区普及学前教育的步伐，支持民族贫困地区乡村建设幼儿园或者在小学内增设学前班。在国家通用语言薄弱地区建设双语幼儿园，加大边疆民族贫困地区中小学扶持力度，扩大省和州（市）优质高中民族班招生规模，提高民族学校、民族班生均公用经费和贫困学生生活补助标准。支持迪庆、怒江率先实施14年免费教育。坚持和完善少数民族和民族地区高考加分录取政策，建立健全省内高校对口帮扶民族地区的长效机制，鼓励省内高校每年招收一批掌握民族语言的少数民族学生。加强民族特色重点学科和专业建设，进一步加强高等学校少数民族预科教育基地建设。在民族地区逐步实现初高中毕业未能升学的学生职业技术教育全覆盖全免费。建立健全双语教师培养培训机制，支持省级双语教师培养培训基地建设，积极稳妥推进双语教育。

5. 加强少数民族人才培养

重点加强少数民族专业技术人才、企业经营管理人才、高技能人才和领军人才的培养。加快对少数民族领军人才的培养力度。边境民族贫困地区招录公务员、事业单位招聘工作人员时，可专设岗位招录少数民族公务员和工作人员，艰苦边远地区还可采取合理确定开考比例、单独划定笔试最低合格分数线等方式招录和招聘。法院、检察院等部门可采取定向培养方式招录掌握少数民族语言的工作人员。加大基层少数民族干部、大学生村官培训和省、州（市）、县之间优秀干部的交流任职挂职锻炼工作力度。采取有力措施，提升少数民族群众劳动和生活技能，改进生产生活方式，帮助少数民族群众适应和融入现代社会。

三、建立健全维护民族团结的长效机制

依法维护民族团结、依法促进民族地区发展、依法保障各民族平等权益，全面构建党委领导、政府负责、部门协作、社会共建的民族工作格局。

1. 推动民族团结进步示范创建

继续实施"十县百乡千村万户示范创建工程"三年行动计划，在农村普遍推广民族团结公约，创建民族团结进步示范村、示范乡（镇），在城市创建民族团结进步社区，推进少数民族聚居社区网格化服务管理模式，在宗教活动场所创建和谐寺观教堂，在民族宗教工作"热点""难点"地区开展跨区域的示范创建活动，在边疆民族地区用民族语言文字开展民族宗教政策、法律法规和适用技术的宣传普及。

2. 推进宗教关系和顺

推进民族宗教立法工作，提高宗教部门依法行政能力，进一步修订完善民族宗教事务管理的地方性法规。依法妥善处理涉及宗教因素的问题，防止宗教因素影响民族团

结，防止民族因素影响宗教和顺。推进支持宗教信息平台建设，建立健全涉及宗教因素矛盾纠纷排查化解工作机制、属地管理受理接访和化解纠纷联动机制、领导干部与少数民族和宗教界代表人士联系机制，把问题解决在基层、处理在萌芽状态。发挥宗教界人士和信教群众在促进边疆经济发展、社会和谐、民族团结和文化繁荣中的积极作用。支持标志性、文物性宗教场所修缮和本土化建设，保障信教群众正常宗教生活需求。

3. 创新民族工作机制

建立横向到边、纵向到底的网格化协调处理民族关系工作机制。推动民族地区基层组织和政权建设，提高民族地区基层组织服务群众的能力。加强少数民族干部培养和使用，少数民族人口较多的市、县市区、乡镇（街道）党政领导班子中要各配备1名以上少数民族干部，省直机关、事业单位和群团组织的领导班子中至少配备1名少数民族干部。

4. 加大城市和散居民族扶持

在少数民族人口较多的城市，建立健全少数民族务工、经商、就学、就医、就业、技能培训和社会保障等服务体系，完善城市少数民族流动人口服务管理协调合作、社会服务、法律援助等机制，加大对散居民族地区民族乡、少数民族散居村的扶持力度，努力使民族乡、少数民族散居村经济发展和人民生活水平总体达到所在县、市、区平均水平。

四、加快民族地区发展重大工程和行动计划

民族交往交流交融工程 建好云南少数民族语言文字资源库和世居少数民族文化资源库，定期举办少数民族传统体育运动会、文艺汇演和民族民间歌舞乐展演，建设面向南亚东南亚的传媒译制中心。

扶持人口较少民族发展工程 对全省8个人口较少民族聚居的395个行政村，以基础设施配套建设、公共服务提升、安居房及美丽家园建设、产业发展、素质提升为重点，巩固和提升人口较少民族群众生产生活水平，实现与全省同步建成小康社会。

民族文化"双百"工程 打造100个全国知名的带动民族文化产业发展的民族文化精品，推出100名全国知名的民族民间文化传承新带头人。

名人故旧居保护工程 调查全省名人故旧居情况，按照分类保护的原则，加强对名人故旧居的抢救、保护和科学合理利用。

面向南亚东南亚文化辐射设施工程 建设一批边境口岸国门文化交流中心、边民互市点（边境通道）国门文化友谊广场、边境较大自然村国门文化交流设施。建设东南亚南亚考古研究基地。

中国数字电视地面传输工程 借鉴在老挝、柬埔寨成功推广中国数字电视地面传输工程（简称DTMB）的成功经验，争取在缅甸、孟加拉国、尼泊尔、印度等南亚东南亚国家继续推广实施该项目。

对外翻译工程 整合省内现有的1个翻译行业协会、20多个翻译公司以及各类翻译社团的力量，组建南亚东南亚翻译中心，为新闻出版、广播电视、网络媒体、移动客户端等提供商服务，推动中国话语、中国声音在南亚东南亚国家的本土化传播。

民族文化遗产保护利用工程　争取国家支持，支持一批历史文化名城名镇名村保护设施建设项目，建设江川李家山、晋宁石寨山、澄江金莲山、龙陵松山战役遗址、大理太和城遗址等遗址公园。

民族特色村镇保护与发展工程　在全省选择建设300个少数民族特色村寨，建设30个少数民族特色乡镇，实现民族文化与旅游产业融合发展。

少数民族文字出版项目　争取国家资金支持，配备民族文字数字出版软硬件等设施设备，建设少数民族文字出版基地或中心，出版云南各少数民族急需的民文版图书及反映各少数民族历史文化的图书。

"十县百乡千村万户"示范创建三年行动计划　创建10个示范县市、100个示范乡镇、1000个民族团结进步示范村（社区）和1万户民族团结进步示范户，打造一批民居有特色、产业强、环境好、民富村美人和谐的示范典型，抓点带面推动示范区建设。

和谐寺观教堂创建　安排省级和谐寺观教堂创建补助经费、宗教教职人员和代表人士培训补助经费，每年考核验收并命名100个和谐寺观教堂。建设中国巴利语系高级佛学院。

民族地区基层组织和政权建设　完善民族地区县、乡、村三级政务（为民）服务平台建设，打通服务群众"最后一公里"。

主要参考文献

[1]Iring Fetscher. Conditions for the Survival of Humanity：On the Dialectics of Progress[J]. Universitas，1978，20（3）：161-172.

[2]赵鑫珊. 生态学与文学艺术[J]. 读书，1983（4）.

[3]В.С.Липицкий.Пу тифор мирования экологическойку льтур ыличностиву словиях зрелогосоциализма[J].Вестн.Моск.ун-та.Сер.12，Теориянаучногокоммунизма，1984（2）：40-47.

[4]张捷. 在成熟社会主义条件下培养个人生态文明的途径[N]. 光明日报，1985-02-18（3）.

[5]刘宗超. 生态文明观与中国可持续发展走向[M]. 北京：中国科学技术出版社，1997.

[6]刘宗超. 生态文明观与全球资源共享[M]. 北京：经济科学出版社，2000.

[7]联合国开发计划署. 中国人类发展报告2002：绿色发展 必选之路[M]. 北京：中国财政经济出版社，2002.

[8]胡锦涛. 高举中国特色社会主义伟大旗帜 为夺取全面建设小康社会新胜利而奋斗：在中国共产党第十七次全国代表大会上的报告[M]. 北京：人民出版社，2007.

[9]贾卫列. 生态文明开创人类文明新纪元[J]. 环境保护，2008（12A）.

[10]贾卫列，刘宗超. 生态文明观：理念与转折[M]. 厦门：厦门大学出版社，2010.

[11]中华人民共和国国民经济和社会发展第十二个五年规划纲要[M]. 北京：人民出版社，2011.

[12]胡锦涛. 坚定不移沿着中国特色社会主义道路前进 为全面建成小康社会而奋斗：在中国共产党第十八次全国代表大会上的报告[M]. 北京：人民出版社，2012.

[13]云南省概况[EB/OL]. （2012-01-16）[2019-03-01]. http://www.yn.gov.cn/yn_yngk/yn_sqgm/201201/t20120116_2914.html.

[14]胡鞍钢. 中国：创新绿色发展[M]. 北京：中国人民大学出版社，2012.

[15]贾卫列，杨永岗，朱明双. 生态文明建设概论[M]. 北京：中央编译出版社，2013.

[16]中国国际经济交流中心课题组. 中国实施绿色发展的公共政策研究[M]. 北京：中国经济出版社，2013.

[17]柯水发. 绿色经济理论与实务[M]. 北京：中国农业出版社，2013.

[18]北京师范大学经济与资源管理研究院，西南财经大学发展研究院. 2014人类绿色

发展报告[M]. 北京：北京师范大学出版社，2014.

[19]关于印发《云南省新型城镇化规划》的通知[EB/OL]. （2014-04-19）[2019-02-07]. https://www.kunming.cn/news/c/2014-04-19/3539711.shtml.

[20]云南省人民政府关于印发云南省主体功能区规划的通知[EB/OL]. （2014-05-14）[2019-02-07]. http://www.yn.gov.cn/yn_zwlanmu/yn_gggs/201405/t20140514_13978.html.

[21]盛馥来，诸大建. 绿色经济：联合国视野中的理论、方法与案例[M]. 北京：中国财政经济出版社，2015.

[22]中共中央国务院关于加快推进生态文明建设的意见[M]. 北京：人民出版社，2015.

[23]生态文明体制改革总体方案[M]. 北京：人民出版社，2015.

[24]刘宗超，贾卫列，等. 生态文明理念与模式[M]. 北京：化学工业出版社，2015.

[25]自然概貌[EB/OL]. （2015-09-23）[2019-02-01]. http://www.yn.gov.cn/yn_yngk/gsgk/201509/t20150923_22232.html.

[26]中华人民共和国国民经济和社会发展第十三个五年规划纲要[M]. 北京：人民出版社，2016.

[27]云南省人民政府关于印发云南省国民经济和社会发展第十三个五年规划纲要的通知[EB/OL]. （2016-05-05）

[2019-02-09]. http://www.yn.gov.cn/yn_zwlanmu/qy/wj/yzf/201605/t20160505_25013.html.

[28]云南省统计局，云南省发展和改革委员会，云南省环境保护厅，中共云南省委组织部. 2016年云南省生态文明建设年度评价结果公报[EB/OL]. （2018-05-25）[2019-02-09]. http://www.stats.yn.gov.cn/tjsj/tjgb/201805/t20180525_751161.html.

[29]云南省人民政府关于印发云南省旅游产业"十三五"发展规划的通知[EB/OL]. （2016-10-28）[2019-02-07]. http://www.yn.gov.cn/yn_zwlanmu/qy/wj/yzf/201610/t20161028_27360.html.

[30]云南省人民政府关于印发云南省大气污染防治行动实施方案的通知[EB/OL]. （2016-11-04）[2019-03-01]. http://www.ynepb.gov.cn/zwxx/zfwj/zdzc/201611/t20161104_161445.html.

[31]云南省人民政府关于印发云南省水污染防治工作方案的通知（2016-11-15）[2019-09-01]. http://sthjt.yn.gov.cn/zwxx/zfwj/zdzc/201611/t20161115_161785.html.

[32]《云南省生态文明建设排头兵规划（2016—2020年）》解读[EB/OL]. （2016-11-25）[2019-02-09]http://www.yndpc.yn.gov.cn/content.aspx?id=256121185050.

[33]云南省人民政府办公厅关于印发云南省旅游文化产业发展规划及实施方案的通知[EB/OL]. （2016-12-07）[2019-02-07]. http://www.yn.gov.cn/yn_zwlanmu/qy/wj/yzbf/201612/t20161207_27734.html.

[34]云南省人民政府研究室. 推进云南省生态文明建设的举措研究报告（综合报告）[R]. 昆明：云南省人民政府研究室，2016.

[35]云南省林业厅. 云南林业发展"十三五"规划[R]. 2016.

[36]习近平. 决胜全面建成小康社会　夺取新时代中国特色社会主义伟大胜利：在中国共产党第十九次全国代表大会上的报告[M]. 北京：人民出版社，2017.

[37]云南省人民政府关于印发云南省产业发展规划（2016—2025年）的通知[EB/OL]. （2017-01-06）[2019-02-18]. http://www.yn.gov.cn/yn_zwlanmu/qy/wj/yzf/201701/t20170106_28094.html.

[38]云南省人民政府关于印发云南省信息产业发展规划（2016—2020年）的通知[EB/OL]. （2017-01-09）[2019-02-01]. http://gxt.yn.gov.cn/publicity/ghjh/12511.

[39]云南省人民政府办公厅关于健全生态保护补偿机制的实施意见[EB/OL]. （2017-01-20）[2019-02-09]. http://www.yn.gov.cn/yn_zwlanmu/qy/wj/yzbf/201701/t20170120_28252.html.

[40]关于《云南省水土保持规划（2016—2030年）》公开征求意见的通知[EB/OL]. （2017-02-21）[2019-03-05]. http://www.wcb.yn.gov.cn/arti?id=61820.

[41]云南省人民政府关于印发云南省土壤污染防治工作方案的通知[EB/OL]. （2017-02-24）[2019-03-01]. http://www.yn.gov.cn/yn_zwlanmu/qy/wj/yzf/201702/t20170224_28567.html.

[42]云南省人民政府关于印发云南省"十三五"科技创新规划的通知[EB/OL]. （2017-02-28）[2019-02-09]. http://www.sto.ynu.edu.cn/info/1013/2357.htm.

[43]云南省人民政府关于印发云南省"十三五"控制温室气体排放工作方案的通知[EB/OL]. （2017-03-28）[2019-03-06]. http://www.yn.gov.cn/yn_zwlanmu/qy/wj/yzf/201703/t20170328_28901.html.

[44]云南省人民政府办公厅关于印发云南省高原特色农业现代化建设总体规划（2016—2020年）的通知[EB/OL]. （2017-04-20）[2019-02-03]. http://www.yn.gov.cn/yn_zwlanmu/qy/wj/yzbf/201704/t20170420_29156.html.

[45]云南省人民政府办公厅关于印发云南省工业转型升级规划（2016—2020年）的通知[EB/OL]. （2017-06-09）[2019-03-06]. http://www.yn.gov.cn/yn_zwlanmu/qy/wj/yzf/201607/t20160726_26257.html.

[46]云南省水利厅. 云南省九大高原湖泊入湖河流综合整治规划的通知[R]. 昆明：云南省水利厅，2017年6月.

[47]云南省高原特色现代农业"十三五"水果产业发展规划[EB/OL]. （2017-06-29）[2019-02-03]. http://www.ynagri.gov.cn/news13904/20170629/6901230.shtml.

[48]云南省高原特色现代农业"十三五"中药材产业发展规划[EB/OL]. （2017-06-29）[2019-02-03]. http://www.ynagri.gov.cn/news13904/20170629/6900876.shtml.

[49]云南省高原特色现代农业"十三五"蔬菜产业发展规划[EB/OL]. （2017-06-29）[2019-02-03]. http://www.ynagri.gov.cn/news13904/20170629/6901315.shtml.

[50]云南省高原特色现代农业"十三五"食用菌产业发展规划[EB/OL]. （2017-06-29）[2019-02-03]. http://www.ynagri.gov.cn/news13904/20170629/6901344.shtml.

[51]云南省高原特色现代农业"十三五"牛羊产业发展规划[EB/OL]. （2017-06-

29）[2019-02-03]. http://www.ynagri.gov.cn/news13904/20170629/6901594.shtml.

[52]云南省高原特色现代农业"十三五"生猪产业发展规划[EB/OL]. （2017-06-29）[2019-02-03]. http://www.ynagri.gov.cn/news13904/20170629/6901578.shtml.

[53]云南省高原特色现代农业"十三五"茶产业发展规划[EB/OL]. （2017-06-29）[2019-02-03]. http://www.ynagri.gov.cn/news13904/20170629/6901663.shtml.

[54]云南省高原特色现代农业"十三五"花卉产业发展规划[EB/OL]. （2017-06-29）[2019-02-03]. http://www.ynagri.gov.cn/news13904/20170629/6901645.shtml.

[55]云南省高原特色现代农业"十三五"咖啡产业发展规划[EB/OL]. （2017-06-29）[2019-02-03]. http://www.ynagri.gov.cn/news13904/20170629/6901631.shtml.

[56]贾卫列. 从可持续发展到绿色发展[J]. 中国建设信息化，2017（10）.

[57]杨伟民. 生态文明体制发生了历史性变革[EB/OL]. （2017-10-23）[2017-10-23]. http://news.xinhuanet.com/politics/19cpcnc/2017-10/23/c_129725277.htm.

[58]云南省环境保护厅关于印发《云南省环境保护"十三五"规划纲要》的通知[EB/OL]. （2017-11-30）[2019-09-01]. http://sthjt.yn.gov.cn/ghsj/hjgh/201711/t20171130_174532.html.

[59]贾卫列. 绿色发展知识读本[J]. 北京：中国人事出版社，2018.

[60]云南省国土资源厅　云南省发展和改革委员会关于印发《云南省土地整治规划（2016—2020年）》的通知[EB/OL]. （2018-03-15）[2019-02-22]. http://www.yndlr.gov.cn/html/2018-4/83988_1.html.

[61]云南省湿地保护与修复"十三五"规划[EB/OL]. （2018-05-28）[2019-02-09]. http://www.ynly.gov.cn/yunnanwz/pub/cms/2/8407/8415/8471/114953.html.

[62]土壤资源[EB/OL]. （2018-05-29）[2019-03-01]. http://www.yn.gov.cn/yn_tzyn/yn_tzhj/201805/t20180529_32697.html.

[63]植物资源[EB/OL]. （2018-05-29）[2019-03-01]. http://www.yn.gov.cn/yn_tzyn/yn_tzhj/201805/t20180529_32698.html.

[64]动物资源[EB/OL]. （2018-05-29）[2019-03-01]. http://www.yn.gov.cn/yn_tzyn/yn_tzhj/201805/t20180529_32699.html.

[65]矿藏资源[EB/OL]. （2018-05-29）[2019-03-01]. http://www.yn.gov.cn/yn_tzyn/yn_tzhj/201805/t20180529_32704.html.

[66]能源资源[EB/OL]. （2018-05-29）[2019-03-01]. http://www.yn.gov.cn/yn_tzyn/yn_tzhj/201805/t20180529_32700.html.

[67]旅游资源[EB/OL]. （2018-05-29）[2019-02-07]http://www.yn.gov.cn/yn_tzyn/yn_tzhj/201805/t20180529_32701.html.

[68]云南省生态环境厅. 云南省2017年环境状况公报[EB/OL]. （2018-06-04）[2019-03-01]. http://sthjt.yn.gov.cn/hjzl/hjzkgb/201806/t20180604_180464.html.

[69]云南省人民政府关于发布云南省生态保护红线的通知[EB/OL]. （2018-06-29）[2019-03-01]. http://www.yn.gov.cn/yn_zwlanmu/qy/wj/yzf/201806/t20180629_33212.html.

[70]关于印发云南省能源发展规划（2016—2020年）和云南省能源保障网五年行动计划（2016—2020年）的通知[EB/OL].（2018-07-25）[2019-03-06]. http://www.china-nengyuan.com/news/126810.html.

[71]中共云南省委 云南省人民政府关于全面加强生态环境保护坚决打好污染防治攻坚战的实施意见[EB/OL].（2018-07-27）[2019-03-01]. http://www.yn.gov.cn/yn_ynyw/201807/t20180727_33516.html.

[72]云南省农村人居环境整治三年行动实施方案（2018—2020年）[EB/OL].（2018-08-02）[2019-03-01]. http://sthjt.yn.gov.cn/shjgl/nchjgl/nczzsdsf/201808/t20180802_183655.html.

[73]云南省文化厅关于印发《云南省文化厅"十三五"时期文化发展改革实施方案》的通知[EB/OL].（2018-08-08）[2019-02-09]. http://www.whyn.gov.cn/publicity/view/41/7341.

[74]云南省人民政府办公厅关于促进全域旅游发展的实施意见[EB/OL].（2018-08-30）[2019-02-07]. http://www.yn.gov.cn/yn_zwlanmu/qy/wj/yzbf/201808/t20180830_33769.html.

[75]云南省人民政府关于印发云南省打赢蓝天保卫战三年行动实施方案的通知[EB/OL].（2018-09-19）[2019-03-01]. http://www.yn.gov.cn/yn_zwlanmu/qy/wj/yzf/201809/t20180919_33980.html.

[76]云南省人民政府关于印发云南省工业互联网发展三年行动计划（2018—2020年）的通知[EB/OL].（2018-11-29）[2018-12-01]. http://www.yn.gov.cn/zwgk/zcwj/zxwj/201811/t20181129_143188.html.

[77]划定生态保护红线，筑牢西南生态安全屏障（2018-12-17）[2019-03-01]. http://sthjt.yn.gov.cn/zwxx/xxyw/zcjd/201812/t20181217_186805.html.

[78]云南省水果产业三年行动计划（2018—2020）[EB/OL].（2018-12-24）[2019-02-03]. http://www.ynagri.gov.cn/news13904/20181224/7009930.shtml.

[79]云南省中药材产业三年行动计划（2018—2020）[EB/OL].（2018-12-24）[2019-02-03]. http://www.ynagri.gov.cn/news13904/20181224/7009940.shtml.

[80]云南省蔬菜产业三年行动计划（2018—2020））[EB/OL].（2018-12-24）[2019-02-03]. http://www.ynagri.gov.cn/news13904/20181224/7009929.shtml.

[81]云南省肉牛产业三年行动计划（2018—2020）[EB/OL].（2018-12-24）[2019-02-03]. http://www.ynagri.gov.cn/news13904/20181224/7009941.shtml.

[82]云南省茶叶产业三年行动计划（2018—2020）[EB/OL].（2018-12-24）[2019-02-03]. http://www.ynagri.gov.cn/news13904/20181224/7009926.shtml.

[83]云南省花卉产业三年行动计划（2018—2020）[EB/OL].（2018-12-24）[2019-02-03]. http://www.ynagri.gov.cn/news13904/20181224/7009927.shtml.

[84]云南省咖啡产业三年行动计划（2018—2020）[EB/OL].（2018-12-24）[2019-02-03]. http://www.ynagri.gov.cn/news13904/20181224/7009932.shtml.

[85]云南省坚果产业三年行动计划（2018—2020）[EB/OL]．（2018-12-24）[2019-02-03]．http://www.ynagri.gov.cn/news13904/20181224/7009931.shtml.

[86]云南省生态环境厅关于印发云南省固体废物污染治理攻坚战实施方案的通知[EB/OL]．（2019-01-03）[2019-09-01]．http://sthjt.yn.gov.cn/trgl/trhjgl/201901/t20190103_187226.html.

[87]云南省农业农村污染治理攻坚战作战方案[EB/OL]．（2019-01-11）[2019-03-01]．http://sthjt.yn.gov.cn/shjgl/nchjgl/nczzsdsf/201901/t20190111_187416.html.

[88]云南省乡村振兴战略规划（2018—2022年）[EB/OL]．（2019-02-11）[2019-02-18]．http://yn.yunnan.cn/system/2019/02/11/030197639.shtml.

[89]省委省政府办公厅印发《云南省九大高原湖泊保护治理攻坚战实施方案》[EB/OL]．（2019-03-09）[2019-03-15]．http://yn.xinhuanet.com/newscenter/2019-03-09/c_137880809.htm.

[90]2018年云南省水资源公报[EB/OL]．（2019-10-14）[2019-10-15]．http://www.wcb.yn.gov.cn/arti?id=68147.

[91]云南省人民政府关于印发云南省新一代人工智能发展规划的通知[EB/OL]．（2019-11-22）[2019-11-25]．http://www.yn.gov.cn/zwgk/zcwj/zxwj/201911/t20191122_185001.html.

[92]国家发展改革委关于印发《美丽中国建设评估指标体系及实施方案》的通知[EB/OL]．（2020-03-06）[2020-03-06]https://www.ndrc.gov.cn/xxgk/zcfb/tz/202003/t20200306_1222531.html.

[93]云南省2019年国民经济和社会发展统计公报[EB/OL]．（2020-04-14）[2020-04-15]．http://www.yn.gov.cn/zwgk/zfxxgk/jsshtj/202004/t20200414_202429.html.

[94]贾卫列，刘宗超．生态文明：愿景、理念与路径[J]．厦门：厦门大学出版社，2020.

[95]2019年云南省环境状况公报[EB/OL]．（2019-06-03）[2019-06-04]．http://sthjt.yn.gov.cn//ebook2/ebook/2019.html.

[96]国家发展改革委　自然资源部关于印发《全国重要生态系统保护和修复重大工程总体规划（2021—2035年）》的通知[EB/OL]．（2019-06-11）[2019-06-11]．https://www.ndrc.gov.cn/xxgk/zcfb/tz/202006/t20200611_1231112.html.

后 记

习近平同志指出："生态文明建设是关系中华民族永续发展的根本大计。"生态文明建设成为我国的国家战略后，生态文明经历了从理论到国家实践层面的升华，作为生态文明建设的模式和路径，绿色发展成为中国经济和社会发展的模式。中国第一个国家级绿色发展规划是2011年3月发布的《中华人民共和国国民经济和社会发展第十二个五年规划纲要》，主题就是"绿色发展"；在2016年3月发布的《中华人民共和国国民经济和社会发展第十三个五年规划纲要》中，"绿色发展"成为总基调之一，陆续推出的行业领域"十三五"规划也都提出要坚持"绿色发展"。如何正确理解生态文明理念和了解云南绿色发展的实践，对建设美丽云南有重要的意义。

我们在习近平生态文明思想的指引下，从云南省情出发，通过对《云南省国民经济和社会发展第十三个五年规划纲要》和各行业领域"十三五"规划的分析，结合各部门的工作实际，大致梳理出云南绿色发展走过的历程，力图为读者了解和掌握云南的生态文明建设情况提供一个参考资料。

在本书的编写和出版过程中，我们参阅了大量的文献，得到了吴莹、张戈、黄颖琼、张德兵、蒋坤洋、张睿莲、字紫龙等众多专家学者的指导。云南人民出版社的周颖等编辑为本书的出版做了大量的工作，在此一并表示衷心的感谢！

由于作者的水平、经验和时间所限，书中不足和疏漏之处在所难免，恳请广大读者批评指正。

黄小军　贾卫列

2020年7月